建筑工程施工质量验收规范
应用讲座（验收表格）

（第三版）

（设备安装部分）

吴松勤　主编

中国建筑工业出版社

图书在版编目（CIP）数据

建筑工程施工质量验收规范应用讲座（验收表格）（设备安装部分）/吴松勤主编. —3 版. —北京：中国建筑工业出版社，2017.4
ISBN 978-7-112-20575-2

Ⅰ.①建… Ⅱ.①吴… Ⅲ.①建筑工程-工程验收-建筑规范-中国②房屋建筑设备-设备安装-工程验收-建筑规范-中国 Ⅳ.①TU711-65

中国版本图书馆 CIP 数据核字（2017）第 053562 号

本讲座对建筑工程施工质量验收系列标准的演变过程，修订背景，统一标准及各规范的内容及其关系等进行了系统的介绍，以便读者能够更好地贯彻理解建筑工程施工质量验收系列规范。讲座重点对检验批、分项、分部（子分部）、单位（子单位）工程的划分、质量指标的设置、质量验收和质量等级的确认、验收程序及组织等进行了阐述，并对验收系列标准的检验批、分项、分部（子分部）、单位（子单位）工程验收用表的使用进行了说明。并附了有关表的推行表式。重点对检验批的验收表格使用，按《建筑工程施工质量验收统一标准》GB 50300—2013 进行了详细介绍，并推荐了燃气工程质量验收的表格，对单位工程的质量验收专列为一章进行了讲述，还列出了建筑工程评优良工程的用表。本讲座主要是为培训施工单位质量检查人员及监理单位和建设单位的质量验收人员使用，以便能更好地理解本系列验收规范，提高检查评定及验收的效果，也可供工程质量监督人员及管理人员等有关人员学习参考使用。

责任编辑：王　磊　付　娇　石枫华　刘婷婷
责任校对：王宇枢　关　健

建筑工程施工质量验收规范
应用讲座（验收表格）
（第三版）
（设备安装部分）
吴松勤　主编
*
中国建筑工业出版社出版、发行（北京海淀三里河路 9 号）
各地新华书店、建筑书店经销
霸州市顺浩图文科技发展有限公司制版
北京市书林印刷有限公司印刷
*
开本：787×1092 毫米　1/16　印张：38¾　字数：938 千字
2017 年 12 月第三版　2017 年 12 月第二十次印刷
定价：85.00 元
ISBN 978-7-112-20575-2
（30245）

第三版说明

　　《建筑工程施工质量验收规范应用讲座》，从 2002 年第一版及 2007 年第二版已使用十四年之久，现《建筑工程施工质量验收统一标准》GB 50300 及其他规范相继重新修订，并有一些新的验收内容增加，本书内容必须相应地进行修改。同时，同行在使用的过程中，对本书的一些不准确的表述和错误之处，提出建议性意见，也需进一步地修改完善，故将本书进行了一次全面修订成为第三版。其主要修改内容包括：

　　一、对统一标准《建筑工程施工质量验收统一标准》GB 50300 修订内容进行了更新。

　　二、增加建筑节能分部工程的质量验收表格，是按《建筑节能工程质量验收规范》GB 50411 的内容编写的。

　　三、主体结构分部工程增加钢管混凝土子分部工程及铝合金结构子分部工程等的质量验收表格。

　　四、建筑给水排水及供暖分部工程，增加太阳能热水系统子分部及地源热泵系统子分部工程的质量验收表格。

　　五、增加单位工程质量验收预验收的表格。

　　六、增加检验批质量验收的现场验收记录表格。

　　七、对原来的表格结合各质量验收规范的修订进行了局部调整。

　　八、对发现的一些错漏进行了更正。

　　九、对已修订的规范按新规范进行了更新。

　　十、对燃气工程验收表格进行了更新。

　　十一、对评优良工程的表格进行了更新，并专门列为一章。

　　十二、突出了单位工程的验收表格讲解，并专门列为一章。

作　者

2017 年 3 月

再 版 说 明

《建筑工程施工质量验收统一标准》GB 50300 及其配套的各项质量验收规范已执行六年了，在执行中对一些问题有了进一步的认识和理解。为更正确贯彻落实该配套系列规范，《建筑工程施工质量验收规范应用讲座》也必须随之修订。现根据六年来的变化情况，以及《应用讲座》中的一些错漏，现对其进行了一次全面修订。其主要内容：

一、增加了智能建筑工程质量验收用表，计 62 张表格，是按照《智能建筑工程质量验收规范》的内容编写的。

二、增加了燃气管道安装工程的参考表格。该工程由于质量验收规范还没有修订，各地反映这项内容又不能缺少。急切要求提供一个参考用表。现根据原《建筑安装工程质量检验评定统一标准》及《建筑采暖、卫生与煤气工程质量检验评定标准》GBJ 302—88 中的有关室内煤气工程的有关内容及《城镇燃气设计规范》GB 50028、《城镇燃气室内工程施工及验收规范》CJJ 94、《家用燃气燃烧器具安装及验收规程》CJJ 12，以及近年一些地区按照地方标准编制的一些地方标准，综合编制了其参考表格计 4 张。

三、增加了评优良工程用的表格计 40 张。该表格是根据《建筑工程施工质量评价标准》的内容，由该规范组编制的评价用表格，可用作单位工程验收资料的一部分。

四、增加了单位工程竣工备案用表格。这部分表格也是工程验收的一个重要环节，也需要有一个统一的参考表格使用。根据有关文件规定，制定了一些表格计 9 张表，可供参考。

五、对原来的一些表格做了局部调整，主要是单独列出"钢筋原材料检验批"、"混凝土配合比检验批"、"预应力张拉、放张检验批用表"等，以便更好地明确质量责任和进行质量控制。

六、对发现的一些错漏进行了更正。

作 者
2017 年 11 月

第一版前言

国家标准——《建筑工程施工质量验收统一标准》（GB 50300—2001）已于 2001 年 7 月 20 日发布，自 2002 年 1 月 1 日起施行，与其配套的各项验收规范也陆续发布施行。建设部并于 2002 年 8 月 12 日印发了《建设部关于贯彻执行建筑工程勘察设计及施工质量验收规范若干问题的通知》，要求建筑工程的设计和施工质量验收规范于 2003 年 1 月 1 日起全面实施。这套验收系列规范是房屋建筑工程质量验收的标准，与以前的标准比较修改的内容较多，对施工质量的管理和技术要求都有很大的改变，其中又有强制性条文。为了更好地贯彻执行这套验收规范，建设部有关司要求尽快在全国开展宣贯工作，逐级进行培训，以便尽快地掌握这套规范。为落实《建设工程质量管理条例》，确保建筑工程质量，落实竣工验收备案制度，为此我们组织规范编制组的同志编写了这本规范应用讲座。

本讲座对标准的演变过程、修订背景、统一标准及各规范的内容及其关系等进行了系统的介绍，以使读者能够更好地理解建筑工程施工质量验收系列规范。讲座重点对检验批、分项、分部（子分部）、单位（子单位）工程的划分，质量指标的设置、质量验收和质量等级的确认、验收程序及组织等进行了阐述，并对验收系列标准的检验批、分项、分部（子分部）、单位（子单位）工程验收用表的使用进行了说明。并附了有关表的推行表式。本讲座主要是为培训施工单位质量检查人员及监理单位或建设单位的质量验收人员使用，以便能更好地理解本系列验收规范，提高检查评定及验收的效果，也可为工程质量监督人员及管理人员等有关人员学习参考。

本讲座由《建筑工程施工质量验收统一标准》及各专业验收规范的主要编写人员编写，具有较高的权威性。由于本书涉及的相关专业较多，协调不易，再加之编写时间较紧，错漏之处，实属难免，故此书先作为试用本发行，敬请同行提出意见，以便及时改正。

作　者
2002 年 11 月

目　录

第一章 通用表格使用及填写说明

第一节 施工现场质量管理检查记录表

附录 A 表 A 是第 3.0.1 条的附表，健全的质量管理体系的具体要求。一般一个标段或一个单位工程检查一次，在开工前检查，由施工单位现场负责人填写，由监理单位的总监理工程师（建设单位项目负责人）组织施工单位有关人员验收。下面分三个部分来说明填表要求和填写方法。

表 A 施工现场质量管理检查记录

开工日期：

工程名称			施工许可证号	
建设单位			项目负责人	
设计单位			项目负责人	
监理单位			总监理工程师	
施工单位		项目负责人	项目技术负责人	
序号	项目		主要内容	
1	项目部质量管理体系			
2	现场质量责任制			
3	主要专业工种操作岗位证书			
4	分包单位管理制度			
5	图纸会审记录			
6	地质勘察资料			
7	施工技术标准			
8	施工组织设计、施工方案编制及审批			
9	物资采购管理制度			
10	施工设施和机械设备管理制度			
11	计量设备配备			
12	检测试验管理制度			
13	工程质量检查验收制度			
14				
自检结果：			检查结论：	
施工单位项目负责人： 年 月 日			总监理工程师： 年 月 日	

1

一、表头部分填写

填写参与工程建设各方责任主体的名称及项目负责人，名称应与承包合同中一致。由施工单位的现场负责人填写。

工程名称栏，应填写工程名称的全称，与合同或招投标文件中的工程名称一致。

施工许可证，填写当地建设行政主管部门批准发给的施工许可证的编号。

建设单位栏，填写合同文件中的甲方，单位名称也应写全称，与合同签章上的单位名称相同。建设单位项目负责人栏，应填合同书上明确的项目负责人，或以文字形式委托的代表——工程的项目负责人。

设计单位栏，填写设计合同中签章单位的名称，其全称应与印章上的名称一致。设计单位的项目负责人栏，应是设计合同书明确的项目负责人，或以文字形式委托的该项目负责人。

监理单位栏，填写单位全称，应与合同或协议书中的名称一致。总监理工程师栏应是合同或协议书中明确的项目总监理工程师，也可以是监理单位以文件形式明确的该项目监理负责人，必须有监理工程师任职资格证书，专业要对口。

施工单位栏，填写施工合同中签章单位的全称，与签章上的名称一致。项目经理栏、项目技术负责人栏与合同中明确的以文字形式委托该项目经理、项目技术负责人一致。

表头部分可统一填写，不需具体人员签名，只是明确了负责人的地位。

二、项目部分主要内容填写

填写各项检查项目文件的名称或编号，并将文件（复印件或原件）附在表的后面供检查，检查后应将文件归还。

1. 项目部质量管理体系。主要是设计交底、技术交底、岗位职责制度、质量控制资料管理、工序交接、质量检查评定验收制度，质量奖罚办法，以及质量例会制度及质量问题处理制度等。

2. 现场质量责任制。质量负责人的分工，各项质量责任的落实规定，岗位质量责任制，定期检查及有关人员奖罚制度等。

3. 主要专业工种操作岗位证书。测量工，起重、塔吊等垂直运输司机，模板、钢筋、混凝土、机械、焊接、瓦工、防水工等建筑结构工程。如岗位上岗证书，应编制名单表格。

工种的上岗证，以当地建设行政主管部门的规定为准。

4. 分包单位管理制度。专业承包单位的资质应在其承包业务的范围内承建工程。有分包的情况下，总承包单位应有管理分包单位的制度，主要是质量、技术的管理制度等。

5. 图纸会审记录。应包括两方面的内容。一是总包单位自己也应有相应表A的有关内容，设计单位向施工单位进行的技术交底；二是施工单位组织各专业技术人员对图纸的集中学习讨论，以及设计单位的设计解答。

6. 地质勘察资料。有勘察资质的单位出具的正式地质勘察报告，建筑及场地周边安全评估。地下部分施工方案制定和施工组织总平面图编制时参考的内容等。

7. 施工技术标准。一是操作的依据和保证工程质量验收的基础。操作依据可以是承建企业应编制不低于国家质量验收规范的操作规程等企业标准，施工现场应有的施工技术标准，也可是详细的技术交底文件，可作培训工人、技术交底和施工操作的主要依据。二是工程质量验收规范，凡工程项目的验收内容都应为正式的国家现行的质量验收规范。

8. 施工组织设计、施工方案及审批。检查编写内容，应有有针对性的具体措施，编制程序、内容，有编制人、审核人、批准人，并有贯彻执行的措施。

9. 物资采购管理制度。物资采购制度，物资进场检验验收制度及复试检测制度，物资现场保管制度等。保证进场合格物资用到工程上去。

10. 施工设施和机械设备管理制度。施工设施的设置及管理制度，机械设备的进场、检查验收，安全使用的有关管理制度，以及现场安全制度及落实情况等。

11. 计量设备配备。常用的计量设备、检测设备、长度、重量、温度、湿度等计量器具，特殊要求精度高的有租借协议及使用计划，设备的精度能满足要求。列出名称表附在后边。

12. 检测试验管理制度。检测试验是工程质量管理和验收的重要手段，工程质量检测，主要包括三个方面的检验：一是原材料、设备进场检验制度；二是施工过程的试验报告；三是竣工后的实体检测。应专门制订检测项目计划、检测时间、检测单位等计划，使监理、建设单位等都做到心中有数。可以单独搞一个计划，也可在施工组织设计中作为一项内容。要形成一个管理制度。从制订检测计划，委托有资质的检测机构检测，及按计划及时进行检测，并重视检测的取样、选点和随机性、代表性和真实性，以及检测的规范性，判定标准的规范性等。

13. 工程质量检查验收制度。为贯彻落实工程质量的验收，应建立一个检查验收的管理制度，做好质量验收技术准备、人员准备及工具表格的准备，做出检查验收计划，从检验批、分项、分部及单位工程的质量验收，做到及时、规范，按标准的检查评定，并申报监理单位验收。

施工单位的项目技术负责人，应事前备齐资料，填写好表格，并有落实各项的措施质量记录等。总监理工程师在工程项目开工前，应逐项检查，有关资料有落实措施。资料应附在表格后面，检查完后退还施工单位。

三、主要内容核查

主要内容的检查分为两个阶段，首先由施工单位自行检查，然后由监理单位核查。

自检结果栏：施工单位检查重点是本表格的内容资料不仅要求具有，并要求进行落实，体现在工程质量管理的全过程。施工现场项目技术负责人，应事前对 A 表的内容进行落实，填写自检结果，必要时可说明落实的情况，并为总监理工程师核查提供各项目落实情况的必要资料。

检查结论：总监理工程师的核验。这栏由总监理工程师将项目核查后填写。主要是两方面，一是项目中资料的完整性，是不是该有的资料都有了，如有关制度等。二是该应用落实的是否按要求落实了，或制定了落实计划和措施，如 12 项检测试验管理制度，检测项目计划有了没有，委托有资质的检测机构了没有，管理制度落实了执行人和负责人了没有。对做到的项目填写通过，没做到的督促施工单位在施工前整改做到。然后填写检查结果。检查结果认可后，才能正式开始施工。

这个表是要求施工前做技术准备，使工程开工后能连续施工，能保证工程质量。可以称为"技术施工许可证"。

第二节　检验批质量验收记录

提供验收记录用表是《建筑工程施工质量验收统一标准》（以下简称《统一标准》）的任务之一。本标准给出检验批、分项、分部、单位工程验收记录表的通用格式，因建筑物专业众多，给出的表格不可能适用于所有专业，具体的验收表格可以由各专业验收规范编制。

一、现场验收检查原始记录的要求

本次《统一标准》修订要求在检验批检验时，为能正确验收评定，施工单位自行验收时，应做好原始记录，供监理验收时核查，这是加强施工质量过程控制的重要环节，也是规范施工单位质量验收评定的过程。填写"现场验收检查原始记录"，分为两种形式，一是使用移动验收终端原始记录，二是手写检查原始记录。有条件的建议使用移动验收终端原始记录形式，以便于对验收情况核对和提高管理效率。

使用移动验收终端原始记录，实质就是利用现代移动互联网云计算技术，实现施工现场质量状况图形化显示在设计图纸上，有明确的检查点位置和真实的照片及数据。这个原始记录是全过程记录，在单位工程验收前全部保留并可追溯。

检验批施工完成，施工单位应自行检查评定，检查评定过程中，要求形成检查原始记录，由专业质量检查员、专业工长依据检查评定情况形成《现场验收检查原始记录》，重点是记录检查的部位和结果，以完善检查评定的过程。施工单位自行检查评定合格后，由专业监理工程师组织施工单位的专业质量检查员、专业工长等进行验收时，可依据施工单位自行验收情况形成的《现场验收检查原始记录》进行核查。依据过程控制的要求，检查原始记录应由施工单位形成，说明自行评定检查的过程，专业监理工程师核查，监理工程师认为太不完善时，可以补充完善，或推翻重做。

（一）在使用移动验收终端原始记录时，应依据评定验收程序软件，应符合如下要求，以确保获取真实可追溯的数据和情况

1. 检验批、分项、子分部层次清晰，名称、编号准确。

2. 检验批部位、检验批容量设置及抽样明确。

检验批容量具体抽样还应按专业质量验收规范的规定进行。

3. 检查点必须在电子图纸上进行标识，验收数据齐全，终端应有电子图纸功能。

应在电子图纸上标出抽查的房间、部位，各项验收的项目。

4. 对于验收过程中发现的质量问题可直接拍照，留存证据。

有问题的项目，部位记录清楚。如需整改的应提出整改要求。整改完后需复查的应说明，并应提供复查结果资料。

5. 数据自动汇总、评定和保存，严禁擅自修改。

6. 主控项目和一般项目分别列出，并有重点，规范内容齐全，验收有据可依。

7. 原始记录必须有效存储，可以采用云存储方式，也可以存储于终端本机或 PC 机上。

8. 将验收结果直接导入工程资料管理软件检验批表格内，保证资料数据真实。（详细可参照软件技术说明书使用。）

9. 目前规范组已推荐有配套软件可选择使用。

（二）手写现场验收检查原始记录

手写现场验收检查原始记录格式见下表。该现场验收检查原始记录应由施工单位专业质量检查员、专业工长共同检查填写和签署，必须手填，禁止机打，在检验批验收时由专业监理工程师核查认可并签署，并在单位工程竣工验收前存档备查。以便于建设、施工、监理等单位对验收结果进行追溯、复核，单位工程竣工验收后可由施工单位继续保留或销毁。现场验收检查原始记录的格式可在本表基础上深化设计，由施工、监理单位自行确定，但应包括本表包含的检查项目、检查位置、检查结果等内容。

1. "现场验收检查原始记录"的示例供读者参考

单位（子单位）工程名称		×× 住宅楼			
检验批名称		二层砌砖	检验批编号	02020102	
编号	验收项目	验收部位	验收情况记录		备注
5.2.1	砖、砂浆强度	二层砌墙	MU10烧结普通砖，二组强度复试报告 编号×××，××××，均合格。M7.5水泥砂浆，尚有一组试块，编号×××，	砂浆两合比报告 编号 ××××
5.2.2	灰缝砂浆的饱度墙水平灰缝≥80% 柱水平灰缝，竖向缝 ≥90%	二层砌墙墙水平灰缝			
		ⒶⒷ①轴墙 一步架	95%、90%、88%、平均91%	
		ⒷⒸ④轴墙 一步架	90%、92%、94% 平均92%	
		ⒷⒸ⑧轴墙 一步架	95%、92%、89% 平均92%	
		ⒶⒷ⑩轴墙 二步架	90%、89%、91% 平均90%	
		ⒷⒸ⑫轴墙 二步架	90%、90%、89% 平均90%	
5.2.3	砌体转角处、连接处、斜槎	二层砌体在一步架时留有10处斜槎，二步架没有留槎，抽查5处。	ⒶⒷ②墙、ⒶⒷ⑤墙、ⒶⒷ⑧墙 ⒷⒸ⑪墙，ⒷⒸ⑬墙，斜槎符合2/3。	
5.2.4	临时间断处 留直槎，数设拉结筋	二层砌体中只有4个施工洞，墙无间断	4处均为凹槎，均加拉结筋二根埋入500，外留500，7皮砖设一道	
5.3.1	组砌方法（混水墙）	外墙纵墙各查3处，山墙各查一处，房间查3间，全数检查	外墙按⒜①轴顺序，全外墙无大于200mm的通缝，一顺一丁组砌 较规范。内墙 ⒶⒷ③房无通缝。ⒷⒸ⑥房有一皮砖的通缝一处。ⒷⒸ⑨⑩房无通缝，窗间墙上无通缝。	
5.3.2	灰缝厚度 水平、竖缝 8～12	外墙查2处，内墙3间每间2处，共查8处，水平、竖向同时查。	⒜轴⒜⑥⑦间，①轴山墙内墙⒜Ⓑ⑤房，ⒶⒷ⑨房，ⒷⒸ②③房。水平缝10皮砖平厚度5皮数杆10皮砖厚631mm，比例差都在10mm以内，厚度在8～12之间，竖缝2mm折算差也在10mm之内在房间竖缝个别有大于12mm的，最多二西墙上有4～5处。	
5.3.3	砌体尺寸，位置允许偏差。			

监理校核：张玉泉　　　检查：王小平　记录：刘玉翠　　验收日期 2014年 8月 8日

5

单位（子单位）工程名称	×× 住宅楼			
检验批名称	二层砌砖		检验批编号	02020102.
编号	验收项目	验收部位	验收情况记录	备注
1.	轴线位移 10.	①~⑭轴承重墙全数检查	依次分别为：6、8、7、4、10、5、8、7、6、9、⑫8、7、9.	一点超.
2.	层高垂直度 5	两山墙各1处，内墙3间房每间承重墙2处、共8处.	④⑧①山墙 5. ⑧⑥⑭ 4. ④⑧⑤③房②③墙 5.5. ④⑧⑦⑧房⑦⑧墙 5.4. ⑧⑥⑪⑫房⑪⑫墙 5.5.	
3.	墙、柱顶标高 ±15.	2山墙 2纵墙各一点，内墙2点共6点	④⑧①点 +8. ⑧①点 11. ⑧⑭点12. ⑥⑥点 +6. ⑧⑥点 +8. ⑧⑫点12.	
4.	表面平整度 1砖水墙 8	抽查3间 两承墙各一点，共6点 （横、竖测量4次取最大值）	④⑧②③房②墙 6. ③墙 8 ④⑧⑦⑧房 ⑦墙 8 ⑧墙 7. ⑧⑥⑪⑫房 ⑪ 10. ⑫墙8.	一点超.
5.	水平灰缝平直度 1砖水墙 10	抽3间 同表面平整度房间	②墙 8. ③墙 8. ⑦墙 10 ⑧墙 12. ⑪墙 10. ⑫墙 7.	一点超.
6.	门窗洞口高宽 后塞口 ±10	抽查门窗各5个口 （门口高度不好量） 共30点	窗口：④②③高 +8、+10 宽 +10、+9. ④⑤⑥高 +10、+10 宽 +8、+9.	
			④⑪⑫高 +6、+7 宽 +10、+13. ②②③高 +10、+10 宽 +9、+10.	一点超.
			⑥⑤⑥高 +9、+8 宽 +10、+17.	一点超.
			门口：⑧②③宽 +8、+10. 高 ——.	
			⑧⑤⑥宽 +15、+16. 高 ——.	二点超.
			⑧⑦⑧宽 +10、+10 高 ——.	
			⑧⑪⑫宽 +9、+10 高 ——.	
			⑧⑪⑬宽 +6、+8 高 ——.	
7.	外墙上下窗口位移 20.	查5个窗口 ④⑤⑥ ④⑦⑧ ④②③ ④⑤⑥ ④⑦⑧	10、6、12、15、8、13、9、15、15、20.	吊线，一层窗口为准两边各1点.

监理校核：张玉泉　　　检查：乙小平　记录：刘玉翠　　验收日期：2014年 8 月 8 日

2. 填写依据及说明

① 单位（子单位）工程名称、检验批名称及编号按对应的《检验批质量验收记录表》填写；

② 验收项目：按对应的《检验批质量验收记录表》的验收项目的顺序，填写现场实际检查的验收项目的内容，如果对应多行检查记录，验收项目不用重复填写；

③ 编号：填写验收项目对应的规范条文号；

④ 验收部位：填写本条验收的各个检查点的部位，每个检查项目占用一格，下个项目另起一行；

⑤ 验收情况记录：采用文字描述、数据说明或者打"√"的方式，说明本部位的验收情况，不合格和超标的必须明确指出；对于定量描述的抽样项目，直接填写检查数据；

⑥ 备注：发现明显不合格的检查点，要标注是否整改、复查是否合格；

⑦ 校核：监理单位现场验收人员签字；

⑧ 检查：施工单位现场验收人员签字；

⑨ 记录：填写本记录的人签字；

⑩ 验收日期：填写现场验收当天日期；

⑪ 对验收部位，可在图上编号，不一定按本示例这样标注，只要说明部位就行；

⑫ 抽样仍按 GB 50203 的规定抽样，或执行 GB 50300 第 3.0.9 条的最小抽样办法。

二、检验批质量验收记录的要求

（一）按 GB 50300 的标准样表如下：

检验批质量验收记录　　　　　　　　编号_____

单位(子单位)工程名称			分部(子分部)工程名称			分项工程名称		
施工单位			项目负责人			检验批容量		
分包单位			分包单位项目负责人			检验批部位		
施工依据					验收依据			
验收项目			设计要求及规范规定	最小/实际抽样数量		检查记录		检查结果
主控项目	1							
	2							
	3							
	4							
	5							
	6							
	7							
	8							
	9							
	10							
一般项目	1							
	2							
	3							
	4							
	5							
施工单位检查结果			专业工长： 项目专业质量检查员： 　　　　　　年　月　日					
监理单位验收结论			专业监理工程师： 　　　　　　年　月　日					

（二）检验批质量验收记录填写示例可手工填写，或利用电脑打印。

砖砌体 检验批质量验收记录　　　　编号：01020101
　　　　　　　　　　　　　　　　　　　　　　 02020101

单位（子单位）工程名称	×× 住宅楼	分部（子分部）工程名称	主体分部工程 砌体子分部	分项工程名称	砖砌体
施工单位	×× 建筑公司	项目负责人	王××	检验批容量	250 m³
分包单位	/	分包单位项目负责人	/	检验批部位	二层墙 A~C/1~14
施工依据	《砌体结构工程施工规范》GB 50924-2014 《砌体结构××工艺标准》Q××		验收依据	《砌体结构工程施工质量验收规范》GB 50203-2011	

		验收项目	设计要求及规范规定	最小/实际抽样数量	检查记录	检查结果
主控项目	1	5.2.1条	砖强度 MU10	15万块为一批	MU10 烧普通砖；强度符合设计要求，复试单编号 ××××，××××。	✓
			砂浆强度 M7.5	每检查批一组试块	M7.5 水泥砂浆 试块编号 ×××	
	2	5.2.2条	水平灰缝≥80%	5/5	查5处，全部大于80%	✓
			竖向缝≥90%			
	3	5.2.3条	转角、交接处钢接	5/10	抽查5处，斜槎符合2/3	✓
	4	5.2.4条	直槎、拉结设置	5/9	抽查5处凸槎，拉结筋符合要求	✓
一般项目	1	5.3.1条	组砌方	11/11	抽查11处，全部无通缝	✓
	2	5.3.2条	水平、竖向灰缝厚度	8/8	抽查8处 均符合要求	✓
	3	5.3.3条	尺寸、位置允许偏差			
			轴线位移 8~12 mm	8/8	抽查8处 均符合要求	100%
			墙柱面垂直高 ±15 mm	6/6	抽查6处 均符合要求	100%
			层高垂直度 ≤5 mm	8/8	抽查8处 均符合要求	100%
			表面平整度 ≤8 mm	6/6	抽查6处 一处超过	83.3%
			水平灰缝平直度 混水墙≤10 mm	6/6	抽查6处 均符合要求	100%
			门窗洞口高宽 后塞口 ±10 mm	30/30	抽测30点 4点超差	87%
			外窗上下口偏移 ≤20 mm	10/10	抽测10点 均符合要求	100%

施工单位检查结果	主控合格，（砖砌米浆满发评定） 一般项目符合标准要求 专业工长：手签名 项目专业质量检查员：手签名 2014年 ×月 ×日
监理单位验收结论	合格 专业监理工程师：手签名 2014年 ×月 ×日

（三）填写依据及说明

检验批施工完成，施工单位自检合格后，应由项目专业质量检查员填报《检验批质量验收记录》。按照《统一标准》规定，检验批质量验收由专业监理工程师组织施工单位项目专业质量检查员、专业工长等进行验收。

《检验批质量验收记录》的检查记录应与《现场验收检查原始记录》相一致，原始记录是验收记录的辅助记录。检验批里非现场验收内容，如材料质量《检验批质量验收记录》中应填写依据的资料名称及编号，并给出结论。《检验批质量验收记录》作为检验批验收的成果，若没有《现场验收检查原始记录》，则《检验批质量验收记录》视同作假。

1. 检验批名称及编号

（1）检验批名称：按验收规范给定的分项工程名称，填写在表格名称前划线位置处。

（2）检验批编号：检验批表的编号按《建筑工程施工质量验收统一标准》GB 50300—2013附录B规定的分部工程、子分部工程、分项工程的代码、检验批代码（依据专业验收规范）和资料顺序号统一为11位数的数码编号写在表的右上角，前8位数字均印在表上，后留下划线空格，检查验收时填写检验批的顺序号。其编号规则具体说明如下：

① 第1、2位数字是分部工程的代码；

② 第3、4位数字是子分部工程的代码；

③ 第5、6位数字是分项工程的代码；

④ 第7、8位数字是检验批的代码；

⑤ 第9、10、11位数字是各检验批验收的顺序号。

同一检验批表格适用于不同分部、子分部、分项工程时，表格分别编号，填表时按实际类别填写顺序号加以区别；编号按分部、子分部、分项、检验批序号的顺序排列。

2. 表头的填写

（1）单位（子单位）工程名称填写全称，如为群体工程，则按群体工程名称—单位工程名称形式填写，子单位工程标出该部分的位置。

（2）分部（子分部）工程名称按《建筑工程施工质量验收统一标准》GB 50300划定的分部（子分部）名称填写。

（3）分项工程名称按《建筑工程施工质量验收统一标准》附录B的规定填写。

（4）施工单位及项目负责人："施工单位"栏应填写总包单位名称，或与建设单位签订合同的专业承包单位名称，宜写全称，并与合同上公章名称一致，并应注意各表格填写的名称应相互一致。

"项目负责人"栏填写合同中指定的项目负责人的名字，表头中人名由填表人填写即可，只是标明具体的负责人，不用签字。

（5）分包单位及分包单位项目负责人："分包单位"栏应填写分包单位名称，即与施工单位签订合同的专业分包单位名称，宜写全称，并与合同上公章名称一致，并应注意各表格填写的名称应相互一致。

"分包单位项目负责人"栏填合同中指定的分包单位项目负责人的名字，表头中人名由填表人填写即可，只是标明具体的负责人，不用签字。

（6）检验批容量：指本检验批的工程量，按工程实际填写，计量项目和单位按专业验收规范中对检验批容量的规定。

（7）检验批部位是指一个分项工程中验收那个检验批的抽样范围，要按实际情况标注清楚。

（8）"施工依据"栏，应填写施工执行标准的名称及编号，可以填写所采用的企业标准、地方标准、行业标准或国家标准；要将标准名称及编号填写齐全；也可以是技术交底或企业标准、工艺规范、工法等。

（9）"验收依据"栏，填写验收依据的标准名称及编号。

3. "验收项目"的填写

"验收项目"栏制表时按 4 种情况印刷；

（1）直接写入：当规范条文文字较少，或条文本身就是表格时，按规范条文写入。

（2）简化描述：将质量要求作简化描述主题的内容，作为检查的提示。

（3）填写条文号；在后边附上条文内容。

（4）将条文项目直接写入表格。

4. "设计要求及规范规定"栏的填写

（1）直接写入：当条文中质量要求的内容文字较少时，直接将条文写入；当为混凝土、砂浆强度符合设计要求时，直接写入设计要求值。

（2）写入条文号：当文字较多时，只将条文号写入。

（3）写入允许偏差：对定量要求，将允许偏差直接写入。

5. "最小/实际抽样数量"栏的填写

（1）对于材料、设备及工程试验类规范条文，非抽样项目，直接写入"/"。

（2）对于抽样项目且样本为总体时，写入"全/实际数量"，例如"全/10"，"10"指本检验批实际包括的样本总量。

（3）对于抽样项目且按工程量抽样时，写入"最小/实际抽样数量"，例如"5/5"，即按工程量计算最小抽样数量为 5，实际抽样数量为 5。

（4）本次检验批验收不涉及此验收项目时，此栏写入"/"。

（5）检验批的容量和每个检查项目的容量，通常是不一致的，检验批是整个项目的范围常常可以用工程量来表示，具体检查项目，用"件"、"处"、"点"来表示。

6. "检查记录"栏填写

（1）对于计量检验项目，采用文字描述方式，说明实际质量验收内容及结论；此类多为对材料、设备及工程试验类结果的检查项目。

（2）对于技术检验项目，必须依据对应的《检验批验收现场检查原始记录》中验收情况记录，按下列形式填写：

① 抽样检查的项目，填写描述语，例如"抽查 5 处，合格 4 处"，或者"抽查 5 处，全部合格"。

② 全数检查的项目，填写描述语，例如"共 5 处，检查 5 处，合格 4 处"，或者"共 5 处，检查 5 处，全部合格"。

（3）本次检验批验收不涉及此验收项目时，此栏写入"/"。

7. 对于"明显不合格"情况的填写要求

（1）对于计量检验和计数检验中全数检查的项目，发现明显不合格的个体，此条验收就不合格。

（2）对于计数检验中抽样检验的项目，明显不合格的个体可不纳入检验批，但应进行处理，使其满足有关专业验收规范的规定，对处理的情况应予以记录并重新验收；"检查记录"栏填写要求如下：

①不存在明显不合格的个体的，不做记录；

②存在明显不合格的个体的，按《检验批验收现场检查原始记录》中验收情况记录填写，例如"一处明显不合格，已整改，复查合格"，或"一处明显不合格，未整改，复查不合格"。

8. "检查结果"栏填写

（1）采用文字描述方式的验收项目，合格打"√"，不合格打"×"。

（2）对于抽样项目且为主控项目，无论定性还是定量描述，全数合格为合格，有1处不合格即为不合格，合格打"√"，不合格打"×"。

（3）对于抽样项目且为一般项目，"检验结果"栏填写合格率，例如"100％"。

定性描述项目所有抽查点全部合格（合格率为100％），此条方为合格。

定量描述项目，其中每个项目都必须有80％以上（混凝土保护层为90％）检测点的实测数值达到规范规定，其余20％按各专业施工质量验收规范规定，不能大于1.5倍，钢结构为1.2倍，就是说有数据的项目，除必须达到规定的数值外，其余可放宽的，最大放宽到1.5倍。

（4）本次检验批验收不涉及此验收项目时，此栏写入"/"。

9. "施工单位检查结果"栏的填写

施工单位质量检查员按依据的规范、规程判定该检验批质量是否合格，填写检查结果。填写内容通常为"符合要求"、"不符合要求"，"主控项目全部合格，一般项目符合验收规范（规程）要求"等评语。

如果检验批中含有混凝土、砂浆试件强度验收等内容，应待试验报告出来后再作判定，或暂评符合要求。

施工单位专业质量检查员和专业工长应签字确认并按实际填写日期。

10. "监理单位验收结论"的填写

应由专业监理工程师填写。填写前，应对"主控项目"、"一般项目"按照施工质量验收规范的规定逐项抽查验收，独立得出验收结论。认为验收合格，应签注"合格"或"同意验收"。如果检验批中含有混凝土、砂浆试件强度验收等内容，可根据质量控制措施的完善情况，暂备注"同意验收"。应待试验报告出来后再作确认。

检验批的验收是过程控制的重点，一定要正确按规范来检查，其质量指标必须满足规范规定和设计要求。

第三节　分项工程质量验收记录

一、分项工程样表及填写示例

以主体结构砌体分项工程为例，说明表的填写。

砖砌体分项工程质量验收记录

01020101 ____

编号：02020101001

单位(子单位) 工程名称	××住宅楼工程		分部(子分部) 工程名称	主体结构分部/ 砌体结构子分部	
分项工程数量	1.(1500m³)		检验批数量	6	
施工单位	××建筑公司	项目负责人	××	项目技术 负责人	××
分包单位	/	分包单位项目负责人	/	分包内容	/
序号	检验批名称	检验批容量	部位/区段	施工单位检查结果	监理单位验收结论
1	砖砌体	250m³	一层	符合要求	合格
2	砖砌体	250m³	二层	符合要求	合格
3	砖砌体	250m³	三层	符合要求	合格
4	砖砌体	250m³	四层	符合要求	合格
5	砖砌体	250m³	五层	符合要求	合格
6	砖砌体	250m³	六层	符合要求	合格
7					
8					
9					
10					
说明:检验批施工操作依据质量验收记录资料完整。					
施工单位 检查结果	符合要求 项目专业技术负责人:××× 201×年××月××日				
监理单位 验收结论	合格 专业监理工程师:××× 201×年××月××日				

二、填写依据及说明

分项工程完成，即分项工程所包含的检验批均已完工，施工单位自检合格后，应由专业质量检查员填报《分项工程质量验收记录》。分项工程应由专业监理工程师组织施工单位项目专业技术负责人等进行验收。

1. 表格名称及编号

（1）表格名称：按验收规范给定的分项工程名称，填写在表格名称前的划线位置处；

（2）分项工程质量验收记录编号：编号按"建筑工程的分部工程、子分部工程、分项工程划分"《建筑工程施工质量统一标准》GB 50300—2013 的附录 B 规定的分部工程、子分部工程、分项工程的代码编写，写在表的右上角。对于一个单位工程而言，一个分项只有一个分项工程质量验收记录，所以不编写顺序号。其编号规则具体说明如下：

① 第 1、2 位数字是分部工程的代码；

② 第 3、4 位数字是子分部工程的代码；

③ 第 5、6 位数字是分项工程的代码；

同一个分项工程有的适用于不同分部、子分部工程时，填表时按实际情况填写其编号。

2. 表头的填写

（1）单位（子单位）工程名称填写全称，如为群体工程，则按群体工程—单位工程名称形式填写，子单位工程标出该部分的位置。

（2）分部（子分部）工程名称按《建筑工程施工质量验收统一标准》GB 50300 划定的分部（子分部）名称填写。

（3）分项工程数量：指本分项工程的数量，通常一个分部工程中，同样的分项工程是一个。按工程实际填写。

（4）检验批数量指本分项工程包含的实际发生的所有检验批的数量。

（5）施工单位及项目负责人、项目技术负责人："施工单位"栏应填写总包单位名称，宜写全称，并与合同上公章名称一致，并应注意各表格填写的名称应相互一致。

"项目负责人"栏填写合同中指定的项目负责人姓名；"项目技术负责人"栏填写本工程项目的技术负责人姓名；表头中人名由填表人填写即可，只是标明具体的负责人，不用签字。

（6）分包单位及分包单位项目负责人："分包单位"栏应填写分包单位名称，即与施工单位签订合同的专业分包单位名称，宜写全称，并与合同上公章名称一致，并应注意各表格填写的名称应相互一致；"分包单位项目负责人"栏填写合同中指定的分包单位项目负责人姓名；表头中人名由填表人填写即可，只是标明具体的负责人，不用签字。

（7）分包内容：指分包单位承包的本分项工程的范围，有的工程这个分项工程全由其分包。

3. "序号"栏的填写

按检验批的排列顺序依次填写，检验批项目多于一页的，增加表格，顺序排号。

4. "检验批名称、检验批容量、部位/区段、施工单位检查结果、监理单位验收结论"栏的填写。

（1）检验批名称按本分项工程汇总的所有检验批依次排序，并填写其名称。

（2）检验批容量按相应专业质量验收规范检验批填的容量填写，有时检验批的容量和主控项目、一般项目抽样的容量不一致，按各检查项目的具体容量分别进行抽样。部位、区段，按实际验收时的情况逐一填写齐全，一般指这个检验批在这个分项工程中的部位/区段。

（3）"施工单位检查结果"栏，由填表人依据检验批验收记录填写，填写"符合要求"或"验收合格"；在有混凝土、砂浆强度等项目时，待其评定合格，确认各检验批符合要求后，再填写检查结果。

（4）"监理单位验收结论"栏，由专业监理工程师依据检验批验收记录填写，检查同意后填写"合格"或"符合要求"，有混凝土、砂浆强度项目时，待评定合格，再填写验收结论，如有不同意，项目应做标记但暂不填写。

5."说明"栏的填写

（1）如有不同意项应做标记但暂不填写，待处理后再验收；对不同意项，监理工程师应指出问题，明确处理意见和完成时间。

（2）通常情况下，可填写验收过程的一些表格中反映不到的情况，如检验批施工依据，质量验收记录，所含检验批的质量验收记录是否完整等的情况。

6.表下部"施工单位检查结果"栏的填写

（1）由施工单位项目技术负责人填写，填写"符合要求"或"验收合格"，填写日期并签名。

（2）分包单位施工的分项工程验收时，分包单位人员不签字，但应将分包单位名称及分包单位项目负责人、分包内容填写到对应的栏格内。

7.表下部"监理单位验收结论"栏，由专业监理工程师在确认各项验收合格后，填入"验收合格"，填写日期并签名。

8.注意事项

（1）核对检验批的部位、区段是否全部覆盖分项工程的范围，有无遗漏的部位。

（2）一些在检验批中无法检验的项目，在分项工程中直接验收，如有混凝土、砂浆强度要求的检验批，到龄期后评定结果能否达到设计要求；砌体的全高垂直度检测结果等。

（3）检查各检验批的验收资料完整并统一整理，为下一步验收打下基础。

第四节　分部工程质量验收记录

一、分部工程样表及填写示例

主体结构分部工程质量验收记录

编号：02

单位（子单位）工程名称	××住宅楼工程	子分部工程数量	2	分项工程数量	4
施工单位	××建筑公司	项目负责人	王××	技术（质量）负责人	李××
分包单位	/	分包单位项目负责人	/	分包内容	/
序号	子分部工程名称	分项工程名称	检验批数量	施工单位检查结果		监理单位验收结论
1	混凝土结构	钢筋	6	符合要求		合格
		混凝土	6	符合要求		合格
		现浇结构	6	符合要求		合格
2	砌体结构	砖砌体（填充墙）	6	符合要求		合格
质量控制资料				共4项,有效完整		符合要求

14

安全和功能检验结果	抽查6项,符合要求	符合要求
观感质量检验结果	好	好

综合验收结论	主体结构分部工程质量验收合格。

施工单位 项目负责人:××× 201×年××月××日	勘察单位 项目负责人:/ 201×年××月××日	设计单位 项目负责人:××× 201×年××月××日	监理单位 总监理工程师:××× 201×年××月××日

注:1. 地基与基础分部工程的验收应由施工、勘察、设计单位项目负责人和总监理工程师参加并签字。

2. 主体结构、节能分部工程的验收应由施工、设计单位项目负责人和总监理工程师参加并签字。

二、填写依据及说明

分部(子分部)工程完成,施工单位自检合格后,应填报《分部工程质量验收记录》。

分部工程应由总监理工程师组织施工单位项目负责人和施工项目技术负责人等进行验收。勘察、设计单位项目负责人和施工单位技术、质量部门负责人应参加地基与基础分部工程的验收。设计单位项目负责人和施工单位技术、质量部门负责人应参加主体结构、节能分部工程的验收。

1. 表格名称及编号

(1)表格名称:按《建筑工程施工质量验收统一标准》GB 50300—2013 附录 B 表给定的分部工程名称,填写在表格名称前划线位置处。

(2)分部工程质量验收记录编号:编号按《建筑工程施工质量验收统一标准》GB 50300—2013 的附录 B 规定的分部工程代码编写,写在表的右上角。对于一个工程而言,一个分部只有一个分部工程质量验收记录,所以不编写顺序号。其编号为两位。

2. 表头的填写

(1)单位(子单位)工程名称填写全称,如为群体工程,则按群体工程名称—单位工程名称形式填写,子单位工程时应标出该子分部工程的位置。

(2)子分部工程数量:指本分部工程包含的实际发生的所有子分部工程的数量。

(3)分项工程数量:指本分部工程包含的实际发生的所有分项工程的总数量。

(4)施工单位及施工单位项目负责人、施工单位技术(质量)负责人。

"施工单位"栏应填写总包单位名称,宜写全称,并与合同上公章名称一致,并应注意各表格填写的名称应相互一致;施工单位项目负责人填写合同指定的施工单位项目负责人,"技术(质量)负责人"栏应填写施工单位技术(质量)部门负责人;表头中人名由填表人填写即可,只是标明具体的负责人,不用签字。

(5)分包单位及分包单位项目负责人、分包单位技术(质量)负责人:"分包单位"栏应填写分包单位名称,宜写全称,并与合同上公章名称一致,并应注意各表格填写的名称应相互一致;"分包单位项目负责人"栏填写合同中指定的分包单位项目负责人;表头中人名由填表人填写即可,只是标明具体的负责人,不用签字;没有分包工程分包单位可以不填写。

（6）分包内容：指分包单位承包的本分部工程的范围，应如实填写。没有时不填写。

3. "序号"栏的填写

按子分部工程的排列顺序依次填写，分项工程项目多于一页的，增加表格，顺序排号。

4. "子分部工程名称、分项工程名称、检验批数量、施工单位检查结果、监理单位验收结论"栏的填写

（1）填写本分部工程汇总的所有子分部工程名称、分项工程名称并列在子分部工程后依次排序，并填写其名称、检验批只填写数量，注意要填写完整。

（2）"施工单位检查结果"栏，由填表人依据分项工程验收记录填写，填写"符合要求"或"合格"。

（3）"监理单位验收结论"栏，由总监理工程师检查同意验收后，填写"合格"或"符合要求"。

5. 质量控制资料

（1）"质量控制资料"栏应按《单位（子单位）工程质量控制资料核查记录》相应的分部工程的内容来核查，各专业只需要检查该表内对应于本专业的那部分相关内容，不需要全部检查表内所列内容，也未要求在分部工程验收时填写该表。

（2）核查时，应对资料逐项核对检查，应核查下列内容：

① 查资料是否完整，该有的项目是否都有了；项目中该有的资料是否齐全，有无遗漏；

② 资料的内容有无不合格项，资料中该有的数据和结论是否有了；

③ 资料是否相互协调一致，有无矛盾，不交圈；

④ 各项资料签字是否齐全；

⑤ 资料的分类整理是否符合要求，案卷目录、份数页数等有无缺漏。

（3）当确认能够基本反映工程质量情况，达到保证结构安全和使用功能的要求，该项即可通过验收。全部项目都通过验收，即可在"施工单位检查结果"栏内填写检查结果，标注"检查合格"，并说明资料份数，然后送监理单位或建设单位验收，监理单位总监理工程师组织核查，如认为符合要求，则在"验收意见"栏内签注"验收合格"或"符合要求"意见。

（4）对一个具体工程，是按分部还是按子分部进行资料验收，需要根据具体工程的情况自行确定。通常可按子分部工程进行资料验收。

6. "安全和功能检验结果"栏应根据工程实际情况填写

安全和功能检验，是指按规定或约定需要在竣工时进行抽样检测的项目。这些项目凡能在分部（子分部）工程验收时进行检测的，应在分部（子分部）工程验收时进行检测。具体检测项目可按《单位（子单位）工程安全和功能检验资料核查及主要功能抽查记录》中相关内容在开工之前加以确定。设计有要求或合同有约定的，按要求或约定执行。

在核查时，要检查开工之前确定的检测项目是否全部进行了检测。要逐一对每份检测报告进行核查，主要核查每个检测项目的检测方法、程序是否符合有关标准规定；检测结论是否达到规范的要求；检测报告的审批程序及签字是否完整等。

如果每个检测项目都通过核查，施工单位即可在检查结果标注"合格"或"符合要

求"，并说明资料份数。由项目负责人送监理单位验收，总监理工程师组织核查，认为符合要求后，在"验收意见"栏内签注"合格"或"符合要求"意见。

7. "观感质量检验结果"栏的填写应符合工程的实际情况

只作定性评判，不作量化打分。观感质量等级分为"好"、"一般"、"差"共3档。"好"、"一般"均为合格；"差"为不合格，需要修理或返工。

观感质量检查的主要方法是观察。但除了检查外观外，还应检查整个工程宏观质量，下沉、裂缝、色泽等。还应对能启动、运转或打开的部位进行启动或打开检查。并注意应尽量做到全面检查，对屋面、地下室及各类有代表性的房间、部位都应查到。

观感质量检查首先由施工单位项目负责人组织施工单位人员进行现场检查，检查合格后填表，由项目负责人签字后交监理单位验收。

监理单位总监理工程师组织专业监理工程师对观感质量进行验收，并确定观感质量等级。认为达到"好"、"一般"，均视为合格。在"观感质量"验收意见栏内填写"好"、"一般"。评为"差"的项目，应由施工单位修理或返工。如确实无法修理，可经协商实行让步验收，并在验收表中注明。由于"让步验收"意味着工程留下永久性缺陷，故应尽量避免出现这种情况。

8. "综合验收结论"的填写

由总监理工程师与各方协商，确认符合规定，取得一致意见后。可在"综合验收结论"栏填入"××分部工程验收合格"。

当出现意见不一致时，应由总监理工程师与各方协商，对存在的问题，提出处理意见或解决办法，待问题解决后再填表。

9. 签字栏

制表时已经列出了需要签字的参加工程建设的有关单位。应由各方参加验收的代表亲自签名，以示负责，通常不需盖章。勘察、设计单位需参加地基与基础分部工程质量验收，由其项目负责人亲自签认。

设计单位需参加主体结构和建筑节能分部工程质量验收，由设计单位的项目负责人亲自签认。

施工方总承包单位由项目负责人亲自签认，分包单位不用签字，但必须参与其负责的那个分部工程的验收。

监理单位作为验收方，由总监理工程师签认验收。未委托监理的工程，可由建设单位项目技术负责人签认验收。

10. 注意事项

（1）核查各分部工程所含分项工程是否齐全，有无遗漏。

（2）核查质量控制资料是否完整，分类整理是否符合要求。

（3）核查安全、功能的检测是否按规范、设计、合同要求全部完成，未作的应补作，核查检测结论是否合格。

（4）对分部工程应进行观感质量检查验收，主要检查分项工程验收后到分部工程验收之间，工程实体质量有无变化，如有，应修补达到合格，才能通过验收。

第五节 单位工程质量竣工验收记录

一、单位工程样表及填写示例

单位工程质量竣工验收记录

工程名称	××住宅楼工程	结构类型	砖混结构	层数/建筑面积	地下三层地上十层/3000m²
施工单位	××建筑公司	技术负责人	陈××	开工日期	201×年××月××日
项目负责人	王××	项目技术负责人	白××	竣工日期	201×年××月××日

序号	项目	验收记录	验收结论
1	分部工程验收	共8个分部,经查符合设计及标准规定8个分部(无通风与空调、智能、有燃气未检查)	所有8个分部工程质量验收合格
2	质量控制资料核查	共29项,经核查符合规定29项	实际发生的29项,质量控制资料全部符合有关规定
3	安全和使用功能核查及抽查结果	共核查24项,符合规定24项,共抽查6项,符合规定6项,经返工处理符合规定0项	核查及抽查项目全部符合规定
4	观感质量验收	共抽查17项,达到"好"和"一般"的17项,经返修处理符合要求的0项	好

综合验收结论		工程质量合格		
	建设单位	监理单位	施工单位	设计单位	勘察单位

参加验收单位	(公章)项目负责人:×××201×年××月××日	(公章)总监理工程师:×××201×年××月××日	(公章)项目负责人:×××201×年××月××日	(公章)项目负责人:×××201×年××月××日	(公章)项目负责人:×××201×年××月××日

注:单位工程验收时,验收签字人员应由相应单位法人代表书面授权。

二、填写依据及说明

《单位工程质量竣工验收记录》是一个建筑工程项目的最后一道验收,应先由施工单位检查合格后填写。提交监理单位、建设单位组织验收。先由监理单位由总监理工程师组织预验收,再由建设单位组织正式验收。

1. 单位工程完工,施工单位组织自检合格后,应由施工单位填写《单位工程质量验收记录》并整理好相关的控制资料和检测资料等。报请监理单位进行预验收,通过后向建设单位提交工程竣工验收报告,建设单位应组织设计、监理、施工、勘察等单位项目负责人进行工程质量竣工验收,验收记录上各单位必须签字并加盖公章,验收签字人员应由相应单位法人代表书面授权的项目负责人。

2. 进行单位工程质量竣工验收时,施工单位应同时填报《单位工程质量控制资料核

18

查记录》、《单位工程安全和功能检验资料核查及主要功能抽查记录》、《单位工程观感质量检查记录》，作为《单位工程质量竣工验收记录》的配套附表。

3. 表头的填写

(1) 工程名称：应填写单位工程的全称，应与施工合同中的工程名称相一致。

(2) 结构类型：应填写施工图设计文件上确定的结构类型，子单位工程不论其是哪个范围，也是照样填写。

(3) 层数/建筑面积：说明地下几层地上几层，建筑面积填竣工决算的建筑面积。

(4) 施工单位、技术负责人、项目负责人、项目技术负责人。"施工单位"栏应填写总承包单位名称，宜写全称，并与合同上公章名称一致，并注意各表格填写的名称应相互一致；"技术负责人"应为施工单位的技术负责人姓名；"项目负责人"栏填写合同中指定的项目负责人姓名；"项目技术负责人"栏填写本工程项目的技术负责人姓名。

(5) 开、竣工日期：开工日期填写合同到"施工许可证"的实际开工日期；完工日期以竣工验收合格，参验人员签字通过日期为准。

4. "项目"栏按单位工程验收的内容逐项填写，并与"验收记录"、"验收结果"栏，一并相应的填写；"分部工程验收"栏根据各《分部工程质量验收记录》填写。应对所含各分部工程。

5. 由竣工验收组成员共同逐项核查。对表中内容如有异议，应对工程实体进行检查或测试。

核查并确认合格后，由监理单位在"验收记录"栏注明共验收了几个分部，符合标准及设计要求的有几个分部，并在右侧的"验收结论"栏内，填入具体的验收结论。

6. "质量控制资料核查"栏根据《单位工程质量控制资料核查记录》的核查结论填写。

建设单位组织由各方代表组成的验收组成员，或委托总监理工程师，按照《单位工程质量控制资料核查记录》的内容，对实际发生的项目进行逐项核查并标注。确认符合要求后，在"验收记录"栏填写共核查××项，符合规定的××项，并在"验收结论"栏内填写具体实际核查的项符合规定的验收结论。

7. "安全和主要使用功能核查及抽查结果"栏根据《单位工程安全和功能检验资料核查及主要功能抽查记录》的核查结论填写。对于分部工程验收时已经进行了安全和功能检测的项目，单位工程验收时不再重复检测。但要核查以下内容：

(1) 单位工程验收时按规定、约定或设计要求，需要进行的安全功能抽测项目是否都进行了检测；具体检测项目有无遗漏。

(2) 抽测的程序、方法及判定标准是否符合规定。

(3) 抽测结论是否达到设计要求及规范规定。

经核查对实际发生的检测项目进行逐项核查并标注，认为符合要求的，在"验收记录"栏填写核查的项数及符合项数，抽查项数及符合规定的项数，没有返工处理项。并在"验收结论"栏填入核查、抽测项目数符合要求的结论。如果发现某些抽测项目不全，或抽测结果达不到设计要求，可进行返工处理。

8. "观感质量验收"栏根据《单位工程观感质量检查记录》的检查结论填写。

参加验收的各方代表，在建设单位主持下，对观感质量抽查，共同做出评价。如确认没有影响结构安全和使用功能的项目，符合或基本符合规范要求，应评价为"好"或"一般"。如果某项观感质量被评价为"差"，应进行修理。如果确难修理时，只要不影响结构安全和使用功能的，可采用协商解决的方法进行验收，并在验收表上注明。

观感质量验收不只是外观的检查，实际是实物质量的一个全面检查，能启动的启动一下，有不完善的地方可记录下来，如裂缝、损缺等。实际是对整个工程的一个综合的实地的总体质量水平的检查。

对观感质量验收检查抽查的点（项）数，达到"好"、"一般"的在"验收记录"栏记录。并在"验收结论"栏填写"好"或"一般"。

9."综合验收结论"栏应由参加验收各方共同商定，并由建设单位填写，主要对工程质量是否符合设计和规范要求及总体质量水平做出评价。

三、单位工程质量控制资料核查

（一）样表及填写示例

单位工程质量控制资料核查记录

工程名称		××综合楼工程		施工单位		××建筑公司	
序号	项目	资料名称	份数	施工单位		监理单位	
				核查意见	核查人	核查意见	核查人
1	建筑与结构	图纸会审记录、设计变更通知单、工程洽商记录	13	完整有效		合格	
2		工程定位测量、放线记录	16	完整有效		合格	
3		原材料出厂合格证书及进厂检验、试验报告	87	完整有效		合格	
4		施工试验报告及见证检测报告	56	完整有效		合格	
5		隐蔽工程验收记录	15	完整有效		合格	
6		施工记录	27	完整有效	×××	合格	×××
7		地基、基础、主体结构检验及抽样检测资料	9	完整有效		合格	
8		分项、分部工程质量验收记录	28	完整有效		合格	
9		工程质量事故调查处理资料	/	/		/	
10		新技术论证、备案及施工记录	/	/		/	
1	给水排水与供暖	图纸会审记录、设计变更通知单、工程洽商记录	5	完整有效		合格	
2		原材料出厂合格证书及进厂检验、试验报告	26	完整有效		合格	
3		管道、设备强度试验、严格性试验记录	6	完整有效		合格	
4		隐蔽工程验收记录	3	完整有效		合格	
5		系统清洗、灌水、通水、通球试验记录	22	完整有效	×××	合格	×××
6		施工记录	12	完整有效		合格	
7		分项、分部工程质量验收记录	10	完整有效		合格	
8		新技术论证、备案及施工记录	/	/		/	

序号	项目	资料名称	份数	施工单位		监理单位	
				核查意见	核查人	核查意见	核查人
1	通风与空调	图纸会审记录、设计变更通知单、工程洽商记录	/	/		/	
2		原材料出厂合格证书及进厂检验、试验报告	/	/		/	
3		制冷、空调、水管道强度试验、严密试验记录	/	/		/	
4		隐蔽工程验收记录	/	/		/	
5		制冷设备运行调试记录	/	/		/	
6		通风、空调系统调试记录	/	/		/	
7		施工记录	/	/		/	
8		分项、分部工程质量验收记录	/	/		/	
9		新技术论证、备案及施工记录	/	/		/	
1	建筑电气	图纸会审记录、设计变更通知单、工程洽商记录	6	完整有效		合格	
2		原材料出厂合格证书及进厂检验、试验报告	18	完整有效		合格	
3		设备调试记录	4	完整有效		合格	
4		接地、绝缘电阻测试记录	15	完整有效		合格	
5		隐蔽工程验收记录	4	完整有效	×××	合格	×××
6		施工记录	14	完整有效		合格	
7		分项、分部工程质量验收记录	10	完整有效		合格	
8		新技术论证、备案及施工记录	/	/		/	
1	智能建筑	图纸会审记录、设计变更通知单、工程洽商记录	9	/		/	
2		原材料出厂合格证书及进厂检验、试验报告	25	/		/	
3		隐蔽工程验收记录	30	/		/	
4		施工记录	30	/		/	
5		系统功能测定及设备调试记录	25	/		/	
6		系统技术、操作和维护记录	20	/		/	
7		系统管理、操作人员培训记录	10	/		/	
8		系统检测报告	1	/		/	
9		分项、分部工程质量验收记录	9	/		/	
10		新技术论证、备案及施工记录	2	/		/	
				/			

序号	项目	资料名称	份数	施工单位 核查意见	施工单位 核查人	监理单位 核查意见	监理单位 核查人
1	建筑节能	图纸会审记录、设计变更通知单、工程洽商记录	4	完整有效		合格	
2		原材料出厂合格证书及进厂检验、试验报告	20	完整有效		合格	
3		隐蔽工程验收记录	4	完整有效		合格	
4		施工记录	20	完整有效		合格	
5		外墙、外窗节能检验报告	4	完整有效	×××	合格	×××
6		设备系统节能检测报告	15	完整有效		合格	
7		分项、分部工程质量验收记录	10	完整有效		合格	
8		新技术论证、备案及施工记录	/	/		/	
1	电梯	图纸会审记录、设计变更通知单、工程洽商记录	3	完整有效		合格	
2		设备出厂合格证书及开箱检验记录	2	完整有效		合格	
3		隐蔽工程验收记录	4	完整有效		合格	
4		施工记录	8	完整有效		合格	
5		接地、绝缘电阻试验记录	2	完整有效	×××	合格	×××
6		负荷试验、安全装置检查记录	4	完整有效		合格	
7		分项、分部工程质量验收记录	2	完整有效		合格	
8		新技术论证、备案及施工记录	/	/		/	
1	燃气		/				
检查结论		结论:工程质量控制资料完整、有效,各种材料、设备进场验收、施工记录、施工试验、系统调试记录等符合有关规范规定,工程质量控制资料核查通过,同意验收。 施工单位项目负责人:×××　　　　　　　　　　总监理工程师:××× 201×年××月××日　　　　　　　　　　　　201×年××月××日					

注:抽查项目由验收组协商确定。

(二)填写依据及说明

1. 单位工程质量控制资料是单位工程综合验收的一项重要内容,核查目的是强调建筑结构安全性能、使用功能方面主要技术性能的检验。施工单位应将全部资料按表列的项目分类整理附在表的后边,供审查用。其每一项资料包含的内容,就是单位工程包含的有关分项工程中检验批主控项目、一般项目要求内容的汇总。对一个单位工程全面进行质量控制资料核查,可以了解施工过程质量受理情况,防止局部错漏,从而进一步加强工程质量的控制。

2. 《建筑工程施工质量验收统一标准》GB 50300—2013 中规定了按专业分共计 61 项内容。其中,建筑与结构 10 项,给排水与采暖 8 项;通风与空调 9 项;建筑电气 8

项；建筑智能化 10 项，建筑节能 8 项，电梯 8 项。通风与空调、建筑智能化工程没有，燃气工程由于没有更新验收规范，原来的《建筑采暖与燃气工程质量检验评定标准》GB/T 302—88 中关于"室内燃气工程"和"室外燃气工程"一直没有使用，故未检查。

3. 本表由施工单位按照所列质量控制资料的种类、名称进行检查，达到完整、有效后，填写份数，然后提交给监理单位验收。

4. 本表其他各栏内容先由施工单位进行自查和填写。监理单位应按分部工程逐项核查，独立得出核查结论。监理单位核查合格后，在监理单位"核查意见"栏填写对资料核查后的具体意见如"完整"、"符合要求""合格"都行。施工、监理单位具体核查人员在"核查人"栏签字。

5. 总监理工程师确认符合要求后，施工单位项目负责人和总监理工程师，在表下部"检查结论"栏内，填写对资料核查后的综合性结论。达到同意验收，并签字确认。

四、单位工程安全和使用功能资料核查及抽查

（一）样表及填写示例

单位工程安全和功能检验资料核查和主要功能抽查记录

工程名称		××综合楼工程		施工单位		××建筑公司
序号	项目	安全和功能检查项目	份数	核查意见	核查意见	核（抽）查人
1	建筑与结构	地基承载力检验报告	2	完整、有效		施工：××× 监理：×××
2		桩基承载力检验报告	/	/		
3		混凝土强度试验报告	6	完整、有效	抽查 1 处合格	
4		砂浆强度试验报告	6	完整、有效		
5		主体结构尺寸、位置抽查记录	6	完整、有效		
6		建筑物垂直度、标高、全高测量记录	1	完整、有效	抽查 5 处合格	
7		屋面淋水或蓄水试验记录	1	完整、有效	抽查 1 处合格	
8		地下室渗漏水检测记录	/			
9		有防水要求的地面蓄水试验记录	1	完整、有效	抽查 5 处合格	
10		抽气（风）道检查记录	2	完整、有效	抽查 2 处合格	
11		外窗气密性、水密性、耐风压检测报告	2	完整、有效		
12		幕墙气密性、水密性、耐风压检测报告	/			施工：××× 监理：×××
13		建筑物沉降观测测量记录	2	完整、有效		
14		节能、保温测试记录	5	完整、有效		
15		室内环境检测报告	2	完整、有效		
16		土壤氡气浓度检测报告	1	完整、有效		

序号	项目	安全和功能检查项目	份数	核查意见	核查意见	核(抽)查人
1	给水排水与供暖	给水管道通水试验记录	1	完整、有效		施工：××× 监理：×××
2		暖气管道、散热器压力实验记录	2	完整、有效	抽查5处合格	
3		卫生器具满水试验记录	2	完整、有效		
4		给水消防管道、燃气管道压力试验记录	12	完整、有效		
5		排水干管通球试验记录	14	完整、有效		
6		锅炉试运行、安全阀及报警联动测试记录	/			
1	通风与空调	通风、空调系统试运行记录				
2		风量、温度测试记录				
3		空气能量回收装置测试记录				
4		洁净室净度测试记录				
5		制冷机组试运行调试记录				
1	建筑电气	建筑照明通电试运行记录	2	完整、有效		施工：××× 监理：×××
2		灯具固定装置及悬吊装置的载荷强度试验记录	/	/		
3		绝缘电阻测试记录	36	完整、有效	抽查8处合格	
4		剩余电流动作保护器测试记录	/			
5		应急电源装置应激持续供电记录	/			
6		接地电阻测试记录	6	完整、有效	抽查3处合格	
7		接地故障回路阻抗测试记录	6	完整、有效		
1	智能建筑	系统试运行记录	/			
2		系统电源及接地检测报告	/			
3		系统接地检测报告	/			
1	建筑节能	外墙节能构造检查记录或热工性能检验报告	12	完整、有效		施工：××× 监理：×××
2		设备系统节能性能检查记录	2	完整、有效		
1	电梯	运行记录	2	完整、有效		施工：××× 监理：×××
2		安全装置检测报告	6	完整、有效		
1	燃气工程		/			

结论：资料完整有效、抽查结果全部符合要求。同意验收。

施工单位项目负责人：×××　　　　　　　　总监理工程师：×××
　　　201×年××月××日　　　　　　　　　　201×年××月××日

注：抽查项目由验收组协商确定。

（二）填写依据及说明

1. 建筑工程投入使用，最为重要的是要确保安全和满足功能性要求。涉及安全和使用功能的项目性能应有检验资料，质量验收时确保满足安全和使用功能的项目进行检测是强化验收的重要措施，对主要项目的检测资料记录进行抽查是落实质量的内容，施工单位应在竣工验收时，先将《单位工程安全和功能检验资料核查及主要抽查记录》确认好，竣工与验收时，监理进行抽查，填写核查、抽查意见。

2. 抽查项目是在核查资料文件的基础上，由参加验收的各方人员协商确定，然后按有关专业工程施工质量验收标准进行检查。

3. 安全和功能的各项主要检测项目，《单位工程安全和功能检验资料核查及主要抽查记录》中已经列明。如果设计或合同有其他要求，经监理认可后可以补充。

安全和功能的检测，如果条件具备，应在分部工程验收时进行。分部工程验收时凡已经做过的安全和功能检测项目，单位工程竣工验收时可不再重复检测。只核查检测报告是否符合有关规定。可核查检测项目是否有遗漏，应与检测项目计划对应检查；核查抽测项目程序、方法、判定标准是否符合规定；检测结论是否达到设计要求及规范规定；如果某个项目抽测结果达不到设计要求，应允许进行返工处理，使之达到要求再填表。

核查抽查的项目原始记录见下表。

安全和功能检验资料核查及主要功能抽查项目原始记录

序号	分部工程	子分部工程	资料核查及功能抽查项目	
1	地基及基础	地基	强度、承载力试验报告	只能抽查资料
		基础	打入桩：桩位偏差测量记录，斜桩倾斜度测量记录 灌注桩：桩位偏差测量记录，桩顶标高测量记录，混凝土试块试验报告 工程桩承载力试验报告	只能抽查资料
		地下防水	渗漏水检验记录	可抽查工程
2	主体结构	混凝土结构	结构实体混凝土同条件养护试件强度试验报告 结构实体混凝土取芯法强度检测报告 结构实体钢筋保护层厚度检测报告 结构实体位置与尺寸偏差测量记录	只能抽查资料
		砌体结构	填充墙砌体植筋锚固力检测报告 转角交接处、马牙槎混凝土检查 砂浆饱满度 空心砌块芯柱混凝土	只能抽查资料
		钢结构	钢材、焊材、高强度螺栓连接副复验报告 摩擦面抗滑移系数试验报告 金属屋面系统抗风能力试验报告 焊缝无损探伤检测报告 地脚螺栓和制作安装检查记录 防腐及防火涂装厚度检测报告 主要构件安装精度检查记录 主体结构整体尺寸检查记录	只能抽查资料

序号	分部工程	子分部工程	资料核查及功能抽查项目
2	主体结构	木结构	结构形式、结构布置、构件尺寸 钉连接、螺栓连接规格、数量 胶合木类别、组坯方式、胶缝完整性、层板指接强度 防火涂料及防腐、防虫药剂　　　　只能抽查资料
		铝合金结构	焊缝质量 高强螺栓施工质量 柱脚及网架支座检查 主要构件变形 主体结构尺寸　　　　只能抽查资料
3	建筑装饰装修	地面	防水地面蓄水试验 砖、石材、板材、地毯、胶、涂料等材料具有环保证明文件 　　　　只能抽查资料
		门窗	建筑外窗的气密性能、水密性能和抗风压性能检验报告 　　　　只能抽查资料
		饰面板	后置埋件现场拉拔力检验报告　　　　只能抽查资料
		饰面砖	样板和外墙饰面砖的粘接强度检验报告　　　　只能抽查资料
		幕墙	硅酮结构胶相容性、剥离粘结性检验报告 后置埋件和槽式预埋件的现场拉拔力检验报告 气密性能、水密性能、耐风压性能及平面变形性能检验报告 　　　　只能抽查资料
		环境	室内环境质量检测报告 土壤氡浓度检测报告 建筑材料放射性核素检验报告 装修材料有害物质含量检验报告　　　　可抽查工程
4	屋面	防水与密封	雨后的持续 2h 淋水检查记录 檐沟、天沟 24h 蓄水检查记录　　　只能抽查资料，也可观察检查
5	建筑给水排水及供暖	室内给水系统	管道、设备及阀门水压试验记录、消火栓试射试验记录 　　　　只能抽查资料
		室内排水系统	排水管道灌水、通球及通水试验记录　　　只能抽查资料 地漏及地面清扫口排水试验记录　　　可观察检查
		室外给水管网	消火栓试射试验记录　　　只能抽查资料
		室外排水管网	管道灌水及通水试验记录　　　可检查
		卫生器具	卫生器具满水和通水试验记录　　　可检查
		室外供热管网	采暖系统冲洗及试验记录　　　只能抽查资料
		热源及辅助设备	安全阀及报警联动测试记录 锅炉 48 试运行记录　　　只能抽查资料

序号	分部工程	子分部工程	资料核查及功能抽查项目	
6	通风与空调	通风工程	通风系统试运行记录	只能抽查资料
		空调工程	空调系统试运行记录 空气能量回收装置测试记录 洁净室洁净度测试记录 制冷机组试运行调试记录	（本工程中无此项） 只能抽查资料
7	建筑电气	电气照明	建筑照明通电试运行记录 灯具固定装置及悬吊装置的载荷强度试验记录 绝缘电阻测试记录 剩余电流动作保护器测试记录 应急电源装置应急持续供电时间记录	可检查 只能抽查资料
		防雷及接地	接地电阻测试记录 接地故障回路阻抗测试记录	可检查 只能抽查资料
8	智能建筑	设备系统	系统试运行记录 系统电源检测报告	（本工程中无此项） 只能抽查资料
		防雷与接地	系统接地检测报告	只能抽查资料
9	建筑节能	围护系统节能	外墙节能构造检查记录或热工性能检验报告	只能抽查资料
		系统及管网	设备系统节能性能检查记录	只能抽查资料
10	电梯	电梯、自动扶梯	系统运行记录 安全装置检测报告	只能抽查资料
11	燃气工程		（本工程未验收）	暂无内容

注：此表是提供可抽查的项目，供参考。

4．本表由施工单位按所列内容检查并填写份数后，提交给监理单位。

5．本表其他栏目由总监理工程师或建设单位项目负责人组织核查、抽查并由监理单位填写。

6．监理单位经核查和抽查，如果认为符合要求，由总监理工程师在表中的"检查结论"栏填入综合性验收结论，施工单位项目负责人签字负责。

7．本表将全部分部工程的内容都列出，可供有关人员参考，没有的项目，可在检查时划去。

五、单位工程观感质量检查

（一）样表及填写示例

单位工程观感质量检查记录

工程名称		××综合楼工程	施工单位	××建筑公司
序号		项目	抽查质量状况	质量评价
1	建筑与结构	主体结构外观	共检查10点，好9点，一般1点，差0点	好
2		室外墙面	共检查10点，好8点，一般2点，差0点	好

序号	项目		抽查质量状况	质量评价
3	建筑与结构	变形缝、雨水管	共检查6点,好6点,一般0点,差0点	好
4		屋面	共检查5点,好4点,一般1点,差0点	好
5		室内墙面	共检查10点,好8点,一般2点,差0点	好
6		室内顶棚	共检查10点,好6点,一般4点,差0点	好
7		室内地面	共检查10点,好4点,一般6点,差0点	一般
8		楼梯、踏步、护栏	共检查10点,好2点,一般8点,差0点	一般
9		门窗	共检查10点,好3点,一般7点,差0点	一般
10		雨罩、台阶、坡道、散水	共检查10点,好4点,一般6点,差0点	一般
1	给水排水与供暖	楼道接口、坡度、支架	共检查10点,好9点,一般1点,差0点	好
2		卫生器具、支架、阀门	共检查10点,好7点,一般3点,差0点	好
3		检查口、扫除口、地漏	共检查10点,好6点,一般4点,差0点	好
4		散热器、支架	共检查10点,好9点,一般1点,差0点	好
1	建筑电气	配电箱、盘、板、接线盒	共检查10点,好9点,一般1点,差0点	好
2		设备器具、开关、插座	共检查10点,好6点,一般4点,差0点	好
3		防雷、接地、防火	共检查10点,好9点,一般1点,差0点	好
1	电梯	运行、平层、开关门	共检查10点,好10点,一般0点,差0点	好
2		层门、信号系统	共检查10点,好10点,一般0点,差0点	好
3		机房	共检查10点,好9点,一般10点,差0点	好
1	燃气	未检查	本工程未验收	
观感质量综合评价			好	
结论:评价为好,观感质量验收合格				

施工单位项目负责人:×××
201×年××月××日

总监理工程师:×××
201×年××月××日

注: 1. 对质量评价为差的项目进行返修。

　　2. 观感质量检查的原始记录应作为本表附件。

　　3. 建筑节能工程的观感质量都包括在其他分部工程了。

（二）填写依据及说明

　　1. 单位工程观感质量检查,是在工程全部竣工后进行的一项重要验收工作,是对一个单位工程的外观及使用功能质量的全面评价,可以促进施工过程的管理、成品保护,提高社会效益和环境效益。观感质量检查绝不是单纯的外观检查，而是实地对工程的一个全面检查。

2.《建筑工程施工质量验收统一标准》GB 50300—2013 规定，单位工程的观感质量验收，分为"好"、"一般"、"差"三个等级。观感质量检查的方法、程序、评判标准等，均与分部工程相同，不同的是检查项目较多，属于综合性验收。主要内容包括：核实质量控制效果，检查检验批、分项、分部工程验收的正确性，对在分项工程中不能检查的项目进行检查，核查各分部工程验收后到单位工程竣工时之间成品保护措施，工程的观感质量有无变化、损坏等。

3. 本表由总监理工程师组织参加验收的各方代表，按照表中所列内容，共同实际检查，协商得出质量评价、综合评价和验收结论意见。由于施工单位应有一个观感质量的验收表，在总监理工程师组织观感质量检查时，可单独重新填写一个新表，也可在施工单位的验收表上核查。通常都是重新填写表，检查结果可做个对比。

4. 单位工程观感质量检查项目具体内容原始记录如下表所示。

观感质量检查项目原始记录

序号	分部工程	抽查项目	抽查质量
1	地基与基础（含地下防水工程）	防水混凝土	密实、平整，无露筋、蜂窝，无贯通裂缝，且宽度不得大于 0.2mm
		砂浆防水	密实、平整、粘结牢固，无空鼓裂纹、起砂、麻面
		卷材防水层	接缝牢固、无损伤、空鼓、折皱
		涂料防水层	粘结牢固、无脱皮、流淌、鼓泡、露胎、折皱
		塑料板防水层	铺设牢固、平整，搭接焊缝严密，无焊穿下垂、绷紧
		金属板防水层	焊缝无裂纹、未熔合、夹渣、焊瘤、咬边、烧穿、弧坑、针状气孔
		细部构造	施工缝、变形缝后浇带、穿墙管、预埋件、预留通道接头、桩头、孔口、坑池构造做法检查
		其他项目	锚喷支护、地下连续墙、盾构隧道沉井逆管结构等防水构造做法检查、排水系统顺畅，结构缝注浆饱满
2	主体结构	混凝土结构	垂直度，平整度，预埋件，预留孔洞位置 外观缺陷（露筋、蜂窝、孔洞、裂缝、夹渣、疏松）
		钢结构	普通涂层表面 防火涂层表面 压型金属板表面 平台、楼梯、栏杆
		砌体结构	轴线位置 墙体、柱、构造柱垂直度 组砌方式 水平灰缝厚度 表面平整度 门窗洞尺寸、偏移

序号	分部工程	抽查项目	抽查质量
2	主体结构	木结构	A级外露构件表面油漆,孔洞修补,砂纸打磨 B级外露构件表面油漆,松软节孔洞修补 C级构件不外露,构件表面无需加工
		铝合金结构	金属板表面质量 涂层表面质量 平台、楼梯、栏杆牢固
3	建筑装饰装修	地面	变形缝、分隔缝位置正确,宽度均匀,填缝饱满 地面平整,无色差、空鼓、裂缝、掉角 楼梯、踏步平直、牢固
		抹灰	表面光滑、洁净、接槎平整,分隔缝清晰 护角、孔洞、槽、盒周围的抹灰表面整齐、光滑 抹灰分格缝宽度和深度均匀,表面光滑,棱角整齐
		外墙防水	砂浆防水层表面密实、平整,不得裂纹、起砂和麻面 涂膜防水层表面平整、均匀,不得流坠、露底、气泡、周折和翘边 透气膜防水层铺贴方向正确,纵向搭接缝错开,搭接宽度符合要求;表面平整,不得有皱折、伤痕、破裂;搭接缝粘接牢固、密封严密;收头与基层粘接固定牢固,缝口应严密
		门窗	门窗留缝宽度合适,表面洁净、平整、光滑、色泽一致、无锈蚀、擦伤、划痕和碰上 门窗与墙体间缝隙的填嵌材料表面光滑、饱满、顺直、无裂纹 排水孔应畅通,位置和数量符合要求 门窗扇的开关力大小合适 玻璃表面洁净,玻璃中空层内不得有灰尘和水蒸气,不应直接接触型材 密封条不得卷边、脱槽
		吊顶	面层材料表面洁净、色泽一致,不得有翘曲、裂缝及缺损。压条平直、宽窄一致 灯具、烟感器、喷淋头、风口箅子和检修口等设备设施的位置合理、美观,与饰面板的交接吻合、严密 吊顶龙骨接缝均匀,角缝吻合,表面平整,无翘曲和锤印。木龙骨顺直,无劈裂和变形 面层材料的材质、品种、规格、图案、颜色和性能应符合要求 玻璃板吊顶使用安全玻璃 吊杆和龙骨牢固,金属吊杆和龙骨表面防腐,木龙骨防腐、防火处理
		轻质隔墙	隔墙表面光洁、平顺、色泽一致,接缝应均匀、顺直 孔洞、槽、盒位置正确,套割方正、边缘整齐 填充材料干燥、密实、均匀、无下坠 活动隔墙推拉无噪声
		饰面板	表面平整、洁净、色泽一致,无裂痕、缺损、泛碱 填缝密实、平直、色泽一致,宽度和深度符合要求 孔洞边缘整齐

序号	分部工程	抽查项目	抽查质量
3	建筑装饰装修	饰面砖	表面平整、洁净、色泽一致、无裂痕、缺损、边缘整齐、吻合 接缝平直、光滑,填嵌连续、密实,宽度和深度符合要求 滴水线、槽顺直,流水坡向正确,坡度符合要求
		幕墙	板材表面平整、洁净、色泽均匀一致,不得有污染和镀膜损坏 外框、压条、拼缝平直,颜色、规格符合要求,压条牢固 板缝注胶饱满、密实、连续、深浅一致、宽窄均匀、光滑顺直、无气泡 流水坡向正确,滴水线顺直 阴阳角石板压向正确,板边合缝顺直,凸凹线出墙厚度应一致,上下口平直,面板上洞口、槽边边缘整齐
		涂饰	涂刷均匀、粘接牢固 颜色一致,色泽光滑,无泛碱、流坠、砂眼、刷纹 涂饰的图案文理和轮廓清晰
		裱糊与软包	表面平整,色泽一致,无斑污、气泡、裂缝、皱折 边缘平直整齐,无纸毛、飞刺 交接处吻合、严密、顺直,与电器槽、盒套割吻合,无缝隙
		细部	表面平整、洁净、色泽一致、无裂缝、翘曲及损坏 裁口顺直、拼缝严密
4	屋面	卷材防水	铺贴方向正确,搭接宽度符合要求,粘接牢固,表面平整无扭曲、皱折和翘边
		涂膜防水	粘结牢固,表面平整、均匀,无起泡、流淌和露胎体
		密封材料	接缝粘接牢固,表面平整,缝边顺直,无气泡、开裂、剥离 檐口、檐沟天沟、女儿墙、山墙、水落口、变形缝、伸出屋面管道防水做法正确 烧结瓦、混凝土瓦屋面:平整、牢固、整齐、搭接紧密、檐口顺直,脊瓦搭盖正确,间距均匀
		封固严密	无起伏现象,泛水顺直整齐,结合严密 沥青瓦屋面、钉粘牢固、搭接正确、瓦井外露部分未超过切开长度,钉帽无外露,瓦面平整,檐口顺直,泛水顺直整齐,结合严密
		金属板	平整、顺滑、连接正确,接缝严密屋脊、檐口、泛水直线段顺直,曲线段顺畅
		采光顶	平整、顺直,外露金属框或压条横平竖直,深浅一致,宽窄均匀,光滑顺着
		功能屋面	保护层、铺设做法正确
5	建筑给水排水及供暖	给排水管道	接口,管道坡度,管道支架、吊架,水表,检查口,地漏 消火栓水龙带、水枪安装,箱式消火栓位置 雨水斗管安装固定,雨水斗密封,雨水管横向弯曲及竖向垂直度,雨水钢管焊缝 散热器,管道,阀门,支架 卫生器具,支架,托架,管道,阀门 锅炉,风机,水箱,水泵,温度计,压力表

序号	分部工程	抽查项目	抽 查 质 量
6	通风与空调	通风与空调系统	风管连接以及风管与设备或调节装置的连接应无明显缺陷 风口表面应平整,颜色一致,安装位置正确,风口可调节部件正常动作 各类调节装置的制作和安装,调节灵活 防火、排烟阀等关闭严密,动作可靠 制冷及水管系统的管道、阀门及仪表安装位置正确,无渗漏 风管、部件及管道支、吊架形式、位置及间距符合设计及本规范要求 风管、管道的软性接管位置符合设计要求,接管正确、牢固,无强阻 通风机、制冷机、水泵、风机盘管机组的安装正确牢固 组合式空气调节机组外表平整光滑、接缝严密、组装正确,喷水室外表无渗漏 除尘器、积尘室安装牢固、接口严密 消声器安装方向正确,外表面平整无损坏 风管、部件、管道及支架油漆附着牢固,漆膜厚度均匀,油漆颜色与标志符合要求 绝热层的材质、厚度应符合要求,表面平整、无断裂和脱落,室外防潮层或保护壳顺水搭接,无渗漏测试孔开孔位置正确,无遗漏多联空调机组系统的室外机组位置正确其空气流动无明显障碍
		净化空调系统增项	空调机组、风机、净化空调机组、风机过滤器单元和空气吹淋室等的安装位置正确,固定牢固,连接严密,偏差应符合规定 高效过滤器与风管、风管与设备的连接处有可靠密封 净化空调机组、静压箱、风管机送回风口清洁无积尘 装配式洁净室的内墙面、吊顶和地面光滑、平整、色泽均匀,不起灰尘,地板静电值偏低于设计规定 送回风口、各类末端装置以及各类管道等于洁净室内表面的连接处密封处理可靠、严密
7	建筑电气	配电箱、盘、板、接线盒	
		设备器具、开关、插座	
		电缆排列	
		配线系统及支架	
		防雷、接地、防火	
8	智能建筑	机房设备安装及布局	
		现场设备安装、机箱,插座,线缆,梯架,托盘,导线	
9	电梯		曳引式、强制式及液压电梯; 轿门带动层门开、关运行、门窗与门扇、门扇于门套、门扇与门楣、门窗与门口处轿壁、门扇下端与地坎无刮碰 门扇与门扇、门扇与门套、门扇与门楣、门扇与门口处轿壁、门扇下端与地坎之间各自的间隙在整个长度上基本一致 对机房、导轨支架、底坑、较顶、轿内、轿门、层门及门的地坎等部位清理干净

序号	分部工程	抽查项目	抽查质量
9	电梯		自动扶梯、自动人行道： 上行和下行自动扶梯、自动人行道，梯级、踏板或胶带与围裙之间应无刮碰现象（梯级、踏板或胶带上的导向部分与围裙板接触除外），扶手带外表面无刮痕 对梯级（踏板或胶带）、梳齿板、扶手带、护壁板、围裙板、内外盖板、前沿板及活动盖板等部位的外表面清理干净
10	建筑节能	待补充	
11	燃气工程	待补充	

（三）注意事项

1. 参加验收的各方代表，经共同实际检查，如果确认没有影响结构安全和使用功能等问题，可共同商定评价意见。评价为"好"和"一般"的项目，由总监理工程师在"观感质量综合评价"栏填写"好"或"一般"，并在"检查结论"栏内填写"工程观感质量综合评价"为"好"或"一般"，"验收合格"或"符合要求"。

2. 如有评价为"差"的项目，能返修的应予以返工修理。重要的观感检查项目修理后需重新检查验收。

3. "抽查质量状况"栏，可填写具体检查数据。当数据少时，可直接将检查数据填在表格内；当数据多时，可简要描述抽查的质量状况，但应将检查原始记录附在本表后面。

4. 评价规则：由于标准只是原则规定，其细则可考虑现场协商，也可按下评价规则确定。

（1）观感检查项目评价：

① 有差评，则项目评价为差；返修后按返修后的评价；

② 无差评，好评百分率≥60％，评价为好；

③ 其他，评价为一般。

（2）分部/单位工程观感综合评价

① 检查项目有差评，则综合评价为差；

② 检查项目无差评，好评百分率≥60％，评价为好；

③ 其他，评价为一般。

5. 观感质量原始记录表格全部分部工程的内容都列出，可供施工单位检查和竣工验收抽查参考，没有的项目可在检查时划去。

第二章　建筑给水排水及供暖分部
工程检验批质量验收用表

第一节　建筑给水排水及供暖分部工程验收规定
及检验批质量验收用表编号

一、建筑给水排水及供暖分部工程检验批质量验收用表编号及表的目录

建筑给水排水及供暖分部工程的验收内容与《建筑给水排水及采暖工程施工质量验收规范》GB 50242—2002 所对应的章节如表 2.1-1 所示。建筑给水排水及供暖分部工程检验批质量验收用表编号见表 2.1-1，表的目录见表 2.1-2。

表 2.1-1　建筑给水排水及供暖分部工程检验批质量验收用表编号

分部工程及编号	子分部工程及编号	分项工程名称及编号	序号	检验批名称	检验批编号	依据标准	标准章节
建筑给水排水及供暖工程05	室内给水系统0501	给水管道及配件安装050101	1	给水管道及配件安装检验批质量验收记录	05010101	《建筑给水排水及采暖工程施工质量验收规范》GB 50242—2002	4.2 给水管道及配件安装
		给水设备安装050102	2	给水设备安装检验批质量验收记录	05010201		4.3 给水设备安装
		室内消火栓系统安装050103	3	室内消火栓系统安装检验批质量验收记录	05010301		4.4 室内消火栓系统安装
		消防喷淋系统安装050104	4	消防喷淋系统安装检验批质量验收记录	05010401		《统一标准》增加项,暂无检验批表格
		防腐050105	5	防腐检验批质量验收记录	05010501 见 05051001		4.2 给水管道及配件安装
		绝热050106	6	绝热检验批质量验收记录	05010601 见 05051101		
		管道冲洗、消毒050107	7	管道冲洗、消毒检验批质量验收记录	05010701		
		试验与调试050108	8	试验与调试检验批质量验收记录	05010801 见 05010101		4.4 给水设备安装
	室内排水系统0502	排水管道及配件安装050201	1	排水管道及配件安装检验批质量验收记录	05020101		5.2 排水管道及配件安装
		雨水管道及配件安装050202	2	雨水管道及配件安装检验批质量验收记录	05020201		5.3 雨水管道及配件安装
		防腐050203	3	防腐检验批质量验收记录	05020301		《统一标准》增加项,暂无检验批表格
		试验与调试050204	4	试验与调试检验批质量验收记录	05020401 见 05020101		5.2 排水管道及配件安装

分部工程及编号	子分部工程及编号	分项工程名称及编号	检验批名称及编号			对应规范及标准章节	
			序号	检验批名称	检验批编号	依据标准	标准章节
建筑给水排水及供暖工程05	室内热水系统0503	管道及配件安装050301	1	管道及配件安装检验批质量验收记录	05030101	《建筑给水排水及采暖工程施工质量验收规范》GB 50242—2002	6.2 管道及配件安装
		辅助设备安装050302	2	辅助设备安装检验批质量验收记录	05030201		6.3 辅助设备安装
		防腐050303	3	防腐检验批质量验收记录	05030301见05051001		
		绝热050304	4	绝热检验批质量验收记录	05030401见05051101		
		试验与调试050305	5	试验与调试检验批质量验收记录	05030501见05050901		
	卫生器具0504	卫生器具安装050401	1	卫生器具安装检验批质量验收记录	05040101		7.2 卫生器具安装
		卫生器具给水配件安装050402	2	卫生器具给水配件安装检验批质量验收记录	05040201		7.3 卫生器具给水配件安装
		卫生器具排水管道安装050403	3	卫生器具排水管道安装检验批质量验收记录	05040301		7.4 卫生器具排水管道安装
		试验与调试050404	4	试验与调试检验批质量验收记录	05040401见05040101		7.2 卫生器具安装
	室内供暖系统0505	管道及配件安装050501	1	管道及配件安装检验批质量验收记录	05050101		8.2 管道及配件安装
		辅助设备安装050502	2	辅助设备安装检验批质量验收记录	05050201		8.3 辅助设备及散热器安装
		散热器安装050503	3	散热器安装检验批质量验收记录	05050301		
		低温热水地板辐射供暖系统安装050504	4	低温热水地板辐射供暖系统安装检验批质量验收记录	05050401		8.5 低温热水地板辐射供暖系统安装
		电加热供暖系统安装050505	5	电加热供暖系统安装检验批质量验收记录	05050501		
		燃气红外线辐射供暖系统安装050506	6	燃气红外线辐射供暖系统安装检验批质量验收记录	05050601		《统一标准》增加项,暂无检验批表格
		热风供暖系统安装050507	7	热风供暖系统安装检验批质量验收记录	05050701		
		热计量及调控装置安装050508	8	热计量及调控装置安装检验批质量验收记录	05050801		

分部工程及编号	子分部工程及编号	分项工程名称及编号	检验批名称及编号			对应规范及标准章节	
			序号	检验批名称	检验批编号	依据标准	标准章节
建筑给水排水及供暖工程05	室内供暖系统0505	试验与调试050509	9	试验与调试检验批质量验收记录	05050901		8.6 系统水压试验及调试
		防腐050510	10	防腐检验批质量验收记录	05051001		8.2 管道及配件安装
		绝热050511	11	绝热检验批质量验收记录	05051101		8.3 辅助设备及散热器安装
	室外给水管网0506	室外给水管道安装050601	1	室外给水管道安装检验批质量验收记录	05060101		9.2 给水管道安装
		室外消火栓系统安装050602	2	室外消火栓系统安装检验批质量验收记录	05060201		9.3 消防水泵接口器及室外消火栓安装
		试验与调试050603	3	试验与调试检验批质量验收记录	05060301 见05060101		9.2 给水管道安装
	室外排水管网0507	室外排水管道安装050701	1	排水管道安装检验批质量验收记录	05070101		10.2 排水管道安装
		室外排水管沟与井池050702	2	排水管沟与井池检验批质量验收记录	05070201		10.3 排水管沟与井池
		试验与调试050703	3	试验与调试检验批质量验收记录	05070301 见05070101		10.2 排水管道安装
	室外供热管网0508	室外管道及配件安装050801	1	管道及配件安装检验批质量验收记录	05080101	《建筑给水排水及采暖工程施工质量验收规范》GB 50242—2002	11.2 管道及配件安装
		室外系统水压试验及调试050802	2	系统水压试验及调试检验批质量验收记录	05080201		11.3 系统水压试验及调试
		土建结构050803	3	土建结构检验批质量验收记录	05080301		《统一标准》增加项，暂无检验批表格
		防腐050804	4	防腐检验批质量验收记录	05080401 见05051001		11.2 管道及配件安装
		绝热050805	5	绝热检验批质量验收记录	05080501 见05051101		
		试验与调试050806	6	试验与调试检验批质量验收记录	05080601 见05050901		11.3 系统水压试验及调试
	建筑饮用水供应系统0509	管道及配件安装050901	1	管道及配件安装检验批质量验收记录	05090101		
		水处理设备及控制设施安装050902	2	水处理设备及控制设施安装检验批质量验收记录	05090201		《统一标准》增加分项暂无检验批表格
		防腐050903	3	防腐检验批质量验收记录	05090301		
		绝热050904	4	绝热检验批质量验收记录	05090401		
		试验与调试050905	5	试验与调试检验批质量验收记录	05090501		

分部工程及编号	子分部工程及编号	分项工程名称及编号	序号	检验批名称及编号		对应规范及标准章节	
				检验批名称	检验批编号	依据标准	标准章节
建筑给水排水及供暖工程 05	建筑中水系统及雨水利用系统 0510	建筑中水系统管道及配件安装 051001	1	建筑中水系统管道及配件安装检验批质量验收记录	05100101	《统一标准》增加项,暂无检验批表格	12.2 建筑中水系统管道及辅助设备安装
		雨水利用系统管道及配件安装 051002	2	雨水利用系统管道及配件安装检验批质量验收记录	05100201		
		水处理设备及控制设施安装 051003	3	水处理设备及控制设施安装检验批质量验收记录	05100301		
		防腐 051004	4	防腐检验批质量验收记录	05100401		
		绝热 051005	5	绝热检验批质量验收记录	05100501		
		试验与调试 051006	6	试验与调试检验批质量验收记录	05100601		
	游泳池及公共浴池水系统 0511	管道及配件系统安装 051101	1	管道及配件系统安装检验批质量验收记录	05110101	《建筑给水排水及采暖工程施工质量验收规范》GB 50242—2002	12.3 管道及配件系统安装
		水处理设备及控制设施安装 051102	2	水处理设备及控制设施安装检验批质量验收记录	05110201		《统一标准》增加项,暂无检验批表格
		防腐 051103	3	防腐检验批质量验收记录	05110301		
		绝热 051104	4	绝热检验批质量验收记录	05110401		
		试验与调试 051105	5	试验与调试检验批质量验收记录	05110501		
	水景喷泉系统 0512	管道及配件安装 051201	1	管道及配件安装检验批质量验收记录	05120101		
		防腐 051202	2	防腐检验批质量验收记录	05120201		
		绝热 051203	3	绝热检验批质量验收记录	05120301		
		试验与调试 051204	4	试验与调试检验批质量验收记录	05120401		
	热源及辅助设备 0513	锅炉安装 051301	1	锅炉安装检验批质量验收记录	05130101		13.2 锅炉安装
		辅助设备及管道安装 051302	2	辅助设备及管道安装检验批质量验收记录	05130201		13.3 辅助设备及管道安装
		安全附件安装 051303	3	安全附件安装检验批质量验收记录	05130301		13.4 安全附件安装

分部工程及编号	子分部工程及编号	分项工程名称及编号	检验批名称及编号			对应规范及标准章节	
			序号	检验批名称	检验批编号	依据标准	标准章节
建筑给水排水及供暖工程05	热源及辅助设备0513	换热站安装 051304	4	换热站安装检验批质量验收记录	05130401	《建筑给水排水及采暖工程施工质量验收规范》GB 50242—2002	13.6 换热站安装
		防腐 051305	5	防腐检验批质量验收记录	05130501 见 05051001		13.3 辅助设备及管道安装
		绝热 051306	6	绝热检验批质量验收记录	05130601 见 05051101		
		试验与调试 051307	7	试验与调试检验批质量验收记录	05130701		13.5 烘炉、渣炉
	监测与控制仪表0514	检测与控制仪表安装 051401	1	检测与控制仪表安装检验批质量验收记录	05140101		《统一标准》增加项，暂无检验批表格
		试验与调试 051402	2	试验与调试检验批质量验收记录	05140201		

二、建筑给水排水及供暖分部工程质量验收的基本规定

1. 建筑给水排水及供暖分部工程质量验收的基本规定（GB 50242—2002）

3.1　质量管理

3.1.1　建筑给水、排水及采暖工程施工现场应具有必要的施工技术标准、健全的质量管理体系和工程质量检测制度，实现施工全过程质量控制。

3.1.2　建筑给水、排水及采暖工程的施工应按照批准的工程设计文件和施工技术标准进行施工。修改设计应有设计单位出具的设计变更通知单。

3.1.3　建筑给水、排水及采暖工程的施工应编制施工组织设计或施工方案，经批准后方可实施。

3.1.4　建筑给水、排水及采暖工程的分部、分项工程划分见附录A。

3.1.5　建筑给水、排水及采暖工程的分项工程，应按系统、区域、施工段或楼层等划分。分项工程应划分成若干个检验批进行验收。

3.1.6　建筑给水、排水及采暖工程的施工单位应当具有相应的资质。工程质量验收人员应具备相应的专业技术资格。

3.2　材料设备管理

3.2.1　建筑给水、排水及采暖工程所使用的主要材料、成品半成品、配件、器具和设备必须具有中文质量合格证明文件，规格、型号及性能检测报告应符合国家技术标准或设计要求。进场时应做检查验收，并经监理工程师核查确认。

3.2.2　所有材料进场时应对品种、规格、外观等进行验收。包装应完好，表面无划痕及外力冲击破损。

3.2.3　主要器具和设备必须有完整的安装使用说明书。在运输、保管和施工过程中，应采取有效措施防止损坏或腐蚀。

表 2.1-2　建筑给水排水及供暖分部工程各子分部工程共用检验批质量验收表格编号

序	分项工程检验批名称	0501 室内给水系统	0502 室内排水系统	0503 室内热水系统	0504 卫生器具	0505 室内供暖系统	0506 室外给水管网	0507 室外排水管网	0508 室外供热管网	0509 建筑饮用水供应系统	0510 建筑中水系统及雨水利用系统	0511 游泳池及公共浴池水系统	0512 水景喷泉系统	0513 热源及辅助设备	0514 监测与控制仪表
1	室内给水管道及配件安装	05010101 05010801													
2	室内给水设备安装	05010201													
3	室内消火栓系统安装	05010301													
4	室内消防喷淋系统安装	05010401 （暂无表格）													
5	室内给水系统防腐	05010501		05030301		05051001			05080401					05130501	
6	室内给水系统绝热	05010601		05030401		05051101			05080501					05130601	
7	室内给水系统管道冲洗、消毒	05010701													
8	室内给水系统试验与调试	05010801 05010101													
1	室内排水管道及配件安装		05020101 05020401												
2	室内雨水管道及配件安装		05020201												
3	室内排水系统防腐		05020301 （暂无表格）												
4	室内排水系统试验与调试		05020401 05020101												

序	名称	0501 室内给水系统	0502 室内排水系统	0503 室内热水系统	0504 卫生器具	0505 室内供暖系统	0506 室外给水管网	0507 室外排水管网	0508 室外供热管网	0509 建筑饮用水供应系统	0510 建筑中水系统及雨水利用系统	0511 游泳池及公共浴池水系统	0512 水景喷泉系统	0513 热源及辅助设备	0514 监测与控制仪表
1	室内热水系统管道及配件安装			05030101											
2	室内辅助设备安装			05030201		05050201									
3	室内热水系统防腐			05030301		05051001									
4	室内热水系统绝热			05030401		05051101									
5	室内热水系统试验与调试			05030501		05050901									
1	卫生器具安装				05040101 05040401										
2	卫生器具给水配件安装				05040201										
3	卫生器具排水配件安装				05040301										
4	试验与调试				05040401 05040101										
1	室内供暖管道及配件安装					05050101									
2	辅助设备安装			05030201		05050201									
3	散热器安装					05050301									
4	低温热水地板辐射供暖系统安装					05050401									

检验批编号 名称编号 分项工程检验批名称	0501 室内给水系统	0502 室内排水系统	0503 室内热水系统	0504 卫生器具	0505 室内供暖系统	0506 室外给水管网	0507 室外排水管网	0508 室外供热管网	0509 建筑饮用水供应系统	0510 建筑中水系统及雨水利用系统	0511 游泳池及公共浴池水系统	0512 水景喷泉系统	0513 热源及辅助设备	0514 监测与控制仪表
序 名称														
5 电加热供暖系统安装					05050501（暂无表格）									
6 燃气红外辐射供暖系统安装					05050601（暂无表格）									
7 热风供暖系统安装					05050701（暂无表格）									
8 热计量及调控装置安装					05050801（暂无表格）									
9 室内供暖系统试验与调试			05030501		05050901			05080601						
10 室内供暖系统防腐	05010501		05030301		05051001			05080401					05130501	
11 室内供暖系统绝热	05010601		05030401		05051101			05080501					05130601	
1 室外给水管道安装						05060101 05060301								
2 室外消火栓系统安装						05060201								
3 试验与调试						05060301 05060101								

续表

序	名称	0501 室内给水系统	0502 室内排水系统	0503 室内热水系统	0504 卫生器具	0505 室内供暖系统	0506 室外给水管网	0507 室外排水管网	0508 室外供热管网	0509 建筑饮用水供应系统	0510 建筑中水系统及雨水利用系统	0511 游泳池及公共浴池水系统	0512 水景喷泉系统	0513 热源及辅助设备	0514 监测与控制仪表
1	室外排水管道安装							05070101 05070301							
2	室外排水管沟与井池							05070201							
3	试验与调试							05070301 05070101							
1	室外供热管道及配件安装								05080101						
2	系统水压试验及调试								05080201						
3	室外供热系统土建结构								05080301（暂无表格）						
4	室外供热系统防腐	05010501		05030301		05051001			05080401					05130501	
5	室外供热系统绝热	05010601		05030401		05051101			05080501					05130601	
6	室外供热系统试验与调试			05030501		05050901			05080601						
1	饮用水管道及配件安装									05090101（暂无表格）					

分项工程检验批名称		0501 室内给水系统	0502 室内排水系统	0503 室内热水系统	0504 卫生器具	0505 室内供暖系统	0506 室外给水管网	0507 室外排水管网	0508 室外供热管网	0509 建筑饮用水供应系统	0510 建筑中水系统及雨水利用系统	0511 游泳池及公共浴池水系统	0512 水景喷泉系统	0513 热源及辅助设备	0514 监测与控制仪表
序	名称														
2	水处理设备及控制设施安装									05090201（暂无表格）					
3	饮用水系统防腐									05090301（暂无表格）					
4	饮用水系统绝热									05090401（暂无表格）					
5	饮用水系统试验与调试									05090501（暂无表格）					
1	中水系统管道及配件安装										05100101				
2	雨水利用系统管道及配件安装										05100201（暂无表格）				
3	水处理设备及控制设施安装										05100301（暂无表格）				

检验批编号 / 子分部工程名称及编号 分项工程检验批名称	0501 室内给水系统	0502 室内排水系统	0503 室内热水系统	0504 卫生器具	0505 室内供暖系统	0506 室外给水管网	0507 室外排水管网	0508 室外供热管网	0509 建筑饮用水供应系统	0510 建筑中水系统及雨水利用系统	0511 游泳池及公共浴池水系统	0512 水景喷泉系统	0513 热源及辅助设备	0514 监测与控制仪表
序	名称													
4	中水系统防腐									05100401（暂无表格）				
5	中水系统绝热									05100501（暂无表格）				
6	中水系统试验与调试									05100601（暂无表格）				
1	游泳池管道及配件系统安装										05110101			
2	水处理设备及控制设施安装										05110201（暂无表格）			
3	游泳池及公共浴池水系统防腐										05110301（暂无表格）			
4	游泳池及公共浴池水系统绝热										05110401（暂无表格）			
5	游泳池及公共浴池水系统试验与调试										05110501（暂无表格）			

序	名称	0501 室内给水系统	0502 室内排水系统	0503 室内热水系统	0504 卫生器具	0505 室内供暖系统	0506 室外给水管网	0507 室外排水管网	0508 室外供热管网	0509 建筑饮用水供应系统	0510 建筑中水系统及雨水利用系统	0511 游泳池及公共浴池水系统	0512 水景喷泉系统	0513 热源及辅助设备	0514 监测与控制仪表
1	水景管道及配件安装												05120101（暂无表格）		
2	水景管道系统防腐												05120201（暂无表格）		
3	水景管道系统绝热												05120301（暂无表格）		
4	水景管道系统试验与调试												05120401（暂无表格）		
1	热源及辅助设备锅炉安装													05130101	
2	辅助设备及管道安装													05130201	
3	安全附件及管道安装													05130301	
4	换热站安装													05130401	
5	防腐					05051001								05130501	
6	绝热					05051101								05130601	
7	试验与调试													05130701	
1	监测与控制仪器仪表安装														05140101（暂无表格）
2	试验与调试														05140201（暂无表格）

3.2.4 阀门安装前，应作强度和严密性试验。试验应在每批（同牌号、同型号、同规格）数量中抽查10%，且不少于一个。对于安装在主干管上起切断作用的闭路阀门，应逐个作强度和严密性试验。

3.2.5 阀门的强度和严密性试验，应符合以下规定：阀门的强度试验压力为公称压力的1.5倍；严密性试验压力为公称压力的1.1倍；试验压力在试验持续时间内保持不变，且壳体填料及阀瓣密封面无渗漏。阀门试压的试验持续时间应不少于表3.2.5的规定。

表3.2.5 阀门试验持续时间

公称直径 DN(mm)	最短试验持续时间(s)		
	严密性试验		强度试验
	金属密封	非金属密封	
≤50	15	15	15
65～200	30	15	60
250～450	60	30	180

3.2.6 管道上使用冲压弯头时，所使用的冲压弯头外径应与管外径相同。

3.3 施工过程质量控制

3.3.1 建筑给水、排水及采暖工程与相关专业之间，应进行交接质量检验，并形成记录。

3.3.2 隐蔽工程应隐蔽前经验收各方检验合格后，才能隐蔽，并形成记录。

3.3.3 地下室或地下构筑物外墙有管道穿过的，应采取防水措施。对有严格防水要求的建筑物，必须采用柔性防水套管。

3.3.4 管道穿过结构伸缩缝、抗震缝及沉降缝敷设时，应根据情况采取下列保护措施：

1 在墙体两侧采取柔性连接。

2 在管道或保温层外皮上、下部留有不小于150mm的净空。

3 在穿墙处做成方形补偿器，水平安装。

3.3.5 在同一房间内，同类型的采暖设备、卫生器具有管道配件，除有特殊要求外，应安装在同一高度上。

3.3.6 明装管道成排安装时，直线部分应互相平和。曲线部分：当管道水平或垂直并行时，应与直线部分保持等距；管道水平上下并行时，弯管部分的曲率半径应一致。

3.3.7 管道支、吊、托架的安装，应符合下列规定：

1 位置正确，埋设应平整牢固。

2 固定支架与管道接触应紧密，固定应牢靠。

3 滑动支架应灵活，滑托与滑槽两侧间应留有3～5mm的间隙，纵向移动量应符合设计要求。

4 无热伸长管道的吊架、吊杆应垂直安装。

5 有热伸长管道的吊架、吊杆应向热膨胀的反方向偏移。

6 固定在建筑结构上的管道支、吊架不得影响结构的安全。

3.3.8 钢管水平安装的支、吊架间距不应大于表 3.3.8 的规定。

表 3.3.8 钢管管道支架的最大间距

公称直径（mm）		15	20	25	32	40	50	70	80	100	125	150	200	250	300
支架的最大间距(m)	保温管	2	2.5	2.5	2.5	3	3	4	4	4.5	6	7	7	8	8.5
	不保温管	2.5	3	3.5	4	4.5	5	6	6	6.5	7	8	9.4	11	12

3.3.9 采暖、给水及热水供应系统的塑料管及复合管垂直或水平安装的支架间距应符合表 3.3.9 的规定。采用金属制作的管道支架，应在管道与支架间加衬非金属垫或套管。

表 3.3.9 塑料管及复合管管道支架的最大间距

公称直径(mm)			12	14	16	18	20	25	32	40	50	63	75	90	110
最大间距(m)	立管		0.5	0.6	0.7	0.8	0.9	1.0	1.1	1.3	1.6	1.8	2.0	2.2	2.4
	水平管	冷水管	0.4	0.4	0.5	0.5	0.6	0.7	0.8	0.9	1.0	1.1	1.2	1.35	1.55
		热水管	0.2	0.2	0.25	0.3	0.3	0.35	0.4	0.5	0.6	0.7	0.8		

铜管垂直水平安装的支架间距应符合表 3.3.10 的规定。

表 3.3.10 铜管垂直或支架的最大间距

公称直径(mm)		15	20	25	32	40	50	65	80	100	125	150	200
支架的最大间距(m)	保温管	1.8	2.4	2.4	3.0	3.0	3.0	3.5	3.5	3.5	3.5	4.0	4.0
	不保温管	1.2	1.8	1.8	2.4	2.4	2.4	3.0	3.0	3.0	3.0	3.5	3.5

3.3.11 采暖、给水及热水供应系统的金属管道立管管卡安装应符合下列规定：

1 楼层高度小于或等于 5m，每层必须安装 1 个。

2 楼层高度大于 5m，每层不得少于 2 个。

3 管卡安装高度，距地面应为 1.5～1.8m，2 个以上管卡应匀称安装，同一房间管卡应安装在同一高度上。

3.3.12 管道及管道支墩（座），严禁铺设在冻土和未经处理的松土上。

3.3.13 管道穿过墙壁和楼板，应设置金属或塑料套管。安装在楼板内的套管，其顶部高出装饰地面 20mm；安装在卫生间及厨房内的套管，其顶部应高出装饰地面 50mm，底部应与楼板底面相平；安装在墙壁内的套管其两端与饰面相平。穿过楼板的套管与管道之间缝隙宜用阻燃密实材料填实，且端面应光滑。管道的接口不得设在套管内。

3.3.14 弯制钢管，弯曲半径应符合下列规定：

1 热弯：应不小于管道外径的 3.5 倍。

2 冷弯：应不小于管道外径的 4 倍。

3 焊接弯头：应不小于管道外径的 1.5 倍。

4 冲压弯头：应不小于管道外径。

3.3.15 管道接口应符合下列规定：

1 管道采用粘接接口，管端插入承口的深度不得小于表 3.3.15 的规定。

表 3.3.15 管端插入承口的深度

公称直径(mm)	20	25	32	40	50	75	100	125	150
插入深度(mm)	16	19	22	26	31	44	61	69	80

2 熔接连接管道的结合面应有一均匀的熔接圈，不得出现局部熔瘤或熔接圈凸凹不匀现象。

3 采用橡胶圈接口的管道，允许沿曲线敷设，每个接口的最大偏转角不得超过 2℃。

4 法兰连接时衬垫不得凸入管内，其外边缘接近螺栓孔为宜。不得安放双垫或偏垫。

5 连接法兰的螺栓，直径和长度应符合标准，拧紧后，突出螺母的长度不应大于螺杆直径的 1/2。

6 螺栓连接管道安装后的管螺纹根部应有 2~3 扣的外露螺纹，多余的麻丝应清理干净并做防腐处理。

7 承插口采用水泥捻口时，油麻必须清洁、填塞密实，水泥应捻入并密实饱满，其接口面凹入承口边缘的深度不得大于 2mm。

8 卡箍（套）式连接两管口端应平整、无缝隙，沟槽应均匀，卡紧螺栓后管道应平直，卡箍（套）安装方向应一致。

3.3.16 各种承压管道系统和设备应做水压试验，非承压管道系统和设备应做灌水试验。

2. 分部（子分部）工程质量验收

14.0.1 检验批、分项工程、分部（或子分部）工程质量的验收，均应在施工单位自检合格的基础上进行。并应按检验批、分项、分部（或子分部）、单位（或子单位）工程的程序进行验收，同时做好记录。

1 检验批、分项工程的质量验收应全部合格。

检验批质量验收见附录 B。

分项工程质量验收见附录 C。

2 分部（子分部）工程的验收，必须在分项工程验收通过的基础上，对涉及安全、卫生和使用功能的重要部位进行抽样检验和检测。

子分部工程质量验收见附录 D。

建筑给水、排水及采暖（分部）工程质量验收见附录 E。

14.0.2 建筑给水、排水及采暖工程的检验和检测应包括下列主要内容：

1 承压管道系统和设备及阀门水压试验。

2 排水管道灌水、通球及通水试验。

3 雨水管道灌水及通水试验。

4 给水管道通水试验及冲洗、消毒检测。

5 卫生器具通水试验，具有溢流功能的器具满水试验。

6 地漏及地面清扫口排水试验。

7 消火栓系统测试。

8 采暖系统冲洗及测试。

9 安全阀及报警联动系统动作测试。

10 锅炉 48h 负荷试运行。

14.0.3 工程质量验收文件和记录中应包括下列主要内容：

1 开工报告。

2 图纸会审记录、设计变更及洽商记录。

3 施工组织设计或施工方案。

4 主要材料、成品、半成品、配件、器具和设备出厂合格证及进场验收单。

5 隐蔽工程验收及中间试验记录。

6 设备试运转记录。

7 安全、卫生和使用功能检验和检测记录。

8 检验批、分项、子分部、分部工程质量验收记录。

9 竣工图。

第二节　室内给水系统子分部检验批质量验收记录

一、室内给水系统安装一般规定

4.1.1　本章适用于工作压力不大于 1.0MPa 的室内给水和消火栓系统管道安装工程的质量检验与验收。

4.1.2　给水管道必须采用与管材相适应的管件。生活给水系统所涉及的材料必须达到饮用水卫生标准。

4.1.3　管径小于或等于 100mm 的镀锌钢管应采用螺纹连接，套丝扣时破坏的镀锌层表面及外露螺纹部分应做防腐处理；管径大于 100mm 的镀锌钢管应采用法兰或卡套式专用管件连接，镀锌钢管与法兰的焊接处应二次镀锌。

4.1.4　给水塑料管和复合管可以采用橡胶圈接口、粘接接口、热熔连接、专用管件连接及法兰连接等形式。塑料管和复合管与金属管件、阀门等的连接应使用专用管件连接，不得在塑料管上套丝。

4.1.5　给水铸铁管管道应采用水泥捻口或橡胶圈接口方式进行连接。

4.1.6　铜管连接可采用专用接头或焊接，当管径小于 22mm 时宜采用承插或套管焊接，承口应迎介质流向安装；当管径大于或等于 22mm 时宜采用对口焊接。

4.1.7　给水立管和装有 3 个或 3 个以上配水点的支管始端，均应安装可拆卸的连接件。

4.1.8　冷、热水管道同时安装应符合下列规定：

1 上、下平行安装时热水管应在冷水管上方。

2 垂直平行安装时热水管应在冷水管左侧。

二、室内给水系统子分部工程检验批质量验收记录

1. 给水管道及配件安装检验批质量验收记录

（1）推荐表格

05010801____

给水管道及配件安装检验批质量验收记录

05010101____

单位（子单位）工程名称				分部（子分部）工程名称			分项工程名称	
施工单位				项目负责人			检验批容量	
分包单位				分包单位项目负责人			检验批部位	
施工依据				验收依据		《建筑给水排水及采暖工程施工质量验收规范》GB 50242—2002		
验收项目					设计要求及规范规定	最小/实际抽样数量	检查记录	检查结果
主控项目	1	给水管道　水压试验			设计要求	/		
	2	给水系统　通水试验			第4.2.2条	/		
	3	生活给水系统管道冲洗和消毒			第4.2.3条	/		
	4	直埋金属给水管道　防腐			第4.2.4条	/		
一般项目	1	给水排水管铺设的平行、垂直净距			第4.2.5条	/		
	2	金属给水管道及管件焊接焊缝质量			第4.2.6条	/		
	3	给水水平管道　坡度坡向			第4.2.7条	/		
	4	管道支、吊架安装质量			第4.2.9条	/		
	5	水表安装位置、质量要求			第4.2.10条	/		
	6	水平管道纵、横方向弯曲允许偏差(mm)	钢管	每米	1	/		
				全长25m以上	≥25	/		
			塑料管、复合管	每米	1.5	/		
				全长25m以上	≥25	/		
			铸铁管	每米	2	/		
				全长25m以上	≥25	/		
		立管垂直度允许偏差(mm)	钢管	每米	3	/		
				5m以上	≥8	/		
			塑料管、复合管	每米	2	/		
				5m以上	≥8	/		
			铸铁管	每米	3	/		
				5m以上	≥10	/		
		成排管段和成排阀门(mm)	在同一平面上间距		3	/		
	7	管道及设备保温	厚度		$+0.1\delta，-0.05\delta$	/		
			表面平整度	卷材	5	/		
				涂抹	10	/		
施工单位检查结果				专业工长：项目专业质量检查员：　　　　　年　月　日				
监理单位验收结论				专业监理工程师：　　　　　年　月　日				

50

(2) 验收内容及检查方法条文摘录

主 控 项 目

4.2.1 室内给水管道的水压试验必须符合设计要求。当设计未注明时，各种材质的给水管道系统试验压力均为工作压力的 1.5 倍，但不得小于 0.6MPa。

检验方法：金属及复合管给水管道系统在试验压力下观测 10min，压力降不应大于 0.02MPa，后降到工作压力进行检查，应不渗不漏；塑料管给水系统应在试验压力下稳压 1h，压力降不得超过 0.05MPa，然后在工作压力的 1.15 倍状态下稳压 2h，压力降不得超过 0.03MPa，同时检查各连接处不得渗漏。

4.2.2 给水系统交付使用前必须进行通水试验并做好记录。

检验方法：观察和开启阀门、水嘴等放水。

4.2.3 生产给水系统管道在交付使用前必须冲洗和消毒，并经有关部门取样检验，符合国家《生活饮用水标准》方可使用。

检验方法：检查有关部门提供的检测报告。

4.2.4 室内直埋给水管道（塑料管道和复合管道除外）应做防腐处理。埋地管道防腐层材质和结构应符合设计要求。

检验方法：观察或局部解剖检查。

一 般 项 目

4.2.5 给水引入管与排水排出管的水平净距不得小于 1m。室内给水与排水管道平行敷设时，两管间的最小水平净距不得小于 0.5m；交叉铺设时、垂直净距不得小于 0.15m。给水管应铺在排水管上面，若给水管必须铺在排水管的下面时，给水管应加套管，其长度不得小于排水管管径的 3 倍。

检验方法：尺量检查。

4.2.6 管道及管件焊接的焊缝表面质量应符合下列要求：

1 焊缝外形尺寸应符合图纸和工艺文件的规定，焊缝高度不得低于母材表面，焊缝与母材应圆滑过渡。

2 焊缝及热影响区表面应无裂纹、未熔合、未焊透、夹渣、弧坑和气孔等缺陷。

检验方法：观察检查。

4.2.7 给水水平管道应有 2‰～5‰ 的坡度坡向泄水装置。

检验方法：水平尺和尺量检查。

4.2.8 给水管道和阀门安装的允许偏差应符合表 4.2.8 的规定。

表 4.2.8 管道和阀门安装的允许偏差和检验方法

项次	项　　目			允许偏差（mm）	检验方法
1	水平管道纵横方向弯曲	钢管	每米	1	用水平尺、直尺、拉线和尺量检查
			全长 25m 以上	≯25	
		塑料管复合管	每米	1.5	
			全长 25m 以上	≯25	
		铸铁管	每米	2	
			全长 25m 以上	≯25	

项次	项目		允许偏差（mm）	检验方法
2	立管垂直度	钢管 每米	3	吊线和尺量检查
		5m以上	≯8	
		塑料管 复合管 每米	2	
		5m以上	≯8	
		铸铁管 每米	3	
		5m以上	≯10	
3	成排管段和成排阀门	在同一平面上间距	3	尺量检查

4.2.9 管道的支、吊架安装应平整牢固，其间距应符合第3.3.8条、第3.3.9条或第3.3.10条的规定。

检验方法：观察、尺量及手扳检查。

4.2.10 水表应安装在便于检修、不受曝晒、污染和冻结的地方。安装螺翼式水表，表前与阀门应有不小于8倍水表接口直径的直线管段。表外壳距墙表面净距为10～30mm；水表进水口中心标高按设计要求，允许偏差为±10mm。

检验方法：观察和尺量检查。

4.4.8 管道及设备保温层的厚度和平整度的允许偏差应符合表4.4.8的规定。

表4.4.8 管道及设备保温的允许偏差和检验方法

项次	项目		允许偏差(mm)	检验方法
1	厚度		$+0.1\delta$ -0.05δ	用钢针刺入
2	表面平整度	卷材	5	用2m靠尺和楔形塞尺检查
		涂抹	10	

注：δ为保温层厚度。

(3) 验收说明

1) 施工依据：有关建筑给水排水管道工程技术规程，施工工艺标准，并制订专项施工方案、技术交底资料。

2) 验收依据：《建筑给水排水及采暖工程施工质量验收规范》GB 50242—2002，相应的现场质量验收检查原始记录。

3) 注意事项：

① 主控项目的质量经抽样检验均应合格；

② 一般项目的质量经抽样检验合格。当采用计数抽样时，合格点率应符合有关专业验收规范的规定，且不得存在严重缺陷；

③ 具有完整的施工操作依据、质量验收记录；

④ 本检验批的主控项目、一般项目已列入推荐表中，有关具体内容及检查方法见一般规定及（2）条文摘录；

⑤ 黑体字的条文为强制性条文，必须严格执行，制订控制措施。

2. 给水设备安装检验批质量验收记录

（1）推荐表格

给水设备安装检验批质量验收记录　　　　05010201 ＿＿＿

单位(子单位) 工程名称			分部(子分部) 工程名称			分项工程名称		
施工单位			项目负责人			检验批容量		
分包单位			分包单位项目 负责人			检验批部位		
施工依据			验收依据		《建筑给水排水及采暖工程施工质量验收规范》 GB 50242—2002			

		验收项目			设计要求及 规范规定	最小/实际 抽样数量	检查 记录	检查 结果
主控项目	1	水泵基础要求			设计要求	/		
	2	水泵试运转的轴承温升符合规定			第4.4.2条	/		
	3	敞口水箱满水试验和密闭水箱 (罐)水压试验			第4.4.3条	/		
一般项目	1	水箱支架或地座安装			第4.4.4条	/		
	2	水箱溢流管和泄放管设置要求			第4.4.5条	/		
	3	立式水泵减震装置不应用弹簧减振器			第4.4.6条	/		
	4	安装允许偏差 (mm)	静置设备	坐标	15			
				标高	±5			
				垂直度(每米)	5			
			离心式水泵	立式垂直度(每米)	0.1			
				卧式水平度(每米)	0.1			
				联轴器同心度　轴向倾斜(每米)	0.8	/		
				联轴器同心度　径向移位	0.1			
	5	保温层允许偏差 (mm)	厚度		$+0.1\delta$ -0.05δ	/		
			表面平整度	卷材	5	/		
				涂抹	10	/		

施工单位 检查结果	专业工长： 项目专业质量检查员： 　　　　　　　　年　月　日
监理单位 验收结论	专业监理工程师： 　　　　　　　　年　月　日

（2）验收内容及检查方法条文摘录

主 控 项 目

4.4.1　水泵就位前的基础混凝土强度、坐标、标高、尺寸和螺栓孔位置必须符合设计规定。

检验方法：对照图纸用仪器和尺量检查。

4.4.2　水泵试运转的轴承温升必须符合设备说明书的规定。

检验方法：温度计实测检查。

4.4.3　敞口水箱的满水试验和密闭水箱（罐）的水压试验必须符合设计与本细则的规定。

检验方法：满水试验静置 24h 观察，不渗不漏；水压试验在试验压力下 10min 压力不降，不渗不漏。

一 般 项 目

4.4.4　水箱支架或底座安装，其尺寸及位置应符合设计规定，埋设平整牢固。

检验方法：对照图纸，尺量检查。

4.4.5　水箱溢流管和泄放管应设置在排水地点附近但不得与排水管直接连接。

检验方法：观察检查。

4.4.6　立式水泵的减振装置不应采用弹簧减振器。

检验方法：观察检查。

4.4.7　室内给水设备安装的允许偏差应符合表 4.4.7 的规定。

表 4.4.7　室内给水设备安装的允许偏差和检验方法

序号	项　　目		允许偏差（mm）	检验方法
1	静置设备	坐标	15	经纬仪或拉线、尺量
		标高	±5	用水准仪、拉线和尺量检查
		垂直度（每米）	5	吊线和尺量检查
2	离心式水泵	立式泵体垂直度（每米）	0.1	水平尺和塞尺检查
		卧式泵体水平度（每米）	0.1	水平尺和塞尺检查
	联轴器同心度	轴向倾斜（每米）	0.8	在联轴器互相垂直的四个位置上用水准仪、百分表或测微螺钉和塞尺检查
		径向位移	0.1	

4.4.8　管道及设备保温层的厚度和平整度的允许偏差应符合表 4.4.8 的规定。

表 4.4.8　管道及设备保温的允许偏差和检验方法

项次	项　　目		允许偏差（mm）	检验方法
1	厚度		$+0.1\delta$ -0.05δ	用钢针刺入
2	表面平整度	卷材	5	用 2m 靠尺和楔形塞尺检查
		涂抹	10	

注：δ 为保温层厚度。

(3) 验收说明

1) 施工依据：有关建筑给水排水管道工程技术规程，施工工艺标准，并制订专项施工方案、技术交底资料。

2) 验收依据：《建筑给水排水及采暖工程施工质量验收规范》GB 50242—2002，相应的现场质量验收检查原始记录。

3) 注意事项：

① 主控项目的质量经抽样检验均应合格；

② 一般项目的质量经抽样检验合格。当采用计数抽样时，合格点率应符合有关专业验收规范的规定，且不得存在严重缺陷；

③ 具有完整的施工操作依据、质量验收记录；

④ 本检验批的主控项目、一般项目已列入推荐表中，有关具体内容及检查方法见一般规定及（2）条文摘录；

⑤ 黑体字的条文为强制性条文，必须严格执行，制订控制措施。

3. 室内消火栓系统安装检验批质量验收记录

(1) 推荐表格

室内消火栓系统安装检验批质量验收记录   05010301 ____

单位(子单位) 工程名称			分部(子分部) 工程名称		分项工程名称		
施工单位			项目负责人		检验批容量		
分包单位			分包单位项目 负责人		检验批部位		
施工依据			验收依据	《建筑给水排水及采暖工程施工质量验收规范》 GB 50242—2002			
验收项目				设计要求及 规范规定	最小/实际 抽样数量	检查 记录	检查 结果
主控 项目	1		室内消火栓试射试验	设计要求	/		
一般 项目	1		室内消火栓水龙带等在箱内安放	第4.3.2条	/		
	2		栓口朝外，并不应安装在门轴侧	第4.3.3条	/		
			栓口中心距地面1.1m	±20mm	/		
			阀门中心距箱侧面140mm，距箱 后内表面100mm	±5mm	/		
			消火栓箱体安装的垂直度	3mm	/		
施工单位 检查结果		专业工长： 项目专业质量检查员： 年 月 日						
监理单位 验收结论		专业监理工程师： 年 月 日						

（2）验收内容及检查方法条文摘录

主 控 项 目

4.3.1 室内消火栓系统安装完成后应取屋顶层（或水箱间内）试验消火栓和首层取二处消火栓做试射试验，达到设计要求为合格。

检验方法：实地试射检查。

一 般 项 目

4.3.2 安装消火栓水龙带，水龙带与水枪和快速接头绑扎好后，应根据箱内构造将水龙带挂放在箱内的挂钉、托盘或支架上。

检验方法：观察检查。

4.3.3 箱式消火栓的安装应符合下列规定：

1 栓口应朝外，并不应安装在门轴侧。

2 栓口中心距地面为 1.1m，允许偏差±20mm。

3 阀门中心距箱侧面为 140mm，距箱后内表面为 100mm，允许偏差±5mm。

4 消火栓箱体安装的垂直度允许偏差为 3mm。

检验方法：观察和尺量检查。

（3）验收说明

1）施工依据：有关建筑给水排水管道工程技术规程，施工工艺标准，并制订专项施工方案、技术交底资料。

2）验收依据：《建筑给水排水及采暖工程施工质量验收规范》GB 50242—2002，相应的现场质量验收检查原始记录。

3）注意事项：

① 主控项目的质量经抽样检验均应合格；

② 一般项目的质量经抽样检验合格。当采用计数抽样时，合格点率应符合有关专业验收规范的规定，且不得存在严重缺陷；

③ 具有完整的施工操作依据、质量验收记录；

④ 本检验批的主控项目、一般项目已列入推荐表中，有关具体内容及检查方法见一般规定及（2）条文摘录；

⑤ 黑体字的条文为强制性条文，必须严格执行，制订控制措施。

4. 室内给水系统消防喷淋系统安装（暂无表格）

5. 室内给水系统防腐检验批质量验收记录 05010501 见室内供热系统防腐检验批质量验收记录 05051001

6. 室内给水系统绝热检验批质量验收记录 05010601，见室内供热系统绝热检验批质量验收记录 05051101

7. 室内给水系统管道冲洗、消毒检验批质量验收记录

（1）推荐表格

单位(子单位)工程名称			分部(子分部)工程名称			分项工程名称		
施工单位			项目负责人			检验批容量		
分包单位			分包单位项目负责人			检验批部位		
施工依据			验收依据		《建筑给水排水及采暖工程施工质量验收规范》GB 50242—2002			
验收项目				设计要求及规范规定	最小/实际抽样数量	检查记录		检查结果
主控项目	1	给水管道交付使用前冲洗、消毒		第4.2.3条	/			
	2	水质检验达饮用水标准		第4.2.3条	/			
施工单位检查结果				专业工长：项目专业质量检查员：　　　　　　　年　月　日				
监理单位验收结论				专业监理工程师：　　　　　　　年　月　日				

(2) 验收内容及检查方法条文摘录

主 控 项 目

4.2.3　生产给水系统管道在交付使用前必须冲洗和消毒，并经有关部门取样检验，符合国家《生活饮用水标准》方可使用。

检验方法：检查有关部门提供的检测报告。

(3) 验收说明

1) 施工依据：有关建筑给水排水管道工程技术规程，施工工艺标准，并制订专项施工方案、技术交底资料。

2) 验收依据：《建筑给水排水及采暖工程施工质量验收规范》GB 50242—2002，相应的现场质量验收检查原始记录。

3) 注意事项

① 主控项目的质量经抽样检验均应合格；

② 一般项目的质量经抽样检验合格。当采用计数抽样时，合格点率应符合有关专业验收规范的规定，且不得存在严重缺陷；

③ 具有完整的施工操作依据、质量验收记录；

④ 本检验批的主控项目、一般项目已列入推荐表中，有关具体内容及检查方法见一般规定及（2）条文摘录；

⑤ 黑体字的条文为强制性条文，必须严格执行，制订控制措施。

8. 室内给水系统试验与调试检验批质量验收记录 05010801 见 05010101

第三节　室内排水系统子分部工程检验批质量验收记录

一、排水管道及配件安装一般规定

5.1.1　本章适用于室内排水管道、雨水管道安装工程的质量检验与验收。

5.1.2　生活污水管道应使用塑料管、铸铁管或混凝土管（由成组洗脸盆或饮用喷水器到共用水封之间的排水管和连接卫生器具的排水短管，可使用钢管）。雨水管道宜使用塑料管、铸铁管、镀锌和非镀锌钢管或混凝土管等。悬吊式雨水管道应选用钢管、铸铁管或塑料管。易受振动的雨水管道（如锻造车间等）应使用钢管。

二、室内排水系统子分部工程检验批质量验收记录

1. 排水管道及配件安装检验批质量验收记录

（1）推荐表格

05020401____

排水管道及配件安装检验批质量验收记录
05020101____

单位（子单位）工程名称			分部（子分部）工程名称		分项工程名称		
施工单位			项目负责人		检验批容量		
分包单位			分包单位项目负责人		检验批部位		
施工依据			验收依据		《建筑给水排水及采暖工程施工质量验收规范》GB 50242—2002		
		验收项目		设计要求及规范规定	最小/实际抽样数量	检查记录	检查结果
主控项目	1	排水管道灌水试验		第5.2.1条	/		
	2	生活污水铸铁管，塑料管坡度		第5.2.2条第5.2.3条	/		
	3	排水塑料管安装伸缩节		设计要求	/		
	4	排水主立管及水平干管通球试验		第5.2.5条	/		
一般项目	1	生活污水管道上设检查口和清扫口		第5.2.6条	/		
	2	埋地或地板下检查口设置		第5.2.7条	/		
	3	金属排水管、吊钩、卡箍安装		第5.2.8条	/		
	4	塑料排水管支、吊架安装问题		第5.2.9条	/		
	5	排水通气管安装，不与风道、烟道连接		第5.2.10条	/		
	6	医院污水排水管设置，不得与其他管道连接		第5.2.11条	/		
	7	饮食业工艺设备排水管设置，不得与排污管道连接		第5.2.12条	/		
	8	通向室外排水管，穿墙时的设置，45°三通等		第5.2.13条	/		

验收项目					设计要求及规范规定	最小/实际抽样数量	检查记录	检查结果
一般项目	9	室内排水管道通向排水井要求,高于排出管			第5.2.14条	/		
	10	水平管与水平管、水平管与立管的连接要求			第5.2.15条	/		
	11	排水管安装允许偏差(mm)	横管纵横方向弯曲	坐标	15	/		
				标高	±15	/		
				铸铁管 每1m	≯1	/		
				铸铁管 全长(25m以上)	≯25	/		
				钢管 每1m 管径≤100mm	1	/		
				钢管 每1m 管径>100mm	1.5	/		
				钢管 全长(25m以上) 管径≤100mm	≯25	/		
				钢管 全长(25m以上) 管径>100mm	≯38	/		
				塑料管 每1m	1.5	/		
				塑料管 全长(25m以上)	≯38	/		
				钢筋混凝土管 每1m	3	/		
				钢筋混凝土管 全长(25m以上)	≯75	/		
			立管垂直度	铸铁管 每1m	3	/		
				铸铁管 全长(5m以上)	≯15	/		
				钢管 每1m	3	/		
				钢管 全长(5m以上)	≯10	/		
				塑料管 每1m	3	/		
				塑料管 全长(5m以上)	≯15	/		

施工单位检查结果	专业工长: 项目专业质量检查员: 年 月 日
监理单位验收结论	专业监理工程师: 年 月 日

(2) 验收内容及检查方法条文摘录

主 控 项 目

5.2.1 隐蔽或埋地的排水管道在隐蔽前必须做灌水试验,其灌水高度应不低于底层卫生器具的上边缘或底层地面高度。

检验方法：满水 15min 水面下降后，再灌满观察 5min，液面不降，管道及接口无渗漏为合格。

5.2.2 生活污水铸铁管道的坡度必须符合设计或表 5.2.2 的规定。

表 5.2.2 生活污水铸铁管道的坡度

项次	管径(mm)	标准坡度(‰)	最小坡度(‰)
1	50	35	25
2	75	25	15
3	100	20	12
4	125	15	10
5	150	10	7
6	200	8	5

检验方法：水平尺、拉线尺量检查。

5.2.3 生活污水塑料管道的坡度必须符合设计或表 5.2.3 的规定。

表 5.2.3 生活污水塑料管道的坡度

项次	管径(mm)	标准坡度(‰)	最小坡度(‰)
1	50	25	12
2	75	15	8
3	100	12	6
4	125	10	5
5	160	7	4

检验方法：水平尺、拉线尺量检查。

5.2.4 排水塑料管必须按设计要求及位置装设伸缩节。如设计无要求时，伸缩节间距不得大于 4m。

高层建筑中明设排水塑料管道应按设计要求设置阻火圈或防火套管。

检验方法：观察检查。

5.2.5 排水主立管及水平干管管道均应做通球试验，通球球径不小于排水管道管径的 2/3，通球率必须达到 100%。

检查方法：通球检查。

一 般 项 目

5.2.6 在生活污水管道上设置的检查口或清扫口，当设计无要求时应符合下列规定：

1 在立管上应每隔一层设置一个检查口，但在最底层和有卫生器具的最高层必须设置。如为两层建筑时，可仅在底层设置立管检查口；如有乙字弯管时，则在该层乙字弯管的上部设置检查口。检查口中心高度距操作地面一般为 1m，允许偏差±20mm；检查口的朝向应便于检修。暗装立管，在检查口处应安装检修门。

2 在连接 2 个及 2 个以上大便器或 3 个及 3 个以上卫生器具的污水横管上应设置清扫口。当污水管在楼板下悬吊敷设时，可将清扫口设在上一层楼地面上，污水管起点的清扫口与管道相垂直的墙面距离不得小于 200mm；若污水管起点设置堵头代替清扫口时，与墙面距离不得小于 400mm。

3 在转角小于 135°的污水横管上，应设置检查口或清扫口。

4 污水横管的直线管段，应按设计要求的距离设置检查口或清扫口。

检验方法：观察和尺量检查。

5.2.7 埋在地下或地板下的排水管道的检查口，应设在检查井内。井底表面标高与检查口的法兰相平，井底表面应有 5% 坡度，坡向检查口。

检验方法：尺量检查。

5.2.8 金属排水管道上的吊钩或卡箍应固定在承重结构上。固定件间距：横管不大于 2m；立管不大于 3m。楼层高度小于或等于 4m，立管可安装 1 个固定件。立管底部的弯管处应设支墩或采取固定措施。

检验方法：观察和尺量检查。

5.2.9 排水塑料管道支、吊架间距应符合表 5.2.9 的规定。

表 5.2.9 排水塑料管道支、吊架最大间距（单位：m）

管径(mm)	50	75	110	125	160
立管	1.2	1.5	2.0	2.0	2.0
横管	0.5	0.75	1.10	1.30	1.6

检验方法：尺量检查。

5.2.10 排水通气管不得与风道或烟道连接，且应符合下列规定：

1 通气管应高出屋面 300 mm，但必须大于最大积雪厚度。

2 在通气管出口 4m 以内有门、窗时，通气管应高出门、窗顶 600mm 或引向无门、窗一侧。

3 在经常有人停留的平屋顶上，通气管应高出屋面 2m，并应根据防雷要求设置防雷装置。

4 屋顶有隔热层应从隔热层板面算起。

检验方法：观察和尺量检查。

5.2.11 安装未经消毒处理的医院含菌污水管道，不得与其他排水管道直接连接。

检验方法：观察检查。

5.2.12 饮食业工艺设备引出的排水管及饮用水水箱的溢流管，不得与污水管道直接连接，并应留出不小于 100mm 的隔断空间。

检验方法：观察和尺量检查。

5.2.13 通向室外的排水管，穿过墙壁或基础必须下返时，应采用 45°三通和 45°弯头连接，并应在垂直管段顶部设置清扫口。

检验方法：观察和尺量检查。

5.2.14 由室内通向室外排水检查井的排水管，井内引入管应高于排出管或两管顶相平，并有不小于90°的水流转角，如跌落差大于300mm可不受角度限制。

检验方法：观察和尺量检查。

5.2.15 用于室内排水的水平管道与水平管道、水平管道与立管的连接，应采用45°三通或45°四通和90°斜三通或90°斜四通。立管与排出管端部的连接，应采用两个45°弯头或曲率半径不小于4倍管径的90°弯头。

检验方法：观察和尺量检查。

5.2.16 室内排水管道安装的允许偏差应符合表5.2.16的相关规定。

表5.2.16 室内排水和雨水管道安装的允许偏差和检验方法

项次	项 目			允许偏差（mm）	检验方法
1	坐标			15	用水准仪（水平尺）、有尺、拉线和尺量检查
2	标高			±15	
3	横管纵横方向弯曲	铸铁管	每1m	≥1	
			全长（25m以上）	≥25	
		钢管	每1m 管径小于或等于100mm	1	
			每1m 管径大于100mm	1.5	
			全长（25m以上） 管径小于或等于100mm	≥25	
			全长（25m以上） 管径大于100mm	≥38	
		塑料管	每1m	1.5	
			全长（25m以上）	≥38	
		钢肋混凝土管、混凝土管	每1m	3	
			全长（25m以上）	≥75	
4	立管垂直度	铸铁管	每1m	3	吊线和尺量检查
			全长（5m以上）	≥15	
		钢管	每1m	3	
			全长（5m以上）	≥10	
		塑料管	每1m	3	
			全长（5m以上）	≥15	

（3）验收说明

1）施工依据：有关建筑给水排水管道工程技术规程，施工工艺标准，并制订专项施工方案、技术交底资料。

2）验收依据：《建筑给水排水及采暖工程施工质量验收规范》GB 50242—2002，相应的现场质量验收检查原始记录。

3）注意事项：

① 主控项目的质量经抽样检验均应合格；

② 一般项目的质量经抽样检验合格。当采用计数抽样时，合格点率应符合有关专业

验收规范的规定，且不得存在严重缺陷；

③ 具有完整的施工操作依据、质量验收记录；

④ 本检验批的主控项目、一般项目已列入推荐表中，有关具体内容及检查方法见一般规定及（2）条文摘录；

⑤ 黑体字的条文为强制性条文，必须严格执行，制订控制措施。

2. 雨水管道及配件安装检验批质量验收记录

（1）推荐表格

雨水管道及配件安装检验批质量验收记录 05020201 ___

单位(子单位)工程名称				分部(子分部)工程名称		分项工程名称		
施工单位				项目负责人		检验批容量		
分包单位				分包单位项目负责人		检验批部位		
施工依据				验收依据	《建筑给水排水及采暖工程施工质量验收规范》GB 50242—2002			
验收项目					设计要求及规范规定	最小/实际抽样数量	检查记录	检查结果
主控项目	1	室内雨水管道灌水试验			第5.3.1条	/		
	2	塑料雨水管伸缩节安装			第5.3.2条	/		
	3	地下埋设雨水管道最小坡度(‰)	管径50mm		20	/		
			管径750mm		15	/		
			管径100mm		8	/		
			管径125mm		6	/		
			管径150mm		5	/		
			管径200～400mm		4	/		
			悬吊雨水管最小坡度		5	/		
一般项目	1	雨水管不得与生活污水管连接			第5.3.4条	/		
	2	雨水斗管安装			第5.3.5条	/		
	3	悬吊式雨水管道检查口间距(m)	管径≤150mm		≥15	/		
			管径≥200mm		≥20	/		
	4	雨水钢管焊缝允许偏差(mm)	焊口平直度	管壁厚10mm以内	管壁厚1/4	/		
			焊缝加强面	高度	+1	/		
				宽度		/		
			咬边	深度	<0.5	/		
				长度 连续长度	25	/		
				总长度(两侧)	小于焊缝长度的10%	/		

验收项目				设计要求及规范规定	最小/实际抽样数量	检查记录	检查结果
一般项目	5	雨水管安装允许偏差（mm）	横管纵横方向弯曲	坐标 15	/		
				标高 ±15	/		
				铸铁管 每1m ≥1	/		
				铸铁管 全长（25m以上）≥25	/		
				钢管 每1m 管径≤100mm 1	/		
				钢管 每1m 管径>100mm 1.5	/		
				钢管 全长（25m以上）管径≤100mm ≥25	/		
				钢管 全长（25m以上）管径>100mm ≥38	/		
				塑料管 每1m 1.5	/		
				塑料管 全长（25m以上）≥38	/		
				钢筋混凝土管 每1m 3	/		
				钢筋混凝土管 全长（25m以上）≥75	/		
			立管垂直度	铸铁管 每1m 3	/		
				铸铁管 全长（5m以上）≥15	/		
				钢管 每1m 3	/		
				钢管 全长（5m以上）≥10	/		
				塑料管 每1m 3	/		
				塑料管 全长（5m以上）≥15	/		
施工单位检查结果			专业工长： 项目专业质量检查员： 年 月 日				
监理单位验收结论			专业监理工程师： 年 月 日				

（2）验收内容及检查方法条文摘录

主 控 项 目

5.3.1 安装在室内的雨水管道安装后应做灌水试验，灌水高度必须到每根立管上部的雨水斗。

检验方法：灌水试验持续 1h，不渗不漏。

5.3.2 雨水管道如采用塑料管，其伸缩节安装应符合设计要求。

检验方法：对照图纸检查。

5.3.3 悬吊式雨水管道的敷设坡度不得小于 5‰；埋地雨水管道的最小坡度，应符合表 5.3.3 的规定。

表 5.3.3 地下埋设雨水排水管道的最小坡度

项次	管径(mm)	最小坡度(‰)
1	50	20
2	75	15
3	100	8
4	125	6
5	150	5
6	200～400	4

检验方法：水平尺、拉线尺量检查。

一 般 项 目

5.3.4 雨水管道不得与生活污水管道相连接。

检验方法：观察检查。

5.3.5 雨水斗管的连接应固定在屋面承重结构上。雨水斗边缘与屋面相连处应严密不漏。连接管管径当设计无要求时，不得小于 100mm。

检验方法：观察和尺量检查。

5.3.6 悬吊式雨水管道的检查口或带法兰堵口的三通的间距不得大于表 5.3.6 的规定。

表 5.3.6 悬吊管检查口间距

项次	悬吊管直径(mm)	检查口间距(m)
1	≤150	≥15
2	≥200	≥20

检验方法：拉线、尺量检查。

5.3.7 雨水管道安装的允许偏差应符合本规范表 5.2.16 的规定。

5.3.8 雨水钢管管道焊接的焊口允许偏差应符合表 5.3.8 的规定。

表 5.3.8 钢管管道焊口允许偏差和检验方法

项次	项	目		允许偏差	检验方法
1	焊口平直度	管壁厚 10mm 以内		管壁厚 1/4	焊接检验尺和游标卡尺检查
2	焊缝加强面	高度		+1mm	
		宽度			
3	咬边	深度		小于 0.5mm	直尺检查
		长度	连续长度	25mm	
			总长度(两侧)	小于焊缝长度的 10%	

（3）验收说明

1）施工依据：有关建筑给水排水管道工程技术规程，施工工艺标准，并制订专项施工方案、技术交底资料。

2）验收依据：《建筑给水排水及采暖工程施工质量验收规范》GB 50242—2002，相应的现场质量验收检查原始记录。

3）注意事项：

① 主控项目的质量经抽样检验均应合格；

② 一般项目的质量经抽样检验合格。当采用计数抽样时，合格点率应符合有关专业验收规范的规定，且不得存在严重缺陷；

③ 具有完整的施工操作依据、质量验收记录；

④ 本检验批的主控项目、一般项目已列入推荐表中，有关具体内容及检查方法见一般规定及（2）条文摘录；

⑤ 黑体字的条文为强制性条文，必须严格执行，制订控制措施。

3. 室内排水系统防腐检验批质量验收记录 05020301 暂无验收表格

4. 室内排水系统试验与调试检验批质量验收记录 05020401 见 05020101。

第四节　室内热水系统子分部工程检验批质量验收记录

一、室内热水供应系统的一般规定

6.1.1　本章适用于工作压力不大于 1.0MPa，热水温度不超过 75℃的室内热水供应管道安装工程的质量检验与验收。

6.1.2　热水供应系统的管道应采用塑料管、复合管、镀锌钢管和铜管。

6.1.3　热水供应系统管道及配件安装应按本规范第 4.2 节的相关执行。

二、室内热水系统及分部工程检验批质量验收记录

1. 室内热水系统管道及配件安装检验批质量验收记录

（1）推荐表格

室内热水系统管道及配件安装检验批质量验收记录　05030101 ____

单位（子单位）工程名称		分部（子分部）工程名称			分项工程名称		
施工单位		项目负责人			检验批容量		
分包单位		分包单位项目负责人			检验批部位		
施工依据		验收依据		《建筑给水排水及采暖工程施工质量验收规范》GB 50242—2002			
验收项目			设计要求及规范规定	最小/实际抽样数量	检查记录	检查结果	
主控项目	1	热水供应系统管道水压试验	设计要求	/			
	2	热水供应系统补偿器安装	设计要求	/			
	3	热水供应系统管道冲洗	第 6.2.3 条	/			

		验收项目			设计要求及规范规定	最小/实际抽样数量	检查记录	检查结果
一般项目	1	管道安装坡度符合设计要求			第6.2.4条	/		
	2	温度控制器和阀门安装位置			第6.2.5条	/		
	3	管道安装允许偏差(mm)	水平管道纵横方向弯曲	钢管 每米	1	/		
				钢管 全长(25m以上)	≯25	/		
				塑料管复合管 每米	1.5	/		
				塑料管复合管 全长(25m以上)	≯25	/		
			立管垂直度	钢管 每米	3	/		
				钢管 全长(25m以上)	≯8	/		
				塑料管复合管 每米	2	/		
				塑料管复合管 全长(25m以上)	≯8	/		
		成排管道和成排阀门	在同一平面上间距		3	/		
	4	保温层允许偏差(mm)	厚度		$+0.1\delta$ -0.05δ	/		
			表面平整度	卷材	5	/		
				涂抹	10	/		

施工单位检查结果	专业工长: 项目专业质量检查员: 年 月 日
监理单位验收结论	专业监理工程师: 年 月 日

(2) 验收内容及检查方法条文摘录

主控项目

6.2.1 热水供应系统安装完毕,管道保温之前应进行水压试验。试验压力应符合设计要求。当设计未注明时,热水供应系统水压试验压力应为系统顶点的工作压力加0.1MPa,同时在系统顶点的试验压力不小于0.3MPa。

检验方法:钢管和复合管道系统试验压力下10min内压力降不大于0.02MPa,然后降至工作压力检查,压力应不降,且不渗不漏;塑料管道系统在试验压力下稳压1h,压力降不得超过0.03MPa,连接处不得渗漏。

6.2.2 热水供应管道应尽量利用自然弯补偿热伸缩,直线段过长则应设置补偿器。补偿器型式、规格、位置应符合设计要求,并按有关规定进行预拉伸。

检验方法：对照设计图纸检查。

6.2.3 热水供应系统竣工后必须进行冲洗。

检验方法：现场观察检查。

一 般 项 目

6.2.4 管道安装坡度应符合设计规定。

检验方法：水平尺、拉线尺量检查。

6.2.5 温度控制器及阀门应安装在便于观察和维护的位置。

检验方法：观察检查。

6.2.6 热水供应管道和阀门安装的允许值偏差应符合本规范表4.2.8的规定。

6.2.7 热水供应小系统管道应保温（浴室内明装管道除外），保温材料、厚度、保护壳等应符合设计规定。保温层厚度和平整度的允许偏差应符合本规范表4.4.8的规定。

（3）验收说明

1）施工依据：有关建筑给水排水管道工程技术规程，施工工艺标准，并制订专项施工方案、技术交底资料。

2）验收依据：《建筑给水排水及采暖工程施工质量验收规范》GB 50242—2002，相应的现场质量验收检查原始记录。

3）注意事项

① 主控项目的质量经抽样检验均应合格；

② 一般项目的质量经抽样检验合格。当采用计数抽样时，合格点率应符合有关专业验收规范的规定，且不得存在严重缺陷；

③ 具有完整的施工操作依据、质量验收记录；

④ 本检验批的主控项目、一般项目已列入推荐表中，有关具体内容及检查方法见一般规定及（2）条文摘录；

⑤ 黑体字的条文为强制性条文，必须严格执行，制订控制措施。

2. 室内热水系统辅助设备安装检验批质量验收记录

（1）推荐表格

05030201 ____

室内热水系统辅助设备安装检验批质量验收记录 05050201 ____

单位(子单位) 工程名称		分部(子分部) 工程名称			分项工程名称		
施工单位		项目负责人			检验批容量		
分包单位		分包单位项目 负责人			检验批部位		
施工依据		验收依据		《建筑给水排水及采暖工程施工质量验收规范》 GB 50242—2002			
		验收项目		设计要求及 规范规定	最小/实际 抽样数量	检查 记录	检查 结果
主控 项目	1	太阳能热水器排管水压试验		第6.3.1条	/		
	2	热交换器水压试验		第6.3.2条	/		

68

	验收项目				设计要求及规范规定	最小/实际抽样数量	检查记录	检查结果
主控项目	3	水箱满水试验、水压试验			第6.3.5条	/		
	4	水泵基础			第6.3.3条	/		
	5	水泵试运转温升符合规定			第6.3.4条	/		
一般项目	1	太阳能热水器安装朝向			第6.3.6条	/		
	2	太阳能热水器上、下集管向热水箱的循环管道坡度≥5%			第6.3.7条	/		
	3	水箱底部与上水集管间距0.3～1.0m			第6.3.8条	/		
	4	吸热钢板凹槽要求及热排管安装要求			第6.3.9条	/		
	5	热水器最低处安装泄水装置			第6.3.10条	/		
	6	太阳能热水器、热水箱上、下各管道保温			第6.3.11条	/		
	7	太阳能热水器、箱上、下管道防冻措施			第6.3.12条	/		
	8	设备安装允许偏差(mm)	静置设备	坐标	15	/		
				标高	±5	/		
				垂直度每米	5	/		
			离心式水泵	立式水泵垂直度每米	0.1	/		
				卧式水泵水平度每米	0.1	/		
				联轴器同心度 轴向倾斜(每米)	0.8	/		
				联轴器同心度 径向位移	0.1	/		
	9	太阳能热水器允许偏差(mm)	标高	中心线距地面	±20	/		
			朝向	最大偏移角	≤15°	/		

施工单位检查结果	专业工长： 项目专业质量检查员： 年 月 日
监理单位验收结论	专业监理工程师： 年 月 日

(2) 验收内容及检查方法条文摘录

主控项目

6.3.1 在安装太阳能集热器玻璃前，应对集热排管和上、下集管作水压试验，试验压力为工作压力的1.5倍。

检验方法：试验压力下 10min 内压力不降，不渗不漏。

6.3.2 热交换器应以工作压力的 1.5 倍作水压试验。蒸汽部分应不低于蒸汽供汽压力加 0.3MPa；热水部分应不低于 0.4MPa。

检验方法：试验压力下 10min 内压力不降，不渗不漏。

6.3.3 水泵就位前的基础混凝土强度、坐标、标高、尺寸和螺栓孔位置必须符合设计要求。

检验方法：对照图纸用仪器和尺量检查。

6.3.4 水泵试运转的轴承温升必须符合设备说明书的规定。

检验方法：温度计实测检查。

6.3.5 敞口水箱的满水试验和密闭水箱（罐）的水压试验必须符合设计与本规范的规定。

检验方法：满水试验静置 24h，观察不渗不漏；水压试验在试验压力下 10min 压力不降，不渗不漏。

一 般 项 目

6.3.6 安装固定式太阳能热水器，朝向应正南。如受条件限制时，其偏移角不得大于 15°。集热器的倾角，对于春、夏、秋三个季节使用的，应采用当地纬度为倾角；若以夏季为主，可比当地纬度减少 10°。

检验方法：观察和分度仪检查。

6.3.7 由集热器上、下集管接往热水箱的循环管道，应有不小于 5% 的坡度。

检验方法：尽量检查。

6.3.8 自然循环的热水箱底部与集热器上集管之间的距离为 0.3～1.0m。

检验方法：尺量检查。

6.3.9 制作吸热钢板凹槽时，其圆度应准确，间距应一致。安装集热排管时，应用卡箍和钢丝紧在钢板凹槽内。

检验方法：手板和尺量检查。

6.3.10 太阳能热水器的最低处应安装泄水装置。

检验方法：观察检查。

6.3.11 热水箱及上、下集管等循环管道均应保温。

检验方法：观察检查。

6.3.12 凡以水作介质的太阳能热水器，在 0℃ 以下地区使用，应采取防冻措施。

检验方法：观察检查。

6.3.13 热水供应辅助设备安装的允许偏差应符合本规范表 4.4.7 的规定。

6.3.14 太阳能热水器安装的允许偏差应符合表 6.3.14 的规定。

表 6.3.14 太阳能热水器安装的允许偏差和检验方法

项　　目			允许偏差	检验方法
板式直管太阳能热水器	标高	中心线距地面(mm)	±20	尺量
	固定安装朝向	最大偏移角	不大于 15°	分度仪检查

(3) 验收说明

1) 施工依据：有关建筑给水排水管道工程技术规程，施工工艺标准，并制订专项施工方案、技术交底资料。

2) 验收依据：《建筑给水排水及采暖工程施工质量验收规范》GB 50242—2002，相应的现场质量验收检查原始记录。

3) 注意事项

① 主控项目的质量经抽样检验均应合格；

② 一般项目的质量经抽样检验合格。当采用计数抽样时，合格点率应符合有关专业验收规范的规定，且不得存在严重缺陷；

③ 具有完整的施工操作依据、质量验收记录；

④ 本检验批的主控项目、一般项目已列入推荐表中，有关具体内容及检查方法见一般规定及（2）条文摘录；

⑤ 黑体字的条文为强制性条文，必须严格执行，制订控制措施。

3. 室内热水系统防腐检验批质量验收记录 05030301 见室内供暖系统防腐检验批质量验收记录 05051001

4. 室内热水系统绝热检验批质量验收记录 05030401 见室内供暖系统绝热检验批质量验收记录 05051101

5. 室内热水系统试验与调试检验批质量验收记录见 05030501 室内供暖系统试验与调试检验批质量验收记录 05050901

第五节　卫生器具子分部工程检验批质量验收记录

一、卫生器具安装一般规定

7.1.1　本章适用于室内污水盆、洗涤盆、洗脸（手）盆、盥洗槽、浴盆、淋浴器、大便器、小便器、小便槽、大便冲洗槽、妇女卫生盆、化验盆、排水栓、地漏、加热器、煮沸消毒器和饮水器等卫生器具安装工程。

7.1.2　卫生器具的安装应采用预埋螺栓或膨胀螺栓安装固定。

7.1.3　卫生器具安装高度如设计无要求时，应符合表 7.1.3 的规定。

表 7.1.3　卫生器具的安装高度

项次	卫生器具名称		卫生器具安装高度		备　注
			居住和公共建筑	幼儿园	
1	污水盆（池）	架空式落地式	800 500	800 500	
2	洗涤盆（池）		800	800	自地面至器具上边缘
3	洗脸盆、洗手盆（有塞、无塞）		800	500	
4	盥洗槽		800	500	
5	浴盆		≯520	—	

项次	卫生器具名称			卫生器具安装高度		备 注
				居住和公共建筑	幼儿园	
6	蹲式大便器	高水箱		1800	1800	自台阶面至高水箱底
		低水箱		900	900	自台阶面至低水箱底
7	坐式大便器	高水箱		1800	1800	自地面至高水相底 自地面至低水箱底
		低水箱	外露排水管式	510	—	
			虹吸喷射式	470	370	
8	小便器	挂式		600	450	自地面至下边缘
9	小便槽			200	150	自地面至台阶面
10	大便槽冲洗水箱			≮2000	—	自台阶面至水箱底
11	妇女卫生盆			360	—	自地面至器具上边缘
12	化验盆			800	—	自地面至器具上边缘

7.1.4 卫生器具给水配件的安装高度，如设计无要求时，应符合表7.1.4的规定。

表7.1.4 卫生器具给水配件的安装高度

项次	给水配件名称		配件中心距地面高度（mm）	冷热水龙头距离（mm）
1	架空式污水盆(池)		1000	—
2	落地式污水盆(池)水龙头		800	—
3	洗涤盆(池)水龙头		1000	150
4	住宅集中给水龙头		1000	—
5	洗手盆水龙头		1000	—
6	洗脸盆	水龙头(上配水)	1000	150
		水龙头(下配水)	800	150
		角阀(下配水)	450	
7	盥洗槽	水龙头	1000	150
		冷热水管上下并行其中热水龙头	1100	150
8	浴盆	水龙头(上配水)	670	150
9	淋浴器	截止阀	1150	95
		混合阀	1150	
		淋浴喷头下沿	2100	—
10	蹲式大便器（台阶面算起）	高水箱角阀及截止阀	2040	
		低水箱角阀	250	

续表 7.1.4

项次	给水配件名称		配件中心距地面高度 （mm）	冷热水龙头距离 （mm）
10	蹲式大便器 （台阶面算起）	手动式自闭冲洗阀	600	—
		脚踏式自闭冲洗阀	150	—
		拉管式冲洗网（从地面算起）	1600	—
		带防污助冲器阀门 （从地面算起）	900	—
11	坐式大便器	高水箱角阀及截止阀	2040	—
		低水箱角阀	150	—
12	大便槽冲洗水箱截止阀（从台阶面算起）		≮2400	—
13	立式小便器角阀		1130	—
14	挂式小便器角阀及截止阀		1050	—
15	小便槽多孔冲洗管		1100	—
16	实验室化验水龙头		1000	—
17	妇女卫生盆混合阀		360	—

注：装设在幼儿园内的洗手盆、洗脸盆和盥洗槽水嘴中心离地面安装高度应为700mm；其他卫生器具给水配件的安装高度，应按卫生器具实际尺寸相应减少。

二、卫生器具子分部工程检验批质量验收记录

1. 卫生器具安装检验批质量验收记录

（1）推荐表格

05040401 ____

卫生器具安装检验批质量验收记录   05040101 ____

单位（子单位） 工程名称				分部（子分部） 工程名称			分项工程名称		
施工单位				项目负责人			检验批容量		
分包单位				分包单位项目 负责人			检验批部位		
施工依据				验收依据		《建筑给水排水及采暖工程施工质量验收规范》 GB 50242—2002			
验收项目						设计要求及 规范规定	最小/实际 抽样数量	检查 记录	检查 结果
主控 项目	1	排水栓与地漏安装				第7.2.1条	/		
	2	卫生器具满水试验和通水试验				第7.2.2条	/		
一般 项目	1	卫生器 具安装 允许偏 差（mm）	坐标	单独器具		10	/		
				成排器具		5	/		
			标高	单独器具		±15	/		
				成排器具		±10	/		
			器具水平度			2	/		
			器具垂直度			3	/		

73

验收项目			设计要求及规范规定	最小/实际抽样数量	检查记录	检查结果
一般项目	2	有饰面的浴盆应留检修门	第7.2.4条	/		
	3	小便槽冲洗管选材及安装	第7.2.5条	/		
	4	卫生器具的支、托架安装及防腐	第7.2.6条	/		
施工单位检查结果		专业工长： 项目专业质量检查员： 年 月 日				
监理单位验收结论		专业监理工程师： 年 月 日				

（2）验收内容及检查方法条文摘录

主 控 项 目

7.2.1 排水栓和地漏的安装应平正、牢固，低于排水表面，周边无渗漏。地漏水封高度不得小于 50mm。

检验方法：试水观察检查。

7.2.2 卫生器具交工前应做满水和通水试验。

检验方法：满水后各连接件不渗不漏；通水试验给、排水畅通。

一 般 项 目

7.2.3 卫生器具安装的允许偏差应符合表 7.2.3 的规定。

表 7.2.3 卫生器具安装的允许偏差和检验方法

项次	项 目		允许偏差（mm）	检验方法
1	坐标	单独器具	10	拉线、吊线和尺量检查
		成排器具	5	
2	标高	单独器具	±15	
		成排器具	±10	
3	器具水平度		2	用水平尺和尺量检查
4	器具垂直度		3	吊线和尺量检查

7.2.4 有饰面的浴盆，应留有通向浴盆排水口的检修门。

检验方法：观察检查。

7.2.5 小便槽冲洗管，应采用镀锌钢管或硬质塑料管。冲洗孔应斜向下方安装，冲洗水流同墙面成 45°角。镀锌钢管钻孔后应进行二次镀锌。

检验方法：观察检查。

7.2.6 卫生器具的支、托架必须防腐良好，安装平整、牢固，与器具接触紧密、平稳。

检验方法：观察和手扳检查。

(3) 验收说明

1) 施工依据：有关建筑给水排水管道工程技术规程，施工工艺标准，并制订专项施工方案、技术交底资料。

2) 验收依据：《建筑给水排水及采暖工程施工质量验收规范》GB 50242—2002，相应的现场质量验收检查原始记录。

3) 注意事项：

① 主控项目的质量经抽样检验均应合格；

② 一般项目的质量经抽样检验合格。当采用计数抽样时，合格点率应符合有关专业验收规范的规定，且不得存在严重缺陷；

③ 具有完整的施工操作依据、质量验收记录；

④ 本检验批的主控项目、一般项目已列入推荐表中，有关具体内容及检查方法见一般规定及（2）条文摘录；

⑤ 黑体字的条文为强制性条文，必须严格执行，制订控制措施。

2. 卫生器具给水配件安装检验批质量验收记录

(1) 推荐表格

卫生器具给水配件安装检验批质量验收记录　　　　05040201____

单位(子单位) 工程名称			分部(子分部) 工程名称			分项工程名称		
施工单位			项目负责人			检验批容量		
分包单位			分包单位项目 负责人			检验批部位		
施工依据			验收依据		《建筑给水排水及采暖工程施工质量验收规范》 GB 50242—2002			
验收项目				设计要求及 规范规定	最小/实际 抽样数量	检查 记录	检查 结果	
主控 项目	1	卫生器具给水配件质量		第7.3.1条	/			
一般 项目	1	给水配件 安装标高 允许偏差 （mm）	高低水箱角阀及截止阀	±10	/			
			水嘴	±10	/			
			淋浴器喷头下沿	±15	/			
			浴盆软管淋雨器挂钩	±20	/			
	2	浴盆软管淋浴器挂钩高度		设计要求	/			
施工单位 检查结果		专业工长： 项目专业质量检查员： 　　　　　　　年　月　日						
监理单位 验收结论		专业监理工程师： 　　　　　　　年　月　日						

（2）验收内容及检查方法条文摘录

主 控 项 目

7.3.1 卫生器具给水配件应完好无损伤，接口严密，启闭部分灵活。

检验方法：观察及手扳检查。

一 般 项 目

7.3.2 卫生器具给水配件安装标高的允许偏差应符合表 7.3.2 的规定。

表 7.3.2 卫生器具给水配件安装标高的允许偏差和检验方法

项次	项 目	允许偏差（mm）	检验方法
1	大便器高、低水箱角阀及截止阀	±10	
2	水嘴	±10	
3	淋浴器喷头下沿	±15	尺量检查
4	浴盆软管淋浴器挂钩	±20	

7.3.3 浴盆软管淋浴器挂钩的高度，如设计无要求，应距地面 1.8m。

检验方法：尺量检查。

（3）验收说明

1）施工依据：有关建筑给水排水管道工程技术规程，施工工艺标准，并制订专项施工方案、技术交底资料。

2）验收依据：《建筑给水排水及采暖工程施工质量验收规范》GB 50242-2002，相应的现场质量验收检查原始记录。

3）注意事项：

① 主控项目的质量经抽样检验均应合格；

② 一般项目的质量经抽样检验合格。当采用计数抽样时，合格点率应符合有关专业验收规范的规定，且不得存在严重缺陷；

③ 具有完整的施工操作依据、质量验收记录；

④ 本检验批的主控项目、一般项目已列入推荐表中，有关具体内容及检查方法见一般规定及（2）条文摘录；

⑤ 黑体字的条文为强制性条文，必须严格执行，制订控制措施。

3. 卫生器具排水管道安装检验批质量验收记录

（1）推荐表格

单位(子单位)工程名称				分部(子分部)工程名称		分项工程名称		
施工单位				项目负责人		检验批容量		
分包单位				分包单位项目负责人		检验批部位		
施工依据				验收依据	《建筑给水排水及采暖工程施工质量验收规范》GB 50242—2002			
验收项目					设计要求及规范规定	最小/实际抽样数量	检查记录	检查结果
主控项目	1	器具受水口与立管,管道与楼板固定			第7.4.1条	/		
	2	连接排水管道接口应严密,其支架、管卡安装位置正确、牢固、平整			第7.4.2条	/		
一般项目	1	排水管安装允许偏差(mm)	横管弯曲度	每1m长	2	/		
				横管长度≤10m,全长	<8			
				横管长度>10m,全长	10	/		
			卫生器具排水管口及横支管的纵横坐标	单独器具	10			
				成排器具	5	/		
			卫生器具接口标高	单独器具	±10	/		
				成排器具	±5	/		
	2	卫生器具排水管管径最小坡度(mm)	污水盆(池)管径50mm		25	/		
			单、双格洗涤盆(池)管径50mm		25	/		
			洗手盆、洗脸盆管径32~50mm		20	/		
			浴盆管径50mm		20	/		
			淋浴器管径50mm		20	/		
			大便器	高低水箱管径100mm	12	/		
				手动、自闭式冲洗阀管径100mm	12	/		
				拉管式冲洗阀管径100mm	12	/		
			小便器	冲洗阀管径40~50mm	20	/		
				自动冲洗水箱管径40~50mm	20	/		
		卫生器具排水管管径最小坡度(mm)	化验盆(无塞)管径40~50mm		25	/		
			净身器管径40~50mm		20	/		
			饮水器管径20~50mm		10~20	/		
施工单位检查结果					专业工长: 项目专业质量检查员: 　　　　年　月　日			
监理单位验收结论					专业监理工程师: 　　　　年　月　日			

（2）验收内容及检查方法条文摘录

主控项目

7.4.1 与排水横管连接的各卫生器具的受水口和立管均应采取妥善可靠的固定措施；管道与楼板的接合部位应采取牢固可靠的防渗、防漏措施。

检验方法：观察和手扳检查。

7.4.2 连接卫生器具的排水管道接口应紧密不漏，其固定支架、管卡等支撑位置应正确、牢固，与管道的接触应平整。

检验方法：观察及通水检查。

一般项目

7.4.3 卫生器具排水管道安装的允许偏差应符合表7.4.3的规定。

表7.4.3 卫生器具排水管道安装的允许偏差及检验方法

项次	检查项目		允许偏差（mm）	检验方法
1	横管弯曲度	每1m长	2	用水平尺量检查
		横管长度≤10m,全长	<8	
		横管长度>10m,全长	10	
2	卫生器具的排水管口及横支管的纵横坐标	单独器具	10	用尺量检查
		成排器具	5	
3	卫生器具的接口标高	单独器具	±10	用水平尺和尺量检查
		成排器具	±5	

7.4.4 连接卫生器具的排水管管径和最小坡度，如设计无要求时，应符合表7.4.4的规定。

表7.4.4 连接卫生器具的排水管管径和最小坡度

项次	卫生器具名称		排水管管径	管道的最小坡度
1	污水盆(池)		50	25
2	单、双格洗涤盆(池)		50	25
3	洗手盆、洗脸盆		32～50	20
4	浴盆		50	20
5	淋浴器		50	20
6	大便器	高、低水箱	100	12
		自闭式冲洗阀	100	12
		拉管式冲洗阀	100	12
7	小便器	手动、自闭式冲洗阀	40～50	12
		自动冲洗水箱	40～50	20
8	化验盆(无塞)		40～50	25
9	净身器		40～50	20
10	饮水器		20～250	10～20
11	家用洗衣机		50(软管为30)	

检验方法：用水平尺和尺量检查。

（3）验收说明

1）施工依据：有关建筑给水排水管道工程技术规程，施工工艺标准，并制订专项施工方案、技术交底资料。

2）验收依据：《建筑给水排水及采暖工程施工质量验收规范》GB 50242—2002，相应的现场质量验收检查原始记录。

3）注意事项：

① 主控项目的质量经抽样检验均应合格；

② 一般项目的质量经抽样检验合格。当采用计数抽样时，合格点率应符合有关专业验收规范的规定，且不得存在严重缺陷；

③ 具有完整的施工操作依据、质量验收记录；

④ 本检验批的主控项目、一般项目已列入推荐表中，有关具体内容及检查方法见一般规定及（2）条文摘录；

⑤ 黑体字的条文为强制性条文，必须严格执行，制订控制措施。

4. 卫生器具试验与调试检验批验收记录 05040401 见 05040101

第六节　室内供暖系统子分部工程检验批质量验收记录

一、室内采暖系统安装一般规定

8.1.1　本章适用于饱和蒸汽压力不大于 0.7MPa，热水温度不超过 130℃的室内采暖系统安装工程的质量检验与验收。

8.1.2　焊接钢管的连接，管径小于或等于 32mm，应采用螺纹连接；管径大于 32mm，采用焊接。镀锌钢管的连接见本规范第 4.1.3 条。

二、室内供暖系统子分部工程检验批质量验收记录

1. 室内供暖系统管道及配件安装检验批质量验收记录

（1）推荐表格

室内供暖系统管道及配件安装检验批质量验收记录　　05050101 ____

单位(子单位)工程名称			分部(子分部)工程名称		分项工程名称		
施工单位			项目负责人		检验批容量		
分包单位			分包单位项目负责人		检验批部位		
施工依据			验收依据		《建筑给水排水及采暖工程施工质量验收规范》GB 50242—2002		
验收项目				设计要求及规范规定	最小/实际抽样数量	检查记录	检查结果
主控项目	1	管道安装坡度		设计要求	/		
	2	补偿器的型号、安装位置及预拉伸和固定支架的构造及安装位置		第8.2.2条	/		
	3	平衡阀及调节阀型号、规格、公称压力及安装位置		设计要求	/		
		系统平衡调试及标志		第8.2.3条	/		

验收项目			设计要求及规范规定	最小/实际抽样数量	检查记录	检查结果
主控项目	4	蒸汽减压阀和管道及设备上安全阀的型号、规格、公称压力及安装位置	设计要求	/		
		系统工作压力调试及标志	第8.2.4条	/		
	5	方形补偿器制作质量	第8.2.5条	/		
	6	方形补偿器安装要求	第8.2.6条	/		
一般项目	1	热量表、疏水器、除污器、过滤器及阀门的型号、规格、公称压力及安装位置符合设计要求	第8.2.7条	/		
	2	采暖入口及分户计量入户装置安装	第8.2.9条	/		
	3	散热器支管长度超过1.5m时，应在支管上安装管卡	第8.2.10条	/		
	4	上供下回式系统热水干管变径连接要求	第8.2.11条	/		
	5	管道干管上焊接垂直或水平分之管道要求	第8.2.12条	/		
	6	膨胀水箱的膨胀管及循环管上下不得安装阀门	第8.2.13条	/		
	7	当采暖供热煤为110～130℃的高温水时，管道可拆卸件应使用法兰及垫片要求	第8.2.14条	/		
	8	管道转弯时管道煨弯及弯曲转弯要求	第8.2.15条	/		

一般项目	9	管道焊口允许偏差（mm）	焊口平直度		管壁厚10mm以内	管壁厚1/4	/		

表（续前，焊口允许偏差及管道安装允许偏差部分）

		验收项目				设计要求及规范规定		最小/实际抽样数量	检查记录	检查结果
一般项目	9	管道焊口允许偏差（mm）	焊口平直度		管壁厚10mm以内	管壁厚1/4		/		
			焊缝加强面	高度		+1		/		
				宽度				/		
			咬边	深度		<0.5		/		
				连续长度		<25		/		
				总长度（两侧）		焊缝度<10%		/		
	10	管道安装允许偏差（mm）	横管道纵、横方向弯曲（mm）	每米	管径≤100mm	1		/		
					管径>100mm	1.5		/		
				全长（25m以上）	管径≤100mm	≯13		/		
					管径>100mm	≯25		/		

验收项目				设计要求及规范规定		最小/实际抽样数量	检查记录	检查结果
一般项目	10	管道安装允许偏差（mm）	立管垂直度（mm）	每米	2	/		
				全长（5m以上）	≯10	/		
			弯管	椭圆率	管径≤100mm	10%	/	
					管径>100mm	8%	/	
				褶皱不平度（mm）	管径≤100mm	4	/	
					管径>100mm	5	/	

施工单位检查结果	专业工长： 项目专业质量检查员： 年 月 日
监理单位验收结论	专业监理工程师： 年 月 日

（2）验收内容及检查方法条文摘录

主 控 项 目

8.2.1 管道安装坡度，当设计未注明时，应符合下列规定：

1 气、水同向流动的热水采暖管道和汽、水同向流动的蒸汽管道及凝结水管道，坡度应为3‰，不得小于2‰；

2 气、水逆向流动的热水采暖管道和汽、水逆向流动的蒸汽管道，坡度不应小于5‰；

3 散热器支管的坡度应为1%，坡向应利于排气和泄水。

检验方法：观察，水平尺、拉线、尺量检查。

8.2.2 补偿器的型号、安装位置及预拉伸和固定支架的构造及安装位置应符合设计要求。

检验方法：对照图纸，现场观察，并查验预拉伸记录。

8.2.3 平衡阀及调节阀型号、规格、公称压力及安装位置应符合设计要求。安装完后应根据系统平衡要求进行调试并作出标志。

检验方法：对照图纸查验产品合格证，并现场查看。

8.2.4 蒸汽减压阀和管道及设备上安全阀的型号、规格、公称压力及安装位置应符合设计要求。安装完毕后应根据系统工作压力进行调试，并做出标志。

检验方法：对照图纸查验产品合格证及调试结果证明书。

8.2.5　方形补偿器制作时，应用整根无缝钢管煨制，如需要接口，其接口应设在垂直臂的中间位置，且接口必须焊接。

检验方法：观察检查。

8.2.6　方形补偿器应水平安装，并与管道的坡度一致；如其臂长方向垂直安装必须设排气及泄水装置。

检验方法：观察检查。

一 般 项 目

8.2.7　热量表、疏水器、除污器、过滤器及阀门的型号、规格、公称压力及安装位置应符合设计要求。

检验方法：对照图纸查验产品合格证。

8.2.8　钢管管道焊口尺寸的允许偏差应符合表 5.3.8 的规定。

表 5.3.8　钢管管道焊口允许偏差和检验方法

项次	项目		允许偏差	检验方法
1	焊口平直度	管壁厚 10mm 以内	管壁厚 1/4	焊接检验尺和游标卡尺检查
2	焊缝加强面	高度	＋1mm	
		宽度		
3	咬边	深度	小于 0.5mm	直尺检查
		长度　连续长度	25mm	
		总长度（两侧）	小于焊缝长度的 10%	

8.2.9　采暖系统入口装置及分户热计量系统入户装置，应符合设计要求。安装位置应便于检修、维护和观察。

检验方法：现场观察。

8.2.10　散热器支管长度超过 1.5m 时，应在支管上安装管卡。

检验方法：尺量和观察检查。

8.2.11　上供下回式系统的热水干管变径应顶平偏心连接，蒸汽干管变径应底平偏心连接。

检验方法：观察检查。

8.2.12　在管道干管上焊接垂直或水平分支管道时，干管开孔所产生的钢渣及管壁等废弃物不得残留管内，且分支管道在焊接时不得插入干管内。

检验方法：观察检查。

8.2.13　膨胀水箱的膨胀管及循环管上不得安装阀门。

检验方法：观察检查。

8.2.14　当采暖热媒为 110～130℃ 的高温水时，管道可拆卸件应使用法兰，不得使用长丝和活接头。法兰垫料应使用耐热橡胶板。

检验方法：观察和查验进料单。

8.2.15 焊接钢管管径大于 32mm 的管道转弯，在作为自然补偿时应使用煨弯。塑料管及复合管除必须使用直角弯头的场合外应使用管道直接弯曲转弯。

检验方法：观察检查。

8.2.16 管道、金属支架和设备的防腐和涂漆应附着良好，无脱皮、起泡、流淌和漏涂缺陷。

检验方法：现场观察检查。

8.2.17 管道和设备保温的允许偏差应符合本规范表 4.4.8 的规定。

8.2.18 采暖管道安装的允许偏差应符合表 8.2.18 的规定。

表 8.2.18 采暖管道安装的允许偏差和检验方法

项次	项 目			允许偏差	检验方法
1	横管道方向弯曲（mm）	每 1m	管径≤100mm	1	用水平尺、直尺、拉线和尺量检查
			管径>100mm	1.5	
		全长（25m 以上）	管径≤100mm	≯13	
			管径>100mm	≯25	
2	立管垂直度（mm）	每 1m		2	吊线和尺量检查
		全长（5m 以上）		≯10	
3	弯管	椭圆率 $=\dfrac{D_{\max}-D_{\min}}{D_{\max}}$	管径≤100mm	10%	用外卡钳和尺量检查
			管径>100mm	8%	
		折皱不平度（mm）	管径≤100mm	4	
			管径>100mm	5	

注：$D_{\max}$，$D_{\min}$ 分别为管子最大外径及最小外径。

(3) 验收说明

1）施工依据：有关建筑给水排水管道工程技术规程，施工工艺标准，并制订专项施工方案、技术交底资料。

2）验收依据：《建筑给水排水及采暖工程施工质量验收规范》GB 50242—2002，相应的现场质量验收检查原始记录。

3）注意事项：

① 主控项目的质量经抽样检验均应合格；

② 一般项目的质量经抽样检验合格。当采用计数抽样时，合格点率应符合有关专业验收规范的规定，且不得存在严重缺陷；

③ 具有完整的施工操作依据、质量验收记录；

④ 本检验批的主控项目、一般项目已列入推荐表中，有关具体内容及检查方法见一般规定及（2）条文摘录；

⑤ 黑体字的条文为强制性条文，必须严格执行，制订控制措施。

2. 室内供暖系统辅助设备安装检验批质量验收记录

（1）推荐表格

室内供暖系统辅助设备安装检验批质量验收记录　　05050201 ____

单位(子单位)工程名称			分部(子分部)工程名称		分项工程名称		
施工单位			项目负责人		检验批容量		
分包单位			分包单位项目负责人		检验批部位		
施工依据			验收依据		《建筑给水排水及采暖工程施工质量验收规范》GB 50242—2002		
验收项目				设计要求及规范规定	最小/实际抽样数量	检查记录	检查结果
主控项目	1	水泵基础强度、坐标、标高、尺寸符合设计要求		第4.4.1条	/		
	2	水泵试运转的轴承温升设备说明书规定		第4.4.2条	/		
	3	敞口水箱满水试验和密闭水箱(罐)水压试验		第4.4.3条	/		
	4	热交换器水压试验		第13.6.1条	/		
	5	高温水循环泵与换热器相对位置		第13.6.2条	/		
	6	壳管式热交换器距离墙及屋顶距离		第13.6.3条	/		
一般项目	1	水箱支架或底座安装符合设计要求		第4.4.4条	/		
	2	水箱溢流管和泄放管安装		第4.4.5条	/		
	3	立式水泵减震装置		第4.4.6条	/		
	4	安装允许偏差(mm)	静置设备 坐标	15	/		
			静置设备 标高	±5	/		
			静置设备 垂直度(每米)	5	/		
		离心式水泵	立式垂直度(每米)	0.1	/		
			卧式水平度(每米)	0.1	/		
			联轴器同心度 轴向切斜(每米)	0.8	/		
			联轴器同心度 径向移位	0.1	/		
施工单位检查结果			专业工长：项目专业质量检查员：　　　　　　年　月　日				
监理单位验收结论			专业监理工程师：　　　　　　年　月　日				

84

(2) 验收内容及检查方法条文摘录

主 控 项 目

8.3.2　水泵、水箱、热交换器等辅助设备安装的质量检验与验收应按本规范第4.4节和第13.6节的相关规定执行。

4.4.1　水泵就位前的基础混凝土强度、坐标、标高、尺寸和螺栓孔位置必须符合设计规定。

检验方法：对照图纸用仪器和尺量检查。

4.4.2　水泵试运转的轴承温升必须符合设备说明书的规定。

检验方法：温度计实测检查。

4.4.3　敞口水箱的满水试验和密闭水箱（罐）的水压试验必须符合设计与本细则的规定。

检验方法：满水试验静置24h观察，不渗不漏；水压试验在试验压力下10min压力不降，不渗不漏。

13.6.1　热交换器应以最大工作压力的1.5倍作水压试验，蒸汽部分应不低于蒸汽供汽压力加0.3MPa，热水部分应不低于0.4MPa。

检验方法：在试验压力下，保持10min压力不降。

13.6.2　高温水系统中，循环水泵和换热器的相对安装位置应按设计文件施工。

检验方法：对照设计图纸检查。

13.6.3　壳管式热交换器的安装，如设计无要求时，其封头与墙壁或屋顶的距离不得小于换热管的长度。

检验方法：观察和尺量检查。

一 般 项 目

4.4.4　水箱支架或底座安装，其尺寸及位置应符合设计规定，埋设平整牢固。

检验方法：对照图纸，尺量检查。

4.4.5　水箱溢流管和泄放管应设置在排水地点附近但不得与排水管直接连接。

检验方法：观察检查。

4.4.6　立式水泵的减振装置不应采用弹簧减振器。

检验方法：观察检查。

4.4.7　室内给水设备安装的允许偏差应符合表4.4.7的规定。

表4.4.7　室内给水设备安装的允许偏差和检验方法

序号	项 目			允许偏差（mm）	检验方法
1	静置设备	坐标		15	经纬仪或拉线、尺量
		标高		±5	用水准仪、拉线和尺量检查
		垂直度（每米）		5	吊线和尺量检查
2	离心式水泵	立式泵体垂直度（每米）		0.1	水平尺和塞尺检查
		卧式泵体水平度（每米）		0.1	水平尺和塞尺检查
		联轴器同心度	轴向倾斜（每米）	0.8	在联轴器互相垂直的四个位置上用水准仪、百分表或测微螺钉和塞尺检查
			径向位移	0.1	

（3）验收说明

1）施工依据：有关建筑给水排水管道工程技术规程，施工工艺标准，并制订专项施工方案、技术交底资料。

2）验收依据：《建筑给水排水及采暖工程施工质量验收规范》GB 50242—2002，相应的现场质量验收检查原始记录。

3）注意事项：

① 主控项目的质量经抽样检验均应合格；

② 一般项目的质量经抽样检验合格。当采用计数抽样时，合格点率应符合有关专业验收规范的规定，且不得存在严重缺陷；

③ 具有完整的施工操作依据、质量验收记录；

④ 本检验批的主控项目、一般项目已列入推荐表中，有关具体内容及检查方法见一般规定及（2）条文摘录；

⑤ 黑体字的条文为强制性条文，必须严格执行，制订控制措施。

3. 室内供暖系统散热器安装检验批质量验收记录

（1）推荐表格

室内供暖系统散热器安装检验批质量验收记录   05050301＿＿＿

单位(子单位) 工程名称			分部(子分部) 工程名称		分项工程名称		
施工单位			项目负责人		检验批容量		
分包单位			分包单位项目 负责人		检验批部位		
施工依据			验收依据		《建筑给水排水及采暖工程施工质量验收规范》 GB 50242—2002		
验收项目				设计要求及 规范规定	最小/实际 抽样数量	检查 记录	检查 结果
主控 项目	1	散热器水压试验		第8.3.1条	/		
一般 项目	1	散热器组对		第8.3.3条	/		
	2	组对散热器的垫片		第8.3.4条	/		
	3	散热器安装		第8.3.5条	/		
	4	散热器背面与装饰后的墙内表面安装距离		第8.3.6条	/		
	5	散热器安 装允许偏 差(mm)	散热器背面与墙内表面距离	3	/		
			与窗中心线或设计定位尺寸	20	/		
			散热器垂直度	3	/		
施工单位 检查结果			专业工长： 项目专业质量检查员： 年 月 日				
监理单位 验收结论			专业监理工程师： 年 月 日				

(2) 验收内容及检查方法条文摘录

主 控 项 目

8.3.1 散热器组对后，以及整组出厂的散热器在安装之前应作水压试验。试验压力如设计无要求时应为工作压力的 1.5 倍，但不小于 0.6MPa。

检验方法：试验时间为 2～3min，压力不降且不渗不漏。

8.3.2 水泵、水箱、热交换器等辅助设备安装的质量检验与验收应按本规范第 4.4 节和第 13.6 节的相关规定执行。

一 般 项 目

8.3.3 散热器组对应平直紧密，组对后的平直度应符合表 8.3.3 规定。

检验方法：拉线和尺量。

表 8.3.3 组对后的散热器平直度允许偏差

项次	散热器类型	片数	允许偏差（mm）
1	长翼型	2～4	4
		5～7	6
2	铸铁片式 钢制片式	3～15	4
		16～25	6

8.3.4 组对散热器的垫片应符合下列规定：

1 组对散热器垫片应使用成品，组对后垫片外露不应大于 1mm。

2 散热器垫片材质当设计无要求时，应采用耐热橡胶。

检验方法：观察和尺量检查。

8.3.5 散热器支架、托架安装，位置应准确，埋设牢固。散热器支架、托架数量，应符合设计或产品说明书要求。如设计未注明，则应符合表 8.3.5 的规定。

检验方法：现场清点检查。

表 8.3.5 散热器托架或卡架数量表

项次	散热器形式	安装方式	每组片数	上部托钩或卡架数	下部托钩或卡架数	总计
1	长翼型	挂墙	2～4	1	2	3
			5	2	2	4
			6	2	3	5
			7	2	4	6
2	柱型 柱翼型	挂墙	3～8	1	2	3
			9～12	1	3	4
			13～16	2	4	6
			17～20	2	5	7
			21～25	2	6	8
3	柱型 柱翼型	带足片落地	3～8	1	—	1
			9～12	1	—	1
			13～16	2	—	2
			17～20	2	—	2
			21～25	2	—	2

8.3.6 散热器背面与装饰后的墙内表面安装距离，应符合设计或产品说明书要求。如设计未注明，应为 30mm。

检验方法：尺量检查。

8.3.7 散热器安装允许偏差应符合表 8.3.7 的规定。

表 8.3.7　散热器安装允许偏差和检验方法

项次	项　　目	允许偏差(mm)	检验方法
1	散热器背面与墙内表面距离	3	尺量
2	与窗中心线或设计定位尺寸	20	
3	散热器垂直度	3	吊线和尺量

8.3.8　铸铁或钢制散热器表面的防腐及面漆应附着良好，色泽均匀，无脱落、起泡、流淌和漏涂缺陷。

检验方法：现场观察。

(3) 验收说明

1) 施工依据：有关建筑给水排水管道工程技术规程，施工工艺标准，并制订专项施工方案、技术交底资料。

2) 验收依据：《建筑给水排水及采暖工程施工质量验收规范》GB 50242—2002，相应的现场质量验收检查原始记录。

3) 注意事项：

① 主控项目的质量经抽样检验均应合格；

② 一般项目的质量经抽样检验合格。当采用计数抽样时，合格点率应符合有关专业验收规范的规定，且不得存在严重缺陷；

③ 具有完整的施工操作依据、质量验收记录；

④ 本检验批的主控项目、一般项目已列入推荐表中，有关具体内容及检查方法见一般规定及（2）条文摘录；

⑤ 黑体字的条文为强制性条文，必须严格执行，制订控制措施。

4. 室内供暖系统低温热水地板辐射供暖系统安装检验批质量验收记录

(1) 推荐表格

室内供暖系统低温热水地板辐射供暖系统安装检验批质量验收记录

05050401 ____

单位（子单位）工程名称			分部（子分部）工程名称		分项工程名称		
施工单位			项目负责人		检验批容量		
分包单位			分包单位项目负责人		检验批部位		
施工依据			验收依据		《建筑给水排水及采暖工程施工质量验收规范》GB 50242—2002		
		验收项目		设计要求及规范规定	最小/实际抽样数量	检查记录	检查结果
主控项目	1	加热盘管埋地部分不应有接头		第8.5.1条	/		
	2	加热盘管水压试验		第8.5.2条	/		
	3	加热盘管弯曲的曲率半径		第8.5.3条	/		

		验收项目	设计要求及规范规定	最小/实际抽样数量	检查记录	检查结果
一般项目	1	分、集水器规格及安装	设计要求	/		
	2	加热盘管安装管径、间距、长度	第8.5.5条	/		
	3	防潮层、防水层、隔热层、伸缩缝设置	设计要求	/		
	4	填充层混凝土强度	设计要求	/		
施工单位检查结果		专业工长： 项目专业质量检查员： 年　月　日				
监理单位验收结论		专业监理工程师： 年　月　日				

(2) 验收内容及检查方法条文摘录

主 控 项 目

8.5.1　地面下敷设的盘管埋地部分不应有接头。

检验方法：隐蔽前现场查看。

8.5.2　盘管隐蔽前必须进行水压试验，试验压力为工作压力的1.5倍，但不小于0.6MPa。

检验方法：稳压1h内压力降不大于0.05MPa且不渗不漏。

8.5.3　加热盘管弯曲部分不得出现硬折弯现象，曲率半径应符合下列规定：

1　塑料管：不应小于管道外径的8倍。

2　复合管：不应小于管道外径的5倍。

检验方法：尺量检查。

一 般 项 目

8.5.4　分、集水器型号、规格、公称压力及安装位置、高度等应符合设计要求。

检验方法：对照图纸及产品说明书，尺量检查。

8.5.5　加热盘管管径、间距和长度应符合设计要求。间距偏差不大于±10mm。

检验方法：拉线和尺量检查。

8.5.6　防潮层、防水层、隔热层及伸缩缝应符合设计要求。

检验方法：填充层浇灌前观察检查。

8.5.7　填充层强度标号应符合设计要求。

检验方法：作试块抗压试验。

(3) 验收说明

1）施工依据：有关建筑给水排水管道工程技术规程，施工工艺标准，并制订专项施工方案、技术交底资料。

2）验收依据：《建筑给水排水及采暖工程施工质量验收规范》GB 50242—2002，相应的现场质量验收检查原始记录。

3）注意事项：

① 主控项目的质量经抽样检验均应合格；

② 一般项目的质量经抽样检验合格。当采用计数抽样时，合格点率应符合有关专业

验收规范的规定，且不得存在严重缺陷；

③ 具有完整的施工操作依据、质量验收记录；

④ 本检验批的主控项目、一般项目已列入推荐表中，有关具体内容及检查方法见一般规定及（2）条文摘录；

⑤ 黑体字的条文为强制性条文，必须严格执行，制订控制措施。

5. 电加热供暖系统 05050501 暂无检验批表格

6. 燃气红外线供暖系统 05050601 暂无检验批表格

7. 热风供暖系统 05050701 暂无检验批表格

8. 热计量与调试装置系统 05050801 暂无检验批表格

9. 室内供暖系统试验与调试检验批质量验收记录

（1）推荐表格

05080601 _____

05030501 _____

室内供暖系统试验与调试检验批质量验收记录 05050901 _____

单位(子单位)工程名称			分部(子分部)工程名称		分项工程名称		
施工单位			项目负责人		检验批容量		
分包单位			分包单位项目负责人		检验批部位		
施工依据				验收依据	《建筑给水排水及采暖工程施工质量验收规范》GB 50242—2002		
验收项目				设计要求及规范规定	最小/实际抽样数量	检查记录	检查结果
主控项目	1	系统水压试验		第8.6.1条	/		
	2	冲洗系统,清扫过滤器及除污器		第8.6.2条	/		
	3	系统试运行和调试		第8.6.3条	/		
	4	试验管道阀门开启,不试验管道关闭		第11.3.4条	/		
施工单位检查结果				专业工长：项目专业质量检查员：　　　　　　　　年　月　日			
监理单位验收结论				专业监理工程师：　　　　　　　　年　月　日			

（2）验收内容及检查方法条文摘录

主 控 项 目

8.6.1 采暖系统安装完毕，管道保温之前应进行水压试验。试验压力应符合设计要求。当设计未注明时，应符合下列规定：

1 蒸汽、热水采暖系统，应以系统顶点工作压力加 0.1MPa 作水压试验，同时在系统顶点的试验压力不小于 0.3MPa。

2 高温热水采暖系统，试验压力应为系统顶点工作压力加 0.4MPa。

3 使用塑料管及复合管的热水采暖系统，应以系统顶点工作压力加 0.2MPa 作水压试验，同时在系统顶点的试验压力不小于 0.4MPa。

检验方法：使用钢管及复合管的采暖系统应在试验压力下 10min 内压力降不大于

0.02MPa，降至工作压力后检查，不渗、不漏；使用塑料管的采暖系统应在试验压力下1h 内压力降不大于 0.05MPa，然后降压至工作压力的 1.15 倍，稳压 2h，压力降不大于0.03MPa，同时各连接处不渗、不漏。

8.6.2　系统试压合格后，应对系统进行冲洗并清扫过滤器及除污器。

检验方法：现场观察，直至排出水不含泥沙、铁屑等杂质，且水色不浑浊为合格。

8.6.3　系统冲洗完毕应充水、加热，进行试运行和调试。

检验方法：观察、测量室温应满足设计要求。

11.3.4　供热管道作水压试验时，试验管道上的阀门应开启，试验管道与非试验管道应隔断。

检验方法：开启和关闭阀门检查。

（3）验收说明

1）施工依据：有关建筑给水排水管道工程技术规程，施工工艺标准，并制订专项施工方案、技术交底资料。

2）验收依据：《建筑给水排水及采暖工程施工质量验收规范》GB 50242—2002，相应的现场质量验收检查原始记录。

3）注意事项：

① 主控项目的质量经抽样检验均应合格；

② 一般项目的质量经抽样检验合格。当采用计数抽样时，合格点率应符合有关专业验收规范的规定，且不得存在严重缺陷；

③ 具有完整的施工操作依据、质量验收记录；

④ 本检验批的主控项目、一般项目已列入推荐表中，有关具体内容及检查方法见一般规定及（2）条文摘录；

⑤ 黑体字的条文为强制性条文，必须严格执行，制订控制措施。

10. 室内供暖系统防腐检验批质量验收记录

（1）推荐表格

05130501 _____
05080401 _____
05030301 _____
05010501 _____

室内供暖系统防腐检验批质量验收记录　05051001 _____

单位（子单位）工程名称		分部（子分部）工程名称		分项工程名称		
施工单位		项目负责人		检验批容量		
分包单位		分包单位项目负责人		检验批部位		
施工依据			验收依据	《建筑给水排水及采暖工程施工质量验收规范》GB 50242—2002		
验收项目				设计要求及规范规定	最小/实际抽样数量	检查记录	检查结果
主控项目	1	防腐涂料质量		第3.2.4条	/		

91

验收项目		设计要求及规范规定	最小/实际抽样数量	检查记录	检查结果
主控项目	2 管道、金属支架和设备的防腐和涂漆应附着良好，无脱皮、起泡、流淌和漏涂缺陷	第8.2.16条	/		
	3 铸铁或钢制散热器表面的防腐及面漆应附着良好，无脱皮、起泡、流淌和漏涂缺陷	第8.3.8条 第11.2.14条 第13.3.22条 第9.2.9条	/		
施工单位检查结果	专业工长： 项目专业质量检查员： 年 月 日				
监理单位验收结论	专业监理工程师： 年 月 日				

（2）验收内容及检查方法条文摘录

主 控 项 目

3.2.1 建筑给水排水及采暖工程所使用的主要材料、成品、半成品、配件、器具和设备必须具有中文质量合格证明文件，规格、型号及性能检测报告应符合国家技术标准或设计要求。进场时应做检查验收，并经监理工程师核查确认。

8.2.16 管道、金属支架和设备的防腐和涂漆应附着良好，无脱皮、起泡、流淌和漏涂缺陷。

检验方法：现场观察检查。

8.3.8 铸铁或钢制散热器表面的防腐及面漆应附着良好，色泽均匀，无脱落、起泡、流淌和漏涂缺陷。

检验方法：现场观察。

11.2.14 防锈漆的厚度应均匀，不得有脱皮、起泡、流淌和漏涂等缺陷。

检验方法：保温前观察检查。

13.3.22 在涂刷油漆前，必须清除管道及设备表面的灰尘、污垢、锈斑、焊渣等物。涂漆的厚度应均匀，不得有脱皮、起泡、流淌和漏涂等缺陷。

检验方法：现场观察检查。

9.2.9 管道和金属支架的涂漆应附着良好，无脱皮、起泡、流淌和漏涂等缺陷。

检验方法：现场观察检查。

（3）验收说明

1）施工依据：有关建筑给水排水管道工程技术规程，施工工艺标准，并制订专项施工方案、技术交底资料。

2）验收依据：《建筑给水排水及采暖工程施工质量验收规范》GB 50242—2002，相应的现场质量验收检查原始记录。

    3）注意事项：

    ① 主控项目的质量经抽样检验均应合格；

    ② 一般项目的质量经抽样检验合格。当采用计数抽样时，合格点率应符合有关专业验收规范的规定，且不得存在严重缺陷；

    ③ 具有完整的施工操作依据、质量验收记录；

    ④ 本检验批的主控项目、一般项目已列入推荐表中，有关具体内容及检查方法见一般规定及（2）条文摘录；

    ⑤ 黑体字的条文为强制性条文，必须严格执行，制订控制措施。

11. 室内供暖系统绝热检验批质量验收记录

（1）推荐表格

05130601 _____

05080501 _____

05030401 _____

05010601 _____

室内供暖系统绝热检验批质量验收记录   05051101 _____

单位(子单位) 工程名称			分部(子分部) 工程名称			分项工程名称		
施工单位			项目负责人			检验批容量		
分包单位			分包单位项目 负责人			检验批部位		
施工依据			验收依据		《建筑给水排水及采暖工程施工质量 验收规范》GB 50242—2002			
验收项目				设计要求及 规范规定	最小/实际 抽样数量	检查记录	检查结果	
主控 项目	1	绝热材料质量		第3.2.1条	/			
	2	绝热层厚度应符合设计、 施工方案要求		第6.3.11条 第6.2.7条 第6.3.12条	/			
一般 项目	允许偏差 （mm）	保温层厚度δ		$+0.1\delta$ -0.05δ	/			
		表面平整度	卷材	5	/			
			涂抹	10	/			
施工单位 检查结果		专业工长： 项目专业质量检查员： 年 月 日						
监理单位 验收结论		专业监理工程师： 年 月 日						

(2) 验收内容及检查方法条文摘录

主 控 项 目

3.2.1 建筑给水排水及采暖工程所使用的主要材料、成品、半成品、配件、器具和设备必须具有中文质量合格证明文件，规格、型号及性能检测报告应符合国家技术标准或设计要求。进场时应做检查验收，并经监理工程师核查确认。

6.3.11 热水箱及上、下集管等循环管道均应保温。

检验方法：观察检查。

6.2.7 热水供应系统管道应保温（浴室内明装管道除外），保温材料、厚度、保护壳等应符合设计规定。保温层的厚度和平整度的允许偏差应符合本规范表 4.4.8 的规定。

6.3.12 凡以水作介质的太阳能热水器，在 0℃ 以下地区使用，应采取防冻措施。

检验方法：观察检查。

一 般 项 目

4.4.8 管道及设备保温层的厚度和平整度的允许偏差应符合表 4.4.8 的规定。

表 4.4.8 管道及设备保温的允许偏差和检验方法

项次	项目		允许偏差（mm）	检验方法
1	厚度		$+0.1\delta$ -0.05δ	用钢针刺入
2	表面平整度	卷材	5	用 2m 靠尺和楔形塞尺检查
		涂抹	10	

注：δ 为保温层厚度。

(3) 验收说明：

1) 施工依据：有关建筑给水排水管道工程技术规程，施工工艺标准，并制订专项施工方案、技术交底资料。

2) 验收依据：《建筑给水排水及采暖工程施工质量验收规范》GB 50242—2002，相应的现场质量验收检查原始记录。

3) 注意事项：

① 主控项目的质量经抽样检验均应合格；

② 一般项目的质量经抽样检验合格。当采用计数抽样时，合格点率应符合有关专业验收规范的规定，且不得存在严重缺陷；

③ 具有完整的施工操作依据、质量验收记录；

④ 本检验批的主控项目、一般项目已列入推荐表中，有关具体内容及检查方法见一般规定及（2）条文摘录；

⑤ 黑体字的条文为强制性条文，必须严格执行，制订控制措施。

第七节 室外给水管网子分部工程检验批质量验收记录

一、室外给水管网安装一般规定

9.1.1 本章适用于民用建筑群（住宅小区）及厂区的室外给水管网安装工程的质量

检验与验收。

9.1.2 输送生活给水的管道应采用塑料管、复合管、镀锌钢管或给水铸铁管。塑料管、复合管或给水铸铁管的管材、配件，应是同一厂家的配套产品。

9.1.3 架空或在地沟内敷设的室外给水管道其安装要求按室内给水管道的安装要求执行。塑料管道不得露天架空铺设，必须露天架空铺设时应有保温和防晒等措施。

9.1.4 消防水泵接合器及室外消火栓的安装位置、型式必须符合设计要求。

二、室外给水管网子分部工程检验批质量验收记录

1. 室外给水管网给水管道安装检验批质量验收记录

（1）推荐表格

05060301 _____

室外给水管网给水管道安装检验批质量验收记录 05060101 _____

单位（子单位）工程名称			分部（子分部）工程名称		分项工程名称		
施工单位			项目负责人		检验批容量		
分包单位			分包单位项目负责人		检验批部位		
施工依据				验收依据	《建筑给水排水及采暖工程施工质量验收规范》GB 50242—2002		
验收项目				设计要求及规范规定	最小/实际抽样数量	检查记录	检查结果
主控项目	1	埋地管道覆土深度		第9.2.1条	/		
	2	给水管道不得直接穿越污染源		第9.2.2条	/		
	3	管道上接口法兰、卡扣、卡箍等,不应埋在土中		第9.2.3条	/		
	4	管井室内管道安装于井壁的距离		第9.2.4条	/		
	5	管道的水压试验		第9.2.5条	/		
	6	埋地管道的防腐		设计要求	/		
	7	管道冲洗和消毒		第9.2.7条	/		
一般项目	1	管道和支架的涂漆		第9.2.9条	/		
	2	阀门、水表安装位置		第9.2.10条	/		
	3	给水与污水管平行铺设的最小间距		第9.2.11条	/		
	4	铸铁管道捻口连接接口应符合规范要求		第9.2.12、9.2.13、9.2.14、9.2.15、9.2.16、9.2.17条	/		

验收项目				设计要求及规范规定	最小/实际抽样数量	检查记录	检查结果
一般项目	5	管道安装允许偏差（mm）	坐标	铸铁管	埋地	100	/		
					敷设在沟槽内	50	/		
				钢管、塑料管、复合管	埋地	100	/		
					敷沟内或架空	40	/		
			标高	铸铁管	埋地	±50	/		
					敷设在沟槽内	±30	/		
				钢管、塑料管、复合管	埋地	±50	/		
					敷沟内或架空	±30	/		
			水平管纵横向弯曲	铸铁管	直段(25m以上)起点～终点	40	/		
				钢管、塑料管、复合管	直段(25m以上)起点～终点	30	/		

施工单位检查结果	专业工长： 项目专业质量检查员： 年　月　日
监理单位验收结论	专业监理工程师： 年　月　日

（2）验收内容及检查方法条文摘录

主 控 项 目

9.2.1　给水管道在埋地敷设时，应在当地的冰冻线以下，如必须在冰冻线以上铺设时，应做可靠的保温防冻措施。在无冰冻地区，埋地敷设时，管顶的覆土埋深不得小于500mm，穿越道路部位的埋深不得小于700mm。

检验方法：现场观察检查。

9.2.2　给水管道不得直接穿越污水井、化粪池、公共厕所等污染源。

检验方法：观察检查。

9.2.3　管道接口法兰、卡扣、卡箍等应安装在检查井或地沟内，不应埋在土壤中。

检验方法：观察检查。

9.2.4　给水系统各种井室内的管道安装，如设计无要求，井壁距法兰或承口的距离：管径小于或等于450mm时，不得小于250mm；管径大于450mm时，不得小于350mm。

检验方法：尺量检查。

9.2.5 管网必须进行水压试验，试验压力为工作压力的 1.5 倍，但不得小于 0.6MPa。

检验方法：管材为钢管、铸铁管时，试验压力下 10min 内压力降不应大于 0.05MPa，然后降至工作压力进行检查，压力应保持不变，不渗不漏；管材为塑料管时，试验压力下，稳压 1h 压力降不大于 0.05MPa，然后降至工作压力进行检查，压力应保持不变，不渗不漏。

9.2.6 镀锌钢管、钢管的埋地防腐必须符合设计要求，如设计无规定时，可按表 9.2.6 的规定执行。卷材与管材间应粘贴牢固，无空鼓、滑移、接口不严等。

检验方法：观察和切开防腐层检查。

表 9.2.6 管理防腐层种类

防腐层层次	正常防腐层	加强防腐层	特加强防腐层
（从金属表面起）1	冷底子油	冷底子油	冷底子油
2	沥青涂层	加强包扎层	加强保护层
3	外包保护层	加强包扎层	加强保护层
		（封闭层）	（封闭层）
4		沥青涂层	沥青涂层
5		外保护层	加强包扎层
6			（封闭层）
			沥青涂层
7			外包保护层
防腐层厚度不小于(mm)	3	6	9

9.2.7 给水管道在竣工后，必须对管道进行冲洗，饮用水管道还要在冲洗后进行消毒．满足饮用水卫生要求。

检验方法：观察冲洗水的浊度，查看有关部门提供的检验报告。

一 般 项 目

9.2.8 管道的坐标、标高、坡度应符合设计要求，管道安装的允许偏差应符合表 9.2.8 的规定。

表 9.2.8 室外给水管道安装的允许偏差和检验方法

项次	项目			允许偏差（mm）	检验方法
1	坐标	铸铁管	埋地	100	拉线和尺量检查
			敷设在沟槽内	50	
		钢管、塑料管、复合管	埋地	100	
			敷设在沟槽内或架空	40	

续表 9.2.8

项次		项目		允许偏差 （mm）	检验方法
2	标高	铸铁管	埋地	±50	拉线和尺量检查
			敷设在沟槽内	±30	
		钢管、塑料管、复合管	埋地	±50	
			敷设在沟槽内或架空	±30	
3	水平管纵横向弯曲	铸铁管	直段（25m 以上）起点～终点	40	拉线和尺量检查
		钢管、塑料管、复合管	直段（25m 以上）起点～终点	30	

检验方法：现场观察检查。

9.2.9 管道和金属支架的涂漆应附着良好，无脱皮、起泡、流淌和漏涂等缺陷。

检验方法：现场观察检查。

9.2.10 管道连接应符合工艺要求，阀门、水表等安装位置应正确。塑料给水管道上的水表、阀门等设施其重量或启闭装置的扭矩不得作用于管道上，当管径≥50mm 时必须设独立的支承装置。

9.2.11 给水管道与污水管道在不同标高平行敷设，其垂直间距在 500mm 以内时，给水管管径小于或等于 200mm 的，管壁水平间距不得小于 1.5m；管径大于 200mm 的，不得小于 3m。

检验方法：观察和尺量检查。

9.2.12 铸铁管承插捻口连接的对口间隙应不小于 3mm，最大间隙不得大于表9.2.12 的规定。

表 9.2.12 铸铁管承插捻口的对口最大间隙

管径（mm）	沿直线敷设（mm）	沿曲线敷设（mm）
75	4	5
100～250	5	7～13
300～500	6	14～22

检验方法：尺量检查。

9.2.13 铸铁管沿直线敷设，承插捻口连接的环型间隙应符合表 9.2.13 的规定；沿曲线敷设，每个接口允许有 2°转角。

检验方法：尺量检查。

9.2.14 捻口用的油麻填料必须清洁，填塞后应捻实，其深度应占整个环型间隙深度的 1/3。

检验方法：观察和尺量检查。

表 9.2.13 铸铁管承插捻口的环型间隙

管径(mm)	标准环型间隙(mm)	允许偏差(mm)
75～200	10	+3 −2
250～450	11	+4 −2
500	12	+4 −2

9.2.15 捻口用水泥强度应不低于 32.5MPa,接口水泥应密实饱满,其接口水泥面凹入承口边缘的深度不得大于 2mm。

检验方法:观察和尺量检查。

9.2.16 采用水泥捻口的给水铸铁管,在安装地点有侵蚀性的地下水时,应在接口处涂抹沥青防腐层。

检验方法:观察检查。

9.2.17 采用橡胶圈接口的埋地给水管道,在土壤或地下水对橡胶圈有腐蚀的地段,在回填土前应用沥青胶泥、沥青麻丝或沥青锯末等材料封闭橡胶圈接口。橡胶圈接口的管道,每个接口的最大偏转角不得超过表 9.2.17 的规定。

表 9.2.17 橡胶圈接口最大允许偏转角

公称直径(mm)	100	125	150	200	250	300	350	400
允许偏转角度	5°	5°	5°	5°	4°	4°	4°	3°

检验方法:观察和尺量检查。

(3) 验收说明

1)施工依据:有关建筑给水排水管道工程技术规程,施工工艺标准,并制订专项施工方案、技术交底资料。

2)验收依据:《建筑给水排水及采暖工程施工质量验收规范》GB 50242—2002,相应的现场质量验收检查原始记录。

3)注意事项:

① 主控项目的质量经抽样检验均应合格;

② 一般项目的质量经抽样检验合格。当采用计数抽样时,合格点率应符合有关专业验收规范的规定,且不得存在严重缺陷;

③ 具有完整的施工操作依据、质量验收记录;

④ 本检验批的主控项目、一般项目已列入推荐表中,有关具体内容及检查方法见一般规定及(2)条文摘录;

⑤ 黑体字的条文为强制性条文,必须严格执行,制订控制措施。

2. 室外消火栓系统安装检验批质量验收记录

(1) 推荐表格

室外消火栓系统安装检验批质量验收记录

05060201 _____

单位(子单位) 工程名称			分部(子分部) 工程名称			分项工程名称		
施工单位			项目负责人			检验批容量		
分包单位			分包单位项目 负责人			检验批部位		
施工依据				验收依据		《建筑给水排水及采暖工程施工质量 验收规范》GB 50242—2002		

		验收项目	设计要求及 规范规定	最小/实际 抽样数量	检查记录	检查结果
主控 项目	1	系统水压试验	第9.3.1条	/		
	2	管道冲洗	第9.3.2条	/		
	3	消防水泵接合器和室外 消火栓位置标识	第9.3.3条	/		
一般 项目	1	地下式消防水泵接合器、消火栓 安装、爬梯、防冻措施	第9.3.5条	/		
	2	阀门安装应方向正确,启闭灵活	第9.3.6条	/		
	3	室外消火栓和消防水泵接合器 安装尺寸,栓口安装高度允许偏差	±20m	/		

施工单位 检查结果	专业工长: 项目专业质量检查员: 年　月　日
监理单位 验收结论	专业监理工程师: 年　月　日

(2)验收内容及检查方法条文摘录

主控项目

9.3.1　系统必须进行水压试验,试验压力为工作压力的1.5倍,但不得小于0.6MPa。

检验方法:试验压力下,10min内压力降不大于0.05MPa,然后降至工作压力进行检查,压力保持不变,不渗不漏。

9.3.2　消防管道在竣工前,必须对管道进行冲洗。

检验方法:观察冲洗出水的浊度。

9.3.3　消防水泵接合器和消火栓的位置标志应明显,栓口的位置应方便操作。消防水泵接合器和室外消火栓当采用墙壁式时,如设计未要求,进、出水栓口的中心安装高度距地面应为 1.10m，其上方应设有防坠落物打击的措施。

检验方法：观察和尺量检查。

一 般 项 目

9.3.4　室外消火栓和消防水泵接合器的各项安装尺寸应符合设计要求，栓口安装高度允许偏差为±20mm。

检验方法：尺量检查。

9.3.5　地下式消防水泵接合器顶部进水口或地下式消火栓的顶部出水口与消防井盖底面的距离不得大于 400mm，井内应有足够的操作空间，并设爬梯。寒冷地区井内应做防冻保护。

检验方法：观察和尺量检查。

9.3.6　消防水泵接合器的安全阀及止回阀安装位置和方向应正确，阀门启闭应灵活。

检验方法：现场观察和手扳检查。

(3) 验收说明

1）施工依据：有关建筑给水排水管道工程技术规程，施工工艺标准，并制订专项施工方案、技术交底资料。

2）验收依据：《建筑给水排水及采暖工程施工质量验收规范》GB 50242—2002，相应的现场质量验收检查原始记录。

3）注意事项：

① 主控项目的质量经抽样检验均应合格；

② 一般项目的质量经抽样检验合格。当采用计数抽样时，合格点率应符合有关专业验收规范的规定，且不得存在严重缺陷；

③ 具有完整的施工操作依据、质量验收记录；

④ 本检验批的主控项目、一般项目已列入推荐表中，有关具体内容及检查方法见一般规定及（2）条文摘录；

⑤ 黑体字的条文为强制性条文，必须严格执行，制订控制措施。

3. 室外给水管网试验与调试检验批质量验收记录 05060301 见室外给水管道安装检验批质量验收记录 05060101

第八节　室外排水管网子分部工程检验批质量验收记录

一、室外排水管网安装一般规定

10.1.1　本章适用于民用建筑群（住宅小区）及厂区的室外排水管网安装工程的质量检验与验收。

10.1.2　室外排水管道应采用混凝土管、钢筋混凝土管、排水铸铁管或塑料管。其规格及质量必须符合现行国家标准及设计要求。

10.1.3　排水管沟及井池的土方工程、沟底的处理、管道穿井壁处的处理、管沟及井池周围的回填要求等，均参照给水管沟及井室的规定执行。

10.1.4　各种排水井、池应按设计给定的标准图施工，各种排水井和化粪池均应用混凝土做底板（雨水井除外），厚度不小于 100mm。

二、室外排水管网子分部工程检验批质量验收记录

1. 室外排水管网排水管道安装检验批质量验收记录

（1）推荐表格

室外排水管网排水管道安装检验批质量验收记录 05070301 _____

05070101 _____

单位(子单位) 工程名称			分部(子分部) 工程名称		分项工程名称	
施工单位			项目负责人		检验批容量	
分包单位			分包单位项目 负责人		检验批部位	
施工依据				验收依据	《建筑给水排水及采暖工程施工质量 验收规范》GB 50242—2002	

		验收项目		设计要求及 规范规定	最小/实际 抽样数量	检查记录	检查结果
主控 项目	1	管道坡度符合设计要求,严禁无坡和倒坡		设计要求	/		
	2	灌水试验和通水试验		第10.2.2条	/		
一般 项目	1	排水铸铁管的水泥捻口		第10.2.4条	/		
	2	排水铸铁管,除锈、涂漆		第10.2.5条	/		
	3	承插接口安装方向		第10.2.6条	/		
	4	混凝土管或钢筋混凝土管抹带接口的要求		第10.2.7条	/		
	5	安装允 许偏差 （mm）	坐标	埋地	100	/	
				敷设在沟槽内	50	/	
			标高	埋地	±20	/	
				敷设在沟槽内	±20	/	
			水平管道 纵横向 弯曲	每5m长	10	/	
				全长(两井间)	30	/	

施工单位 检查结果	专业工长： 项目专业质量检查员： <div align="right">年 月 日</div>
监理单位 验收结论	专业监理工程师： <div align="right">年 月 日</div>

(2) 验收内容及检查方法条文摘录

主控项目

10.2.1 排水管道的坡度必须符合设计要求，严禁无坡或倒坡。

检验方法：用水准仪、拉线和尺量检查。

10.2.2 管道埋设前必须做灌水试验和通水试验，排水应畅通，无堵塞，管接口无渗漏。

检验方法：按排水检查井分段试验，试验水头应以试验段上游管顶加 1m，时间不少于 30min，逐段观察。

一 般 项 目

10.2.3 管道的坐标和标高应符合设计要求，安装的允许偏差应符合表 10.2.3 的规定。

表 10.2.3 室外排水管道安装的允许偏差和检验方法

项次	项目		允许偏差（mm）	检验方法
1	坐标	埋地	100	拉线尺量
		敷设在沟槽内	50	
2	标高	埋地	±20	用水平仪、拉线和尺量
		敷设在沟槽内	±20	
3	水平管道纵横向弯曲	每5m长	10	拉线尺量
		全长（两井间）	30	

10.2.4 排水铸铁管采用水泥捻口时，油麻填塞应密实，接口水泥应密实饱满，其接口面凹入承口边缘且深度不得大于 2mm。

检验方法：观察和尺量检查。

10.2.5 排水铸铁管外壁在安装前应除锈，涂二遍石油沥青漆。

检验方法：观察检查。

10.2.6 承插接口的排水管道安装时，管道和管件的承口应与水流方向相反。

检验方法：观察检查。

10.2.7 混凝土管或钢筋混凝土管采用抹带接口时，应符合下列规定：

1 抹带前应将管口的外壁凿毛，扫净，当管径小于或等于 500mm 时，抹带可一次完成；当管径大于 500mm 时，应分二次抹成，抹带不得有裂纹。

2 钢丝网应在管道就位前放入下方，抹压砂浆时应将钢丝网抹压牢固，钢丝网不得外露。

3 抹带厚度不得小于管壁的厚度，宽度宜为 80～100mm。

检验方法：观察和尺量检查。

(3) 验收说明

1）施工依据：有关建筑给水排水管道工程技术规程，施工工艺标准，并制订专项施工方案、技术交底资料。

2）验收依据：《建筑给水排水及采暖工程施工质量验收规范》GB 50242—2002，相应的现场质量验收检查原始记录。

3）注意事项：

① 主控项目的质量经抽样检验均应合格；

② 一般项目的质量经抽样检验合格。当采用计数抽样时，合格点率应符合有关专业验收规范的规定，且不得存在严重缺陷；

③ 具有完整的施工操作依据、质量验收记录；

④ 本检验批的主控项目、一般项目已列入推荐表中，有关具体内容及检查方法见一般规定及（2）条文摘录；

⑤ 黑体字的条文为强制性条文，必须严格执行，制订控制措施。

2. 室外排水管网排水管沟与井池检验批质量验收记录

（1）推荐表格

室外排水管网排水管沟与井池检验批质量验收记录 05070201 _____

单位(子单位) 工程名称			分部(子分部) 工程名称		分项工程名称		
施工单位			项目负责人		检验批容量		
分包单位			分包单位项目 负责人		检验批部位		
施工依据				验收依据	《建筑给水排水及采暖工程施工质量 验收规范》GB 50242—2002		
		验收项目		设计要求及 规范规定	最小/实际 抽样数量	检查记录	检查结果
主控 项目	1	沟基的处理和井池的底板		第10.3.1条	/		
	2	检查井、化粪池的底板 及进、出口水管标高		第10.3.2条	/		
一般 规定	1	井池的规格、尺寸和位置砌筑、抹灰		第10.3.3条	/		
	2	井盖标识、选用正确		第10.3.4条	/		
施工单位 检查结果				专业工长： 项目专业质量检查员： 年　月　日			
监理单位 验收结论				专业监理工程师： 年　月　日			

（2）验收内容及检查方法条文摘录

主 控 项 目

10.3.1　沟基的处理和井池的底板强度必须符合设计要求。

检验方法：现场观察和尺量检查，检查混凝土强度报告。

10.3.2　排水检查井、化粪池的底板及进、出水管的标高，必须符合设计，其允许偏差为±15mm。

检查方法：用水准仪及尺量检查。

一 般 项 目

10.3.3　井、池的规格、尺寸和位置应正确、砌筑和抹灰符合要求。

检查方法：观察及尺量检查。

10.3.4　井盖选用应正确，标志应明显，标高应符合设计要求。

检验方法：观察、尺量检查。

（3）验收说明

1）施工依据：有关建筑给水排水管道工程技术规程，施工工艺标准，并制订专项施工方案、技术交底资料。

2）验收依据：《建筑给水排水及采暖工程施工质量验收规范》GB 50242—2002，相应的现场质量验收检查原始记录。

3）注意事项：

① 主控项目的质量经抽样检验均应合格；

② 一般项目的质量经抽样检验合格。当采用计数抽样时，合格点率应符合有关专业验收规范的规定，且不得存在严重缺陷；

③ 具有完整的施工操作依据、质量验收记录；

④ 本检验批的主控项目、一般项目已列入推荐表中，有关具体内容及检查方法见一般规定及（2）条文摘录；

⑤ 黑体字的条文为强制性条文，必须严格执行，制订控制措施。

3. 室外排水管网试验与调试检验批质量验收记录 05070301 见室外排水管网排水管道安装检验批质量验收记录 05070101

第九节　室外供热管网子分部工程检验批质量验收记录

一、室外供热管网安装一般规定

11.1.1　本章适用于厂区及民用建筑群（住宅小区）的饱和蒸汽压力不大于 0.7MPa、热水温度不超过 130℃的室外供热管网安装工程的质量检验与验收。

11.1.2　供热管网的管材应按设计要求。当设计未注明时，应符合下列规定：

1　管径小于或等于 40mm 时，应使用焊接钢管。

2　管径为 50～200mm 时，应使用焊接钢管或无缝钢管。

3　管径大于 200mm 时，应使用螺旋焊接钢管。

11.1.3　室外供热管道连接均应采用焊接连接。

二、室外供热管网子分部工程检验批质量验收记录

1. 室外供热管网管道及配件安装检验批质量验收记录

（1）推荐表格

室外供热管网管道及配件安装检验批质量验收记录 05080101 _____

单位（子单位）工程名称			分部（子分部）工程名称		分项工程名称		
施工单位			项目负责人		检验批容量		
分包单位			分包单位项目负责人		检验批部位		
施工依据				验收依据	《建筑给水排水及采暖工程施工质量验收规范》GB 50242—2002		

验收项目				设计要求及规范规定	最小/实际抽样数量	检查记录	检查结果
主控项目	1	平衡阀及调节阀型号、规格、公称压力及安装调试		第11.2.1条	/		
	2	直埋无补偿供热管道预热伸长及三通加固		第11.2.2条	/		
	3	补偿器位置和预拉伸。支架位置和构造		第11.2.3条	/		
	4	检查井、入口管道布置方便操作维修、支、吊、托架稳固		第11.2.4条	/		
	5	直埋管道及接口现场发泡保温处理		第11.2.5条			
一般项目	1	管道的坡度		设计要求	/		
	2	除污器构造、安装位置、方向		第11.2.7条	/		
	3	管道的焊接，焊缝表面质量		第11.2.10条	/		
	4	焊口允许偏差		第11.2.9条	/		
	5	管道安装对应位置尺寸		第11.2.11、11.2.12、11.2.13条	/		
	6	安装允许偏差（mm）	坐标（mm）	敷设在沟槽内及架空	20	/	
				埋地	50	/	
			标高（mm）	敷设在沟槽内及架空	±10	/	
				埋地	±15	/	
			水平管道纵、横方向弯曲（mm）每 m	管径≤100mm	1	/	
				管径＞100mm	1.5		

106

验收项目					设计要求及规范规定	最小/实际抽样数量	检查记录	检查结果
一般项目	6	安装允许偏差（mm）	水平管道纵、横方向弯曲（mm）	全长（25m以上）	管径≤100mm	≯13	/	
					管径>100mm	≯25	/	
			椭圆率		管径≤100mm	8%	/	
					管径>100mm	5%	/	
			褶皱不平度（mm）		管径≤100mm	4	/	
					管径125～200	5	/	
					管径250～400	7	/	

施工单位检查结果	专业工长： 项目专业质量检查员： 年　月　日
监理单位验收结论	专业监理工程师： 年　月　日

(2) 验收内容及检查方法条文摘录

主 控 项 目

11.2.1　平衡阀及调节阀型号、规格及公称压力应符合设计要求。安装后应根据系统要求进行调试、并作出标志。

检验方法：对照设计图纸及产品合格证，并现场观察调试结果。

11.2.2　直埋无补偿热管道预热伸长及三通加固应符合设计要求。回填前应注意检查预制保温层外壳及接口的完好性。回填应按设计要求进行。

检验方法：回填前现场验核和观察。

11.2.3　补偿器的位置必须符合设计要求，并应按设计要求或产品说明书进行预拉伸。管道固定支架的位置和构造必须符合设计要求。

检验方法：对照图纸，并查验预拉伸记录。

11.2.4　检查井室、用户入口处管道布置应便于操作及维修，支、吊、托架稳固，并满足设计要求。

检验方法：对照图纸，观察检查。

11.2.5　直埋管道的保温应符合设计要求，接口在现场发泡时，接头处厚度应与管道保温层厚度一致，接头处保护层必须与管道保护层成一体，符合防潮防水要求。

检验方法：对照图纸，观察检查。

一 般 项 目

11.2.6　管道水平敷设其坡度应符合设计要求。

检验方法：对照图纸，用水准仪（水平尺）、拉线和尺量检查。

11.2.7 除污器构造应符合设计要求，安装位置和方向正确。管网冲洗后应清除内部污物。

检验方法：打开清扫口检查。

11.2.8 室外供热管道安装的允许偏差应符合表11.2.8的规定。

表11.2.8 室外供热管道安装的允许偏差和检验方法

项次	项目			允许偏差(mm)	检验方法
1	坐标(mm)		敷设在沟槽内及架空	20	用水准仪(水平尺)、直尺、拉线
			埋地	50	
2	标高(mm)		敷设在沟槽内及架空	±10	尺量检查
			埋地	±15	
3	水平管道纵、横方向弯曲(mm)	每1m	$DN \leqslant 100mm$	1	用水准仪(水平尺)直尺、拉线和尺量检查
			$DN > 100mm$	1.5	
		全长(25m以上)	$DN \leqslant 100mm$	$\geqslant 13$	
			$DN > 100mm$	$\geqslant 25$	
4	弯管	椭圆率 $\dfrac{D_{max} - D_{min}}{D_{max}}$	$DN \leqslant 100mm$	8%	用外卡钳和尺量检查
			$DN > 100mm$	5%	
		折皱不平度(mm)	$DN \leqslant 100mm$	4	
			$DN125 \sim 200mm$	5	
			$DN250 \sim 400mm$	7	

注：D_{max}和D_{min}分别为管子的最大外径和最小外径。

11.2.9 管道焊口的允许偏差应符合本规范表5.3.8的规定。

11.2.10 管道及管件焊接的焊缝表面质量应符合下列规定：

1 焊缝外形尺寸应符合图纸和工艺文件的规定，焊缝高度不得低于母材表面，焊接与母材应圆滑过渡；

2 焊缝及热影响区表面应无裂纹、未熔合、未焊透、夹渣、弧坑和气孔等缺陷。

检验方法：观察检查。

11.2.11 供热管道的供水管或蒸汽管，如设计无规定时，应敷设在载热介质前进方向的右侧或上方。

检验方法：对照图纸，观察检查。

11.2.12 地沟内的管道安装位置，其净距（保温层外表面）应符合下列规定：

与沟壁　　100～150mm；

与沟底　　100～200mm；

与沟顶（不通行地沟）50～100mm；

　　　　（半通行和通行地沟）200～300mm。

检验方法：尽量检查。

11.2.13 架空敷设的供热管道安装高度，如设计无规定时，应符合下列规定（以保温层外表面计算）：

1 人行地区，不小于 2.5m。

2 通行车辆地区，不小于 4.5m。

3 跨越铁路，距轨顶不小于 6m。

检验方法：尺量检查。

11.2.14 防锈漆的厚度应均匀，不得有脱皮、起泡、流淌和漏涂等缺陷。

检验方法：保温前观察检查。

11.2.15 管道保温层的厚度和平整度的允许偏差应符合本规范表 4.4.8 的规定。

(3) 验收说明

1）施工依据：有关建筑给水排水管道工程技术规程，施工工艺标准，并制订专项施工方案、技术交底资料。

2）验收依据：《建筑给水排水及采暖工程施工质量验收规范》GB 50242—2002，相应的现场质量验收检查原始记录。

3）注意事项：

① 主控项目的质量经抽样检验均应合格；

② 一般项目的质量经抽样检验合格。当采用计数抽样时，合格点率应符合有关专业验收规范的规定，且不得存在严重缺陷；

③ 具有完整的施工操作依据、质量验收记录；

④ 本检验批的主控项目、一般项目已列入推荐表中，有关具体内容及检查方法见一般规定及（2）条文摘录；

⑤ 黑体字的条文为强制性条文，必须严格执行，制订控制措施。

2. 室外供热管网系统水压试验及调试检验批质量验收记录

(1) 推荐表格

室外供热管网系统水压试验及调试检验批质量验收记录 05080201 _____

单位(子单位)工程名称			分部(子分部)工程名称		分项工程名称		
施工单位			项目负责人		检验批容量		
分包单位			分包单位项目负责人		检验批部位		
施工依据				验收依据	《建筑给水排水及采暖工程施工质量验收规范》GB 50242—2002		
验收项目				设计要求及规范规定	最小/实际抽样数量	检查记录	检查结果
主控项目	1	系统水压试验		第11.3.1条	/		
	2	管道冲洗		第11.3.2条	/		

		验收项目	设计要求及规范规定	最小/实际抽样数量	检查记录	检查结果
主控项目	3	系统通水、加热试运行和调试，也可延期进行	第11.3.3条	/		
	4	试验管道阀门开启、不试验管道应关闭阀门	第11.3.4条	/		
施工单位检查结果		专业工长： 项目专业质量检查员： 年　月　日				
监理单位验收结论		专业监理工程师： 年　月　日				

（2）验收内容及检查方法条文摘录

主 控 项 目

11.3.1　供热管道的水压试验压力应为工作压力的1.5倍，但不得小于0.6MPa。

检验方法：在试验压力下10min内压力降不大于0.05MPa，然后降至工作压力下检查，不渗不漏。

11.3.2　管道试压合格后，应进行冲洗。

检验方法：现场观察，以水色不浑浊为合格。

11.3.3　管道冲洗完毕应通水、加热，进行试运行和调试。当不具备加热条件时，应延期进行。

检验方法：测量各建筑物热力入口处供回水温度及压力。

11.3.4　供热管道作水压试验时，试验管道上的阀门应开启，试验管道与非试验管道应隔断。

检验方法：开启和关闭阀门检查。

（3）验收说明

1）施工依据：有关建筑给水排水管道工程技术规程，施工工艺标准，并制订专项施工方案、技术交底资料。

2）验收依据：《建筑给水排水及采暖工程施工质量验收规范》GB 50242—2002，相应的现场质量验收检查原始记录。

3）注意事项：

① 主控项目的质量经抽样检验均应合格；

② 一般项目的质量经抽样检验合格。当采用计数抽样时，合格点率应符合有关专业验收规范的规定，且不得存在严重缺陷；

③ 具有完整的施工操作依据、质量验收记录；

④ 本检验批的主控项目、一般项目已列入推荐表中，有关具体内容及检查方法见一般规定及（2）条文摘录；

⑤ 黑体字的条文为强制性条文，必须严格执行，制订控制措施。

3. 室外供热管网系统土建结构检验批质量验收记录 05080301 暂无检验批表格

4. 室外供热管网系统防腐检验批质量验收记录 05080401 见室内供热系统防腐检验批质量验收记录 05051001

5. 室外供热管网系统绝热检验批质量验收记录 05080501 见室内供热系统绝缘检验批质量验收记录 05051101

6. 室外供热管网系统试验与调试检验批质量验收记录见室内供热系统试验与调试检验批质量验收记录 05050901

第十节　建筑饮用水供应系统子分部工程检验批质量验收记录
（暂无检验批验收表格）

1. 管道及配件安装检验批质量验收记录 05090101 暂无检验批表格

2. 水处理设备及控制设施安装检验批质量验收记录 05090201 暂无检验批表格

3. 饮用水系统防腐检验批质量验收记录 05090301 暂无检验批表格

4. 饮用水系统绝热检验批质量验收记录 05090401 暂无检验批表格

5. 饮用水系统试验与调试检验批质量验收记录 05090501 暂无检验批表格

第十一节　建筑中水系统及雨水利用系统
子分部工程检验批质量验收记录

一、建筑中水系统及游泳池水系统安装一般规定

12.1.1　中水系统中的原水管道管材及配件要求按本规范第 5 章执行。

12.1.2　中水系统给水管道及排水管道检验标准按本规范第 4、5 两章规定执行。

12.1.3　游泳池排水系统安装、检验标准等按本规范第 5 章相关规定执行。

12.1.4　游泳池水加热系统安装、检验标准等均按本规范第 6 章相关规定执行。

二、建筑中水系统及雨水利用系统子分部工程检验批质量验收记录

1. 建筑中水系统管道及配件安装检验批质量验收记录

（1）推荐表格

单位(子单位) 工程名称			分部(子分部) 工程名称		分项工程名称		
施工单位			项目负责人		检验批容量		
分包单位			分包单位项目 负责人		检验批部位		
施工依据				验收依据	《建筑给水排水及采暖工程施工质量 验收规范》GB 50242—2002		
验收项目			设计要求及 规范规定	最小/实际 抽样数量	检查记录	检查结果	
主控 项目	1	中水水箱设置及生活水箱距离	第12.2.1条	/			
	2	中水管道上装设用水器,不装取水嘴	第12.2.2条	/			
	3	中水管道严禁与生活饮用水管道连接	第12.2.3条	/			
	4	中水管道暗装时装于墙槽内,并标志	第12.2.4条	/			
一般 项目	1	中水管道及配件用耐腐蚀材质	第12.2.5条	/			
	2	中水管道与生活用水管道平行 交叉铺设的净距≥0.5m	第12.2.6条	/			
施工单位 检查结果				专业工长: 项目专业质量检查员: 年 月 日			
监理单位 验收结论				专业监理工程师: 年 月 日			

(2)验收内容及检查方法条文摘录

主 控 项 目

12.2.1 中水高位水箱应与生活高位水箱分设在不同的房间内,如条件不允许只能设在同一房间时,与生活高位水箱的净距离应大于 2m。

检验方法:观察和尺量检查。

12.2.2 中水给水管道不得装设取水水嘴。便器冲洗宜采用密闭型设备和器具。绿化、浇洒、汽车冲洗宜采用壁式或地下式的给水栓。

检验方法:观察检查。

12.2.3 中水供水管道严禁与生活饮用水给水管道连接,并应采取下列措施:

1 中水管道外壁应涂浅绿色标志；

2 中水池（箱）、阀门、水表及给水栓均应有"中水"标志。

检验方法：观察检查。

12.2.4 中水管道不宜暗装于墙体和楼板内。如必须暗装于墙槽内时，必须在管道上有明显且不会脱落的标志。

检验方法：观察检查。

一 般 项 目

12.2.5 中水给水管道管材及配件应采用耐腐蚀的给水管管材及附件。

检验方法：观察检查。

12.2.6 中水管道与生活饮用水管道、排水管道平行埋设时，其水平净距离不得小于0.5m；交叉埋设时，中水管道应位于生活饮用水管道下面，排水管道的上面，其净距离不应小于0.15m。

检验方法：观察和尺量检查。

(3) 验收说明

1）施工依据：有关建筑给水排水管道工程技术规程，施工工艺标准，并制订专项施工方案、技术交底资料。

2）验收依据：《建筑给水排水及采暖工程施工质量验收规范》GB 50242—2002，相应的现场质量验收检查原始记录。

3）注意事项：

① 主控项目的质量经抽样检验均应合格；

② 一般项目的质量经抽样检验合格。当采用计数抽样时，合格点率应符合有关专业验收规范的规定，且不得存在严重缺陷；

③ 具有完整的施工操作依据、质量验收记录；

④ 本检验批的主控项目、一般项目已列入推荐表中，有关具体内容及检查方法见一般规定及（2）条文摘录。

2. 雨水利用系统管道及配件安装 05100201 暂无检验批表格

3. 水处理设备及控制设施安装 05100301 暂无检验批表格

4. 中水系统管道及设备防腐安装 05100401 暂无检验批表格

5. 中水系统管道及设备绝热安装 05100501 暂无检验批表格

6. 中水系统管道及设备试验与调试安装 05100601 暂无检验批表格

第十二节 游泳池及公共浴池水系统子分部检验批质量验收记录

一、游泳池水系统安装一般规定

12.1.3 游泳池排水系统安装、检验标准等按本规范第5章相关规定执行。

12.1.4 游泳池水加热系统安装、检验标准等均按本规范第6章相关规定执行。

二、游泳池及公共浴池水系统子分部工程检验批质量验收记录

1. 游泳池及公共浴池水系统管道及配件系统安装检验批质量验收记录

(1) 推荐表格

游泳池及公共浴池水系统管道及配件系统安装检验批质量验收记录

单位(子单位) 工程名称			分部(子分部) 工程名称			分项工程名称		
施工单位			项目负责人			检验批容量		
分包单位			分包单位项目 负责人			检验批部位		
施工依据				验收依据		《建筑给水排水及采暖工程施工质量 验收规范》GB 50242—2002		
验收项目			设计要求及 规范规定		最小/实际 抽样数量		检查记录	检查结果
主控 项目	1	游泳池给水配件用耐腐蚀性配件材质	第12.3.1条		/			
	2	游泳池毛发聚集器过滤网	第12.3.2条		/			
	3	游泳池池面应采取措施 防止冲洗排水流入地内	第12.3.3条		/			
一般 项目	1	游泳池加药、消毒设备及管材	第12.3.4条		/			
	2	浸脚消毒池、给水排水管材	第12.3.5条		/			
施工单位 检查结果			专业工长: 项目专业质量检查员: 年 月 日					
监理单位 验收结论			专业监理工程师: 年 月 日					

（2）验收内容及检查方法条文摘录

主 控 项 目

12.3.1 游泳池的给水口、回水口、泄水口应采用耐腐蚀的铜、不锈钢、塑料等材料制造。溢流槽、格栅应为耐腐蚀材料制造,并为组装型。安装时其外表面应与池壁或池底面相平。

检验方法:观察检查。

12.3.2 游泳池的毛发聚集器应采用铜或不锈钢等耐腐蚀材料制造,过滤筒(网)的孔径应不大于3mm,其面积应为连接管截面积的1.5～2倍。

检验方法:观察和尺量计算方法。

12.3.3 游泳池地面,应采取有效措施防止冲洗排水流入池内。

检验方法:观察检查。

12.3.4 游泳池循环水系统加药（混凝剂）的药品溶解池、溶液池及定量投加设备应采用耐腐蚀材料制作。输送溶液的管道应采用塑料管、胶管或铜管。

检验方法：观察检查。

12.3.5 游泳池的浸脚、浸腰消毒池的给水管、投药管、溢流管、循环管和泄空管应采用耐腐蚀材料制成。

检验方法：观察检查。

(3) 验收说明

1）施工依据：有关建筑给水排水管道工程技术规程，施工工艺标准，并制订专项施工方案、技术交底资料。

2）验收依据：《建筑给水排水及采暖工程施工质量验收规范》GB 50242—2002，相应的现场质量验收检查原始记录。

3）注意事项：

① 主控项目的质量经抽样检验均应合格；

② 一般项目的质量经抽样检验合格。当采用计数抽样时，合格点率应符合有关专业验收规范的规定，且不得存在严重缺陷；

③ 具有完整的施工操作依据、质量验收记录；

④ 本检验批的主控项目、一般项目已列入推荐表中，有关具体内容及检查方法见一般规定及（2）条文摘录。

2. 水处理设备及控制设施安装 05110201 暂无检验批表格

3. 游泳池及公共浴池水系统防腐 05110301 暂无检验批表格

4. 游泳池及公共浴池水系统绝热 05110401 暂无检验批表格

5. 游泳池及公共浴池水系统试验与调试 05110501 暂无检验批表格

第十三节　水景喷泉系统子分部工程检验批
质量验收记录（暂无检验批表格）

1. 管道及配件安装检验批质量验收记录 05120101 暂无检验批表格

2. 水景管理系统防腐检验批质量验收记录 05120201 暂无检验批表格

3. 水景管理系统绝热检验批质量验收记录 05120301 暂无检验批表格

4. 水景管理系统试验与调试检验批质量验收记录 05120401 暂无检验批表格

第十四节　热源及辅助设备子分部工程检验批质量验收记录

一、供热锅炉及辅助设备安装一般规定

13.1.1 本章适用于建筑供热和生活热水供应的额定工作压力不大于 1.25MPa、热水温度不超过 130℃ 的整装蒸汽和热水锅炉及辅助设备安装工程的质量检验与验收。

13.1.2 适用于本章的整装锅炉及辅助设备安装工程的质量检验与验收，除应按本规范规定执行外，尚应符合现行国家有关规范、规程和标准的规定。

13.1.3 管道、设备和容器的保温，应在防腐和水压试验合格后进行。

13.1.4 保温的设备和容器，应采用粘接保温钉固定保温层，其间距一般为200mm。当需采用焊接勾钉固定保温层时，其间距一般为250mm。

二、热源及辅助设备子分部工程检验批质量验收记录

1. 锅炉安装检验批质量验收记录

（1）推荐表格

锅炉安装检验批质量验收记录   05130101 _____

单位(子单位)工程名称			分部(子分部)工程名称		分项工程名称		
施工单位			项目负责人		检验批容量		
分包单位			分包单位项目负责人		检验批部位		
施工依据				验收依据	《建筑给水排水及采暖工程施工质量验收规范》GB 50242—2002		
		验收项目		设计要求及规范规定	最小/实际抽样数量	检查记录	检查结果
主控项目	1	锅炉基础验收		第13.2.1条	/		
	2	燃油、燃气及非承压锅炉安装		第13.2.2条 第13.2.3条 第13.2.4条	/		
	3	排污管和排污阀安装		第13.2.5条	/		
	4	锅炉和省煤器的水压试验		第13.2.6条	/		
	5	机械炉排冷态试运行		第13.2.7条	/		
	6	锅炉本体管道及管件焊接焊缝质量		第13.2.8条	/		
一般项目	1	铸铁省煤器肋片破损数		第13.2.12条	/		
	2	锅炉本体安装的坡度		第13.2.13条	/		
	3	锅炉炉底风室		第13.2.14条	/		
	4	省煤器出入口管道及阀门		第13.2.15条	/		
	5	电动调节阀安装		第13.2.16条	/		
	6	锅炉安装允许偏差（mm）	坐标		10	/	
			标高		±5	/	
			中心线垂直度	立式锅炉炉体全高	4	/	
				卧式锅炉炉体全高	3	/	

		验收项目			设计要求及规范规定	最小/实际抽样数量	检查记录	检查结果
一般项目	7	链条炉排安装允许偏差(mm)	炉排中心位置		2	/	/	
			前后中心线的相对标高差		5	/		
			前轴、后轴的水平度(长度)		1/1000	/		
			墙壁板间两对角线长度之差		5	/		
	8	往复炉排安装允许偏差(mm)	炉排片间隙	纵向	1	/		
				两侧	2	/		
			两侧板对角线长度之差		5	/		
	9	省煤器支架安装允许偏差(mm)	支承架的位置		3	/		
			支承架的标高		0，5	/		
			支承架纵横水平度(每米)		1	/		
施工单位检查结果					专业工长： 项目专业质量检查员： 年　月　日			
监理单位验收结论					专业监理工程师： 年　月　日			

(2) 验收内容及检查方法条文摘录

主 控 项 目

13.2.1 锅炉设备基础的混凝土强度必须达到设计要求，基础的坐标、标高、几何尺寸和螺栓孔位置应符合表 13.2.1 的规定。

表 13.2.1 锅炉及辅助设备基础的允许偏差和检验方法

项次	项目		允许偏差(mm)	检验方法
1	基础坐标位置		20	经纬仪、拉线和尺量
2	基础各不同平面的标高		0，−20	水准仪、拉线尺量
3	基础平面外形尺寸		20	尺量检查
4	凸台上平面尺寸		0，−20	
5	凹穴尺寸		+20,0	
6	基础上平面水平度	每米	5	水平仪(水平尺)和楔形塞尺检查
		全长	10	

续表 13.2.1

项次	项目		允许偏差(mm)	检验方法
7	竖向偏差	每米	5	经纬仪和吊线和尺量
		全高	10	
8	预埋地脚螺栓	标高(顶端)	+20,0	水准仪、拉线和尺量
		中心距(根部)	2	
9	预留地脚螺栓孔	中心位置	10	尺量
		深度	-20,0	吊线和尺量
		孔壁垂直度	10	
10	预埋活动地脚螺栓锚板	中心位置	5	拉线和尺量
		标高	+20,0	
		水平度(带槽锚板)	5	水平尺和楔形塞尺检查
		水平度(带螺纹孔锚板)	2	

13.2.2 非承压锅炉,应严格按设计或产品说明书的要求施工。锅筒顶部必须敞口或装设大气连通管,连通管上不得安装阀门。

检验方法:对照设计图纸或产品说明书检查。

13.2.3 以天然气为燃料的锅炉的天然气释放管或大气排放管不得直接通向大气,应通向贮存或处理装置。

检验方法:对照设计图纸检查。

13.2.4 两台或两台以上燃油锅炉共用一个烟囱时,每一台锅炉的烟道上均应配备风阀或挡板装置,并应具有操作调节和闭锁功能。

检验方法:观察和手扳检查。

13.2.5 锅炉的锅筒和水冷壁的下集箱及后棚管的后集箱的最低处排污阀及排污管道不得采用螺纹连接。

检验方法:观察检查。

13.2.6 锅炉的汽、水系统安装完毕后,必须进行水压试验。水压试验的压力应符合表 13.2.6 的规定。

表 13.2.6 水压试验压力规定

项次	设备名称	工作压力 P(MPa)	试验压力(MPa)
1	锅炉本体	$P < 0.59$	$1.5P$ 但不小于 0.2
		$0.59 \leqslant P \leqslant 1.18$	$P + 0.3$
		$P > 1.18$	$1.25P$
2	可分式省煤器	P	$1.25P + 0.5$
3	非承压锅炉	大气压力	0.2

注：1. 工作压力 P 对蒸汽锅炉指锅筒工作压力,对热水锅炉指锅炉额定出水压力;

2. 铸铁锅炉水压试验同热水锅炉;

3. 非承压锅炉水压试验压力为 0.2MPa,试验期间压力应保持不变。

检验方法：

1. 在试验压力下 **10min** 内压力降不超过 **0.02MPa**；然后降至工作压力进行检查，压力不降，不渗、不漏；

2. 观察检查，不得有残余变形，受压元件金属壁和焊缝上不得有水珠和水雾。

13.2.7 机械炉排安装完毕后应做冷态运转试验，连续运转时间不应少于 8h。

检验方法：观察运转试验全过程。

13.2.8 锅炉本体管道及管件焊接的焊缝质量应符合下列规定：

1 焊缝表面质量应符合本规范第 11.2.10 条的规定。

2 管道焊口尺寸的允许偏差应符合表 5.3.8 的规定。

3 无损探伤的检测结果应符合锅炉本体设计的相关要求。

检验方法：观察和检验无损探伤检测报告。

一 般 项 目

13.2.9 锅炉安装的坐标、标高、中心线和垂直度的允许偏差应符合表 13.2.9 的规定。

表 13.2.9 锅炉安装的允许偏差和检验方法

项次	项目		允许偏差（mm）	检验方法
1	坐标		10	经纬仪、拉线和尺量
2	标高		±5	水准仪、拉线和尺量
3	中心线垂直度	卧式锅炉炉体全高	3	吊线和尺量
		立式锅炉炉体全高	4	吊线和尺量

13.2.10 组装链条炉排安装的允许偏差应符合表 13.2.10 的规定。

表 13.2.10 组装链条炉排安装的允许偏差和检验方法

项次	项目		允许偏差（mm）	检验方法
1	炉排中心位置		2	经纬仪、拉线和尺量
2	墙板的标高		±5	水准仪、拉线和尺量
3	墙板的垂直度，全高		3	吊线和尺量
4	墙板间两对角线的长度之差		5	钢丝线和尺量
5	墙板框的纵向位置		5	经纬仪、拉线和尺量
6	墙板顶面的纵向水平度		长度 1/1000，且≥5	拉线、水平尺和尺量
7	墙板间的距离	跨距≤2m	+3 0	钢丝线和尺量
		跨距＞2m	+5 0	
8	两墙板的顶面在同一水平面上相对高差		5	水准仪、吊线和尺量

续表 13.2.10

项次	项目	允许偏差(mm)	检验方法
9	前轴、后轴的水平度	长度 1/1000	拉线、水平尺和尺量
10	前轴和后轴的轴心线相对标高差	5	水准仪、吊线和尺量
11	各轨道在同一水平面上的相对高差	5	水准仪、吊线和尺量
12	相邻两轨道间的距离	±2	钢丝线和尺量

13.2.11 往复炉排安装的允许偏差应符合表 13.2.11 的规定。

表 13.2.11　往复炉排安装的允许偏差和检验方法

项次	项目		允许偏差(mm)	检验方法
1	两侧板的相对标高		3	水准仪、吊线和尺量
2	两侧板间距离	跨距≤2m	+3 0	钢丝线和尺量
		跨距>2m	+4 0	
3	两侧板的垂直度，全高		3	吊线和尺量
4	两侧板间对角线的长度之差		5	钢丝线和尺量
5	炉排片的纵向间隙		1	钢板尺量
6	炉排两侧的间隙		2	

13.2.12 铸铁省煤器破损的肋片数不应大于总肋片数的 5%，有破损肋片的根数不应大于总根数的 10%。铸铁省煤器支承架安装的允许偏差应符合表 13.2.12 的规定。

表 13.2.12　铸铁省煤器支承架安装的允许偏差和检验方法

项次	项目	允许偏差(mm)	检验方法
1	支承架的位置	3	经纬仪、拉线和尺量
2	支承架的标高	0 -5	水准仪、吊线和尺量
3	支承架的纵、横向水平度(每米)	1	水平尺和塞尺检查

13.2.13 锅炉本体安装应按设计或产品说明书要求布置坡度并坡向排污阀。
检验方法：用水平尺或水准仪检查。

13.2.14 锅炉由炉底送风的风室及锅炉底座与基础之间必须封、堵严密。
检验方法：观察检查。

13.2.15 省煤器的出口处（或入口处）应按设计或锅炉图纸要求安装阀门和管道。
检验方法：对照设计图纸检查。

13.2.16 电动调节阀门的调节机构与电动执行机构的转臂应在同一平面内动作，传动部分应灵活、无空行程及卡阻现象，其行程及伺服时间应满足使用要求。

检验方法：操作时观察检查。

(3) 验收说明

1) 施工依据：有关建筑给水排水管道工程技术规程，施工工艺标准，并制订专项施工方案、技术交底资料。

2) 验收依据：《建筑给水排水及采暖工程施工质量验收规范》GB 50242—2002，相应的现场质量验收检查原始记录。

3) 注意事项：

① 主控项目的质量经抽样检验均应合格；

② 一般项目的质量经抽样检验合格。当采用计数抽样时，合格点率应符合有关专业验收规范的规定，且不得存在严重缺陷；

③ 具有完整的施工操作依据、质量验收记录；

④ 本检验批的主控项目、一般项目已列入推荐表中，有关具体内容及检查方法见一般规定及（2）条文摘录；

⑤ 黑体字的条文为强制性条文，必须严格执行，制订控制措施。

2. 辅助设备及管道安装检验批质量验收记录

(1) 推荐表格

辅助设备及管道安装检验批质量验收记录
05130201 _____

单位(子单位)工程名称			分部(子分部)工程名称		分项工程名称	
施工单位			项目负责人		检验批容量	
分包单位			分包单位项目负责人		检验批部位	
施工依据				验收依据	《建筑给水排水及采暖工程施工质量验收规范》GB 50242—2002	

验收项目			设计要求及规范规定	最小/实际抽样数量	检查记录	检查结果
主控项目	1	辅助设备基础验收	第13.3.1条	/		
	2	风机试运转	第13.3.2条	/		
	3	分气缸、分水器、集水器水压试验	第13.3.3条	/		
	4	敞口水箱、密闭水箱、满水或压力试验	第13.3.4条	/		
	5	地下直埋油罐气密性试验	第13.3.5条	/		
	6	工艺管道水压试验	第13.3.6条	/		
	7	各种设备的操作通道	第13.3.7条	/		
	8	仪表、阀门的安装	第13.3.8条	/		
	9	管道焊接质量	第13.3.9条	/		

		验收项目			设计要求及规范规定	最小/实际抽样数量	检查记录	检查结果
	1	单斗式提升机安装			第13.3.12条	/		
	2	风机传动部位安全防护装置			第13.3.13条	/		
	3	手摇泵、注水器安装高度			第13.3.15条 第13.3.17条	/		
	4	水泵安装及试运转			第13.3.14条 第13.3.16条	/		
	5	除尘器安装			第13.3.18条	/		
	6	除氧器排气管			第13.3.19条	/		
	7	软化水设备安装			第13.3.20条	/		
	8	管道及设备表面涂漆			第13.3.21条	/		
一般项目	9	安装允许偏差(mm)	送、引风机	坐标	10	/		
				标高	±5	/		
			各种静置设备	坐标	15	/		
				标高	±5	/		
				垂直度(1m)	2	/		
			离心式水泵	泵体水平度(1m)	0.1	/		
				联轴器同心度 轴向倾斜(1m)	0.8	/		
				径向位移	0.1	/		
	10	工艺管道安装允许偏差(mm)	坐标	架空	15	/		
				地沟	10	/		
			标高	架空	±15	/		
				地沟	±10	/		
			水平管道纵、横方向弯曲	DN≤100mm	2‰≤50	/		
				DN>100mm	3‰≤70	/		
			立管垂直		2‰≤15	/		
			成排管道间距		3	/		
			交叉管道外壁或绝热层间距		10			

施工单位检查结果	专业工长: 项目专业质量检查员: 年 月 日
监理单位验收结论	专业监理工程师: 年 月 日

(2) 验收内容及检查方法条文摘录

主控项目

13.3.1 辅助设备基础的混凝土强度必须达到设计要求，基础的坐标、标高、几何尺寸和螺栓孔位置必须符合本规范表 13.2.1 的规定。

13.3.2 风机试运转，轴承温升应符合下列规定：

1 滑动轴承温度最高不得超过 60℃。

2 滚动轴承温度最高不得超过 80℃。

检验方法：用温度计检查。

轴承径向单振幅应符合下列规定：

1 风机转速小于 1000r/min 时，不应超过 0.10mm；

2 风机转速为 1000～1450r/min 时，不应超过 0.08mm。

检验方法：用测振仪表检查。

13.3.3 分气缸（分水器、集水器）安装前应进行水压试验，试验压力的 1.5 倍，但不得小于 0.6MPa。

检验方法：试验压力下 10min 内无压降、无渗漏。

13.3.4 敞口箱、罐安装前应做满水试验；密闭箱、罐应以工作压力的 1.5 倍作水压试验，但不得小于 0.4MPa。

检验方法：满水试验满水后静置 24h 不渗不漏；水压试验在试验压力下 10min 内无压降，不渗不漏。

13.3.5 地下直埋油罐在埋地前应做气密性试验，试验压力降不应小于 0.03MPa。

检验方法：试验压力下观察 30min 不渗、不漏，无压降。

13.3.6 连接锅炉及辅助设备的工艺管道安装完毕后，必须进行系统的水压试验，试验压力为系统中最大工作压力的 1.5 倍。

检验方法：在试验压力 10min 内压力降不超过 0.05MPa，然后降至工作压力进行检查，不渗不漏。

13.3.7 各种设备的主要操作通道的净距如设计不明确时不应小于 1.5m，辅助的操作通道净距不应小于 0.8m。

检验方法：尺量检查。

13.3.8 管道连接的法兰、焊缝和连接管件以及管道上的仪表、阀门的安装位置应便于检修，并不得紧贴墙壁、楼板或管架。

检验方法：观察检查。

13.3.9 管道焊接质量应符合本规范第 11.2.10 条的要求和表 5.3.8 的规定。

一般项目

13.3.10 锅炉辅助设备安装的允许偏差应符合表 13.3.10 的规定。

表 13.3.10 锅炉辅助设备安装的允许偏差和检验方法

项次	项目		允许偏差(mm)	检验方法
1	送、引风机	坐标	10	经纬仪、拉线和尺量
		标高	±5	水准仪、拉线和尺量

项次	项目		允许偏差(mm)	检验方法
2	各种静置设备（各种容器、箱、罐等）	坐标	15	经纬仪、拉线和尺量
		标高	±5	水准仪、拉线和尺量
		垂直度(1m)	2	吊线和尺量
3	离心式水泵	泵体水平度(1m)	0.1	水平尺和塞尺检查
		联轴器同心度 轴向倾斜(1m)	0.8	
		联轴器同心度 径向位移	0.1	

13.3.11 连接锅炉及辅助设备的工艺管道安装的允许偏差应符合表 13.3.11 的规定。

表 13.3.11 工艺管道安装的允许偏差和检验方法

项次	项目		允许偏差(mm)	检验方法
1	坐标	架空	15	水准仪、拉线和尺量
		地沟	10	
2	标高	架空	±15	水准仪、拉线和尺量
		地沟	±10	
3	水平管道纵、横方向弯曲	$DN \leqslant 100mm$	2‰，最大 50	直尺和拉线检查
		$DN > 100mm$	3‰，最大 70	
4	立管垂直		2‰，最大 15	吊线和尺量
5	成排管道间距		3	直尺尺量
6	交叉管的外壁或绝热层间距		10	

13.3.12 单斗式提升机安装应符合下列规定：

1 导轨的间距偏差不大于 2mm。

2 垂直式导轨的垂直度偏差不大于 1‰；倾斜式导轨的倾斜度偏差不大于 2‰。

3 料斗的吊点与料斗垂心在同一垂线上，重合度偏差不大于 10mm。

4 行程开关位置应准确，料斗运行平稳，翻转灵活。

检验方法：吊线坠、拉线及尺量检查。

13.3.13 安装锅炉送、引风机，转动应灵活无卡碰等现象；送、引风机的传动部位，应设置安全防护装置。

检验方法：观察和启动检查。

13.3.14 水泵安装的外观质量检查：泵壳不应有裂纹、砂眼及凹凸不平等缺陷；

多级泵的平衡管路应无损伤或折陷现象；蒸汽往复泵的主要部件、活塞及活动轴必须灵活。

检验方法：观察和启动检查。

13.3.15　手摇泵应垂直安装。安装高度如设计无要求时，泵中心距地面为800mm。

检验方法：吊线和尺量检查。

13.3.16　水泵试运转，叶轮与泵壳不应相碰，进、出口部位的阀门应灵活。轴承温升应符合产品说明书的要求。

检验方法：通电、操作和测温检查。

13.3.17　注水器安装高度，如设计无要求时，中心距地面为1.0～1.2m。

检验方法：尺量检查。

13.3.18　除尘器安装应平稳牢固，位置和进、出口方向应正确。烟管与引风机连接时应采用软接头，不得将烟管重量压在风机上。

检验方法：观察检查。

13.3.19　热力除氧器和真空除氧器的排汽管应通向室外，直接排入大气。

检验方法：观察检查。

13.3.20　软化水设备罐体的视镜应布置在便于观察的方向。树脂装填的高度应按设备说明书要求进行。

检验方法：对照说明书，观察检查。

13.3.21　管道及设备保温层的厚度和平整度的允许偏差应符合本规范表4.4.8的规定。

13.3.22　在涂刷油漆前，必须清除管道及设备表面的灰尘、污垢、锈斑、焊渣等物。涂漆的厚度应均匀，不得有脱皮、起泡、流淌和漏涂等缺陷。

检验方法：现场观察检查。

(3) 验收说明

1）施工依据：有关建筑给水排水管道工程技术规程，施工工艺标准，并制订专项施工方案、技术交底资料。

2）验收依据：《建筑给水排水及采暖工程施工质量验收规范》GB 50242—2002，相应的现场质量验收检查原始记录。

3）注意事项：

① 主控项目的质量经抽样检验均应合格；

② 一般项目的质量经抽样检验合格。当采用计数抽样时，合格点率应符合有关专业验收规范的规定，且不得存在严重缺陷；

③ 具有完整的施工操作依据、质量验收记录；

④ 本检验批的主控项目、一般项目已列入推荐表中，有关具体内容及检查方法见一般规定及（2）条文摘录。

3. 安全附件安装检验批质量验收记录

(1) 推荐表格

单位(子单位) 工程名称			分部(子分部) 工程名称		分项工程名称		
施工单位			项目负责人		检验批容量		
分包单位			分包单位项目 负责人		检验批部位		
施工依据			验收依据		《建筑给水排水及采暖工程施工质量 验收规范》GB 50242—2002		
		验收项目		设计要求及 规范规定	最小/实际 抽样数量	检查记录	检查结果
主控 项目	1	锅炉和省煤器安全阀定压		第13.4.1条	/		
	2	压力表刻度极限、表盘直径		第13.4.2条	/		
	3	水位表安装		第13.4.3条	/		
	4	锅炉的超温、超压及高低水位报警装置		第13.4.4条	/		
	5	排汽管、泄水管安装		第13.4.5条	/		
一般 项目	1	压力表安装		第13.4.6条	/		
	2	测压仪表取源部件安装		第13.4.7条	/		
	3	温度计安装		第13.4.8条	/		
	4	压力表与温度计在管道上安装相对位置		第13.4.9条	/		
施工单位 检查结果		专业工长： 项目专业质量检查员： 　　　　　　　　　年　月　日					
监理单位 验收结论		专业监理工程师： 　　　　　　　　　年　月　日					

（2）验收内容及检查方法条文摘录

主 控 项 目

13.4.1　锅炉和省煤器安全阀的定压和调整应符合表13.4.1的规定。锅炉上装有两个安全阀时，其中的一个按表中较高值定压，另一个按较低值定压。装有一个安全阀时，应按较低值定压。

表13.4.1　安全阀定压规定

项次	工作设备	安全阀开启压力(MPa)
1	蒸汽锅炉	工作压力＋0.02MPa
		工作压力＋0.04MPa

项次	工作设备	安全阀开启压力(MPa)
2	热水锅炉	1.12 倍工作压力,但不少于工作压力+0.07MPa
		1.14 倍工作压力,但不少于工作压力+0.10MPa
3	省煤器	1.1 倍工作压力

检验方法:检查定压合格证书。

13.4.2 压力表的刻度极限值,应大于或等于工作压力的 1.5 倍,表盘直径不得小于 100mm。

检验方法:现场观察和尺量检查。

13.4.3 安装水位表应符合下列规定:

1 水位表应有指示最高、最低安全水位的明显标志,玻璃板(管)的最低可见边缘应比最低安全水位低 25mm;最高可见边缘应比最高安全水位高 25mm。

2 玻璃管式水位表应有防护装置。

3 电接点式水位表的零点应与锅筒正常水位重合。

4 采用双色水位表时,每台锅炉只能装设一个,另一个装设普通水位表。

5 水位表应有放水旋塞(或阀门)和接到安全地点的放水管。

检验方法:现场观察和尺量检查。

13.4.4 锅炉的高低水位报警器和超温、超压报警器及联锁保护装置必须按设计要求安装齐全和有效。

检验方法;启动、联动试验并作好试验记录。

13.4.5 蒸汽锅炉安全阀应安装通向室外的排汽管。热水锅炉安全阀泄水管应接到安全地点。在排汽管和泄水管上不得装设阀门。

检验方法:观察检查。

一 般 项 目

13.4.6 安装压力表必须符合下列规定:

1 压力表必须安装在便于观察和吹洗的位置,并防止受高温、冰冻和振动的影响,同时要有足够的照明。

2 压力表必须设有存水弯管。存水弯管采用钢管煨制时,内径不应小于 10mm;采用铜管煨制时,内径不应小于 6mm。

3 压力表与存水弯管之间应安装三通旋塞。

检验方法:观察和尺量检查。

13.4.7 测压仪表取源部件在水平工艺管道上安装时,取压口的方位应符合下列规定:

1 测量液体压力的,在工艺管道的下半部与管道的水平中心线成 0°~45°夹角范围内。

2 测量蒸汽压力的,在工艺管道的上半部或下半部与管道水平中心线成 0°~45°夹角范围内。

3 测量气体压力的,在工艺管道的上半部。

检验方法:观察和尺量检查。

13.4.8 安装温度计应符合下列规定:

1　安装在管道和设备上的套管温度计，底部应插入流动介质内，不得装在引出的管段上或死角处。

2　压力式温度计的毛细管应固定好并有保护措施，其转弯处的弯曲半径不应小于50mm，温包必须全部浸入介质内；

3　热电偶温度计的保护套管应保证规定的插入深度。

检验方法：观察和尺量检查。

13.4.9　温度计与压力表在同一管道上安装时，按介质流动方向温度计应在压力表下游处安装，如温度计需在压力表的上游安装时，其间距不应小于300mm。

检验方法：观察和尺量检查。

(3) 验收说明：

1）施工依据：有关建筑给水排水管道工程技术规程，施工工艺标准，并制订专项施工方案、技术交底资料。

2）验收依据：《建筑给水排水及采暖工程施工质量验收规范》GB 50242—2002，相应的现场质量验收检查原始记录。

3）注意事项：

① 主控项目的质量经抽样检验均应合格；

② 一般项目的质量经抽样检验合格。当采用计数抽样时，合格点率应符合有关专业验收规范的规定，且不得存在严重缺陷；

③ 具有完整的施工操作依据、质量验收记录；

④ 本检验批的主控项目、一般项目已列入推荐表中，有关具体内容及检查方法见一般规定及（2）条文摘录；

⑤ 黑体字的条文为强制性条文，必须严格执行，制订控制措施。

4. 换热站安装检验批质量验收记录

(1) 推荐表格

换热站安装检验批质量验收记录　　05130401 _____

单位(子单位)工程名称			分部(子分部)工程名称			分项工程名称		
施工单位			项目负责人			检验批容量		
分包单位			分包单位项目负责人			检验批部位		
施工依据					验收依据	《建筑给水排水及采暖工程施工质量验收规范》GB 50242—2002		
验收项目				设计要求及规范规定	最小/实际抽样数量	检查记录	检查结果	
主控项目	1	热交换器试压		第13.6.1条	/			
	2	循环水泵和热交换器的位置		第13.6.2条	/			
	3	壳管式热交换器安装		第13.6.3条	/			

		验收项目		设计要求及规范规定	最小/实际抽样数量	检查记录	检查结果
一般项目	1	设备、阀门及仪表安装		第13.6.5条	/		
	2	静置设备允许偏差（mm）	坐标	15	/		
			标高	±5	/		
			垂直度（1m）	2	/		
	3	离心式水泵允许偏差（mm）	泵体水平度（1m）	0.1	/		
			联轴器同心度 轴向倾斜（1m）	0.8	/		
			径向位移	0.1	/		
	4	管道允许偏差（mm）	坐标 架空	15	/		
			地沟	10	/		
			标高 架空	±15	/		
			地沟	±10	/		
			水平管道纵、横方向弯曲 DN≤100mm	2‰，≤50	/		
			DN>100mm	2‰，≤70	/		
			立管垂直	2‰，≤15	/		
			成排管道间距	3	/		
			交叉管的外壁或绝热层间距	10	/		
施工单位检查结果			专业工长： 项目专业质量检查员： 年　月　日				
监理单位验收结论			专业监理工程师： 年　月　日				

（2）验收内容及检查方法条文摘录

主控项目

13.6.1　热交换器应以最大工作压力的1.5倍作水压试验，蒸汽部分应不低于蒸汽供汽压力加0.3MPa；热水部分应不低于0.4MPa。

检验方法：在试验压力下，保持10min压力不降。

13.6.2　高温水系统中，循环水泵和换热器的相对安装位置应按设计文件施工。

检验方法：对照设计图纸检查。

13.6.3　壳管式热交换器的安装，如设计无要求时，其封头与墙壁或屋顶的距离不得小于换热管的长度。

检验方法：观察和尺量检查。

一般项目

13.6.4　换热站内设备安装的允许偏差应符合本规范表13.3.10的规定。

13.6.5　换热站内的循环泵、调节阀、减压器、疏水器、除污器、流量计等安装应符合本规范的相关规定。

检验方法：观察和尺量检查。

13.6.6 换热站内管道安装的允许偏差应符合本规范表 13.3.11 的规定。

13.6.7 管道及设备保温层的厚度和平整度的允许偏差应符合本规范表 4.4.8 的规定。

(3) 验收说明

1）施工依据：有关建筑给水排水管道工程技术规程，施工工艺标准，并制订专项施工方案、技术交底资料。

2）验收依据：《建筑给水排水及采暖工程质量施工验收规范》GB 50242—2002，相应的现场质量验收检查原始记录。

3）注意事项：

① 主控项目的质量经抽样检验均应合格；

② 一般项目的质量经抽样检验合格。当采用计数抽样时，合格点率应符合有关专业验收规范的规定，且不得存在严重缺陷；

③ 具有完整的施工操作依据、质量验收记录；

④ 本检验批的主控项目、一般项目已列入推荐表中，有关具体内容及检查方法见一般规定及（2）条文摘录；

⑤ 黑体字的条文为强制性条文，必须严格执行，制订控制措施。

5. 热源及辅助设备防腐 05130501 见室内供热系统防腐检验批质量验收记录 05051001

6. 热源及辅助设备绝热 05130601 见室内供热系统绝热检验批质量验收记录 05051101

7. 热源及辅助设备试验与调试检验批质量验收记录

（1）推荐表格

热源及辅助设备试验与调试检验批质量验收记录   05130701 ____

单位(子单位) 工程名称			分部(子分部) 工程名称		分项工程名称		
施工单位			项目负责人		检验批容量		
分包单位			分包单位项目 负责人		检验批部位		
施工依据				验收依据	《建筑给水排水及采暖工程施工质量 验收规范》GB 50242—2002		
验收项目			设计要求及 规范规定	最小/实际 抽样数量	检查记录	检查结果	
主控 项目	1	锅炉火焰烘炉	第 13.5.1 条	/			
	2	烘烤后检查	第 13.5.2 条	/			
	3	带负荷试运行和定压检验、调整	第 13.5.3 条	/			
一般 项目	1	煮炉除油污、锈斑	第 13.5.4 条	/			
施工单位 检查结果		专业工长： 项目专业质量检查员： 年 月 日					
监理单位 验收结论		专业监理工程师： 年 月 日					

130

（2）验收内容及检查方法条文摘录

主 控 项 目

13.5.1 锅炉火焰烘炉应符合下列规定：

1 火焰应在炉膛中央燃烧，不应直接烧烤炉墙及炉拱。

2 烘炉时间一般不少于 4d，升温应缓慢，后期烟温不应高于 160℃，且持续时间不应少于 24h。

3 链条炉排在烘炉过程中应定期转动。

4 烘炉的中、后期应根据锅炉水水质情况排污。

检验方法：计时测温、操作观察检查。

13.5.2 烘炉结束后应符合下列规定：

1 炉墙经烘烤后没有变形、裂纹及塌落现象。

2 炉墙砌筑砂浆含水率达到 7% 以下。

检验方法：测试及观察检查。

13.5.3 锅炉在烘炉、煮炉合格后，应进行 48h 的带负荷连续试运行，同时应进行安全阀的热状态定压检验和调整。

检验方法：检查烘炉、煮炉及试运行全过程。

一 般 项 目

13.5.4 煮炉时间一般应为 2～3d，如蒸汽压力较低，可适当延长煮炉时间。非砌筑或浇注保温材料保温的锅炉，安装后可直接进行煮炉。煮炉结束后，锅筒和集箱内壁应无油垢，擦去附着物后金属表面应无锈斑。

检验方法：打开锅筒和集箱检查孔检查。

（3）验收说明

1）施工依据：有关建筑给水排水管道工程技术规程，施工工艺标准，并制订专项施工方案、技术交底资料。

2）验收依据：《建筑给水排水及采暖工程施工质量验收规范》GB 50242—2002，相应的现场质量验收检查原始记录。

3）注意事项：

① 主控项目的质量经抽样检验均应合格；

② 一般项目的质量经抽样检验合格。当采用计数抽样时，合格点率应符合有关专业验收规范的规定，且不得存在严重缺陷；

③ 具有完整的施工操作依据、质量验收记录；

④ 本检验批的主控项目、一般项目已列入推荐表中，有关具体内容及检查方法见一般规定及（2）条文摘录；

⑤ 黑体字的条文为强制性条文，必须严格执行，制订控制措施。

第十五节　监测与控制仪表子分部工程检验批
质量验收记录（暂无检验批表格）

1. 监测与控制仪表安装工程检验批质量验收记录 05140101（暂无表格）

2. 监测与控制试验与调试检验批质量验收记录 05140201（暂无表格）

第三章 通风与空调分部工程检验批质量验收用表

第一节 通风与空调分部工程验收规定及检验批质量验收用表编号及表的目录

一、通风与空调分部工程检验批质量验收用表编号及表的目录

通风与空调分部工程的验收内容与《通风与空调工程施工质量验收规范》GB 50243—2002 所对应的章节如表 3.1-1 所示。通风与空调分部工程检验批质量验收用表编号见表 3.1-1，表的目录见表 3.1-2。

表 3.1-1 通风与空调分部工程检验批质量验收用表编号

分部工程及编号	子分部工程及编号	分项工程名称及编号	序号	检验批名称及编号		对应规范及标准章节	
				检验批名称	编号	规范名称	标准章节
通风与空调分部工程 06	送风系统 0601	风管与配件制作 060101	1	风管与配件制作检验批质量验收记录（金属风管）（Ⅰ）	06010101	《通风与空调工程施工质量验收规范》GB 50243—2002	4. 风管制作
				风管与配件制作检验批质量验收记录（非金属、复合材料风管）（Ⅱ）	06010102		
		部件制作 060102	2	部件制作检验批质量验收记录	06010201		5. 风管部件与消声器制作
		风管系统安装 060103	3	风管系统安装检验批质量验收记录	06010301		6. 风管系统安装
		风机与空气处理设备安装 060104	4	风机与空气处理设备安装检验批质量验收记录	06010401		7. 通风与空调设备安装
		风管与设备防腐 060105	5	风管与设备防腐检验批质量验收记录	06010501		10. 防腐与绝热
		旋流风口、岗位送风口、织物（布）风管安装 060106	6	旋流风口、岗位送风口、织物（布）风管安装检验批质量验收记录	06010601		7. 通风与空调设备安装
		系统调试 060107	7	系统调试检验批质量验收记录	06010701		11. 系统调试

分部工程及编号	子分部工程及编号	分项工程名称及编号	序号	检验批名称	编号	规范名称	标准章节
				检验批名称及编号		对应规范及标准章节	
通风与空调分部工程06	排风系统0602	风管与配件制作060201	1	风管与配件制作检验批质量验收记录(金属风管)(Ⅰ)	06020101	《通风与空调工程施工质量验收规范》GB50243—2002	4. 风管制作
				风管与配件制作检验批质量验收记录(非金属)(Ⅱ)	06020102		
		部件制作060202	2	部件制作检验批质量验收记录	06020201		5. 风管部件与消声器制作
		风管系统安装060203	3	风管系统安装检验批质量验收记录	06020301		6. 风管系统安装
		风机与空气处理设备安装060204	4	风机与空气处理设备安装检验批质量验收记录	06020401		7. 通风与空调设备安装
		风管与设备防腐060205	5	风管与设备防腐检验批质量验收记录	06020501		10. 防腐与绝热
		吸风罩及其他空气处理设备安装060206	6	吸风罩及其他空气处理设备安装检验批质量验收记录	06020601		7. 通风与空调设备安装
		厨房、卫生间排风系统安装060207	7	厨房、卫生间排风系统安装检验批质量验收记录	06020701		《统一标准》新增暂无表格
		系统调试060208	8	系统调试检验批质量验收记录	06020801		11. 系统调试
	防排烟系统0603	风管与配件制作060301	1	风管与配件制作检验批质量验收记录(金属风管)(Ⅰ)	06030101		4. 风管制作
				风管与配件制作检验批质量验收记录(非金属)(Ⅱ)	06030102		
		部件制作060302	2	部件制作检验批质量验收记录	06030201		5. 风管部件与消声器制作
		风管系统安装060303	3	风管系统安装检验批质量验收记录	06030301		6. 风管系统安装
		风机与空气处理设备安装060304	4	风机与空气处理设备安装检验批质量验收记录	06030401		7. 通风与空调设备安装

分部工程及编号	子分部工程及编号	分项工程名称及编号	序号	检验批名称	编号	规范名称	标准章节
				检验批名称及编号		对应规范及标准章节	
通风与空调分部工程06	防排烟系统0603	风管与设备防腐060305	5	风管与设备防腐检验批质量验收记录	06030501		10.防腐与绝热
		排烟风阀(口)、常闭正压风口、防火风管安装060306	6	排烟风阀(口)、常闭正压风口、防火风管安装检验批质量验收记录	06030601		《统一标准》新增暂无表格
		系统调试060307	7	系统调试检验批质量验收记录	06030701		11.系统调试
	除尘系统0604	风管与配件制作060401	1	风管与配件制作检验批质量验收记录(金属风管)(Ⅰ)	06040101	《通风与空调工程施工质量验收规范》GB50243—2002	4.风管制作
				风管与配件制作检验批质量验收记录(非金属风管)(Ⅱ)	06040102		
		部件制作060402	2	部件制作检验批质量验收记录	06040201		5.风管部件与消声器制作
		风管系统安装060403	3	风管系统安装检验批质量验收记录(Ⅰ)、(Ⅱ)、(Ⅲ)	06040301		6.风管系统安装
		风机与空气处理设备安装060404	4	风机与空气处理设备安装检验批质量验收记录	06040401		7.通风与空调设备安装
		风管与设备防腐060405	5	风管与设备防腐检验批质量验收记录	06040501		10.防腐与绝热
		除尘器与排污设备安装060406	6	除尘器与排污设备安装检验批质量验收记录	06040601		《统一标准》新增暂无表格
		吸尘罩安装060407	7	吸尘罩安装检验批质量验收记录	06040701		
		高温风管绝热060408	8	高温风管绝热检验批质量验收记录	06040801		
		系统调试060409	9	系统调试检验批质量验收记录	06040901		11.系统调试

分部工程及编号	子分部工程及编号	分项工程名称及编号	序号	检验批名称	编号	规范名称	标准章节
				检验批名称及编号		对应规范及标准章节	
通风与空调分部工程 06	舒适性空调系统 0605	风管与配件制作 060501	1	风管与配件制作检验批质量验收记录（金属风管）（Ⅰ）	06050101	《通风与空调工程施工质量验收规范》GB 50243—2002	4. 风管制作
				风管与配件制作检验批质量验收记录（非金属风管）（Ⅱ）	06050102		
		部件制作 060502	2	部件制作检验批质量验收记录	06050201		5. 风管部件与消声器制作
		风管系统安装 060503	3	风管系统安装检验批质量验收记录	06050301		6. 风管系统安装
		风机与空气处理设备安装 060504	4	风机与空气处理设备安装检验批质量验收记录	06050401		7. 通风与空调设备安装
		风管与设备防腐 060505	5	风管与设备防腐检验批质量验收记录	06050501		10. 防腐与绝热
		组合式空调机组安装 060506	6	组合式空调机组安装检验批质量验收记录	06050601		7. 通风与空调设备安装
		消声器、静电除尘器、换热器、紫外线灭菌器等设备安装 060507	7	消声器、静电除尘器、换热器、紫外线灭菌器等设备安装检验批质量验收记录	06050701		《统一标准》新增暂无表格
		风机盘管、变风量与定风量送风装置、射流喷口等末端设备安装 060508	8	风机盘管、变风量与定风量送风装置、射流喷口等末端设备安装检验批质量验收记录	06050801		
		风管与设备绝热 060509	9	风管与设备绝热检验批质量验收记录	06050901		10. 防腐与绝热
		系统调试 060510	10	系统调试检验批质量验收记录	06051001		11. 系统调试

分部工程及编号	子分部工程及编号	分项工程名称及编号	检验批名称及编号			对应规范及标准章节	
			序号	检验批名称	编号	规范名称	标准章节
通风与空调分部工程 06	恒温恒湿空调系统 0606	风管与配件制作 060601	1	风管与配件制作检验批质量验收记录(金属风管)(Ⅰ)	06060101	《通风与空调工程施工质量验收规范》GB 50243—2002	4. 风管制作
				风管与配件制作检验批质量验收记录(非金属风管)(Ⅱ)	06060102		
		部件制作 060602	2	部件制作检验批质量验收记录	06060201		5. 风管部件与消声器制作
		风管系统安装 060603	3	风管系统安装检验批质量验收记录	06060301		6. 风管系统安装
		风机与空气处理设备安装 060604	4	风机与空气处理设备安装检验批质量验收记录	06060401		7. 通风与空调设备安装
		风管与设备防腐 060605	5	风管与设备防腐检验批质量验收记录	06060501		10. 防腐与绝热
		组合式空调机组安装 060606	6	组合式空调机组安装检验批质量验收记录	06060601		7. 通风与空调设备安装
		电加热器、加湿器等设备安装 060607	7	电加热器、加湿器等设备安装检验批质量验收记录	06060701		《统一标准》新增暂无表格
		精密空调机组安装 060608	8	精密空调机组安装检验批质量验收记录	06060801		
		风管与设备绝热 060609	9	风管与设备绝热检验批质量验收记录	06060901		10. 防腐与绝热
		系统调试 060610	10	系统调试检验批质量验收记录	06061001		11. 系统调试
	净化空调系统 0607	风管与配件制作 060701	1	风管与配件制作检验批质量验收记录(金属风管)(Ⅰ)	06070101		4. 风管制作
				风管与配件制作检验批质量验收记录(非金属风管)(Ⅱ)	06070102		
		部件制作 060702	2	部件制作检验批质量验收记录	06070201		5. 风管部件与消声器制作

分部工程及编号	子分部工程及编号	分项工程名称及编号	检验批名称及编号			对应规范及标准章节	
			序号	检验批名称	编号	规范名称	标准章节
通风与空调分部工程06	净化空调系统0607	风管系统安装060703	3	风管系统安装检验批质量验收记录	06070301	《通风与空调工程施工质量验收规范》GB50243—2002	6. 风管系统安装
		风机与空气处理设备安装060704	4	风机与空气处理设备安装检验批质量验收记录	06070401		7. 通风与空调设备安装
		风管与设备防腐060705	5	风管与设备防腐检验批质量验收记录	06070501		10. 防腐与绝热
		净化空调机组安装060706	6	净化空调机组安装检验批质量验收记录	06070601		7. 通风与空调设备安装
		消声器、静电除尘器、换热器、紫外线灭菌器等设备安装060707	7	消声器、静电除尘器、换热器、紫外线灭菌器等设备安装检验批质量验收记录	06070701		《统一标准》新增暂无表格
		中、高效过滤器及风机过滤器单元等末端设备清洗与安装060708	8	中、高效过滤器及风机过滤器单元等末端设备清洗与安装检验批质量验收记录	06070801		
		洁净度测试060709	9	洁净度测试检验批质量验收记录	06070901		
		风管与设备绝热060710	10	风管与设备绝热检验批质量验收记录	06071001		10. 防腐与绝热
		系统调试060711	11	系统调试检验批质量验收记录	06071101		11. 系统调试
	地下人防通风系统0608	风管与配件制作060801	1	风管与配件制作检验批质量验收记录（金属风管）（Ⅰ）	06080101		《统一标准》新增暂无表格
				风管与配件制作检验批质量验收记录（非金属风管）（Ⅱ）	06080102		
		部件制作060802	2	部件制作检验批质量验收记录	06080201		
		风管系统安装060803	3	风管系统安装检验批质量验收记录	06080301		

分部工程及编号	子分部工程及编号	分项工程名称及编号	检验批名称及编号			对应规范及标准章节	
			序号	检验批名称	编号	规范名称	标准章节
通风与空调分部工程06	地下人防通风系统0608	风机与空气处理设备安装060804	4	风机与空气处理设备安装检验批质量验收记录	06080401		《统一标准》新增暂无表格
		风管与设备防腐060805	5	风管与设备防腐检验批质量验收记录	06080501		
		过滤吸收器、防爆波活门、防爆超压排气活门等专用设备安装060806	6	过滤吸收器、防爆波活门、防爆超压排气活门等专用设备安装检验批质量验收记录	06080601		
		系统调试050807	7	系统调试检验批质量验收记录	06080701		
	真空吸尘系统0609	风管与配件制作060901	1	风管与配件制作检验批质量验收记录（金属风管）（Ⅰ）	06050901	《通风与空调工程施工质量验收规范》GB50243—2002	
				风管与配件制作检验批质量验收记录（非金属风管）（Ⅱ）	06050902		
		部件制作060902	2	部件制作检验批质量验收记录	06090201		
		风管系统安装060903	3	风管系统安装检验批质量验收记录	06090301		
		风机与空气处理设备安装060904	4	风机与空气处理设备安装检验批质量验收记录	06090401		
		风管与设备防腐060905	5	风管与设备防腐检验批质量验收记录	06090501		
		管道安装060906	6	管道安装检验批质量验收记录	06090601		
		快速接口安装060907	7	快速接口安装检验批质量验收记录	06090701		
		风机与滤尘设备安装060908	8	风机与滤尘设备安装检验批质量验收记录	06090801		
		系统压力试验及调试060909	9	系统压力试验及调试检验批质量验收记录	06090901		

分部工程及编号	子分部工程及编号	分项工程名称及编号	检验批名称及编号			对应规范及标准章节	
			序号	检验批名称	编号	规范名称	标准章节
通风与空调分部工程 06	冷凝水系统 0610	管道系统及部件安装 061001	1	管道系统及部件安装检验批质量验收记录（Ⅰ）、（Ⅱ）、（Ⅲ）	06100101	《通风与空调工程施工质量验收规范》GB 50243—2002	9. 空调水系统管道与设备安装
		水泵及附属设备安装 061002	2	水泵及附属设备安装检验批质量验收记录（Ⅰ）、（Ⅱ）、（Ⅲ）	06100201		9. 空调水系统管道与设备安装
		管道冲洗 061003	3	管道冲洗检验批质量验收记录（Ⅰ）、（Ⅱ）、（Ⅲ）	06100301		9. 空调水系统管道与设备安装
		管道、设备防腐 061004	4	管道、设备防腐检验批质量验收记录	06100401		10. 防腐与绝热
		板式热交换器 061005	5	板式热交换器检验批质量验收记录	06100501		
		辐射板及辐射供热、供冷地埋管 061006	6	辐射板及辐射供热、供冷地埋管检验批质量验收记录	06100601		《统一标准》新增暂无表格
		热泵机组设备安装 061007	7	热泵机组设备安装检验批质量验收记录	06100701		
		管道、设备绝热 061008	8	管道、设备绝热检验批质量验收记录	06100801		10. 防腐与绝热
		系统压力试验及调试 061009	9	系统压力试验及调试检验批质量验收记录	06100901		11. 系统调试
	空调（冷、热）水系统 0611	管道系统及部件安装 061101	1	管道系统及部件安装检验批质量验收记录（Ⅰ）、（Ⅱ）、（Ⅲ）	06110101		9. 空调水系统管道与设备安装
		水泵及附属设备安装 061102	2	水泵及附属设备安装检验批质量验收记录（Ⅰ）、（Ⅱ）、（Ⅲ）	06110201		
		管道冲洗 061103	3	管道冲洗检验批质量验收记录（Ⅰ）、（Ⅱ）、（Ⅲ）	06110301		
		管道、设备防腐 061104	4	管道、设备防腐检验批质量验收记录	06110401		10. 防腐与绝热
		冷却塔与水处理设备安装 061105	5	冷却塔与水处理设备安装检验批质量验收记录	06110501		《统一标准》新增暂无表格

分部工程及编号	子分部工程及编号	分项工程名称及编号	检验批名称及编号			对应规范及标准章节	
			序号	检验批名称	编号	规范名称	标准章节
通风与空调分部工程06	空调（冷、热）水系统0611	防冻伴热设备安装061106	6	防冻伴热设备安装检验批质量验收记录	06110601	《通风与空调工程施工质量验收规范》GB50243—2002	《统一标准》新增暂无表格
		管道、设备绝热061107	7	管道、设备绝热检验批质量验收记录	06110701		10. 防腐与绝热
		系统压力试验及调试061108	8	系统压力试验及调试检验批质量验收记录	06110801		11. 系统调试
	冷却水系统0612	管道系统及部件安装061201	1	管道系统及部件安装检验批质量验收记录（Ⅰ）、（Ⅱ）、（Ⅲ）	06120101		9. 空调水系统管道与设备安装
		水泵及附属设备安装061202	2	水泵及附属设备安装检验批质量验收记录（Ⅰ）、（Ⅱ）、（Ⅲ）	06120201		
		管道冲洗061203	3	管道冲洗检验批质量验收记录（Ⅰ）、（Ⅱ）、（Ⅲ）	06120301		
		管道、设备防腐061204	4	管道、设备防腐检验批质量验收记录	06120401		10. 防腐与绝热
		系统灌水渗漏及排放试验061205	5	系统灌水渗漏及排放试验检验批质量验收记录	06120501		《统一标准》新增暂无表格
		管道、设备绝热061206	6	管道、设备绝热检验批质量验收记录	06120601		10. 防腐与绝热
	土壤源热泵换热系统0613	管道系统及部件安装061301	1	管道系统及部件安装检验批质量验收记录	06130101		《统一标准》新增暂无表格
		水泵及附属设备安装061302	2	水泵及附属设备安装检验批质量验收记录	06130201		
		管道冲洗061303	3	管道冲洗检验批质量验收记录	06130301		
		管道、设备防腐061304	4	管道、设备防腐检验批质量验收记录	06130401		
		埋地换热系统与管网安装061305	5	埋地换热系统与管网安装检验批质量验收记录	06130501		

分部工程及编号	子分部工程及编号	分项工程名称及编号	序号	检验批名称	编号	规范名称	标准章节
通风与空调分部工程 06	土壤源热泵换热系统 0613	管道、设备绝热 061306	6	管道、设备绝热检验批质量验收记录	06130601	《通风与空调工程施工质量验收规范》GB 50243—2002	《统一标准》新增暂无表格
		系统压力试验及调试 061307	7	系统压力试验及调试检验批质量验收记录	06130701		
	水源热泵换热系统 0614	管道系统及部件安装 061401	1	管道系统及部件安装检验批质量验收记录	06140101		
		水泵及附属设备安装 061402	2	水泵及附属设备安装检验批质量验收记录	06140201		
		管道冲洗 061403	3	管道冲洗检验批质量验收记录	06140301		
		管道、设备防腐 061404	4	管道、设备防腐检验批质量验收记录	06140401		
		地表水源换热管及管网安装 061405	5	地表水源换热管及管网安装检验批质量验收记录	06140501		
		除垢设备安装 061406	6	除垢设备安装检验批质量验收记录	06140601		
		管道、设备绝热 061407	7	管道、设备绝热检验批质量验收记录	06140701		
		系统压力试验及调试 061408	8	系统压力试验及调试检验批质量验收记录	06140801		
	蓄能系统 0615	管道系统及部件安装 061501	1	管道系统及部件安装检验批质量验收记录	06150101		
		水泵及附属设备安装 061502	2	水泵及附属设备安装检验批质量验收记录	06150201		
		管道冲洗 061503	3	管道冲洗检验批质量验收记录	06150301		
		管道、设备防腐 061504	4	管道、设备防腐检验批质量验收记录	06150401		

分部工程及编号	子分部工程及编号	分项工程名称及编号	序号	检验批名称	编号	规范名称	标准章节
通风与空调分部工程 06	蓄能系统 0615	蓄水罐与蓄冰槽、罐安装 061505	5	蓄水罐与蓄冰槽、罐安装检验批质量验收记录	06150501	《通风与空调工程施工质量验收规范》GB 50243—2002	《统一标准》新增暂无表格
		管道、设备绝热 061506	6	管道、设备绝热检验批质量验收记录	06150601		
		系统压力试验及调试 061507	7	系统压力试验及调试检验批质量验收记录	06150701		
	压缩式制冷（热）设备系统 0616	制冷机组及附属设备安装 061601	1	制冷机组及附属设备安装检验批质量验收记录	06160101		
		管道、设备防腐 061602	2	管道、设备防腐检验批质量验收记录	06160201		
		制冷剂管道及部件安装 061603	3	制冷剂管道及部件安装检验批质量验收记录	06160301		
		制冷剂灌注 061604	4	制冷剂灌注检验批质量验收记录	06160401		
		管道、设备绝热 061605	5	管道、设备绝热检验批质量验收记录	06160501		
		系统压力试验及调试 061606	6	系统压力试验及调试检验批质量验收记录	06160601		
	吸收式制冷机系统 0617	制冷机组及附属设备安装 061701	1	制冷机组及附属设备安装检验批质量验收记录	06170101		
		管道、设备防腐 061702	2	管道、设备防腐检验批质量验收记录	06170201		
		系统真空试验 061703	3	系统真空试验检验批质量验收记录	06170301		
		溴化锂溶液加灌 061704	4	溴化锂溶液加灌检验批质量验收记录	06170401		
		蒸汽管道系统安装 061705	5	蒸汽管道系统安装检验批质量验收记录	06170501		
		燃气或燃油设备安装 061706	6	燃气或燃油设备安装检验批质量验收记录	06170601		
		管道、设备绝热 061707	7	管道、设备绝热检验批质量验收记录	06170701		
		试验及调试 061708	8	试验及调试检验批质量验收记录	06170801		

分部工程及编号	子分部工程及编号	分项工程名称及编号	检验批名称及编号			对应规范及标准章节	
			序号	检验批名称	编号	规范名称	标准章节
通风与空调分部工程 06	多联机（热泵）空调系统 0618	室外机组安装 061801	1	室外机组安装检验批质量验收记录	06180101	《通风与空调工程施工质量验收规范》GB 50243—2002	《统一标准》新增暂无表格
		室内机组安装 061802	2	室内机组安装检验批质量验收记录	06180201		
		制冷剂管路连接及控制开关安装 061803	3	制冷剂管路连接及控制开关安装检验批质量验收记录	06180301		
		风管安装 061804	4	风管安装检验批质量验收记录	06180401		
		冷凝水管道安装 061805	5	冷凝水管道安装检验批质量验收记录	06180501		
		制冷剂灌注 061806	6	制冷剂灌注检验批质量验收记录	06180601		
		系统压力试验及调试 061807	7	系统压力试验及调试检验批质量验收记录	06180701		
	太阳能供暖空调系统 0619	太阳能集热器安装 061901	1	太阳能集热器安装检验批质量验收记录	06190101		
		其他辅助能源、换热设备安装 061902	2	其他辅助能源、换热设备安装检验批质量验收记录	06190201		
		蓄能水箱、管道及配件安装 061903	3	蓄能水箱、管道及配件安装检验批质量验收记录	06190301		
		防腐 061904	4	防腐检验批质量验收记录	06190401		
		绝热 061905	5	绝热检验批质量验收记录	06190501		
		低温热水地板辐射采暖系统安装 061906	6	低温热水地板辐射采暖系统安装检验批质量验收记录	06190601		
		系统压力试验及调试 061907	7	系统压力试验及调试检验批质量验收记录	06190701		
	设备监控系统 0620	温度、压力与流量传感器安装 062001	1	温度、压力与流量传感器安装检验批质量验收记录	06200101		
		执行机构安装调试 062002	2	执行机构安装调试检验批质量验收记录	06200201		
		防排烟系统功能测试 062003	3	防排烟系统功能测试检验批质量验收记录	06200301		
		自动控制及系统智能控制软件调试 062004	4	自动控制及系统智能控制软件调试检验批质量验收记录	06200401		

表 3.1-2　通风与空调分部工程子分部

子分部工程名称及编号 检验批编号 分项工程检验批名称		0601 送风系统	0602 排风系统	0603 防排烟系统	0604 除尘系统	0605 舒适性空调系统	0606 恒温恒湿空调系统	0607 净化空调系统
序	名称							
1	风管与配件制作（金属风管）（Ⅰ）	06010101	06020101	06030101	06040101	06050101	06060101	06070101
	风管与配件制作(非金属复合材料风管)(Ⅱ)	06010102	06020102	06030102	06040102	06050102	06060102	06070102
2	部件制作	06010201	06020201	06030201	06040201	06050201	06060201	06070201
3	风管系统安装（Ⅰ）（送、排风、防排烟、除尘系统）	06010301	06020301	06030301	06040301			
	风管系统安装（Ⅱ）（空调系统）					06050301	06060301	
	风管系统安装（Ⅲ）（净化空调系统）							06070301
4	风机安装	06010401	06020401	06030401	06040401	06050401	06060401	06070401
	空气处理设备安装（Ⅰ）（通风系统）	06010402 06010601	06020402 06020601	06030402	06040402			
	空气处理设备安装（Ⅱ）（空调系统）					06050601	06060601	
	空气处理设备安装（Ⅲ）（净化空调系统）							06070601
5	风管与设备防腐	06010501	06020501	06030501	06040501	06050501	06060501	06070501
6	旋流风口、岗位送风口、织物（布）风管 安装	06010601	06020601					
7	通风空调工程系统调试	06010701	06020801	06030701	06040901	06051001	06061001	06071101
8	风管与设备绝热					06050901	06060901	06071001
9	冷凝水管道系统及部件安装（Ⅰ）（金属管道）							
10	冷凝水管道系统及部件安装（Ⅱ）（非金属管道）							
11	冷凝水管道系统及部件安装（Ⅲ）（设备）							

工程共用检验批表格编号

0608	0609	0610	0611	0612	0613	0614	0615	0616	0617	0818	0619	0620
地下人防通风系统（暂无表格）	真空吸尘系统（暂无表格）	冷凝水系统	空调（冷、热）水系统	冷却水系统	土壤源热泵换热系统（暂无表格）	水源热泵换热系统（暂无表格）	蓄能系统（暂无表格）	压缩式制冷（热）设备系统（暂无表格）	吸收式制冷机系统（暂无表格）	多联机（热泵）空调系统（暂无表格）	太阳能供暖空调系统（暂无表格）	设备监控系统（暂无表格）
		06100401	06110401	06120401								
		06100901	06110801									
		06100801	06110701	06120601								
		06100101 06100201 06100301	06110101 06110201 06110301	06120101 06120201 06120301								
		06100102 06100202 06100302	06110102 06110202 06110302	06120102 06120202 06120302								
		06100103 06100203 06100303	06110103 06110203 06110303	06120103 06120203 06120303								

二、通风与空调质量验收的基本规定

1. 通风与空调分部工程质量验收的基本规定

3.0.1 通风与空调工程施工质量的验收，除应符合本规范的规定外，还应按照被批准的设计图纸、合同约定的内容和相关技术标准的规定进行。施工图纸修改必须有设计单位的设计变更通知书或技术核定签证。

3.0.2 承担通风与空调工程项目的施工企业，应具有相应工程施工承包的资质等级及相应质量管理体系。

3.0.3 施工企业承担通风与空调工程施工图纸深化设计及施工时，还必须具有相应的设计资质及其质量管理体系，并应取得原设计单位的书面同意或签字认可。

3.0.4 通风与空调工程施工现场的质量管理应符合《建筑工程施工质量验收统一标准》GB 50300—2001 第 3.0.1 条的规定。

3.0.5 通风与空调工程所使用的主要原材料、成品、半成品和设备的进场，必须对其进行验收。验收应经监理工程师认可，并应形成相应的质量记录。

3.0.6 通风与空调工程的施工，应把每一个分项施工工序作为工序交接检验点，并形成相应的质量记录。

3.0.7 通风与空调工程施工过程中发现设计文件有差错的，应及时提出修改意见或更正建议，并形成书面文件及归档。

3.0.8 当通风与空调工程作为建筑工程的分部工程施工时，其子分部与分项工程的划分应按表 3.0.8 的规定执行。当通风与空调工程作为单位工程独立验收时，子分部上升为分部，分项工程的划分同上。

表 3.0.8 通风与空调分部工程的子分部划分

子分部工程	分 项 工 程	
送、排风系统	风管与配件制作 部件制作 风管系统安装 风管与设备防腐 风机安装 系统调试	通风设备安装，消声设备制作与安装
防、排烟系统		排烟风口常闭正压风口与设备安装
防尘系统		除尘器与排污设备安装
空调系统		空调设备安装，消声设备制作与安装，风管与设备绝热
净化空调系统		空调设备安装，消声设备制作与安装，风管与设备绝热，高效过滤器安装，净化设备安装
制冷系统	制冷机组安装，制冷剂管道及配件安装，制冷附属设备安装，管道及设备的防腐与绝热，系统调试	
空调水系统	冷热水管道系统安装，冷却水管道系统安装，冷凝水管道系统安装，阀门及部件安装，冷却塔安装，水泵及附属设备安装，管道与设备的防腐与绝热，系统调试	

3.0.9 通风与空调工程的施工应按规定的程序进行，并与土建及其他专业工种互相配合；与通风与空调系统有关的土建工程施工完毕后，应由建设或总承包、监理、设计及施工单位共同会检。会检的组织宜由建设、监理或总承包单位负责。

3.0.10 通风与空调工程分项工程施工质量的验收，应按本规范对应分项的具体条文规定执行。子分部中的各个分项，可根据施工工程的实际情况一次验收或数次验收。

3.0.11　通风与空调工程中的隐蔽工程，在隐蔽前必须经监理人员验收及认可签证。

3.0.12　通风与空调工程中从事管道焊接施工的焊工，必须具备操作资格证书和相应类别管道焊接的考核合格证书。

3.0.13　通风与空调工程竣工的系统调试，应在建设和监理单位的共同参与下进行，施工企业应具有专业检测人员和符合有关标准规定的测试仪器。

3.0.14　通风与空调工程施工质量的保修期限，自竣工验收合格日起计算为二个采暖期、供冷期。在保修期内发生施工质量问题的，施工企业应履行保修职责，责任方承担相应的经济责任。

3.0.15　净化空调系统洁净室（区域）的洁净度等级应符合设计的要求。洁净度等级的检测应按本规范附录 B 第 B.4 条的规定，洁净度等级与空气中悬浮粒子的最大浓度限值（C_n）的规定，见本规范附录 B 表 B.4.6-1。

3.0.16　分项工程检验批验收合格质量应符合下列规定：

1　具有施工单位相应分项合格质量的验收记录；

2　主控项目的质量抽样检验应全数合格；

3　一般项目的质量抽样检验，除有特殊要求外，计数合格率不应小于 80％，且不得有严重缺陷。

2. 通风与空调分部工程质量验收的规定

12.0.1　通风与空调工程的竣工验收，是在工程施工质量得到有效监控的前提下，施工单位通过整个分部工程的无生产负荷系统联合试运转与调试和观感质量的检查，按本规范要求将质量合格的分部工程移交建设单位的验收过程。

12.0.2　通风与空调工程的竣工验收，应由建设单位负责，组织施工、设计、监理等单位共同进行，合格后即应办理竣工验收手续。

12.0.3　通风与空调工程竣工验收时，应检查竣工验收的资料，一般包括下列文件及记录：

1　图纸会审记录、设计变更通知书和竣工图；

2　主要材料、设备、成品、半成品和仪表的出厂合格证明及进场检（试）验报告；

3　隐蔽工程检查验收记录；

4　工程设备、风管系统、管道系统安装及检验记录；

5　管道试验记录；

6　设备单机试运转记录；

7　系统无生产负荷联合试运转与调试记录；

8　分部（子分部）工程质量验收记录；

9　观感质量综合检查记录；

10　安全和功能检验资料的核查记录。

12.0.4　观感质量检查应包括以下项目：

1　风管表面应平整、无损坏；接管合理，风管的连接以及风管与设备或调节装置的连接，无明显缺陷；

2　风口表面应平整，颜色一致，安装位置正确，风口可调节部件应能正常动作；

3　各类调节装置的制作和安装应正确牢固，调节灵活，操作方便。防火及排烟阀等关闭严密，动作可靠；

 4 制冷及水管系统的管道、阀门及仪表安装位置正确，系统无渗漏；

 5 风管、部件及管道的支、吊架型式、位置及间距应符合本规范要求；

 6 风管、管道的软性接管位置应符合设计要求，接管正确、牢固，自然无强扭；

 7 通风机、制冷机、水泵、风机盘管机组的安装应正确牢固；

 8 组合式空气调节机组外表平整光滑、接缝严密、组装顺序正确，喷水室外表面无渗漏；

 9 除尘器、积尘室安装应牢固、接口严密；

 10 消声器安装方向正确，外表面应平整无损坏；

 11 风管、部件、管道及支架的油漆应附着牢固，漆膜厚度均匀，油漆颜色与标志符合设计要求；

 12 绝热层的材质、厚度应符合设计要求；表面平整、无断裂和脱落；室外防潮层或保护壳应顺水搭接、无渗漏。

 检查数量：风管、管道各按系统抽查10%，且不得少于1个系统。各类部件、阀门及仪表抽检5%，且不得少于10件。

 检查方法：尺量、观察检查。

12.0.5 净化空调系统的观感质量检查还应包括下列项目：

 1 空调机组、风机、净化空调机组、风机过滤器单元和空气吹淋室等的安装位置应正确、固定牢固、连接严密，其偏差应符合本规范有关条文的规定；

 2 高效过滤器与风管、风管与设备的连接处应有可靠密封；

 3 净化空调机组、静压箱、风管及送回风口清洁无积尘；

 4 装配式洁净室的内墙面、吊顶和地面应光滑、平整、色泽均匀、不起灰尘，地板静电值应低于设计规定；

 5 送回风口、各类末端装置以及各类管道等与洁净室内表面的连接处密封处理应可靠、严密。

 检查数量：按数量抽查20%，且不得少于1个。

 检查方法：尺量、观察检查。

3. 通风与空调分部工程竣工验收综合效能的测定与调整

13.0.1 通风与空调工程交工前，应进行系统生产负荷的综合效能试验的测定与调整。

13.0.2 通风与空调工程带生产负荷的综合效能试验与调整，应在已具备生产试运行的条件下进行，由建设单位负责，设计、施工单位配合。

13.0.3 通风、空调系统带生产负荷的综合效能试验测定与调整的项目，应由建设单位根据工程性质、工艺和设计的要求进行确定。

13.0.4 通风、除尘系统综合效能试验可包括下列项目：

 1 室内空气中含尘浓度或有害气体浓度与排放浓度的测定；

 2 吸气罩罩口气流特性的测定；

 3 除尘器阻力和除尘效率的测定；

 4 空气油烟、酸雾过滤装置净化效率的测定。

13.0.5　空调系统综合效能试验可包括下列项目：

1　送回风口空气状态参数的测定与调整；

2　空气调节机组性能参数的测定与调整；

3　室内噪声的测定；

4　室内空气温度和相对湿度的测定与调整；

5　对气流有特殊要求的空调区域做气流速度的测定。

13.0.6　恒温恒湿空调系统除应包括空调系统综合效能试验项目外，尚可增加下列项目：

1　室内静压的测定和调整；

2　空调机组各功能段性能的测定和调整；

3　室内温度、相对湿度场的测定和调整；

4　室内气流组织的测定。

13.0.7　净化空调系统除应包括恒温恒湿空调系统综合效能试验项目外，尚可增加下列项目：

1　生产负荷状态下室内空气洁净度等级的测定；

2　室内浮游菌和沉降菌的测定；

3　室内自净时间的测定；

4　空气洁净度高于 5 级的洁净室，除应进行净化空调系统综合效能试验项目外，尚应增加设备泄漏控制、防止污染扩散等特定项目的测定；

5　洁净度等级高于等于 5 级的洁净室，可进行单向气流流线平行度的检测，在工作区内气流流向偏离规定方向的角度不大于 15°。

13.0.8　防排烟系统综合效能试验的测定项目，为模拟状态下安全区正压变化测定及烟雾扩散试验等。

13.0.9　净化空调系统的综合效能检测单位和检测状态，宜由建设、设计和施工单位三方协商确定。

第二节　送风系统子分部工程检验批质量验收记录

一、风管制作的一般规定

4.1.1　本章适用于建筑工程通风与空调工程中，使用的金属、非金属风管与复合材料风管或风道的加工、制作质量的检验与验收。

4.1.2　对风管制作质量的验收，应按其材料、系统类别和使用场所的不同分别进行，主要包括风管的材质、规格、强度、严密性与成品外观质量等项内容。

4.1.3　风管制作质量的验收，按设计图纸与本规范的规定执行。工程中所选用的外购风管，还必须提供相应的产品合格证明文件或进行强度和严密性的验证，符合要求的方可使用。

4.1.4　通风管道规格的验收，风管以外径或外边长为准，风道以内径或内边长为准。通风管道的规格宜按照表 4.1.4-1、表 4.1.4-2 的规定。圆形风管应优先采用基本系列。非规则椭圆型风管参照矩型风管，并以长径平面边长及短径尺寸为准。

表 4.1.4-1　圆形风管规格（mm）

风管直径 D			
基本系列	辅助系列	基本系列	辅助系列
100	80	500	480
	90	560	530
120	110	630	600
140	130	700	670
160	150	800	750
180	170	900	850
200	190	1000	950
220	210	1200	1060
250	240	1250	1180
280	260	1400	1320
320	300	1600	1500
360	340	1800	1700
400	380	2000	1900
450	420		

表 4.1.4-2　矩形风管规格（mm）

风管边长				
120	320	800	2000	4000
160	400	1000	2500	—
200	500	1250	3000	—
250	630	1600	3500	—

4.1.5　风管系统按其系统的工作压力划分为三个类别，其类别划分应符合表 4.1.5 的规定。

表 4.1.5　风管系统类别划分

系统类别	系统工作压力 P(Pa)	密封要求
低压系统	$P \leqslant 500$	接缝和接管连接处严密
中压系统	$500 < P \leqslant 1500$	接缝和接管连接处增加密封措施
高压系统	$P > 1500$	所有的拼接缝和接管连接处，均应采取密封措施

4.1.6　镀锌钢板及各类含有复合保护层的钢板，应采用咬口连接或铆接，不得采用影响其保护层防腐性能的焊接连接方法。

4.1.7　风管的密封，应以板材连接的密封为主，可采用密封胶嵌缝和其他方法密封。密封胶性能应符合使用环境的要求，密封面宜设在风管的正压侧。

二、送风系统子分部工程检验批质量验收记录

1. 风管与配件制作检验批质量验收记录（Ⅰ）（金属风管）

（1）推荐表格

06010101 ____
06020101 ____
06030101 ____
06040101 ____
06050101 ____
06060101 ____

风管与配件制作检验批质量验收记录（Ⅰ）（金属风管） 06070101 ____

<table>
<tr><td>单位(子单位)
工程名称</td><td></td><td>分部(子分部)
工程名称</td><td></td><td>分项工程名称</td><td colspan="2"></td></tr>
<tr><td>施工单位</td><td></td><td>项目负责人</td><td></td><td>检验批容量</td><td colspan="2"></td></tr>
<tr><td>分包单位</td><td></td><td>分包单位项目
负责人</td><td></td><td>检验批部位</td><td colspan="2"></td></tr>
<tr><td>施工依据</td><td colspan="2"></td><td>验收依据</td><td colspan="3">《通风与空调工程施工质量验收规范》
GB 50243—2002</td></tr>
<tr><td colspan="3">验收项目</td><td>设计要求及
规范规定</td><td>最小/实际
抽样数量</td><td>检查记录</td><td>检查结果</td></tr>
<tr><td rowspan="7">主控项目</td><td>1</td><td>材质品种、规格、性能及厚度</td><td>第4.2.1条</td><td>/</td><td></td><td></td></tr>
<tr><td>2</td><td>防火风管材料及密封垫材料耐火等级</td><td>第4.2.3条</td><td>/</td><td></td><td></td></tr>
<tr><td>3</td><td>风管强度及严密性、工艺性检测</td><td>第4.2.5条</td><td>/</td><td></td><td></td></tr>
<tr><td>4</td><td>风管的连接</td><td>第4.2.6条</td><td>/</td><td></td><td></td></tr>
<tr><td>5</td><td>风管的加固</td><td>第4.2.10条</td><td>/</td><td></td><td></td></tr>
<tr><td>6</td><td>矩形弯管制作及弯管导流片</td><td>第4.2.12条</td><td>/</td><td></td><td></td></tr>
<tr><td>7</td><td>净化空调风管要求</td><td>第4.2.13条</td><td>/</td><td></td><td></td></tr>
<tr><td rowspan="9">一般项目</td><td>1</td><td>金属风管制作</td><td>第4.3.1-1条</td><td>/</td><td></td><td></td></tr>
<tr><td>2</td><td>风管外观质量和外形尺寸</td><td>第4.3.1-2.3条</td><td>/</td><td></td><td></td></tr>
<tr><td>3</td><td>焊接风管</td><td>第4.3.1-4条</td><td>/</td><td></td><td></td></tr>
<tr><td>4</td><td>法兰风管制作</td><td>第4.3.2条</td><td>/</td><td></td><td></td></tr>
<tr><td>5</td><td>铝板或不锈钢板风管</td><td>第4.3.2-4条</td><td>/</td><td></td><td></td></tr>
<tr><td>6</td><td>无法兰圆形风管制作</td><td>第4.3.3条</td><td>/</td><td></td><td></td></tr>
<tr><td>7</td><td>无法兰矩形风管制作</td><td>第4.3.3条</td><td>/</td><td></td><td></td></tr>
<tr><td>8</td><td>风管的加固</td><td>第4.3.4条</td><td>/</td><td></td><td></td></tr>
<tr><td>9</td><td>净化空调风管要求</td><td>第4.3.11条</td><td>/</td><td></td><td></td></tr>
<tr><td colspan="3">施工单位
检查结果</td><td colspan="4">专业工长：
项目专业质量检查员：
年 月 日</td></tr>
<tr><td colspan="3">监理单位
验收结论</td><td colspan="4">专业监理工程师：
年 月 日</td></tr>
</table>

（2）验收内容及检查方法条文摘录

主 控 项 目

4.2.1 属风管的材料品种、规格、性能与厚度等应符合设计和现行国家产品标准的规定。当设计无规定时，应按本规范执行。钢板或镀锌钢板的厚度不得小于表 4.2.1-1 的规定；不锈钢板的厚度不得小于表 4.2.1-2 的规定；铝板的厚度不得小于表 4.2.1-3 的规定。

表 4.2.1-1 钢板风管板材厚度 （mm）

类别风管直径 D 或长边尺寸 b	圆形风管	矩形风管		除尘系统风管
		中、低压系统	高压系统	
$D(b) \leqslant 320$	0.5	0.5	0.75	1.5
$320 < D(b) \leqslant 450$	0.6	0.6	0.75	1.5
$450 < D(b) \leqslant 630$	0.75	0.6	0.75	2.0
$630 < D(b) \leqslant 1000$	0.75	0.75	1.0	2.0
$1000 < D(b) \leqslant 1250$	1.0	1.0	1.0	2.0
$1250 < D(b) \leqslant 2000$	1.2	1.0	1.2	按设计
$2000 < D(b) \leqslant 4000$	按设计	1.2	按设计	

注：1 螺旋风管的钢板厚度可适当减小 10%～15%。
2 排烟系统给风管钢板厚度可按高压系统。
3 特殊除尘系统风管钢板厚度应符合设计要求。
4 不适用于地下人防与防火隔墙的预埋管。

表 4.2.1-2 高、中、低压系统不锈钢板风管板材厚度 （mm）

风管直径或长边尺寸 b	不锈钢板厚度
$b \leqslant 500$	0.5
$500 < b \leqslant 1120$	0.75
$1120 < b \leqslant 2000$	1.0
$2000 < b \leqslant 4000$	1.2

表 4.2.1-3 中、低压系统铝板风管板材厚度 （mm）

风管直径或长边尺寸 b	铝板厚度
$b \leqslant 320$	1.0
$320 < b \leqslant 630$	1.5
$630 < b \leqslant 2000$	2.0
$2000 < b \leqslant 4000$	按设计

检查数量：按材料与风管加工批数量抽查 10%，不得少于 5 件。

检查方法：查验材料质量合格证明文件、性能检测报告，尺量、观察检查。

4.2.2 非金属风管的材料品种、规格、性能与厚度等应符合设计和现行国家产品标准的规定。当设计无规定时，应按本规范执行。硬聚氯乙烯风管板材的厚度，不得小于表4.2.2-1或表4.2.2-2的规定；有机玻璃钢风管板材的厚度，不得小于表4.2.2-3的规定；无机玻璃钢风管板材的厚度应符合表4.2.2-4的规定，相应的玻璃布层数不应少于表4.2.2-5的规定，其表面不得出现泛卤或严重泛霜。用于高压风管系统的非金属风管厚度应按设计规定。

表 4.2.2-1　中、低压系统硬聚氯乙烯圆形风管板材厚度（mm）

风管直径 D	板材厚度
$D \leqslant 320$	3.0
$320 < D \leqslant 630$	4.0
$630 < D \leqslant 1000$	5.0
$1000 < D \leqslant 2000$	6.0

表 4.2.2-2　中、低压系统硬聚氯乙烯矩形风管板材厚度（mm）

风管长边尺寸 b	板材厚度
$b \leqslant 320$	3.0
$320 < b \leqslant 500$	4.0
$500 < b \leqslant 800$	5.0
$800 < b \leqslant 1250$	6.0
$1250 < b \leqslant 2000$	8.0

表 4.2.2-3　中、低压系统有机玻璃钢风管板材厚度（mm）

圆形风管直径 D 矩形风管长边尺寸 b	壁厚
$D(b) \leqslant 200$	2.5
$200 < D(b) \leqslant 400$	3.2
$400 < D(b) \leqslant 630$	4.0
$630 < D(b) \leqslant 1000$	4.8
$1000 < D(b) \leqslant 2000$	6.2

表 4.2.2-4　中、低压系统无机玻璃钢风管板材厚度（mm）

圆形风管直径 D 或矩形风管长边尺寸 b	壁厚
$D(b) \leqslant 300$	2.5～3.5
$300 < D(b) \leqslant 500$	3.5～4.5
$500 < D(b) \leqslant 1000$	4.5～5.5
$1000 < D(b) \leqslant 1500$	5.5～6.5
$1500 < D(b) \leqslant 2000$	6.5～7.5
$D(b) > 2000$	7.5～8.5

表 4.2.2-5　中、低压系统无机玻璃钢风管玻璃纤维布厚度与层数（mm）

圆形风管直径 D 或矩形风管长边 b	风管管体玻璃纤维布厚度		风管法兰玻璃纤维布厚度	
	0.3	0.4	0.3	0.4
	玻璃布层数			
$D(b) \leqslant 300$	5	4	8	7
$300 < D(b) \leqslant 500$	7	5	10	8
$500 < D(b) \leqslant 1000$	8	6	13	9
$1000 < D(b) \leqslant 1500$	9	7	14	10
$1500 < D(b) \leqslant 2000$	12	8	16	14
$D(b) > 2000$	14	9	20	16

检查数量：按材料与风管加工批数量抽查 10%，不得少于 5 件。

检查方法：查验材料质量合格证明文件、性能检测报告，尺量、观察检查。

4.2.3　防火风管的本体、框架与固定材料、密封垫料必须为不燃材料，其耐火等级应符合设计的规定。

检查数量：按材料与风管加工批数量抽查 10%，不应少于 5 件。

检查方法：查验材料质量合格证明文件、性能检测报告，观察检查与点燃试验。

4.2.4　复合材料风管的覆面材料必须为不燃材料，内部的绝热材料应为不燃或难燃 B_1 级，且对人体无害的材料。

检查数量：按材料与风管加工批数量抽查 10%，不应少于 5 件。

检查方法：查验材料质量合格证明文件、性能检测报告，观察检查与点燃试验。

4.2.5　风管必须通过工艺性的检测或验证，其强度和严密性要求应符合设计或下列规定：

1　风管的强度应能满足在 1.5 倍工作压力下接缝处无开裂；

2　矩形风管的允许漏风量应符合以下规定：

低压系统风管 $Q_L \leqslant 0.1056 P^{0.65}$

中压系统风管 $Q_M \leqslant 0.0352 P^{0.65}$

高压系统风管 $Q_H \leqslant 0.0117 P^{0.65}$

式中：Q_L、Q_M、Q_H——系统风管在相应工作压力下，单位面积风管单位时间内的允许漏风量 $[m^3/(h \cdot m^2)]$；

P——指风管系统的工作压力（Pa）。

3　低压、中压圆形金属风管、复合材料风管以及采用非法兰形式的非金属风管的允许漏风量，应为矩形风管规定值的 50%；

4　砖、混凝土风道的允许漏风量不应大于矩形低压系统风管规定值的 1.5 倍；

5　排烟、除尘、低温送风系统按中压系统风管的规定，1～5 级净化空调系统按高压系统风管的规定。

检查数量：按风管系统的类别和材质分别抽查，不得少于 3 件及 15m²。

检查方法：检查产品合格证明文件和测试报告，或进行风管强度和漏风量测试（见本规范附录 A)。

4.2.6 金属风管的连接应符合下列规定：

1 风管板材拼接的咬口缝应错开，不得有十字型拼接缝。

2 金属风管法兰材料规格不应小于表 4.2.6-1 或表 4.2.6-2 的规定。中、低压系统风管法兰的螺栓及铆钉孔的孔距不得大于 150mm；高压系统风管不得大于 100mm。矩形风管法兰的四角部位应设有螺孔。当采用加固方法提高了风管法兰部位的强度时，其法兰材料规格相应的使用条件可适当放宽。无法兰连接风管的薄钢板法兰高度应参照金属法兰风管的规定执行。

表 4.2.6-1 金属圆形风管法兰及螺栓规格（mm）

风管直径 D	法兰材料规格		螺栓规格
	扁钢	角钢	
$D \leqslant 140$	20×4	—	M6
$140 < D \leqslant 280$	25×4	—	
$280 < D \leqslant 630$	—	25×3	
$630 < D \leqslant 1250$	—	30×4	M8
$1250 < D \leqslant 2000$	—	40×4	

表 4.2.6-2 金属矩形风管法兰及螺栓规格（mm）

风管长边尺寸 b	法兰材料规格（角钢）	螺栓规格
$b \leqslant 630$	25×3	M6
$630 < b \leqslant 1500$	30×3	M8
$1500 < b \leqslant 2500$	40×4	
$2500 < b \leqslant 4000$	50×5	M10

检查数量：按加工批数量抽查 5%，不得少于 5 件。

检查方法：尺量、观察检查。

4.2.7 非金属（硬聚氯乙烯、有机、无机玻璃钢）风管的连接还应符合下列规定：

1 法兰的规格应分别符合表 4.2.7-1、表 4.2.7-2、表 4.2.7-3 的规定，其螺栓孔的间距不得大于 120mm；矩形风管法兰的四角处，应设有螺孔；

表 4.2.7-1 硬聚氯乙烯圆形风管法兰规格（mm）

风管直径 D	材料规格（宽×厚）	连接螺栓	风管直径 D	材料规格（宽×厚）	连接螺栓
$D \leqslant 180$	35×6	M6	$800 < D \leqslant 1400$	45×12	
$180 < D \leqslant 400$	35×8		$1400 < D \leqslant 1600$	50×15	M10
$400 < D \leqslant 500$	35×10	M8	$1600 < D \leqslant 2000$	60×15	
$500 < D \leqslant 800$	40×10		$D > 2000$	按设计	

表 4.2.7-2　硬聚氯乙烯矩形风管法兰规格（mm）

风管边长 b	材料规格（宽×厚）	连接螺栓	风管边长 b	材料规格（宽×厚）	连接螺栓
b≤160	35×6	M6	800<b≤1250	45×12	
160<b≤400	35×8	M8	1250<b≤1600	50×15	M10
400<b≤500	35×10		1600<b≤2000	60×15	
500<b≤800	40×10	M10	b>2000		按设计

表 4.2.7-3　有机、无机玻璃钢风管法兰规格（mm）

风管直径 D 或风管边长 b	材料规格（宽×厚）	连接螺栓
D(b)≤400	30×4	M8
400<D(b)≤1000	40×6	
1000<D(b)≤2000	50×8	M10

2　采用套管连接时，套管厚度不得小于风管板材厚度。

检查数量：按加工批数量抽查 5%，不得少于 5 件。

检查方法：尺量、观察检查。

4.2.8　复合材料风管采用法兰连接时，法兰与风管板材的连接应可靠，其绝热层不得外露，不得采用降低板材强度和绝热性能的连接方法。

检查数量：按加工批数量抽查 5%，不得少于 5 件。

检查方法：尺量、观察检查。

4.2.9　砖、混凝土风道的变形缝，应符合设计要求，不应渗水和漏风。

检查数量：全数检查。

检查方法：观察检查。

4.2.10　金属风管的加固应符合下列规定：

1　圆形风管（不包括螺旋风管）直径大于等于 800mm，且其管段长度大于 1250mm 或总表面积大于 4m² 均应采取加固措施；

2　矩形风管边长大于 630mm、保温风管边长大于 800mm，管段长度大于 1250mm 或低压风管单边平面积大于 1.2m²、中、高压风管大于 1.0m²，均应采取加固措施；

3　非规则椭圆风管的加固，应参照矩形风管执行。

检查数量：按加工批抽查 5%，不得少于 5 件。

检查方法：尺量、观察检查。

4.2.11　非金属风管的加固，除应符合本规范第 4.2.10 条的规定外还应符合下列规定：

1　硬聚氯乙烯风管的直径或边长大于 500mm 时，其风管与法兰的连接处应设加强板，且间距不得大于 450mm；

2　有机及无机玻璃钢风管的加固，应为本体材料或防腐性能相同的材料，并与风管成一整体。

检查数量：按加工批抽查5％，不得少于5件。

检查方法：尺量、观察检查。

4.2.12 矩形风管弯管的制作，一般应采用曲率半径为一个平面边长的内外同心弧形弯管。当采用其他形式的弯管，平面边长大于500mm时，必须设置弯管导流片。

检查数量：其他形式的弯管抽查20％，不得少于2件。

检查方法：观察检查。

4.2.13 净化空调系统风管还应符合下列规定：

1 矩形风管边长小于或等于900mm时，底面板不应有拼接缝；大于900mm时，不应有横向拼接缝；

2 风管所用的螺栓、螺母、垫圈和铆钉均应采用与管材性能相匹配、不会产生电化学腐蚀的材料，或采取镀锌或其他防腐措施，并不得采用抽芯铆钉；

3 不应在风管内设加固框及加固筋，风管无法兰连接不得使用S形插条、直角形插条及立联合角形插条等形式；

4 空气洁净度等级为1～5级的净化空调系统风管不得采用按扣式咬口；

5 风管的清洗不得用对人体和材质有危害的清洁剂；

6 镀锌钢板风管不得有镀锌层严重损坏的现象，如表层大面积白花、锌层粉化等。

检查数量：按风管数抽查20％，每个系统不得少于5个。

检查方法：查阅材料质量合格证明文件和观察检查，白绸布擦拭。

一 般 项 目

4.3.1 金属风管的制作应符合下列规定：

1 圆形弯管的曲率半径（以中心线计）和最少分节数量应符合表4.3.1的规定。圆形弯管的弯曲角度及圆形三通、四通支管与总管夹角的制作偏差不应大于3°；

表 4.3.1　圆形弯管曲率半径和最少节数

弯管直径 D(mm)	曲率半径 R	弯曲角度和最少节数							
		90°		60°		45°		30°	
		中节	端节	中节	端节	中节	端节	中节	端节
80～220	≥1.5D	2	2	1	2	1	2	—	2
220～450	D～1.5D	3	2	2	2	1	2	—	2
450～800	D～1.5D	4	2	2	2	1	2	1	2
800～1400	D	5	2	3	2	2	2	1	2
1400～2000	D	8	2	5	2	3	2	2	2

2 风管与配件的咬口缝应紧密、宽度应一致；折角应平直，圆弧应均匀；两端面平行。风管无明显扭曲与翘角；表面应平整，凹凸不大于10mm；

3 风管外径或外边长的允许偏差：当小于或等于300mm时，为2mm；当大于300mm时，为3mm。管口平面度的允许偏差为2mm，矩形风管两条对角线长度之差不应大于3mm 圆形法兰任意正交两直径之差不应大于2mm；

4 焊接风管的焊缝应平整，不应有裂缝、凸瘤、穿透的夹渣、气孔及其他缺陷等，焊接后板材的变形应矫正，并将焊渣及飞溅物清除干净。

检查数量：通风与空调工程按制作数量10％抽查，不得少于5件；净化空调工程按制作数量抽查20％，不得少于5件。

检查方法：查验测试记录，进行装配试验、尺量、观察检查。

4.3.2 金属法兰连接风管的制作还应符合下列规定：

1 风管法兰的焊缝应熔合良好、饱满，无假焊和孔洞；法兰平面度的允许偏差为2mm，同一批量加工的相同规格法兰的螺孔排列应一致，并具有互换性。

2 风管与法兰采用铆接连接时，铆接应牢固、不应有脱铆和漏铆现象；翻边应平整、紧贴法兰，其宽度应一致，且不应小于6mm；咬缝与四角处不应有开裂与孔洞。

3 风管与法兰采用焊接连接时，风管端面不得高于法兰接口平面。除尘系统的风管，宜采用内侧满焊、外侧间断焊形式，风管端面距法兰接口平面不应小于5mm。当风管与法兰采用点焊固定连接时，焊点应融合良好，间距不应大于100mm；法兰与风管应紧贴，不应有穿透的缝隙或孔洞。

4 当不锈钢板或铝板风管的法兰采用碳素钢时，其规格应符合本规范表4.2.6-1、4.2.6-2的规定，并应根据设计要求做防腐处理；铆钉应采用与风管材质相同或不产生电化学腐蚀的材料。

检查数量：通风与空调工程按制作数量抽查10％，不得少于5件；净化空调工程按制作数量抽查20％，不得少于5件。

检查方法：查验测试记录，进行装配试验、尺量、观察检查。

4.3.3 无法兰连接风管的制作还应符合下列规定：

1 无法兰连接风管的接口及连接件，应符合表4.3.3-1、表4.3.3-2的要求。圆形风管的芯管连接应符合表4.3.3-3的要求；

表4.3.3-1 圆形风管无法兰连接形式

无法兰连接形式		附件板厚（mm）	接口要求	使用范围
承插连接		—	插入深度≥30mm，有密封要求	低压风管直径<700mm
带加强筋承插		—	插入深度≥20mm，有密封要求	中、低压风管
角钢加固承插		—	插入深度≥20mm，有密封要求	中、低压风管
芯管连接		≥管板厚	插入深度≥20mm，有密封要求	中、低压风管
立筋抱箍连接		≥管板厚	翻边与楞筋匹配一致，紧固严密	中、低压风管

无法兰连接形式		附件板厚（mm）	接口要求	使用范围
抱箍连接		≥管板厚	对口尽量靠近不重叠,抱箍应居中	中、低压风管 宽度≥100mm

表 4.3.3-2 矩形风管无法兰连接形式

无法兰连接形式		附件板厚(mm)	接口要求
S形插条		≥0.7	低压风管单独使用连接处必须有固定措施
C形插条		≥0.7	中、低压风管
立插条		≥0.7	中、低压风管
立咬口		≥0.7	中、低压风管
包边立咬口		≥0.7	中、低压风管
薄钢板法兰插条		≥1.0	中、低压风管
薄钢板法兰弹簧夹		≥1.0	中、低压风管
直角形平插条		≥0.7	低压风管
立联合角形插条		≥0.8	低压风管

注：薄钢板法兰风管也可采用铆接法兰条连接的方法。

表 4.3.3-3 圆形风管的芯管连接

风管直径 D （mm）	芯管长度 l （mm）	自攻螺丝或抽芯 铆钉数量(个)	外径允许偏差(mm)	
			圆管	芯管
120	120	3×2	−1～0	−3～−4
300	160	4×2		
400	200	4×2	−2～0	−4～−5
700	200	6×2		
900	200	8×2		
1000	200	8×2		

2 薄钢板法兰矩形风管的接口及附件，其尺寸应准确，形状应规则，接口处应严密；薄钢板法兰的折边（或法兰条）应平直，弯曲度不应大于 5/1000；弹性插条或弹簧夹应与薄钢板法兰相匹配；角件与风管薄钢板法兰四角接口的固定应稳固、紧贴，端面应平整、相连处不应有缝隙大于 2mm 的连续穿透缝；

3 采用 C、S 形插条连接的矩形风管，其边长不应大于 630mm；插条与风管加工插口的宽度应匹配一致，其允许偏差为 2mm；连接应平整、严密，插条两端压倒长度不应小于 20mm；

4 采用立咬口、包边立咬口连接的矩形风管，其立筋的高度应大于或等于同规格风管的角钢法兰宽度。同一规格风管的立咬口、包边立咬口的高度应一致，折角应倾角、直线度允许偏差为 5/1000；咬口连接铆钉的间距不应大于 150mm，间隔应均匀；立咬口四角连接处的铆固，应紧密、无孔洞。

检查数量：按制作数量抽查 10%，不得少于 5 件；净化空调工程抽查 20%，均不得少于 5 件。

检查方法：查验测试记录，进行装配试验，尺量、观察检查。

4.3.4 风管的加固应符合下列规定：

1 风管的加固可采用楞筋、立筋、角钢（内、外加固）、扁钢、加固筋和管内支撑等形式，如图 4.3.4；

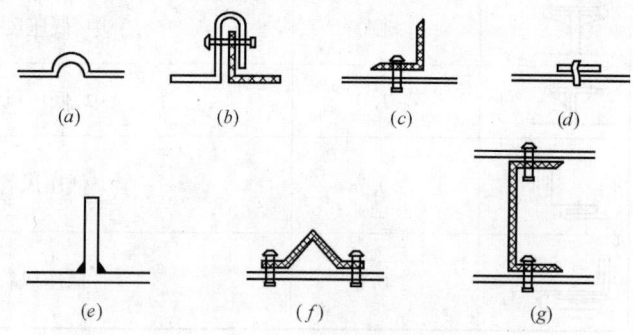

图 4.3.4 风管的加固形式

(a) 楞筋；(b) 立筋；(c) 角钢加固；(d) 扁钢平加固；
(e) 扁钢立加固；(f) 加固筋；(g) 管内支撑

2 楞筋或楞线的加固，排列应规则，间隔应均匀，板面不应有明显的变形；

3 角钢、加固筋的加固，应排列整齐、均匀对称，其高度应小于或等于风管的法兰宽度。角钢、加固筋与风管的铆接应牢固、间隔应均匀，不应大于 220mm；两相交处应连接成一体；

4 管内支撑与风管的固定应牢固，个支撑点之间或与风管的边沿或法兰的间距应均匀不应大于 950mm；

5 中压和高压系统风管的管段，其长度大于 1250mm 时，还应有加固框补强。高压系统金属风管的单咬口缝，还应有防止咬口缝胀裂的加固或补强措施。

检查数量：按制作数量抽查 10%，净化空调系统抽查 20%，均不得少于 5 件。

检查方法：查验测试记录，进行装配试验，观察和尺量检查。

4.3.5 硬聚氯乙烯风管除应执行本规范第 4.3.1 条第 1、3 款第 4.3.2 条第 1 款外，还应符合下列规定：

1 风管的两端面平行，无明显扭曲，外径或外边长的允许偏差为2mm；表面平整、圆弧均匀，凹凸不应大于5mm；

2 焊接的坡口形式和角度应符合表4.3.5的规定；

3 焊接应饱满，焊条排列应整齐，无焦黄、断裂现象；

4 用于洁净室时，还应按本规范第4.3.11条的有关规定执行。

检查数量：按风管总数抽查10%，法兰数抽查5%，不得少于5件。

检查方法：尺量，观察检查。

表4.3.5 焊缝形式及坡口

焊缝形式	焊缝名称	图形	焊缝高度（mm）	板材厚度（mm）	焊缝坡口张角 α(°)
对接焊缝	V形单面焊		2～3	3～5	70～90
	V形双面焊		2～3	5～8	70～90
对接焊缝	X形双面焊		2～3	≥8	70～90
搭接焊缝	搭接焊		≥最小板厚	3～10	—
填角焊缝	填角焊无坡角		≥最小板厚	6～18	—
			≥最小板厚	≥3	—
对角焊缝	V形对角焊		≥最小板厚	3～5	70～90
	V形对角焊		≥最小板厚	5～8	70～90

续表 4.3.5

焊缝形式	焊缝名称	图形	焊缝高度（mm）	板材厚度（mm）	焊缝坡口张角 α(°)
对角焊缝	V形对角焊		≥最小板厚	6～15	70～90

4.3.6 有机玻璃钢风管除应执行本规范第 4.3.1 条第 1、3 款第 4.3.2 条第 1 款外，还应符合下列规定：

1 风管不应有明显扭曲、内表面应平整光滑，外表面应整齐美观，厚度应均匀，且边缘无毛刺，并无气泡及分层现象；

2 风管的外径或外边长尺寸的允许偏差为 3mm，圆形风管的任意正交直径之差不应大于 5mm；矩形风管的两对角线之差不应大于 5mm；

3 法兰风管的边长大于 900mm，且管段长度大于 1250mm 时，应加固。加固筋的分布应均匀、整齐。

检查数量：按风管总数抽查 10%，法兰数抽查 5%，不得少于 5 件。

检查方法：尺量、观察检查。

4.3.7 无机玻璃钢风管除应执行本规范第 4.3.1 条第 1、3 款第 4.3.2 条第 1 款外，还应符合下列规定：

1 风管的表面应光洁、无裂纹、无明显泛霜和分层现象；

2 风管的外形尺寸的允许偏差应符合表 4.3.7 的规定；

3 风管法兰的规定与有机玻璃钢法兰相同。

检查数量：按风管总数抽查 10%，法兰数抽查 5%，不得少于 5 件。

检查方法：尺量、观察检查。

表 4.3.7 无机玻璃钢风管外形尺寸 （mm)

直径或大边长	矩形风管外表平面度	矩形风管管口对角线之差	法兰平面度	圆形风管两直径之差
≤300	≤3	≤3	≤2	≤3
301～500	≤3	≤4	≤2	≤3
501～1000	≤4	≤5	≤2	≤4
1001～1500	≤4	≤6	≤3	≤5
1501～2000	≤5	≤7	≤3	≤5
>2000	≤6	≤8	≤3	≤5

4.3.8 砖、混凝土风道内表面水泥砂浆应抹平整、无裂缝，不渗水。

检查数量：按风道总数抽查 10%，不得少于一段。

检查方法：观察检查。

4.3.9 双面铝箔绝热板风管除应执行本规范第 4.3.1 条第 2、3 款第 4.3.2 条第 2 款外，还应符合下列规定：

1 板材拼接宜采用专用的连接构件，连接后板面平面度的允许偏差为 5mm；

2 风管的折角应平直，拼缝粘结应牢固、平整，风管的粘结材料宜为难燃材料；

3 风管采用法兰连接时，其连接应牢固，法兰平面度的允许偏差为2mm；

4 风管的加固，应根据系统工作压力及产品技术标准的规定执行。

检查数量：按风管总数抽查10％，法兰数抽查5％，不得少于5件。

检查方法：尺量、观察检查。

4.3.10 铝箔玻璃纤维板风管除应执行本规范第4.3.1条第2、3款第4.3.2条第2款外，还应符合下列规定：

1 风管的离心玻璃纤维板材应干燥、平整；板外表面的铝箔隔气保护层应与内芯玻璃纤维材料粘合牢固；内表面应有防纤维脱落的保护层，并应对人体无危害。

2 当风管连接采用插入接口形式时，接缝处的粘接应严密、牢固，外表面铝箔胶带密封的每一边粘贴宽度不应小于25mm，并应能防止板材纤维逸出和冷桥。

3 风管表面应平整、两端面平行，无明显凹穴、变形、起泡，铝箔无破损等。

4 风管的加固，应根据系统工作压力及产品技术标准的规定执行。

检查数量：按风管总数抽查10％，不得少于5件。

检查方法：尺量、观察检查。

4.3.11 净化空调系统风管还应符合以下规定：

1 现场应保持清洁，存放时应避免积尘和受潮。风管的咬口缝、折边和铆接等处有损坏时，应做防腐处理；

2 风管法兰铆接钉孔的间距，当系统洁净度的等级为1～5级时，不应大于65mm；为6～9级时，不应大于100mm；

3 静压箱本体、箱内固定高效过滤器的框架及固定件应做镀锌、镀镍等防腐处理；

4 制作完成的风管，应进行第二次清洗，经检查达到清洁要求后应及时封口。

检查数量：按风管总数抽查20％，法兰数抽查10％，不得少于5件。

检查方法：观察检查，查阅风管清洗记录，用白绸布擦拭。

(3) 验收说明

1）施工依据：有关通风与空调工程施工技术规程，施工工艺标准，并制订专项施工方案、技术交底资料。

2）验收依据：《通风与空调工程施工质量验收规范》GB 50243—2002，相应的现场质量验收检查原始记录。

3）注意事项：

① 主控项目的质量经抽样检验均应合格；

② 一般项目的质量经抽样检验合格。当采用计数抽样时，合格点率应符合有关专业验收规范的规定，且不得存在严重缺陷；

③ 具有完整的施工操作依据、质量验收记录；

④ 本检验批的主控项目、一般项目已列入推荐表中，有关具体内容及检查方法见一般规定及（2）条文摘录；

⑤ 黑体字的条文为强制性条文，必须严格执行，制订控制措施。

⑥ 本推荐表可供06010101、06020101、06030101、06040101、06050101、06060101、06070101等检验批验收用。

风管与配件制作检验批质量验收记录（Ⅱ）（非金属、复合材料风管）

（1）推荐表格

06010102 ____
06020102 ____
06030102 ____
06040102 ____
06050102 ____
06060102 ____
06070102 ____

风管与配件制作检验批质量验收记录（Ⅱ）
（非金属、复合材料风管）

单位(子单位)工程名称		分部(子分部)工程名称		分项工程名称	
施工单位		项目负责人		检验批容量	
分包单位		分包单位项目负责人		检验批部位	
施工依据		验收依据		《通风与空调工程施工质量验收规范》GB 50243—2002	

		验收项目	设计要求及规范规定	最小/实际抽样数量	检查记录	检查结果
主控项目	1	非金属材料品、规格、性能及厚度	第4.2.2条	/		
	2	复合材料风管不燃材料	第4.2.4条	/		
	3	风管强度及严密性、工艺性检测	第4.2.5条	/		
	4	风管的连接	第4.2.6条 第4.2.7条	/		
	5	复合材料风管法兰连接	第4.2.8条	/		
	6	砖、混凝土风道的变形缝	第4.2.9条	/		
	7	风管的加固	第4.2.11条	/		
	8	矩形弯管制作及导流片	第4.2.12条	/		
	9	净化空调风管要求	第4.2.13条	/		
一般项目	1	风管制作	第4.3.1条	/		
	2	硬聚氯乙烯风管	第4.3.5条	/		
	3	有机玻璃钢风管	第4.3.6条	/		
	4	无机玻璃钢风管	第4.3.7条	/		
	5	砖、混凝土风管内表面	第4.3.8条	/		
	6	双面铝箔绝热板风管	第4.3.9条	/		
	7	铝箔玻璃纤维板风管	第4.3.10条	/		
	8	净化空调风管要求	第4.3.11条	/		
施工单位检查结果		专业工长：项目专业质量检查员： 年 月 日				
监理单位验收结论		专业监理工程师： 年 月 日				

164

（2）验收内容及检查方法条文摘录

见（金属风管）条文摘录。

（3）验收说明

1）施工依据：有关通风与空调工程施工技术规程，施工工艺标准，并制订专项施工方案、技术交底资料。

2）验收依据：《通风与空调工程施工质量验收规范》GB 50243—2002，相应的现场质量验收检查原始记录。

3）注意事项：

① 主控项目的质量经抽样检验均应合格；

② 一般项目的质量经抽样检验合格。当采用计数抽样时，合格点率应符合有关专业验收规范的规定，且不得存在严重缺陷；

③ 具有完整的施工操作依据、质量验收记录；

④ 本检验批的主控项目、一般项目已列入推荐表中，有关具体内容及检查方法见一般规定及（2）条文摘录；

⑤ 黑体字的条文为强制性条文，必须严格执行，制订控制措施。

⑥ 本推荐表可供06010102、06020102、06030102、06040102、06050102、06060102、06070102 等检验批验收用。

2. 部件制作检验批质量验收记录

（1）推荐表格

06010201 ＿＿＿＿

06020201 ＿＿＿＿

06030201 ＿＿＿＿

06040201 ＿＿＿＿

06050201 ＿＿＿＿

06060201 ＿＿＿＿

部件制作检验批质量验收记录　　　　　06070201 ＿＿＿＿

单位(子单位) 工程名称		分部(子分部) 工程名称		分项工程名称		
施工单位		项目负责人		检验批容量		
分包单位		分包单位项目 负责人		检验批部位		
施工依据			验收依据	《通风与空调工程施工质量验收规范》 GB 50243—2002		
		验收项目	设计要求及 规范规定	最小/实际 抽样数量	检查记录	检查结果
主控项目	1	一般风阀	第5.2.1条	/		
	2	电动、气动风阀	第5.2.2条	/		
	3	防火、排烟阀(口)	第5.2.3条	/		
	4	防爆风阀	第5.2.4条	/		
	5	净化空调系统风阀	第5.2.5条	/		
	6	特殊风阀(大于1000Pa)	第5.2.6条	/		

		验收项目	设计要求及规范规定	最小/实际抽样数量	检查记录	检查结果
主控项目	7	防排烟柔性短管不燃材料	第5.2.7条	/		
	8	消声弯管、消声器	第5.2.8条	/		
一般项目	1	调节风阀	第5.3.1条	/		
	2	止回风阀	第5.3.2条	/		
	3	插板风阀	第5.3.3条	/		
	4	三通调节风阀	第5.3.4条	/		
	5	风量平衡阀	第5.3.5条	/		
	6	风罩	第5.3.6条	/		
	7	风帽	第5.3.7条	/		
	8	矩形弯管导流叶片	第5.3.8条	/		
	9	柔性短管	第5.3.9条	/		
	10	消声器	第5.3.10条	/		
	11	检查门	第5.3.11条	/		
	12	风口验收	第5.3.12条	/		
施工单位检查结果			专业工长： 项目专业质量检查员： 年　月　日			
监理单位验收结论			专业监理工程师： 年　月　日			

(2) 验收内容及检查方法条文摘录

一般规定

5.1.1　本章适用于通风与空调工程中风口、风阀、排风罩等其他部件及消声器的加工制作或产程品质的验收。

5.1.2　一般风量调节阀按设计文件和风阀制作的要求进行验收，其他风阀按外购产品质量进行验收。

主控项目

5.2.1　手动单叶片或多叶片调节风阀的手轮或扳手，应以顺时针方向转动为关闭，其调节范围及开启角度指示应与叶片开启角度相一致。

用于除尘系统间歇工作点的风阀，关闭时应能密封。

检查数量：按批抽查10%，不得少于1个。

检查方法：手动操作、观察检查。

5.2.2 电动、气动调节风阀的驱动装置，动作应可靠，在最大工作压力下工作正常。

检查数量：按批抽查 10%，不得少于 1 个。

检查方法：核对产品的合格证明文件、性能检测报告，观察或测试。

5.2.3 防火阀和排烟阀（排烟口）必须符合有关消防产品标准的规定，并具有相应的产品合格证明文件。

检查数量：按种类、批抽查 10%，不得少于 2 个。

检查方法：核对产品的合格证明文件、性能检测报告。

5.2.4 防爆风阀的制作材料必须符合设计规定，不得自行替换。

检查数量：全数检查。

检查方法：核对材料品种、规格，观察检查。

5.2.5 净化空调系统的风阀，其活动件、固定件以及紧固件均应采取镀锌或作其他防腐处理（如喷塑或烤漆）；阀体与外界相通的缝隙处，应有可靠的密封措施。

检查数量：按批抽查 10%，不得少于 1 个。

检查方法：核对产品的材料，手动操作、观察。

5.2.6 工作压力大于 1000Pa 的调节风阀，生产厂应提供（在 1.5 倍工作压力下能自由开关）强度测试合格的证书（或试验报告）。

检查数量：按批抽查 10%，不得少于 1 个。

检查方法：核对产品的合格证明文件、性能检测报告。

5.2.7 防排烟系统柔性短管的制作材料必须为不燃材料。

检查数量：全数检查。

检查方法：核对材料品种的合格证明文件。

5.2.8 消声弯管的平面边长大于 800mm 时，应加设吸声导流片；消声器内直接迎风面的布质覆面层应有保护措施；净化空调系统消声器内的覆面应为不易产尘的材料。

检查数量：全数检查。

检查方法：观察检查、核对产品的合格证明文件。

一 般 项 目

5.3.1 手动单叶片或多叶片调节风阀应符合下列规定：

1 结构应牢固，启闭应灵活，法兰应与相应材质风管的相一致；

2 叶片的搭接应贴合一致，与阀体缝隙应小于 2mm；

3 截面积大于 1.2m² 的风阀应实施分组调节。

检查数量：按类别、批抽查 10%，不得少于 1 个。

检查方法：手动操作，尺量、观察检查。

5.3.2 止回风阀应符合下列规定：

1 启闭灵活，关闭时应严密；

2 阀叶的转轴、铰链应采用不易锈蚀的材料制作，保证转动灵活、耐用；

3 阀片的强度应保证在最大负荷压力下不弯曲变形；

4 水平安装的止回风阀应有可靠的平衡调节机构。

检查数量：按类别、批抽查 10%，不得少于 1 个。

检查方法：观察、尺量，手动操作试验与核对产品的合格证明文件。

5.3.3 插板风阀应符合下列规定：

1 壳体应严密，内壁应作防腐处理；

2 插板应平整，启闭灵活，并有可靠的定位固定装置；

3 斜插板风阀的上下接管应成一直线。

检查数量：按类别、批抽查10％，不得少于1个。

检查方法：手动操作，尺量、观察检查。

5.3.4 三通调节风阀应符合下列规定：

1 拉杆或手柄的转轴与风管的结合处应严密；

2 拉杆可在任意位置上固定，手柄开关应标明调节的角度；

3 阀板调节方便，并不与风管相碰擦。

检查数量：按类别、批分别抽查10％，不得少于1个。

检查方法：观察、尺量，手动操作试验。

5.3.5 风量平衡阀应符合产品技术文件的规定。

检查数量：按类别、批分别抽查10％，不得少于1个。

检查方法：观察、尺量，核对产品的合格证明文件。

5.3.6 风罩的制作应符合下列规定：

1 尺寸正确、连接牢固、形状规则、表面平整光滑，其外壳不应有尖锐边角；

2 槽边侧吸罩、条缝抽风罩尺寸应正确，转角处弧度均匀、形状规则，吸入口平整，罩口加强板分隔间距应一致；

3 厨房锅灶排烟罩应采用不易锈蚀材料制作，其下部集水槽应严密不漏水，并坡向排放口，罩内油烟过滤器应便于拆卸和清洗。

检查数量：每批抽查10％，不得少于1个。

检查方法：尺量、观察检查。

5.3.7 风帽的制作应符合下列规定：

1 尺寸应正确，结构牢靠，风帽接管尺寸的允许偏差同风管的规定一致；

2 伞形风帽伞盖的边缘应有加固措施，支撑高度尺寸应一致；

3 锥形风帽内外锥体的中心应同心，锥体组合的连接缝应顺水，下部排水应畅通；

4 筒形风帽的形状应规则、外筒体的上下沿口应加固，其不圆度不应大于直径的2％。伞盖边缘与外筒体的距离应一致，挡风圈的位置应正确；

5 三叉形风帽三个支管的夹角应一致，与主管的连接应严密。主管与支管的锥度应为3°～4°。

检查数量：按批抽查10％，不得少于1个。

检查方法：尺量、观察检查。

5.3.8 矩形弯管导流叶片的迎风侧边缘应圆滑，固定应牢固。导流片的弧度应与弯管的角度相一致。导流片的分布应符合设计规定。当导流叶片的长度超过1250mm时，应有加强措施。

检查数量：按批抽查10％，不得少于1个。

检查方法：核对材料，尺量、观察检查。

5.3.9 柔性短管应符合下列规定：

1 应选用防腐、防潮、不透气、不易霉变的柔性材料。用于空调系统的应采取防止结露的措施；用于净化空调系统的还应是内壁光滑、不易产生尘埃的材料；

2 柔性短管的长度，一般宜为150～300mm，其连接处应严密、牢固可靠；

3 柔性短管不宜作为找正、找平的异径连接管；

4 设于结构变形缝的柔性短管，其长度宜为变形缝的宽度加100mm及以上。

检查数量：按数量抽查10％，不得少于1个。

检查方法：尺量、观察检查。

5.3.10 消声器的制作应符合下列规定：

1 所选用的材料，应符合设计的规定，如防火、防腐、防潮和卫生性能等要求；

2 外壳应牢固、严密，其漏风量应符合本规范第4.2.5条的规定；

3 充填的消声材料，应按规定的密度均匀铺设，并应有防止下沉的措施。消声材料的覆面层不得破损，搭接应顺气流，且应拉紧，界面无毛边；

4 隔板与壁板结合处应紧贴、严密；穿孔板应平整、无毛刺，其孔径和穿孔率应符合设计要求。

检查数量：按批抽查10％，不得少于1个。

检查方法：尺量、观察检查，核对材料合格的证明文件。

5.3.11 检查门应平整、启闭灵活、关闭严密，其与风管或空气处理室的连接处应采取密封措施，无明显渗漏。净化空调系统风管检查门的密封垫料，宜采用成型密封胶带或软橡胶条制作。

检查数量：按数量抽查20％，不得少于1个。

检查方法：观察检查。

5.3.12 风口的验收，规格以颈部外径与外边长为准，其尺寸的允许偏差值应符合表5.3.12的规定。风口的外表装饰面应平整、叶片或扩散环的分布应匀称、颜色应一致、无明显的划伤和压痕；调节装置转动应灵活、可靠，定位后应无明显自由松动。

检查数量：按类别、批分别抽查5％，不得少于1个。

检查方法：尺量、观察检查，核对材料合格的证明文件与手动操作检查。

表5.3.12 风口尺寸允许偏差

圆形风口		
直径	≤250	>250
允许偏差	0～－2	0～－3
矩形风口		
边长	<300	300～800	>800
允许偏差	0～－1	0～－2	0～－3
对角线长度	<300	300～500	>500
对角线长度之差	≤1	≤2	≤3

（3）验收说明

1）施工依据：有关通风与空调工程施工技术规程，施工工艺标准，并制订专项施工方案、技术交底资料。

2）验收依据：《通风与空调工程施工质量验收规范》GB 50243—2002，相应的现场质量验收检查原始记录。

3）注意事项：

① 主控项目的质量经抽样检验均应合格；

② 一般项目的质量经抽样检验合格。当采用计数抽样时，合格点率应符合有关专业验收规范的规定，且不得存在严重缺陷；

③ 具有完整的施工操作依据、质量验收记录；

④ 本检验批的主控项目、一般项目已列入推荐表中，有关具体内容及检查方法见一般规定及（2）条文摘录；

⑤ 黑体字的条文为强制性条文，必须严格执行，制订控制措施；

⑥ 本推荐表可供06010201、06020201、06030201、06040201、06050201、06060201、06070201等检验批验收用。

3. 风管系统安装检验批质量验收记录（Ⅰ）（送、排风，防排烟，除尘系统）

（1）推荐表格

06010301＿＿＿

06020301＿＿＿

风管系统安装检验批质量验收记录（Ⅰ）

（送、排风，防排烟，除尘系统）

06030301＿＿＿

06040301＿＿＿

单位(子单位)工程名称			分部(子分部)工程名称		分项工程名称		
施工单位			项目负责人		检验批容量		
分包单位			分包单位项目负责人		检验批部位		
施工依据				验收依据	《通风与空调工程施工质量验收规范》GB 50243—2002		
		验收项目		设计要求及规范规定	最小/实际抽样数量	检查记录	检查结果
主控项目	1	风管穿越防火、防爆墙		第6.2.1条	/		
	2	风管内严禁其他管线穿越易燃、易爆环境风管接地等		第6.2.2条	/		
	3	室外立管的固定拉索		第6.2.2-3条	/		
	4	高于80℃风管系统防护措施		第6.2.3条	/		
	5	风管部件安装		第6.2.4条	/		
	6	防火阀、排烟阀方向、位置正确		第6.2.5条	/		
	7	手动密闭阀安装		第6.2.9条	/		
	8	风管严密性检验		第6.2.8条	/		

	验收项目		设计要求及规范规定	最小/实际抽样数量	检查记录	检查结果
一般项目	1	风管系统安装	第6.3.1条	/		
	2	无法兰风管系统安装	第6.3.2条	/		
	3	风管连接的水平、垂直度	第6.3.3条	/		
	4	风管支、吊架安装	第6.3.4条	/		
	5	铝板、不锈钢板风管安装	第6.3.1-8条	/		
	6	非金属风管安装	第6.3.5条	/		
	7	风阀安装	第6.3.8条	/		
	8	风帽安装	第6.3.9条	/		
	9	吸、排风罩安装	第6.3.10条	/		
	10	风口安装	第6.3.11条	/		
施工单位检查结果				专业工长： 项目专业质量检查员： 年 月 日		
监理单位验收结论				专业监理工程师： 年 月 日		

(2) 验收内容及检查方法条文摘录

一 般 规 定

6.1.1 本章适用于通风与空调工程中的金属和非金属风管系统安装质量的检验和验收。

6.1.2 风管系统安装后，必须进行严密性检验，合格后方能交付下道工序。风管系统严密性检验以主、干管为主。在加工工艺得到保证的前提下，低压风管系统可采用漏光法检测。

6.1.3 风管系统吊、支架采用膨胀螺栓等胀锚方法固定时，必须符合其相应技术文件的规定。

主 控 项 目

6.2.1 在风管穿过需要封闭的防火、防爆的墙体或楼板时，应设预埋管或防护套管，其钢板厚度不应小于1.6mm。风管与防护套管之间，应用不燃且对人体无危害的柔性材料封堵。

检查数量：按数量抽查20%，不得少于1个系统。

检查方法：尺量、观察检查。

6.2.2 风管安装必须符合下列规定：

1 风管内严禁其他管线穿越；

171

2 输送含有易燃、易爆气体或安装在易燃、易爆环境的风管系统应有良好的接地，通过生活区或其他辅助生产房间时必须严密，并不得设置接口；

3 室外立管的固定拉索严禁拉在避雷针或避雷网上。

检查数量：按数量抽查 **20%**，不得少于 **1** 个系统。

检查方法：手扳、尺量、观察检查。

6.2.3 输送空气温度高于 **80℃** 的风管，应按设计规定采取防护措施。

检查数量：按数量抽查 **20%**，不得少于 **1** 个系统。

检查方法：观察检查。

6.2.4 风管部件安装必须符合下列规定：

1 各类风管部件及操作机构的安装，应能保证其正常的使用功能，并便于操作；

2 斜插板风阀的安装，阀板必须为向上拉启；水平安装时，阀板还应为顺气流方向插入；

3 止回风阀、自动排气活门的安装方向应正确。

检查数量：按数量抽查 20%，不得少于 5 件。

检查方法：尺量、观察检查，动作试验。

6.2.5 防火阀、排烟阀（口）的安装方向、位置应正确。防火分区隔墙两侧的防火阀，距墙表面不应大于 200mm。

检查数量：按数量抽查 20%，不得少于 5 件。

检查方法：尺量、观察检查，动作试验。

6.2.6 净化空调系统风管的安装还应符合下列规定：

1 风管、静压箱及其他部件，必须擦拭干净，做到无油污和浮尘，当施工停顿或完毕时，端口应封好；

2 法兰垫料应为不产尘、不易老化和具有一定强度和弹性的材料，厚度为 5~8mm，不得采用乳胶海绵；法兰垫片应尽量减少拼接，并不允许直缝对接连接，严禁在垫料表面涂涂料；

3 风管与洁净室吊顶、隔墙等围护结构的接缝处应严密。

检查数量：按数量抽查 20%，不得少于 1 个系统。

检查方法：观察、用白绸布擦拭。

6.2.7 集中式真空吸尘系统的安装应符合下列规定：

1 真空吸尘系统弯管的曲率半径不应小于 4 倍管径，弯管的内壁面应光滑，不得采用褶皱弯管；

2 真空吸尘系统三通的夹角不得大于 45°；四通制作应采用两个斜三通的做法。

检查数量：按数量抽查 20%，不得少于 2 件。

检查方法：尺量、观察检查。

6.2.8 风管系统安装完毕后，应按系统类别进行严密性检验，漏风量应符合设计与本规范第 4.2.5 条的规定。风管系统的严密性检验，应符合下列规定：

1 低压系统风管的严密性检验应采用抽检，抽检率为 5%，且不得少于 1 个系统。在加工工艺得到保证的前提下，采用漏光法检测。检测不合格时，应按规定的抽检率做漏风量测试。

中压系统风管的严密性检验，应在漏光法检测合格后，对系统漏风量测试进行抽检，抽检率为20％，且不得少于1个系统。

高压系统风管的严密性检验，为全数进行漏风量测试。

系统风管严密性检验的被抽检系统，应全数合格，则视为通过；如有不合格时，则应再加倍抽检，直至全数合格。

2 净化空调系统风管的严密性检验，1～5级的系统按高压系统风管的规定执行；6～9级的系统按本规范第4.2.5条的规定执行。

检查数量：按条文中的规定。

检查方法：参见本规范附录A的规定。

6.2.9 手动密闭阀安装，阀门上标志的箭头方向必须与受冲击波方向一致。

检查数量：全数检查。

检查方法：观察、核对检查。

一 般 项 目

6.3.1 风管的安装应符合下列规定：

1 风管安装前，应清除内、外杂物，并做好清洁和保护工作；

2 风管安装的位置、标高、走向，应符合设计要求。现场风管接口的配置，不得缩小其有效截面；

3 连接法兰的螺栓应均匀拧紧，其螺母宜在同一侧；

4 风管接口的连接应严密、牢固。风管法兰的垫片材质应符合系统功能的要求，厚度不应小于3mm。垫片不应凸入管内，亦不宜突出法兰外；

5 柔性短管的安装，应松紧适度，无明显扭曲；

6 可伸缩性金属或非金属软风管的长度不宜超过2m，并不应有死弯或塌凹；

7 风管与砖、混凝土风道的连接接口，应顺着气流方向插入，并应采取密封措施。风管穿出屋面处应设有防雨装置；

8 不锈钢板、铝板风管与碳素钢支架的接触处，应有隔绝或防腐绝缘措施。

检查数量：按数量抽查10％，不得少于1个系统。

检查方法：尺量、观察检查。

6.3.2 无法兰连接风管的安装还应符合下列规定：

1 风管的连接处，应完整无缺损、表面应平整，无明显扭曲；

2 承插式风管的四周缝隙应一致，无明显的弯曲或褶皱；内涂的密封胶应完整，外粘的密封胶带，应粘贴牢固、完整无缺损；

3 薄钢板法兰形式风管的连接，弹性插条、弹簧夹或紧固螺栓的间隔不应大于150mm，且分布均匀，无松动现象；

4 插条连接的矩形风管，连接后的板面应平整、无明显弯曲。

检查数量：按数量抽查10％，不得少于1个系统。

检查方法：尺量、观察检查。

6.3.3 风管的连接应平直、不扭曲。明装风管水平安装，水平度的允许偏差为3/1000，总偏差不应大于20mm。明装风管垂直安装，垂直度的允许偏差为2/1000，总偏差不应大于20mm。暗装风管的位置，应正确、无明显偏差。除尘系统的风管，宜垂直或倾斜敷设，与水平夹角宜大于或等于 45°，小坡度和水平管应尽量短。

对含有凝结水或其他液体的风管，坡度应符合设计要求，并在最低处设排液装置。

检查数量：按数量抽查 10%，但不得少于 1 个系统。

检查方法：尺量、观察检查。

6.3.4　风管支、吊架的安装应符合下列规定：

1　风管水平安装，直径或长边尺寸小于等于 400mm，间距不应大于 4m；大于 400mm，不应大于 3m。螺旋风管的支、吊架间距可分别延长至 5m 和 3.75m；对于薄钢板法兰的风管，其支、吊架间距不应大于 3m。

2　风管垂直安装，间距不应大于 4m，单根直管至少应有 2 个固定点。

3　风管支、吊架宜按国标图集与规范选用强度和刚度相适应的形式和规格。对于直径或边长大于 2500mm 的超宽、超重等特殊风管的支、吊架应按设计规定。

4　支、吊架不宜设置在风口、阀门、检查门及自控机构处，离风口或插接管的距离不宜小于 200mm。

5　当水平悬吊的主、干风管长度超过 20m 时，应设置防止摆动的固定点，每个系统不应少于 1 个。

6　吊架的螺孔应采用机械加工。吊杆应平直，螺纹完整、光洁。安装后各副支、吊架的受力应均匀，无明显变形。

风管或空调设备使用的可调隔振支、吊架的拉伸或压缩量应按设计的要求进行调整。

7　抱箍支架，折角应平直，抱箍应紧贴并箍紧风管。安装在支架上的圆形风管应设托座和抱箍，其圆弧应均匀，且与风管外径相一致。

检查数量：按数量抽查 10%，不得少于 1 个系统。

检查方法：尺量、观察检查。

6.3.5　非金属风管的安装还应符合下列的规定：

1　风管连接两法兰端面应平行、严密，法兰螺栓两侧应加镀锌垫圈；

2　应适当增加支、吊架与水平风管的接触面积；

3　硬聚氯乙烯风管的直段连续长度大于 20m，应按设计要求设置伸缩节；支管的重量不得由干管来承受，必须自行设置支、吊架；

4　风管垂直安装，支架间距不应大于 3m。

检查数量：按数量抽查 10%，不得少于 1 个系统。

检查方法：尺量、观察检查。

6.3.6　复合材料风管的安装还应符合下列规定：

1　复合材料风管的连接处，接缝应牢固，无孔洞和开裂。当采用插接连接时，接口应匹配、无松动，端口缝隙不应大于 5mm；

2　采用法兰连接时，应有防冷桥的措施；

3　支、吊架的安装宜按产品标准的规定执行。

检查数量：按数量抽查 10%，但不得少于 1 个系统。

检查方法：尺量、观察检查。

6.3.7　集中式真空吸尘系统的安装应符合下列规定：

1　吸尘管道的坡度宜为 5/1000，并坡向立管或吸尘点；

2　吸尘嘴与管道的连接，应牢固、严密。

检查数量：按数量抽查 20％，不得少于 5 件。

检查方法：尺量、观察检查。

6.3.8　各类风阀应安装在便于操作及检修的部位，安装后的手动或电动操作装置应灵活、可靠，阀板关闭应保持严密。

防火阀直径或长边尺寸大于等于 630mm 时，宜设独立支、吊架。

排烟阀（排烟口）及手控装置（包括预埋套管）的位置应符合设计要求。预埋套管不得有死弯及瘪陷。

除尘系统吸入管段的调节阀，宜安装在垂直管段上。

检查数量：按数量抽查 10％，不得少于 5 件。

检查方法：尺量、观察检查。

6.3.9　风帽安装必须牢固，连接风管与屋面或墙面的交接处不应渗水。

检查数量：按数量抽查 10％，不得少于 5 件。

检查方法：尺量、观察检查。

6.3.10　排、吸风罩的安装位置应正确，排列整齐，牢固可靠。

检查数量：按数量抽查 10％，不得少于 5 件。

检查方法：尺量、观察检查。

6.3.11　风口与风管的连接应严密、牢固，与装饰面相紧贴；表面平整、不变形，调节灵活、可靠。条形风口的安装，接缝处应衔接自然，无明显缝隙。同一厅室、房间内的相同风口的安装高度应一致，排列应整齐。

明装无吊顶的风口，安装位置和标高偏差不应大于 10mm。

风口水平安装，水平度的偏差不应大于 3/1000。

风口垂直安装，垂直度的偏差不应大于 2/1000。

检查数量：按数量抽查 10％，不得少于 1 个系统或不少于 5 件和 2 个房间的风口。

检查方法：尺量、观察检查。

6.3.12　净化空调系统风口安装还应符合下列规定：

1　风口安装前应清扫干净，其边框与建筑顶棚或墙面间的接缝处应加设密封垫料或密封胶，不应漏风；

2　带高效过滤器的送风口，应采用可分别调节高度的吊杆。

检查数量：按数量抽查 20％，不得少于 1 个系统或不少于 5 件和 2 个房间的风口。

检查方法：尺量、观察检查。

(3) 验收说明

1) 施工依据：有关通风与空调工程施工技术规程，施工工艺标准，并制订专项施工方案、技术交底资料。

2) 验收依据：《通风与空调工程施工质量验收规范》GB 50243—2002，相应的现场质量验收检查原始记录。

3) 注意事项：

① 主控项目的质量经抽样检验均应合格；

② 一般项目的质量经抽样检验合格。当采用计数抽样时，合格点率应符合有关专业

验收规范的规定，且不得存在严重缺陷；

③ 具有完整的施工操作依据、质量验收记录；

④ 本检验批的主控项目、一般项目已列入推荐表中，有关具体内容及检查方法见一般规定及（2）条文摘录；

⑤ 黑体字的条文为强制性条文，必须严格执行，制订控制措施；

⑥ 推荐表尚可用于 06010301、06020301、06030301、06040301。

风管系统安装检验批质量验收记录（Ⅱ）（空调系统）

（1）推荐表格

风管系统安装检验批质量验收记录（Ⅱ）　　　　　06050301 ____
（空调系统）　　　　　　　　　　　　　　　　　　06060301 ____

单位(子单位) 工程名称		分部(子分部) 工程名称		分项工程名称	
施工单位		项目负责人		检验批容量	
分包单位		分包单位项目 负责人		检验批部位	
施工依据		验收依据		《通风与空调工程施工质量验收规范》 GB 50243—2002	

		验收项目	设计要求及 规范规定	最小/实际 抽样数量	检查记录	检查结果
主控项目	1	风管穿越防火、防爆墙(楼板)	第6.2.1条	/		
	2	风管内严禁其他管线穿越	第6.2.2条	/		
	3	室外立管的固定拉索	第6.2.2-3条	/		
	4	高于80℃风管系统防护措施	第6.2.3条	/		
	5	风管部件安装	第6.2.4条	/		
	6	手动密闭阀安装、标志	第6.2.9条	/		
	7	风管严密性检验	第6.2.8条	/		
一般项目	1	风管系统安装	第6.3.1条	/		
	2	无法兰风管系统安装	第6.3.2条	/		
	3	风管连接的水平、垂直度质量	第6.3.3条	/		
	4	风管支、吊架安装	第6.3.4条	/		
	5	铝板、不锈钢板风管安装	第6.3.1-8条	/		
	6	非金属风管安装	第6.3.5条	/		
	7	复合材料风管安装	第6.3.6条	/		
	8	风阀安装	第6.3.8条	/		
	9	排、吸风罩安装风口安装	第6.3.10， 6.3.11条	/		
	10	变风量末端装置安装	第7.3.20条	/		
施工单位 检查结果			专业工长： 项目专业质量检查员： 　　　　　　　年　月　日			
监理单位 验收结论			专业监理工程师： 　　　　　　　年　月　日			

176

（2）验收内容及检查方法条文摘录

见（送、排风、防排烟、除尘系统）条文摘录。

（3）验收说明

1）施工依据：有关通风与空调工程施工技术规程，施工工艺标准，并制订专项施工方案、技术交底资料。

2）验收依据：《通风与空调工程施工质量验收规范》GB 50243—2002，相应的现场质量验收检查原始记录。

3）注意事项：

① 主控项目的质量经抽样检验均应合格；

② 一般项目的质量经抽样检验合格。当采用计数抽样时，合格点率应符合有关专业验收规范的规定，且不得存在严重缺陷；

③ 具有完整的施工操作依据、质量验收记录；

④ 本检验批的主控项目、一般项目已列入推荐表中，有关具体内容及检查方法见一般规定及（2）条文摘录；

⑤ 黑体字的条文为强制性条文，必须严格执行，制订控制措施；

⑥ 本推荐表尚可用于 06050301、06060301。

风管系统安装检验批质量验收记录（Ⅲ）（净化空调系统）

（1）推荐表格

风管系统安装检验批质量验收记录（Ⅲ）
（净化空调系统）

06070301____

单位(子单位) 工程名称			分部(子分部) 工程名称		分项工程名称	
施工单位			项目负责人		检验批容量	
分包单位			分包单位项目 负责人		检验批部位	
施工依据				验收依据	《通风与空调工程施工质量验收规范》 GB 50243—2002	

		验收项目	设计要求及 规范规定	最小/实际 抽样数量	检查记录	检查结果
主控项目	1	风管穿越防火、防爆墙安装	第6.2.1条	/		
	2	风管安装	第6.2.2条	/		
	3	高于80℃风管系统防护措施	第6.2.3条	/		
	4	风管部件安装	第6.2.4条	/		
	5	手动密闭阀安装	第6.2.5条	/		
	6	净化风管安装	第6.2.6条	/		
	7	真空吸尘系统安装	第6.2.7条	/		
	8	风管严密性检验	第6.2.8条			

	验收项目		设计要求及规范规定	最小/实际抽样数量	检查记录	检查结果
一般项目	1	风管系统安装	第6.3.1条	/		
	2	无法兰风管系统安装	第6.3.2条	/		
	3	风管连接的水平、垂直度质量	第6.3.3条	/		
	4	风管支、吊架安装	第6.3.4条	/		
	5	非金属风管安装	第6.3.5条	/		
	6	复合材料风管安装	第6.3.6条	/		
	7	风阀的安装	第6.3.8条	/		
	8	净化空调风口的安装	第6.3.12条	/		
	9	真空吸尘系统安装	第6.3.7条	/		
施工单位检查结果	专业工长： 项目专业质量检查员： 年 月 日					
监理单位验收结论	专业监理工程师： 年 月 日					

（2）验收内容及检查方法条文摘录

见（送、排风，防排烟、除尘系统）条文摘录。

（3）验收说明

1）施工依据：有关通风与空调工程施工技术规程，施工工艺标准，并制订专项施工方案、技术交底资料。

2）验收依据：《通风与空调工程施工质量验收规范》GB 50243—2002，相应的现场质量验收检查原始记录。

3）注意事项：

① 主控项目的质量经抽样检验均应合格；

② 一般项目的质量经抽样检验合格。当采用计数抽样时，合格点率应符合有关专业验收规范的规定，且不得存在严重缺陷；

③ 具有完整的施工操作依据、质量验收记录；

④ 本检验批的主控项目、一般项目已列入推荐表中，有关具体内容及检查方法见一般规定及（2）条文摘录；

⑤ 黑体字的条文为强制性条文，必须严格执行，制订控制措施。

4. 风机安装检验批质量验收记录
（1）推荐表格

06010401 ____
06020401 ____
06030401 ____
06040401 ____
06050401 ____
06060401 ____
06070401 ____

风机安装检验批质量验收记录

单位(子单位) 工程名称		分部(子分部) 工程名称		分项工程名称	
施工单位		项目负责人		检验批容量	
分包单位		分包单位项目 负责人		检验批部位	
施工依据		验收依据		《通风与空调工程施工质量验收规范》 GB 50243—2002	

验收项目				设计要求及 规范规定	最小/实际 抽样数量	检查记录	检查结果
主控 项目	1	通风机安装		第7.2.1条	/		
	2	通风机安全措施		第7.2.2条	/		
一般项目	1	离心风机安装、轴流风机 隔振器及支、吊架		第7.3.1条	/		
	2	通风机安装允许偏差（mm）	中心线的平面位移		10	/		
			标高		±10	/		
			皮带轮轮宽中心平面位移		1	/		
			传动轴水平度	纵向	0.2/1000	/		
				横向	0.31000	/		
			联轴器	两轴心径向位移	0.05	/		
				两轴线倾斜	0.2/1000	/		

施工单位 检查结果	专业工长： 项目专业质量检查员： 年　月　日
监理单位 验收结论	专业监理工程师： 年　月　日

（2）验收内容及检查方法条文摘录
一 般 规 定

7.1.1　本章适用于工作压力不大于 5kPa 的通风机与空调设备安装质量的检验与

验收。

7.1.2　通风与空调设备应有装箱清单、设备说明书、产品质量合格证书和产品性能检测报告等随机文件，进口设备还应具有商检合格的证明文件。

7.1.3　设备安装前，应进行开箱检查，并形成验收文字记录。参加人员为建设、监理、施工和厂商等方单位的代表。

7.1.4　设备就位前应对其基础进行验收，合格后方能安装。

7.1.5　设备的搬运和吊装必须符合产品说明书的有关规定，并应做好设备的保护工作，防止因搬运或吊装而造成设备损伤。

主 控 项 目

7.2.1　通风机的安装应符合下列规定：

1　型号、规格应符合设计规定，其出口方向应正确；

2　叶轮旋转应平稳，停转后不应每次停留在同一位置上；

3　固定通风机的地脚螺栓应拧紧，并有防松动措施。

检查数量：全数检查。

检查方法：依据设计图核对、观察检查。

7.2.2　通风机传动装置的外露部位以及直通大气的进、出口，必须装设防护罩（网）或采取其他安全设施。

检查数量：全数检查。

检查方法：依据设计图核对、观察检查。

7.2.3　空调机组的安装应符合下列规定：

1　型号、规格、方向和技术参数应符合设计要求；

2　现场组装的组合式空气调节机组应做漏风量的检测，其漏风量必须符合现行国家标准《组合式空调机组》GB/T 14294 的规定。

检查数量：按总数抽检 20%，不得少于 1 台。净化空调系统的机组，1～5 级全数检查，6～9 级抽查 50%。

检查方法：依据设计图核对，检查测试记录。

7.2.4　除尘器的安装应符合下列规定：

1　型号、规格、进出口方向必须符合设计要求；

2　现场组装的除尘器壳体应做漏风量检测，在设计工作压力下允许漏风率为 5%，其中离心式除尘器为 3%；

3　布袋除尘器、电除尘器的壳体及辅助设备接地应可靠。

检查数量：按总数抽查 20%，不得少于 1 台；接地全数检查。

检查方法：按图核对、检查测试记录和观察检查。

7.2.5　高效过滤器应在洁净室及净化空调系统进行全面清扫和系统连续试车 12h 以上后，在现场拆开包装并进行安装。

安装前需进行外观检查和仪器检漏。目测不得有变形、脱落、断裂等破损现象；仪器抽检检漏应符合产品质量文件的规定。

合格后立即安装，其方向必须正确，安装后的高效过滤器四周及接口，应严密不漏；在调试前应进行扫描检漏。

检查数量：高效过滤器的仪器抽检检漏按批抽 5%，不得少于 1 台。

检查方法：观察检查、按本规范附录 B 规定扫描、检测或查看检测记录（也可参见本书附录 2 的规定）。

7.2.6 净化空调设备的安装还应符合下列规定：

1 净化空调设备与洁净室围护结构相连的接缝必须密封；

2 风机过滤器单元（FFU 与 FMU 空气净化装置）应在清洁的现场进行外观检查，目测不得有变形、锈蚀、漆膜脱落、拼接板破损等现象；在系统试运转时，必须在进风口处加装临时中效过滤器作为保护。

检查数量：全数检查。

检查方法：按设计图核对、观察检查。

7.2.7 静电空气过滤器金属外壳接地必须良好。

检查数量：按总数抽查 20%，不得少于 1 台。

检查方法：核对材料、观察检查或电阻测定。

7.2.8 电加热器的安装必须符合下列规定：

1 电加热器与钢构架间的绝热层必须为不燃材料；接线柱外露的应加设安全防护罩；

2 电加热器的金属外壳接地必须良好；

3 连接电加热器的风管的法兰垫片，应采用耐热不燃材料。

检查数量：按总数抽查 20%，不得少于 1 台。

检查方法：核对材料、观察检查或电阻测定。

7.2.9 干蒸汽加湿器的安装，蒸汽喷管不应朝下。

检查数量：全数检查。

检查方法：观察检查。

7.2.10 过滤吸收器的安装方向必须正确，并应设独立支架，与室外的连接管段不得泄漏。

检查数量：全数检查。

检查方法：观察或检测。

一 般 项 目

7.3.1 通风机的安装应符合下列规定：

1 通风机的安装，应符合表 7.3.1 的规定，叶轮转子与机壳的组装位置应正确；叶轮进风口插入风机机壳进风口或密封圈的深度，应符合设备技术文件的规定，或为叶轮外径值的 1/100；

表 7.3.1 风机安装的允许偏差

项次	项目		允许偏差	检验方法
1	中心线的平面位移		10mm	经纬仪或拉线和尺量检查
2	标高		±10mm	水准仪或水平仪、直尺、拉线和尺量检查
3	皮带轮轮宽中心平面偏移		1mm	在主、从动皮带轮端面拉线和尺量检查
4	传动轴水平度		纵向 0.2/1000 横向 0.3/1000	在轴或皮带轮 0°和 180°的两个位置上，用水平仪检查
5	联轴器	两轴心径向位移	0.05mm	在联轴器互相垂直的四个位置上，用百分表检查
		两轴线倾斜	0.2/1000	

2 现场组装的轴流风机叶片安装角度应一致，达到在同一平面内运转，叶轮与筒体之间的间隙应均匀，水平度允许偏差为 1/1000；

3 安装隔振器的地面应平整，各组隔振器承受荷载的压缩量应均匀，高度误差应小于 2mm；

4 安装风机的隔振钢支、吊架，其结构形式和外形尺寸应符合设计或设备技术文件的规定；焊接应牢固，焊缝应饱满、均匀。

检查数量：按总数抽查 20%，不得少于 1 台。

检查方法：尺量、观察或检查施工记录。

7.3.2 组合式空调机组及柜式空调机组的安装应符合下列规定：

1 组合式空调机组各功能段的组装，应符合设计规定的顺序和要求；各功能段之间的连接应严密，整体应平直；

2 机组与供回水管的连接应正确，机组下部冷凝水排放管的水封高度应符合设计要求；

3 机组应清扫干净，箱体内应无杂物、垃圾和积尘；

4 机组内空气过滤器（网）和空气热交换器翅片应清洁、完好。

检查数量：按总数抽查 20%，不得少于 1 台。

检查方法：观察检查。

7.3.3 空气处理室的安装应符合下列规定：

1 金属空气处理室壁板及各段的组装位置应正确，表面平整，连接严密、牢固；

2 喷水段的本体及其检查门不得漏水，喷水管和喷嘴的排列、规格应符合设计的规定；

3 表面式换热器的散热面应保持清洁、完好。当用于冷却空气时，在下部应设有排水装置，冷凝水的引流管或槽应畅通，冷凝水不外溢；

4 表面式换热器与围护结构间的缝隙，以及表面式热交换器之间的缝隙，应封堵严密；

5 换热器与系统供回水管的连接应正确，且严密不漏。

检查数量：按总数抽查 20%，不得少于 1 台。

检查方法：观察检查。

7.3.4 单元式空调机组的安装应符合下列规定：

1 分体式空调机组的室外机和风冷整体式空调机组的安装，固定应牢固、可靠；除应满足冷却风循环空间的要求外，还应符合环境卫生保护有关法规的规定；

2 分体式空调机组的室内机的位置应正确、并保持水平，冷凝水排放应畅通。管道穿墙处必须密封，不得有雨水渗入；

3 整体式空调机组管道的连接应严密、无渗漏，四周应留有相应的维修空间。

检查数量：按总数抽查 20%，不得少于 1 台。

检查方法：观察检查。

7.3.5 除尘设备的安装应符合下列规定：

1 除尘器的安装位置应正确、牢固平稳，允许误差应符合表 7.3.5 的规定；

表 7.3.5　除尘器安装允许偏差和检验方法

项次	项目		允许偏差(mm)	检验方法
1	平面位移		≤10	用经纬仪或拉线、尺量检查
2	标高		±10	用水准仪、直尺、拉线和尺量检查
3	垂直度	每米	≤2	吊线和尺量检查
		总偏差	≤10	

2　除尘器的活动或转动部件的动作应灵活、可靠，并应符合设计要求；

3　除尘器的排灰阀、卸料阀、排泥阀的安装应严密，并便于操作与维护修理。

检查数量：按总数抽查 20%，不得少于 1 台。

检查方法：尺量、观察检查及检查施工记录。

7.3.6　现场组装的静电除尘器的安装，还应符合设备技术文件及下列规定：

1　阳极板组合后的阳极排平面度允许偏差为 5mm，其对角线允许偏差为 10mm；

2　阴极小框架组合后主平面的平面度允许偏差为 5mm，其对角线允许偏差为 10mm；

3　阴极大框架的整体平面度允许偏差为 15mm，整体对角线允许偏差为 10mm；

4　阳极板高度小于或等于 7m 的电除尘器，阴、阳极间距允许偏差为 5mm。阳极板高度大于 7m 的电除尘器，阴、阳极间距允许偏差为 10mm；

5　振打锤装置的固定，应可靠；振打锤的转动，应灵活。锤头方向应正确；振打锤头与振打砧之间应保持良好的线接触状态，接触长度应大于锤头厚度的 0.7 倍。

检查数量：按总数抽查 20%，不得少于 1 组。

检查方法：尺量、观察检查及检查施工记录。

7.3.7　现场组装布袋除尘器的安装，还应符合下列规定：

1　外壳应严密、不漏，布袋接口应牢固；

2　分室反吹袋式除尘器的滤袋安装，必须平直。每条滤袋的拉紧力应保持在 25～35N/m；与滤袋连接接触的短管和袋帽，应无毛刺；

3　机械回转扁袋袋式除尘器的旋臂，转动应灵活可靠，净气室上部的顶盖，应密封不漏气，旋转应灵活，无卡阻现象；

4　脉冲袋式除尘器的喷吹孔，应对准文氏管的中心，同心度允许偏差为 2mm。

检查数量：按总数抽查 20%，不得少于 1 台。

检查方法：尺量、观察检查及检查施工记录。

7.3.8　洁净室空气净化设备的安装，应符合下列规定：

1　带有通风机的气闸室、吹淋室与地面间应有隔振垫；

2　机械式余压阀的安装，阀体、阀板的转轴均应水平，允许偏差为 2/1000。余压阀的安装位置应在室内气流的下风侧，并不应在工作面高度范围内；

3　传递窗的安装，应牢固、垂直，与墙体的连接处应密封。

检查数量：按总数抽查 20%，不得少于 1 件。

检查方法：尺量、观察检查。

7.3.9　装配式洁净室的安装应符合下列规定：

1　洁净室的顶板和壁板（包括夹芯材料）应为不燃材料；

2 洁净室的地面应干燥、平整，平整度允许偏差为 1/1000；

3 壁板的构配件和辅助材料的开箱，应在清洁的室内进行，安装前应严格检查其规格和质量。壁板应垂直安装，底部宜采用圆弧或钝角交接；安装后的壁板之间、壁板与顶板间的拼缝，应平整严密，墙板的垂直允许偏差为 2/1000，顶板水平度的允许偏差与每个单间的几何尺寸的允许偏差均为 2/1000；

4 洁净室吊顶在受荷载后应保持平直，压条全部紧贴。洁净室壁板若为上、下槽形板时，其接头应平整、严密；组装完毕的洁净室所有拼接缝，包括与建筑的接缝，均应采取密封措施，做到不脱落，密封良好。

检查数量：按总数抽查 20%，不得少于 5 处。

检查方法：尺量、观察检查及检查施工记录。

7.3.10 洁净层流罩的安装应符合下列规定：

1 应设独立的吊杆，并有防晃动的固定措施；

2 层流罩安装的水平度允许偏差为 1/1000，高度的允许偏差为 ±1mm；

3 层流罩安装在吊顶上，其四周与顶板之间应设有密封及隔振措施。

检查数量：按总数抽查 20%，且不得少于 5 件。

检查方法：尺量、观察检查及检查施工记录。

7.3.11 风机过滤器单元（FFU、FMU）的安装应符合下列规定：

1 风机过滤器单元的高效过滤器安装前应按本规范第 7.2.5 条的规定检漏，合格后进行安装，方向必须正确；安装后的 FFU 或 FMU 机组应便于检修；

2 安装后的 FFU 风机过滤器单元，应保持整体平整，与吊顶衔接良好。风机箱与过滤器之间的连接，过滤器单元与吊顶框架间应有可靠的密封措施。

检查数量：按总数抽查 20%，且不得少于 2 个。

检查方法：尺量、观察检查及检查施工记录。

7.3.12 高效过滤器的安装应符合下列规定：

1 高效过滤器采用机械密封时，须采用密封垫料，其厚度为 6～8mm，并定位贴在过滤器边框上，安装后垫料的压缩应均匀，压缩率为 25%～50%；

2 采用液槽密封时，槽架安装应水平，不得有渗漏现象，槽内无污物和水分，槽内密封液高度宜为 2/3 槽深。密封液的熔点宜高于 50℃。

检查数量：按总数抽查 20%，且不得少于 5 个。

检查方法：尺量、观察检查。

7.3.13 消声器的安装应符合下列规定：

1 消声器安装前应保持干净，做到无油污和浮尘；

2 消声器安装的位置、方向应正确，与风管的连接应严密，不得有损坏与受潮。两组同类型消声器不宜直接串联；

3 现场安装的组合式消声器，消声组件的排列、方向和位置应符合设计要求。单个消声器组件的固定应牢固；

4 消声器、消声弯管均应设独立支、吊架。

检查数量：整体安装的消声器，按总数抽查 10%，且不得少于 5 台。现场组装的消声器全数检查。

检查方法：手扳和观察检查、核对安装记录。

7.3.14 空气过滤器的安装应符合下列规定：

1 安装平整、牢固，方向正确。过滤器与框架、框架与围护结构之间应严密无穿透缝；

2 框架式或粗效、中效袋式空气过滤器的安装，过滤器四周与框架应均匀压紧，无可见缝隙，并应便于拆卸和更换滤料；

3 卷绕式过滤器的安装，框架应平整、展开的滤料，应松紧适度、上下筒体应平行。

检查数量：按总数抽查 10％，且不得少于 1 台。

检查方法：观察检查。

7.3.15 风机盘管机组的安装应符合下列规定：

1 机组安装前宜进行单机三速试运转及水压检漏试验。试验压力为系统工作压力的 1.5 倍，试验观察时间为 2min，不渗漏为合格；

2 机组应设独立支、吊架，安装的位置、高度及坡度应正确、固定牢固；

3 机组与风管、回风箱或风口的连接，应严密、可靠。

检查数量：按总数抽查 10％，且不得少于 1 台。

检查方法：观察检查、查阅检查试验记录。

7.3.16 转轮式换热器安装的位置、转轮旋转方向及接管应正确，运转应平稳。

检查数量：按总数抽查 20％，且不得少于 1 台。

检查方法：观察检查。

7.3.17 转轮去湿机安装应牢固，转轮及传动部件应灵活、可靠，方向正确；处理空气与再生空气接管应正确；排风水平管须保持一定的坡度，并坡向排出方向。

检查数量：按总数抽查 20％，且不得少于 1 台。

检查方法：观察检查。

7.3.18 蒸汽加湿器的安装应设置独立支架，并固定牢固；接管尺寸正确、无渗漏。

检查数量：全数检查。

检查方法：观察检查。

7.3.19 空气风幕机的安装，位置方向应正确、牢固可靠，纵向垂直度与横向水平度的偏差均不应大于 2/1000。

检查数量：按总数 10％的比例抽查，且不得少于 1 台。

检查方法：观察检查。

7.3.20 变风量末端装置的安装，应设单独支、吊架，与风管连接前宜做动作试验。

检查数量：按总数抽查 10％，且不得少于 1 台。

检查方法：观察检查、查阅检查试验记录。

(3) 验收说明

1）施工依据：有关通风与空调工程施工技术规程，施工工艺标准，并制订专项施工方案、技术交底资料。

2）验收依据：《通风与空调工程施工质量验收规范》GB 50243—2002，相应的现场质量验收检查原始记录。

3）注意事项：

① 主控项目的质量经抽样检验均应合格；

② 一般项目的质量经抽样检验合格。当采用计数抽样时，合格点率应符合有关专业验收规范的规定，且不得存在严重缺陷；

③ 具有完整的施工操作依据、质量验收记录。

④ 本检验批的主控项目、一般项目已列入推荐表中，有关具体内容及检查方法见一般规定及（2）条文摘录。

⑤ 黑体字的条文为强制性条文，必须严格执行，制订控制措施。

⑥ 本推荐表尚可用于 06010401、06020401、06030401、06040401、06050401、06060401、06070401。

空气处理设备安装检验批质量验收记录（Ⅰ）（通风系统）

（1）推荐表格

<h3 style="text-align:center">空气处理设备安装检验批质量验收记录（Ⅰ）
（通风系统）</h3>

06010401 ____
06020401 ____

单位(子单位)工程名称			分部(子分部)工程名称			分项工程名称		
施工单位			项目负责人			检验批容量		
分包单位			分包单位项目负责人			检验批部位		
施工依据				验收依据		《通风与空调工程质量验收规范》GB 50243—2002		

		验收项目		设计要求及规范规定	最小/实际抽样数量	检查记录	检查结果
主控项目	1	除尘器安装		第7.2.4条	/		
	2	布袋与静电除尘器接地		第7.2.4-3条	/		
	3	静电空气过滤器安装		第7.2.7条	/		
	4	电加热器安装		第7.2.8条	/		
	5	过滤吸收器安装		第7.2.10条	/		
一般项目	1	除尘器部件及阀安装		第7.3.5-2/3条	/		
	2	除尘设备安装允许偏差（mm）	平面位移	≤10	/		
			标高	±10	/		
			垂直度 每米	≤2	/		
			垂直度 总偏差	≤10	/		
	3	现场组装静电除尘器安装		第7.3.6条	/		
	4	现场组装布袋除尘器安装		第7.3.7条	/		
	5	消声器的安装		第7.3.13条	/		
	6	空气过滤器安装		第7.3.14条	/		
	7	蒸汽加湿器安装		第7.3.18条	/		
	8	空气风幕机安装		第7.3.19条	/		
	9	变风量末端装置的安装		第7.3.20条	/		
施工单位检查结果			专业工长： 项目专业质量检查员： 　　　　　　年　月　日				
监理单位验收结论			专业监理工程师： 　　　　　　年　月　日				

186

(2) 验收内容及检查方法条文摘录

见（风机）安装条文摘录。

(3) 验收说明

1）施工依据：有关通风与空调工程施工技术规程，施工工艺标准，并制订专项施工方案、技术交底资料。

2）验收依据：《通风与空调工程施工质量验收规范》GB 50243—2002，相应的现场质量验收检查原始记录。

3）注意事项：

① 主控项目的质量经抽样检验均应合格；

② 一般项目的质量经抽样检验合格。当采用计数抽样时，合格点率应符合有关专业验收规范的规定，且不得存在严重缺陷；

③ 具有完整的施工操作依据、质量验收记录；

④ 本检验批的主控项目、一般项目已列入推荐表中，有关具体内容及检查方法见一般规定及（2）条文摘录；

⑤ 黑体字的条文为强制性条文，必须严格执行，制订控制措施；

⑥ 本推荐表尚可用于 06010402、06020402、06030402、06040402、06010601、06020601。

空气处理设备安装检验批质量验收记录（Ⅱ）（空调系统）

(1) 推荐表格

<table>
<tr><td colspan="6" align="center">**空气处理设备安装检验批质量验收记录（Ⅱ）**
（空调系统）</td><td>06050601____

06060601____</td></tr>
<tr><td>单位(子单位)
工程名称</td><td></td><td>分部(子分部)
工程名称</td><td></td><td colspan="2">分项工程名称</td><td></td></tr>
<tr><td>施工单位</td><td></td><td>项目负责人</td><td></td><td colspan="2">检验批容量</td><td></td></tr>
<tr><td>分包单位</td><td></td><td>分包单位项目
负责人</td><td></td><td colspan="2">检验批部位</td><td></td></tr>
<tr><td>施工依据</td><td></td><td>验收依据</td><td colspan="4">《通风与空调工程施工质量验收规范》
GB 50243—2002</td></tr>
<tr><td colspan="3" align="center">验收项目</td><td>设计要求及
规范规定</td><td>最小/实际
抽样数量</td><td>检查记录</td><td>检查结果</td></tr>
<tr><td rowspan="4">主控项目</td><td>1</td><td>空调机组的安装</td><td>第7.2.3条</td><td>/</td><td></td><td></td></tr>
<tr><td>2</td><td>静电空气过滤器安装</td><td>第7.2.7条</td><td>/</td><td></td><td></td></tr>
<tr><td>3</td><td>电加热器安装</td><td>第7.2.8条</td><td>/</td><td></td><td></td></tr>
<tr><td>4</td><td>干蒸汽加湿器安装</td><td>第7.2.9条</td><td>/</td><td></td><td></td></tr>
<tr><td rowspan="2">一般项目</td><td>1</td><td>组合式空调机组安装</td><td>第7.3.2条</td><td>/</td><td></td><td></td></tr>
<tr><td>2</td><td>现场组装的空气处理室安装</td><td>第7.3.3条</td><td>/</td><td></td><td></td></tr>
</table>

	验收项目	设计要求及规范规定	最小/实际抽样数量	检查记录	检查结果
一般项目	3　单元式空调机组安装	第7.3.4条	/		
	4　消声器的安装	第7.3.13条	/		
	5　风机盘管机组安装	第7.3.15条	/		
	6　粗、中效空气过滤器安装	第7.3.14条	/		
	7　空气风幕机安装	第7.3.19条	/		
	8　转轮式换热器安装	第7.3.16条	/		
	9　转轮式去湿器安装	第7.3.17条	/		
	10　蒸汽加湿器安装	第7.3.18条	/		
施工单位检查结果	专业工长： 项目专业质量检查员： 年　月　日				
监理单位验收结论	专业监理工程师： 年　月　日				

（2）验收内容及检查方法条文摘录

见（风机）安装条文摘录。

（3）验收说明

1）施工依据：有关通风与空调工程施工技术规程，施工工艺标准，并制订专项施工方案、技术交底资料。

2）验收依据：《通风与空调工程施工质量验收规范》GB 50243—2002，相应的现场质量验收检查原始记录。

3）注意事项：

① 主控项目的质量经抽样检验均应合格；

② 一般项目的质量经抽样检验合格。当采用计数抽样时，合格点率应符合有关专业验收规范的规定，且不得存在严重缺陷；

③ 具有完整的施工操作依据、质量验收记录；

④ 本检验批的主控项目、一般项目已列入推荐表中，有关具体内容及检查方法见一般规定及（2）条文摘录；

⑤ 黑体字的条文为强制性条文，必须严格执行，制订控制措施；

⑥ 本推荐表尚可用于 06050402、06050601、06060402、06060601。

空气处理设备安装检验批质量验收记录（Ⅲ）（净化空调系统）

（1）推荐表格

空气处理设备安装检验批质量验收记录（Ⅲ）
（净化空调系统）

06070601 ____

单位(子单位) 工程名称			分部(子分部) 工程名称		分项工程名称		
施工单位			项目负责人		检验批容量		
分包单位			分包单位项目 负责人		检验批部位		
施工依据			验收依据		《通风与空调工程施工质量验 收规范》GB 50243—2002		

验收项目			设计要求及 规范规定	最小/实际 抽样数量	检查记录	检查结果
主控项目	1	空调机组的安装	第7.2.3条	/		
	2	净化空调设备安装	第7.2.6条	/.		
	3	高效过滤器安装	第7.2.5条	/		
	4	静电空气过滤器安装	第7.2.7条	/		
	5	电加热器安装	第7.2.8条	/		
	6	干蒸汽加湿器安装	第7.2.9条	/		
一般项目	1	组合式净化空调机组安装	第7.3.2条	/		
	2	净化室设备安装	第7.3.8条	/		
	3	装配式洁净室安装	第7.3.9条	/		
	4	洁净室层流罩安装	第7.3.10条	/		
	5	风机过滤单元安装	第7.3.11条	/		
	6	消声器的安装	第7.3.13条	/		
	7	空气过滤器安装	第7.3.14条	/		
	8	高效过滤器安装	第7.3.12条	/		
	9	蒸汽加湿器安装	第7.3.18条	/		

施工单位 检查结果	专业工长： 项目专业质量检查员： 年　月　日
监理单位 验收结论	专业监理工程师： 年　月　日

189

（2）验收内容及检查方法条文摘录

见（风机）安装条文摘录。

（3）验收说明：

1）施工依据：有关通风与空调工程施工技术规程，施工工艺标准，并制订专项施工方案、技术交底资料。

2）验收依据：《通风与空调工程施工质量验收规范》GB 50243—2002，相应的现场质量验收检查原始记录。

3）注意事项

① 主控项目的质量经抽样检验均应合格；

② 一般项目的质量经抽样检验合格。当采用计数抽样时，合格点率应符合有关专业验收规范的规定，且不得存在严重缺陷；

③ 具有完整的施工操作依据、质量验收记录；

④ 本检验批的主控项目、一般项目已列入推荐表中，有关具体内容及检查方法见一般规定及（2）条文摘录；

⑤ 黑体字的条文为强制性条文，必须严格执行，制订控制措施；

⑥ 本推荐表尚可用于 06070402、06070601。

5. 风管与设备防腐检验批质量验收记录

（1）推荐表格

06010501＿＿＿＿	06020501＿＿＿＿
06030501＿＿＿＿	06040501＿＿＿＿
06050501＿＿＿＿	06060501＿＿＿＿
06070501＿＿＿＿	06100401＿＿＿＿
	06110401＿＿＿＿

风管与设备防腐检验批质量验收记录　　　　06120401＿＿＿＿

单位(子单位)工程名称			分部(子分部)工程名称		分项工程名称		
施工单位			项目负责人		检验批容量		
分包单位			分包单位项目负责人		检验批部位		
施工依据			验收依据		《通风与空调工程施工质量验收规范》GB 50243—2002		
		验收项目		设计要求及规范规定	最小/实际抽样数量	检查记录	检查结果
主控项目	1	防腐涂料和油漆		第10.2.2条	/		

190

		验收项目	设计要求及规范规定	最小/实际抽样数量	检查记录	检查结果
一般项目	1	喷、涂油漆的漆膜质量均匀无缺陷	第10.3.1条	/		
	2	油漆喷、涂，不得遮盖铭牌标志和影响部件的功能使用	第10.3.2条	/		
	3	管道防潮层安装	第10.3.11条			
施工单位检查结果			专业工长： 项目专业质量检查员： 年 月 日			
监理单位验收结论			专业监理工程师： 年 月 日			

(2) 验收内容及检查方法条文摘录

一般规定

10.1.1 风管与部件及空调设备绝热工程施工应在风管系统严密性检验合格后进行。

10.1.2 空调工程的制冷系统管道，包括制冷剂和空调水系统绝热工程的施工，应在管路系统强度与严密性检验合格和防腐处理结束后进行。

10.1.3 普通薄钢板在制作风管前，宜预涂防锈漆一遍。

10.1.4 支、吊架的防腐处理应与风管或管道相一致，其明装部分必须涂面漆。

10.1.5 油漆施工时，应采取防火、防冻、防雨等措施，并不应在低温或潮湿环境下作业。明装部分的最后一遍色漆，宜在安装完毕后进行。

主控项目

10.2.1 风管和管道的绝热，应采用不燃或难燃材料，其材质、密度、规格与厚度应符合设计要求。如采用难燃材料时，应对其难燃性进行检查，合格后方可使用。

检查数量：按批随机抽查1件。

检查方法：观察检查、检查材料合格证，并做点燃试验。

10.2.2 防腐涂料和油漆，必须是在有效保质期限内的合格产品。

检查数量：按批检查。

检查方法：观察、检查材料合格证。

10.2.3 在下列场合必须使用不燃绝热材料：

1 电加热器前后800mm的风管和绝热层；

2 穿越防火隔墙两侧2m范围内风管、管道和绝热层。

检查数量：全数检查。

检查方法：观察、检查材料合格证与做点燃试验。

10.2.4 输送介质温度低于周围空气露点温度的管道，当采用非闭孔性绝热材料时，隔汽层（防潮层）必须完整，且封闭良好。

检查数量：按数量抽查 10%，且不得少于 5 段。

检查方法：观察检查。

10.2.5　位于洁净室内的风管及管道的绝热，不应采用易产尘的材料（如玻璃纤维、短纤维矿棉等）。

检查数量：全数检查。

检查方法：观察检查。

一般项目

10.3.1　喷、涂油漆的漆膜，应均匀、无堆积、皱纹、气泡、掺杂、混色与漏涂等缺陷。

检查数量：按面积抽查 10%。

检查方法：观察检查。

10.3.2　各类空调设备、部件的油漆喷、涂，不得遮盖铭牌标志和影响部件的功能使用。

检查数量：按数量抽查 10%，且不得少于 2 个。

检查方法：观察检查。

10.3.3　风管系统部件的绝热，不得影响其操作功能。

检查数量：按数量抽查 10%，且不得少于 2 个。

检查方法：观察检查。

10.3.4　绝热材料层应密实，无裂缝、空隙等缺陷。表面应平整，当采用卷材或板材时，允许偏差为 5mm；采用涂抹或其他方式时，允许偏差为 10mm。防潮层（包括绝热层的端部）应完整，且封闭良好；其搭接缝应顺水。

检查数量：管道按轴线长度抽查 10%；部件、阀门抽查 10%，且不得少于 2 个。

检查方法：观察检查、用钢丝刺入保温层、尺量。

10.3.5　风管绝热层采用粘结方法固定时，施工应符合下列规定：

1　粘结剂的性能应符合使用温度和环境卫生的要求，并与绝热材料相匹配；

2　粘结材料宜均匀地涂在风管、部件或设备的外表面上，绝热材料与风管、部件及设备表面应紧密贴合，无空隙；

3　绝热层纵、横向的接缝，应错开；

4　绝热层粘贴后，如进行包扎或捆扎，包扎的搭接处应均匀、贴紧；捆扎的应松紧适度，不得损坏绝热层。

检查数量：按数量抽查 10%。

检查方法：观察检查和检查材料合格证。

10.3.6　风管绝热层采用保温钉连接固定时，应符合下列规定：

1　保温钉与风管、部件及设备表面的连接，可采用粘接或焊接，结合应牢固，不得脱落；焊接后应保持风管的平整，并不应影响镀锌钢板的防腐性能；

2　矩形风管或设备保温钉的分布应均匀，其数量底面每平方米不应少于 16 个，侧面不应少于 10 个，顶面不应少于 8 个。首行保温钉至风管或保温材料边沿的距离应小于 120mm；

3　风管法兰部位的绝热层的厚度，不应低于风管绝热层的 0.8 倍；

4　带有防潮隔汽层绝热材料的拼缝处，应用粘胶带封严。粘胶带的宽度不应小于

50mm。粘胶带应牢固地粘贴在防潮面层上，不得有胀裂和脱落。

检查数量：按数量抽查 10%，且不得少于 5 处。

检查方法：观察检查。

10.3.7 绝热涂料作绝热层时，应分层涂抹，厚度均匀，不得有气泡和漏涂等缺陷，表面固化层应光滑，牢固无缝隙。

检查数量：按数量抽查 10%。

检查方法：观察检查。

10.3.8 当采用玻璃纤维布作绝热保护层时，搭接的宽度应均匀，宜为 30～50mm，且松紧适度。

检查数量：按数量抽查 10%，且不得少于 10m²。

检查方法：尺量、观察检查。

10.3.9 管道阀门、过滤器及法兰部位的绝热结构应能单独拆卸。

检查数量：按数量抽查 10%，且不得少于 5 个。

检查方法：观察检查。

10.3.10 管道绝热层的施工，应符合下列规定：

1 绝热产品的材质和规格，应符合设计要求，管壳的粘贴应牢固、铺设应平整；绑扎应紧密，无滑动、松弛与断裂现象；

2 硬质或半硬质绝热管壳的拼接缝隙，保温时不应大于 5mm、保冷时不应大于 2mm，并用粘结材料勾缝填满；纵缝应错开，外层的水平接缝应设在侧下方。当绝热层的厚度大于 100mm 时，应分层铺设，层间应压缝；

3 硬质或半硬质绝热管壳应用金属丝或难腐织带捆扎，其间距为 300～350mm，且每节至少捆扎 2 道；

4 松散或软质绝热材料应按规定的密度压缩其体积，疏密应均匀。毡类材料在管道上包扎时，搭接处不应有空隙。

检查数量：按数量抽查 10%，且不得少于 10 段。

检查方法：尺量、观察检查及查阅施工记录。

10.3.11 管道防潮层的施工应符合下列规定：

1 防潮层应紧密粘贴在绝热层上，封闭良好，不得有虚粘、气泡、褶皱、裂缝等缺陷；

2 立管的防潮层，应由管道的低端向高端敷设，环向搭接的缝口应朝向低端；纵向的搭接缝应位于管道的侧面，并顺水；

3 卷材防潮层采用螺旋形缠绕的方式施工时，卷材的搭接宽度宜为 30～50mm。

检查数量：按数量抽查 10%，且不得少于 10m。

检查方法：尺量、观察检查。

10.3.12 金属保护壳的施工，应符合下列规定：

1 应紧贴绝热层，不得有脱壳、褶皱、强行接口等现象。接口的搭接应顺水，并有凸筋加强，搭接尺寸为 20～25mm。采用自攻螺丝固定时，螺钉间距应匀称，并不得刺破防潮层。

2 户外金属保护壳的纵、横向接缝，应顺水；其纵向接缝应位于管道的侧面。金属保护壳与外墙面或屋顶的交接处应加设泛水。

检查数量：按数量抽查 10％。

检查方法：观察检查。

10.3.13 冷热源机房内制冷系统管道的外表面，应做色标。

检查数量：按数量抽查 10％。

检查方法：观察检查。

（3）验收说明：

1）施工依据：有关通风与空调工程施工技术规程，施工工艺标准，并制订专项施工方案、技术交底资料。

2）验收依据：《通风与空调工程施工质量验收规范》GB 50243—2002，相应的现场质量验收检查原始记录。

3）注意事项：

① 主控项目的质量经抽样检验均应合格；

② 一般项目的质量经抽样检验合格。当采用计数抽样时，合格点率应符合有关专业验收规范的规定，且不得存在严重缺陷；

③ 具有完整的施工操作依据、质量验收记录。

④ 本检验批的主控项目、一般项目已列入推荐表中，有关具体内容及检查方法见一般规定及（2）条文摘录。

⑤ 黑体字的条文为强制性条文，必须严格执行，制订控制措施。

⑥ 本推荐表尚可用于 06010501、06020501、06030501、06040501、06050501、06060501、06070501、06100401、06110401、06120401。

6. 旋流风口、岗位送风口、织物（布）风管安装检验批质量验收记录 06010601、06020601 见 06010401

7. 通风与空调工程系统调试检验批质量验收记录

（1）推荐表格

06010701 ____   06020801 ____
06030701 ____   06040901 ____
06051001 ____   06061001 ____
06071101 ____   06100901 ____
06110801 ____

通风与空调工程系统调试检验批质量验收记录

单位(子单位)工程名称		分部(子分部)工程名称		分项工程名称	
施工单位		项目负责人		检验批容量	
分包单位		分包单位项目负责人		检验批部位	
施工依据		验收依据	《通风与空调工程施工质量验收规范》GB 50243—2002		
验收项目			设计要求及规范规定	最小/实际抽样数量	检查记录	检查结果
主控项目	1	通风机、空调机组单机试运转及调试	第11.2.2-1条	/		

	验收项目	设计要求及规范规定	最小/实际抽样数量	检查记录	检查结果
主控项目	2　水泵单机试运转及调试	第11.2.2-2条	/		
	3　冷却塔单机试运转及调试	第11.2.2-3条	/		
	4　制冷机组单机试运转及调试	第11.2.2-4条	/		
	5　电控防火、防排烟阀动作试验	第11.2.2-5条	/		
	6　系统风量调试	第11.2.3-1条	/		
	7　空调水系统调试	第11.2.3-2条	/		
	8　恒温、恒湿空调	第11.2.3-3条	/		
	9　防、排烟系统调试	第11.2.4条	/		
	10　净化空调系统调试	第11.2.5条	/		
一般项目	1　风机、空调机组	第11.3.1-2、11.3.1-3条	/		
	2　水泵安装	第11.3.1-1条	/		
	3　风口风量平衡	第11.3.2-2条	/		
	4　水系统试运行	第11.3.3-1、11.3.3-3条	/		
	5　水系统检测元件工作	第11.3.3-2条	/		
	6　空调房间参数	第11.3.3-4、5、6条	/		
	7　工程控制和监测元件及执行结构	第11.3.4条	/		
施工单位检查结果	专业工长： 项目专业质量检查员： 年　月　日				
监理单位验收结论	专业监理工程师： 年　月　日				

(2) 验收内容及检查方法条文摘录

一 般 规 定

11.1.1　系统调试所使用的测试仪器和仪表，性能应稳定可靠，其精度等级及最小分度值应能满足测定的要求，并应符合国家有关计量法规及检定规程的规定。

11.1.2　通风与空调工程的系统调试，应由施工单位负责、监理单位监督，设计单位与建设单位参与和配合。系统调试的实施可以是施工企业本身或委托给具有调试能力的其他单位。

11.1.3　系统调试前，承包单位应编制调试方案，报送专业监理工程师审核批准；调试结束后，必须提供完整的调试资料和报告。

11.1.4　通风与空调工程系统无生产负荷的联合试运转及调试，应在制冷设备和通风与空调设备单机试运转合格后进行。空调系统带冷（热）源的正常联合试运转不应少于8h，当竣工季节与设计条件相差较大时，仅做不带冷（热）源试运转。通风、除尘系统的连续试运转不应少于2h。

11.1.5　净化空调系统运行前应在回风、新风的吸入口处和粗、中效过滤器前设置临时用过滤器（如无纺布等），实行对系统的保护。净化空调系统的检测和调整，应在系统进行全面清扫，且已运行24h及以上达到稳定后进行。洁净室洁净度的检测，应在空态或静态下进行或按合约规定。室内洁净度检测时，人员不宜多于3人，均必须穿与洁净室洁净度等级相适应的洁净工作服。

主 控 项 目

11.2.1　通风与空调工程安装完毕，必须进行系统的测定和调整（简称调试）。系统调试应包括下列项目：

1　设备单机试运转及调试；

2　系统无生产负荷下的联合试运转及调试。

检查数量：全数。

检查方法：观察、旁站、查阅调试记录。

11.2.2　设备单机试运转及调试应符合下列规定：

1　通风机、空调机组中的风机，叶轮旋转方向正确、运转平稳、无异常振动与声响，其电机运行功率应符合设备技术文件的规定。在额定转速下连续运转2h后，滑动轴承外壳最高温度不得超过70℃；滚动轴承不得超过80℃；

2　水泵叶轮旋转方向正确，无异常振动和声响，紧固连接部位无松动，其电机运行功率值符合设备技术文件的规定。水泵连续运转2h后，滑动轴承外壳最高温度不得超过70℃；滚动轴承不得超过75℃；

3　冷却塔本体应稳固、无异常振动，其噪声应符合设备技术文件的规定。风机试运转按本条第1款的规定；冷却塔风机与冷却水系统循环试运行不少于2h，运行应无异常情况；

4　制冷机组、单元式空调机组的试运转，应符合设备技术文件和现行国家标准《制冷设备、空气分离设备安装工程施工及验收规范》GB 50274的有关规定，正常运转不应少于8h；

5　电控防火、防排烟风阀（口）的手动、电动操作应灵活、可靠，信号输出正确。

检查数量：第1款按风机数量抽查10%，且不得少于1台；第2、3、4款全数检查；第5款按系统中风阀的数量抽查20%，且不得少于5件。

检查方法：观察、旁站、用声级计测定、查阅试运转记录及有关文件。

11.2.3　系统无生产负荷的联合试运转及调试应符合下列规定：

1　系统总风量调试结果与设计风量的偏差不应大于10%；

2　空调冷热水、冷却水总流量测试结果与设计流量的偏差不应大于10%；

3　舒适空调的温度、相对湿度应符合设计的要求。恒温、恒湿房间室内空气温度、相对湿度及波动范围应符合设计规定。

检查数量：按风管系统数量抽查10%，且不得少于1个系统。

检查方法：观察、旁站、查阅调试记录。

11.2.4 防排烟系统联合试运行与调试的结果（风量及正压），必须符合设计与消防的规定。

检查数量：按总数抽查 10%，且不得少于 2 个楼层。

检查方法：观察、旁站、查阅调试记录。

11.2.5 净化空调系统还应符合下列规定：

1 单向流洁净室系统的系统总风量调试结果与设计风量的允许偏差为 0～20%，室内各风口风量与设计风量的允许偏差为 15%。新风量与设计新风量的允许偏差为 10%；

2 单向流洁净室系统的室内截面平均风速的允许偏差为 0～20%，且截面风速不均匀度不应大于 0.25。新风量和设计新风量的允许偏差为 10%；

3 相邻不同级别洁净室之间和洁净室与非洁净室之间的静压差不应小于 5Pa，洁净室与室外的静压差不应小于 10Pa；

4 室内空气洁净度等级必须符合设计规定的等级或在商定验收状态下的等级要求。高于等于 5 级的单向流洁净室，在门开启的状态下，测定距离门 0.6m 室内侧工作高度处空气的含尘浓度，亦不应超过室内洁净度等级上限的规定。

检查数量：调试记录全数检查，测点抽查 5%，且不得少于 1 点。

检查方法：检查、验证调试记录，按本规范附录 B 进行测试校核。

一 般 项 目

11.3.1 设备单机试运转及调试应符合下列规定：

1 水泵运行时不应有异常振动和声响、壳体密封处不得渗漏、紧固连接部位不应松动、轴封的温升应正常；在无特殊要求的情况下，普通填料泄漏量不应大于 60mL/h，机械密封的不应大于 5mL/h；

2 风机、空调机组、风冷热泵等设备运行时，产生的噪声不宜超过产品性能说明书的规定值；

3 风机盘管机组的三速、温控开关的动作应正确，并与机组运行状态一一对应。

检查数量：第 1、2 款抽查 20%，且不得少于 1 台；第 3 款抽查 10%，且不得少于 5 台。

检查方法：观察、旁站、查阅试运转记录。

11.3.2 通风工程系统无生产负荷联动试运转及调试应符合下列规定：

1 系统联动试运转中，设备及主要部件的联动必须符合设计要求，动作协调、正确，无异常现象；

2 系统经过平衡调整，各风口或吸风罩的风量与设计风量的允许偏差不应大于 15%；

3 湿式除尘器的供水与排水系统运行应正常。

11.3.3 空调工程系统无生产负荷联动试运转及调试还应符合下列规定：

1 空调工程水系统应冲洗干净、不含杂物，并排除管道系统中的空气；系统连续运行应达到正常、平稳；水泵的压力和水泵电机的电流不应出现大幅波动。系统平衡调整后，各空调机组的水流量应符合设计要求，允许偏差为 20%；

2 各种自动计量检测元件和执行机构的工作应正常，满足建筑设备自动化（BA、FA 等）系统对被测定参数进行检测和控制的要求；

3 多台冷却塔并联运行时，各冷却塔的进、出水量应达到均衡一致；

4 空调室内噪声应符合设计规定要求；

5 有压差要求的房间、厅堂与其他相邻房间之间的压差，舒适性空调正压为 0～25Pa；工艺性的空调应符合设计的规定；

6 有环境噪声要求的场所，制冷、空调机组应按现行国家标准《采暖通风与空气调节设备噪声声功率级的测定——工程法》GB 9068 的规定进行测定。洁净室内的噪声应符合设计的规定。

检查数量：按系统数量抽查 10%，且不得少于 1 个系统或 1 间。

检查方法：观察、用仪表测量检查及查阅调试记录。

11.3.4 通风与空调工程的控制和监测设备，应能与系统的检测元件和执行机构正常沟通，系统的状态参数应能正确显示，设备联锁、自动调节、自动保护应能正确动作。

检查数量：按系统或监测系统总数抽查 30%，且不得少于 1 个系统。

检查方法：旁站观察，查阅调试记录。

(3) 验收说明

1）施工依据：有关通风与空调工程施工技术规程，施工工艺标准，并制订专项施工方案、技术交底资料。

2）验收依据：《通风与空调工程施工质量验收规范》GB 50243—2002，相应的现场质量验收检查原始记录。

3）注意事项：

① 主控项目的质量经抽样检验均应合格。

② 一般项目的质量经抽样检验合格。当采用计数抽样时，合格点率应符合有关专业验收规范的规定，且不得存在严重缺陷。

③ 具有完整的施工操作依据、质量验收记录。

④ 本检验批的主控项目、一般项目已列入推荐表中，有关具体内容及检查方法见一般规定及（2）条文摘录。

⑤ 黑体字的条文为强制性条文，必须严格执行，制订控制措施。

⑥ 本推荐表尚可用于 06010701、06020801、06030701、06040901、06051001、06061001、06071101、06100901、06110801。

第三节 排风系统子分部工程检验批质量验收记录

1. 风管与配件制作检验批质量验收记录（Ⅰ）（金属风管）06020101 见 06010101

风管与配件制作检验批质量验收记录（Ⅱ）（非金属、复合材料风管）06020102 见 06010102

2. 部件制作检验批质量验收记录 06020201 见 06010201

3. 风管系统安装检验批质量验收记录（Ⅰ）（送排风系统）06020301 见 06010301

4. 风机与空气处理器安装检验批质量验收记录（风机安装）06020401 见 06010401

风机与空气处理器安装检验批质量验收记录（空气处理设备安装）06020402 见 06010402

5. 风管与设备防腐检验批质量验收记录 06020501 见 06010501

6. 吸风罩及其他空气处理设备安装检验批质量验收记录 06020601 见 06010402

7. 厨房、卫生间排风系统安装检验批质量验收记录（暂无表格）

8. 系统调试检验批质量验收记录 06020801 见 06010701

第四节　防排烟系统子分部工程检验批质量验收记录

1. 风管与配件制作检验批质量验收记录（Ⅰ）（金属风管）06030101 见 06010101

风管与配件制作检验批质量验收记录（Ⅱ）（非金属、复合材料风管）06030102 见 06010102

2. 部件制作检验批质量验收记录 06030201 见 06010201

3. 风管系统安装检验批质量验收记录（Ⅰ）（防排烟系统）06030301 见 06010301

4. 风机与空气处理器安装检验批质量验收记录（风机安装）06030401 见 06010401

风机与空气处理器安装检验批质量验收记录（空气处理设备安装）（Ⅰ）（防排烟系统）06030402 见 06010402

5. 风管与设备防腐检验批质量验收记录 06030501 见 06010501

6. 排烟风阀口、常闭正压风口、防烟风管安装检验批质量验收记录 06030601（暂无表格）

7. 系统调试检验批质量验收记录 06030701 见 06010701

第五节　除尘系统子分部工程检验批质量验收记录

1. 风管与配件制作检验批质量验收记录（Ⅰ）（金属风管）06040101 见 06010101

风管与配件制作检验批质量验收记录（Ⅱ）（非金属、复合材料风管）06040102 见 06010102

2. 部件制作检验批质量验收记录 06040201 见 06010201

3. 风管系统安装检验批质量验收记录（Ⅰ）（除尘系统）06040301 见 06010301

4. 风机与空气处理器安装检验批质量验收记录（风机安装）06040401 见 06010401

风机与空气处理器安装检验批质量验收记录（空气处理设备安装）（Ⅰ）（除尘系统）06040402 见 06010402

5. 风管与设备防腐检验批质量验收记录 06040501 见 06010501

6. 除尘器与排污设备安装检验批质量验收记录 06040601（暂无表格）

7. 吸尘罩安装检验批质量验收记录 06040701（暂无表格）

8. 高温风管绝热检验批质量验收记录 06040801（暂无表格）

9. 系统调试检验批质量验收记录 06040901 见 06010701

第六节　舒适性空调系统子分部工程检验批质量验收记录

1. 风管与配件制作检验批质量验收记录（Ⅰ）（金属风管）06050101 见 06010101

风管与配件制作检验批质量验收记录（Ⅱ）（非金属、复合材料风管）06050102
见 06010102

2. 部件制作检验批质量验收记录 06050201 见 06010201

3. 风管系统安装检验批质量验收记录（Ⅱ）（空调系统）06050301 见 06010302

4. 风机与空气处理器设备安装检验批质量验收记录（风机安装）06050401
见 06010401

风机与空气处理器安装检验批质量验收记录（空气处理设备安装）（Ⅱ）（空调系统）
06050401 见 06010402

5. 风管与设备防腐检验批质量验收记录 06050501 见 06010501

6. 组合式空调机组安装检验批质量验收记录 06050601 见 06050402

7. 消声器、静电除尘器、换热器、紫外线灭菌器等设备安装检验批质量验收记录
06050701（暂无表格）

8. 风机盘管、变风量与定风量送风装置、射流喷口等末端设备安装检验批质量验收
记录 06050801（暂无表格）

9. 风管与设备绝热检验批质量验收记录

（1）推荐表格

06050901____

06060901____

06071001____

06100801____

06110701____

风管与设备绝热检验批质量验收记录

06120601____

单位(子单位) 工程名称			分部(子分部) 工程名称		分项工程名称	
施工单位			项目负责人		检验批容量	
分包单位			分包单位项目 负责人		检验批部位	
施工依据			验收依据		《通风与空调工程施工质量验 收规范》GB 50243—2002	
		验收项目	设计要求及 规范规定	最小/实际 抽样数量	检查记录	检查结果
主控 项目	1	风管和管道的绝热材料	第10.2.1条	/		
	2	使用不燃绝热材料	第10.2.3条	/		
	3	管道隔汽层(防潮层)	第10.2.4条	/		
	4	洁净室内风管机管道的绝热	第10.2.5条	/		
一般 项目	1	风管系统部件的绝热,不 得影响其操作功能	第10.3.3条	/		

验收项目			设计要求及规范规定	最小/实际抽样数量	检查记录	检查结果
主控项目	2 绝热材料层	表面质量		应密实无缺陷	/		
		表面平整度	卷材、板材	5mm	/		
			涂抹或其他	10mm	/		
		防潮层		应完整,且密闭良好;其搭接缝应顺水	/		
	3	风管绝热层采用粘结方法固定时,施工质量		第10.3.5条	/		
	4	风管绝热层采用保温钉连接固定,施工质量		第10.3.6条	/		
	5	绝热涂料作绝热层		第10.3.7条	/		
	6	玻璃纤维布作绝热保护层		第10.3.8条	/		
	7	管道阀门、过滤器及法兰部位的绝热结构		应能单独拆卸	/		
	8	管道绝热层的施工质量		第10.3.10条	/		
	9	管道防潮层的施工质量		第10.3.11条	/		
	10	金属保护壳的施工质量		第10.3.12条	/		
	11	冷热源机房内制冷系统管道的外表面,应做色标		第10.3.13条	/		

施工单位检查结果	专业工长: 项目专业质量检查员: 年 月 日
监理单位验收结论	专业监理工程师: 年 月 日

(2) 验收内容及检查方法条文摘录

见(防腐项目)条文摘录。

(3) 验收说明

1)施工依据:有关通风与空调工程施工技术规程,施工工艺标准,并制订专项施工方案、技术交底资料。

2)验收依据:《通风与空调工程施工质量验收规范》GB 50243—2002,相应的现场质量验收检查原始记录。

3)注意事项:

① 主控项目的质量经抽样检验均应合格;

② 一般项目的质量经抽样检验合格。当采用计数抽样时，合格点率应符合有关专业验收规范的规定，且不得存在严重缺陷；

③ 具有完整的施工操作依据、质量验收记录；

④ 本检验批的主控项目、一般项目已列入推荐表中，有关具体内容及检查方法见一般规定及（2）条文摘录；

⑤ 黑体字的条文为强制性条文，必须严格执行，制订控制措施；

⑥ 本推荐表尚可用于 06050901、06060901、06071001、06100801、06110701、06120601。

10. 系统调试检验批质量验收记录 06051001 见 06010701

第七节　恒温恒湿空调系统子分部工程检验批质量验收记录

1. 风管与配件制作检验批质量验收记录（Ⅰ）（金属风管）06060101 见 06010101

风管与配件制作检验批质量验收记录（Ⅱ）（非金属、复合材料风管）06060102 见 06010102

2. 部件制作检验批质量验收记录 06060201 见 06010201

3. 风管系统安装检验批质量验收记录（Ⅱ）（空调系统）06060301 见 06050301

4. 风机安装检验批质量验收记录 06060401 见 06010401

空气处理设备安装检验批质量验收记录（Ⅱ）（空调系统）06060402 见 06050402

5. 风管与设备防腐检验批质量验收记录 06060501 见 06010501

6. 组合式空调机组安装检验批质量验收记录 06060601 见 06060402

7. 电加热器、加湿器等设备安装检验批质量验收记录 06060701（暂无表格）

8. 精密空调机组安装检验批质量验收记录 06060801（暂无表格）

9. 风管与设备绝热检验批质量验收记录 06060901 见 06050901

10. 系统调试检验批质量验收记录 06061001 见 06010701

第八节　净化空调系统子分部工程检验批质量验收记录

1. 风管与配件制作检验批质量验收记录（Ⅰ）（金属风管）06070101 见 06010101

风管与配件制作检验批质量验收记录（Ⅱ）（非金属、复合材料风管）06070102 见 06010102

2. 部件制作检验批质量验收记录 06070201 见 06010201

3. 风管系统安装检验批质量验收记录（Ⅲ）（净化空调系统）06070301　见 06010303

4. 风机安装检验批质量验收记录 06070401 见 06010401

空气处理设备安装检验批质量验收记录（Ⅲ）（净化空调系统）06070402 见 06070601

5. 风管与设备防腐检验批质量验收记录 06070501 见 06010501

6. 净化空调机组安装检验批质量验收记录 06070601 见 06070402

7. 消声器、静电除尘器、换热器、紫外线灭菌器等安装检验批质量验收记录

06070701（暂无表格）

8. 中、高效过滤器及风机过滤器单元等末端设备清洗与安装检验批质量验收记录 06070801（暂无表格）

9. 洁净度测试检验批质量验收记录 06070901（暂无表格）

10. 风管与设备绝热检验批质量验收记录 06071001 见 06060901

11. 系统调试检验批质量验收记录 06071101 见 06010701

第九节　地下人防通风系统子分部工程检验批质量验收记录（暂无表格）

第十节　真空吸尘系统子分部工程检验批质量验收记录（暂无表格）

第十一节　冷凝水系统子分部工程检验批质量验收记录

1. 空调水系统安装检验批质量验收记录（Ⅰ）（金属管道）

（1）推荐表格

06100101 _____　　06100201 _____

06100301 _____　　06110101 _____

06110201 _____　　06110301 _____

空调水系统安装检验批质量验收记录（Ⅰ）　06120101 _____　　06120201 _____

（金属管道）　　　　　　　　　　　　　　　　06120301 _____

单位(子单位)工程名称			分部(子分部)工程名称		分项工程名称	
施工单位			项目负责人		检验批容量	
分包单位			分包单位项目负责人		检验批部位	
施工依据			验收依据		《通风与空调工程施工质量验收规范》GB 50243—2002	

验收项目			设计要求及规范规定	最小/实际抽样数量	检查记录	检查结果
主控项目	1	系统的管材与配件验收	第9.2.1条	/		
	2	管道安装	第9.2.2条	/		
	3	管道补偿器安装及固定支架	第9.2.5条	/		
	4	阀门安装、试验	第9.2.4条	/		
	5	系统试压	第9.2.3条	/		

	验收项目			设计要求及规范规定	最小/实际抽样数量	检查记录	检查结果
一般项目	1	管道焊接连接		第9.3.2条	/		
	2	管道螺纹连接		第9.3.3条	/		
	3	管道法兰连接		第9.3.4条	/		
	4	(1)坐标(mm)	架空及地沟 室外	25	/		
			架空及地沟 室内	15	/		
			地沟	60	/		
		(2)标高(mm)	架空及地沟 室外	±20	/		
			架空及地沟 室内	±15	/		
			地沟	±25	/		
		(3)水平管平直度(mm)	$DN \leqslant 100mm$	2L‰,最大40	/		
			$DN > 100mm$	3L‰,最大60	/		
		(4)立管垂直度		5L‰,最大25	/		
		(5)成排管段间距		15	/		
		(6)成排管段或成排阀门在同一平面上		3	/		
	5	钢塑复合管道安装		第9.3.6条	/		
	6	管道沟槽式连接		第9.3.6条	/		
	7	管道支吊架		第9.3.8条	/		
	8	阀门及其他部件安装		第9.3.10条	/		
	9	系统放气阀与排气阀		第9.3.10-4条	/		

施工单位检查结果	专业工长: 项目专业质量检查员: 年　月　日
监理单位验收结论	专业监理工程师: 年　月　日

(2)验收内容及检查方法条文摘录

一 般 规 定

9.1.1 本章适用于空调工程水系统安装子分部工程,包括冷(热)水、冷却水、凝结水系统的设备(不包括末端设备)、管道及附件施工质量的检验及验收。

9.1.2 镀锌钢管应采用螺纹连接。当管径大于$DN100$时,可采用卡箍式、法兰或焊接连接,但应对焊缝及热影响区的表面进行防腐处理。

9.1.3 从事金属管道焊接的企业，应具有相应项目的焊接工艺评定，焊工应持有相应类别焊接的焊工合格证书。

9.1.4 空调用蒸汽管道的安装，应按现行国家标准《建筑给水排水及采暖工程施工质量验收规范》GB 50242—2002 的规定执行。

主 控 项 目

9.2.1 空调工程水系统的设备与附属设备、管道、管配件及阀门的型号、规格、材质及连接形式应符合设计规定。

检查数量：按总数抽查 10%，且不得少于 5 件。

检查方法：观察检查外观质量并检查产品质量证明文件、材料进场验收记录。

9.2.2 管道安装应符合下列规定：

1 通风与空调工程中的隐蔽工程，在隐蔽前必须经监理人员验收及认可签证；

2 焊接钢管、镀锌钢管不得采用热煨弯；

3 管道与设备的连接，应在设备安装完毕后进行，与水泵、制冷机组的接管必须为柔性接口。柔性短管不得强行对口连接，与其连接的管道应设置独立支架；

4 冷热水及冷却水系统应在系统冲洗、排污合格（目测：以排出口的水色和透明度与入水口对比相近，无可见杂物），再循环试运行 2h 以上，且水质正常后才能与制冷机组、空调设备相贯通；

5 固定在建筑结构上的管道支、吊架，不得影响结构的安全。管道穿越墙体或楼板处应设钢制套管，管道接口不得置于套管内，钢制套管应与墙体饰面或楼板底部平齐，上部应高出楼层地面 20~50mm，并不得将套管作为管道支撑。

保温管道与套管四周间隙应使用不燃绝热材料填塞紧密。

检查数量：系统全数检查。每个系统管道、部件数量抽查 10%，且不得少于 5 件。

检查方法：尺量、观察检查，旁站或查阅试验记录、隐蔽工程记录。

9.2.3 管道系统安装完毕，外观检查合格后，应按设计要求进行水压试验。当设计无规定时，应符合下列规定：

1 冷热水、冷却水系统的试验压力，当工作压力小于等 1.0MPa 时，为 1.5 倍工作压力，但最低不小于 0.6MPa；当工作压力大于 1.0MPa 时，为工作压力加 0.5MPa。

2 对于大型或高层建筑垂直位差较大的冷（热）媒水、冷却水管道系统宜采用分区、分层试压和系统试压相结合的方法。一般建筑可采用系统试压方法。

分区、分层试压：对相对独立的局部区域的管道进行试压。在试验压力下，稳压 10min，压力不得下降，再将系统压力降至工作压力，在 60min 内压力不得下降、外观检查无渗漏为合格。

系统试压：在各分区管道与系统主、干管全部连通后，对整个系统的管道进行系统的试压。试验压力以最低点的压力为准，但最低点的压力不得超过管道与组成件的承受压力。压力试验升至试验压力后，稳压 10min，压力下降不得大于 0.02MPa，再将系统压力降至工作压力，外观检查无渗漏为合格。

3 各类耐压塑料管的强度试验压力为 1.5 倍工作压力，严密性工作压力为 1.15 倍的设计工作压力。

4 凝结水系统采用充水试验，应以不渗漏为合格。

检查数量：系统全数检查。

检查方法：旁站观察或查阅试验记录。

9.2.4 阀门的安装应符合下列规定：

1 阀门的安装位置、高度、进出口方向必须符合设计要求，连接应牢固紧密；

2 安装在保温管道上的各类手动阀门，手柄均不得向下；

3 阀门安装前必须进行外观检查，阀门的铭牌应符合现行国家标准《通用阀门标志》GB 12220 的规定。对于工作压力大于 1.0MPa 及在主干管上起到切断作用的阀门，应进行强度和严密性试验，合格后方准使用。其他阀门可不单独进行试验，待在系统试压中检验。

强度试验时，试验压力为公称压力的 1.5 倍，持续时间不少于 5min，阀门的壳体、填料应无渗漏。

严密性试验时，试验压力为公称压力的 1.1 倍；试验压力在试验持续的时间内应保持不变，时间应符合表 9.2.4 的规定，以阀瓣密封面无渗漏为合格。

表 9.2.4　阀门压力持续时间

公称直径 DN(mm)	最短试验持续时间(s)	
	严密性试验	
	金属密封	非金属密封
≤50	15	15
65~200	30	15
250~450	60	30
≥500	120	60

检查数量：1、2 款抽查 5%，且不得少于 1 个。水压试验以每批（同牌号、同规格、同型号）数量中抽查 20%，且不得少于 1 个。对于安装在主干管上起切断作用的闭路阀门，全数检查。

检查方法：按设计图核对、观察检查；旁站或查阅试验记录。

9.2.5 补偿器的补偿量和安装位置必须符合设计及产品技术文件的要求，并应根据设计计算的补偿量进行预拉伸或预压缩。

设有补偿器（膨胀节）的管道应设置固定支架，其结构形式和固定位置应符合设计要求，并应在补偿器的预拉伸（或预压缩）前固定；导向支架的设置应符合所安装产品技术文件的要求。

检查数量：抽查 20%，且不得少于 1 个。

检查方法：观察检查，旁站或查阅补偿器的预拉伸或预压缩记录。

9.2.6 冷却塔的型号、规格、技术参数必须符合设计要求。对含有易燃材料冷却塔的安装，必须严格执行施工防火安全的规定。

检查数量：全数检查。

检查方法：按图纸核对，监督执行防火规定。

9.2.7 水泵的规格、型号、技术参数应符合设计要求和产品性能指标。水泵正常连续试运行的时间，不应少于 2h。

检查数量：全数检查。

检查方法：按图纸核对，实测或查阅水泵试运行记录。

9.2.8 水箱、集水缸、分水缸、储冷罐的满水试验或水压试验必须符合设计要求。储冷罐内壁防腐涂层的材质、涂抹质量、厚度必须符合设计或产品技术文件要求，储冷罐与底座必须进行绝热处理。

检查数量：全数检查。

检查方法：尺量、观察检查，查阅试验记录。

一 般 项 目

9.3.1 当空调水系统的管道，采用建筑用硬聚氯乙烯（PVC-U）、聚丙烯（PP-R）、聚丁烯（PB）与交联聚乙烯（PEX）等有机材料管道时，其连接方法应符合设计和产品技术要求的规定。

检查数量：按总数抽查 20%，且不得少于 2 处。

检查方法：尺量、观察检查，验证产品合格证书和试验记录。

9.3.2 金属管道的焊接应符合下列规定：

1 管道焊接材料的品种、规格、性能应符合设计要求。管道对接焊口的组对和坡口形式等应符合表 9.3.2 的规定；对口的平直度为 1/100，全长不大于 10mm。管道的固定焊口应远离设备，且不宜与设备接口中心线相重合。管道对接焊缝与支、吊架的距离应大于 50mm；

2 管道焊缝表面应清理干净，并进行外观质量的检查。焊缝外观质量不得低于现行国家标准《现场设备、工业管道焊接工程施工及验收规范》GB 50236 中第 11.3.3 条的 Ⅳ 级规定（氨管为 Ⅲ 级）。

检查数量：按总数抽查 20%，且不得少于 1 处。

检查方法：尺量、观察检查。

表 9.3.2 管道焊接坡口形式和尺寸

项次	厚度 T(mm)	坡口名称	坡口形式	坡口尺寸			备 注
				间隙 C (mm)	钝边 P (mm)	坡口角度 α (°)	
1	1~3	Ⅰ型坡口		0~1.5	—	—	内壁错边量 $\leqslant 0.1T$，且 $\leqslant 2$mm；外壁 $\leqslant 3$mm
	3~6 双面焊			1~2.5			
2	6~9	V型坡口		0~2.0	0~2	65~75	
	9~26			0~3.0	0~3	55~65	
3	2~30	T型坡口		0~2.0	—	—	

207

9.3.3 螺纹连接的管道，螺纹应清洁、规整，断丝或缺丝不大于螺纹全扣数的10%；连接牢固；接口处根部外露螺纹为2～3扣，无外露填料；镀锌管道的镀锌层应注意保护，对局部的破损处，应做防腐处理。

检查数量：按总数抽查5%，且不得少于5处。

检查方法：尺量、观察检查。

9.3.4 法兰连接的管道，法兰面应与管道中心线垂直，并同心。法兰对接应平行，其偏差不应大于其外径的1.5/1000，且不得大于2mm；连接螺栓长度应一致、螺母在同侧、均匀拧紧。螺栓紧固后不应低于螺母平面。法兰的衬垫规格、品种与厚度应符合设计的要求。

检查数量：按总数抽查5%，且不得少于5处。

检查方法：尺量、观察检查。

9.3.5 钢制管道的安装应符合下列规定：

1 管道和管件在安装前，应将其内、外壁的污物和锈蚀清除干净。当管道安装间断时，应及时封闭敞开的管口；

2 管道弯制弯管的弯曲半径，热弯不应小于管道外径的3.5倍、冷弯不应小于4倍；焊接弯管不应小于1.5倍；冲压弯管不应小于1倍。弯管的最大外径与最小外径的差不应大于管道外径的8/100，管壁减薄率不应大于15%；

3 冷凝水排水管坡度，应符合设计文件的规定。当设计无规定时，其坡度宜大于或等于8‰；软管连接的长度，不宜大于150mm；

4 冷热水管道与支、吊架之间，应有绝热衬垫（承压强度能满足管道重量的不燃、难燃硬质绝热材料或经防腐处理的木衬垫），其厚度不应小于绝热层厚度，宽度应大于支、吊架支承面的宽度。衬垫的表面应平整、衬垫接合面的空隙应填实；

5 管道安装的坐标、标高和纵、横向的弯曲度应符合表9.3.5的规定。在吊顶内等暗装管道的位置应正确，无明显偏差。

表9.3.5 管道安装的允许偏差和检验方法

项 目			允许偏差(mm)	检查方法
坐标	架空及地沟	室外	25	按系统检查管道的起点、终点、分支点和变向点及各点之间的直管用经纬仪、水准仪、液体连通器、水平仪、拉线和尺量检查
		室内	15	
	埋地		60	
标高	架空及地沟	室外	±20	
		室内	±15	
	埋地		±25	
水平管道平直度	$DN \leqslant 100mm$		2L‰，最大40	用直尺、拉线和尺量检查
	$DN > 100mm$		3L‰，最大60	
立管垂直度			5L‰，最大25	用直尺、线锤、拉线和尺量检查
成排管段间距			15	用直尺尺量检查
成排管段或成排阀门在同一平面上			3	用直尺、拉线和尺量检查

注：L——管道的有效长度（mm）。

检查数量：按总数抽查 10％，且不得少于 5 处。

检查方法：尺量、观察检查。

9.3.6 钢塑复合管道的安装，当系统工作压力不大于 1.0MPa 时，可采用涂（衬）塑焊接钢管螺纹连接，与管道配件的连接深度和扭矩应符合表 9.3.6-1 的规定；当系统工作压力为 1.0～2.5MPa 时，可采用涂（衬）塑无缝钢管法兰连接或沟槽式连接，管道配件均为无缝钢管涂（衬）塑管件。

沟槽式连接的管道，其沟槽与橡胶密封圈和卡箍套必须为配套合格产品；支、吊架的间距应符合表 9.3.6-2 的规定。

表 9.3.6-1　钢塑复合管螺纹连接深度及紧固扭矩

公称直径(mm)		15	20	25	32	40	50	65	80	100
螺纹连接	深度(mm)	11	13	15	17	18	20	23	27	33
	牙数	6.0	6.5	7.0	7.5	8.0	9.0	10.0	11.5	13.5
扭矩(N·m)		40	60	100	120	150	200	250	300	400

表 9.3.6-2　沟槽式连接管道的沟槽及支、吊架的间距

公称直径 (mm)	沟槽深度 (mm)	允许偏差 (mm)	支、吊架的间距(m)	端面垂直度允许偏差(mm)
65～100	2.20	0～+0.3	3.5	1.0
125～150	2.20	0～+0.3	4.2	
200	2.50	0～+0.3	4.2	1.5
225～250	2.50	0～+0.3	5.0	
300	3.0	0～+0.5	5.0	

注：1　连接管端面应平整光滑、无毛刺；沟槽过深，应作为废品，不得使用。
　　2　支、吊架不得支承在连接头上，水平管的任意两个连接头之间必须有支、吊架。

检查数量：按总数抽查 10％，且不得少于 5 处。

检查方法：尺量、观察检查、查阅产品合格证明文件。

9.3.7 风机盘管机组及其他空调设备与管道的连接，宜采用弹性接管或软接管（金属或非金属软管），其耐压值应大于等于 1.5 倍的工作压力。软管的连接应牢固、不应有强扭和瘪管。

检查数量：按总数抽查 10％，且不得少于 5 处。

检查方法：观察、查阅产品合格证明文件。

9.3.8 金属管道的支、吊架的型式、位置、间距、标高应符合设计或有关技术标准的要求。设计无规定时，应符合下列规定：

1　支、吊架的安装应平整牢固，与管道接触紧密。管道与设备连接处，应设独立支、吊架；

2　冷（热）媒水、冷却水系统管道机房内总、干管的支、吊架，应采用承重防晃管架；与设备连接的管道管架宜有减振措施。当水平支管的管架采用单杆吊架时，应在管道

起始点、阀门、三通、弯头及长度每隔 15m 设置承重防晃支、吊架；

3 无热位移的管道吊架，其吊杆应垂直安装；有热位移的，其吊杆应向热膨胀（或冷收缩）的反方向偏移安装，偏移量按计算确定；

4 滑动支架的滑动面应清洁、平整，其安装位置应从支承面中心向位移反方向偏移 1/2 位移值或符合设计文件规定；

5 竖井内的立管，每隔 2～3 层应设导向支架。在建筑结构负重允许的情况下，水平安装管道支、吊架的间距应符合表 9.3.8 的规定；

表 9.3.8　钢管道支、吊架的最大间距

公称直径(mm)		15	20	25	32	40	50	70	80	100	125	150	200	250	300
支架的最大间距（m）	L_1	1.5	2.0	2.5	2.5	3.0	3.5	4.0	5.0	5.0	5.5	6.5	7.5	8.5	9.5
	L_2	2.5	3.0	3.5	4.0	4.5	5.0	6.0	6.5	6.5	7.5	7.5	9.0	9.5	10.5
		对大于 300mm 的管道可参考 300mm 管道													

注：1　适用于工作压力不大于 2.0MPa，不保温或保温材料密度不大于 200kg/m³ 的管道系统。
　　2　L_1 用于保温管道，L_2 用于不保温管道。

6 道支、吊架的焊接应由合格持证焊工施焊，并不得有漏焊、欠焊或焊接裂纹等缺陷。支架与管道焊接时，管道侧的咬边量，应小于 0.1 管壁厚。

检查数量：按系统支架数量抽查 5%，且不得少于 5 个。

检查方法：尺量、观察检查。

9.3.9　采用建筑用硬聚氯乙烯（PVC-U）、聚丙烯（PP-R）与交联聚乙烯（PEX）等管道时，管道与金属支、吊架之间应有隔绝措施，不可直接接触。当为热水管道时，还应加宽其接触的面积。支、吊架的间距应符合设计和产品技术要求的规定。

检查数量：按系统支架数量抽查 5%，且不得少于 5 个。

检查方法：观察检查。

9.3.10　阀门、集气罐、自动排气装置、除污器（水过滤器）等管道部件的安装应符合设计要求，并应符合下列规定：

1 阀门安装的位置、进出口方向应正确，并便于操作；连接应牢固紧密，启闭灵活；成排阀门的排列应整齐美观，在同一平面上的允许偏差为 3mm；

2 电动、气动等自控阀门在安装前应进行单体的调试，包括开启、关闭等动作试验；

3 冷冻水和冷却水的除污器（水过滤器）应安装在进机组前的管道上，方向正确且便于清污；与管道连接牢固、严密，其安装位置应便于滤网的拆装和清洗。过滤器滤网的材质、规格和包扎方法应符合设计要求；

4 闭式系统管路应在系统最高处及所有可能积聚空气的高点设置排气阀，在管路最低点应设置排水管及排水阀。

检查数量：按规格、型号抽查 10%，且不得少于 2 个。

检查方法：对照设计文件尺量、观察和操作检查。

9.3.11　冷却塔安装应符合下列规定：

1 基础标高应符合设计的规定，允许误差为 ±20mm。冷却塔地脚螺栓与预埋件的连接或固定应牢固，各连接部件应采用热镀锌或不锈钢螺栓，其紧固力应一致、均匀；

2　冷却塔安装应水平，单台冷却塔安装水平度和垂直度允许偏差均为 2/1000。同一冷却水系统的多台冷却塔安装时，各台冷却塔的水面高度应一致，高差不应大于 30mm；

3　冷却塔的出水口及喷嘴的方向和位置应正确，积水盘应严密无渗漏；分水器布水均匀。带转动布水器的冷却塔，其转动部分应灵活，喷水出口按设计或产品要求，方向应一致；

4　冷却塔风机叶片端部与塔体四周的径向间隙应均匀。对于可调整角度的叶片，角度应一致。

检查数量：全数检查。

检查方法：尺量、观察检查，积水盘做充水试验或查阅试验记录。

9.3.12　水泵及附属设备的安装应符合下列规定：

1　水泵的平面位置和标高允许偏差为 ±10mm，安装的地脚螺栓应垂直、拧紧，且与设备底座接触紧密；

2　垫铁组放置位置正确、平稳，接触紧密，每组不超过 3 块；

3　整体安装的泵，纵向水平偏差不应大于 0.1/1000，横向水平偏差不应大于 0.20/1000；解体安装的泵纵、横向安装水平偏差均不应大于 0.05/1000；

水泵与电机采用联轴器连接时，联轴器两轴芯的允许偏差，轴向倾斜不应大于 0.2/1000，径向位移不应大于 0.05mm；

小型整体安装的管道水泵不应有明显偏斜。

4　减震器与水泵及水泵基础连接牢固、平稳、接触紧密。

检查数量：全数检查。

检查方法：扳手试拧、观察检查，用水平仪和塞尺测量或查阅设备安装记录。

9.3.13　水箱、集水器、分水器、储冷罐等设备的安装，支架或底座的尺寸、位置符合设计要求。设备与支架或底座接触紧密，安装平正、牢固。平面位置允许偏差为 15mm，标高允许偏差为 ±5mm，垂直度允许偏差为 1/1000。

膨胀水箱安装的位置及接管的连接，应符合设计文件的要求。

检查数量：全数检查。

检查方法：尺量、观察检查，旁站或查阅试验记录。

(3) 验收说明

1）施工依据：有关通风与空调工程施工技术规程，施工工艺标准，并制订专项施工方案、技术交底资料。

2）验收依据：《通风与空调工程施工质量验收规范》GB 50243—2002，相应的现场质量验收检查原始记录。

3）注意事项：

① 主控项目的质量经抽样检验均应合格；

② 一般项目的质量经抽样检验合格。当采用计数抽样时，合格点率应符合有关专业验收规范的规定，且不得存在严重缺陷；

③ 具有完整的施工操作依据、质量验收记录；

④ 本检验批的主控项目、一般项目已列入推荐表中，有关具体内容及检查方法见一般规定及（2）条文摘录；

⑤ 黑体字的条文为强制性条文，必须严格执行，制订控制措施；

⑥ 本推荐表尚可用于 06100101、06100201、06100901、06110101、06110201、06110301、06120101、06120201、06120301。

空调水系统安装检验批质量验收记录（Ⅱ）（非金属管道）

（1）推荐表格

06100102 ____　06100202 ____
06100302 ____　06110102 ____
06110202 ____　06110302 ____

空调水系统安装检验批质量验收记录（Ⅱ） 06120102 ____　06120202 ____
（非金属管道） 06120302 ____

单位(子单位) 工程名称			分部(子分部) 工程名称		分项工程名称		
施工单位			项目负责人		检验批容量		
分包单位			分包单位项目 负责人		检验批部位		
施工依据			验收依据		《通风与空调工程施工 质量验收规范》GB 50243—2002		
		验收项目		设计要求及 规范规定	最小/实际 抽样数量	检查记录	检查结果
主控项目	1	系统的管材与配件验收		第9.2.1条	/		
	2	管道安装		第9.2.2条	/		
	3	管道补偿器安装及固定支架		第9.2.5条	/		
	4	阀门安装、试压		第9.2.4条	/		
	5	系统试压		第9.2.3条	/		
一般项目	1	PVC-U管道安装，PP-R管道安装，PEX管道安装		第9.3.1条	/		
	2	管道与金属支吊架间隔绝		第9.3.9条	/		
	3	管道支、吊架		第9.3.8条	/		
	4	阀门安装		第9.3.10条	/		
施工单位 检查结果				专业工长： 项目专业质量检查员： 年　月　日			
监理单位 验收结论				专业监理工程师： 年　月　日			

（2）验收内容及检查方法条文摘录

见（金属管道）安装条文摘录

（3）验收说明

1）施工依据：有关通风与空调工程施工技术规程，施工工艺标准，并制订专项施工方案、技术交底资料。

2）验收依据：《通风与空调工程施工质量验收规范》GB 50243—2002，相应的现场质量验收检查原始记录。

3）注意事项：

① 主控项目的质量经抽样检验均应合格；

② 一般项目的质量经抽样检验合格。当采用计数抽样时，合格点率应符合有关专业验收规范的规定，且不得存在严重缺陷；

③ 具有完整的施工操作依据、质量验收记录；

④ 本检验批的主控项目、一般项目已列入推荐表中，有关具体内容及检查方法见一般规定及（2）条文摘录；

⑤ 黑体字的条文为强制性条文，必须严格执行，制订控制措施；

⑥ 本推荐表尚可用于 06100102、06100202、06100302、06100902、06110102、06110202、06110302、06110802、06120102、06120202、06120302。

空调水系统安装检验批质量验收记录（Ⅲ）（设备）

（1）推荐表格

06100103 ____	06100203 ____
06100303 ____	06110103 ____
06110203 ____	06110303 ____

空调水系统安装检验批质量验收记录（Ⅲ）（设备）　06120103 ____　06120203 ____

06120303 ____

单位（子单位）工程名称			分部（子分部）工程名称		分项工程名称	
施工单位			项目负责人		检验批容量	
分包单位			分包单位项目负责人		检验批部位	
施工依据			验收依据	《通风与空调工程施工质量验收规范》GB 50243—2002		
验收项目			设计要求及规范规定	最小/实际抽样数量	检查记录	检查结果
主控项目	1	系统设备与附属设备	第9.2.1条	/		
	2	冷却塔安装，水泵安装	第9.2.2条	/		
	3	其他附属设备安装	第9.2.5条	/		

	验收项目		设计要求及规范规定	最小/实际抽样数量	检查记录	检查结果
一般项目	1	风机盘管机组等与管道连接	第9.3.1条	/		
	2	冷却塔安装	第9.3.1条	/		
	3	水泵及附属设备安装	第9.3.1条	/		
	4	水箱、集水缸、分水缸、储冷罐等设备安装	第9.3.9条	/		
	5	水过滤器等设备安装	第9.3.8条	/		
施工单位检查结果			专业工长： 项目专业质量检查员： 年　月　日			
监理单位验收结论			专业监理工程师： 年　月　日			

（2）验收内容及检查方法条文摘录

见（金属管道）安装条文摘录。

（3）验收说明

1）施工依据：有关通风与空调工程施工技术规程，施工工艺标准，并制订专项施工方案、技术交底资料。

2）验收依据：《通风与空调工程施工质量验收规范》GB 50243—2002，相应的现场质量验收检查原始记录。

3）注意事项：

① 主控项目的质量经抽样检验均应合格；

② 一般项目的质量经抽样检验合格。当采用计数抽样时，合格点率应符合有关专业验收规范的规定，且不得存在严重缺陷；

③ 具有完整的施工操作依据、质量验收记录；

④ 本检验批的主控项目、一般项目已列入推荐表中，有关具体内容及检查方法见一般规定及（2）条文摘录；

⑤ 黑体字的条文为强制性条文，必须严格执行，制订控制措施；

⑥ 本推荐表尚可用于 06100103、06100203、06100303、06100903、06110103、06110203、06110303、06110803、06120103、06120203、06120303。

2. 水泵及附属设备安装检验批质量验收记录（Ⅲ）06100201 见 06100303

3. 管道冲洗检验批质量验收记录（Ⅰ）（Ⅱ）06100301 见 06100101、06100102

4. 管道设备防腐检验批质量验收记录 06100401 见 06010501

5. 板式热交换器检验批质量验收记录 06100501（暂无表格）

6. 辐射极及辐射供热、供冷地埋管检验批质量验收记录 06100601（暂无表格）

7. 热泵机组设备安装检验批质量验收记录 06100701（暂无表格）

8. 管道、设备绝热检验批质量验收记录 06100801 见 06050901

9. 系统压力试验及调试检验批质量验收记录 06100901 见 06100103

第十二节　空调（冷、热）水系统子分部工程检验批质量验收记录

1. 管道系统及部件安装检验批质量验收记录（Ⅰ）(金属管道) 06110101 见 06100101
管道系统及部件安装检验批质量验收记录（Ⅱ）（非金属管道）06110102 见 06100102
管道系统及部件安装检验批质量验收记录（Ⅲ）（设备）06110103 见 06100103

2. 水泵及附属设备安装检验批质量验收记录（Ⅲ）（设备）06110201 见 06100103

3. 管道冲洗检验批质量验收记录（Ⅰ）（Ⅱ）06110301 见 06100101 及 06100102

4. 管道设备防腐检验批质量验收记录 06110401 见 06010501

5. 冷却塔与水处理设备安装检验批质量验收记录 06110501（暂无表格）

6. 防冻伴热设备安装检验批质量验收记录 06110601（暂无表格）

7. 管道、设备绝热检验批质量验收记录 06110701 见 06010901

8. 系统压力试验及调试检验批质量验收记录 06110801 见 06110101

第十三节　冷却水系统子分部工程检验批质量验收记录

1. 管道系统及部件安装检验批质量验收记录（Ⅰ）(金属管道) 06120101 见 06100101
管道系统及部件安装检验批质量验收记录（Ⅱ）（非金属管道）06120102 见 06100102
管道系统及部件安装检验批质量验收记录（Ⅲ）（设备）06120103 见 06100103

2. 水泵及附属设备安装检验批质量验收记录（Ⅲ）（设备）06120201 见 06100103

3. 管道冲洗检验批质量验收记录（Ⅰ）（Ⅱ）06120301 见 06100101 及 06100102

4. 管道设备防腐检验批质量验收记录 06120401 见 06010501

5. 系统灌水渗漏及排水试验检验批质量验收记录 06120501（暂无表格）

6. 管道、设备绝热检验批质量验收记录 06110601 见 06050901

第十四节　土壤源热泵换热系统子分部工程
检验批质量验收记录（暂无表格）

第十五节　水源热泵换热系统子分部工程
检验批质量验收记录（暂无表格）

第十六节 蓄能系统子分部工程检验批质量验收
记录（暂无表格）

第十七节 压缩式制冷（热）设备系统子分部工
程检验批质量验收记录（暂无表格）

第十八节 吸收式制冷机系统子分部工程检验批
质量验收记录（暂无表格）

第十九节 多联机（热泵）空调系统子分部工程
检验批质量验收记录（暂无表格）

第二十节 太阳能供暖空调系统子分部工程检验
批质量验收记录（暂无表格）

第二十一节 设备监控系统子分部工程检验批质
量验收记录（暂无表格）

第四章 建筑电气分部工程检验批质量验收用表

第一节 建筑电气分部工程验收规定及检验批质量验收用表编号及表的目录

一、建筑电气分部工程检验批质量验收用表编号及表的目录

建筑电气分部工程的验收内容与《建筑电气工程施工质量验收规范》GB 50303—2015 所对应的章节如表 4.1-1 所示。建筑电气分部工程检验批质量验收用表编号见表 4.1-1，表的目录见表 4.1-2。

表 4.1-1 建筑电气分部的子分部、分项及检验批验收用表编号

分部工程及编号	子分部工程及编号	分项工程名称及编号	检验批名称及编号			对应规范及标准章节	
			序号	检验批名称	检验批编号	依据标准	标准章节
建筑电气 07	室外电气 0701	变压器、箱式变电所安装 070101	1	变压器、箱式变电所安装检验批质量验收记录	07010101	《建筑电气工程施工质量验收规范》GB 50303—2015	4. 变压器、箱式变电所安装
		成套配电柜、控制柜（屏、台）和动力、照明配电箱（盘）及控制柜安装 070102	2	成套配电柜、控制柜（屏、台）和动力、照明配电箱（盘）及控制柜安装检验批质量验收记录	07010201		5. 成套配电柜、控制柜（台、箱）和配电箱（盘）安装
		梯架、托盘和槽盒安装 070103	3	梯架、托盘和槽盒安装检验批质量验收记录	07010301		11. 梯架、托盘和槽盒安装
		导管敷设 070104	4	导管敷设检验批质量验收记录	07010401		12. 导管槽敷设
		电缆敷设 070105	5	电缆敷设检验批质量验收记录	07010501		13. 电缆敷设
		管内穿线和槽盒内敷线 070106	6	管内穿线和槽盒内敷线检验批质量验收记录	07010601		14. 管内穿线和槽盒内敷线
		电缆头制作、导线连接和线路绝缘测试 070107	7	电缆头制作、导线连接和线路绝缘测试检验批质量验收记录	07010701		17. 电缆头制作、导线连接和线路绝缘测试
		普通灯具安装 070108	8	普通灯具安装检验批质量验收记录	07010801(I)		18. 普通灯具安装
		专用灯具安装 070109	9	专用灯具安装检验批质量验收记录	07010901		19. 专用灯具安装

分部工程及编号	子分部工程及编号	分项工程名称及编号	序号	检验批名称	检验批编号	依据标准	标准章节
建筑电气07	室外电气0701	建筑照明通电试行070110	10	建筑照明通电试运行检验批质量验收记录	07011001		21. 建筑照明通电试运行
		接地装置安装070111	11	接地装置安装检验批质量验收记录	07011101		22. 接地装置安装
	变配电室0702	变压器、箱式变电所安装070201	1	变压器、箱式变电所安装检验批质量验收记录	07020101		4. 变压器、箱式变电所安装
		成套配电柜、控制柜(屏、台)和动力、照明配电箱(盘)安装070202	2	成套配电柜、控制柜(屏、台)和动力、照明配电箱(盘)安装检验批质量验收记录	07020201		5. 成套配电柜、控制柜(屏、台)和动力、照明配电箱(盘)及控制柜安装
		母线槽安装070203	3	母线槽安装检验批质量验收记录	07020301		10. 母线槽安装
		梯架、托盘和槽盒安装070204	4	梯架、托盘和槽盒安装检验批质量验收记录	07020401		11. 梯架、托盘和槽盒安装
		电缆敷设070205	5	电缆敷设检验批质量验收记录	07020501	《建筑电气工程施工质量验收规范》GB 50303—2015	13. 电缆敷设
		电缆头制作、导线连接和线路绝缘测试070206	6	电缆头制作、导线连接和线路绝缘测试检验批质量验收记录	07020601		17. 电缆头制作、导线连接和线路绝缘测试
		接地装置安装070207	7	接地装置安装检验批质量验收记录	07020701		22. 接地装置安装
		接地干线敷设070208	8	接地干线敷设检验批质量验收记录	07020801		23. 接地干线敷设
	供电干线0703	电气设备试验和试运行070301	1	电气设备试验和试运行检验批质量验收记录	07030101		9. 电气设备试验和试运行
		母线槽安装070302	2	母线槽安装检验批质量验收记录	07030201		10. 母线槽安装
		梯架、托盘和槽盒安装070303	3	梯架、托盘和槽盒安装检验批质量验收记录	07030301		11. 梯架、托盘和槽盒安装
		导管敷设070304	4	导管敷设检验批质量验收记录	07030401		12. 导管敷设
		电缆敷设070305	5	电缆敷设检验批质量验收记录	07030501		13. 电缆敷设

分部工程及编号	子分部工程及编号	分项工程名称及编号	序号	检验批名称	检验批编号	依据标准	标准章节
				检验批名称及编号		对应规范及标准章节	
建筑电气 07	供电干线 0703	管内穿线和槽盒内敷线 070306	6	管内穿线和槽盒内敷线检验批质量验收记录	07030601		14. 管内穿线和槽盒内
		电缆头制作、导线连接和线路绝缘测试 070307	7	电缆头制作、导线连接和线路绝缘测试检验批质量验收记录	07030701		17. 电缆头制作、导线连接和线路绝缘测试
		接地干线敷设 070308	8	接地干线敷设检验批质量验收记录	07030801		23. 接地干线敷设
	电气动力 0704	成套配电柜、控制柜(屏、台)和动力、照明配电箱(盘)安装 070401	1	成套配电柜、控制柜(屏、台)和动力、照明配电箱(盘)安装检验批质量验收记录	07040101	《建筑电气工程施工质量验收规范》GB 50303—2015	5. 成套配电柜、控制柜(屏、台)和动力、照明配电箱(盘)及控制柜安装
		电动机、电加热器及电动执行机构检查接线 070402	2	电动机、电加热器及电动执行机构检查接线检验批质量验收记录	07040201		6. 低压电动机电加热器及电动执行机构检查接线
		电气设备试验和试运行 070403	3	电气设备试验和试运行检验批质量验收记录	07040301		9. 电气设备试验和试运行
		梯架、托盘和槽盒安装 070404	4	梯架、托盘和槽盒安装检验批质量验收记录	07040401		11. 梯架、托盘和槽盒安装
		导管敷设 070405	5	导管敷设检验批质量验收记录	07040501		12. 导管敷设
		电缆敷设 070406	6	电缆敷设检验批质量验收记录	07040601		13. 电缆敷设
		管内穿线和槽盒内敷线 070407	7	管内穿线和槽盒内敷线检验批质量验收记录	07040701		14. 管内穿线和槽盒内敷线
		电缆头制作、导线连接和线路绝缘测试 070408	8	电缆头制作、导线连接和线路绝缘测试检验批质量验收记录	07040801		17. 电缆头制作、导线连接和线路绝缘测试
		开关、插座、风扇安装 070409	9	开关、拆装、风扇安装	07040901		20. 开关、插座、风扇安装

分部工程及编号	子分部工程及编号	分项工程名称及编号	序号	检验批名称及编号		对应规范及标准章节	
				检验批名称	检验批编号	依据标准	标准章节
建筑电气07	电气照明0705	成套配电柜、控制柜(屏、台)和动力、照明配电箱(盘)安装 070501	1	成套配电柜、控制柜(屏、台)和动力、照明配电箱(盘)安装检验批质量验收记录	0750101	《建筑电气工程施工质量验收规范》GB 50303—2015	5. 成套配电柜、控制柜(屏、台)和动力、照明配电箱(盘)及控制柜安装
		梯架、托盘和槽盒安装 070502	2	梯架、托盘和槽盒安装检验批质量验收记录	07050201		11. 梯架、托盘和槽盒安装
		导管敷设 070503	3	导管敷设检验批质量验收记录	07050301		12. 导管敷设
		电缆敷设 070504	4	电缆敷设检验批质量验收记录	07050401		13. 电缆敷设
		管内穿线和槽盒内敷线 070505	5	管内穿线和槽盒内敷线检验批质量验收记录	07050501		14. 管内穿线和槽盒内敷线
		塑料护套线直敷布线 070506	6	塑料护套线直敷布线检验批质量验收记录	07050601		15. 塑料护套线直敷布线
		钢索配线 070507	7	钢索配线检验批质量验收记录	07050701		16. 钢索配线
		电缆头制作、导线连接和线路绝缘测试 070508	8	电缆头制作、导线连接和线路绝缘测试检验批质量验收记录	07050801		17. 电缆头制作、导线连接和线路绝缘测试
		普通灯具安装 070509	9	普通灯具安装检验批质量验收记录	07050901		18. 普通灯具安装
		专用灯具安装 070510	10	专用灯具安装检验批质量验收记录	07051001		19. 专用灯具安装
		开关、插座、风扇安装 070511	11	开关、插座、风扇安装检验批质量验收记录	07051101		20. 开关、插座、风扇安装
		建筑照明通电试运行 070512	12	建筑照明通电试运行检验批质量验收记录	07051201		21. 建筑照明通电试运行
	备用和不间断电源0706	成套配电柜、控制柜(屏、台)和动力、照明配电箱(盘)安装 070601	1	成套配电柜、控制柜(屏、台)和动力、照明配电箱(盘)安装检验批质量验收记录	07060101		5. 成套配电柜、控制柜(屏、台)和动力、照明配电箱(盘)及控制柜安装

分部工程及编号	子分部工程及编号	分项工程名称及编号	序号	检验批名称	检验批编号	依据标准	标准章节
建筑电气 07	备用和不间断电源 0706	柴油发电机组安装 070602	2	柴油发电机组安装检验批质量验收记录	07060201	《建筑电气工程施工质量验收规范》GB 50303—2015	7. 柴油发电机组安装
		UPS及EPS安装 070603	3	不间断电源装置及应急电源装置安装检验批质量验收记录	07060301		8. UPS及EPS安装
		母线槽安装 070604	4	母线槽安装检验批质量验收记录	07060401		10. 母线槽安装
		导管敷设 070605	5	导管敷设检验批质量验收记录	07060501		12. 导管敷设
		电缆敷设 070606	6	电缆敷设检验批质量验收记录	07060601		13. 电缆敷设
		管内穿线和槽盒内敷线 070607	7	管内穿线和槽盒内敷线检验批质量验收记录	07060701		14. 管内穿线和槽盒内敷线
		电缆头制作、导线连接和线路绝缘测试 070608	8	电缆头制作、导线连接和线路绝缘测试检验批质量验收记录	07060801		17. 电缆头制作、导线连接和线路绝缘测试
		接地装置安装 070609	9	接地装置安装检验批质量验收记录	07060901		22. 接地装置安装
	防雷及接地 0707	接地装置安装 070701	1	接地装置安装检验批质量验收记录	07070101		22. 接地装置安装
		防雷引下线及接闪器安装 070702	2	防雷引下线及接闪器安装检验批质量验收记录	07070201		24. 防雷引下线及接闪器安装
		建筑物等电位连接 070703	3	建筑物等电位连接检验批质量验收记录	07070301		25. 建筑物等电位连接

表 4.1-2　各子分部工程的检验批质量验收记录目录表

检验批编号 子分部工程名称及编号 \\ 分项工程的检验批名称	0701 室外电气	0702 变配电室	0703 供电干线	0704 电气动力	0705 电气照明	0706 备用和不间断电源	0707 防雷及接地
序号 名称							
1　变压器、箱式变电所安装	07010101	07020101					
2　成套配电柜、控制柜(台、箱)和配电箱(盘)安装	07010201	07020201		07040101	07050101	07060101	

检验批编号 / 分项工程的检验批名称		0701 室外电气	0702 变配电室	0703 供电干线	0704 电气动力	0705 电气照明	0706 备用和不间断电源	0707 防雷及接地
序号	名称							
3	电动机、电加热器及电动执行机构检查接线				07040201			
4	柴油发电机组安装						07060201	
5	UPS 及 EPS 安装						07060301	
6	电气设备试验和试运行			07030101	07040301			
7	母线槽安装		07020301	07030201			07060401	
8	梯架、托盘和槽盒安装	07010301	07020401	07030301	07040401	07050201		
9	导管敷设	07010401		07030401	07040501	07050301	07060501	
10	电缆敷设	07010501	07020501	07030501	07040601	07050401	07060601	
11	管内穿线和槽盒内敷线	07010601		07030601	07040701	07050501	07060701	
12	塑料护套线直敷布线					07050601		
13	钢索配线					07050701		
14	电缆头制作、导线连接和线路绝缘测试	07010701	07020601	07030701	07040801	07050801	07060801	
15	普通灯具安装	07010801				07050901		
16	专用灯具安装	07010901				07051001		
17	开关、插座、风扇安装				07040901	07051101		
18	建筑物照明通电试运行	07011001				07051201		
19	接地装置安装	07011101	07020701				07060901	07070101
20	接地干线敷设		07020801	07030801				
21	防雷引下线及接闪器安装							07070201
22	建筑物等电位联结							07070301

注：1. 本表有编号者为该子分部工程所含的分项工程；

2. 每个分项工程至少含 1 个及以上检验批。

二、建筑电气工程质量验收的基本规定

1. 一般规定

3.1.1 建筑电气工程施工现场的质量管理，除应符合现行国家标准《建筑工程施工质量验收统一标准》GB 50300 的有关规定外，尚应符合下列规定：

1 安装电工、焊工、起重吊装工和电力系统调试等人员应持证上岗；

2 安装和调试用各类计量器具，应检定合格，且使用时应在检定有效期内。

3.1.2 电气设备、器具和材料的额定电压区段划分应符合表 3.1.2 的规定。

表 3.1.2 额定电压区段划分

额定电压区段	交流	直流
特低压	50V 及以下	120V 及以下
低压	50V～1.0kV(含 1.0kV)	120V～1.5kV(含 1.5kV)
高压	1.0kV 以上	1.5kV 以上

3.1.3 电气设备上的计量仪表、与电气保护有关的仪表，应检定合格，且当投入运行时，应在检定有效期内。

3.1.4 建筑电气动力工程的空载试运行和建筑电气照明工程负荷试运行前，应根据电气设备及相关建筑设备的种类、特性和技术参数等编制试运行方案或作业指导书，并应经施工单位审核同意、经监理单位确认后执行。

3.1.5 高压的电气设备、布线系统以及继电保护系统必须交接试验合格。

3.1.6 低压和特低压的电气设备和布线系统的检测或交接试验，应符合本规范的规定。

3.1.7 电气设备的外露可导电部分应单独与保护导体相连接，不得串联连接，连接导体的材质、截面积应符合设计要求。

3.1.8 除采取下列任一间接接触防护措施外，电气设备或布线系统，应与保护导体可靠连接：

1 采用Ⅱ类设备；

2 已采取电气隔离措施；

3 采用特低电压供电；

4 将电气设备安装在非导电场所内；

5 设置不接地的等电位联结。

2. 主要设备、材料、成品和半成品进场验收

3.2.1 主要设备、材料、成品和半成品应进场验收合格，并应做好验收记录和验收资料归档。当设计有技术参数要求时，应核对其技术参数，并应符合设计要求。

3.2.2 实行生产许可证或强制性认证（CCC 认证）的产品，应有许可证编号或 CCC 认证标志，并应抽查生产许可证或 CCC 认证证书的认证范围、有效性及真实性。

3.2.3 新型电气设备、器具和材料进场验收时应提供安装、使用、维修和试验要求等技术文件。

3.2.4 进口电气设备、器具和材料进场验收时应提供质量合格证明文件，性能检测报告以及安装、使用、维修、试验要求和说明等技术文件；对有商检规定要求的进口电气设备，尚应提供商检证明。

3.2.5 当主要设备、材料、成品和半成品的进场验收需进行现场抽样检测或因有异议送有资质试验室抽样检测时，应符合下列规定：

1 现场抽样检测：对于母线槽、导管、绝缘导线、电缆等，同厂家、同批次、同型号、同规格的，每批至少应抽取 1 个样本；对于灯具、插座、开关等电器设备，同厂家、同材质、同类型的，应各抽检 3%，自带蓄电池的灯具应按 5%抽检，且均不应少于 1 个

（套）。

2 因有异议送有资质的试验室而抽样检测：对于母线槽、绝缘导线、电缆、梯架、托盘、槽盒、导管、型钢、镀锌制品等，同厂家、同批次、不同种规格的，应抽检10％，且不应少于2个规格；对于灯具、插座、开关等电器设备，同厂家、同材质、同类型的，数量500个（套）及以下时应抽检2个（套），但应各不少于1个（套）；500个（套）以上时应抽检3个（套）。

3 对于由同一施工单位施工的同一建设项目的多个单位工程，当使用同一生产厂家、同材质、同批次、同类型的主要设备、材料、成品和半成品时，其抽检比例宜合并计算。

4 当抽样检测结果出现不合格，可加倍抽样检测，仍不合格时，则该批设备、材料、成品或半成品应判定为不合格品，不得使用。

5 应有检测报告。

3.2.6 变压器、箱式变电所、高压电器及电瓷制品的进场验收应包括下列内容：

1 查验合格证和随带技术文件：变压器应有出厂试验记录；

2 外观检查：设备应有铭牌，表面涂层应完整，附件应齐全，绝缘件应无缺损、裂纹，充油部分不应渗漏，充气高压设备气压指示应正常。

3.2.7 高压成套配电柜、蓄电池柜、UPS柜、EPS柜、低压成套配电柜（箱）、控制柜（台、箱）的进场验收应符合下列规定：

1 查验合格证和随带技术文件：高压和低压成套配电柜、蓄电池柜、UPS柜、EPS柜等成套柜应有出厂试验报告；

2 核对产品型号、产品技术参数：应符合设计要求；

3 外观检查：设备应有铭牌，表面涂层应完整、无明显碰撞凹陷，设备内元器件应完好无损、接线无脱落脱焊，绝缘导线的材质、规格应符合设计要求，蓄电池柜内电池壳体应无碎裂、漏液，充油、充气设备应无泄漏。

3.2.8 柴油发电机组的进场验收应包括下列内容：

1 核对主机、附件、专用工具、备品备件和随机技术文件：合格证和出厂试运行记录应齐全、完整，发电机及其控制柜应有出厂试验记录；

2 外观检查：设备应有铭牌，涂层应完整，机身应无缺件。

3.2.9 电动机、电加热器、电动执行机构和低压开关设备等的进场验收应包括下列内容：

1 查验合格证和随机技术文件：内容应填写齐全、完整；

2 外观检查：设备应有铭牌，涂层应完整，设备器件或附件应齐全、完好、无缺损。

3.2.10 照明灯具及附件的进场验收应符合下列规定：

1 查验合格证：合格证内容应填写齐全、完整，灯具材质应符合设计要求和产品标准要求；新型气体放电灯应随带技术文件；太阳能灯具的内部短路保护、过载保护、反向放电保护、极性反接保护等功能性试验资料应齐全，并应符合设计要求。

2 外观检查：

1）灯具涂层应完整、无损伤，附件应齐全，Ⅰ类灯具的外露可导电部分应具有专用的PE端子；

2）固定灯具带电部件及提供防触电保护的部位应为绝缘材料，且应耐燃烧和防引燃；

3）消防应急灯具应获得消防产品型式试验合格评定，且具有认证标志；

4）疏散指示标志灯具的保护罩应完整、无裂纹；

5）游泳池和类似场所灯具（水下灯及防水灯具）的防护等级应符合设计要求，当对其密闭和绝缘性能有异议时，应按批抽样送有资质的试验室检测；

6）内部接线应为铜芯绝缘导线，其截面积应与灯具功率相匹配，且不应小于 0.5mm²。

3 自带蓄电池的供电时间检测：对于自带蓄电池的应急灯具，应现场检测蓄电池最少持续供电时间，且应符合设计要求。

4 绝缘性能检测：对灯具的绝缘性能进行现场抽样检测，灯具的绝缘电阻值不应小于 2MΩ，灯具内绝缘导线的绝缘层厚度不应小于 0.6mm。

3.2.11 开关、插座、接线盒和风扇及附件的进场验收应包括下列内容：

1 查验合格证：合格证内容填写应齐全、完整。

2 外观检查：开关、插座的面板及接线盒盒体应完整、无碎裂、零件齐全，风扇应无损坏、涂层完整，调速器等附件应适配。

3 电气和机械性能检测：对开关、插座的电气和机械性能应进行现场抽样检测，并应符合下列规定：

1）不同极性带电部件间的电气间隙不应小于 3mm，爬电距离不应小于 3mm；

2）绝缘电阻值不应小于 5MΩ；

3）用自攻锁紧螺钉或自切螺钉安装的，螺钉与软塑固定件旋合长度不应小于 8mm，绝缘材料固定件在经受 10 次拧紧退出试验后，应无松动或掉渣，螺钉及螺纹应无损坏现象；

4）对于金属间相旋合的螺钉螺母，拧紧后完全退出，反复 5 次后，应仍然能正常使用。

4 对开关、插座、接线盒及面板等绝缘材料的耐非正常热、耐燃和耐漏电起痕性能有异议时，应按批抽样送有资质的试验室检测。

3.2.12 绝缘导线、电缆的进场验收应符合下列规定：

1 查验合格证：合格证内容填写应齐全、完整。

2 外观检查：包装完好，电缆端头应密封良好，标识应齐全。抽检的绝缘导线或电缆绝缘层应完整无损，厚度均匀。电缆无压扁、扭曲，铠装不应松卷。绝缘导线、电缆外护层应有明显标识和制造厂标。

3 检测绝缘性能：电线、电缆的绝缘性能应符合产品技术标准或产品技术文件规定。

4 检查标称截面积和电阻值：绝缘导线、电缆的标称截面积应符合设计要求，其导体电阻值应符合现行国家标准《电缆的导体》GB/T 3956 的有关规定。当对绝缘导线和电缆的导电性能、绝缘性能、绝缘厚度、机械性能和阻燃耐火性能有异议时，应按批抽样送有资质的试验室检测。检测项目和内容应符合国家现行有关产品标准的规定。

3.2.13 导管的进场验收应符合下列规定：

1 查验合格证：钢导管应有产品质量证明书，塑料导管应有合格证及相应检测报告。

2 外观检查：钢导管应无压扁，内壁应光滑；非镀锌钢导管不应有锈蚀，油漆应完整；镀锌钢导管镀层覆盖应完整、表面无锈斑；塑料导管及配件不应碎裂、表面应有阻燃标记和制造厂标。

3 应按批抽样检测导管的管径、壁厚及均匀度，并应符合国家现行有关产品标准的规定。

4 对机械连接的钢导管及其配件的电气连续性有异议时，应按现行国家标准《电气安装用导管系统》GB 20041 的有关规定进行检验。

5 对塑料导管及配件的阻燃性能有异议时，应按批抽样送有资质的试验室检测。

3.2.14 型钢和电焊条的进场验收应符合下列规定：

1 查验合格证和材质证明书：有异议时，应按批抽样送有资质的试验室检测；

2 外观检查：型钢表面应无严重锈蚀、过度扭曲和弯折变形；电焊条包装应完整，拆包检查焊条尾部应无锈斑。

3.2.15 金属镀锌制品的进场验收应符合下列规定：

1 查验产品质量证明书：应按设计要求查验其符合性；

2 外观检查：镀锌层应覆盖完整、表面无锈斑，金具配件应齐全，无砂眼；

3 埋入土壤中的热浸镀锌钢材应检测其镀锌层厚度不应小于 $63\mu m$；

4 对镀锌质量有异议时，应按批抽样送有资质的试验室检测。

3.2.16 梯架、托盘和槽盒的进场验收应符合下列规定：

1 查验合格证及出厂检验报告：内容填写应齐全、完整；

2 外观检查：配件应齐全，表面应光滑、不变形；钢制梯架、托盘和槽盒涂层应完整、无锈蚀；塑料槽盒应无破损、色泽均匀，对阻燃性能有异议时，应按批抽样送有资质的试验室检测；铝合金梯架、托盘和槽盒涂层应完整，不应扭曲变形、压扁或表面划伤等现象。

3.2.17 母线槽的进场验收应符合下列规定：

1 查验合格证和随带安装技术文件，并应符合下列规定：

1）CCC 型式试验报告中的技术参数应符合设计要求，导体规格及相应温升值应与 CCC 型式试验报告中的导体规格一致，当对导体的载流能力有异议时，应送有资质的试验室做极限温升试验，额定电流的温升应符合国家现行有关产品标准的规定；

2）耐火母线槽除应通过 CCC 认证外，还应提供由国家认可的检测机构出具的型式检验报告，其耐火时间应符合设计要求；

3）保护接地导体（PE）应与外壳有可靠的连接，其截面积应符合产品技术文件规定；当外壳兼作保护接地导体（PE）时，CCC 型式试验报告和产品结构应符合国家现行有关产品标准的规定。

2 外观检查：防潮密封应良好，各段编号应标志清晰，附件应齐全、无缺损，外壳应无明显变形，母线螺栓搭接面应平整、镀层覆盖应完整、无起皮和麻面；插接母线槽上的静触头应无缺损、表面光滑、镀层完整；对有防护等级要求的母线槽尚应检查产品及附件的防护等级与设计的符合性，其标识应完整。

3.2.18 电缆头部件、导线连接器及接线端子的进场验收应符合下列规定：

1 查验合格证及相关技术文件，并应符合下列规定：

1）铝及铝合金电缆附件应具有与电缆导体匹配的检测报告；

2）矿物绝缘电缆的中间连接附件的耐火等级不应低于电缆本体的耐火等级；

3）导线连接器和接线端子的额定电压、连接容量及防护等级应满足设计要求。

2 外观检查：部件应齐全，包装标识和产品标志应清晰，表面应无裂纹和气孔，随带的袋装涂料或填料不应泄漏；铝及铝合金电缆用接线端子和接头附件的压接圆筒内表面应有抗氧化剂；矿物绝缘电缆专用终端接线端子规格应与电缆相适配；导线连接器的产品标识应清晰明了、经久耐用。

3.2.19 金属灯柱的进场验收应符合下列规定：

1 查验合格证：合格证应齐全、完整；

2 外观检查：涂层应完整，根部接线盒盒盖紧固件和内置熔断器、开关等器件应齐全，盒盖密封垫片应完整。金属灯柱内应设有专用接地螺栓，地脚螺孔位置应与提供的附图尺寸一致，允许偏差应为±2mm。

3.2.20 使用的降阻剂材料应符合设计及国家现行有关标准的规定，并应提供经国家相应检测机构检验检测合格的证明。

3. 工序交接确认

3.3.1 变压器、箱式变电所的安装应符合下列规定：

1 变压器、箱式变电所安装前，室内顶棚、墙体的装饰面应完成施工，无渗漏水，地面的找平层应完成施工，基础应验收合格，埋入基础的导管和变压器进线、出线预留孔及相关预埋件等经检查应合格；

2 变压器、箱式变电所通电前，变压器及系统接地的交接试验应合格。

3.3.2 成套配电柜、控制柜（台、箱）和配电箱（盘）的安装应符合下列规定：

1 成套配电柜（台）、控制柜安装前，室内顶棚、墙体的装饰工程应完成施工，无渗漏水，室内地面的找平层应完成施工，基础型钢和柜、台、箱下的电缆沟等经检查应合格，落地式柜、台、箱的基础及埋入基础的导管应验收合格。

2 墙上明装的配电箱（盘）安装前，室内顶棚、墙体、装饰面应完成施工；暗装的控制（配电）箱的预留孔和动力、照明配线的线盒及导管等经检查应合格。

3 电源线连接前，应确认电涌保护器（SPD）型号、性能参数符合设计要求，接地线与PE排连接可靠。

4 试运行前，柜、台、箱、盘内PE排应完成连接，柜、台、箱、盘内的元件规格、型号应符合设计要求，接线应正确且交接试验合格。

3.3.3 电动机、电加热器及电动执行机构接线前，应与机械设备完成连接，且经手动操作检验符合工艺要求，绝缘电阻应测试合格。

3.3.4 柴油发电机组的安装应按符合下列规定：

1 机组安装前，基础应验收合格；

2 机组安放后，采取地脚螺栓固定的机组应初平、螺栓孔灌浆、精平、紧固地脚螺栓、二次灌浆等安装合格；安放式的机组底部应垫平、垫实；

3 空载试运行前，油、气、水冷、风冷、烟气排放等系统和隔振防噪声设施应完成安装，消防器材应配置齐全、到位且符合设计要求，发电机应进行静态试验，随机配电盘、柜接线经检查应合格，柴油发电机组接地经检查应符合设计要求；

4 负荷试运行前，空载试运行和试验调整应合格；

5 投入备用状态前，应在规定时间内，连续无故障负荷试运行合格。

3.3.5 UPS 或 EPS 接至馈电线路前，应按产品技术要求进行试验调整，并应经检查确认。

3.3.6 电气动力设备试验和试运行应符合下列规定：

1 电气动力设备试验前，其外露可导电部分应与保护导体完成连接，并经检查应合格；

2 通电前，动力成套配电（控制）柜、台、箱的交流工频耐压试验和保护装置的动作试验应合格；

3 空载试运行前，控制回路模拟动作试验应合格，盘车或手动操作检查电气部分与机械部分的转动或动作应协调一致。

3.3.7 母线槽安装应符合下列规定：

1 变压器和高低压成套配电柜上的母线槽安装前，变压器、高低压成套配电柜、穿墙套管等应安装就位，并应经检查合格；

2 母线槽支架的设置应在结构封顶、室内底层地面完成施工或确定地面标高、清理场地、复核层间距离后进行；

3 母线槽安装前，与母线槽安装位置有关的管道、空调及建筑装修工程应完成施工；

4 母线槽组对前，每段母线的绝缘电阻应经测试合格，且绝缘电阻值不应小于 20MΩ；

5 通电前，母线槽的金属外壳应与外部保护导体完成连接，且母线绝缘电阻测试和交流工频耐压试验应合格。

3.3.8 梯架、托盘和槽盒安装应符合下列规定：

1 支架安装前，应先测量定位；

2 梯架、托盘和槽盒安装前，应完成支架安装，且顶棚和墙面的喷浆、油漆或壁纸等应基本完成。

3.3.9 导管敷设应符合下列规定：

1 配管前，除埋入混凝土中的非镀锌钢导管的外壁，应确认其他场所的非镀锌钢导管内外壁均已作防腐处理；

2 埋设导管前，应检查确认室外直埋导管的路径、沟槽深度、宽度及垫层处理等符合设计要求；

3 现浇混凝土板内的配管，应在底层钢筋绑扎完成，上层钢筋未绑扎前进行，且配管完成后应经检查确认后，再绑扎上层钢筋和浇捣混凝土；

4 墙体内配管前，现浇混凝土墙体内的钢筋绑扎及门、窗等位置的放线应已完成；

5 接线盒和导管在隐蔽前，经检查应合格；

6 穿梁、板、柱等部位的明配导管敷设前，应检查其套管、埋件、支架等设置符合要求；

7 吊顶内配管前，吊顶上的灯位及电气器具位置应先进行放样，并应与土建及各专业施工协调配合。

3.3.10 电缆敷设应符合下列规定：

1 支架安装前，应先清除电缆沟、电气竖井内的施工临时设施、模板及建筑废料等，并应对支架进行测量定位；

2 电缆敷设前，电缆支架、电缆导管、梯架、托盘和槽盒应完成安装，保护导体应完成连接，且经检查应合格；

3 电缆敷设前，绝缘测试应合格；

4 通电前，电缆交接试验应合格，检查并确认线路去向、相位和防火隔堵措施等应符合设计要求。

3.3.11 绝缘导线、电缆穿导管及槽盒内敷线应符合下列规定：

1 焊接施工作业应已完成，检查导管、槽盒安装质量应合格；

2 导管或槽盒与柜、台、箱应已完成连接，导管内积水及杂物应已清理干净；

3 绝缘导线、电缆的绝缘电阻应经测试合格；

4 通电前，绝缘导线、电缆交接试验应合格，检查并确认接线去向和相位等应符合设计要求。

3.3.12 塑料护套线直敷布线应符合下列规定：

1 弹线定位前，应完成墙面、顶面装饰工程施工；

2 布线前，应确认穿梁、墙、楼板等建筑结构上的套管已安装到位，且塑料护套线经绝缘电阻测试合格。

3.3.13 钢索配线的钢索吊装及线路敷设前，除地面外的装修工程应已结束，钢索配线所需的预埋件及预留孔应已预埋、预留完成。

3.3.14 电缆头制作和接线应符合下列规定：

1 电缆头制作前，电缆绝缘电阻测试应合格，检查并确认电缆头的连接位置、连接长度应满足要求；

2 控制电缆接线前，应确认绝缘电阻测试合格，校线正确；

3 电力电缆或绝缘导线接线前，电缆交接试验或绝缘电阻测试应合格，相位核对应正确。

3.3.15 照明灯具安装应符合下列规定：

1 灯具安装前，应确认安装灯具的预埋螺栓及吊杆、吊顶上安装嵌入式灯具用的专用骨架等已完成，对需做承载试验的预埋件或吊杆经试验应合格；

2 影响灯具安装的模板、脚手架应已拆除，顶棚和墙面喷浆、油漆或壁纸等及地面清理工作应已完成；

3 灯具接线前，导线的绝缘电阻测试应合格；

4 高空安装的灯具，应先在地面进行通断电试验合格。

3.3.16 照明开关、插座、风扇安装前，应检查吊扇的吊钩已预埋完成、导线绝缘电阻测试应合格，顶棚和墙面的喷浆、油漆或壁纸等已完工。

3.3.17 照明系统的测试和通电试运行应符合下列规定：

1 导线绝缘电阻测试应在导线接续前完成；

2 照明箱（盘）、灯具、开关、插座的绝缘电阻测试应在器具就位前或接线前完成；

3 通电试验前，电气器具及线路绝缘电阻应测试合格，当照明回路装有剩余电流动作保护器时，剩余电流动作保护器应检测合格；

4 备用照明电源或应急照明电源作空载自动投切试验前，应卸除负荷，有载自动投切试验应在空载自动投切试验合格后进行；

5 照明全负荷试验前，应确认上述工作应已完成。

3.3.18 接地装置安装应符合下列规定：

1 对于利用建筑物基础接地的接地体，应先完成底板钢筋敷设，然后按设计要求进行接地装置施工，经检查确认后，再支模或浇捣混凝土；

2 对于人工接地的接地体，应按设计要求利用基础沟槽或开挖沟槽，然后经检查确认，再埋入或打入接地极和敷设地下接地干线；

3 降低接地电阻的施工应符合下列规定：

1）采用接地模块降低接地电阻的施工，应先按设计位置开挖模块坑，并将地下接地干线引到模块上，经检查确认，再相互焊接；

2）采用添加降阻剂降低接地电阻的施工，应先按设计要求开挖沟槽或钻孔垂直埋管，再将沟槽清理干净，检查接地体埋入位置后，再灌注降阻剂；

3）采用换土降低接地电阻的施工，应先按设计要求开挖沟槽，并将沟槽清理干净，再在沟槽底部铺设经确认合格的低电阻率土壤，经检查铺设厚度达到设计要求后，再安装接地装置；接地装置连接完好，并完成防腐处理后，再覆盖上层低电阻率土壤。

4 隐蔽装置前，应先检查验收合格后，再覆土回填。

3.3.19 防雷引下线安装应符合下列规定：

1 当利用建筑物柱内主筋作引下线时，应在柱内主筋绑扎或连接后，按设计要求进行施工，经检查确认，再支模；

2 对于直接从基础接地体或人工接地体暗敷埋入粉刷层内的引下线，应先检查确认不外露后，再贴面砖或刷涂料等；

3 对于直接从基础接地体或人工接地体引出明敷的引下线，应先埋设或安装支架，并经检查确认后，再敷设引下线。

3.3.20 接闪器安装前，应先完成接地装置和引下线的施工，接闪器安装后应及时与引下线连接。

3.3.21 防雷接地系统测试前，接地装置应完成施工且测试合格；防雷接闪器应完成安装，整个防雷接地系统应连成回路。

3.3.22 等电位联结应符合下列规定：

1 对于总等电位联结，应先检查确认总等电位联结端子的接地导体位置，再安装总等电位联结端子板，然后按设计要求作总等电位联结；

2 对于局部等电位联结，应先检查确认连接端子位置及连接端子板的截面积，再安装局部等电位联结端子板，然后按设计要求作局部等电位联结；

3 对特殊要求的建筑金属屏蔽网箱，应先完成网箱施工，经检查确认后，再与 PE 连接。

4. 分部（子分部）工程划分及验收

3.4.1 建筑电气分部工程的质量验收，应按检验批、分项工程、子分部工程逐级进行验收，各子分部工程、分项工程和检验批的划分应符合本规范附录 A 的规定。

3.4.2 建筑电气分部工程检验批的划分应符合下列规定：

1 变配电室安装工程中分项工程的检验批，主变配电室应作为 1 个检验批；对于有数个分变配电室，且不属于子单位工程的子分部工程，应分别作为 1 个检验批，其验收记录应汇入所有变配电室有关分项工程的验收记录中；当各分变配电室属于各子单位工程的子分部工程时，所属分项工程应分别作为 1 个检验批，其验收记录应作为分项工程验收记录，且应经子分部工程验收记录汇总后纳入分部工程验收记录中。

2 供电干线安装工程中分项工程的检验批，应按供电区段和电气竖井的编号划分。

3 对于电气动力和电气照明安装工程中分项工程的检验批，其界区的划分应与建筑土建工程一致。

4 自备电源和不间断电源安装工程中分项工程，应分别作为 1 个检验批。

5 对于防雷及接地装置安装工程中分项工程的检验批，人工接地装置和利用建筑物基础钢筋的接地体应分别作为 1 个检验批，且大型基础的可按区块划分成若干个检验批；对于防雷引下线安装工程，6 层以下的建筑应作为 1 个检验批，高层建筑中依均压环设置间隔的层数应作为 1 个检验批；接闪器安装同一屋面，应作为 1 个检验批；建筑物的总等电位联结应作为 1 个检验批，每个局部等电位联结应作为 1 个检验批，电子系统设备机房应作为 1 个检验批。

6 对于室外电气安装工程中分项工程的检验批，应按庭院大小、投运时间先后、功能区块等进行划分。

3.4.3 当验收建筑电气工程时，应核查下列各项质量控制资料，且资料内容应真实、齐全、完整：

1 设计文件和图纸会审记录及设计变更与工程洽商记录；

2 主要设备、器具、材料的合格证和进场验收记录；

3 隐蔽工程检查记录；

4 电气设备交接试验检验记录；

5 电动机检查（抽芯）记录；

6 接地电阻测试记录；

7 绝缘电阻测试记录；

8 接地故障回路阻抗测试记录；

9 剩余电流动作保护器测试记录；

10 电气设备空载试运行和负荷试运行记录；

11 EPS 应急持续供电时间记录；

12 灯具固定装置及悬吊装置的载荷强度试验记录；

13 建筑照明通电试运行记录；

14 接闪线和接闪带固定支架的垂直拉力测试记录；

15 接地（等电位）联结导通性测试记录；

16 工序交接合格等施工安装记录。

3.4.4 建筑电气分部（子分部）工程和所含分项工程的质量验收记录应无遗漏缺项、填写正确。

3.4.5 技术资料应齐全，且应符合工序要求、有可追溯性；责任单位和责任人均应确认且签章齐全。

3.4.6 检验批验收时应按本规范主控项目和一般项目中规定的检查数量和抽查比例进行检查，施工单位过程检查时应进行全数检查。

3.4.7 单位工程质量验收时,建筑电气分部(子分部)工程实物质量应抽检下列部位和设施,且抽检结果应符合本规范的规定:

1 变配电室,技术层、设备层的动力工程,电气竖井,建筑顶部的防雷工程,电气系统接地,重要的或大面积活动场所的照明工程,以及5%自然间的建筑电气动力、照明工程;

2 室外电气工程的变配电室,以及灯具总数的5%。

3.4.8 变配电室通电后可抽测下列项目,抽测结果应符合本规范规定和设计要求:

1 各类电源自动切换或通断装置;

2 馈电线路的绝缘电阻;

3 接地故障回路阻抗;

4 开关插座的接线正确性;

5 剩余电流动作保护器的动作电流和时间;

6 接地装置的接地电阻;

7 照度。

第二节　室外电气子分部工程检验批质量验收记录表

1. 变压器、箱式变电所安装检验批质量验收记录

(1) 推荐表格

07010101 ____

变电器、箱式变电所安装检验批质量验收记录　07020101 ____

单位(子单位)工程名称			分部(子分部)工程名称		分项工程名称	
施工单位			项目负责人		检验批容量	
分包单位			分包单位项目负责人		检验批部位	
施工依据			验收依据		《建筑电气工程施工质量验收规范》GB 50303—2015	
验收项目			设计要求及规范规定	最小/实际抽样数量	检查记录	检查结果
主控项目	1	变压器位置正确、附件齐全、油位正确无渗油	第4.1.1条	/		
	2	变压器中性点连接符合设计要求	第4.1.2条			
	3	变压器、支架、基础、外壳等保护导体连接可靠,紧固件、放松件齐全	第4.1.3条	/		
	4	变压器、高压电气设备交接试验合格	第4.1.4条	/		

		验收项目	设计要求及规范规定	最小/实际抽样数量	检查记录	检查结果
主控项目	5	箱式变电所、落地式配电箱体安装	第4.1.5条	/		
	6	箱式变电所交接试验	第4.1.6条	/		
	7	编织铜线与保护导体可靠连接截面≥4mm²	第4.1.7条	/		
一般项目	1	有载调压开关安装	第4.2.1条	/		
	2	绝缘件安装质量	第4.2.2条	/		
	3	有滚轮变压器固定	第4.2.3条	/		
	4	变压器器身检查	第4.2.4条	/		
	5	箱式变电所涂层、防护网完好	第4.2.5条	/		
	6	箱式变电所高压、低压配电接线完整,回路标记清晰	第4.2.6条			
	7	油浸变压器顶盖坡度、中心线与母线槽中心线在同轴线上	第4.2.7条			
	8	有防护的变压器防护等级符合要求	第4.2.8条			

施工单位检查结果	专业工长: 项目专业质量检查员: 　　　　　年　月　日
监理单位验收结论	专业监理工程师: 　　　　　年　月　日

(2) 验收内容及检查方法条文摘录

主 控 项 目

4.1.1 变压器安装应位置正确,附件齐全,油浸变压器油位正常,无渗油现象。

检查数量:全数检查。

检查方法:观察检查。

4.1.2 变压器中性点的接地连接方式及接地电阻值应符合设计要求。

检查数量：全数检查。

检查方法：观察检查并用接地电阻测试仪测试。

4.1.3 变压器箱体、干式变压器的支架、基础型钢及外壳应分别单独与保护导体可靠连接，紧固件及防松零件齐全。

检查数量：紧固件及防松零件抽查 5%，其余全数检查。

检查方法：观察检查。

4.1.4 变压器及高压电气设备应按本规范第 3.1.5 条的规定完成交接试验且合格。

检查数量：全数检查。

检查方法：试验时观察检查或查阅交接试验记录。

4.1.5 箱式变电所及其落地式配电箱的基础应高于室外地坪，周围排水通畅。用地脚螺栓固定的螺帽应齐全，拧紧牢固；自由安放的应垫平放正。对于金属箱式变电所及落地式配电箱，箱体应与保护导体可靠连接，且有标识。

检查数量：全数检查。

检查方法：观察检查和手感检查。

4.1.6 箱式变电所的交接试验，应符合下列规定：

1 由高压成套开关柜、低压成套开关柜和变压器三个独立单元组合成的箱式变电所高压电气设备部分，应按本规范 3.1.5 的规定完成交接试验且合格；

2 对于高压开关、熔断器等与变压器组合在同一个密闭油箱内的箱式变电所，交接试验应按产品提供的技术文件要求执行；

3 低压成套配电柜和馈电线路的每路配电开关及保护装置的相间和相对地间的绝缘电阻值不应小于 0.5MΩ；当国家现行产品标准未做规定时，电气装置的交流工频耐压试验电压应为 1000V，试验持续时间应为 1min，当绝缘电阻值大于 10MΩ 时，宜采用 2500V 兆欧表摇测。

检查数量：全数检查。

检查方法：用绝缘电阻测试仪测试、试验并查阅交接试验记录。

4.1.7 配电间隔和静止补偿装置栅栏门应采用裸编织铜线与保护导体可靠连接，其截面积不应小于 4mm^2。

检查数量：全数检查。

检查方法：观察检查。

一 般 项 目

4.2.1 有载调压开关的传动部分润滑应良好，动作应灵活，点动给定位置与开关实际位置应一致，自动调节应符合产品的技术文件要求。

检查数量：全数检查。

检查方法：观察检查或操作检查。

4.2.2 绝缘件应无裂纹、缺损和瓷件瓷釉损坏等缺陷，外表应清洁，测温仪表指示应准确。

检查数量：各种规格各抽查 10%，且不得少于 1 件。

检查方法：观察检查。

4.2.3 装有滚轮的变压器就位后，应将滚轮用能拆卸的制动部件固定。

检查数量：全数检查。

检查方法：观察检查。

4.2.4 变压器应按产品技术文件要求进行器身检查，当满足下列条件之一时，可不检查器身。

1 制造厂规定不检查器身；

2 就地生产仅作短途运输的变压器，且在运输过程中有效监督，无紧急制动、剧烈振动、冲撞或严重颠簸等异常情况。

检查数量：全数检查。

检查方法：核对产品技术文件、查阅运输过程资料。

4.2.5 箱式变电所内外涂层应完整、无损伤，对于有通风口的，其风口防护网应完好。

检查数量：全数检查。

检查方法：观察检查。

4.2.6 箱式变电所的高压和低压配电柜内部接线应完整、低压输出回路标记应清晰，回路名称应准确。

检查数量：按回路数量抽查 10%，且不得少于 1 个回路。

检查方法：观察检查。

4.2.7 对于油浸变压器顶盖，沿气体继电器的气流方向应有 1.0%～1.5% 的升高坡度。除与母线槽采用软连接外，变压器的套管中心线应与母线槽中心线在同一轴线上。

检查数量：全数检查。

检查方法：观察检查并采用水平仪测试。

4.2.8 对有防护等级要求的变压器，在其高压或低压及其他用途的绝缘盖板上开孔时，应符合变压器的防护等级要求。

检查数量：全数检查。

检查方法：观察检查。

(3) 验收说明

1）施工依据：《建筑电气照明装置施工与验收规范》GB 50617—2010，施工工艺标准，并制订专项施工方案、技术交底资料。

2）验收依据：《建筑电气工程施工质量验收规范》GB 50303—2015，相应的现场质量验收检查记录。

3）注意事项：

① 主控项目的质量经抽样检验均应合格；

② 一般项目的质量经抽样检验合格。当采用计数抽样时，合格点率应符合有关专业验收规范的规定，且不得存在严重缺陷；

③ 具有完整的施工操作依据、质量验收记录；

④ 本检验批的主控项目、一般项目已列入推荐表中，其具体内容及检查方法见一般规定及（2）条文摘录；

⑤ 黑体字的条文为强制性条文，必须严格执行，制订控制措施；

⑥ 本推荐表可用于 07010101、07020101。

2. 成套配电柜、控制柜（台、箱）和配电箱（盘）安装检验批质量验收记录

（1）推荐表格

成套配电柜、控制柜（台、箱）和配电箱（盘）安装检验批质量验收记录

单位（子单位） 工程名称			分部（子分部） 工程名称		分项工程名称		
施工单位			项目负责人		检验批容量		
分包单位			分包单位项目 负责人		检验批部位		
施工依据			验收依据		《建筑电气工程施工质量验收规范》 GB 50303—2015		
验收项目			设计要求及 规范规定	最小/实际 抽样数量	检查记录		检查结果
主控 项目	1	柜、台、箱金属框架及基础与 保护导体可靠连接	第5.1.1条	/			
	2	柜、台、箱、盘等配电装置 应有可靠电击保护	第5.1.2条	/			
	3	手车、抽屉式配电柜安装	第5.1.3条	/			
	4	高压配电柜交接试验	第5.1.4条	/			
	5	低压配电柜交接试验	第5.1.5条	/			
	6	柜、箱线路的线间、馈线、二次 回路的绝缘电阻值	第5.1.6条	/			
	7	直流柜试验	第5.1.7条	/			
	8	低压配电柜、箱末端用电回路保护	第5.1.8条	/			
	9	配电箱(盘)内剩余电流动作 保护器(RCD)测试	第5.1.9条	/			
	10	柜、箱、盘内电涌保护器(SPD)安装	第5.1.10条				
	11	IT系统绝缘检测器(IMD) 报警功能	第5.1.11条				
	12	照明配电箱安装	第5.1.12条				
	13	建筑智能化工程变送器的电 量信号精度等级	第5.1.13条				

验收项目			设计要求及规范规定	最小/实际抽样数量	检查记录	检查结果
一般项目	1	基础型钢安装偏差	第5.2.1条	/		
	2	柜、箱、台、盘的安全距离	第5.2.2条	/		
	3	柜、箱、台间或与基础间用镀锌螺栓连接,放松件齐全	第5.2.3条	/		
	4	室外安装的落地式柜、箱基础高出地坪,排水畅通	第5.2.4条			
	5	柜、箱、台、盘安装牢固、位置及外观	第5.2.5条			
	6	柜、箱、台、盘内检查试验	第5.2.6条			
	7	低压电器组合要求	第5.2.7条			
	8	柜、箱、台、盘间配线	第5.2.8条			
	9	柜、箱、台、盘面板上电器连接导线	第5.2.9条			
	10	照明配电箱(盘)安装外观及标识	第5.2.10条			

施工单位检查结果	专业工长: 项目专业质量检查员: 年 月 日
监理单位验收结论	专业监理工程师: 年 月 日

(2) 验收内容及检查方法条文摘录

主 控 项 目

5.1.1 柜、台、箱的金属框架及基础型钢应与保护导体可靠连接;对于装有电器的可开启门,门和金属框架的接地端子间应选用截面积不小于 $4mm^2$ 黄绿色绝缘铜芯软导线连接,并应有标识。

检查数量:全数检查。

检查方法:观察检查。

5.1.2 柜、台、箱、盘等配电装置应有可靠的防电击保护;装置内保护接地导体(PE)排应有裸露的连接外部保护接地导体的端子,并应可靠连接。当设计未做要求时,连接导体最小截面积应符合现行国家标准《低压配电设计规范》GB 50054 的规定。

检查数量:全数检查。

检查方法:观察检查并采用力矩扳手检查。

5.1.3 手车、抽屉式成套配电柜推拉应灵活，无卡阻碰撞现象。动触头与静触头的中心线应一致，且触头接触应紧密，投入时，接地触头应先于主触头接触；退出时，接地触头应后于主触头脱开。

检查数量：全数检查。

检查方法：观察检查。

5.1.4 高压成套配电柜应按本规范第3.1.5条的规定进行交接试验，并应合格，且应符合下列规定：

1 继电保护元器件、逻辑元件、变送器和控制用计算机等单体校验应合格，整组试验动作应正确，整定参数应符合设计要求；

2 新型高压电气设备和继电保护装置投入使用前，应按产品技术文件要求进行交接试验。

检查数量：全数检查。

检查方法：模拟试验检查或查阅交接试验记录。

5.1.5 低压成套配电柜交接试验，应符合本规范第4.1.6条第3款的规定。

检查数量：全数检查。

检查方法：用绝缘电阻测试仪测试、试验时观察检查或查阅交接试验记录。

5.1.6 对于低压成套配电柜、箱及控制柜（台、箱）间线路的线间和线对地间绝缘电阻值，馈电线路不应小于0.5MΩ，二次回路不应小于1MΩ；二次回路的耐压试验电压应为1000V，当回路绝缘电阻值大于10MΩ时，应采用2500V兆欧表代替，试验持续时间应为1min或符合产品技术文件要求。

检查数量：按每个检验批的配线回路数量抽查20%，且不得少于1个回路。

检查方法：用绝缘电阻测试仪测试或试验、测试时观察检查或查阅绝缘电阻测试记录。

5.1.7 直流柜试验时，应将屏内电子器件从线路上退出，主回路线间和线对地间绝缘电阻值不应小于0.5MΩ，直流屏所附蓄电池组的充、放电应符合产品技术文件要求；整流器的控制调整和输出特性试验应符合产品技术文件要求。

检查数量：全数检查。

检查方法：用绝缘电阻测试仪测试，调整试验时观察检查或查阅试验记录。

5.1.8 低压成套配电柜和配电箱（盘）内末端用电回路中，所设过电流保护电器兼作故障防护时，应在回路末端测量接地故障回路阻抗，且回路阻抗应满足下式要求：

$$Z_s(m) \leqslant \frac{2}{3} \times \frac{U_0}{I_a} \tag{5.1.8}$$

式中：$Z_s(m)$——实测接地故障回路阻抗（Ω）；

U_0——相导体对接地的中性导体的电压（V）；

I_a——保护电器在规定时间内切断故障回路的动作电流（A）。

检查数量：按末级配电箱（盘、柜）总数量抽查20%，每个被抽查的末级配电箱至少应抽查1个回路，且不应少于1个末级配电箱。

检查方法：仪表测试并查阅试验记录。

5.1.9 配电箱（盘）内的剩余电流动作保护器（RCD）应在施加额定剩余动作电流

（$I_{\Delta n}$）的情况下测试动作时间，且测试值应符合设计要求。

检查数量：每个配电箱（盘）不少于 1 个。

检查方法：仪表测试并查阅试验记录。

5.1.10　柜、箱、盘内电涌保护器（SPD）安装应符合下列规定：

1　SPD 的型号规格及安装布置应符合设计要求；

2　SPD 的接线形式应符合设计要求，接地导线的位置不宜靠近出线位；

3　SPD 的连接导线应平直且足够短，且不宜大于 0.5m。

检查数量：按每个检验批电涌保护器（SPD）的数量抽查 20%，且不得少于 1 个。

检查方法：观察检查。

5.1.11　IT 系统绝缘监测器（IMD）的报警功能应符合设计要求。

检查数量：全数检查。

检查方法：仪表测试。

5.1.12　照明配电箱（盘）安装应符合下列规定：

1　箱（盘）内配线应整齐、无绞接现象；导线连接应紧密、不伤线芯、不断股；垫圈下螺丝两侧压的导线截面积应相同，同一电器器件端子上的导线连接不应多于 2 根，防松垫圈等零件应齐全；

2　箱（盘）内开关动作应灵活可靠；

3　箱（盘）内宜分别设置中性导体（N）和保护接地导体（PE）汇流排，汇流排上同一端子不应连接不同回路的 N 或 PE。

检查数量：按照明配电箱（盘）数量抽查 10%，且不得少于 1 台。

检查方法：观察检查及操作检查，螺丝刀拧紧检查。

5.1.13　送至建筑智能化工程变送器的电量信号精度等级应符合设计要求，状态信号应正确；接收建筑智能化工程的指令应使建筑电气工程的断路器动作符合指令要求，且手动、自动切换功能均应正常。

检查数量：全数检查。

检查方法：模拟试验时观察检查或查阅检查记录。

一 般 项 目

5.2.1　基础型钢安装允许偏差应符合表 5.2.1 的规定。

检查数量：按总数抽查 20%，且不得少于 1 台。

检查方法：水平仪或拉线尺量检查。

表 5.2.1　基础型钢安装允许偏差

项目	允许偏差（mm）	
	每米	全长
不直度	1.0	5.0
水平度	1.0	5.0
不平行度	—	5.0

5.2.2　柜、台、箱、盘的布置及安全间距应符合设计要求。

检查数量：全数检查。

检查方法：尺量检查。

5.2.3　柜、台、箱相互间或与基础型钢间应用镀锌螺栓连接，且防松零件应齐全；当设计有防火要求时，柜、台、箱的进出口应做防火封堵，并应封堵严密。

检查数量：按柜、台、箱总数抽查10％，且各不得少于1台。

检查方法：观察检查。

5.2.4　室外安装的落地式配电（控制）柜、箱的基础应高于地坪，周围排水应通畅，其底座周围应采取封闭措施。

检查数量：全数检查。

检查方法：观察检查。

5.2.5　柜、台、箱、盘应安装牢固，且不应设置在水管的正下方。柜、台、箱、盘安装垂直度允许偏差不应大于1.5‰，相互间接缝不应大于2mm，成列盘面偏差不应大于5mm。

检查数量：按总数抽查10％，且不得少于1台。

检查方法：线坠尺量检查、塞尺检查、拉线尺量检查。

5.2.6　柜、台、箱、盘内检查试验应符合下列规定：

1　控制开关及保护装置的规格、型号应符合设计要求；

2　闭锁装置动作应准确、可靠；

3　主开关的辅助开关切换动作应与主开关动作一致；

4　柜、台、箱、盘上的标识器件应标明被控设备编号及名称或操作位置，接线端子应有编号，且清晰、工整、不易脱色；

5　回路中的电子元件不应参加交流工频耐压试验；50V及以下回路可不作交流工频耐压试验。

检查数量：按柜、台、箱、盘总数抽查10％，且不得少于1台。

检查方法：观察检查并按设计图核对规格型号。

5.2.7　低压电器组合应符合下列规定：

1　发热元件应安装在散热良好的位置；

2　熔断器的熔体规格、断路器的整定值应符合设计要求；

3　切换压板应接触良好，相邻压板间应有安全距离，切换时，不应触及相邻的压板；

4　信号回路的信号灯、按钮、光字牌、电铃、电笛、事故电钟等动作和信号显示应准确；

5　金属外壳需做电击防护时，应与保护导体可靠连接；

6　端子排应安装牢固，端子应有序号，强电、弱电端子应隔离布置，端子规格应与导线截面积大小适配。

检查数量：按低压电器组合完成后的总数抽查10％，且不得少于1台。

检查方法：观察检查并按设计图核对电器技术参数。

5.2.8　柜、台、箱、盘间配线应符合下列规定：

1　二次回路接线应符合设计要求，除电子元件回路或类似回路外，回路的绝缘导线额定电压不应低于 450/750V；对于铜芯绝缘导线或电缆的导体截面积，电流回路不应小于 2.5mm²，其他回路不应小于 1.5mm²；

2 二次回路连线应成束绑扎，不同电压等级、交流、直流线路及计算机控制线路应分别绑扎，且应有标识；固定后不应妨碍手车开关或抽出式部件的拉出或推入；

3 线缆的弯曲半径不应小于线缆允许弯曲半径；

4 导线连接不应损伤线芯。

检查数量：按柜、台、箱、盘总数抽查 10%，且不得少于 1 台。

检查方法：观察检查。

5.2.9 柜、台、箱、盘面板上的电器连接导线应符合下列规定：

1 连接导线应采用多芯铜芯绝缘软导线，敷设长度应留有适当裕量；

2 线束宜有外套塑料管等加强绝缘保护层；

3 与电器连接时，端部应绞紧、不松散、不断股，其端部可采用不开口的终端端子或搪锡；

4 可转动部位的两端应采用卡子固定。

检查数量：按柜、台、箱、盘总数抽查 10%，且不得少于 1 台。

检查方法：观察检查。

5.2.10 照明配电箱（盘）安装应符合下列规定：

1 箱体开孔应与导管管径适配，暗装配电箱箱盖应紧贴墙面，箱（盘）涂层应完整；

2 箱（盘）内回路编号应齐全，标识应正确；

3 箱（盘）应采用不燃材料制作；

4 箱（盘）应安装牢固、位置正确、部件齐全，安装高度应符合设计要求，垂直度允许偏差不应大于 1.5‰。

检查数量：按照明配电箱（盘）总数抽查 10%，且不得少于 1 台。

检查方法：观察检查并用线坠尺量检查。

（3）验收说明

1）施工依据：《建筑电气照明装置施工与验收规范》GB 50617—2010，施工工艺标准，并制订专项施工方案、技术交底资料。

2）验收依据：《建筑电气工程施工质量验收规范》GB 50303—2015，相应的现场质量验收检查记录。

3）注意事项：

① 主控项目的质量经抽样检验均应合格；

② 一般项目的质量经抽样检验合格。当采用计数抽样时，合格点率应符合有关专业验收规范的规定，且不得存在严重缺陷；

③ 具有完整的施工操作依据、质量验收记录；

④ 本检验批的主控项目、一般项目已列入推荐表中，其具体内容及检查方法见一般规定及（2）条文摘录；

⑤ 黑体字的条文为强制性条文，必须严格执行，制订控制措施；

⑥ 本推荐表尚可用于 07010201、07020201、07040101、07050101、07060101。

3. 电动机、电加热器及电动执行机构检查接线检验批质量验收记录

（1）推荐表格

电动机、电加热器及电动执行机构检查接线检验批质量验收记录   07040201 ___

单位(子单位) 工程名称			分部(子分部) 工程名称		分项工程名称		
施工单位			项目负责人		检验批容量		
分包单位			分包单位项目 负责人		检验批部位		
施工依据			验收依据		《建筑电气工程施工质量验收规范》 GB 50303—2015		
		验收项目		设计要求及 规范规定	最小/实际 抽样数量	检查记录	检查结果
主控 项目	1	外露可导电部分必须与 保护体可靠连接		第6.1.1条	/		
	2	电气设备的绝缘电阻值≥0.5MΩ		第6.1.2条	/		
	3	高压及100kW以上电 动机交接试验		第6.1.3条	/		
一般 规定	1	电气设备安装应牢固， 入线口及接线盒盖密封		第6.2.1条	/		
	2	电动机应抽芯检查		第6.2.2条	/		
	3	电动机抽芯检查的项目		第6.2.3条	/		
	4	电动机电源线接触应良好，高压电 动机电源线紧固不应损伤引出线套管		第6.2.4条	/		
	5	接线盒内裸露的不同相间和相对地 间电气间隙绝缘防护措施		第6.2.5条			
施工单位 检查结果					专业工长： 项目专业质量检查员： 年 月 日		
监理单位 验收结论					专业监理工程师： 年 月 日		

（2）验收内容及检查方法条文摘录

主 控 项 目

6.1.1 电动机、电加热器及电动执行机构的外露可导电部分必须与保护导体可靠连接。

242

检查数量：电动机、电加热器全数检查，电动执行机构按总数抽查 10%，且不得少于 1 台。

检查方法：观察检查并用工具拧紧检查。

6.1.2 低压电动机、电加热器及电动执行机构的绝缘电阻值不应小于 0.5MΩ。

检查数量：按设备各抽查 50%，且各不得少于 1 台。

检查方法：用绝缘电阻测试仪测试并查阅绝缘电阻测试记录。

6.1.3 高压及 100kW 以上电动机的交接试验应符合现行国家标准《电气装置安装工程电气设备交接试验标准》GB 50150 的规定。

检查数量：全数检查。

检查方法：用仪表测量并查阅相关试验或测量记录。

一 般 项 目

6.2.1 电气设备安装应牢固，螺栓及防松零件齐全，不松动。防水防潮电气设备的接线入口及接线盒盖等应做密封处理。

检查数量：按设备总数抽查 10%，且不得少于 1 台。

检查方法：观察检查并用工具拧紧检查。

6.2.2 除电动机随机技术文件不允许在施工现场抽芯检查外，有下列情况之一的电动机，应抽芯检查：

1 出厂时间已超过制造厂保证期限；

2 外观检查、电气试验、手动盘转和试运转有异常情况。

检查数量：按设备总数抽查 20%，且不得少于 1 台。

检查方法：观察检查并查阅设备进场验收记录。

6.2.3 电动机抽芯检查应符合下列规定：

1 电动机内部应清洁、无杂物；

2 线圈绝缘层应完好、无伤痕，端部绑线不应松动，槽楔应固定、无断裂、无凸出和松动，引线应焊接饱满，内部应清洁、通风孔道无堵塞；

3 轴承应无锈斑，注油（脂）的型号、规格和数量应正确，转子平衡块应紧固、平衡螺丝锁紧，风扇叶片应无裂纹；

4 电动机的机座和端盖的止口部位应无砂眼和裂纹；

5 连接用紧固件的防松零件应齐全完整；

6 其他指标应符合产品技术文件的要求。

检查数量：全数检查。

检查方法：查阅抽芯检查记录并核对产品技术文件要求。

6.2.4 电动机电源线与出线端子接触应良好、清洁，高压电动机电源线紧固时不应损伤电动机引出线套管。

检查数量：全数检查。

检查方法：观察检查。

6.2.5 在设备接线盒内裸露的不同相间和相对地间电气间隙应符合产品技术文件要求，或采取绝缘防护措施。

检查数量：按设备总数抽查 20%，各不得少于 1 台，且应覆盖不同的电压等级。

检查方法：观察检查、尺量检查并查阅电动机检查记录。

（3）验收说明

1）施工依据：《建筑电气照明装置施工与验收规范》GB 50617—2010，施工工艺标准，并制订专项施工方案、技术交底资料。

2）验收依据：《建筑电气工程施工质量验收规范》GB 50303—2015，相应的现场质量验收检查记录。

3）注意事项：

① 主控项目的质量经抽样检验均应合格；

② 一般项目的质量经抽样检验合格。当采用计数抽样时，合格点率应符合有关专业验收规范的规定，且不得存在严重缺陷。对于计数抽样的一般项目，正常检验一次、二次抽样可按统一标准附录 D 判定；

③ 具有完整的施工操作依据、质量验收记录；

④ 本检验批的主控项目、一般项目已列入推荐表中，其具体内容及检查方法见一般规定及（2）条文摘录；

⑤ 黑体字的条文为强制性条文，必须严格执行，制订控制措施。

4. 柴油发电机组安装检验批质量验收记录

（1）推荐表格

柴油发电机组安装检验批质量验收记录

07060201 ＿＿＿

单位(子单位)工程名称			分部(子分部)工程名称		分项工程名称	
施工单位			项目负责人		检验批容量	
分包单位			分包单位项目负责人		检验批部位	
施工依据			验收依据		《建筑电气工程施工质量验收规范》GB 50303—2015	
验收项目			设计要求及规范规定	最小/实际抽样数量	检查记录	检查结果
主控项目	1	发电机试验	第7.1.1条	/		
	2	线路绝缘电阻值、绝缘电缆馈电线路直流耐压试验	第7.1.2条	/		
	3	发电机相序应与原供电系统相序一致	第7.1.3条	/		
	4	发电机并列运行，其电压、频率和相位一致	第7.1.4条			
	5	发电机的中性点接地方式与接地电阻值符合设计要求	第7.1.5条			

		验收项目	设计要求及规范规定	最小/实际抽样数量	检查记录	检查结果
主控项目	6	发电机和机械部分应分别与保护导体连接	第7.1.6条			
	7	燃油设备及管道防静电接地符合设计要求	第7.1.7条	/		
一般项目	1	发电机随机的配套件、配套紧固良好并标记	第7.2.1条	/		
	2	发电机开关、切换、保护装置试验合格,负荷试验连续运转无故障	第7.2.2条	/		
施工单位检查结果		专业工长: 项目专业质量检查员: 年 月 日				
监理单位验收结论		专业监理工程师: 年 月 日				

(2) 验收内容及检查方法条文摘录

主控项目

7.1.1 发电机的试验应符合本规范附录B的规定。

检查数量:全数检查。

检查方法:试验时观察检查并查阅发电机交接试验记录。

7.1.2 对于发电机组至配电柜馈电线路的相间、相对地间的绝缘电阻值,低压馈电线路不应小于$0.5M\Omega$,高压馈电线路不应小于$1M\Omega/kV$;绝缘电缆馈电线路直流耐压试验应符合现行国家标准《电气装置安装工程电气设备交接试验标准》GB 50150的规定。

检查数量:全数检查。

检查方法:用绝缘电阻测试仪测试检查,试验时观察检查并查阅测试、试验记录。

7.1.3 柴油发电机馈电线路连接后,两端的相序应与原供电系统的相序一致。

检查数量:全数检查。

检查方法:核相时观察检查并查阅核相记录。

7.1.4 当柴油发电机并列运行时,应保证其电压、频率和相位一致。

检查数量:全数检查。

检查方法:观察检查并查阅运行记录。

7.1.5 发电机的中性点接地连接方式及接地电阻值应符合设计要求,接地螺栓防松零件齐全,且有标识。

检查数量:全数检查。

检查方法:观察检查并用接地电阻测试仪测试。

7.1.6 发电机本体和机械部分的外露可导电部分应分别与保护导体可靠连接,并应有标识。

检查数量:全数检查。

检查方法:观察检查。

7.1.7 燃油系统的设备及管道的防静电接地应符合设计要求。

检查数量:全数检查。

检查方法:观察检查。

7.2.1 发电机组随机的配电柜、控制柜接线应正确,紧固件紧固状态良好,无遗漏脱落。开关、保护装置的型号、规格正确,验证出厂试验的锁定标记应无位移,有位移的应重新试验标定。

检查数量:全数检查。

检查方法:观察检查。

7.2.2 受电侧配电柜的开关设备、自动或手动切换装置和保护装置等的试验应合格,并应按设计的自备电源使用分配预案进行负荷试验,机组应连续运行无故障。

检查数量:全数检查。

检查方法:试验时观察检查并查阅电器设备试验记录和发电机负荷试运行记录。

附录 B 发电机交接试验

表 B 发电机交接试验

序号	部位	内容	试验内容	试验结果
1			测量定子绕组的绝缘电阻和吸收比	400V 发电机绝缘电阻值大于 $0.5M\Omega$,其他高压发电机绝缘电阻不低于其额定电压 $1M\Omega/kV$ 沥青浸胶及烘卷云母绝缘吸收比大于 1.3 环氧粉云母绝缘吸收比大于 1.6
2	静态试验	定子电路	在常温下,绕组表面温度与空气温度差在 ±3℃ 范围内测量各相直流电阻	各相直流电阻值相互间差值不大于最小值 2%,与出厂值在同温度下比差值不大于 2%
3			1kV 以上发电机定子绕组直流耐压试验和泄漏电流测量	试验电压为电机额定电压 3 倍。试验电压按每级 0.5 倍额定电压分阶段升高,每阶段停留 1min,并记录泄漏电流;在规定的试验电压下,泄漏电流应符合下列规定:

续表 B

序号	部位	内容	试验内容	试验结果
3	静态试验	定子电路	1kV 以上发电机定子绕组直流耐压试验和泄漏电流测量	1. 各相泄漏电流的差别不应大于最小值的 100%,当最大泄漏电流在 20μA 以下,各相间的差值可不考虑。 2. 泄漏电流不应随时间延长而增大。 3. 泄漏电流不应随电压不成比例显著增长
			交流工频耐压试验 1min	试验电压为 1.6U_n+800V,无闪络击穿现象,U_n 为发电机额定电压
4		转子电路	用 1000 伏兆欧表测量转子绝缘电阻	绝缘电阻值大于 0.5MΩ
5			在常温下,绕组表面温度与空气温度差在±3℃范围内测量绕组直流电阻	数值与出厂值在同温度下比差值不大于 2%
6			交流工频耐压试验 1min	用 2500V 摇表测量绝缘电阻替代
7		励磁电路	退出励磁电路电子器件后,测量励磁电路的线路设备的绝缘电阻	绝缘电阻值大于 0.5MΩ
8			退出励磁电路电子器件后,进行交流工频耐压试验 1min	试验电压 1000V,无击穿闪络现象
9		其他	有绝缘轴承的用 1000V 兆欧表测量轴承绝缘电阻	绝缘电阻值大于 0.5MΩ
10			测量检温计(埋入式)绝缘电阻,校验检温计精度	用 250V 兆欧表检测不短路,精度符合出厂规定
11			测量灭磁电阻,自同步电阻器的直流电阻	与铭牌相比较,其差值为±10%
12	运转试验		发电机空载特性试验	按设备说明书比对,符合要求
13			测量相序和残压	相序与出线标识相符
14			测量空载和负荷后轴电压	按设备说明书比对,符合要求
15			测量启停试验	按设计要求检查,符合要求
16			1kV 以上发电机转子绕组膛外、膛内阻抗测量(转子如抽出)	应无明显差别
17			1kV 以上发电机灭磁时间常数测量	按设备说明书比对,符合要求
18			1kV 以上发电机短路特性试验	按设备说明书比对,符合要求

(3) 验收说明

1) 施工依据：《建筑电气照明装置施工与验收规范》GB 50617—2010，施工工艺标准，并制订专项施工方案、技术交底资料。

2) 验收依据：《建筑电气工程施工质量验收规范》GB 50303—2015，相应的现场质量验收检查记录。

3) 注意事项：

① 主控项目的质量经抽样检验均应合格；

② 一般项目的质量经抽样检验合格。当采用计数抽样时，合格点率应符合有关专业验收规范的规定，且不得存在严重缺陷；

③ 具有完整的施工操作依据、质量验收记录；

④ 本检验批的主控项目、一般项目已列入推荐表中，其具体内容及检查方法见一般规定及（2）条文摘录；

⑤ 黑体字的条文为强制性条文，必须严格执行，制订控制措施。

5. UPS 及 EPS 安装检验批质量验收记录

(1) 推荐表格

UPS 及 EPS 安装检验批质量验收记录 07060301 ____

单位(子单位)工程名称			分部(子分部)工程名称		分项工程名称		
施工单位			项目负责人		检验批容量		
分包单位			分包单位项目负责人		检验批部位		
施工依据			验收依据		《建筑电气工程施工质量验收规范》GB 50303—2015		
		验收项目		设计要求及规范规定	最小/实际抽样数量	检查记录	检查结果
主控项目	1	UPS 及 EPS 的配件规格、型号符合设计要求,内部接线固定牢固		第8.1.1条	/		
	2	UPS 及 EPS 的各项性能应稳定,现场试验符合设计要求		第8.1.2条	/		
	3	EPS 检查内容		第8.1.3条	/		
	4	UPS 及 EPS 绝缘电阻值		第8.1.4条	/		
	5	UPS 输出端系统接地连接方式		第8.1.5条			
一般项目	1	安放 UPS 的机架或底座要求		第8.2.1条			
	2	引入或引出主回路导线敷设、绝缘和连接		第8.2.2条	/		

验收项目			设计要求及规范规定	最小/实际抽样数量	检查记录	检查结果
一般项目	3	UPS 及 EPS 外露的导电部分与保护导体连接、标识	第 8.2.3 条	/		
	4	UPS 运转噪声符合产品要求	第 8.2.4 条	/		

施工单位检查结果	专业工长： 项目专业质量检查员： 年　月　日
监理单位验收结论	专业监理工程师： 年　月　日

(2) 验收内容及检查方法条文摘录

主 控 项 目

8.1.1　UPS 及 EPS 的整流、逆变、静态开关、储能电池或蓄电池组的规格、型号应符合设计要求。内部接线应正确、可靠不松动，紧固件应齐全。

检查数量：全数检查。

检查方法：核对设计图并观察检查。

8.1.2　UPS 及 EPS 的极性应正确，输入、输出各级保护系统的动作和输出的电压稳定性、波形畸变系数及频率、相位、静态开关的动作等各项技术性能指标试验调整应符合产品技术文件要求，当以现场的最终试验替代出厂试验时，应根据产品技术文件进行试验调整，且应符合设计文件要求。

检查数量：全数检查。

检查方法：试验调整时观察检查并查阅设计文件和产品技术文件及试验调整记录。

8.1.3　EPS 应按设计或产品技术文件的要求进行下列检查：

1　核对初装容量，并应符合设计要求；

2　核对输入回路断路器的过载和短路电流整定值，并应符合设计要求；

3　核对各输出回路的负荷量，且不应超过 EPS 的额定最大输出功率；

4　核对蓄电池备用时间及应急电源装置的允许过载能力，并应符合设计要求；

5　当对电池性能、极性及电源转换时间有异议时，应由制造商负责现场测试，并应符合设计要求；

6　控制回路的动作试验，并应配合消防联动试验合格。

检查数量：全数检查。

检查方法：按设计或产品技术文件核对相关技术参数，查阅相关试验记录。

8.1.4　UPS 及 EPS 的绝缘电阻值应符合下列规定：

1　UPS 的输入端、输出端对地间绝缘电阻值不应小于 2MΩ；

2　UPS 及 EPS 连线及出线的线间、线对地间绝缘电阻值不应小于 0.5MΩ。

检查数量：第 1 款全数检查；第 2 款按回路数各抽查 20%，且各不得少于 1 个回路。

检查方法：用绝缘电阻测试仪测试并查阅绝缘电阻测试记录。

8.1.5　UPS 输出端的系统接地连接方式应符合设计要求。

检查数量：全数检查。

检查方法：按设计图核对检查。

一 般 项 目

8.2.1　安放 UPS 的机架或金属底座的组装应横平竖直、紧固件齐全，水平度、垂直度允许偏差不应大于 1.5‰。

检查数量：按设备总数抽查 20%，且各不得少于 1 台。

检查方法：观察检查并用拉线尺量检查、线坠尺量检查。

8.2.2　引入或引出 UPS 及 EPS 的主回路绝缘导线、电缆和控制绝缘导线、电缆应分别穿钢导管保护，当在电缆支架上或在梯架、托盘和线槽内平行敷设时，其分隔间距应符合设计要求；绝缘导线、电缆的屏蔽护套接地应连接可靠、紧固件齐全，与接地干线应就近连接。

检查数量：按装置的主回路总数抽查 10%，且不得少于 1 个回路。

检查方法：观察检查并用尺量检查，查阅相关隐蔽工程检查记录。

8.2.3　UPS 及 EPS 的外露可导电部分应与保护导体可靠连接，并应有标识。

检查数量：按设备总数抽查 20%，且不得少于 1 台。

检查方法：观察检查。

8.2.4　UPS 正常运行时产生的 A 声级噪声，应符合产品技术文件要求。

检查数量：全数检查。

检查方法：用 A 声级计测量检查。

（3）验收说明

1）施工依据：《建筑电气照明装置施工与验收规范》GB 50617—2010，施工工艺标准，并制订专项施工方案、技术交底资料。

2）验收依据：《建筑电气工程施工质量验收规范》GB 50303—2015，相应的现场质量验收检查记录。

3）注意事项：

①主控项目的质量经抽样检验均应合格；

②一般项目的质量经抽样检验合格。当采用计数抽样时，合格点率应符合有关专业验收规范的规定，且不得存在严重缺陷；

③具有完整的施工操作依据、质量验收记录；

④本检验批的主控项目、一般项目已列入推荐表中，其具体内容及检查方法见一般规定及（2）条文摘录。

6. 电气设备试验与试运行检验批质量验收记录

（1）推荐表格

电气设备试验与试运行检验批质量验收记录　　

单位(子单位) 工程名称			分部(子分部) 工程名称		分项工程名称		
施工单位			项目负责人		检验批容量		
分包单位			分包单位项目 负责人		检验批部位		
施工依据			验收依据		《建筑电气工程施工质量验收规范》 GB 50303—2015		
		验收项目		设计要求及 规范规定	最小/实际 抽样数量	检查记录	检查结果
主控 项目	1	试运行前,相关电气设 备和线路试验合格		第9.1.1条	/		
	2	现场单独安装的低压电器交接试验		第9.1.2条			
	3	电动机应试通电,检查转向、转动情 况,电动机试运行应符合规定		第9.1.3条	/		
一般 规定	1	设备的运行电压、电流应 正常,仪表指示正常		第9.2.1条	/		
	2	电动执行机构的动作方向及指示 应与工艺装置的设计要求一致		第9.2.2条	/		
施工单位 检查结果		专业工长: 项目专业质量检查员: 　　　　　　　　年　月　日					
监理单位 验收结论		专业监理工程师: 　　　　　　　　年　月　日					

（2）验收内容及检查方法条文摘录

主 控 项 目

9.1.1　试运行前,相关电气设备和线路应按本规范的规定试验合格。

检查数量：全数检查。

检查方法：试验时观察检查并查阅相关试验、测试记录。

9.1.2　现场单独安装的低压电器交接试验项目应符合本规范附录C的规定。

检查数量：全数检查。

检查方法：试验时观察检查并查阅交接试验检验记录。

9.1.3 电动机应试通电,并应检查转向和机械转动情况,电动机试运行应符合下列规定:

1 空载试运行时间宜为 2h,机身和轴承的温升、电压和电流等应符合建筑设备或工艺装置的空载状态运行要求,并应记录电流、电压、温度、运行时间等有关数据;

2 空载状态下可启动次数及间隔时间应符合产品技术文件的要求;无要求时,连续启动 2 次的时间间隔不应小于 5min,并应在电动机冷却至常温下进行再次启动。

检查数量:按设备总数抽查 10%,且不得少于 1 台。

检查方法:轴承温度采用测温仪测量,其他参数可在试验时观察检查并查阅电动机空载试运行记录。

一 般 项 目

9.2.1 电气动力设备的运行电压、电流应正常,各种仪表指示应正常。

检查数量:全数检查。

检查方法:观察检查。

9.2.2 电动执行机构的动作方向及指示,应与工艺装置的设计要求保持一致。

检查数量:按设备总数抽查 10%,且不得少于 1 台。

检查方法:观察检查。

附录 C 低压电器交接试验

表 C 低压电器交接试验

序号	试验内容	试验标准或条件
1	绝缘电阻	用 500V 兆欧表摇测≥1MΩ,潮湿场所≥0.5MΩ
2	低压电器动作情况	除产品另有规定外,电压、液压或气压在额定值的 85%～110%范围内能可靠动作
3	脱扣器的整定值	整定值误差不得超过产品技术条件的规定
4	电阻器和变阻器的直流电阻差值	符合产品技术条件规定

(3) 验收说明

1) 施工依据:《建筑电气照明装置施工与验收规范》GB 50617—2010,施工工艺标准,并制订专项施工方案、技术交底资料。

2) 验收依据:《建筑电气工程施工质量验收规范》GB 50303—2015,相应的现场质量验收检查记录。

3) 注意事项:

① 主控项目的质量经抽样检验均应合格;

② 一般项目的质量经抽样检验合格。当采用计数抽样时,合格点率应符合有关专业验收规范的规定,且不得存在严重缺陷;

③ 具有完整的施工操作依据、质量验收记录;

④ 本检验批的主控项目、一般项目已列入推荐表中,其具体内容及检查方法见一般规定及(2)条文摘录;

⑤ 本推荐表可用于 07030101、07040301。

7. 母线槽安装检验批质量验收记录

（1）推荐表格

母线槽安装检验批质量验收记录

单位(子单位)工程名称			分部(子分部)工程名称		分项工程名称	
施工单位			项目负责人		检验批容量	
分包单位			分包单位项目负责人		检验批部位	
施工依据			验收依据		《建筑电气工程施工质量验收规范》GB 50303—2015	

		验收项目	设计要求及规范规定	最小/实际抽样数量	检查记录	检查结果
主控项目	1	母线槽的金属外壳等外露可导电部分与保护体可靠连接	第10.1.1条	/		
	2	当设计将母线槽的金属外壳为保护接地导体(PE)时,应符合规范要求	第10.1.2条	/		
	3	母线与母线、母线与设备连接,采用螺栓搭接连接的规定	第10.1.3条	/		
	4	母线槽安装主要规定	第10.1.4条	/		
	5	母线槽通电运行前应进行检验或试验,并符合规定	第10.1.5条	/		
一般项目	1	母线槽支架安装	第10.2.1条	/		
	2	母线与母线、母线与设备接线端子搭接搭接面处理	第10.2.2条	/		
	3	当母线用螺栓搭接时,连接处距夹板边缘≥50mm	第10.2.3条	/		
	4	母线的线序排列及涂色应符合规范	第10.2.4条	/		
	5	母线槽安装一般规定	第10.2.5条	/		
施工单位检查结果		专业工长: 项目专业质量检查员: 年　月　日				
监理单位验收结论		专业监理工程师: 年　月　日				

（2）验收内容及检查方法条文摘录

主 控 项 目

10.1.1 母线槽的金属外壳等外露可导电部分应与保护导体可靠连接，并应符合下列规定：

1 每段母线槽的金属外壳间应连接可靠，且母线槽全长与保护导体可靠连接不应少于 2 处；

2 分支母线槽的金属外壳末端应与保护导体可靠连接；

3 连接导体的材质、截面积应符合设计要求。

检查数量：全数检查。

检查方法：观察检查并用尺量检查。

10.1.2 当设计将母线槽的金属外壳作为保护接地导体（PE）时，其外壳导体应具有连续性且应符合现行国家标准《低压成套开关设备和控制设备 第 1 部分：总则》GB 7251.1 的规定。

检查数量：全数检查。

检查方法：观察检查并查验材料合格证明文件、CCC 型式试验报告和材料进场验收记录。

10.1.3 当母线与母线、母线与电器或设备接线端子采用螺栓搭接连接时，应符合下列规定：

1 母线的各类搭接连接的钻孔直径和搭接长度应符合本规范附录 D 的规定，连接螺栓的力矩值应符合本规范附录 E 的规定；当一个连接处需要多个螺栓连接时，每个螺栓的拧紧力矩值应一致；

2 母线接触面应保持清洁，宜涂抗氧化剂，螺栓孔周边应无毛刺；

3 连接螺栓两侧应有平垫圈，相邻垫圈间应有大于 3mm 的间隙，螺母侧应装有弹簧垫圈或锁紧螺母；

4 螺栓受力应均匀，不应使电器或设备的接线端子受额外应力。

检查数量：按每检验批的母线连接端数量抽查 20%，且不得少于 2 个连接端。

检查方法：观察检查并用尺量检查和用力距测试仪测试紧固度。

10.1.4 母线槽安装应符合下列规定：

1 母线槽不宜安装在水管正下方；

2 母线应与外壳同心，允许偏差应为 ±5mm；

3 当母线槽段与段连接时，两相邻段母线及外壳宜对准，相序应正确，连接后不应使母线及外壳受额外应力；

4 母线的连接方法应符合产品技术文件要求；

5 母线槽连接用部件的防护等级应与母线槽本体的防护等级一致。

检查数量：第 1 款全数检查，其余按每检验批的母线连接端数量抽查 20%，且不得少于 2 个连接端。

检查方法：观察检查并用尺量检查，查阅母线槽安装记录。

10.1.5 母线槽通电运行前应进行检验或试验，并应符合下列规定：

1 高压母线交流工频耐压试验应按本规范第 3.1.5 条的规定交接试验合格；

2 低压母线绝缘电阻值不应小于 0.5MΩ；

3 检查分接单元插入时，接地触头应先于相线触头接触，且触头连接紧密，退出时，接地触头应后于相线触头脱开；

4 检查母线槽与配电柜、电气设备的接线相序应一致。

检查数量：全数检查。

检查方法：用绝缘电阻测试仪测试，试验时观察检查并查阅交接试验记录、绝缘电阻测试记录。

一般项目

10.2.1 母线槽支架安装应符合下列规定：

1 除设计要求外，承力建筑钢结构构件上不得熔焊连接母线槽支架，且不得热加工开孔。

2 与预埋铁件采用焊接固定时，焊缝应饱满；采用膨胀螺栓固定时，选用的螺栓应适配，连接应牢固。

3 支架应安装牢固、无明显扭曲，采用金属吊架固定时应有防晃支架，配电母线槽的圆钢吊架直径不得小于 8mm；照明母线槽的圆钢吊架直径不得小于 6mm。

4 金属支架应进行防腐，位于室外及潮湿场所的应按设计要求做处理。

检查数量：第 1 款全数检查，第 2、3、4 款按每个检验批的支架总数抽查 10%，且各不得少于 1 处并应覆盖支架的不同固定型式。

检查方法：观察检查并用尺量或卡尺检查。

10.2.2 对于母线与母线、母线与电器或设备接线端子搭接，搭接面的处理应符合下列规定：

1 铜与铜：当处于室外、高温且潮湿的室内时，搭接面应搪锡或镀银；干燥的室内，可不搪锡、不镀银。

2 铝与铝：可直接搭接。

3 钢与钢：搭接面应搪锡或镀锌。

4 铜与铝：在干燥的室内，铜导体搭接面应搪锡；在潮湿场所，铜导体搭接面应搪锡或镀银，且应采用铜铝过渡连接。

5 钢与铜或铝：钢搭接面应镀锌或搪锡。

检查数量：按每个检验批的母线搭接端子总数抽查 10%，且各不得少于 1 处，并应覆盖不同材质的不同连接方式。

检查方法：观察检查。

10.2.3 当母线采用螺栓搭接时，连接处距绝缘子的支持夹板边缘不应小于 50mm。

检查数量：连接头总数量抽查 20%，且不得少于 1 处。

检查方法：观察检查并用尺量检查。

10.2.4 当设计无要求时，母线的相序排列及涂色应符合下列规定：

1 对于上、下布置的交流母线，由上至下或由下到至上排列应分别为 L1、L2、L3；直流母线应正极在上、负极在下。

2 对于水平布置的交流母线，由柜后向柜前或由柜前向柜后排列应分别为 L1、L2、L3；直流母线应正极在后、负极在前。

3 对于面对引下线的交流母线，由左至右排列应分别为 L1、L2、L3；直流母线应正极在左、负极在右。

4 对于母线的涂色，交流母线 L1、L2、L3 应分别为黄色、绿色和红色，中性导体应为淡蓝色；直流母线应正极为赭色、负极为蓝色；保护接地导体 PE 应为黄—绿双色组合色，保护中性导体（PEN）应为全长黄—绿双色终端用淡蓝色或全长淡蓝色终端用黄—绿双色；在连接处或支持件边缘两侧 10mm 以内不应涂色。

检查数量：按直流和交流的不同布置形式回路各抽查 20%，且各不得少于 1 个回路。

检查方法：观察检查。

10.2.5 母线槽安装应符合下列规定：

1 水平或垂直敷设的母线槽固定点应每段设置一个，且每层不得少于一个支架，其间距应符合产品技术文件的要求，距拐弯 0.4m～0.6m 处应设置支架，固定点位置不应设置在母线槽的连接处或分接单元处。

2 母线槽段与段的连接口不应设置在穿越楼板或墙体处，垂直穿越楼板处应设置与建（构）筑物固定的专用部件支座，其孔洞四周应设置高度为 50mm 及以上的防水台，并应采取防火封堵措施。

3 母线槽跨越建筑物变形缝处时，应设置补偿装置；母线槽直线敷设长度超过 80m，每 50m～60m 宜设置伸缩节。

4 母线槽直线段安装应平直，水平度与垂直度偏差不宜大于 1.5‰，全长最大偏差不宜大于 20mm；照明用母线槽水平偏差全长不应大于 5mm，垂直偏差不应大于 10mm。

5 外壳与底座间、外壳各连接部位及母线的连接螺栓应按产品技术文件要求选择正确、连接紧固。

6 母线槽上无插接部件的接插口及母线端部应采用专用的封板封堵完好。

7 母线槽与各类管道平行或交叉的净距应符合本规范附录 F 的规定。

检查数量：第 3、6、7 款全数检查，其余按每个检验批的母线槽数量抽查 20%，且各不得少于 1 处，并应覆盖不同的敷设形式。

检查方法：观察检查并用水平仪、线坠尺量检查。

(3) 验收说明

1）施工依据：《建筑电气照明装置施工与验收规范》GB 50617—2010，施工工艺标准，并制订专项施工方案、技术交底资料。

2）验收依据：《建筑电气工程施工质量验收规范》GB 50303—2015，相应的现场质量验收检查记录。

3）注意事项：

① 主控项目的质量经抽样检验均应合格；

② 一般项目的质量经抽样检验合格。当采用计数抽样时，合格点率应符合有关专业验收规范的规定，且不得存在严重缺陷；

③ 具有完整的施工操作依据、质量验收记录；

④ 本检验批的主控项目、一般项目已列入推荐表中，其具体内容及检查方法见一般规定及（2）条文摘录；

⑤ 黑体字的条文为强制性条文，必须严格执行，制订控制措施；

⑥ 本推荐表尚可用于 07020301、07030201、07060401。

8. 梯架、托盘和槽盒安装检验批质量验收记录

（1）推荐表格

07010301 ____
07020401 ____
07030301 ____
07040401 ____
07050201 ____

梯架、托盘和槽盒安装检验批质量验收记录

单位（子单位）工程名称			分部（子分部）工程名称		分项工程名称	
施工单位			项目负责人		检验批容量	
分包单位			分包单位项目负责人		检验批部位	
施工依据			验收依据		《建筑电气工程施工质量验收规范》GB 50303—2015	

验收项目			设计要求及规范规定	最小/实际抽样数量	检查记录	检查结果
主控项目	1	金属梯架、托盘和槽盒间连接牢固可靠，与保护导体连接符合规定	第11.1.1条	/		
	2	电缆梯架、托盘和槽盒转弯半径、分支连接符合规定	第11.1.2条	/		
一般项目	1	梯架、托盘、槽盒钢制的≥30m，铝合金、玻璃≥15m应设伸缩节，变形缝处设补偿装置	第11.2.1条	/		
	2	架、盘、槽与支架固定螺栓齐全，螺母在盒外侧，有防电化绝缘措施	第11.2.2条	/		
	3	梯架、托盘、槽盒及支架安装应符合规定	第11.2.3条	/		
	4	支吊架安装应符合规定	第11.2.4条	/		
	5	金属支架应防腐，室外场所按设计处理	第11.2.5条			

施工单位检查结果	专业工长：项目专业质量检查员：年　月　日
监理单位验收结论	专业监理工程师：年　月　日

257

（2）验收内容及检查方法条文摘录

主 控 项 目

11.1.1 金属梯架、托盘或槽盒本体之间的连接应牢固可靠，与保护导体的连接应符合下列规定：

1 梯架、托盘和槽盒全长不大于30m时，应不少于2处与保护导体可靠连接；全长大于30m时，每隔20m～30m应增加一个连接点，起始端和终点端均应可靠接地；

2 非镀锌梯架、托盘和槽盒本体之间连接板的两端应跨接保护联结导体，保护联结导体的截面积应符合设计要求；

3 镀锌梯架、托盘和槽盒本体之间不跨接保护联结导体时，连接板每端不应少于2个有防松螺帽或防松垫圈的连接固定螺栓。

检查数量：第1款全数检查，第2、3款按每个检验批的梯架或托盘或槽盒的连接点数量各抽查10%，且各不得少于2个点。

检查方法：观察检查并用尺量检查。

11.1.2 电缆梯架、托盘和槽盒转弯、分支处宜采用专用连接配件，其弯曲半径不应小于梯架、托盘和槽盒内电缆最小允许弯曲半径，电缆最小允许弯曲半径应符合表11.1.2的规定。

表11.1.2 电缆最小允许弯曲半径

电缆形式		电缆外径(mm)	多芯电缆	单芯电缆
塑料绝缘电缆	无铠装		15D	20D
	有铠装		12D	15D
橡皮绝缘电缆			10D	
控制电缆	非铠装型、屏蔽型软电缆		6D	
	铠装型、铜屏蔽型		12D	—
	其他		10D	
铝合金导体电力电缆		—	7D	
氧化镁绝缘刚性矿物绝缘电缆		＜7	2D	
		≥7,且＜12	3D	
		≥12,且＜15	4D	
		≥15	6D	
其他矿物绝缘电缆		—	15D	

注：D为电缆外径。

检查数量：按每个检验批的梯架或托盘或槽盒的弯头数量各抽查10%，且各不得少于1个弯头。

检查方法：观察检查并用尺量检查。

一 般 项 目

11.2.1 当直线段钢制或塑料梯架、托盘和槽盒长度超过30m，铝合金或玻璃钢制梯架、托盘和槽盒长度超过15m时，应设置伸缩节；当梯架、托盘和槽盒跨越建筑物变形缝处时，应设置补偿装置。

检查数量：全数检查。

检查方法：观察检查并用尺量检查。

11.2.2 梯架、托盘和槽盒与支架间及与连接板的固定螺栓应紧固无遗漏，螺母应位于梯架、托盘和槽盒外侧；当铝合金梯架、托盘和槽盒与钢支架固定时，应有相互间绝缘的防电化腐蚀措施。

检查数量：按每个检验批的梯架或托盘或槽盒的固定点数量各抽查10%，且各不得少于2个点。

检查方法：观察检查。

11.2.3 当设计无要求时，梯架、托盘、槽盒及支架安装应符合下列规定：

1 电缆梯架、托盘和槽盒宜敷设在易燃易爆气体管道和热力管道的下方，与各类管道的最小净距应符合本规范附录F的规定。

2 配线槽盒与水管同侧上下敷设时，宜安装在水管的上方；与热水管、蒸气管平行上下敷设时，应敷设在热水管、蒸气管的下方，当有困难时，可敷设在热水管、蒸气管的上方；相互间的最小距离宜符合本规范附录G的规定。

3 敷设在电气竖井内穿楼板处和穿越不同防火区的梯架、托盘和槽盒，应有防火隔堵措施。

4 敷设在电气竖井内的电缆梯架或托盘，其固定支架不应安装在固定电缆的横担上，且每隔3~5层应设置承重支架。

5 对于敷设在室外的梯架、托盘和槽盒，当进入室内或配电箱（柜）时应有防雨水措施，槽盒底部应有泄水孔。

6 承力建筑钢结构构件上不得熔焊支架，且不得热加工开孔。

7 水平安装的支架间距宜为1.5m~3.0m；垂直安装的支架间距不应大于2m。

8 采用金属吊架固定时，圆钢直径不得小于8mm，并应有防晃支架，在分支处或端部0.3m~0.5m处应有固定支架。

检查数量：第1、2、3、4、5款全数检查，其余按每个检验批的支架总数抽查10%，且各不得少于1处并应覆盖支架的安装形式。

检查方法：观察检查并用尺量和卡尺检查。

11.2.4 支吊架设置应符合设计或产品技术文件要求，支吊架安装应牢固、无明显扭曲；与预埋件焊接固定时，焊缝应饱满；膨胀螺栓固定时，螺栓应选用适配、防松零件齐全、连接紧固。

检查数量：按每个检验批的支架总数抽查10%，且各不得少于1处，并应覆盖支架的安装形式。

检查方法：观察检查。

11.2.5 金属支架应进行防腐，位于室外及潮湿场所的应按设计要求做处理。

检查数量：按每个检验批的金属支架总数抽查10%，且不得少于1处。

检查方法：观察检查。

(3) 验收说明

1）施工依据：《建筑电气照明装置施工与验收规范》GB 50617—2010，施工工艺标准，并制订专项施工方案、技术交底资料。

2）验收依据：《建筑电气工程施工质量验收规范》GB 50303—2015，相应的现场质量验收检查记录。

3）注意事项

① 主控项目的质量经抽样检验均应合格；

② 一般项目的质量经抽样检验合格。当采用计数抽样时，合格点率应符合有关专业验收规范的规定，且不得存在严重缺陷；

③ 具有完整的施工操作依据、质量验收记录；

④ 本检验批的主控项目、一般项目已列入推荐表中，其具体内容及检查方法见一般规定及（2）条文摘录；

⑤ 黑体字的条文为强制性条文，必须严格执行，制订控制措施；

⑥ 本推荐表尚可用于07010301、07020401、07030301、07040401、07050201。

9. 导管敷设检验批质量验收记录

（1）推荐表格

07010401____

07020401____

07040501____

07050301____

07060501____

导管敷设检验批质量验收记录

单位(子单位)工程名称			分部(子分部)工程名称		分项工程名称	
施工单位			项目负责人		检验批容量	
分包单位			分包单位项目负责人		检验批部位	
施工依据			验收依据		《建筑电气工程施工质量验收规范》GB 50303—2015	
		验收项目	设计要求及规范规定	最小/实际抽样数量	检查记录	检查结果
主控项目	1	金属导管应与保护导体可靠连接,符合规定	第12.1.1条	/		
	2	钢导管不得对口熔焊连接,镀锌管壁≤2mm不得用套管熔焊连接	第12.1.2条	/		
	3	塑料导管砌体埋设时,应保护符合要求	第12.1.3条			
	4	导管穿越密闭或防护密闭墙时,应设预埋套管,符合规定	第12.1.4条	/		

260

	验收项目	设计要求及规范规定	最小/实际抽样数量	检查记录	检查结果
一般项目	1 导管的弯曲半径符合规定	第12.2.1条	/		
	2 导管支架安装规定	第12.2.2条	/		
	3 暗配导管埋设深度≥15mm	第12.2.3条	/		
	4 进入柜、台、箱的导管管口应高出柜、台、箱基础面50～80mm	第12.2.4条	/		
	5 室外导管敷设符合规定	第12.2.5条	/		
	6 明配导管敷设符合规定	第12.2.6条	/		
	7 塑料导线敷设应符合规定	第12.2.7条	/		
	8 可弯曲金属导管及柔性导管敷设规定	第12.2.8条	/		
	9 导管敷设应符合的其他规定	第12.2.9条	/		

施工单位检查结果	专业工长： 项目专业质量检查员： 年　月　日
监理单位验收结论	专业监理工程师： 年　月　日

(2) 验收内容及检查方法条文摘录

主 控 项 目

12.1.1　金属导管应与保护导体可靠连接，并应符合下列规定：

1　镀锌钢导管、可弯曲金属导管和金属柔性导管不得熔焊连接；

2　当非镀锌钢导管采用螺纹连接时，连接处的两端应熔焊焊接保护联结导体；

3　镀锌钢导管、可弯曲金属导管和金属柔性导管连接处的两端宜采用专用接地卡固定保护联结导体；

4　机械连接的金属导管，管与管、管与盒（箱）体的连接配件应选用配套部件，其连接应符合产品技术文件要求，当连接处的接触电阻值符合现行国家标准《电气安装用导管系统　第1部分：通用要求》GB 20041.1的相关要求时，连接处可不设置保护联结导体，但导管不应作为保护导体的接续导体；

5　金属导管与金属梯架、托盘连接时，镀锌材质的连接端宜用专用接地卡固定保护联结导体，非镀锌材质的连接处应熔焊焊接保护联结导体；

6　以专用接地卡固定的保护联结导体应为铜芯软导线，截面积不应小于4mm²；以熔焊焊接的保护联结导体宜为圆钢，直径不应小于 6mm，其搭接长度应为圆钢直径的 6 倍。

检查数量：按每个检验批的导管连接头总数抽查 10%，且各不得少于 1 处，并应能覆盖不同的检查内容。

检查方法：施工时观察检查并查阅隐蔽工程检查记录。

12.1.2 钢导管不得采用对口熔焊连接；镀锌钢导管或壁厚小于等于 2mm 的钢导管，不得采用套管熔焊连接。

检查数量：按每个检验批的钢导管连接头总数抽查 20%，并应能覆盖不同的连接方式，且各不得少于 1 处。

检查方法：施工时观察检查。

12.1.3 当塑料导管在砌体上剔槽埋设时，应采用强度等级不小于 M10 的水泥砂浆抹面保护，保护层厚度不应小于 15mm。

检查数量：按每个检验批的配管回路数量抽查 20%，且不得少于 1 回路。

检查方法：观察检查并用尺量检查，查阅隐蔽工程检查记录。

12.1.4 导管穿越密闭或防护密闭隔墙时，应设置预埋套管，预埋套管的制作和安装应符合设计要求，套管两端伸出墙面的长度宜为 30mm～50mm，导管穿越密闭穿墙套管的两侧应设置过线盒，并应做好封堵。

检查数量：按套管数量抽查 20%，且不得少于 1 个。

检查方法：观察检查，查阅隐蔽工程检查记录。

一 般 项 目

12.2.1 导管的弯曲半径应符合下列规定：

1 明配导管的弯曲半径不宜小于管外径的 6 倍，当两个接线盒间只有一个弯曲时，其弯曲半径不宜小于管外径的 4 倍；

2 埋设于混凝土内的导管的弯曲半径不宜小于管外径的 6 倍，当直埋于地下时，其弯曲半径不宜小于管外径的 10 倍；

3 电缆导管的弯曲半径不应小于电缆最小允许弯曲半径，电缆最小允许弯曲半径应符合本规范表 11.1.2 的规定。

检查数量：按每个检验批的导管弯头总数抽查 10%，且各不得少于 1 个弯头，并应覆盖不同规格和不同敷设方式的导管。

检查方法：观察检查并用尺量检查，查阅隐蔽工程检查记录。

12.2.2 导管支架安装应符合下列规定：

1 除设计要求外，承力建筑钢结构构件上不得熔焊导管支架，且不得热加工开孔；

2 当导管采用金属吊架固定时，圆钢直径不得小于 8mm，并应设置防晃支架，在距离盒（箱）、分支处或端部 0.3m～0.5m 处应设置固定支架；

3 金属支架应进行防腐，位于室外及潮湿场所的应按设计要求做处理；

4 导管支架应安装牢固、无明显扭曲。

检查数量：第 1 款全数检查，第 2、3、4 款按每个检验批的支吊架总数抽查 10%，且各不得少于 1 处。

检查方法：观察检查并用尺量检查。

12.2.3 除设计要求外，对于暗配的导管，导管表面埋设深度与建筑物、构筑物表面的距离不应小于 15mm。

检查数量：按每个检验批的配管回路数量抽查 10%，且不得少于 1 回路。

检查方法：观察检查并用尺量检查。

12.2.4 进入配电（控制）柜、台、箱内的导管管口，当箱底无封板时，管口应高出柜、台、箱、盘的基础面 50mm～80mm。

检查数量：按每个检验批的落地式柜、台、箱、盘总数抽查 10%，且不得少于 1 台。

检查方法：观察检查并用尺量检查，查阅隐蔽工程检查记录。

12.2.5 室外导管敷设应符合下列规定：

1 对于埋地敷设的钢导管，埋设深度应符合设计要求，钢导管的壁厚应大于 2mm；

2 导管的管口不应敞口垂直向上，导管管口应在盒、箱内或导管端部设置防水弯；

3 由箱式变电所或落地式配电箱引向建筑物的导管，建筑物一侧的导管管口应设在建筑物内；

4 导管的管口在穿入绝缘导线、电缆后应作密封处理。

检查数量：按每个检验批各种敷设形式的总数抽查 20%，且各不得少于 1 处。

检查方法：观察检查并用尺量检查，查阅隐蔽工程检查记录。

12.2.6 明配的电气导管应符合下列规定：

1 导管应排列整齐、固定点间距均匀、安装牢固；

2 在距终端、弯头中点或柜、台、箱、盘等边缘 150mm～500mm 范围内应设有固定管卡，中间直线段固定管卡间的最大距离应符合表 12.2.6 的规定；

3 明配管采用的接线或过渡盒（箱）应选用明装盒（箱）。

检查数量：按每个检验批的导管固定点或盒（箱）的总数各抽查 20%，且各不得少于 1 处。

检查方法：观察检查并用尺量检查。

表 12.2.6 管卡间的最大距离

敷设方式	导管种类	导管直径(mm)			
		15～20	25～32	40～50	65 以上
		管卡间最大距离(m)			
支架或沿墙明敷	壁厚>2mm 刚性钢导管	1.5	2.0	2.5	3.5
	壁厚≤2mm 刚性钢导管	1.0	1.5	2.0	—
	刚性塑料导管	1.0	1.5	2.0	2.0

12.2.7 塑料导管敷设应符合下列规定：

1 管口应平整光滑，管与管、管与盒（箱）等器件采用插入法连接时，连接处结合面应涂专用胶合剂，接口应牢固密封；

2 直埋于地下或楼板内的刚性塑料导管，在穿出地面或楼板易受机械损伤的一段，应采取保护措施；

3 当设计无要求时，埋设在墙内或混凝土内的塑料导管，应采用中型及以上的导管；

4 沿建筑物、构筑物表面和在支架上敷设的刚性塑料导管，应按设计要求装设温度补偿装置。

检查数量：第2、4款全数检查，其余按每个检验批的接头或导管数量各抽查10％，且各不得各少于1处。

检查方法：观察检查和手感检查，查阅隐蔽工程检查记录，核查材料合格证明文件和材料进场验收记录。

12.2.8 可弯曲金属导管及柔性导管敷设应符合下列规定：

1 刚性导管经柔性导管与电气设备、器具连接时，柔性导管的长度在动力工程中不宜大于0.8m，在照明工程中不宜大于1.2m；

2 可弯曲金属导管或柔性导管与刚性导管或电气设备、器具间的连接应采用专用接头；防液型可弯曲金属导管或柔性导管的连接处应密封良好，防液覆盖层应完整无损；

3 当可弯曲金属导管有可能受重物压力或明显机械撞击时，应采取保护措施；

4 明配的金属、非金属柔性导管固定点间距应均匀，不应大于1m，管卡与设备、器具、弯头中点、管端等边缘的距离应小于0.3m；

5 可弯曲金属导管和金属柔性导管不应做保护导体的接续导体。

检查数量：第1、2、5款按每个检验批的导管连接点或导管总数抽查10％，且各不得少于1处；第3款全数检查；第4款按每个检验批的导管固定点总数抽查10％，且各不得少于1处并应能覆盖不同的导管和不同的固定部位。

检查方法：观察检查并用尺量检查，查阅隐蔽工程检查记录。

12.2.9 导管敷设应符合下列规定：

1 导管穿越外墙时应设置防水套管，且应做好防水处理；

2 钢导管或刚性塑料导管跨越建筑物变形缝处，应设置补偿装置；

3 除埋设于混凝土内的钢导管内壁应防腐处理，外壁可不防腐处理外，其余场所敷设的钢导管内外壁均应做防腐处理；

4 导管与热水管、蒸气管平行敷设时，宜敷设在热水管、蒸气管的下面，当有困难时，可敷设在其上面；相互间的最小距离宜符合本规范附录G的规定。

检查数量：第1、2款全数检查；第3、4款按每个检验批的导管总数抽查10％，且各不得少于1根（处），并应覆盖不同的敷设场所及不同规格的导管。

检查方法：观察检查并查阅隐蔽工程检查记录。

(3) 验收说明

1) 施工依据：《建筑电气照明装置施工与验收规范》GB 50617—2010，施工工艺标准，并制订专项施工方案、技术交底资料。

2) 验收依据：《建筑电气工程施工质量验收规范》GB 50303—2015，相应的现场质量验收检查记录。

3) 注意事项：

① 主控项目的质量经抽样检验均应合格；

② 一般项目的质量经抽样检验合格。当采用计数抽样时，合格点率应符合有关专业验收规范的规定，且不得存在严重缺陷；

③ 具有完整的施工操作依据、质量验收记录；

④ 本检验批的主控项目、一般项目已列入推荐表中，其具体内容及检查方法见一般规定及（2）条文摘录；

⑤ 黑体字的条文为强制性条文，必须严格执行，制订控制措施；

⑥ 本推荐表尚可用于07010401、07030401、07040501、07050201、07060501。

10. 电缆敷设检验批质量验收记录

（1）推荐表格

07010501 ____

07020501 ____

07030501 ____

07040601 ____

07050401 ____

电缆敷设检验批质量验收记录

07060601 ____

单位(子单位) 工程名称			分部(子分部) 工程名称		分项工程名称	
施工单位			项目负责人		检验批容量	
分包单位			分包单位项目 负责人		检验批部位	
施工依据			验收依据	《建筑电气工程施工质量验收规范》 GB 50303—2015		
		验收项目		设计要求及 规范规定	最小/实际 抽样数量	检查记录	检查结果
主控 项目	1	金属电缆支架必须与保 护导体可靠连接		第13.1.1条	/		
	2	电缆不得绞拧、铠装压扁、 护层断裂、划伤等缺陷		第13.1.2条			
	3	损伤、振动、浸水、腐蚀、 污染防护措施		第13.1.3条			
	4	并联使用的电缆、型号、 规格、长度应相同		第13.1.4条			
	5	单芯、分相后的单根电缆 穿钢管、固定的要求		第13.1.5条			
	6	电缆穿过零序电流互感器 的绝缘、接地要求		第13.1.6条			
	7	电缆敷设排列要求，在要求场所 应采用"S""Ω"弯		第13.1.7条	/		

265

	验收项目		设计要求及规范规定	最小/实际抽样数量	检查记录	检查结果
一般项目	1	电缆支架安装	第13.2.1条	/		
	2	电缆敷设的一般要求	第13.2.2条	/		
	3	直埋电缆的要求	第13.2.3条	/		
	4	电缆首、末端和分支处设标志牌、直埋设标志桩	第13.2.4条	/		
施工单位检查结果		专业工长： 项目专业质量检查员： 年 月 日				
监理单位验收结论		专业监理工程师： 年 月 日				

（2）验收内容及检查方法条文摘录

主 控 项 目

13.1.1 金属电缆支架必须与保护导体可靠连接。

检查数量：明敷的全数检查，暗敷的按每个检验批抽查20%，且不得少于2处。

检查方法：观察检查并查阅隐蔽工程检查记录。

13.1.2 电缆敷设不得存在绞拧、铠装压扁、护层断裂和表面严重划伤等缺陷。

检查数量：全数检查。

检查方法：观察检查。

13.1.3 当电缆敷设存在可能受到机械外力损伤、振动、浸水及腐蚀性或污染物质等损害时，应采取防护措施。

检查数量：全数检查。

检查方法：观察检查。

13.1.4 除设计要求外，并联使用的电力电缆其型号、规格、长度应相同。

检查数量：全数检查。

检查方法：核对设计图观察检查。

13.1.5 交流单芯电缆或分相后的每相电缆不得单根独穿于钢导管内，固定用的夹具和支架不应形成闭合磁路。

检查数量：全数检查。

检查方法：核对设计图观察检查。

13.1.6 当电缆穿过零序电流互感器时，电缆金属护层和接地线应对地绝缘。对穿过零序电流互感器后制作的电缆头，其电缆接地线应回穿互感器后接地；对尚未穿过零序电流互感器的电缆接地线应在零序电流互感器前直接接地。

检查数量：按电缆穿过零序电流互感器的总数抽查5%，且不得少于1处。

检查方法：观察检查。

13.1.7 电缆的敷设和排列布置应符合设计要求，矿物绝缘电缆敷设在温度变化大的场所、振动场所或穿越建筑物变形缝时应采取"S"或"Ω"弯。

检查数量：全数检查。

检查方法：观察检查。

一 般 项 目

13.2.1 电缆支架安装应符合下列规定：

1 除设计要求外，承力建筑钢结构构件上不得熔焊支架，且不得热加工开孔。

2 当设计无要求时，电缆支架层间最小距离不应小于表13.2.1-1的规定，层间净距不应小于2倍电缆外径加10mm，35kV电缆不应小于2倍电缆外径加50mm。

3 最上层电缆支架距构筑物顶板或梁底的最小净距应满足电缆引接至上方配电柜、台、箱、盘时电缆弯曲半径的要求，且不宜小于表13.2.1-1所列数再加80mm～150mm；距其他设备的最小净距不应小于300mm，当无法满足要求时应设置防护板。

4 当设计无要求时，最下层电缆支架距沟底、地面的最小距离不应小于表13.2.1-2的规定。

表13.2.1-1 电缆支架层间最小距离 （mm）

电缆种类		支架上敷设	梯架、托盘内敷设
控制电缆明敷		120	200
电力电缆明敷	10kV及以下电力电缆（除6kV～10kV交联聚乙烯绝缘电力电缆）	150	250
	6kV～10kV交联聚乙烯绝缘电力电缆	200	300
	35kV单芯电力电缆	250	300
	35kV三芯电力电缆	300	350
电缆敷设在槽盒内		$h+100$	

注：h为槽盒高度。

表13.2.1-2 最下层电缆支架距沟底、地面的最小净距 （mm）

电缆敷设场所及其特征		垂直净距
电缆沟		50
隧道		100
电缆夹层	非通道处	200
	至少在一侧不小于800mm宽通道处	1400

电缆敷设场所及其特征		垂直净距
公共廊道中电缆支架无围栏防护		1500
室内机房或活动区间		2000
室外	无车辆通过	2500
	有车辆通过	4500
屋面		200

5 当支架与预埋件焊接固定时，焊缝应饱满；当采用膨胀螺栓固定时，螺栓应适配、连接紧固、防松零件齐全，支架安装应牢固、无明显扭曲。

6 金属支架应进行防腐，位于室外及潮湿场所的应按设计要求做处理。

检查数量：第 1 款全数检查，第 2、3、4、5、6 款按每个检验批的支架总数抽查 10%，且各不得少于 1 处。

检查方法：观察检查，并用尺量检查。

13.2.2 电缆敷设应符合下列规定：

1 电缆的敷设排列应顺直、整齐，并宜少交叉；

2 电缆转弯处的最小弯曲半径应符合表 11.1.2 的规定；

3 在电缆沟或电气竖井内垂直敷设或大于 45°倾斜敷设的电缆应在每个支架上固定；

4 在梯架、托盘或槽盒内大于 45°倾斜敷设的电缆应每隔 2m 固定，水平敷设的电缆，首尾两端、转弯两侧及每隔 5m～10m 处应设固定点。

5 当设计无要求时，电缆支持点间距不应大于表 13.2.2 的规定。

表 13.2.2 电缆支持点间距（mm）

电缆种类		电缆外径	敷设方式	
			水平	垂直
电力电缆	全塑型	—	400	1000
	除全塑型外的中低压电缆		800	1500
	35kV 高压电缆		1500	2000
	铝合金带联锁铠装的铝合金电缆		1800	1800
控制电缆			800	1000
矿物绝缘电缆		<9	600	800
		≥9,且<15	900	1200
		≥15,且<20	1500	2000
		≥20	2000	2500

6 当设计无要求时，电缆与管道的最小净距应符合本规范附录 F 的规定；

7 无挤塑外护层电缆金属护套与金属支（吊）架直接接触的部位应采取防电化腐蚀的措施；

8 电缆出入电缆沟、电气竖井、建筑物、配电（控制）柜、台、箱处以及管子管口处等部位应采取防火或密封措施；

9 电缆出入电缆梯架、托盘、槽盒及配电（控制）柜、台、箱、盘处应做固定；

10 当电缆通过墙、楼板或室外敷设穿导管保护时，导管的内径不应小于电缆外径的1.5倍。

检查数量：按每检验批电缆线路抽查20%，且不得少于1条电缆线路并应能覆盖上述不同的检查内容。

检查方法：观察检查并用尺量检查，查阅电缆敷设记录。

13.2.3 直埋电缆的上、下应有细沙或软土，回填土应无石块、砖头等尖锐硬物。

检查数量：全数检查。

检查方法：施工中观察检查并查阅隐蔽工程检查记录。

13.2.4 电缆的首端、末端和分支处应设标志牌，直埋电缆应设标示桩。

检查数量：按每检验批的电缆线路抽查20%，且不得少于1条电缆线路。

检查方法：观察检查。

(3) 验收说明

1）施工依据：《建筑电气照明装置施工与验收规范》GB 50617—2010，施工工艺标准，并制订专项施工方案、技术交底资料。

2）验收依据：《建筑电气工程施工质量验收规范》GB 50303—2015，相应的现场质量验收检查原始记录。

3）注意事项

① 主控项目的质量经抽样检验均应合格；

② 一般项目的质量经抽样检验合格。当采用计数抽样时，合格点率应符合有关专业验收规范的规定，且不得存在严重缺陷；

③ 具有完整的施工操作依据、质量验收记录；

④ 本检验批的主控项目、一般项目已列入推荐表中，其具体内容及检查方法见一般规定及（2）条文摘录；

⑤ 黑体字的条文为强制性条文，必须严格执行，制订控制措施；

⑥ 本推荐表尚可用于07010501、07020501、07030501、07040601、07050401、07060601。

11. 导管内穿线和槽盒内敷线检验批质量验收记录

(1) 推荐表格

07010601 ____

07030601 ____

07040701 ____

07050501 ____

导管内穿线和槽盒内敷线检验批质量验收记录　　07060701 ____

单位（子单位）工程名称		分部（子分部）工程名称		分项工程名称	
施工单位		项目负责人		检验批容量	
分包单位		分包单位项目负责人		检验批部位	
施工依据		验收依据	《建筑电气工程施工质量验收规范》GB 50303—2015		

		验收项目	设计要求及规范规定	最小/实际抽样数量	检查记录	检查结果
主控项目	1	同一交流回路的导线不应设于不同槽盒、管内	第14.1.1条	/		
	2	不同回路、不同电压和交流、直流线路不得敷设一管内	第14.1.2条	/		
	3	导线接头应在专用盒内，不得设于导管内	第14.1.3条	/		
一般项目	1	导线应设管、槽盒内，不得外露明敷	第14.2.1条	/		
	2	穿线前，管内杂物、水清除，管口穿线前设护口	第14.2.2条	/		
	3	与槽、盒连接的接线盒应明装，盒盖板齐全	第14.2.3条	/		
	4	采用多相供电时，同一建筑物的绝缘层颜色一致	第14.2.4条			
	5	槽盒内敷线要求	第14.2.5条			
施工单位检查结果			专业工长： 项目专业质量检查员： 年 月 日			
监理单位验收结论			专业监理工程师： 年 月 日			

（2）验收内容及检查方法条文摘录

主 控 项 目

14.1.1 同一交流回路的绝缘导线不应敷设于不同的金属槽盒内或穿于不同金属导管内。

检查数量：按每个检验批的配线总回路数抽查20%，且不得少于1个回路。

检查方法：观察检查。

14.1.2 除设计要求以外，不同回路、不同电压等级和交流与直流线路的绝缘导线不应穿于同一导管内。

检查数量：按每个检验批的配线总回路数抽查20%，且不得少于1个回路。

检查方法：观察检查。

14.1.3　绝缘导线接头应设置在专用接线盒（箱）或器具内，不得设置在导管和槽盒内，盒（箱）的设置位置应便于检修。

检查数量：按每个检验批的配线回路总数抽查 10%，且不得少于 1 个回路。

检查方法：观察检查并用尺量检查。

一 般 项 目

14.2.1　除塑料护套线外，绝缘导线应采取导管或槽盒保护，不可外露明敷。

检查数量：按每个检验批的绝缘导线配线回路数抽查 10%，且不得少于 1 个回路。

检查方法：观察检查。

14.2.2　绝缘导线穿管前，应清除管内杂物和积水，绝缘导线穿入导管的管口在穿线前应装设护线口。

检查数量：按每个检验批的绝缘导线穿管数抽查 10%，且不得少于 1 根导管。

检查方法：施工中观察检查。

14.2.3　与槽盒连接的接线盒（箱）应选用明装盒（箱）；配线工程完成后，盒（箱）盖板应齐全、完好。

检查数量：全数检查。

检查方法：观察检查。

14.2.4　当采用多相供电时，同一建（构）筑物的绝缘导线绝缘层颜色应一致。

检查数量：按每个检验批的绝缘导线配线总回路数抽查 10%，且不得少于 1 个回路。

检查方法：观察检查。

14.2.5　槽盒内敷线应符合下列规定：

1　同一槽盒内不宜同时敷设绝缘导线和电缆。

2　同一路径无防干扰要求的线路，可敷设于同一槽盒内；槽盒内的绝缘导线总截面积（包括外护套）不应超过槽盒内截面积的 40%，且载流导体不宜超过 30 根。

3　当控制和信号等非电力线路敷设于同一槽盒内时，绝缘导线的总截面积不应超过槽盒内截面积的 50%。

4　分支接头处绝缘导线的总截面面积（包括外护层）不应大于该点盒（箱）内截面面积的 75%。

5　绝缘导线在槽盒内应留有一定余量，并应按回路分段绑扎，绑扎点间距不应大于 1.5m；当垂直或大于 45°倾斜敷设时，应将绝缘导线分段固定在槽盒内的专用部件上，每段至少应有一个固定点；当直线段长度大于 3.2m 时，其固定点间距不应大于 1.6m；槽盒内导线排列应整齐、有序。

6　敷线完成后，槽盒盖板应复位，盖板应齐全、平整、牢固。

检查数量：按每个检验批的槽盒总长度抽查 10%，且不得少于 1m。

检查方法：观察检查并用尺量检查。

(3) 验收说明

1）施工依据：《建筑电气照明装置施工与验收规范》GB 50617—2010，施工工艺标准，并制订专项施工方案、技术交底资料。

2）验收依据：《建筑电气工程施工质量验收规范》GB 50303—2015，相应的现场质量验收检查原始记录。

  3）注意事项

  ① 主控项目的质量经抽样检验均应合格；

  ② 一般项目的质量经抽样检验合格。当采用计数抽样时，合格点率应符合有关专业验收规范的规定，且不得存在严重缺陷；

  ③ 具有完整的施工操作依据、质量验收记录；

  ④ 本检验批的主控项目、一般项目已列入推荐表中，其具体内容及检查方法见一般规定及（2）条文摘录；

  ⑤ 黑体字的条文为强制性条文，必须严格执行，制订控制措施；

  ⑥ 本推荐表尚可用于07010601、07030601、07040701、07050501、07060701。

12. 塑料护套线直敷布线检验批质量验收记录

（1）推荐表格

塑料护套线直敷布线检验批质量验收记录

07050601 ____

单位(子单位)工程名称			分部(子分部)工程名称		分项工程名称		
施工单位			项目负责人		检验批容量		
分包单位			分包单位项目负责人		检验批部位		
施工依据			验收依据		《建筑电气工程施工质量验收规范》GB 50303—2015		
		验收项目		设计要求及规范规定	最小/实际抽样数量	检查记录	检查结果
主控项目	1	塑料护套线严禁直接敷设于顶棚内、墙体内、保温层内或装饰面内		第15.1.1条	/		
	2	塑料护套线与保护导体或发热管道紧贴、交叉穿墙、梁、楼板应设保护措施		第15.1.2条	/		
	3	在室内沿墙面敷设,高度距地面≥2.5m		第15.1.3条	/		
一般项目	1	护套线弯曲处导线绝缘层应完整无损伤,弯曲半径≥3倍宽厚设		第15.2.1条	/		
	2	护套线进入盒或设备连接,其护套层应进入并密封		第15.2.2条	/		
	3	护套线的固定要求		第15.2.3条	/		
	4	多根护套线平行敷设间距应一致,分支、弯头应整齐一致		第15.2.4条			
施工单位检查结果				专业工长： 项目专业质量检查员： 年 月 日			
监理单位验收结论				专业监理工程师： 年 月 日			

(2) 验收内容及检查方法条文摘录

主 控 项 目

15.1.1 塑料护套线严禁直接敷设在建筑物顶棚内、墙体内、抹灰层内、保温层内或装饰面内。

检查数量：全数检查。

检查方法：施工中观察检查。

15.1.2 塑料护套线与保护导体或不发热管道等紧贴和交叉处及穿梁、墙、楼板处等易受机械损伤的部位，应采取保护措施。

检查数量：全数检查。

检查方法：观察检查。

15.1.3 塑料护套线在室内沿建筑物表面水平敷设高度距地面不应小于 2.5m；垂直敷设时距地面高度 1.8m 以下的部分应采取保护措施。

检查数量：全数检查。

检查方法：观察检查并用尺量检查。

一 般 项 目

15.2.1 当塑料护套线侧弯或平弯时，其弯曲处护套和导线绝缘层均应完整无损伤，侧弯和平弯弯曲半径应分别不小于护套线宽度和厚度的 3 倍。

检查数量：按侧弯及平弯的总数量抽查 20%，且各不得少于 1 处。

检查方法：尺量检查、观察检查。

15.2.2 塑料护套线进入盒（箱）或与设备、器具连接，其护套层应进入盒（箱）或设备、器具内，护套层与盒（箱）入口处应密封。

检查数量：全数检查。

检查方法：观察检查。

15.2.3 塑料护套线的固定应符合下列规定：

1　固定应顺直、不松弛、不扭绞；

2　护套线应采用线卡固定，固定点间距应均匀、不松动，固定点间距宜为 150mm～200mm；

3　在终端、转弯和进入盒（箱）、设备或器具等处，均应装设线卡固定，线卡距终端、转弯中点、盒（箱）、设备或器具边缘的距离宜为 50mm～100mm；

4　塑料护套线的接头应设在明装盒（箱）或器具内，多尘场所应采用 IP5X 等级的密闭式盒（箱），潮湿场所应采用 IPX5 等级的密闭式盒（箱），盒（箱）的配件应齐全，固定应可靠。

检查数量：按每检验批的配线回路数量抽查 20%，且不得少于 1 处。

检查方法：观察检查。

15.2.4 多根塑料护套线平行敷设的间距应一致，分支和弯头处应整齐，弯头应一致。

检查数量：按多根塑料护套线平行敷设的数量抽查 20%，且不得少于 1 处。

检查方法：观察检查。

(3) 验收说明

1）施工依据：《建筑电气照明装置施工与验收规范》GB 50617—2010，施工工艺标准，并制订专项施工方案、技术交底资料。

2）验收依据：《建筑电气工程施工质量验收规范》GB 50303—2015，相应的现场质量验收检查原始记录。

3）注意事项

① 主控项目的质量经抽样检验均应合格；

② 一般项目的质量经抽样检验合格。当采用计数抽样时，合格点率应符合有关专业验收规范的规定，且不得存在严重缺陷；

③ 具有完整的施工操作依据、质量验收记录；

④ 本检验批的主控项目、一般项目已列入推荐表中，其具体内容及检查方法见一般规定及（2）条文摘录；

⑤ 黑体字的条文为强制性条文，必须严格执行，制订控制措施。

13. 钢索配线检验批质量验收记录

（1）推荐表格

钢索配线检验批质量验收记录   07050701____

单位(子单位)工程名称			分部(子分部)工程名称		分项工程名称		
施工单位			项目负责人		检验批容量		
分包单位			分包单位项目负责人		检验批部位		
施工依据				验收依据	《建筑电气工程施工质量验收规范》GB 50303—2015		
		验收项目		设计要求及规范规定	最小/实际抽样数量	检查记录	检查结果
主控项目	1	钢索质量要求		第16.1.1条	/		
	2	钢索与终端拉环连接要求，与保护导体连接		第16.1.2条	/		
	3	钢索终端拉环埋设质量过载拉力3.5倍		第16.1.3条	/		
	4	钢索紧固要求		第16.1.4条			
一般项目	1	钢索中间吊架安装要求		第16.2.1条	/		
	2	钢索负载及表面质量要求		第16.2.2条	/		
	3	钢索配线支持件之间与灯头盒之间最大距离规定		第16.2.3条	/		
施工单位检查结果		专业工长： 项目专业质量检查员： 年　月　日					
监理单位验收结论		专业监理工程师： 年　月　日					

(2) 验收内容及检查方法条文摘录

主控项目

16.1.1 钢索配线应采用镀锌钢索，不应采用含油芯的钢索。钢索的钢丝直径应小于0.5mm，钢索不应有扭曲和断股等缺陷。

检查数量：全数检查。

检查方法：尺量检查、观察检查，查验材料证明文件及材料进场验收记录。

16.1.2 钢索与终端拉环套接应采用心形环，固定钢索的线卡不应少于2个，钢索端头应用镀锌铁线绑扎紧密，且应与保护导体可靠连接。

检查数量：全数检查。

检查方法：施工中观察检查并查阅隐蔽工程检查记录。

16.1.3 钢索终端拉环埋件应牢固可靠，并应能承受在钢索全部负荷下的拉力，在挂索前应对拉环做过载试验，过载试验的拉力应为设计承载拉力的3.5倍。

检查数量：全数检查。

检查方法：试验时观察检查并查阅过载试验记录。

16.1.4 当钢索长度小于或等于50m时，应在钢索一端装设索具螺旋扣紧固；当钢索长度大于50m时，应在钢索两端装设索具螺旋扣紧固。

检查数量：全数检查。

检查方法：观察检查。

一 般 项 目

16.2.1 钢索中间吊架间距不应大于12m，吊架与钢索连接处的吊钩深度不应小于20mm，并应有防止钢索跳出的锁定零件。

检查数量：按钢索总数抽查50%，且不得少于1道钢索。

检查方法：观察检查并用尺量检查。

16.2.2 绝缘导线和灯具在钢索上安装后，钢索应承受全部负载，且钢索表面应整洁、无锈蚀。

检查数量：全数检查。

检查方法：观察检查。

16.2.3 钢索配线的支持件之间及支持件与灯头盒之间最大距离应符合表16.2.3的规定。

检查数量：按支持件和灯头盒的总数抽查20%，且不得少于1处。

检查方法：观察检查。

表 16.2.3 钢索配线的支持件之间及支持件与灯头盒之间最大距离（mm）

配线类别	支持件之间最大距离	支持件与灯头盒之间最大距离
钢　　管	1500	200
塑料导管	1000	150
塑料护套线	200	100

（3）验收说明

1）施工依据：《建筑电气照明装置施工与验收规范》GB 50617—2010，施工工艺标准，并制订专项施工方案、技术交底资料。

2）验收依据：《建筑电气工程施工质量验收规范》GB 50303—2015，相应的现场质量验收检查原始记录。

3）注意事项

① 主控项目的质量经抽样检验均应合格；

② 一般项目的质量经抽样检验合格。当采用计数抽样时，合格点率应符合有关专业验收规范的规定，且不得存在严重缺陷；

③ 具有完整的施工操作依据、质量验收记录；

④ 本检验批的主控项目、一般项目已列入推荐表中，其具体内容及检查方法见一般规定及（2）条文摘录。

14. 电缆头制作、导线连接和线路绝缘测试检验批质量验收记录

（1）推荐表格

07010701 ＿＿＿＿

07020601 ＿＿＿＿

07030701 ＿＿＿＿

07040801 ＿＿＿＿

07050701 ＿＿＿＿

电缆头制作、导线连接和线路绝缘测试检验批质量验收记录　07060801 ＿＿＿＿

单位(子单位) 工程名称			分部(子分部) 工程名称		分项工程名称		
施工单位			项目负责人		检验批容量		
分包单位			分包单位项目 负责人		检验批部位		
施工依据			验收依据		《建筑电气工程施工质量验收规范》 GB 50303—2015		
验收项目			设计要求及 规范规定	最小/实际 抽样数量		检查记录	检查结果
主控 项目	1	电力电缆通电前应进行耐压试验	第17.1.1条	/			
	2	低压、特低压线路间及线对 地间绝缘电阻值规定	第17.1.2条	/			
	3	铜屏蔽、铠装护套、金属护套与保 护导体连接，导体截面积符合规定	第17.1.3条	/			
	4	电缆端子与设备或器具连接要求	第17.1.4条	/			

		验收项目	设计要求及规范规定	最小/实际抽样数量	检查记录	检查结果
一般项目	1	电缆头应可靠固定	第17.2.1条	/		
	2	导线与设备、器具连接要求	第17.2.2条	/		
	3	截面6mm² 及以下铜芯导线间连接应采用导线连接器或缠绕搪锡连接	第17.2.3条			
	4	铝/铝合金电缆头及端子压接规定	第17.2.4条			
	5	采用螺纹型接线端子与导线连接拧紧力矩值	第17.2.5条			
	6	绝缘导线、电缆的线芯连接金具的要求	第17.2.6条	/		
	7	当接线端子规格与电气器具规格不配套时的连接措施	第17.2.7条			
施工单位检查结果				专业工长： 项目专业质量检查员： 年 月 日		
监理单位验收结论				专业监理工程师： 年 月 日		

(2) 验收内容及检查方法条文摘录

主 控 项 目

17.1.1 电力电缆通电前应按国家标准《电气装置安装工程电气设备交接试验标准》GB 50150 的规定进行耐压试验，并应合格。

检查数量：全数检查。

检查方法：试验时观察检查并查阅交接试验记录。

17.1.2 低压或特低电压配电线路线间和线对地间的绝缘电阻测试电压及绝缘电阻值不应小于表 17.1.2 的规定，矿物绝缘电缆线间和线对地间的绝缘电阻应符合国家现行有关产品标准的规定。

表 17.1.2 低压或特低电压配电线路绝缘电阻
测试电压及绝缘电阻最小值

标称回路电压(V)	直流测试电压(V)	绝缘电阻(MΩ)
SELV 和 PELV	250	0.5
500V 及以下,包括 FELV	500	0.5
500V 以上	1000	1.0

检查数量：按每检验批的线路数量抽查 20％，且不得少于 1 条线路，并应覆盖不同型号的电缆或电线。

检查方法：用绝缘电阻测试仪测试并查阅绝缘电阻测试记录。

17.1.3 电力电缆的铜屏蔽层和铠装护套及矿物绝缘电缆的金属护套和金属配件应采用铜绞线或镀锡铜编织线与保护导体做连接，其连接导体的截面积不应小于表 17.1.3 的规定。当铜屏蔽层和铠装护套及矿物绝缘电缆的金属护套和金属配件作保护导体时，其连接导体的截面积应符合设计要求。

表 17.1.3 电缆终端保护联结导体的截面（mm²）

电缆相导体截面积	保护联结导体截面积
≤16	与电缆导体截面相同
>16,且≤120	16
≥150	25

检查数量：按每检验批的电缆线路数量抽查 20％，且不得少于 1 条电缆线路并应覆盖不同型号的电缆。

检查方法：观察检查。

17.1.4 电缆端子与设备或器具连接应符合本规范第 10.1.3 和第 10.2.2 条的规定。

检查数量：按每检验批的电缆线路数量抽查 20％，且不得少于 1 条电缆线路。

检查方法：观察检查并用力矩测试仪测试紧固度。

一般项目

17.2.1 电缆头应可靠固定，不应使电器元器件或设备端子承受额外应力。

检查数量：按每检验批的电缆线路数量抽查 20％，且不得少于 1 条电缆线路。

检查方法：观察检查。

17.2.2 导线与设备或器具的连接应符合下列规定：

1 截面积在 10mm² 及以下的单股铜芯线和单股铝/铝合金芯线可直接与设备或器具的端子连接。

2 截面积在 2.5mm² 及以下的多芯铜芯线应接续端子或拧紧搪锡后再与设备或器具的端子连接。

3 截面积大于 2.5mm² 的多芯铜芯线，除设备自带插接式端子外，应接续端子后与设备或器具的端子连接；多芯铜芯线与插接式端子连接前，端部应拧紧搪锡。

4 多芯铝芯线应接续端子后与设备、器具的端子连接，多芯铝芯线接续端子前应去除氧化层并涂抗氧化剂，连接完成后应清洁干净。

5 每个设备或器具的端子接线不多于 2 根导线或 2 个导线端子。

检查数量：按每检验批的配线回路数量抽查 5％，且不得少于 1 条配线回路，并应覆盖不同型号和规格的导线。

检查方法：观察检查。

17.2.3 截面积 6mm² 及以下铜芯导线间的连接应采用导线连接器或缠绕搪锡连接，并应符合下列规定：

1 导线连接器应符合现行国家标准《家用和类似用途低压电路用的连接器件》GB 13140 的相关规定，并应符合下列规定：

1) 导线连接器应与导线截面相匹配；

2) 单芯导线与多芯软导线连接时，多芯软导线宜搪锡处理；

3) 与导线连接后不应明露线芯；

4) 采用机械压紧方式制作导线接头时，应使用确保压接力的专用工具；

5) 多尘场所的导线连接应选用 IP5X 及以上的防护等级连接器；潮湿场所的导线连接应选用 IPX5 及以上的防护等级连接器。

2 导线采用缠绕搪锡连接时，连接头缠绕搪锡后应采取可靠绝缘措施。

检查数量：按每检验批的线间连接总数抽查 5%，且各不得少于 1 个型号及规格的导线，并应覆盖其连接方式。

检查方法：观察检查。

17.2.4 铝/铝合金电缆头及端子压接应符合下列规定：

1 铝/铝合金电缆的联锁铠装不应作为保护接地导体（PE）使用，联锁铠装应与保护接地导体（PE）连接。

2 线芯压接面应去除氧化层并涂抗氧化剂，压接完成后应清洁表面。

3 线芯压接工具及模具应与附件相匹配。

检查数量：按每个检验批电缆头数量抽查 20%，且不得少于 1 个。

检查方法：观察检查。

17.2.5 当采用螺纹型接线端子与导线连接时，其拧紧力矩值应符合产品技术文件的要求，当无要求时，应符合本规范附录 H 的规定。

检查数量：按每检验批的螺纹型接线端子的数量抽查 10%，且不得少于 1 个端子，并应覆盖不同的导线。

检查方法：核对产品技术文件，观察检查并用力矩测试仪测试紧固度。

17.2.6 绝缘导线、电缆的线芯连接金具（连接管和端子），其规格应与线芯的规格适配，且不得采用开口端子，其性能应符合国家现行有关产品标准的规定。

检查数量：按每检验批的线芯连接数量抽查 10%，且不得少于 2 个连接点。

检查方法：观察检查，并查验材料合格证明文件和材料进场验收记录。

17.2.7 当接线端子规格与电气器具规格不配套时，不应采取降容的转接措施。

检查数量：按每个检验批的不同接线端子规格的总数量抽查 20%，且各不得少于 1 个。

检查方法：观察检查。

附录 H 螺纹型接线端子的拧紧力矩

表 H 螺纹型接线端子的拧紧力矩

螺纹直径(mm)		拧紧力矩(N·m)		
标准值	直径范围	Ⅰ	Ⅱ	Ⅲ
2.5	φ≤2.8	0.2	0.4	0.4
3.0	2.8<φ≤3.0	0.25	0.5	0.5
—	3.0<φ≤3.2	0.3	0.6	0.6

续表 H

| 螺纹直径(mm) | | 拧紧力矩(N·m) | | |
标准值	直径范围	Ⅰ	Ⅱ	Ⅲ
3.5	3.2<φ≤3.6	0.4	0.8	0.8
4	3.6<φ≤4.1	0.7	1.2	1.2
4.5	4.1<φ≤4.7	0.8	1.8	1.8
5	4.7<φ≤5.3	0.8	2.0	2.0
6	5.3<φ≤6.0	1.2	2.5	3.0
8	6.0<φ≤8.0	2.5	3.5	6.0
10	8.0<φ≤10	—	4.0	10.0
12	10<φ≤12	—	—	14.0
14	12<φ≤15	—	—	19.0
16	15<φ≤20	—	—	25.0
20	20<φ≤24	—	—	36.0
24	24<φ	—	—	50.0

注：第Ⅰ列：适用于拧紧时不突出孔外的无头螺钉和不能用刀口宽度大于螺钉顶部直径的螺丝刀拧紧的其他螺钉；

第Ⅱ列：适用于可用螺丝刀拧紧的螺钉和螺母；

第Ⅲ列：适用于不可用螺丝刀拧紧的螺钉和螺母。

（3）验收说明

1）施工依据：《建筑电气照明装置施工与验收规范》GB 50617—2010，施工工艺标准，并制订专项施工方案、技术交底资料。

2）验收依据：《建筑电气工程施工质量验收规范》GB 50303—2015，相应的现场质量验收检查原始记录。

3）注意事项

① 主控项目的质量经抽样检验均应合格；

② 一般项目的质量经抽样检验合格。当采用计数抽样时，合格点率应符合有关专业验收规范的规定，且不得存在严重缺陷；

③ 具有完整的施工操作依据、质量验收记录；

④ 本检验批的主控项目、一般项目已列入推荐表中，其具体内容及检查方法见一般规定及（2）条文摘录；

⑤ 本推荐表尚可用于 07010701、07020601、07030701、07040801、07050701、07060801。

15. 普通灯具安装检验批质量验收记录

（1）推荐表格

普通灯具安装检验批质量验收记录

单位（子单位）工程名称			分部（子分部）工程名称		分项工程名称	
施工单位			项目负责人		检验批容量	
分包单位			分包单位项目负责人		检验批部位	
施工依据			验收依据	《建筑电气工程施工质量验收规范》GB 50303—2015		

验收项目			设计要求及规范规定	最小/实际抽样数量	检查记录	检查结果
主控项目	1	灯具固定要求	第18.1.1条	/		
	2	悬吊式灯具安装要求	第18.1.2条	/		
	3	吸顶式墙上安装的灯具要去	第18.1.3条			
	4	由线盒引至嵌入式灯具，槽灯的绝缘导线要求	第18.1.4条	/		
	5	Ⅰ类灯具外露可导电部分必须用铜芯软导线及连接要求	第18.1.5条	/		
	6	敞开式灯具灯头距地面应大于2.5m	第18.1.6条	/		
	7	埋地灯安装要求	第18.1.7条			
	8	庭院灯、建筑物附属路灯安装要求	第18.1.8条			
	9	公共场所大型灯具玻璃罩应采取防溅落措施	第18.1.9条			
	10	LED灯安装要求	第18.1.10条			
一般项目	1	单个灯具的绝缘导线截面积规定	第18.2.1条	/		
	2	灯具的外形、灯头及其接线要求	第18.2.2条	/		
	3	灯具表面及其附件高温部位，靠近可燃物时，隔热防火措施	第18.2.3条	/		
	4	配电设备、裸母线及电梯曳引上方不应装灯具	第18.2.4条	/		
	5	投光灯的座及支架应牢固	第18.2.5条	/		
	6	聚光灯、类灯具出光口与被照物距离要求	第18.2.6条	/		

	验收项目		设计要求及规范规定	最小/实际抽样数量	检查记录	检查结果
一般项目	7	导轨灯的灯具功率与荷载与导轨载荷匹配	第18.2.7条	/		
	8	露天安装的灯具应有泄水孔、防水措施	第18.2.8条			
	9	安装于槽盒底部的荧光灯应紧贴底部,固定牢固	第18.2.9条			
	10	庭院灯、建筑物附属灯安装一般要求	第18.2.10条			

施工单位检查结果	专业工长: 项目专业质量检查员: 年 月 日
监理单位验收结论	专业监理工程师: 年 月 日

(2) 验收内容及检查方法条文摘录

主控项目

18.1.1 灯具固定应符合下列规定:

1 灯具固定应牢固可靠,在砌体和混凝土结构上严禁使用木楔、尼龙塞或塑料塞固定;

2 质量大于 **10kg** 的灯具,固定装置及悬吊装置应按灯具重量的 **5** 倍恒定均布载荷做强度试验,且持续时间不得少于 **15min**。

检查数量:第 1 款按每检验批的灯具数量抽查 5%,且不得少于 1 套;第 2 款全数检查。

检查方法:施工或强度试验时观察检查,查阅灯具固定装置及悬吊装置的载荷强度试验记录。

18.1.2 悬吊式灯具安装应符合下列规定:

1 带升降器的软线吊灯在吊线展开后,灯具下沿应高于工作台面 0.3m;

2 质量大于 0.5kg 的软线吊灯,灯具的电源线不应受力;

3 质量大于 3kg 的悬吊灯具,固定在螺栓或预埋吊钩上,螺栓或预埋吊钩的直径不应小于灯具挂销直径，且不应小于 6mm；

  4 当采用钢管作灯具吊杆时，其内径不应小于 10mm，壁厚不应小于 1.5mm；

  5 灯具与固定装置及灯具连接件之间采用螺纹连接的，螺纹啮合扣数不应少于 5 扣。

  检查数量：按每检验批的不同灯具型号各抽查 5%，且各不得少于 1 套。

  检查方法：观察检查并用尺量检查。

  18.1.3 吸顶或墙面上安装的灯具，其固定用的螺栓或螺钉不应少于 2 个，灯具应紧贴饰面。

  检查数量：按每检验批的不同安装形式各抽查 5%，且各不得少于 1 套。

  检查方法：观察检查。

  18.1.4 由接线盒引至嵌入式灯具或槽灯的绝缘导线应符合下列规定：

  1 绝缘导线应采用柔性导管保护，不得裸露，且不应在灯槽内明敷；

  2 柔性导管与灯具壳体应采用专用接头连接。

  检查数量：按每检验批的灯具数量抽查 5%，且不得少于 1 套。

  检查方法：观察检查。

  18.1.5 普通灯具的Ⅰ类灯具外露可导电部分必须采用铜芯软导线与保护导体可靠连接，连接处应设置接地标识，铜芯软导线的截面积应与进入灯具的电源线截面积相同。

  检查数量：按每检验批的灯具数量抽查 5%，且不得少于 1 套。

  检查方法：尺量检查、工具拧紧和测量检查。

  18.1.6 除采用安全电压以外，当设计无要求时，敞开式灯具的灯头对地面距离应大于 2.5m。

  检查数量：按每检验批的灯具数量抽查 10%，且各不得少于 1 套。

  检查方法：观察检查并用尺量检查。

  18.1.7 埋地灯安装应符合下列规定：

  1 埋地灯的防护等级应符合设计要求；

  2 埋地灯的接线盒应采用防护等级为 IPX7 的防水接线盒，盒内绝缘导线接头应做防水绝缘处理。

  检查数量：按灯具总数抽查 5%，且不得少于 1 套。

  检查方法：观察检查，查阅产品进场验收记录及产品质量合格证明文件。

  18.1.8 庭院灯、建筑物附属路灯安装应符合下列规定：

  1 灯具与基础固定应可靠，地脚螺栓备帽应齐全；灯具接线盒应采用防护等级不小于 IPX5 的防水接线盒，盒盖防水密封垫应齐全、完整。

  2 灯具的电器保护装置应齐全，规格应与灯具适配。

  3 灯杆的检修门应采取防水措施，且闭锁防盗装置完好。

  检查数量：按灯具型号各抽查 5%，且各不得少于 1 套。

  检查方法：观察检查、工具拧紧及用手感检查，查阅产品进场验收记录及产品质量合格证明文件。

18.1.9 安装在公共场所的大型灯具的玻璃罩，应采取防止玻璃罩向下溅落的措施。

检查数量：全数检查。

检查方法：观察检查。

18.1.10 LED灯具安装应符合下列规定：

1 灯具安装应牢固可靠，饰面不应使用胶类粘贴。

2 灯具安装位置应有较好的散热条件，且不宜安装在潮湿场所。

3 灯具用的金属防水接头密封圈应齐全、完好。

4 灯具的驱动电源、电子控制装置室外安装时，应置于金属箱（盒）内；金属箱盒的IP防护等级和散热应符合设计要求，驱动电源的极性标记应清晰、完整。

5 室外灯具配线管路应按明配管敷设，且应具备防雨功能，IP防护等级应符合设计要求。

检查数量：按灯具型号各抽查5%，且各不得少于1套。

检查方法：观察检查，查阅产品进场验收记录及产品质量合格证明文件。

一般项目

18.2.1 引向单个灯具的绝缘导线截面积应与灯具功率相匹配，绝缘铜芯导线的线芯截面积不应小于$1mm^2$。

检查数量：按每检验批的灯具数量抽查5%，且不得少于1套。

检查方法：观察检查。

18.2.2 灯具的外形、灯头及其接线应符合下列规定：

1 灯具及其配件应齐全，不应有机械损伤、变形、涂层剥落和灯罩破裂等缺陷。

2 软线吊灯的软线两端应做保护扣，两端线芯应搪锡；当装升降器时，应采用安全灯头。

3 除敞开式灯具外，其他各类容量在100W及以上的灯具，引入线应采用瓷管、矿棉等不燃材料作隔热保护。

4 连接灯具的软线应盘扣、搪锡压线，当采用螺口灯头时，相线应接于螺口灯头中间的端子上。

5 灯座的绝缘外壳不应破损和漏电；带有开关的灯座，开关手柄应无裸露的金属部分。

检查数量：按每检验批的灯具型号各抽查5%，且各不得少于1套。

检查方法：观察检查。

18.2.3 灯具表面及其附件的高温部位靠近可燃物时，应采取隔热、散热等防火保护措施。

检查数量：按每检验批的灯具总数量抽查20%，且各不得少于1套。

检查方法：观察检查。

18.2.4 高低压配电设备、裸母线及电梯曳引机的正上方不应安装灯具。

检查数量：全数检查。

检查方法：观察检查。

18.2.5 投光灯的底座及支架应牢固，枢轴应沿需要的光轴方向拧紧固定。

检查数量：按灯具总数抽查 10%，且不得少于 1 套。

检查方法：观察检查和手感检查。

18.2.6 聚光灯和类似灯具出光口面与被照物体的最短距离应符合产品技术文件要求。

检查数量：按灯具型号各抽查 10%，且各不得少于 1 套。

检查方法：尺量检查，并核对产品技术文件。

18.2.7 导轨灯的灯具功率和载荷应与导轨额定载流量和最大允许载荷相适配。

检查数量：按灯具总数抽查 10%，且不得少于 1 台。

检查方法：观察检查并核对产品技术文件。

18.2.8 露天安装的灯具应有泄水孔，且泄水孔应设置在灯具腔体的底部。灯具及其附件、紧固件、底座和与其相连的导管、接线盒等应有防腐蚀和防水措施。

检查数量：按灯具数量抽查 10%，且不得少于 1 套。

检查方法：观察检查。

18.2.9 安装于槽盒底部的荧光灯具，应紧贴槽盒底部，并应固定牢固。

检查数量：按每检验批的灯具数量抽查 10%，且不得少于 1 套。

检查方法：观察检查和手感检查。

18.2.10 庭院灯、建筑物附属路灯安装应符合下列规定：

1 灯具的自动通、断电源控制装置应动作准确；

2 灯具应固定可靠、灯位正确，紧固件应齐全、拧紧。

检查数量：按灯具型号各抽查 10%，且各不得少于 1 套。

检查方法：模拟试验、观察检查和手感检查。

(3) 验收说明

1）施工依据：《建筑电气照明装置施工与验收规范》GB 50617—2010，施工工艺标准，并制订专项施工方案、技术交底资料。

2）验收依据：《建筑电气工程施工质量验收规范》GB 50303—2015，相应的现场质量验收检查原始记录。

3）注意事项

① 主控项目的质量经抽样检验均应合格；

② 一般项目的质量经抽样检验合格。当采用计数抽样时，合格点率应符合有关专业验收规范的规定，且不得存在严重缺陷；

③ 具有完整的施工操作依据、质量验收记录；

④ 本检验批的主控项目、一般项目已列入推荐表中，其具体内容及检查方法见一般规定及（2）条文摘录；

⑤ 黑体字的条文为强制性条文，必须严格执行，制订控制措施；

⑥ 本推荐表尚可用于 02010801、07050901。

16. 专用灯具安装检验批质量验收记录

（1）推荐表格

专用灯具安装检验批质量验收记录

单位(子单位) 工程名称			分部(子分部) 工程名称		分项工程名称		
施工单位			项目负责人		检验批容量		
分包单位			分包单位项目 负责人		检验批部位		
施工依据			验收依据		《建筑电气工程施工质量验收规范》 GB 50303—2015		
		验收项目	设计要求及 规范规定	最小/实际 抽样数量	检查记录	检查结果	
主控 项目	1	Ⅰ类灯具外露可导电部分必须用铜 芯软导线及连接要求	第19.1.1条	/			
	2	手术台无影灯安装	第19.1.2条	/			
	3	应急灯安装	第19.1.3条	/			
	4	霓虹灯安装	第19.1.4条	/			
	5	高压钠灯、金属卤化灯安装	第19.1.5条	/			
	6	景观照明灯具安装	第19.1.6条	/			
	7	航空障碍标志灯安装	第19.1.7条	/			
	8	太阳能灯具安装	第19.1.8条	/			
	9	洁净场所灯具嵌入安装要求	第19.1.9条	/			
	10	游泳池类灯具安装	第19.1.10条	/			
一般 项目	1	手术台无影灯安装一般要求	第19.2.1条	/			
	2	应急电源或镇流器与灯具 分离安装的要求	第19.2.2条	/			
	3	霓虹灯安装一般要求	第19.2.3条	/			
	4	高压钠灯、金属卤化 物灯安装一般要求	第19.2.4条	/			
	5	建筑物景观灯具构架安装要求	第19.2.5条	/			
	6	航空障碍标志灯安装位 置、自动通、断电准确	第19.2.6条	/			
	7	太阳能灯具的电池板朝向、 角度、支架固定要求	第19.2.7条	/			
施工单位 检查结果					专业工长： 项目专业质量检查员： 　　　　　　年　月　日		
监理单位 验收结论					专业监理工程师： 　　　　　　年　月　日		

（2）验收内容及检查方法条文摘录

主 控 项 目

19.1.1 专用灯具的Ⅰ类灯具外露可导电部分必须用铜芯软导线与保护导体可靠连接，连接处应设置接地标识，铜芯软导线的截面积应与进入灯具的电源线截面积相同。

检查数量：按每检验批的灯具数量抽查5％，且不得少于1套。

检查方法：尺量检查、工具拧紧和测量检查。

19.1.2 手术台无影灯安装应符合下列规定：

1 固定灯座的螺栓数量不应少于灯具法兰底座上的固定孔数，且螺栓直径应与底座孔径相适配；螺栓应采用双螺母锁固。

2 无影灯的固定装置除应按本规范第18.1.1条第2款进行均布载荷试验外，尚应符合产品技术文件的要求。

检查数量：全数检查。

检查方法：施工或强度试验时观察检查，查阅灯具固定装置的载荷强度试验记录。

19.1.3 应急灯具安装应符合下列规定：

1 消防应急照明回路的设置除应符合设计要求外，尚应符合防火分区设置的要求，穿越不同防火分区时应采取防火隔堵措施；

2 对于应急灯具、运行中温度大于60℃的灯具，当靠近可燃物时，应采取隔热、散热等防火措施；

3 EPS供电的应急灯具安装完毕后，应检验EPS供电运行的最少持续供电时间，并应符合设计要求；

4 安全出口指示标志灯设置应符合设计要求；

5 疏散指示标志灯安装高度及设置部位应符合设计要求；

6 疏散指示标志灯的设置，不应影响正常通行，且不应在其周围设置容易混同疏散标志灯的其他标志牌等；

7 疏散指示标志灯工作应正常，并应符合设计要求；

8 消防应急照明线路在非燃烧体内穿钢导管暗敷时，暗敷钢导管保护层厚度不应小于30mm。

检查数量：第2款全数检查；第1款、第3款～第7款按每检验批的灯具型号各抽查10％，且均不得少于1套；第8款按检验批数量抽查10％，且不得少于1个检验批。

检查方法：第1款、第2款、第4款～第7款观察检查，第3款试验检验并核对设计文件，第8款尺量检查、查阅隐蔽工程检查记录。

19.1.4 霓虹灯安装应符合下列规定：

1 霓虹灯管应完好、无破裂；

2 灯管应采用专用的绝缘支架固定，且牢固可靠；灯管固定后，与建（构）筑物表面的距离不宜小于20mm；

3 霓虹灯专用变压器应为双绕组式，所供灯管长度不应大于允许负载长度，露天安装的应采取防雨措施；

4　霓虹灯专用变压器的二次侧和灯管间的连接线应采用额定电压大于 15kV 的高压绝缘导线，导线连接应牢固，防护措施应完好；高压绝缘导线与附着物表面的距离不应小于 20mm。

检查数量：全数检查。

检查方法：观察检查并用尺量和手感检查。

19.1.5　高压钠灯、金属卤化物灯安装应符合下列规定：

1　光源及附件应与镇流器、触发器和限流器配套使用，触发器与灯具本体的距离应符合产品技术文件的要求；

2　电源线应经接线柱连接，不应使电源线靠近灯具表面。

检查数量：按灯具型号各抽查 10%，且均不得少于 1 套。

检查方法：观察检查并用尺量检查，核对产品技术文件。

19.1.6　景观照明灯具安装应符合下列规定：

1　在人行道等人员来往密集场所安装的落地式灯具，当无围栏防护时，灯具距地面高度应大于 2.5m;

2　金属构架及金属保护管应分别与保护导体采用焊接或螺栓连接，连接处应设置接地标识。

检查数量：全数检查。

检查方法：观察检查并用尺量检查，查阅隐蔽工程检查记录。

19.1.7　航空障碍标志灯安装应符合下列规定：

1　灯具安装应牢固可靠，且应有维修和更换光源的措施；

2　当灯具在烟囱顶上装设时，应安装在低于烟囱口 1.5m～3m 的部位且应呈正三角形水平排列；

3　对于安装在屋面接闪器保护范围以外的灯具，当需设置接闪器时，其接闪器应与屋面接闪器可靠连接。

检查数量：全数检查。

检查方法：观察检查，查阅隐蔽工程检查记录。

19.1.8　太阳能灯具安装应符合下列规定：

1　太阳能灯具与基础固定应可靠，地脚螺栓有防松措施，灯具接线盒盖的防水密封垫应齐全、完整；

2　灯具表面应平整光洁、色泽均匀，不应有明显的裂纹、划痕、缺损、锈蚀及变形等缺陷。

检查数量：按灯具数量抽查 10%，且不得少于 1 套。

检查方法：观察检查和手感检查。

19.1.9　洁净场所灯具嵌入安装时，灯具与顶棚之间的间隙应用密封胶条和衬垫密封，密封胶条和衬垫应平整，不得扭曲、折叠。

检查数量：按灯具数量抽查 10%，且不得少于 1 套。

检查方法：观察检查。

19.1.10　游泳池和类似场所灯具（水下灯及防水灯具）安装应符合下列规定：

1　当引入灯具的电源采用导管保护时，应采用塑料导管；

2 固定在水池构筑物上的所有金属部件应与保护联结导体可靠连接，并应设置标识。

检查数量：全数检查。

检查方法：观察检查和手感检查，查阅隐蔽工程检查记录和等电位联结导通性测试记录。

一般项目

19.2.1 手术台无影灯安装应符合下列规定：

1 底座应紧贴顶板、四周无缝隙；

2 表面应保持整洁、无污染，灯具镀、涂层应完整无划伤。

检查数量：全数检查。

检查方法：观察检查。

19.2.2 当应急电源或镇流器与灯具分离安装时，应固定可靠，应急电源或镇流器与灯具本体之间的连接绝缘导线应用金属柔性导管保护，导线不得外露。

检查数量：按每检验批的灯具数量抽查10%，且不得少于1套。

检查方法：观察检查和手感检查。

19.2.3 霓虹灯安装应符合下列规定：

1 明装的霓虹灯变压器安装高度低于3.5m时应采取防护措施；室外安装距离晒台、窗口、架空线等不应小于1m，并应有防雨措施。

2 霓虹灯变压器应固定可靠，安装位置宜方便检修，且应隐蔽在不易被非检修人触及的场所。

3 当橱窗内装有霓虹灯时，橱窗门与霓虹灯变压器一次侧开关应有联锁装置，开门时不得接通霓虹灯变压器的电源。

4 霓虹灯变压器二次侧的绝缘导线应采用高绝缘材料的支持物固定，对于支持点的距离，水平线段不应大于0.5m，垂直线段不应大于0.75m。

5 霓虹灯管附着基面及其托架应采用金属或不燃材料制作，并应固定可靠，室外安装应耐风压。

检查数量：按灯具安装部位各抽查10%，且各不得少于1套。

检查方法：观察检查并用尺量和手感检查。

19.2.4 高压钠灯、金属卤化物灯安装应符合下列规定：

1 灯具的额定电压、支架形式和安装方式应符合设计要求；

2 光源的安装朝向应符合产品技术文件的要求。

检查数量：按灯具型号各抽查10%，且各不得少于1套。

检查方法：观察检查并查验产品技术文件、核对设计文件。

19.2.5 建筑物景观照明灯具构架应固定可靠、地脚螺栓拧紧、备帽齐全；灯具的螺栓应紧固、无遗漏。灯具外露的绝缘导线或电缆应有金属柔性导管保护。

检查数量：按灯具数量抽查10%，且不得少于1套。

检查方法：观察检查和手感检查。

19.2.6 航空障碍标志灯安装位置应符合设计要求，灯具的自动通、断电源控制装置应动作准确。

检查数量：全数检查。

检查方法：模拟试验和观察检查。

19.2.7 太阳能灯具的电池板朝向和仰角调整应符合地区纬度，迎光面上应无遮挡物，电池板上方应无直射光源。电池组件与支架连接应牢固可靠，组件的输出线不应裸露，并应用扎带绑扎固定。

检查数量：按灯具总数抽查 10%，且不得少于 1 套。

检查方法：观察检查。

(3) 验收说明

1）施工依据：《建筑电气照明装置施工与验收规范》GB 50617—2010，施工工艺标准，并制订专项施工方案、技术交底资料。

2）验收依据：《建筑电气工程施工质量验收规范》GB 50303—2015，相应的现场质量验收检查原始记录。

3）注意事项：

① 主控项目的质量经抽样检验均应合格；

② 一般项目的质量经抽样检验合格。当采用计数抽样时，合格点率应符合有关专业验收规范的规定，且不得存在严重缺陷；

③ 具有完整的施工操作依据、质量验收记录；

④ 本检验批的主控项目、一般项目已列入推荐表中，其具体内容及检查方法见一般规定及（2）条文摘录；

⑤ 黑体字的条文为强制性条文，必须严格执行，制订控制措施；

⑥ 本推荐表尚可用于 07010901、07050901。

17. 开关、插座、风扇安装检验批质量验收记录

(1) 推荐表格

07040901 ____

开关、插座、风扇安装检验批质量验收记录

07051101 ____

单位(子单位) 工程名称			分部(子分部) 工程名称		分项工程名称		
施工单位			项目负责人		检验批容量		
分包单位			分包单位 项目负责人		检验批部位		
施工依据				验收依据	《建筑电气工程施工质量验收规范》 GB 50303—2015		
验收项目			设计要求及 规范规定	最小/实际 抽样数量	检查记录	检查结果	
主控项目	1	交、直流或不同电压同一场所安装的要求	第 20.1.1 条	/			
	2	不间断电源、应急电源插座应设标识	第 20.1.2 条	/			
	3	插座接线要求	第 20.1.3 条	/			
	4	照明开关安装	第 20.1.4 条	/			
	5	温控器接线应正确，显示 屏指示正常，标高符合要求	第 20.1.5 条				

		验收项目	设计要求及规范规定	最小/实际抽样数量	检查记录	检查结果
主控项目	6	吊扇安装要求	第20.1.6条	/		
	7	壁扇安装要求	第20.1.7条			
一般规定	1	暗装插座盒或开关盒质量要求	第20.2.1条	/		
	2	插座安装要求	第20.2.2条	/		
	3	照明开关安装要求	第20.2.3条	/		
	4	温控器安装高度符合设计要求	第20.2.4条	/		
	5	吊扇安装一般要求	第20.2.5条			
	6	壁扇安装一般要求	第20.2.6条			
	7	换气扇安装要求	第20.2.7条			
施工单位检查结果			专业工长： 项目专业质量检查员： 　　　　年　　月　　日			
监理单位验收结论			专业监理工程师： 　　　　年　　月　　日			

(2) 验收内容及检查方法条文摘录

主 控 项 目

20.1.1 当交流、直流或不同电压等级的插座安装在同一场所时，应有明显的区别，插座不得互换；配套的插头应按交流、直流或不同电压等级区别使用。

检查数量：按每检验批的插座数量抽查20%，且不得少于1个。

检查方法：观察检查并用插头进行试插检查。

20.1.2 不间断电源插座及应急电源插座应设置标识。

检查数量：按插座总数抽查10%，且不得少于1套。

检查方法：观察检查。

20.1.3 插座接线应符合下列规定：

1 对于单相两孔插座，面对插座的右孔或上孔应与相线连接，左孔或下孔应与中性导体（N）连接；对于单相三孔插座，面对插座的右孔应与相线连接，左孔应与中性导体（N）连接。

2 单相三孔、三相四孔及三相五孔插座的保护接地导体（PE）应接在上孔；插座的保护接地导体端子不得与中性导体端子连接；同一场所的三相插座，其接线的相序应一致。

3 保护接地导体（PE）在插座之间不得串联连接。

4 相线与中性导体（N）不应利用插座本体的接线端子转接供电。

检查数量：按每检验批的插座型号各抽查 5%，且均不得少于 1 套。

检查方法：观察检查并用专用测试工具检查。

20.1.4 照明开关安装应符合下列规定：

1 同一建（构）筑物的开关宜采用同一系列的产品，单控开关的通断位置应一致，且应操作灵活、接触可靠；

2 相线应经开关控制；

3 紫外线杀菌灯的开关应有明显标识，并应与普通照明开关的位置分开。

检查数量：第 3 款全数检查，第 1、2 款按每检验批的开关数量抽查 5%，且按规格型号各不得少于 1 套。

检查方法：观察检查、用电笔测试检查和手动开启开关检查。

20.1.5 温控器接线应正确，显示屏指示应正常，安装标高应符合设计要求。

检查数量：按每检验批的数量抽查 10%，且不得少于 1 套。

检查方法：观察检查。

20.1.6 吊扇安装应符合下列规定：

1 吊扇挂钩安装应牢固，吊扇挂钩的直径不应小于吊扇挂销直径，且不应小于 8mm；挂钩销钉应有防振橡胶垫；挂销的防松零件应齐全、可靠。

2 吊扇扇叶距地高度不应小于 2.5m。

3 吊扇组装不应改变扇叶角度，扇叶的固定螺栓防松零件应齐全。

4 吊杆间、吊杆与电机间螺纹连接，其啮合长度不应小于 20mm，且防松零件应齐全紧固。

5 吊扇应接线正确，运转时扇叶应无明显颤动和异常声响。

6 吊扇开关安装标高应符合设计要求。

检查数量：按吊扇数量抽查 5%，且不得少于 1 套。

检查方法：听觉检查、观察检查、尺量检查和卡尺检查。

20.1.7 壁扇安装应符合下列规定：

1 壁扇底座应采用膨胀螺栓或焊接固定，固定应牢固可靠；膨胀螺栓的数量不应少于 3 个，且直径不应小于 8mm。

2 防护罩应扣紧、固定可靠，当运转时扇叶和防护罩应无明显颤动和异常声响。

检查数量：按壁扇数量抽查 5%，且不得少于 1 套。

检查方法：听觉检查、观察检查和手感检查。

一般项目

20.2.1 暗装的插座盒或开关盒应与饰面平齐，盒内干净整洁，无锈蚀，绝缘导线不得裸露在装饰层内；面板应紧贴饰面、四周无缝隙、安装牢固、表面光滑、无碎裂、划伤，装饰帽（板）齐全。

检查数量：按每检验批的盒子数量抽查 10%，且不得少于 1 个。

检查方法：观察检查和手感检查。

20.2.2 插座安装应符合下列规定：

1 插座安装高度应符合设计要求，同一室内相同规格并列安装的插座高度宜一致；

2 地面插座应紧贴饰面，盖板应固定牢固、密封良好。

检查数量：按每个检验批的插座总数抽查 10%，且按型号各不得少于 1 个。

检查方法：观察检查并用尺量和手感检查。

20.2.3 照明开关安装应符合下列规定：

1 照明开关安装高度应符合设计要求；

2 开关安装位置应便于操作，开关边缘距门框边缘的距离宜为 0.15m～0.20m；

3 相同型号并列安装高度宜一致，并列安装的拉线开关的相邻间距不宜小于 20mm。

检查数量：按每检验批的开关数量抽查 10%，且不得少于 1 个。

检查方法：观察检查并用尺量检查。

20.2.4 温控器安装高度应符合设计要求；同一室内并列安装的温控器高度宜一致，且控制有序不错位。

检查数量：按每检验批数量抽查 10%，且不得少于 1 个。

检查方法：观察检查并用尺量检查。

20.2.5 吊扇安装应符合下列规定：

1 吊扇涂层应完整、表面无划痕、无污染，吊杆上下扣碗安装应牢固到位；

2 同一室内并列安装的吊扇开关高度宜一致，并应控制有序、不错位。

检查数量：按吊扇数量抽查 10%，且不得少于 1 套。

检查方法：观察检查，用尺量和手感检查。

20.2.6 壁扇安装应符合下列规定：

1 壁扇安装高度应符合设计要求；

2 涂层应完整、表面无划痕、无污染，防护罩应无变形。

检查数量：按壁扇数量抽查 10%，且不得少于 1 套。

检查方法：观察检查并用尺量检查。

20.2.7 换气扇安装应紧贴饰面、固定可靠。无专人管理场所的换气扇宜设置定时开关。

检查数量：按换气扇数量抽查 10%，且不得少于 1 套。

检查方法：观察检查和手感检查。

(3) 验收说明

1）施工依据：《建筑电气照明装置施工与验收规范》GB 50617—2010，施工工艺标准，并制订专项施工方案、技术交底资料。

2）验收依据：《建筑电气工程施工质量验收规范》GB 50303—2015，相应的现场质量验收检查原始记录。

3）注意事项：

① 主控项目的质量经抽样检验均应合格；

② 一般项目的质量经抽样检验合格。当采用计数抽样时，合格点率应符合有关专业验收规范的规定，且不得存在严重缺陷。

③ 具有完整的施工操作依据、质量验收记录。

④ 本检验批的主控项目、一般项目已列入推荐表中，其具体内容及检查方法见一般规定及（2）条文摘录。

⑤ 黑体字的条文为强制性条文，必须严格执行，制订控制措施。

⑥ 本推荐表尚可用于 07040901、07051101。

18. 建筑物照明通电试运行检验批质量验收记录

(1) 推荐表格

建筑物照明通电试运行检验批质量验收记录　　

单位(子单位)工程名称			分部(子分部)工程名称		分项工程名称		
施工单位			项目负责人		检验批容量		
分包单位			分包单位项目负责人		检验批部位		
施工依据			验收依据		《建筑电气工程施工质量验收规范》GB 50303—2015		
验收项目			设计要求及规范规定	最小/实际抽样数量	检查记录		检查结果
主控项目	1	灯具回路控制符合设计要求,与照明控制箱、盘及回路标识一致,开关与灯具顺序相对应	第21.1.1条	/			
	2	公共建筑照明系统连续试运行24h,住宅8h,同时开启,2h记录一次	第21.1.2条	/			
	3	设计有照度测试要求的场所,试运行时应控制照度	第21.1.3条	/			
施工单位检查结果		专业工长:项目专业质量检查员:　　　年　月　日					
监理单位验收结论		专业监理工程师:　　　年　月　日					

(2) 验收内容及检查方法条文摘录

主控项目

21.1.1　灯具回路控制应符合设计要求,且应与照明控制柜、箱(盘)及回路的标识一致;开关宜与灯具控制顺序相对应,风扇的转向及调速开关应正常。

检查数量:按每检验批的末级照明配电箱数量抽查20%,且不得少于1台配电箱及相应回路。

检查方法:核对技术文件,观察检查并操作检查。

21.1.2　公共建筑照明系统通电连续试运行时间应为24h,住宅照明系统通电连续试运行时间应为8h。所有照明灯具均应同时开启,且应每2h按回路记录运行参数,连续试运行时间内应无故障。

检查数量:按每检验批的末级照明配电箱总数抽查5%,且不得少于1台配电箱及相应回路。

294

检查方法：试验运行时观察检查或查阅建筑照明通电试运行记录。

21.1.3 对设计有照度测试要求的场所，试运行时应检测照度，并应符合设计要求。

检查数量：全数检查。

检查方法：用照度测试仪测试，并查阅照度测试记录。

(3) 验收说明

1) 施工依据：《建筑电气照明装置施工与验收规范》GB 50617—2010，施工工艺标准，并制订专项施工方案、技术交底资料。

2) 验收依据：《建筑电气工程施工质量验收规范》GB 50303—2015，相应的现场质量验收检查原始记录。

3) 注意事项：

① 主控项目的质量经抽样检验均应合格；

② 一般项目的质量经抽样检验合格。当采用计数抽样时，合格点率应符合有关专业验收规范的规定，且不得存在严重缺陷；

③ 具有完整的施工操作依据、质量验收记录；

④ 本检验批的主控项目、一般项目已列入推荐表中，其具体内容及检查方法见一般规定及（2）条文摘录；

⑤ 本推荐表尚可用于 07011001、07051201。

19. 接地装置安装检验批质量验收记录

(1) 推荐表格

07011101 ＿＿＿＿

07020701 ＿＿＿＿

07060901 ＿＿＿＿

接地装置安装检验批质量验收记录　　07070101 ＿＿＿＿

单位(子单位)工程名称		分部(子分部)工程名称		分项工程名称	
施工单位		项目负责人		检验批容量	
分包单位		分包单位项目负责人		检验批部位	
施工依据		验收依据		《建筑电气工程施工质量验收规范》GB 50303—2015	
	验收项目		设计要求及规范规定	最小/实际抽样数量	检查记录	检查结果
主控项目	1	接地装置地面以上设置测试点符合设计要求	第22.1.1条	/		
	2	接地装置接地电阻值符合设计要求	第22.1.2条	/		
	3	接地装置的材料规格、型号符合设计要求	第22.1.3条	/		
	4	接地电阻值达不到设计时降阻的处理措施	第22.1.4条	/		

		验收项目	设计要求及规范规定	最小/实际抽样数量	检查记录	检查结果
一般项目	1	接地装置埋设要求	第222.2.1条	/		
	2	接地装置的接头应采用搭接焊,搭接长度符合规定及采取防腐措施	第22.2.2条	/		
	3	接地极为钢材和铜材时,其焊接接头的要求	第22.2.3条	/		
	4	采取降阻措施的接地装置的要求	第22.2.4条			
施工单位检查结果		专业工长: 项目专业质量检查员: 年 月 日				
监理单位验收结论		专业监理工程师: 年 月 日				

（2）验收内容及检查方法条文摘录

主 控 项 目

22.1.1 接地装置在地面以上的部分,应按设计要求设置测试点,测试点不应被外墙饰面遮蔽,且应有明显标识。

检查数量:全数检查。

检查方法:观察检查。

22.1.2 接地装置的接地电阻值应符合设计要求。

检查数量:全数检查。

检查方法:用接地电阻测试仪测试,并查阅接地电阻测试记录。

22.1.3 接地装置的材料规格、型号应符合设计要求。

检查数量:全数检查。

检查方法:观察检查或查阅材料进场验收记录。

22.1.4 当接地电阻达不到设计要求需采取措施降低接地电阻时,应符合下列规定:

1 采用降阻剂时,降阻剂应为同一品牌的产品,调制降阻剂的水应无污染和杂物;降阻剂应均匀灌注于垂直接地体周围。

2 采取换土或将人工接地体外延至土壤电阻率较低处时,应掌握有关的地质结构资料和地下土壤电阻率的分布,并应做好记录。

3 采用接地模块时,接地模块的顶面埋深不应小于0.6m,接地模块间距不应小于模块长度的3~5倍。接地模块埋设基坑宜为模块外形尺寸的1.2~1.4倍,且应详细记录开挖深度内的地层情况;接地模块应垂直或水平就位,并应保持与原土层接触良好。

检查数量:全数检查。

检查方法:施工中观察检查,并查阅隐蔽工程检查记录及相关记录。

一 般 项 目

22.2.1 当设计无要求时，接地装置顶面埋设深度不应小于 0.6m，且应在冻土层以下。圆钢、角钢、钢管、铜棒、铜管等接地极应垂直埋入地下，间距不应小于 5m；人工接地体与建筑物的外墙或基础之间的水平距离不宜小于 lm。

检查数量：全数检查。

检查方法：施工中观察检查并用尺量检查，查阅隐蔽工程检查记录。

22.2.2 接地装置的焊接应采用搭接焊，除埋设在混凝土中的焊接接头外，应采取防腐措施，焊接搭接长度应符合下列规定：

1 扁钢与扁钢搭接不应小于扁钢宽度的 2 倍，且应至少三面施焊；

2 圆钢与圆钢搭接不应小于圆钢直径的 6 倍，且应双面施焊；

3 圆钢与扁钢搭接不应小于圆钢直径的 6 倍，且应双面施焊；

4 扁钢与钢管，扁钢与角钢焊接，应紧贴角钢外侧两面，或紧贴 3/4 钢管表面，上下两侧施焊。

检查数量：按不同搭接类别各抽查 10%，且均不得少于 1 处。

检查方法：施工中观察检查并用尺量检查，查阅相关隐蔽工程检查记录。

22.2.3 当接地极为铜材和钢材组成，且铜与铜或铜与钢材连接采用热剂焊时，接头应无贯穿性的气孔且表面平滑。

检查数量：按焊接接头总数量抽查 10%，且不得少于 1 个。

检查方法：观察检查并查阅施工记录。

22.2.4 采取降阻措施的接地装置应符合下列规定：

1 接地装置应被降阻剂或低电阻率土壤所包覆；

2 接地模块应集中引线，并应采用干线将接地模块并联焊接成一个环路，干线的材质应与接地模块焊接点的材质相同，钢制的采用热浸镀锌材料的引出线不应少于 2 处。

检查数量：全数检查。

检查方法：观察检查，并查阅隐蔽工程检查记录。

(3) 验收说明

1) 施工依据：《建筑电气照明装置施工与验收规范》GB 50617—2010，施工工艺标准，并制订专项施工方案、技术交底资料。

2) 验收依据：《建筑电气工程施工质量验收规范》GB 50303—2015，相应的现场质量验收检查原始记录。

3) 注意事项：

① 主控项目的质量经抽样检验均应合格；

② 一般项目的质量经抽样检验合格。当采用计数抽样时，合格点率应符合有关专业验收规范的规定，且不得存在严重缺陷；

③ 具有完整的施工操作依据、质量验收记录；

④ 本检验批的主控项目、一般项目已列入推荐表中，其具体内容及检查方法见一般规定及（2）条文摘录；

⑤ 本推荐表尚可用于 07011101、07020701、07060901、07070101。

20. 接地干线敷设检验批质量验收记录

（1）推荐表格

接地干线敷设检验批质量验收记录

单位（子单位）工程名称			分部（子分部）工程名称		分项工程名称	
施工单位			项目负责人		检验批容量	
分包单位			分包单位项目负责人		检验批部位	
施工依据			验收依据		《建筑电气工程施工质量验收规范》GB 50303—2015	

		验收项目	设计要求及规范规定	最小/实际抽样数量	检查记录	检查结果
主控项目	1	接地干线应与接地装置可靠连接	第23.1.1条	/		
	2	接地干线的材料、型号、规格符合设计要求	第23.1.2条	/		
一般规定	1	接地干线的连接要求	第23.2.1条	/		
	2	明敷的室内接地干线支持件固定要求	第23.2.2条	/		
	3	接地干线穿墙、楼板、地坪时保护套管的要求	第23.2.3条	/		
	4	接地干线跨越建筑物变形缝时,应设补偿措施	第23.2.4条	/		
	5	接地干线的焊接接头除埋在混凝土内的,其余均应做防腐处理。	第23.2.5条	/		
	6	室内明敷接地干线的安装要求	第23.2.6条	/		
施工单位检查结果			专业工长：项目专业质量检查员：年　　月　　日			
监理单位验收结论			专业监理工程师：年　　月　　日			

（2）验收内容及检查方法条文摘录

主 控 项 目

23.1.1 接地干线应与接地装置可靠连接。

检查数量：全数检查。

检查方法：观察检查。

23.1.2 接地干线的材料型号、规格应符合设计要求。

检查数量：全数检查。

检查方法：观察检查，查阅材料进场验收记录和隐蔽工程检查记录。

一 般 项 目

23.2.1 接地干线的连接应符合下列规定：

1 接地干线搭接焊应符合本规范第 22.2.2 条的规定；

2 采用螺栓搭接的连接应符合本规范第 10.2.2 条规定，搭接的钻孔直径和搭接长度应符合本规范附录 D 的规定，连接螺栓的力矩值应符合本规范附录 E 的规定；

3 铜与铜或铜与钢采用热剂焊（放热焊接）时，应符合本规范第 22.2.3 的规定。

检查数量：按不同连接方式的总数量各抽查 5%，且均不得少于 2 处。

检查方法：观察检查并用力矩扳手拧紧测试，查阅相关施工记录。

23.2.2 明敷的室内接地干线支持件应固定可靠，支持件间距应均匀，扁形导体支持件固定间距宜为 500mm；圆形导体支持件固定间距宜为 1000mm；弯曲部分宜为 0.3m～0.5m。

检查数量：按不同部位各抽查 10%，且均不得少于 1 处。

检查方法：观察检查并用尺量和手感检查。

23.2.3 接地干线在穿越墙壁、楼板和地坪处应加套钢管或其他坚固的保护套管，钢套管应与接地干线做电气连通，接地干线敷设完成后保护套管管口应封堵。

检查数量：按不同部位各抽查 10%，且均不得少于 1 处。

检查方法：观察检查。

23.2.4 接地干线跨越建筑物变形缝时，应采取补偿措施。

检查数量：全数检查。

检查方法：观察检查。

23.2.5 对于接地干线的焊接接头，除埋入混凝土内的接头外，其余均应做防腐处理，且无遗漏。

检查数量：按焊接接头总数抽查 10%，且不得少于 2 处。

检查方法：施工中观察检查，并查阅施工记录。

23.2.6 室内明敷接地干线安装应符合下列规定：

1 敷设位置应便于检查，不应妨碍设备的拆卸、检修和运行巡视，安装高度应符合设计要求；

2 当沿建筑物墙壁水平敷设时，与建筑物墙壁间的间隙宜为 10mm～20mm；

3 接地干线全长度或区间段及每个连接部位附近的表面，应涂以 15mm～100mm 宽度相等的黄色和绿色相间的条纹标识；

4 变压器室、高压配电室、发电机房的接地干线上应设置不少于 2 个供临时接地用的接线柱或接地螺栓。

检查数量：按不同场所各抽查 1 处。

检查方法：观察检查，并用尺量检查。

（3）验收说明

1）施工依据：《建筑电气照明装置施工与验收规范》GB 50617—2010，施工工艺标准，并制订专项施工方案、技术交底资料。

2）验收依据：《建筑电气工程施工质量验收规范》GB 50303—2015，相应的现场质量验收检查原始记录。

3）注意事项：

① 主控项目的质量经抽样检验均应合格；

② 一般项目的质量经抽样检验合格。当采用计数抽样时，合格点率应符合有关专业验收规范的规定，且不得存在严重缺陷；

③ 具有完整的施工操作依据、质量验收记录；

④ 本检验批的主控项目、一般项目已列入推荐表中，其具体内容及检查方法见一般规定及（2）条文摘录；

⑤ 黑体字的条文为强制性条文，必须严格执行，制订控制措施；

⑥ 本推荐表可用于07020801、07030801。

21. 防雷引下线及接闪器安装检验批质量验收记录

（1）推荐表格

防雷引下线及接闪器安装检验批质量验收记录 07070201 ____

单位（子单位）工程名称			分部（子分部）工程名称		分项工程名称		
施工单位			项目负责人		检验批容量		
分包单位			分包单位项目负责人		检验批部位		
施工依据			验收依据		《建筑电气工程施工质量验收规范》GB 50303—2015		
验收项目			设计要求及规范规定	最小/实际抽样数量	检查记录	检查结果	
主控项目	1	防雷引下线的布置、数量和连接方式符合设计要求	第24.1.1条	/			
	2	闪接器的布置、规格、数量符合设计要求	第24.1.2条	/			
	3	闪接器与防雷引下线必须用焊接或卡接器连接，防雷引下线与接地装置必须用焊接或螺栓连接	第24.1.3条				
	4	利用建筑物永久性金属物件做接闪器时，其材质、截面符合安装要求	第24.1.4条	/			
一般规定	1	引下线的固定、平直及焊接处防腐	第24.2.1条	/			
	2	幕墙金属框、金属门窗接地就近与防雷引下线连接可靠，不同金属间防电化学腐蚀措施	第24.2.2条		/		
	3	接闪杆、线、带安装位置正确，安装方式符合设计要求	第24.2.3条	/			
	4	引下线，接闪线、网、带的焊接连接长度符合要求	第24.2.4条	/			
	5	接闪线和接闪带安装一般要求	第24.2.5条	/			
	6	接闪线、带在建筑变形缝处补偿装置	第24.2.6条	/			
施工单位检查结果			专业工长：项目专业质量检查员：　　　年　月　日				
监理单位验收结论			专业监理工程师：　　　年　月　日				

（2）验收内容及检查方法条文摘录

主 控 项 目

24.1.1 防雷引下线的布置、安装数量和连接方式应符合设计要求。

检查数量：明敷的引下线全数检查，利用建筑结构内钢筋敷设的引下线或抹灰层内的引下线按总数量各抽查 5%，且均不得少于 2 处。

检查方法：明敷的观察检查，暗敷的施工中观察检查并查阅隐蔽工程检查记录。

24.1.2 接闪器的布置、规格及数量应符合设计要求。

检查数量：全数检查。

检查方法：观察检查并用尺量检查，核对设计文件。

24.1.3 接闪器与防雷引下线必须采用焊接或卡接器连接，防雷引下线与接地装置必须采用焊接或螺栓连接。

检查数量：全数检查。

检查方法：观察检查，并采用专用工具拧紧检查。

24.1.4 当利用建筑物金属屋面或屋顶上旗杆、栏杆、装饰物、铁塔、女儿墙上的盖板等永久性金属物做接闪器时，其材质及截面应符合设计要求，建筑物金属屋面板间的连接、永久性金属物各部件之间的连接应可靠、持久。

检查数量：全数检查。

检查方法：观察检查，核查材质产品质量证明文件和材料进场验收记录，并核对设计文件。

一 般 项 目

24.2.1 暗敷在建筑物抹灰层内的引下线应有卡钉分段固定；明敷的引下线应平直、无急弯，并应设置专用支架固定，引下线焊接处应刷油漆防腐且无遗漏。

检查数量：抽查引下线总数的 10%，且不得少于 2 处。

检查方法：明敷的观察检查，暗敷的施工中观察检查并查阅隐蔽工程检查记录。

24.2.2 设计要求接地的幕墙金属框架和建筑物的金属门窗，应就近与防雷引下线连接可靠，连接处不同金属间应采取防电化学腐蚀措施。

检查数量：按接地点总数抽查 10%，且不得少于 1 处。

检查方法：施工中观察检查并查阅隐蔽工程检查记录。

24.2.3 接闪杆、接闪线或接闪带安装位置应正确，安装方式应符合设计要求，焊接固定的焊缝应饱满无遗漏，螺栓固定的应防松零件齐全，焊接连接处应防腐完好。

检查数量：全数检查。

检查方法：观察检查。

24.2.4 防雷引下线、接闪线、接闪网和接闪带的焊接连接搭接长度及要求应符合本规范第 22.2.2 条的规定。

检查数量：全数检查。

检查方法：观察检查并用尺量检查，查阅隐蔽工程检查记录。

24.2.5 接闪线和接闪带安装应符合下列规定：

1 安装应平正顺直、无急弯，其固定支架应间距均匀、固定牢固；

2 当设计无要求时，固定支架高度不宜小于 150mm，间距应符合表 24.2.5 的规定；

3 每个固定支架应能承受 49N 的垂直拉力。

检查数量：第 1 款、第 2 款全数检查，第 3 款按支持件总数抽查 30%，且不得少于 3 个。

检查方法：观察检查并用尺量、用测力计测量支架的垂直受力值。

表 24.2.5 明敷引下线及接闪导体固定支架的间距 (mm)

布置方式	扁形导体固定支架间距	圆形导体固定支架间距
安装于水平面上的水平导体	500	1000
安装于垂直面上的水平导体		
安装于高于 20m 以上垂直面上的垂直导体		
安装于地面至 20m 以下垂直面上的垂直导体	1000	1000

24.2.6 接闪带或接闪网在过建筑物变形缝处的跨接应有补偿措施。

检查数量：全数检查。

检查方法：观察检查。

(3) 验收说明

1) 施工依据：《建筑电气照明装置施工与验收规范》GB 50617—2010，施工工艺标准，并制订专项施工方案、技术交底资料。

2) 验收依据：《建筑电气工程施工质量验收规范》GB 50303—2015，相应的现场质量验收检查原始记录。

3) 注意事项：

① 主控项目的质量经抽样检验均应合格；

② 一般项目的质量经抽样检验合格。当采用计数抽样时，合格点率应符合有关专业验收规范的规定，且不得存在严重缺陷；

③ 具有完整的施工操作依据、质量验收记录；

④ 本检验批的主控项目、一般项目已列入推荐表中，其具体内容及检查方法见一般规定及（2）条文摘录；

⑤ 黑体字的条文为强制性条文，必须严格执行，制订控制措施。

22. 建筑物等电位联结检验批质量验收记录

(1) 推荐表格

建筑物等电位联结检验批质量验收记录　　07070301 ____

单位(子单位) 工程名称		分部(子分部) 工程名称		分项工程名称	
施工单位		项目负责人		检验批容量	
分包单位		分包单位 项目负责人		检验批部位	
施工依据		验收依据		《建筑电气工程施工质量验收规范》 GB 50303—2015	

		验收项目	设计要求及规范规定	最小/实际抽样数量	检查记录	检查结果
主控项目	1	等电位联结的范围、形式、方法、部位及导体的材料和截面积符合设计要求	第25.1.1条	/		
	2	等电位联结外露导电部分与外界导电部分连接	第25.1.2条	/		
一般项目	1	卫生间内金属部件与外界可导电部分连接	第25.2.1条	/		
	2	等电位联结导体在地下暗敷时,不得用螺栓压按	第25.2.2条	/		
施工单位检查结果			专业工长: 项目专业质量检查员: 年　月　日			
监理单位验收结论			专业监理工程师: 年　月　日			

(2) 验收内容及检查方法条文摘录

主 控 项 目

25.1.1 建筑物等电位联结的范围、形式、方法、部位及联结导体的材料和截面积应符合设计要求。

检查数量:全数检查。

检查方法:施工中核对设计文件观察检查并查阅隐蔽工程检查记录,核查产品质量证明文件、材料进场验收记录。

25.1.2 需做等电位联结的外露可导电部分或外界可导电部分的连接应可靠。采用焊接时,应符合本规范第22.2.2条的规定;采用螺栓连接时,应符合本规范第23.2.1条第2款的规定,其螺栓、垫圈、螺母等应为热镀锌制品,且应连接牢固。

检查数量:按总数抽查10%,且不得少于1处。

检查方法:观察检查。

一 般 项 目

25.2.1 需做等电位联结的卫生间内金属部件或零件的外界可导电部分,应设置专用接线螺栓与等电位联结导体连接,并应设置标识;连接处螺帽应紧固、防松零件应齐全。

检查数量:按连接点总数抽查10%,且不得少于1处。

检查方法:观察检查和手感检查。

25.2.2 当等电位联结导体在地下暗敷时,其导体间的连接不得采用螺栓压接。

检查数量:全数检查。

检查方法:施工中观察检查并查阅隐蔽工程检查记录。

(3) 验收说明

1) 施工依据：《建筑电气照明装置施工与验收规范》GB 50617—2010，施工工艺标准，并制订专项施工方案、技术交底资料。

2) 验收依据：《建筑电气工程施工质量验收规范》GB 50303—2015，相应的现场质量验收检查原始记录。

3) 注意事项：

① 主控项目的质量经抽样检验均应合格；

② 一般项目的质量经抽样检验合格。当采用计数抽样时，合格点率应符合有关专业验收规范的规定，且不得存在严重缺陷；

③ 具有完整的施工操作依据、质量验收记录；

④ 本检验批的主控项目、一般项目已列入推荐表中，其具体内容及检查方法见一般规定及（2）条文摘录。

第五章 智能建筑分部工程检验批质量验收用表

第一节 智能建筑分部工程验收规定及检验批质量
验收用表编号及表的目录

一、智能建筑分部工程检验批质量验收用表编号、表的目录及各子分部检测记录

智能建筑分部工程的验收内容与《智能建筑工程质量验收规范》GB 50339—2013 及《智能建筑工程施工规范》GB 50606—2010 所对应的章节如表 5.1-1 所示。智能建筑分部工程检验批质量验收用表编号见表 5.1-1，表的目录见表 5.1-2，各子分部工程检测记录见表 5.1-3。

表 5.1-1 智能建筑分部工程检验批质量验收用表编号

分部工程及编号	子分部工程及编号	分项工程名称及编号	检验批名称及编号			对应规范及标准章节	
			序号	检验批名称	检验批编号	依据标准	标准章节
智能建筑工程 08	智能化集成系统 0801	设备安装 080101	1	设备安装检验批质量验收记录	08010101		4. 智能化集成系统 15.（施）
		软件安装 080102	2	软件安装检验批质量验收记录	08010201		
		接口及系统调试 080103	3	接口及系统调试检验批质量验收记录	08010301		
		试运行 080104	4	试运行检验批质量验收记录	08010401		
	信息接入系统 0802	安装场地检查 080201	1	安装场地检查检验批质量验收记录	08020101	《智能建筑工程质量验收规范》GB 50339—2013 及《智能建筑工程施工规范》GB 50606—2010	5. 信息接入系统 10.（施）
	用户电话交换系统 0803	线缆敷设 080301	1	线缆敷设检验批质量验收记录	08030101		6. 用户电话交换系统
		设备安装 080302	2	设备安装检验批质量验收记录	08030201		
		软件安装 080303	3	软件安装检验批质量验收记录	08030301		
		接口及系统调试 080304	4	接口及系统调试检验批质量验收记录	08030401		
		试运行 080305	5	试运行检验批质量验收记录	08030501		
	信息网络系统 0804	计算机网络设备安装 080401	1	计算机网络设备安装检验批质量验收记录	08040101		7. 信息网络系统 6.（施）
		计算机网络软件安装 080402	2	计算机网络软件安装检验批质量验收记录	08040201		

分部工程及编号	子分部工程及编号	分项工程名称及编号	检验批名称及编号			对应规范及标准章节	
			序号	检验批名称	检验批编号	依据标准	标准章节
智能建筑工程08	信息网络系统0804	网络安全设备安装080403	3	网络安全设备安装检验批质量验收记录	08040301	《智能建筑工程质量验收规范》GB 50339—2013及《智能建筑工程施工规范》GB 50606—2010	7. 信息网络系统6. (施)
		网络安全软件安装080404	4	网络安全软件安装检验批质量验收记录	08040401		
		系统调试080405	5	系统调试检验批质量验收记录	08040501		
		试运行080406	6	试运行检验批质量验收记录	08040601		
	综合布线系统0805	梯架、托盘、槽盒和导管安装080501	1	梯架、托盘、槽盒和导管安装检验批质量验收记录	08050101		8. 综合布线系统4. (施)
		线缆敷设080502	2	线缆敷设检验批质量验收记录	08050201		
		机柜、机架、配线架的安装080503	3	机柜、机架、配线架的安装检验批质量验收记录	08050301		
		信息插座安装080504	4	信息插座安装检验批质量验收记录	08050401		
		链路或信道测试080505	5	链路或信道测试检验批质量验收记录	08050501		
		软件安装080506	6	软件安装检验批质量验收记录	08050601		
		系统调试080507	7	系统调试检验批质量验收记录	08050701		
		试运行080508	8	试运行检验批质量验收记录	08050801		
	移动通信室内信号覆盖系统0806	安装场地检查080601	1	安装场地检查检验批质量验收记录	08060101		9. 移动通信室内信号覆盖系统
	卫星通信系统0807	安装场地检查080701	1	安装场地检查检验批质量验收记录	08070101		10. 卫星通信系统
	有线电视及卫星电视接收系统0808	梯架、托盘、槽盒和导管安装080801	1	梯架、托盘、槽盒和导管安装检验批质量验收记录	08080101		11. 有线电视及卫星电视接收系统7. (施)
		线缆敷设080802	2	线缆敷设检验批质量验收记录	08080201		
		设备安装080803	3	设备安装检验批质量验收记录	08080301		
		软件安装080804	4	软件安装检验批质量验收记录	08080401		
		系统调试080805	5	系统调试检验批质量验收记录	08080501		
		试运行080806	6	试运行检验批质量验收记录	08080601		

分部工程及编号	子分部工程及编号	分项工程名称及编号	检验批名称及编号			对应规范及标准章节	
			序号	检验批名称	检验批编号	依据标准	标准章节
智能建筑工程 08	公共广播系统 0809	梯架、托盘、槽盒和导管安装 080901	1	梯架、托盘、槽盒和导管安装检验批质量验收记录	08090101		12. 公共广播系统 9.(施)
		线缆敷设 080902	2	线缆敷设检验批质量验收记录	08090201		
		设备安装 080903	3	设备安装检验批质量验收记录	08090301		
		软件安装 080904	4	软件安装检验批质量验收记录	08090401		
		系统调试 080905	5	系统调试检验批质量验收记录	08090501		
		试运行 080906	6	试运行检验批质量验收记录	08090601		
	会议系统 0810	梯架、托盘、槽盒和导管安装 081001	1	梯架、托盘、槽盒和导管安装检验批质量验收记录	08100101	《智能建筑工程质量验收规范》GB 50339—2013 及《智能建筑工程施工规范》GB 50606—2010	13. 会议系统 8.(施)
		线缆敷设 081002	2	线缆敷设检验批质量验收记录	08100201		
		设备安装 081003	3	设备安装检验批质量验收记录	08100301		
		软件安装 081004	4	软件安装检验批质量验收记录	08100401		
		系统调试 081005	5	系统调试检验批质量验收记录	08100501		
		试运行 081006	6	试运行检验批质量验收记录	08100601		
	信息导引及发布系统 0811	梯架、托盘、槽盒和导管安装 081101	1	梯架、托盘、槽盒和导管安装检验批质量验收记录	08110101		14. 信息导引及发布系统
		线缆敷设 081102	2	线缆敷设检验批质量验收记录	08110201		
		显示设备安装 081103	3	显示设备安装检验批质量验收记录	08110301		
		机房设备安装 081104	4	机房设备安装检验批质量验收记录	08110401		
		软件安装 081105	5	软件安装检验批质量验收记录	08110501		
		系统调试 081106	6	系统调试检验批质量验收记录	08110601		
		试运行 081107	7	试运行检验批质量验收记录	08110701		

分部工程及编号	子分部工程及编号	分项工程名称及编号	检验批名称及编号			对应规范及标准章节	
			序号	检验批名称	检验批编号	依据标准	标准章节
智能建筑工程 08	时钟系统 0812	梯架、托盘、槽盒和导管安装 081201	1	梯架、托盘、槽盒和导管安装检验批质量验收记录	08120101		15. 时钟系统
		线缆敷设 081202	2	线缆敷设检验批质量验收记录	08120201		
		设备安装 081203	3	设备安装检验批质量验收记录	08120301		
		软件安装 081204	4	软件安装检验批质量验收记录	08120401		
		系统调试 081205	5	系统调试检验批质量验收记录	08120501		
		试运行 081206	6	试运行检验批质量验收记录	08120601		
	信息化应用系统 0813	梯架、托盘、槽盒和导管安装 081301	1	梯架、托盘、槽盒和导管安装检验批质量验收记录	08130101	《智能建筑工程质量验收规范》GB 50339—2013 及《智能建筑工程施工规范》GB 50606—2010	16. 信息化应用系统 11.（施）
		线缆敷设 081302	2	线缆敷设检验批质量验收记录	08130201		
		设备安装 081303	3	设备安装检验批质量验收记录	08130301		
		软件安装 081304	4	软件安装检验批质量验收记录	08130401		
		系统调试 081305	5	系统调试检验批质量验收记录	08130501		
		试运行 081306	6	试运行检验批质量验收记录	08130601		
	建筑设备监控系统 0814	梯架、托盘、槽盒和导管安装 081401	1	梯架、托盘、槽盒和导管安装检验批质量验收记录	08140101		17. 建筑设备监控系统 12.（施）
		线缆敷设 081402	2	线缆敷设检验批质量验收记录	08140201		
		传感器安装 081403	3	传感器安装检验批质量验收记录	08140301		
		执行器安装 081404	4	执行器安装检验批质量验收记录	08140401		
		控制器、箱安装 081405	5	控制器、箱安装检验批质量验收记录	08140501		
		中央管理工作站和操作分站设备安装 081406	6	中央管理工作站和操作分站设备安装检验批质量验收记录	08140601		

分部工程及编号	子分部工程及编号	分项工程名称及编号	检验批名称及编号			对应规范及标准章节	
			序号	检验批名称	检验批编号	依据标准	标准章节
智能建筑工程08	建筑设备监控系统0814	软件安装081407	7	软件安装检验批质量验收记录	08140701	《智能建筑工程质量验收规范》GB 50339—2013及《智能建筑工程施工规范》GB 50606—2010	17. 建筑设备监控系统12.(施)
		系统调试081408	8	系统调试检验批质量验收记录	08140801		
		试运行081409	9	试运行检验批质量验收记录	08140901		
	火灾自动报警系统0815	梯架、托盘、槽盒和导管安装081501	1	梯架、托盘、槽盒和导管安装检验批质量验收记录	08150101		18. 火灾自动报警系统13.(施)
		线缆敷设081502	2	线缆敷设检验批质量验收记录	08150201		
		探测器类设备安装081503	3	探测器类设备安装检验批质量验收记录	08150301		
		控制器类设备安装081504	4	控制器类设备安装检验批质量验收记录	08150401		
		其他设备安装081505	5	其他设备安装检验批质量验收记录	08150501		
		软件安装081506	6	软件安装检验批质量验收记录	08150601		
		系统调试081507	7	系统调试检验批质量验收记录	08150701		
		试运行081508	8	试运行检验批质量验收记录	08150801		
	安全技术防范系统0816	梯架、托盘、槽盒和导管安装081601	1	梯架、托盘、槽盒和导管安装检验批质量验收记录	08160101		19. 安全技术防范系统14.(施)
		线缆敷设081602	2	线缆敷设检验批质量验收记录	08160201		
		设备安装081603	3	设备安装检验批质量验收记录	08160301		
		软件安装081604	4	软件安装检验批质量验收记录	08160401		
		系统调试081605	5	系统调试检验批质量验收记录	08160501		
		试运行081606	6	试运行检验批质量验收记录	08160601		
	应急响应系统0817	设备安装081701	1	设备安装检验批质量验收记录	08170101		20. 应急响应系统
		软件安装081702	2	软件安装检验批质量验收记录	08170201		
		系统调试081703	3	系统调试检验批质量验收记录	08170301		
		试运行081704	4	试运行检验批质量验收记录	08170401		

分部工程及编号	子分部工程及编号	分项工程名称及编号	检验批名称及编号			对应规范及标准章节	
			序号	检验批名称	检验批编号	依据标准	标准章节
智能建筑工程 08	机房工程 0818	供配电系统 081801	1	供配电系统检验批质量验收记录	08180101	《智能建筑工程质量验收规范》GB 50339—2013 及《智能建筑工程施工规范》GB 50606—2010	21. 机房工程 17.(施)
		防雷与接地系统 081802	2	防雷与接地系统检验批质量验收记录	08180201		
		空气调节系统 081803	3	空气调节系统检验批质量验收记录	08180301		
		给水排水系统 081804	4	给水排水系统检验批质量验收记录	08180401		
		综合布线系统 081805	5	综合布线系统检验批质量验收记录	08180501		
		监控与安全防范系统 081806	6	监控与安全防范系统检验批质量验收记录	08180601		
		消防系统 081807	7	消防系统检验批质量验收记录	08180701		
		室内装饰装修 081808	8	室内装饰装修检验批质量验收记录	08180801		
		电磁屏蔽 081809	9	电磁屏蔽检验批质量验收记录	08180901		
		系统调试 081810	10	系统调试检验批质量验收记录	08181001		
		试运行 081811	11	试运行检验批质量验收记录	08181101		
	防雷与接地 0819	接地装置 081901	1	接地装置检验批质量验收记录	08190101		22. 防雷与接地 16.(施)
		接地线 081902	2	接地线检验批质量验收记录	08190201		
		等电位联接 081903	3	等电位联接检验批质量验收记录	08190301		
		屏蔽设施 081904	4	屏蔽设施检验批质量验收记录	08190401		
		电涌保护器 081905	5	电涌保护器检验批质量验收记录	08190501		
		线缆敷设 081906	6	线缆敷设检验批质量验收记录	08190601		
		系统调试 081907	7	系统调试检验批质量验收记录	08190701		
		试运行 081908	8	试运行检验批质量验收记录	08190801		

表 5.1-2　智能建筑分部工程子分部工程共用分项工程的检验批质量验收记录表及表的目录

序号	分项工程的检验批名称	0801 智能化集成系统	0802 信息接入系统	0803 用户电话交换系统	0804 信息网络系统	0805 综合布线系统	0806 移动通信室内信号覆盖系统	0807 卫星通信系统	0808 有线电视及卫星电视接收系统	0809 公共广播系统	0810 会议系统
1	设备安装	08010101			08040101 08040301						
2	软件安装	08010201		08030301	08040201 08040401	08050601			08080401	08090401	08100401
3	接口及系统调试	08010301									
4	系统试运行	08010401		08030501	08040601	08050801			08080601	08090601	08100601
5	安装场地检查		08020101				08060101	08070101			
6	线缆敷设			08030101		08050201			08080201	08090201	08100201
7	用户电话交换系统设备安装			08030201							
8	接口及系统调试			08030401							
9	信息网络系统调试				08040501						
10	梯架、托盘、槽盒和导管安装					08050101			08080101	08090101	08100101
11	机柜、机架、配线架安装					08050301					
12	信息插座安装					08050401					
13	链路或信道测试					08050501					
14	综合布线系统调试					08050701					
15	有线电视、卫星电路设备安装								08080301		
16	有线电视、卫星接收系统调试								08080501		

续表

序号	分项工程的检验批名称	0801 智能化集成系统	0802 信息接入系统	0803 用户电话交换系统	0804 信息网络系统	0805 综合布线系统	0806 移动通信室内信号覆盖系统	0807 卫星通信系统	0808 有线电视及卫星电视接收系统	0809 公共广播系统	0810 会议系统
17	公共广播系统设备安装									08090301	
18	公共广播系统设备调试									08090501	
19	会议系统设备安装										08100301
20	会议系统设备调试										08100501
21	信息导引及发布的位置设备安装										
22	信息导引及发布的位置设备调试										
23	时钟系统设备安装										
24	时钟系统设备调试										
25	信息化应用系统调试										
26	建筑设备监控系统设备安装										
27	建筑设备监控系统设备调试										
28	火灾报警系统设备安装										
29	火灾报警系统设备调试										
30	安全技术方法系统设备安装										
31	安全技术方法系统系统调试										
32	应急响应系统调试										

序号	分项工程的检验批名称 名称	0801 智能化集成系统	0802 信息接入系统	0803 用户电话交换系统	0804 信息网络系统	0805 综合布线系统	0806 移动通信室内信号覆盖系统	0807 卫星通信系统	0808 有线电视及卫星电视接收系统	0809 公共广播系统	0810 会议系统
33	机房供电系统										
34	防雷与接地系统										
35	空气调节系统										
36	给水排水系统										
37	综合布线系统										
38	监控与安全防范系统										
39	消防系统										
40	室内装饰										
41	电泵屏蔽										
42	机房系统调试										
43	接地装置										
44	接地线										
45	等电路联接										
46	屏蔽设施										
47	电涌保护器										
48	防雷与接地系统调试										

续表

子分部工程及编号 检验批质量验收表格编号 分项工程的检验批名称		0811 信息导引及发布系统	0812 时钟系统	0813 信息化应用系统	0814 建筑设备监控系统	0815 火灾自动报警系统	0816 安全技术防范系统	0817 应急响应系统	0818 机房工程	0819 防雷与接地系统
序号	名称									
1	设备安装	08110401		08130301				08170101		
2	软件安装	08110501	08120401	08130401	08140701	08150601	08160401	08170201		
3	接口及系统调试	08110701	08120601	08130601	08140901	08150801	08160601	08170401	08181101	08190801
4	系统试运行									
5	安装场地检查									
6	线缆敷设	08110201	08120201	08130201	08140201	08150201	08160201			08190601
7	用户电话交换系统设备安装									
8	接口及系统调试									
9	信息网络系统调试									
10	梯架、托盘、槽盒和导管安装	08110101	08120101	08130101	08140101	08150101				
11	机柜、机架、配线架安装									
12	信息插座安装									
13	链路或信道测试									
14	综合布线系统调试						08160101			
15	有线电视、卫星电视电路设备安装									
16	有线电视、卫星电视接收系统调试									
17	公共广播系统设备安装									

序号	分项工程的检验批名称	0811 信息导引及发布系统	0812 时钟系统	0813 信息化应用系统	0814 建筑设备监控系统	0815 火灾自动报警系统	0816 安全技术防范系统	0817 应急响应系统	0818 机房工程	0819 防雷与接地系统
18	公共广播系统设备调试									
19	会议系统设备安装									
20	会议系统设备调试									
21	信息导引及发布的位置设备安装	08110301								
22	信息导引及发布的位置设备调试	08110601								
23	时钟系统设备安装		08120301							
24	时钟系统设备调试		08120501							
25	信息化应用系统调试			08130501						
26	建筑设备监控系统设备安装				08140301 0814401 08140501 08140601					
27	建筑设备监控系统调试				08140801					
28	火灾报警系统设备安装					08150301 08150401 08150501				
29	火灾报警系统调试					08150701				

序号	分项工程的检验批名称 子分部工程及质量验收表格编号	0811 信息引导及发布系统	0812 时钟系统	0813 信息化应用系统	0814 建筑设备监控系统	0815 火灾自动报警系统	0816 安全技术防范系统	0817 应急响应系统	0818 机房工程	0819 防雷与接地系统
30	安全技术方法系统设备安装						08160301			
31	安全技术防范系统调试						08160501			
32	应急响应系统调试							08170301		
33	机房供电系统								08180101	
34	防雷与接地系统								08180201	
35	空气调节系统								08180301	
36	给水排水系统								08180401	
37	综合布线系统								08180501	
38	监控与安全防范系统								08180601	
39	消防系统								08180701	
40	室内装饰								08180801	
41	电泵屏蔽								08180901	
42	机房系统调试								08181001	
43	接地装置									08190101
44	接地线									08190201
45	等电路联接									08190301
46	屏蔽设施									08190401
47	电涌保护器									08190501
48	防雷与接地系统调试									08190701

表 5.1-3 智能建筑分部工程各子分部工程检测记录表

序号	名称	表号	说明
1	智能化集成系统子分部工程检测记录	0821	
2	用户电话交换系统子分部工程检测记录	0822	
3	信息网络系统子分部工程检测记录	0823	
4	综合布线系统子分部工程检测记录	0824	
5	有线电视及卫星电视接收系统子分部工程检测记录	0825	
6	公共广播系统子分部工程检测记录	0826	
7	会议系统成系统子分部工程检测记录	0827	
8	信息导引及发布系统子分部工程检测记录	0828	
9	时钟系统子分部工程检测记录	0829	
10	信息化应用系统子分部工程检测记录	0830	
11	建筑设备监控系统子分部工程检测记录	0831	
12	安全技术防范系统子分部工程检测记录	0832	
13	应急响应系统子分部工程检测记录	0833	
14	机房工程系统子分部工程检测记录	0834	
15	防雷与接地系统子分部工程检测记录	0835	

二、智能建筑工程质量验收的基本规定

3.1 智能建筑工程质量验收的基本规定

3.1.1 智能建筑工程质量验收应包括工程实施的质量控制、系统检测和工程验收。

3.1.2 智能建筑工程的子分部工程和分项工程划分应符合表 3.1.2 的规定。

表 3.1.2 智能建筑工程的子分部工程和分项工程划分

子分部工程	分项工程
智能化集成系统	设备安装,软件安装,接口及系统调试,试运行
信息接入系统	安装场地检查
用户电话交换系统	线缆敷设,设备安装,软件安装,接口及系统调试,试运行
信息网络系统	计算机网络设备安装,计算机网络软件安装,网络安全设备安装,网络安全软件安装,系统调试,试运行
综合布线系统	梯架、托盘、槽盒和导管安装,线缆敷设,机柜、机架、配线架的安装,信息插座安装,链路或信道测试,软件安装,系统调试,试运行
移动通信室内信号覆盖系统	安装场地检查
卫星通信系统	安装场地检查
有线电视及卫星电视接收系统	梯架、托盘、槽盒和导管安装,线缆敷设,设备安装,软件安装,系统调试,试运行

子分部工程	分项工程
公共广播系统	梯架、托盘、槽盒和导管安装,线缆敷设,设备安装,软件安装,系统调试,试运行
会议系统	梯架、托盘、槽盒和导管安装,线缆敷设,设备安装,软件安装,系统调试,试运行
信息引导及发布系统	梯架、托盘、槽盒和导管安装,线缆敷设,显示设备安装,机房设备安装,软件安装,系统调试,试运行
时钟系统	梯架、托盘、槽盒和导管安装,线缆敷设,设备安装,软件安装,系统调试,试运行
信息化应用系统	梯架、托盘、槽盒和导管安装,线缆敷设,设备安装,软件安装,系统调试,试运行
建筑设备监控系统	梯架、托盘、槽盒和导管安装,线缆敷设,传感器安装,执行器安装,控制器、箱安装,中央管理工作站和操作分站设备安装,软件安装,系统调试,试运行
火灾自动报警系统	梯架、托盘、槽盒和导管安装,线缆敷设,探测器类设备安装,控制器类设备安装,其他设备安装,软件安装,系统调试,试运行
安全技术防范系统	梯架、托盘、槽盒和导管安装,线缆敷设,设备安装,软件安装,系统调试,试运行
应急响应系统	设备安装,软件安装,系统调试,试运行
机房工程	供配电系统,防雷与接地系统,空气调节系统,给水排水系统,综合布线系统,监控与安全防范系统,消防系统,室内装饰装修,电磁屏蔽,系统调试,试运行
防雷与接地	接地装置,接地线,等电位联结,屏蔽设施,电涌保护器,线缆敷设,系统调试,试运行

3.1.3 系统试运行应连续进行 120h。试运行中出现系统故障时,应重新开始计时,直至连续运行满 120h。

3.2 工程实施的质量控制

3.2.1 工程实施的质量控制应检查下列内容:

1 施工现场质量管理检查记录;

2 图纸会审记录;存在设计变更和工程洽商时,还应检查设计变更记录和工程洽商记录;

3 设备材料进场检验记录和设备开箱检验记录;

4 隐蔽工程(随工检查)验收记录;

5 安装质量及观感质量验收记录;

6 自检记录;

7 分项工程质量验收记录;

8 试运行记录。

3.2.2 施工现场质量管理检查记录应由施工单位填写、项目监理机构总监理工程师（或建设单位项目负责人）作出检查结论，且记录的格式应符合本规范附录 A 的规定。

3.2.3 图纸会审记录、设计变更记录和工程洽商记录应符合现行国家标准《智能建筑工程施工规范》GB 50606 的规定。

3.2.4 设备材料进场检验记录和设备开箱检验记录应符合下列规定：

1 设备材料进场检验记录应由施工单位填写、监理（建设）单位的监理工程师（项目专业工程师）作出检查结论，且记录的格式应符合本规范附录 B 的表 B.0.1 的规定；

2 设备开箱检验记录应符合现行国家标准《智能建筑工程施工规范》GB 50606 的规定。

3.2.5 隐蔽工程（随工检查）验收记录应由施工单位填写、监理（建设）单位的监理工程师（项目专业工程师）作出检查结论，且记录的格式应符合本规范附录 B 的表 B.0.2 的规定。

3.2.6 安装质量及观感质量验收记录应由施工单位填写、监理（建设）单位的监理工程师（项目专业工程师）作出检查结论，且记录的格式应符合本规范附录 B 的表 B.0.3 的规定。

3.2.7 自检记录由施工单位填写、施工单位的专业技术负责人作出检查结论，且记录的格式应符合本规范附录 B 的表 B.0.4 的规定。

3.2.8 分项工程质量验收记录应由施工单位填写、施工单位的专业技术负责人作出检查结论、监理（建设）单位的监理工程师（项目专业技术负责人）作出验收结论，且记录的格式应符合本规范附录 B 的表 B.0.5 的规定。

3.2.9 试运行记录应由施工单位填写、监理（建设）单位的监理工程师（项目专业工程师）作出检查结论，且记录的格式应符合本规范附录 B 的表 B.0.6 的规定。

3.2.10 软件产品的质量控制除应检查本规范第 3.2.4 条规定的内容外，尚应检查文档资料和技术指标，并应符合下列规定：

1 商业软件的使用许可证和使用范围应符合合同要求；

2 针对工程项目编制的应用软件，测试报告中的功能和性能测试结果应符合工程项目的合同要求。

3.2.11 接口的质量控制除应检查本规范第 3.2.4 条规定的内容外，尚应符合下列规定：

1 接口技术文件应符合合同要求；接口技术文件应包括接口概述、接口框图、接口位置、接口类型与数量、接口通信协议、数据流向和接口责任边界等内容；

2 根据工程项目实际情况修订的接口技术文件应经过建设单位、设计单位、接口提供单位和施工单位签字确认；

3 接口测试文件应符合设计要求；接口测试文件应包括测试链路搭建、测试用仪器仪表、测试方法、测试内容和测试结果评判等内容；

4 接口测试应符合接口测试文件要求，测试结果记录应由接口提供单位、施工单位、建设单位和项目监理机构签字确认。

3.3 系统检测

3.3.1 系统检测应在系统试运行合格后进行。

3.3.2 系统检测前应提交下列资料：

1 工程技术文件；

2 设备材料进场检验记录和设备开箱检验记录；

3 自检记录；

4 分项工程质量验收记录；

5 试运行记录。

3.3.3 系统检测的组织应符合下列规定：

1 建设单位应组织项目检测小组；

2 项目检测小组应指定检测负责人；

3 公共机构的项目检测小组应由有资质的检测单位组成。

3.3.4 系统检测应符合下列规定：

1 应依据工程技术文件和本规范规定的检测项目、检测数量及检测方法编制系统检测方案，检测方案应经建设单位或项目监理机构批准后实施；

2 应按系统检测方案所列检测项目进行检测，系统检测的主控项目和一般项目应符合本规范附录C的规定；

3 系统检测应按照先分项工程，再子分部工程，最后分部工程的顺序进行，并填写《分项工程检测记录》、《子分部工程检测记录》和《分部工程检测汇总记录》；

4 分项工程检测记录由检测小组填写，检测负责人作出检测结论，监理（建设）单位的监理工程师（项目专业技术负责人）签字确认，且记录的格式应符合本规范附录C的表C.0.1的规定；

5 子分部工程检测记录由检测小组填写，检测负责人作出检测结论，监理（建设）单位的监理工程师（项目专业技术负责人）签字确认，且记录的格式应符合本规范附录C的表C.0.2～表C.0.16的规定；

6 分部工程检测汇总记录由检测小组填写，检测负责人作出检测结论，监理（建设）单位的监理工程师（项目专业技术负责人）签字确认，且记录的格式应符合本规范附录C的表C.0.17的规定。

3.3.5 检测结论与处理应符合下列规定：

1 检测结论应分为合格和不合格；

2 主控项目有一项及以上不合格的，系统检测结论应为不合格；一般项目有两项及以上不合格的，系统检测结论应为不合格；

3 被集成系统接口检测不合格的，被集成系统和集成系统的系统检测结论均应为不合格；

4 系统检测不合格时，应限期对不合格项进行整改，并重新检测，直至检测合格。重新检测时抽检应扩大范围。

3.4 智能建筑分部（子分部）工程验收的规定

3.4.1 建设单位应按合同进度要求组织人员进行工程验收。

3.4.2 工程验收应具备下列条件：

1 按经批准的工程技术文件施工完毕；

2 完成调试及自检，并出具系统自检记录；

3 分项工程质量验收合格，并出具分项工程质量验收记录；

4 完成系统试运行，并出具系统试运行报告；

5 系统检测合格，并出具系统检测记录；

6 完成技术培训，并出具培训记录。

3.4.3 工程验收的组织应符合下列规定：

1 建设单位应组织工程验收小组负责工程验收；

2 工程验收小组的人员应根据项目的性质、特点和管理要求确定，并应推荐组长和副组长；验收人员的总数应为单数，其中专业技术人员的数量不应低于验收人员总数的50%；

3 验收小组应对工程实体和资料进行检查，并作出正确、公正、客观的验收结论。

3.4.4 工程验收文件应包括下列内容：

1 竣工图纸；

2 设计变更记录和工程洽商记录；

3 设备材料进场检验记录和设备开箱检验记录；

4 分项工程质量验收记录；

5 试运行记录；

6 系统检测记录；

7 培训记录和培训资料。

3.4.5 工程验收小组的工作应包括下列内容：

1 检查验收文件；

2 检查观感质量；

3 抽检和复核系统检测项目。

3.4.6 工程验收的记录应符合下列规定：

1 应由施工单位填写《分部（子分部）工程质量验收记录》，设计单位的项目负责人和项目监理机构总监理工程师（建设单位项目专业负责人）作出检查结论，且记录的格式应符合本规范附录D的表D.0.1的规定；

2 应由施工单位填写《工程验收资料审查记录》，项目监理机构总监理工程师（建设单位项目负责人）作出检查结论，且记录的格式应符合本规范附录D的表D.0.2的规定；

3 应由施工单位按表填写《验收结论汇总记录》，验收小组作出检查结论，且记录的格式应符合本规范附录D的表D.0.3的规定。

3.4.7 工程验收结论与处理应符合下列规定：

1 工程验收结论应分为合格和不合格；

2 本规范第3.4.4条规定的工程验收文件齐全、观感质量符合要求且检测项目合格时，工程验收结论应为合格，否则应为不合格；

3 当工程验收结论为不合格时，施工单位应限期整改，直到重新验收合格；整改后仍无法满足使用要求的，不得通过工程验收。

第二节　智能化集成系统子分部工程检验批质量验收记录

1. 设备安装检验批质量验收记录

（1）推荐表格

08010101 ____ 08040101 ____
08040301 ____ 08110401 ____

设备安装检验批质量验收记录　08130301 ____ 08170101 ____

单位（子单位）工程名称		分部（子分部）工程名称		分项工程名称	
施工单位		项目负责人		检验批容量	
分包单位		分包单位项目负责人		检验批部位	
施工依据		验收依据		《智能建筑工程质量验收规范》GB 50339—2013	

		验收项目	设计要求及规范规定	最小/实际抽样数量	检查记录	检查结果
主控项目	1	材料、器具、设备、软件及接口进场质量验收检测	第4.0.1条第3.5.1条（施）	/		
	2	系统安全专用产品必须具有公安部计算机管理监察部门审批颁发的计算机信息系统安全专用产品销售许可证	第6.1.2条（施）	/		
	3	网络安全设备、应急响应系统设备安装应符合设计要求	第13.3.1条(施)第14.3.1条(施)	/		
	4	集成子系统提供的技术文件应符合规定，产品资料内容齐全	第15.1.2条(施)	/		
	5	集成子系统硬件连接和设备接口连接及启动、运行符合规定	第15.3.1条(施)	/		
一般项目	1	安装位置等应符合设计要求，安装应平稳牢固，并应便于操作维护	第6.2.1条(施)	/		
	2	集成子系统网络规划和配置方案，配置参数等符合规定	第15.3.2条(施)	/		
施工单位检查结果				专业工长：项目专业质量检查员：年　月　日		
监理单位验收结论				专业监理工程师：年　月　日		

322

（2）验收内容及检查方法条文摘录

<h2 style="text-align:center">主 控 项 目</h2>

4.0.1 智能化集成系统的设备、软件和接口等的检测和验收范围应根据设计要求确定。

3.5.1 材料、器具、设备进场质量检测除应符合现行国家标准《智能建筑工程质量验收规范》GB 50339—2003 第 3.2.1 条和第 3.2.2 条规定外，尚应符合下列规定：

1 按照合同文件和工程设计文件进行的进场验收，应由书面记录和参加人签字，并应经监理工程师或建设单位验收人员确认；

2 应对材料、设备的外观、规格、型号、数量计产地等进行检查复核；

3 主要设备、材料应由生产厂家的质量合格证明文件及性能的检测报告；

4 设备及材料的质量检查应包括安全性、可靠性及电磁兼容性等项目，并应由生产厂家出具相应检测报告。

6.1.2 系统安全专用产品必须具有公安部计算机管理监察部门审批颁发的计算机信息系统安全专用产品销售许可证。

13.3.1 主控项目应符合下列规定：

1 探测器、模块、报警按钮等类别、型号、位置、数量、功能等应符合设计要求；

2 消防电话插孔型号、位置、数量、功能等应符合设计要求；

3 火灾应急广播位置、数量、功能等应符合设计要求，且应能在手动或警报信号触发的 10s 内切断公共广播，播出火警广播；

4 火灾报警控制器功能、型号应符合设计要求；

5 火灾自动报警系统与消防设备的联动应符合设计要求。

14.3.1 主控项目应符合下列规定：

1 各系统主要设备安装应安装牢固、接线正确，并应采取有效的抗干扰措施；

2 应检查系统的互联互通，子系统之间的联动应符合设计要求；

3 监控中心系统记录的图像质量和保存时间应符合设计要求；

4 监控中心接地应做等电位连接，接地电阻应符合设计要求。

15.1.2 材料与设备准备应符合下列规定：

1 设备和软件必须按现行国家标准《智能建筑工程质量验收规范》GB 50339—2003 第 3.2 节的规定进行产品质量检查，并应符合进场验收要求；

2 集成子系统提供的技术文件应符合下列规定：

1）应包括系统图、网络拓扑图、原理图、平面图、设备参数表、组态监控界面文件及编辑软件；

2）应为纸质文件和电子文档，文件内容应与工程现场安装的设备和软件一致；

3）文件内容与通信接口的设备参数标识应一致。

3 集成子系统的产品资料应包含下列内容：

1）系统结构说明、使用手册、安装配置手册；

2）公测试用的集成子系统服务器、工作站软件；

3）集成子系统通信接口的使用手册、安装配置手册、开发参考手册、接线说明。

15.3.1 主控项目应符合下列规定：

1 集成子系统的硬线连接和设备接口连接应符合现行国家标准《智能建筑工程质量验收规范》GB 50339—2003 第 10.3.6 条的规定；

2 软件和设备在启动、运行和关系过程中不应出现运行时错误；

3 通信接口软件修改后，应通过系统测试和回归测试；

4 应根据集成子系统的通信接口、工程资料和设备实际运行情况，对运行数据进行核对；

5 系统应能正确实现经会审批准的智能化集成系统的联动功能。

一 般 项 目

6.2.1 信息网络系统的设备安装应符合下列规定：

1 安装位置应符合设计要求，安装应平稳牢固，并应便于操作维护；

2 机柜内安装的设备应有通风散热措施，内部接插件与设备连接应牢固；

3 承重要求大于 600kg/m² 的设备应单独制作设备基座，不应直接安装在抗静电地板上；

4 对有序列号的设备应登记设备的序列号；

5 应对有源设备进行通电检查，设备应工作正常；

6 跳线连接应规范，先来排列应有序，线缆上应有正确牢固的标签；

7 设备安装机柜应张贴设备系统连线示意图。

15.3.2 一般项目应符合下列规定：

1 应依据网络规划和配置方案，配置服务器、工作站、通信接口转换器、视频编解码器等设备的网络地址；

2 操作系统、数据库等基础平台软件、防病毒软件应具有正式软件使用（授权）许可证；

3 服务器、工作站的操作系统应设置为自动更新的运行方式；

4 服务器、工作站上应安装防病毒软件，并应设置为自动更新的运行方式；

5 应记录服务器、工作站、通信接口转换器、视频编解码器等设备的配置参数。

(3) 验收说明

1) 施工依据：《智能建筑工程施工规范》GB 50606—2010，施工工艺标准，并制订专项施工方案、技术交底资料。

2) 验收依据：《智能建筑工程质量验收规范》GB 50339—2013 及《智能建筑工程施工规范》GB 50606—2010，相应的现场验收检查记录。

3) 注意事项：

① 主控项目的质量经抽样检验均应合格；

② 一般项目的质量经抽样检验合格。当采用计数抽样时，合格点率应符合有关专业验收规范的规定，且不得存在严重缺陷；

③ 具有完整的施工操作依据、质量验收记录；

④ 本检验批的主控项目、一般项目已列入推荐表中，有关具体内容及检查方法见一般规定及（2）条文摘录；

⑤ 黑体字的条文为强制性条文，必须严格执行，制订控制措施；

⑥ 本推荐表尚可用于 08010101、08040101、08040301、08110401、08130301、08170101。

2. 软件安装检验批质量验收记录

（1）推荐表格

软件安装检验批质量验收记录

08010201 ____	08030301 ____	08040201 ____	08040401 ____
08050601 ____	08080401 ____	08090401 ____	08100401 ____
08110501 ____	08120401 ____	08130401 ____	08140701 ____
	08150601 ____	08160401 ____	08170201 ____

单位(子单位) 工程名称		分部(子分部) 工程名称		分项工程名称	
施工单位		项目负责人		检验批容量	
分包单位		分包单位 项目负责人		检验批部位	
施工依据		验收依据		《智能建筑工程质量验收规范》 GB 50339—2013	

		验收项目	设计要求及 规范规定	最小/实际 抽样数量	检查记录	检查结果
主控项目	1	软件产品质量应符合规定	第3.5.5条	/		
	2	应为操作系统、数据库、防病毒软件安装最新版本的补丁程序,软件修改后,应通过系统测试和回归测试	第11.4.1条	/		
	3	软件在启动、运行和关闭过程中不应出现运行时错误,应根据集成子系统的通信接口、工程资料和设备实际运行情况,对运行数据进行核对,系统应能正确实现会审批准的智能化集成系统的联动功能	第15.3.1条	/		
一般项目	1	应按设计文件为设备安装相应软件系统,系统安装应完整;操作系统、防病毒软件应设置为自动更新方式,软件系统安装后应能够正常启动、运行和退出;在网络安全检验后,服务器方可以在安全系统的保护下与互联网相连,并应对操作系统、防病毒软件升级及更新相应的补丁程序	第6.2.2条	/		
	2	应检验软件系统的操作界面,操作命令不得有二义性;应检验软件系统的可扩展性、可容错性和可维护性;应检验网络安全管理制度、机房的环境条件、防泄漏与保密措施	第6.3.2条	/		
	3	服务器和工作站上应安装防病毒软件,应使其始终处于启动状态,用户密码,多台服务器与工作站之间或多个软件之间不得使用弯曲相同的用户名和密码组合	第11.3.7条	/		

	验收项目		设计要求及规范规定	最小/实际抽样数量	检查记录	检查结果
一般项目	4	应依据网络规划和配置方案,配置服务器、工作站等设备的网络地址,应设置为自动更新的允许方式	第11.4.2条	/		
	5	应依据网络规划和配置方案,配置服务器、工作站、通信接口转换器、视频编解码器等设备的网络地址。操作系统、数据库等基础平台软件、防病毒软件应具有正式软件使用(授权)许可证。应记录服务器、工作站、通信接口转换器、视频编解码器等设备的配置参数	第15.3.2条	/		
施工单位检查结果				专业工长: 项目专业质量检查员: 年 月 日		
监理单位验收结论				专业监理工程师: 年 月 日		

(2) 验收内容及检查方法条文摘录

主 控 项 目

3.5.5 软件产品质量检查应符合下列规定:

1 应核查使用许可证及使用范围;

2 用户应用软件,设计的软件组态及接口软件等,应进行功能测试和系统测试,并应提供包括程序结构说明、安装调试说明、使用和维护说明书等的完整文档。

11.4.1 主控项目的质量控制应符合下列规定:

1 应为操作系统、数据库、防病毒软件安装最新版本的补丁程序;

2 软件和设备在启动、运行和关闭过程中不应出现运行时错误;

3 软件修改后,应通过系统测试和回归测试。

15.3.1 主控项目应符合下列规定:

1 集成子系统的硬线连接和设备接口连接应符合国家标准《智能建筑工程质量验收规范》GB 50339—2003 第10.3.6条的规定;

2 软件和设备在启动、运行和关闭过程中不应出现运行时错误;

3 通信接口软件修改后,应通过系统测试和回归测试;

4 应根据集成子系统的通信接口、工程资料和设备实际运行情况,对运行数据进行核对;

5 系统应能正确实现经会审批准的智能化集成系统的联动功能。

一 般 项 目

6.2.2 软件系统的安装应符合下列规定:

1　应按设计文件为设备安装相应的软件系统，系统安装应完整；

2　应提供正版软件技术手册；

3　服务器不应安装与本系统无关的软件；

4　操作系统、防病毒软件应设置为自动更新方式；

5　软件系统安装后应能够正常启动、运行和退出；

6　在网络安全检验后，服务器方可以在安全系统的保护下与互联网相连，并应对操作系统、防病毒软件升级及更新相应的补丁程序。

6.3.2　一般项目应符合下列规定：

1　计算机网络的容错功能和网络管理等功能应符合国家标准《智能建筑工程质量验收规范》GB 50339—2003 中第 5.3.5、5.3.6 条的规定实施检测，并应认真填写记录；

2　应检验软件系统的操作界面，操作命令不得有二义性；

3　应检验软件系统的可扩展性、可容错性和可维护性；

4　应检验网络安全管理制度、机房的环境条件、防泄露与保密措施。

11.3.7　软件安装的安全措施应符合下列规定：

1　服务器和工作站上应安装防病毒软件，应使其始终处于启用状态；

2　操作系统、数据库、应用软件的用户密码应符合下列规定：

1) 密码长度不应少于 8 位；

2) 密码宜为大写字母、小写字母、数字、标点符号的组合。

3　多台服务器与工作站之间或多个软件之间不得使用完全相同的用户名和密码组合；

4　应定期对服务器和工作站进行病毒查杀和恶意软件查杀操作。

11.4.2　一般项目的质量控制应符合下列规定：

1　应依据网络规划和配置方案，配置服务器、工作站等设备的网络地址；

2　操作系统、数据库等基础平台软件、防病毒软件应具有正式软件使用（授权）许可证；

3　服务器、工作站的操作系统和防病毒软件应设置为自动更新的运行方式；

4　应记录服务器、工作站等设备的配置参数。

15.3.2　一般项目应符合下列规定：

1　应依据网络规划和配置方案，配置服务器、工作站、通信接口转换器、视频编解码器等设备的网络地址；

2　操作系统、数据库等基础平台软件、防病毒软件应具有正式软件使用（授权）许可证；

3　服务器、工作站的操作系统应设置为自动更新的运行方式；

4　服务器、工作站上应安装防病毒软件，并应设置为自动更新的运行方式；

5　应记录服务器、工作站、通信接口转换器、视频编解码器等设备的配置参数。

(3) 验收说明

1) 施工依据：《智能建筑工程施工规范》GB 50606—2010，施工工艺标准，并制订专项施工方案、技术交底资料。

2) 验收依据：《智能建筑工程质量验收规范》GB 50339—2013 及《智能建筑工程施工规范》GB 50606—2010，相应的现场验收检查记录。

3）注意事项：

① 主控项目的质量经抽样检验均应合格；

② 一般项目的质量经抽样检验合格。当采用计数抽样时，合格点率应符合有关专业验收规范的规定，且不得存在严重缺陷；

③ 具有完整的施工操作依据、质量验收记录；

④ 本检验批的主控项目、一般项目已列入推荐表中，有关具体内容及检查方法见一般规定及（2）条文摘录；

⑤ 黑体字的条文为强制性条文，必须严格执行，制订控制措施；

⑥ 本推荐表尚可用于 08010201、08030301、08040201、08040401、08050601、08080401、08090401、08100401、08110501、08120401、08130401、08140701、08150601、08160401、08170201。

3. 接口及系统调试检验批质量验收记录

（1）推荐表格

接口及系统调试检验批质量验收记录

08010301 ____

单位(子单位)工程名称			分部(子分部)工程名称		分项工程名称		
施工单位			项目负责人		检验批容量		
分包单位			分包单位项目负责人		检验批部位		
施工依据				验收依据	《智能建筑工程质量验收规范》GB 50339—2013		
		验收项目		设计要求及规范规定	最小/实际抽样数量	检查记录	检查结果
主控项目	1	集成系统设备、软件和接口安装完成		第4.0.1~4.0.3条	/		
	2	接口功能		第4.0.4条	/		
	3	集中监视、储存盒统计功能		第4.0.5条	/		
	4	报警监视及处理功能		第4.0.6条	/		
	5	监控和调节功能		第4.0.7条	/		
	6	联动配置及管理功能		第4.0.8条	/		
	7	权限管理功能		第4.0.9条	/		
	8	冗余功能		第4.0.10条	/		
一般项目	1	文件报表生成和打印功能		第4.0.11条	/		
	2	数据分析功能		第4.0.12条	/		
	3	验收文件		第4.0.13条	/		
施工单位检查结果				专业工长：项目专业质量检查员：　　年　月　日			
监理单位验收结论				专业监理工程师：　　年　月　日			

(2) 验收内容及检查方法条文摘录

主 控 项 目

4.0.1 智能化集成系统的设备、软件和接口等的检测和验收范围应根据设计要求确定。

4.0.2 智能化集成系统检测应在被集成系统检测完成后进行。

4.0.3 智能化集成系统检测应在服务器和客户端分别进行，检测点应包括每个被集成系统。

4.0.4 接口功能应符合接口技术文件和接口测试文件的要求，各接口均应检测，全部符合设计要求的应为检测合格。

4.0.5 检测集中监视、储存和统计功能时，应符合下列规定：

1 显示界面应为中文；

2 信息显示应正确，相应时间、储存时间、数据分类统计等性能指标应符合设计要求；

3 每个被集成系统的抽检数量宜为该系统信息点数的 5%，且抽检点数不应少于 20 点，当信息点数少于 20 点时应全部检测；

4 智能化集成系统抽检点数不宜超过 1000 点；

5 抽检结果全部符合设计要求，应为检测合格。

4.0.6 检测报警监视及处理功能时，应现场模拟报警信号，报警信息显示应正确，信息显示响应时间应符合设计要求，每个被集成系统的抽检数量不应少于该系统报警信息点数的 10%，抽检结果全部符合设计要求的，成为检测合格。

4.0.7 检测控制和调节功能时，应在服务器和客户端分别输入设置参数，调节和控制效果应符合设计要求，各被集成系统应为部检测，全部符合设计要求的应为检测合格。

4.0.8 检测联动配置及管理功能时，应现场逐项模拟触发信号，所有被集成系统的联动动作均应安全正确、及时和无冲突。

4.0.9 权限管理功能检测应符合设计要求。

4.0.10 冗余功能检测应符合设计要求。

一 般 项 目

4.0.11 文件报表生成和打印功能应逐项检测。全部符合设计要求的应为检测合格。

4.0.12 根据分析功能应对各被集成系统逐项检测，全部符合设计要求的应为检测合格。

4.0.13 验收文件除应符合本规范第 3.4.4 条的规定外，尚应包括下列内容：

1 针对项目编制的应用软件文档；

2 接口技术文件；

3 接口测试文件。

(3) 验收说明

1）施工依据：《智能建筑工程施工规范》GB 50606—2010，施工工艺标准，并制订专项施工方案、技术交底资料。

2）验收依据：《智能建筑工程质量验收规范》GB 50339—2013 及《智能建筑工程施工规范》GB 50606—2010，相应的现场验收检查记录。

3）注意事项：

①主控项目的质量经抽样检验均应合格；

②一般项目的质量经抽样检验合格。当采用计数抽样时，合格点率应符合有关专业验收规范的规定，且不得存在严重缺陷；

③具有完整的施工操作依据、质量验收记录；

④本检验批的主控项目、一般项目已列入推荐表中，有关具体内容及检查方法见一般规定及（2）条文摘录；

⑤黑体字的条文为强制性条文，必须严格执行，制订控制措施；

⑥本推荐表尚可用于08010301、08080501。

4. 系统试运行检验批质量验收记录

（1）推荐表格

08010401 ____　　08030501 ____

08040601 ____　　08050801 ____

08080501 ____　　08090601 ____

08100601 ____　　08110701 ____

08120601 ____　　08130601 ____

08140901 ____　　08150801 ____

08160601 ____　　08170401 ____

系统试运行检验批质量验收记录 　08181101 ____　08190801 ____

单位(子单位) 工程名称			分部(子分部) 工程名称		分项工程名称	
施工单位			项目负责人		检验批容量	
分包单位			分包单位 项目负责人		检验批部位	
施工依据			验收依据		《智能建筑工程施工规范》 GB 50606—2010	
		验收项目	设计要求及 规范规定	最小/实际 抽样数量	检查记录	检查结果
主控项目	1	系统试运行应连续进行 120h	第 3.1.3 条	/		
	2	试运行中出现系统故障时,应重新开始计时,直至连续运行满 120h	第 3.1.3 条			
	3	系统功能符合设计要求	第 3.1.3 条	/		
施工单位 检查结果				专业工长： 项目专业质量检查员： 　　年　　月　　日		
监理单位 验收结论				专业监理工程师： 　　年　　月　　日		

（2）验收内容及检查方法条文摘录

主 控 项 目

3.1.3 系统试运行应连续进行 120h。试运行中出现系统故障时，应重新开始计时，直至连续运满 120h。

（3）验收说明

1）施工依据：《智能建筑工程施工规范》GB 50606—2010，施工工艺标准，并制订专项施工方案、技术交底资料。

2）验收依据：《智能建筑工程质量验收规范》GB 50339—2013 及《智能建筑工程施工规范》GB 50606—2010，相应的现场验收检查记录。

3）注意事项：

① 主控项目的质量经抽样检验均应合格；

② 一般项目的质量经抽样检验合格。当采用计数抽样时，合格点率应符合有关专业验收规范的规定，且不得存在严重缺陷；

③ 具有完整的施工操作依据、质量验收记录；

④ 本检验批的主控项目、一般项目已列入推荐表中，有关具体内容及检查方法见一般规定及（2）条文摘录；

⑤ 黑体字的条文为强制性条文，必须严格执行，制订控制措施；

⑥ 本推荐表尚可用于 08010401、08030501、08040601、08050801、08080601、08090601、 08100601、 08110701、 08120601、 08130601、 08140901、 08150801、08160601、08170401、08181101、08190801。

第三节　信息接入系统子分部工程检验批质量验收记录

1. 安装场地检查检验批质量验收记录

（1）推荐表格

08020101 ____
08060101 ____

安装场地检查检验批质量验收记录 08070101 ____

单位（子单位）工程名称			分部（子分部）工程名称		分项工程名称	
施工单位			项目负责人		检验批容量	
分包单位			分包单位项目负责人		检验批部位	
施工依据				验收依据	《智能建筑工程质量验收规范》GB 50339—2013	
验收项目			设计要求及规范规定	最小/实际抽样数量	检查记录	检查结果
主控项目	1	信息接入系统的检查和验收范围应符合设计要求	第 5.0.2 条	/		

331

	验收项目		设计要求及规范规定	最小/实际抽样数量	检查记录	检查结果
主控项目	2	机房的净高、地面防静电、电源、照明、温湿度、防尘、防水、消防和接地等应符合通信工程设计要求	第5.0.3、9.0.2、10.0.2条	/		
	3	预防孔洞位置、尺寸和承重荷载应符合通信工程设计要求	第5.0.4/9.0.3、10.0.4条	/		
	4	屋顶楼板孔洞防水处理应符合设计要求	第10.0.3条	/		
	5	预埋天线的安装加固件、防雷和接地装置的位置和尺寸应符合设计要求	第10.0.4条	/		
施工单位检查结果		专业工长: 项目专业质量检查员: 年　月　日				
监理单位验收结论		专业监理工程师: 年　月　日				

(2)验收内容及检查方法条文摘录

主 控 项 目

5.0.2　信息接入系统的检查和验收范围应根据设计要求确定。

5.0.3　机房的净高、地面防静电、电源、照明、温湿度、防尘、防水、消防和接地等应符合通信工程设计要求。

5.0.4　预留孔洞位置、尺寸和承重荷载应符合通信工程设计要求。

9.0.2　机房的净高、地面防静电、电源、照明、温湿度、防尘、防水、消防和接地等,应符合通行工程设计要求。

9.0.3　预留孔洞位置和尺寸应符合设计要求。

10.0.2　机房的净高、地面防静电、电源、照明、温湿度、防尘、防水、消防和接地等,应符合通信工程设计要求。

10.0.3　预留孔洞位置、尺寸及承重荷载和屋顶楼板孔洞防水处理应符合设计要求。

10.0.4　预埋天线的安装加固件、防雷和接地装置的位置和尺寸应符合设计要求。

(3)验收说明

1)施工依据:《智能建筑工程施工规范》GB 50606—2010,施工工艺标准,并制订专项施工方案、技术交底资料。

2)验收依据:《智能建筑工程质量验收规范》GB 50339—2013及《智能建筑工程施工规范》GB 50606—2010,相应的现场验收检查记录。

3)注意事项:

① 主控项目的质量经抽样检验均应合格;

② 一般项目的质量经抽样检验合格。当采用计数抽样时，合格点率应符合有关专业验收规范的规定，且不得存在严重缺陷；

③ 具有完整的施工操作依据、质量验收记录；

④ 本检验批的主控项目、一般项目已列入推荐表中，有关具体内容及检查方法见一般规定及（2）条文摘录；

⑤ 黑体字的条文为强制性条文，必须严格执行，制订控制措施；

⑥ 本推荐表尚可用于 08020101、08060101、08070101。

第四节　用户电话交换系统子分部工程检验批质量验收记录

1. 线缆敷设检验批质量验收记录

（1）推荐表格

08030101 ____　　08050201 ____
08080201 ____　　08090201 ____
08100201 ____　　08110201 ____
08120201 ____　　08130201 ____
08140201 ____　　08150201 ____
08160201 ____　　08190601 ____

线缆敷设检验批质量验收记录

单位（子单位）工程名称			分部（子分部）工程名称		分项工程名称	
施工单位			项目负责人		检验批容量	
分包单位			分包单位项目负责人		检验批部位	
施工依据			验收依据	《智能建筑工程质量验收规范》GB 5033—2013		
验收项目			设计要求及规范规定	最小/实际抽样数量	检查记录	检查结果
主控项目	1	材料、器具、设备进场质量检测	第3.5.1条	/		
	2	线缆敷设主控项目	第4.5.1条	/		
	3	报警线缆连接应在端子箱或分支盒内进行，导线连接应采用可靠压接或焊接	第13.2.1条	/		
	4	火灾自动报警系统的线缆应符合防火设计要求	第13.1.3条	/		
	5	火灾自动报警系统，按规范检查线缆的种类、电压等级	第13.1.3条	/		
一般项目	1	线缆敷设一般项目	第4.5.2条	/		
	2	线缆的最小允许弯曲半径应符合国家标准规定	第4.4.3条	/		

333

验收项目		设计要求及规范规定	最小/实际抽样数量	检查记录	检查结果
一般项目	3	线管出线口与设备接线端子之间,应采用金属软管连接,金属软管长度不宜超过2m,不得将线裸露	第4.4.4条	/		
	4	桥架内线缆应排列整齐,不得拧绞;在线缆进出桥架部位、转弯处应绑扎固定;垂直桥架内线缆绑扎固定点间隔不宜大于1.5m	第4.4.5条			
	5	线缆穿越建筑物变形缝时应留置相适应的补偿余量	第4.4.6条	/		
		线缆敷设的一般要求	第5.2.1条	/		
施工单位检查结果		专业工长: 项目专业质量检查员: 年　　月　　日				
监理单位验收结论		专业监理工程师: 年　　月　　日				

（2）验收内容及检查方法条文摘录

主 控 项 目

3.5.1　材料、器具、设备进场质量检测除应符合现行国家标准《智能建筑工程质量验收规范》GB 50339—2003第3.2.1条和第3.2.2条规定外,尚应符合下列规定:

1　按照合同文件和工程设计文件进行的进场验收,应有书面记录和参加人签字,并应经监理工程师或建设单位验收人员确认;

2　应对材料、设备的外观、规格、型号、数量计产地等进行检查复核;

3　主要设备、材料应有生产厂家的质量合格证明文件及性能的检测报告;

4　设备及材料的质量检查应包括安全性、可靠性及电磁兼容性等项目,并应由生产厂家出具相应检测报告。

4.5.1　线缆敷设主控项目应符合下列规定:

1　敷设在竖井内和穿越不同防火分区的桥架及线管的孔洞,应有防火封堵;

2　桥架、线管经过建筑物的变形缝处应设置补偿装置,线缆应留余量;

3　线缆两端应有防水、耐摩擦的永久性标签,标签书写应清晰、准确;

4　桥架、线管及接线盒应可靠接地;当采用联合接地时,接地电阻不应大于1Ω。

13.2.1　桥架、管线敷设除应执行国家标准《火灾自动报警系统施工及验收规范》GB 50166—2007第3.2节的规定和本规范第4章的规定外,尚应符合下列规定:

1 火灾自动报警系统的线缆应使用桥架和专用线管敷设；

2 报警线缆连接应在端子箱或分支盒内进行，导线连接应采用可靠压接或焊接；

3 桥架、金属线管应作保护接地。

13.1.3 材料与设备准备应符合下列规定：

1 火灾自动报警系统的主要设备和材料选用应符合设计要求，并应符合国家标准《火灾自动报警系统施工及验收规范》GB 50166—2007 第 2.2 节的规定；

2 火灾应急广播与广播系统共用一套系统时，广播系统共用的设备应是通过国家认证（认可）产品，其产品名称、型号、规格应与检验报告一致；

3 桥架、线缆、钢管、金属软管、阻燃塑料管、防火涂料以及安装附件等应符合防火设计要求；

4 应根据现行国家标准《火灾自动报警系统设计规范》GB50116 的有关规定，对线缆的种类、电压等级进行检查。

一 般 项 目

4.5.2 一般项目应符合下列规定：

1 桥架切割和钻孔后，应采取防腐措施，支吊架应做防腐处理；

2 线管两端应设有标志，并应穿带线；

3 线管与控制箱、接线箱、拉线盒等连接时应采用锁母，线管、箱盒应固定牢固；

4 吊顶内配管，宜使用单独的支吊架固定，支吊架不得架设在龙骨或其他管道上；

5 套接紧定式钢管连接处应采取密封措施；

6 桥架应安装牢固、横平竖直，无扭曲变形；

7 桥架、线管内线缆间不应拧绞，线缆间不得有接头。

4.4.1 线缆两端应有防水、耐摩擦的永久性标签，标签书写应清晰、准确。

4.4.2 管内线缆间不应拧绞，不得有接头。

4.4.3 线缆的最小允许弯曲半径应符合国家标准《建筑电气工程施工质量验收规范》50303—2002 中表 12.2.1-1 的规定。

电缆桥架转弯处的弯曲半径，不小于桥架内电缆最小允许弯曲半径，电缆最小允许弯曲半径见表 12.2.1-1；

表 12.2.1-1 电缆最小允许弯曲半径

序号	电缆种类	最小允许弯曲半径
1	无钢铠护套的橡皮绝缘电力电缆	10D
2	有钢铠护套的橡皮绝缘电力电缆	20D
3	聚氯乙烯绝缘电力电缆	10D
4	交联聚氯乙烯绝缘电力电缆	15D
5	多芯控制电缆	10D

注：D 为电缆外径。

4.4.4 线管出线口与设备接线端子之间，应采用金属软管连接，金属软管长度不宜超过 2m，不得将线裸露。

4.4.5 桥架内线缆应排列整齐，不得拧绞；在线缆进出桥架部位、转弯处应绑扎固定；垂直桥架内线缆绑扎固定点间隔不宜大于1.5m。

4.4.6 线缆穿越建筑物变形缝时应留置相适应的补偿余量。

4.4.7 线缆敷设除应执行本规范的规定外，尚应符合现行国家标准《有线电视系统工程技术规范》GB 50200《建筑电气工程施工质量验收规范》GB 50303和《安全防范工程技术规范》GB 50348的有关规定。

5.2.1 线缆敷设除应执行本规范第4.4节的规定外，尚应符合下列规定：

1 线缆布放应自然平直，不应受外力挤压和损伤；

2 线缆布放宜留不小于0.15mm余量；

3 从配线架引向工作区各信息端口4对对绞电缆的长度不应大于90m；

4 线缆敷设拉力及其他保护措施应符合产品厂家的施工要求；

5 线缆弯曲半径宜符合下列规定：

1）非屏蔽4对对绞电缆弯曲半径不宜小于电缆外径4倍；

2）屏蔽4对对绞电缆弯曲半径不宜小于电缆外径8倍；

3）主干对绞电缆弯曲半径不宜小于电缆外径10倍；

4）光缆弯曲半径不宜小于光缆外径10倍。

6 线缆间净距应符合国家标准《综合布线系统工程验收规范》GB 50312—2007第5.1.1条的规定。

7 室内光缆桥架内敷设时宜在绑扎固定处加装垫套。

8 线缆敷设施工时，现场应安装稳固的临时线号标签，线缆上配线架、打模块前应安装永久线号标签。

9 线缆经过桥架、管线拐弯处，应保证线缆紧贴底部，且不应悬空、不受牵引力。在桥架的拐弯处应采取绑扎或其他形式固定。

10 距信息点最近的一个过线盒穿线时应宜留有不小于0.15mm的余量。

(3) 验收说明

1）施工依据：《智能建筑工程施工规范》GB 50606—2010，施工工艺标准，并制订专项施工方案、技术交底资料。

2）验收依据：《智能建筑工程质量验收规范》GB 50339—2013及《智能建筑工程施工规范》GB 50606—2010，相应的现场验收检查记录。

3）注意事项：

① 主控项目的质量经抽样检验均应合格；

② 一般项目的质量经抽样检验合格。当采用计数抽样时，合格点率应符合有关专业验收规范的规定，且不得存在严重缺陷；

③ 具有完整的施工操作依据、质量验收记录；

④ 本检验批的主控项目、一般项目已列入推荐表中，有关具体内容及检查方法见一般规定及（2）条文摘录；

⑤ 黑体字的条文为强制性条文，必须严格执行，制订控制措施；

⑥ 本推荐表尚可用于08030101、08050201、08080201、08090201、08100201、08110201、08120201、08130201、08140201、08150201、08160201、08190201。

2. 用户电话交换系统设备安装检验批质量验收记录

（1）推荐表格

用户电话交换系统设备安装检验批质量验收记录   08030201 ___

单位（子单位） 工程名称			分部（子分部） 工程名称		分项工程名称		
施工单位			项目负责人		检验批容量		
分包单位			分包单位 项目负责人		检验批部位		
施工依据				验收依据	《智能建筑工程质量验收规范》 GB 50339—2013		
验收项目			设计要求及 规范规定	最小/实际 抽样数量	检查记录	检查结果	
主控项目	1	材料、器具、设备进场质量检测	第3.5.1条	/			
	2	信息设施系统主控项目（电话交换系统）	第10.3.1条	/			
一般项目	1	电话交换系统和信息接入系统设备安装	第10.2.1条	/			
	2	设备、线缆标识应清晰、明确。电话交换系统安装各种业务板及业务板电缆，信号线和电源应分别引入。各设备、器件、盒、箱、线缆等的安装应符合设计要求，并应做到布局合理、排列整齐、牢固可靠、线缆连接正确、压接牢固	第10.3.2条	/			
施工单位 检查结果					专业工长： 项目专业质量检查员： 年　　月　　日		
监理单位 验收结论					专业监理工程师： 年　　月　　日		

（2）验收内容及检查方法条文摘录

主 控 项 目

3.5.1 材料、器具、设备进场质量检测除应符合现行国家标准《智能建筑工程质量验收规范》GB 50339—2003 第3.2.1条和第3.2.2条规定外，尚应符合下列规定：

1 按照合同文件和工程设计文件进行的进场验收，应有书面记录和参加人签字，并应经监理工程师或建设单位验收人员确认；

2 应对材料、设备的外观、规格、型号、数量计产地等进行检查复核；

3 主要设备、材料应有生产厂家的质量合格证明文件及性能的检测报告；

4 设备及材料的质量检查应包括安全性、可靠性及电磁兼容性等项目，并应由生产厂家出具相应检测报告。

10.3.1 主控项目应符合下列规定：

1 电话交换系统和通信接入系统的检测阶段、检测内容、检测方法及性能指标要求应符合现行行业标准《程控电话交换设备安装工程验收规范》YD 5077 等国家现行标准的要求；

2 通信系统连接公用通信网信道的传输率、信号方式、物理接口和接口协议应符合设计要求；

3 时钟系统的时间信息设备、母钟、子钟时间控制必须准确、同步；

4 多媒体显示屏安装必须牢固。供电和通讯传输系统必须连接可靠，确保应用要求；

5 呼叫对讲系统应对呼叫响应及时、正确，且图像、语音清晰；

6 售验票系统数据库管理系统的售票数据的统计和检票数据的统计应准确；

7 售检票系统的自动通道闸机必须相应正确、运行可靠。

一 般 项 目

10.2.1 电话交换系统和通信接入系统设备安装应符合下列规定：

1 电话交换设备安装前，应对机房的环境条件进行检查，机房的环境条件应满足行业标准《固定电话交换设备安装工程设计规范》YD/T 5076—2005 中第 14 章中的相关规定；

2 应按工程设计平面图安装交换机机柜，上下两端垂直偏差不应大于 3mm；

3 交换机机柜内部接插件与机架应连接牢固；

4 机柜应排列成直线，每 5m 误差不应大于 5mm；

5 机柜安装应位置正确、柜列安装整齐、相邻机柜紧密靠拢，柜面衔接处无明显高低不平；

6 总配线架安装位置应符合设计要求；

7 各种配线架各直列上下两端垂直偏差不应大于 3mm，底座水平误差每米不大于 2mm；

8 各种文字和符号标志应正确、清晰、齐全；

9 终端设备应配备完整、安装就位、标志齐全、正确；

10 机架、配线架应按施工图的抗震要求进行加固；

11 直流电源线连同所接的列内电源线，应测试正负线间和负线对地间的绝缘电阻，绝缘电阻均不得小于 1MΩ；

12 交换系统使用的交流电源线芯线间和芯线对地的绝缘电阻均不得小于 1MΩ；

13 交换系统用的交流电源线应有保护接地线；

14 交换机设备通电前，应对下列内容进行检查：

1）各种电路板数量、规格、接线及机架的安装位置应与施工图设计文件相符且标识齐全正确；

2）各机架所有的熔断器规格应符合要求，检查各功能单元电源开关应处于关闭状态；

3）设备的各种选择开关置于初始位置；

4）设备的供电电源线，接地线规格应符合设计要求，并端接应正确、牢固。

15 应测量机房主电源输入电压，确定正常后，方可进行通电测试。

10.3.2 一般项目应符合下列规定：

1 设备、线缆标识应清晰、明确；

2 电话交换系统安装各种业务板及业务板电缆，信号线和电源应分别引入；

3 各设备、器件、盒、箱、线缆等的安装应符合设计要求，并应做到布局合理、排列整齐、牢固可靠、线缆连接正确、压接牢固；

4 馈线连接头应牢固安装，接触应良好，并应采取防雨、防腐措施。

(3) 验收说明

1）施工依据：《智能建筑工程施工规范》GB 50606—2010，施工工艺标准，并制订专项施工方案、技术交底资料。

2）验收依据：《智能建筑工程质量验收规范》GB 50339—2013 及《智能建筑工程施工规范》GB 50606—2010，相应的现场验收检查记录。

3）注意事项

① 主控项目的质量经抽样检验均应合格；

② 一般项目的质量经抽样检验合格。当采用计数抽样时，合格点率应符合有关专业验收规范的规定，且不得存在严重缺陷；

③ 具有完整的施工操作依据、质量验收记录；

④ 本检验批的主控项目、一般项目已列入推荐表中，有关具体内容及检查方法见一般规定及（2）条文摘录；

⑤黑体字的条文为强制性条文，必须严格执行，制订控制措施。

3. 软件安装检验批质量验收记录　08030301 见 08010201

4. 用户电话交换系统接口及系统调试检验批质量验收记录

(1) 推荐表格

用户电话交换系统接口及系统调试检验批质量验收记录　　　08030401 ____

单位（子单位）工程名称			分部（子分部）工程名称			分项工程名称	
施工单位			项目负责人			检验批容量	
分包单位			分包单位项目负责人			检验批部位	
施工依据					验收依据	《智能建筑工程质量验收规范》GB 50339—2013	
验收项目			设计要求及规范规定	最小/实际抽样数量	检查记录	检查结果	
主控项目	1	业务测试	第6.0.6条	/			
	2	信令方式测试	第6.0.6条	/			
	3	系统互通测试	第6.0.6条	/			
	4	网络管理测试	第6.0.6条	/			
	5	计费功能测试	第6.0.6条	/			
施工单位检查结果		专业工长： 项目专业质量检查员： 　　　　　年　月　日					
监理单位验收结论		专业监理工程师： 　　　　　年　月　日					

(2) 验收内容及检查方法条文摘录

主 控 项 目

6.0.1 本章适用于用户电话交换系统、调度系统、会议电话系统和呼叫中心的工程实施的质量控制、系统检测和竣工验收。

6.0.2 用户电话交换系统的检测和验收范围应根据设计要求确定。

6.0.3 用户电话交换系统的机房接地应符合现行国家标准《通信局（站）防雷与接地工程设计规》GB 50689 的有关规定。

6.0.4 对于抗震设防的地区，用户电话交换系统的设备安装应符合现行行业标准《电信设备安装抗震设计规范》YD 5059 的有关规定。

6.0.5 用户电话交换系统工程实施的质量控制除应符合本规范第 3 章的规定外，尚应检查电信设备入网许可证。

6.0.6 用户电话交换系统的业务测试、信令方式测试、系统互通测试、网络管理及计费功能测试等检测结果，应满足系统的设计要求。

(3) 验收说明

1) 施工依据：《智能建筑工程施工规范》GB 50606—2010，施工工艺标准，并制订专项施工方案、技术交底资料。

2) 验收依据：《智能建筑工程质量验收规范》GB 50339—2013 及《智能建筑工程施工规范》GB 50606—2010，相应的现场验收检查记录。

3) 注意事项

① 主控项目的质量经抽样检验均应合格；

② 一般项目的质量经抽样检验合格。当采用计数抽样时，合格点率应符合有关专业验收规范的规定，且不得存在严重缺陷；

③ 具有完整的施工操作依据、质量验收记录；

④ 本检验批的主控项目、一般项目已列入推荐表中，有关具体内容及检查方法见一般规定及（2）条文摘录；

⑤ 黑体字的条文为强制性条文，必须严格执行，制订控制措施。

5. 试运行检验批质量验收记录　08030501 见 08010401

第五节　信息网络系统子分部工程检验批质量验收记录

1. 计算机网络设备安装检验批质量验收记录　08040101 见 08010101

2. 计算机网络软件安装检验批质量验收记录　08040201 见 08010201

3. 网络安全设备安装检验批质量验收记录　08040301 见 08010101

4. 网络安全软件安装检验批质量验收记录　08040401 见 08010201

5. 信息网络系统调试检验批质量验收记录

（1）推荐表格

信息网络系统调试检验批质量验收记录　　08040501____

单位(子单位) 工程名称			分部(子分部) 工程名称		分项工程名称		
施工单位			项目负责人		检验批容量		
分包单位			分包单位项目 负责人		检验批部位		
施工依据				验收依据	《智能建筑工程质量验收规范》 GB 50339—2013		
验收项目			设计要求及 规范规定	最小/实际 抽样数量	检查记录	检查结果	
主控 项目	1	计算机网络系统连通性	7.2.3	/			
	2	计算机网络系统传输时延和丢包率	7.2.4	/			
	3	计算机网络系统路由	7.2.5	/			
	4	计算机网络系统组播功能	7.2.6	/			
	5	计算机网络系统 QoS 功能	7.2.7	/			
	6	计算机网络系统容错功能	7.2.8	/			
	7	计算机网络系统无线局域网的功能	7.2.9	/			
	8	网络完全系统安全保护技术措施	7.3.2	/			
	9	网络安全系统安全审计功能	7.3.3	/			
	10	网络安全系统有物理隔离要求的 网络的物理隔离检测	7.3.4	/			
	11	网络安全系统无线接 入认证的控制策略	7.3.5	/			
一般 项目	1	计算机网络系统网络管理功能	7.2.10	/			
	2	网络安全系统原创管 理时,防窃听措施	7.3.6	/			
施工单位 检查结果		专业工长： 项目专业质量检查员： 年 月 日					
监理单位 验收结论		专业监理工程师： 年 月 日					

（2）验收内容及检查方法条文摘录

一 般 规 定

7.1.1 信息网络系统可根据设备的构成，分为计算机网络系统和网络安全系统。信息网培系统检测和验收范围应根据设计要求确定。

7.1.2 对于涉及国家秘密的网络安全系统，应按国家保密管理的相关规定进行验收。

7.1.3 网络安全设备除应符合本规范第 3 章的规定外，尚应检查公安部计算机管理监察部门审颁发的安全保护等信息系统安全专用产品销售许可证。

7.1.4 信息网络系统验收文件除应符合本规范第 3.4.4 条的规定外，尚应包括下列内容：

1 交换机、路由器、防火墙等设备的配置文件；

2 Q·S规划方案；

3 安全控制策略；

4 网络管理软件的相关文档；

5 网络安全软件的相关文档；

主 控 项 目

7.2.1 计算机网络系统的检测可包括连通性、传输时延、丢包率，路由、容错功能、网络管理功能和无线局域网功能检测等采用融合承载通信架构的智能化设备网，还应进行组播功能检测和 QoS 功能检测。

7.2.2 计算机网络系统的检测方法应根据设计要求选择，可采用输入测试命令进行测试或使用应的网络测试仪器。

7.2.3 计算机网络系统的连通性检测应符合下列规定。

1 网管工作站和网络设备之间的通信应符合设计要求，并且各用户终端应根据安全访问规划只能访问特定的网络与特定的服务器；

2 同一 VLAN 内的计算机之间应能交换数据包，不在同一 VLAN 内的计算机之间不应交换数据包；

3 应按接入层设备总数的 10％进行抽样测试，且抽样数不应少于 10 台；接入层设备少于 10 台的，应全部测试；

4 抽检结果全部符合设计要求的，应为检测合格。

7.2.4 计算机网络系统的传输时延和丢包率的检测应符合下列规定：

1 应检测从发送端口到目的端口的最大延时和丢包率等数值；

2 对于核心层的骨干链路，汇聚层到核心层的上联链路，应进行全部检测，对接入层高汇聚层的上联链路，应按不低于 10％的比例进行抽样测试，且抽样数不应少于 10 条；上联链路数不足 10 条的，应全部检测；

3 抽检结果全部符合设计要求的，应为检测合格。

7.2.5 计算机网络系统的路由检测应包括路由设置的正确性和路由的可达并应根据核心设置由表采用路由测试工具或软件进行测试，检测结果符合设计要求的，应为检测合格。

7.2.6 计算机网络系统的组播功能检测应采用模拟软件生成组播流，组播流的发送和接受检测结果符合设计要求的，应为检测合格。

7.2.7　计算机网络系统的 QoS 功能应检测队列调度机制。能够区分业务流并保障关键业务数据优先发送的，应为检测合格。

7.2.8　计算机网络系统的容错功能应采用人为设置网络故障的方法进行检测，并应符合下列规定：

1　对具备容错能力的计算机网络系统，应具有错误恢复和故障隔离功能，并在出现故障时自动切换；

2　对有链路冗余配置的计算机网络系统，当其中的某条链路断开或有故障发生时，整个系统仍应保持正常工作，并在故障恢复后应能自动切换回主系统运行；

3　容错功能应全部检测，且全部结果符合设计要求的应为检测合格。

7.2.9　无线局域网的功能检测除应符合本规范第 7.2.3～7.2.8 条的规定外，尚应符合下列规定：

1　在覆盖范围内接入点的信道信号强度应不低于－75dBm；

2　网络传输速率不应低于 5.5Mbit/s；

3　应采用不少于 100 个 ICMP 64Byte 帧长的测试数据包，不少于 95％路径的数据包丢失率应小于 5％；

4　应采用不少于 100 个 ICMP 64Byte 帧长的测试数据包，不少于 95％且跳数小于 6 的路径的传输时延应小于 20m/s；

5　应按无线接入点总数的 10％进行抽样测试，抽样数不应少于 10 个；无线接入点少于 10 个的，应全部测试。抽检结果全部符合本条第 1～4 款要求的，应为检测合格。

7.3.1　网络安全系统检测宜包括结构安全、访问控制、安全审计、边界完整性检查、入侵防范、恶意代码防范和网络设备防护等安全保护能力等的检测。检测方法应依据设计确定的信息系统安全防护等级进行制定，检测内容应按现行国家标准《信息安全技术信息系统安全等级保护基本要求》GB/T 22239 执行。

7.3.2　业务办公网及智能化设备网与互联网连接时，应检测安全保护技术措施。检测结果符合设计要求的，应为检测合格。

7.3.3　业务办公网及智能化设备网与互联网连接时，网络安全系统应检测安全审计功能，并应具有至少保存 60d 记录备份的功能。检测结果符合下列规定的应为检测合格；

7.3.4　对于要求屋里隔离的网络，应进行物理隔离检测，且检测结果符合下列规定的应为检测合格：

1　物理实体上应完全分开；

2　不应存在共享的物理设备；

3　不应有任何链路上的连接。

7.3.5　无线接入认证的控制策略应符合设计要求，并应按设计要求的认证方式进行检测，且应抽取网络覆盖区域内不同地点进行 20 次认证。认证失败次数不超过 1 次的，应为检测合格。

一 般 项 目

7.2.10　计算机网络系统的网络管理功能应在网站工作站检测，并应符合下列规定：

1　应搜索整个计算机网络系统的拓扑结构图和网络设备连接图；

2 应检测自诊断功能;

3 应检测对网络设备进行远程配置的功能,当具备远程配置功能时,应检测网络性能参数含网络节点的流量、广播率和错误率;

4 检测结果符合设计要求的,应为检测合格。

7.3.6 当对网络设备进行远程管理时,应检测防窃听措施。检测结果符合设计要求的,应为检测合格。

(3) 验收说明

1) 施工依据:《智能建筑工程施工规范》GB 50606—2010,施工工艺标准,并制订专项施工方案、技术交底资料。

2) 验收依据:《智能建筑工程质量验收规范》GB 50339—2013 及《智能建筑工程施工规范》GB 50606—2010,相应的现场验收检查记录。

3) 注意事项

① 主控项目的质量经抽样检验均应合格;

② 一般项目的质量经抽样检验合格。当采用计数抽样时,合格点率应符合有关专业验收规范的规定,且不得存在严重缺陷;

③ 具有完整的施工操作依据、质量验收记录;

④ 本检验批的主控项目、一般项目已列入推荐表中,有关具体内容及检查方法见一般规定及(2)条文摘录;

⑤ 黑体字的条文为强制性条文,必须严格执行,制订控制措施。

6. 系统试运行检验批质量验收记录　　08040601 见 08010401

第六节　综合布线系统子分部工程检验批质量验收记录

1. 梯架、托盘、槽盒和导管安装检验批质量验收记录

(1) 推荐表格

08050101 ____	08080101 ____
08090101 ____	08100101 ____
08110101 ____	08120101 ____

梯架、托盘、槽盒和导管安装检验批
质量验收记录

08130101 ____	08140101 ____
08150101 ____	08150101 ____

单位(子单位) 工程名称		分部(子分部) 工程名称		分项工程名称	
施工单位		项目负责人		检验批容量	
分包单位		分包单位项目 负责人		检验批部位	
施工依据			验收依据	《智能建筑工程质量验收规范》 GB 50339—2013	

		验收项目	设计要求及规范规定	最小/实际抽样数量	检查记录	检查结果
主控项目	1	材料、器具、设备进场质量检测	第3.5.1条（施）	/		
	2	防火封堵	第4.5.1条	/		
	3	火灾自动报警系统的材料必须符合防火设计要求	第13.1.3条	/		
	4	火灾自动报警系统应使用桥架和专用线管,桥架、金属线管应作保护接地	第13.2.1条	/		
一般项目	1	梯架、托盘、槽盒和导管安装一般项目	第4.5.2条	/		

施工单位检查结果	
	专业工长： 项目专业质量检查员： 年　月　日

监理单位验收结论	
	专业监理工程师： 年　月　日

（2）验收内容及检查方法条文摘录

主控项目

3.5.1　材料、器具、设备进场质量检测除应符合现行国家标准《智能建筑工程质量验收规范》GB 50339—2003 第3.2.1条和第3.2.2条规定外，尚应符合下列规定：

1　按照合同文件和工程设计文件进行的进场验收，应有书面记录和参加人签字，并应经监理工程师或建设单位验收人员确认；

2　应对材料、设备的外观、规格、型号、数量计产地等进行检查复核；

3　主要设备、材料应有生产厂家的质量合格证明文件及性能的检测报告；

4　设备及材料的质量检查应包括安全性、可靠性及电磁兼容性等项目，并应由生产厂家出具相应检测报告。

4.5.1　线缆敷设主控项目应符合下列规定：

1　敷设在竖井内和穿越不同防火分区的桥架及线管的孔洞，应有防火封堵；

2　桥架、线管经过建筑物的变形缝处应设置补偿装置，线缆应留余量；

3　线缆两端应有防水、耐摩擦的永久性标签，标签书写应清晰、准确；

4　桥架、线管及接线盒应可靠接地；当采用联合接地时，接地电阻不应大于1Ω。

13.1.3　材料与设备准备应符合下列规定：

1　火灾自动报警系统的主要设备和材料选用应符合设计要求，并应符合国家标准

《火灾自动报警系统施工及验收规范》GB 50166—2007 第 2.2 节的规定；

2　火灾应急广播与广播系统共用一套系统时，广播系统共用的设备应是通过国家认证（认可）产品，其产品名称、型号、规格应与检验报告一致；

3　桥架、线缆、钢管、金属软管、阻燃塑料管、防火涂料以及安装附件等应符合防火设计要求；

4　应根据现行国家标准《火灾自动报警系统设计规范》GB 50116 的有关规定，对线缆的种类、电压等级进行检查。

13.2.1　桥架、管线敷设除应执行国家标准《火灾自动报警系统施工及验收规范》GB 50166—2007 第 3.2 节的规定和本规范第 4 章的规定外，尚应符合下列规定：

1　火灾自动报警系统的线缆应使用桥架和专用线管敷设；

2　报警线缆连接应在端子箱或分支盒内进行，导线连接应采用可靠压接或焊接；

3　桥架、金属线管应作保护接地。

一 般 项 目

4.5.2　一般项目应符合下列规定：

1　桥架切割和钻孔后，应采取防腐措施，支吊架应做防腐处理；

2　线管两端应设有标志，并应穿带线；

3　线管与控制箱、接线箱、拉线盒等连接时应采用锁母，线管、箱盒应固定牢固；

4　吊顶内配管，宜使用单独的支吊架固定，支吊架不得架设在龙骨或其他管道上；

5　套接紧定式钢管连接处应采取密封措施；

6　桥架应安装牢固、横平竖直，无扭曲变形；

7　桥架、线管内线缆间不应拧绞，线缆间不得有接头。

（3）验收说明

1）施工依据：《智能建筑工程施工规范》GB 50606—2010，施工工艺标准，并制订专项施工方案、技术交底资料。

2）验收依据：《智能建筑工程质量验收规范》GB 50339—2013 及《智能建筑工程施工规范》GB 50606—2010，相应的现场验收检查记录。

3）注意事项

① 主控项目的质量经抽样检验均应合格；

② 一般项目的质量经抽样检验合格。当采用计数抽样时，合格点率应符合有关专业验收规范的规定，且不得存在严重缺陷；

③ 具有完整的施工操作依据、质量验收记录；

④ 本检验批的主控项目、一般项目已列入推荐表中，有关具体内容及检查方法见一般规定及（2）条文摘录；

⑤ 黑体字的条文为强制性条文，必须严格执行，制订控制措施；

⑥ 本推荐表尚可用于 08050101，08080101，08090101，08100101，08110101，08120101，08130101，08140101，08150101，08160101。

2. 线缆敷设检验批质量验收记录　　08050201 见 08030101

3. 机柜、机架、配线架安装检验批质量验收记录

（1）推荐表格

机柜、机架、配线架安装检验批质量验收记录　　08050301 ____

单位(子单位)工程名称			分部(子分部)工程名称		分项工程名称		
施工单位			项目负责人		检验批容量		
分包单位			分包单位项目负责人		检验批部位		
施工依据				验收依据	《智能建筑工程质量验收规范》GB 50339—2013		

验收项目			设计要求及规范规定	最小/实际抽样数量	检查记录	检查结果
主控项目	1	材料、器具、设备进场质量检测	第3.5.1条	/		
	2	机柜应可靠接地	第5.2.5条	/		
	3	机柜、机架、配线设备箱体、电缆桥架及线槽等设备的安装应牢固，如有抗震要求，应按抗震设计进行加固	第5.3.1条	/		
一般项目	1	机柜、机架安装位置应符合设计要求	第5.3.1条	/		
	2	机柜、机架安装垂直度	≤3mm	/		
	3	漆面不应有脱落及划痕，各种标志应完整、清晰	第5.3.1条	/		
	4	安装螺丝必须拧紧，面板应保持在一个平面上	第5.3.1条	/		
施工单位检查结果		专业工长： 项目专业质量检查员： 年　月　日				
监理单位验收结论		专业监理工程师： 年　月　日				

（2）验收内容及检查方法条文摘录

主 控 项 目

3.5.1　材料、器具、设备进场质量检测除应符合现行国家标准《智能建筑工程质量验收规范》GB 50339—2003 第3.2.1条和第3.2.2条规定外，尚应符合下列规定：

1　按照合同文件和工程设计文件进行的进场验收，应有书面记录和参加人签字，并应经监理工程师或建设单位验收人员确认；

2　应对材料、设备的外观、规格、型号、数量计产地等进行检查复核；

3　主要设备、材料应有生产厂家的质量合格证明文件及性能的检测报告；

4 设备及材料的质量检查应包括安全性、可靠性及电磁兼容性等项目，并应由生产厂家出具相应检测报告。

5.2.5 配线间内应设置局部等电信端子板，机柜应可靠接地。

5.3.1 质量控制应执行现行国家标准《综合布线系统工程验收规范》GB 50312 和《智能建筑工程质量验收规范》GB 50339 有关规定。

一 般 项 目

《综合布线系统工程验收规范》GB 50312—2007 的有关条文摘录。

4.0.1 机柜、机架安装应符合下列要求：

1 机柜、机架安装位置应符合设计要求，垂直偏差度不应大于 3mm。

2 机柜、机架上的各种零件不得脱落或碰坏，漆面不应有脱落及划痕，各种标志应完整、清晰。

3 机柜、机架、配线设备箱体、电缆桥架及线槽等设备的安装应牢固，如有抗震要求，应按抗震设计进行加固。

4.0.2 各类配线部件安装应符合下列要求：

1 各部件应完整，安装就位，标志齐全。

2 安装螺丝必须拧紧，面板应保持在一个平面上。

(3) 验收说明

1) 施工依据：《智能建筑工程施工规范》GB 50606—2010，施工工艺标准，并制订专项施工方案、技术交底资料。

2) 验收依据：《智能建筑工程质量验收规范》GB 50339—2013 及《智能建筑工程施工规范》GB 50606—2010，相应的现场验收检查记录。

3) 注意事项

① 主控项目的质量经抽样检验均应合格；

② 一般项目的质量经抽样检验合格。当采用计数抽样时，合格点率应符合有关专业验收规范的规定，且不得存在严重缺陷；

③ 具有完整的施工操作依据、质量验收记录；

④ 本检验批的主控项目、一般项目已列入推荐表中，有关具体内容及检查方法见一般规定及（2）条文摘录；

⑤ 黑体字的条文为强制性条文，必须严格执行，制订控制措施。

4. 信息插座安装检验批质量验收记录

(1) 推荐表格

信息插座安装检验批质量验收记录

08050401 ____

单位(子单位) 工程名称		分部(子分部) 工程名称		分项工程名称	
施工单位		项目负责人		检验批容量	
分包单位		分包单位项目 负责人		检验批部位	
施工依据			验收依据	《智能建筑工程质量验收规范》 GB 50339—2013	

验收项目			设计要求及规范规定	最小/实际抽样数量	检查记录	检查结果
主控项目	1	材料、器具、设备进场质量检测	第3.5.1条	/		
一般项目	1	信息插座模块,多用户信息插座、配线模块安装要求	第5.3.1条	/		
施工单位检查结果		专业工长: 项目专业质量检查员: 年 月 日				
监理单位验收结论		专业监理工程师: 年 月 日				

(2) 验收内容及检查方法条文摘录

主 控 项 目

3.5.1 材料、器具、设备进场质量检测除应符合现行国家标准《智能建筑工程质量验收规范》GB 50339—2003 第3.2.1条和第3.2.2条规定外,尚应符合下列规定:

1 按照合同文件和工程设计文件进行的进场验收,应有书面记录和参加人签字,并应经监理工程师或建设单位验收人员确认;

2 应对材料、设备的外观、规格、型号、数量计产地等进行检查复核;

3 主要设备、材料应有生产厂家的质量合格证明文件及性能的检测报告;

4 设备及材料的质量检查应包括安全性、可靠性及电磁兼容性等项目,并应由生产厂家出具相应检测报告。

5.3.1 质量控制应执行现行国家标准《综合布线系统工程验收规范》GB 50312 和《智能建筑工程质量验收规范》GB 50339 有关规定。

一 般 项 目

《综合布线系统工程验收规范》GB 50312—2007 的有关条文摘录。

4.0.3 信息插座模块安装应符合下列要求:

1 信息插座模块、多用户信息插座、集合点配线模块安装位置和高度应符合设计要求。

2 安装在活动地板内或地面上时,应固定在接线盒内,插座面板采用直立和水平等形式;接线盒盖可开启,并应具有防水、防尘、抗压功能。接线盒盖面应与地面齐平。

3 信息插座底盒同时安装信息插座模块和电源插座时,间距及采取的防护措施应符合设计要求。

4 信息插座模块明装底盒的固定方法根据施工现场条件而定。

5 固定螺丝需拧紧,不应产生松动现象。

6 各种插座面板应有标识,以颜色、图形、文字表示所接终端设备业务类型。

7 工作区内终接光缆的光纤连接器件及适配器安装底盒应具有足够的空间,并应符合设计要求。

(3) 验收说明

1) 施工依据：《智能建筑工程施工规范》GB 50606—2010，施工工艺标准，并制订专项施工方案、技术交底资料。

2) 验收依据：《智能建筑工程质量验收规范》GB 50339—2013 及《智能建筑工程施工规范》GB 50606—2010，相应的现场验收检查记录。

3) 注意事项

① 主控项目的质量经抽样检验均应合格；

② 一般项目的质量经抽样检验合格。当采用计数抽样时，合格点率应符合有关专业验收规范的规定，且不得存在严重缺陷；

③ 具有完整的施工操作依据、质量验收记录；

④ 本检验批的主控项目、一般项目已列入推荐表中，有关具体内容及检查方法见一般规定及（2）条文摘录；

⑤ 黑体字的条文为强制性条文，必须严格执行，制订控制措施。

5. 链路或信道测试检验批质量验收记录

(1) 推荐表格

链路或信道测试检验批质量验收记录   08050501____

单位(子单位) 工程名称			分部(子分部) 工程名称			分项工程名称	
施工单位			项目负责人			检验批容量	
分包单位			分包单位项目 负责人			检验批部位	
施工依据					验收依据	《智能建筑工程质量验收规范》 GB 50339—2013	
验收项目			设计要求及 规范规定	最小/实际 抽样数量	检查记录	检查结果	
主控 项目	1	线缆永久链路的技术指标应 符合现行国家标准《综合布线 系统工程设计规范》 GB 50311 的有关规定	第5.4.1条	/			
	2	电缆电器性能测试及光纤系统性能 测试应符合现行国家标准《综合 布线系统工程验收规范》 GB 50312 的有关规定	第5.4.2条	/			
施工单位 检查结果				专业工长： 项目专业质量检查员： 年　月　日			
监理单位 验收结论				专业监理工程师： 年　月　日			

350

(2) 验收内容及检查方法条文摘录

主 控 项 目

5.4.1 线缆永久链路的技术指标应符合现行国家标准《综合布线系统工程设计规范》GB 50311 有关规定。

5.4.2 电缆电气性能测试及光纤系统性能测试应符合现行国家标准《综合布线系统工程验收规范》GB 50312 的有关规定。

(3) 验收说明

1) 施工依据：《智能建筑工程施工规范》GB 50606—2010，施工工艺标准，并制订专项施工方案、技术交底资料。

2) 验收依据：《智能建筑工程质量验收规范》GB 50339—2013 及《智能建筑工程施工规范》GB 50606—2010，相应的现场验收检查记录。

3) 注意事项

① 主控项目的质量经抽样检验均应合格；

② 一般项目的质量经抽样检验合格。当采用计数抽样时，合格点率应符合有关专业验收规范的规定，且不得存在严重缺陷；

③ 具有完整的施工操作依据、质量验收记录；

④ 本检验批的主控项目、一般项目已列入推荐表中，有关具体内容及检查方法见一般规定及（2）条文摘录；

⑤ 黑体字的条文为强制性条文，必须严格执行，制订控制措施。

6. 软件安装检验批质量验收记录　　08050601 见 08010201

7. 综合布线系统调试检验批质量验收记录

(1) 推荐表格

综合布线系统调试检验批质量验收记录 08050701＿＿＿＿

单位(子单位) 工程名称			分部(子分部) 工程名称			分项工程名称		
施工单位			项目负责人			检验批容量		
分包单位			分包单位项目 负责人			检验批部位		
施工依据				验收依据		《智能建筑工程质量验收规范》 GB 50339—2013		
验收项目			设计要求及 规范规定	最小/实际 抽样数量		检查记录		检查结果
主控 项目	1	对绞电缆链路或信道和光纤 链路或信道的检测	第 8.0.5 条	/				
一般 项目	1	标签和标识检测，综合 布线管理软件功能	第 8.0.6 条	/				
	2	电子配线管理软件	第 8.0.7 条	/				
	3	材料应符合要求	第 8.0.8 条	/				
施工单位 检查结果			专业工长： 项目专业质量检查员： 年 月 日					
监理单位 验收结论			专业监理工程师： 年 月 日					

(2) 验收内容及检查方法条文摘录

一 般 规 定

8.0.1 综合布线系统检测应包括电缆系统和光缆系统的性能测试，且电缆系统测试项目应根据布线信道或链路的设计等级和布线系统的类别要求确定。

8.0.2 综合布线系统测试方法应按现行国家标准《综合布线系统工程验收规范》GB 50312 的规定执行。

8.0.3 综合布线系统检测单项合格判定应符合列规定：

1 一个及以上被测项目的技术参数测试结果不合格的，该项目应判为不合格，某一被测项目的检测结果与相应规定差值在仪表准确范围内的，该被测项目应判为合格；

2 采用 4 对对绞电缆作为水平电缆或主干电缆，所组成的链路或信道有一项及以上指标测试结果不合格的，该链路或信道应判为不合格；

3 主干布线大对数电缆中按 4 对对绞线对组成的链路一项及以上测试指标不合格的，该线对应判为不合格；

4 光纤链路或信道测试结果不满足设计要求的，该光纤链路或信道应判为不合格；

5 未通过检测的链路或信道应在修复后复检。

8.0.4 综合布线系统检测的综合合格判定应符合下列规定：

1 对绞电缆布线全部检测时，无法修复的链路、信道或不合格线对数量有一项及以上超过被测总数的 1% 的，结论应判为不合格；光缆布线检测时，有一条及以上光纤链路或信道无法修复的，应判为不合格；

2 对于抽样检测，被抽样检测点（线对）不合格比例不大于被测总数 1% 的，抽样检测应判为合格，且不合格点（线对）应予以修复并复检；被抽样检测点（线对）不合格比例大于 1% 的，应判为一次抽样检测不合格，并应进行加倍抽样，加倍抽样不合格比例不大于 1% 的，抽样检测应判为合格；不合格比例仍大于 1% 的，抽样检测应判为不合格，且应进行全部检测，并按全部检测要求进行判定；

3 全部检测或抽样检测结论为合格的，系统检测的结论应为合格；全部检测结论为不合格的，系统检测的结论应为不合格。

主 控 项 目

8.0.5 对绞电缆链路或信道和光纤链路或信道的检测应符合下列规定：

1 自检记录应包括全部链路或信道的检测结果；

2 自检记录中各单项指标全部合格时，应判为检测合格；

3 自检记录中各单项指标中有一项及以上不合格时，应抽检，且抽样比例不应低于 10%，抽样点应包括最远布线点；抽检结果的判定应符合本规范第 8.0.4 条的规定。

一 般 项 目

8.0.6 综合布线的标签和标识应按 10% 抽检，综合布线管理软件功能应全部检测。检测结果符合设计要求的，应判为检测合格。

8.0.7 电子配线架应检测管理软件中显示的链路连接关系与链路的物理连接的一致性，并应按 10% 抽检。检测结果全部一致的，应判为检测合格。

8.0.8 综合布线系统的验收文件除应符合本规范第 3.4.4 条的规定外，尚应包括综合布线管理软件的相关文档。

(3) 验收说明

1）施工依据：《智能建筑工程施工规范》GB 50606—2010，施工工艺标准，并制订专项施工方案、技术交底资料。

2）验收依据：《智能建筑工程质量验收规范》GB 50339—2013 及《智能建筑工程施工规范》GB 50606—2010，相应的现场验收检查记录。

3）注意事项：

① 主控项目的质量经抽样检验均应合格；

② 一般项目的质量经抽样检验合格。当采用计数抽样时，合格点率应符合有关专业验收规范的规定，且不得存在严重缺陷；

③ 具有完整的施工操作依据、质量验收记录；

④ 本检验批的主控项目、一般项目已列入推荐表中，有关具体内容及检查方法见一般规定及（2）条文摘录；

⑤ 黑体字的条文为强制性条文，必须严格执行，制订控制措施。

8. 系统试运行检验批质量验收记录　08050801 见 08010401

第七节　移动通信室内信号覆盖系统子分部
工程检验批质量验收记录

1. 安装场地检查检验批质量验收记录　08070101 见 08020101

第八节　卫星通信系统子分部工程检验批质量验收记录

1. 安装场地检查检验批质量验收记录　08060101 见 08020101

第九节　有线电视及卫星电视接收系统子分
部工程检验批质量验收记录

1. 梯架、托盘、槽盒和导管安装检验批质量验收记录　08080101 见 08050101

2. 线缆敷设检验批质量验收记录　08080201 见 08030101

3. 有线电视及卫星电视接收系统设备安装检验批质量验收记录

（1）推荐表格

有线电视及卫星电视接收系统设备安装检验批质量验收记录　08080301 ____

单位(子单位) 工程名称		分部(子分部) 工程名称		分项工程名称	
施工单位		项目负责人		检验批容量	
分包单位		分包单位项目 负责人		检验批部位	
施工依据		验收依据		《智能建筑工程质量验收规范》 GB 50339—2013	

		验收项目	设计要求及规范规定	最小/实际抽样数量	检查记录	检查结果
主控项目	1	材料、器具、设备进场质量检测	第3.5.1条	/		
	2	有源设备均应通电检查	第7.1.3条	/		
	3	主要设备和器材,应选用具有国家广播电影电视总局或有资质检测机构颁发的有效认定标识的产品	第7.1.3条	/		
	4	质量控制主控项目	第7.3.1条	/		
一般项目	1	质量控制一般项目	第7.3.2条	/		
施工单位检查结果		专业工长: 项目专业质量检查员: 年 月 日				
监理单位验收结论		专业监理工程师: 年 月 日				

(2) 验收内容及检查方法条文摘录

主控项目

3.5.1 材料、器具、设备进场质量检测除应符合现行国家标准《智能建筑工程质量验收规范》GB 50339—2003 第3.2.1条和第3.2.2条规定外,尚应符合下列规定:

1 按照合同文件和工程设计文件进行的进场验收,应有书面记录和参加人签字,并应经监理工程师或建设单位验收人员确认;

2 应对材料、设备的外观、规格、型号、数量计产地等进行检查复核;

3 主要设备、材料应有生产厂家的质量合格证明文件及性能的检测报告;

4 设备及材料的质量检查应包括安全性、可靠性及电磁兼容性等项目,并应由生产厂家出具相应检测报告。

7.1.3 设备器材准备除应符合本规范第3.3.2的规定外,尚应符合下列规定:

1 有源设备均应通电检查;

2 主要设备和器材,应选用具有国家广播电影电视总局或有资质检测机构颁发的有效认定标识的产品。

7.3.1 主控项目应符合下列规定:

1 天线系统的接地与避雷系统的接地应分开,设备接地与防雷系统接地应分开;

2 卫星天线馈电端、阻抗匹配器、天线避雷器、高频连接器和放大器应连接牢固,并应采取防雨防腐措施;

3 卫星接收天线应在避雷针保护范围内,天线底座接地电阻应小于4Ω;

4 卫星接收天线应安装牢固。

7.3.2 一般项目应符合下列规定：

1 有线电视系统各设备、器件、盒、箱、电缆等的安装应符合设计要求，应做到布局合理，排列整齐，牢固可靠，线缆连接正确，压接牢固；

2 放大器箱体内门板内侧应贴箱内设备的接线图，并应标明电缆的走向及信号输入、输出电平；

3 暗装的用户盒面板应紧贴墙面，四周应无缝隙，安装应端正、牢固；

4 分支分配器与同轴电缆应连接可靠。

（3）验收说明

1）施工依据：《智能建筑工程施工规范》GB 50606—2010，施工工艺标准，并制订专项施工方案、技术交底资料。

2）验收依据：《智能建筑工程质量验收规范》GB 50339—2013 及《智能建筑工程施工规范》GB 50606—2010，相应的现场验收检查记录。

3）注意事项

① 主控项目的质量经抽样检验均应合格；

② 一般项目的质量经抽样检验合格。当采用计数抽样时，合格点率应符合有关专业验收规范的规定，且不得存在严重缺陷；

③ 具有完整的施工操作依据、质量验收记录；

④ 本检验批的主控项目、一般项目已列入推荐表中，有关具体内容及检查方法见一般规定及（2）条文摘录；

⑤ 黑体字的条文为强制性条文，必须严格执行，制订控制措施。

4. 软件安装检验批质量验收记录　08080401 见 08010201

5. 有线电视及卫星电视接收系统调试检验批质量验收记录

（1）推荐表格

有线电视及卫星电视接收系统调试检验批质量验收记录　08080501＿＿＿

单位(子单位)工程名称			分部(子分部)工程名称		分项工程名称		
施工单位			项目负责人		检验批容量		
分包单位			分包单位项目负责人		检验批部位		
施工依据				验收依据	《智能建筑工程质量验收规范》GB 50339—2013		
验收项目				设计要求及规范规定	最小/实际抽样数量	检查记录	检查结果
主控项目	1	客观测试		11.0.3	/		
	2	主观评价		11.0.4	/		

		验收项目	设计要求及规范规定	最小/实际抽样数量	检查记录	检查结果
一般项目	1	HFC 网络和双向数字电视系统下行测试	11.0.5	/		
	2	HFC 网络和双向数字电视系统上行测试	11.0.6	/		
	3	有线数字电视主观评价	11.0.7	/		
施工单位检查结果				专业工长： 项目专业质量检查员： 　年　月　日		
监理单位验收结论				专业监理工程师： 　年　月　日		

（2）验收内容及检查方法条文摘录

一 般 规 定

11.0.1　有线电视及卫星电视接收系统的设备及器材的进场验收，除应符合本规范第3章的规定外，尚应检查国家广播电视总局或有资质检测机构颁发的有效认定标识。

11.0.2　对有线电视及卫星电视接收系统进行主观评价和客观测试时，应选用标准测试点，并应符合下列规定：

1　系统的输出端口数量小于1000时，测试点不得少于2个；系统的输出端口数量大于等于1000时，每1000点应选取（2～3）个测试点；

2　对于基于HFC或同轴传输的双向数字电视系统，主观评价的测试点数应符合本条第1款规定，客观测试点的数量不应少于系统输出端口数量的5％，测试点数不应少于20个；

3　测试点应至少有一个位于系统中主干线的最后一个分配放大器之后的点。

11.0.8　验收文件除应符合本规范第3.4.4条的规定外，尚应包括用户分配电平面图。

主 控 项 目

11.0.3　客观测试应包括下列内容，且检测结果符合设计要求应判定为合格：

1　应测试卫星接收电视系统的接收频段、视频系统指标及音频系统指标；

2　应测量有线电视系统的终端输出电平。

11.0.4　模拟信号的有线电视系统主观评价应符合下列规定：

1 模拟电视主要技术指标应符合表 11.0.4-1 的规定；

表 11.0.4-1 模拟电视主要技术指标

序号	项目名称	测试频道	主观评价标准
1	系统载噪比	系统总频道的 10% 且不少于 5 个全检，且分布于整个工作频段的高、中、低段	无噪波，即无"雪花干扰"
2	载波互调比	系统总频道的 10% 且不少于 5 个全检，且分布于整个工作频段的高、中、低段	图像中无垂直、倾斜或水平条纹
3	交扰调制比	系统总频道的 10% 且不少于 5 个全检，且分布于整个工作频段的高、中、低段	图像中无移动、垂直或斜图案，即无"窜台"
4	回波值	系统总频道的 10% 且不少于 5 个全检，且分布于整个工作频段的高、中、低段	图像中无沿水平方向分部在右边一条或多条轮廓线，即无"重影"
5	色/亮度时延差	系统总频道的 10% 且不少于 5 个全检，且分布于整个工作频段的高、中、低段	图像中色、亮信息对齐，即无"彩色鬼影"
6	载波交流声	系统总频道的 10% 且不少于 5 个全检，且分布于整个工作频段的高、中、低段	图像中无上下移动的水平条纹，即无"滚道"现象
7	伴音和调频广播的声音	系统总频道的 10% 且不少于 5 个全检，且分布于整个工作频段的高、中、低段	无背景噪声，如丝丝声、哼声、蜂鸣声和串音等

2 图像质量的主观评价应符合下列规定：

1）图像质量主观评价评分应符合表 11.0.4-2 的规定；

表 11.0.4-2 图像质量主观评价评分

图像质量主观评价	评分值（等级）	图像质量主观评价	评分值（等级）
图像质量极佳，十分满意	5 分（优）	图像质量差，勉强能看	2 分（差）
图像质量好，比较满意	4 分（良）	图像质量低劣，无法看清	1 分（劣）
图像质量一般，尚可接受	3 分（中）		

2）评价项目可包括图像清晰度、亮度、对比度、色彩还原性、图像色彩及色饱和度等内容；

3）评价人员数量不宜少于 5 个，各评价人员应独立评分，并应取算术平均值为评价结果；

4）评价项目的得分值不低于 4 分的应判定为合格。

一 般 项 目

11.0.5　对于基于 HFC 或同轴传输的双向数字电视系统下行指标的测试，检测结果符合设计要求的应判定为合格。

11.0.6　对于基于 HFC 或同轴传输的双向数字电视系统上行指标的测试，检测结果符合设计要求的应判定为合格。

11.0.7　数字信号的有线电视系统主观评价的项目和要求应符合表 11.0.7 的规定。且测试时应选择源图像和源声音均较好的节目频道。

表 11.0.7　数字信号的有线电视系统主观评价的项目和要求

项目	技术要求	备注
图像质量	图像清晰,色彩鲜艳,无马赛克或图像停顿	符合本规范 11.0.4 条第 2 款要求
声音质量	对白清晰;音质无明显失真;不应出现明显的噪声和杂音	—
唇音同步	无明显的图像滞后或超前于声音的现象	—
节目频道切换	节目频道切换时不能出现严重的马赛克或长时间黑屏现象;节目切换平均等待时间应小于2.5s,最大不应超过 3.5s	包括加密频道和不在同一射频频点的节目频道
字幕	清晰、可识别	—

（3）验收说明

1）施工依据：《智能建筑工程施工规范》GB 50606—2010，施工工艺标准，并制订专项施工方案、技术交底资料。

2）验收依据：《智能建筑工程质量验收规范》GB 50339—2013 及《智能建筑工程施工规范》GB 50606—2010，相应的现场验收检查记录。

3）注意事项

① 主控项目的质量经抽样检验均应合格；

② 一般项目的质量经抽样检验合格。当采用计数抽样时，合格点率应符合有关专业验收规范的规定，且不得存在严重缺陷；

③ 具有完整的施工操作依据、质量验收记录；

④ 本检验批的主控项目、一般项目已列入推荐表中，有关具体内容及检查方法见一般规定及（2）条文摘录；

⑤ 黑体字的条文为强制性条文，必须严格执行，制订控制措施。

6. 系统试运行检验批质量验收记录　08080601 见 08010401

第十节　公共广播系统子分部工程检验批质量验收记录

1. 梯架、托盘、槽盒和导管安装检验批质量验收记录　08090101 见 08050101

2. 线缆敷设检验批质量验收记录　08090201 见 08030101

3. 公共广播系统设备安装检验批质量验收记录

（1）推荐表格

公共广播系统设备安装检验批质量验收记录 　08090301 ____

单位(子单位)工程名称			分部(子分部)工程名称		分项工程名称		
施工单位			项目负责人		检验批容量		
分包单位			分包单位项目负责人		检验批部位		
施工依据				验收依据	《智能建筑工程质量验收规范》GB 50339—2013		

		验收项目	设计要求及规范规定	最小/实际抽样数量	检查记录	检查结果
主控项目	1	材料、器具、设备进场质量检测	第3.5.1条	/		
	2	扬声器、控制器、插座板等设备安装应牢固可靠,导线连接应排列整齐,线号应正确清晰	第9.3.1条	/		
	3	当广播系统具有紧急广播功能时,其紧急广播应由消防分机控制,并应具有最高优先权	第9.3.1条	/		
	4	在火灾和突然事故发生时,应能强制切换为紧急广播并以最大音量播出	第9.3.1条	/		
	5	系统应能在手动或报警信号触发的10s内,向相关广播区播放警示信号(含警笛)、报警语声文件或实时指挥语声	第9.3.1条	/		
	6	以现场环境噪声为基准,紧急广播的信噪比不应小于15dB	第9.3.1条	/		
	7	当广播系统设备消防应急广播功能时,应采用阻燃线槽、阻燃线管盒阻燃线缆敷设	第9.2.1条	/		
一般项目	1	质量控制一般项目	第9.3.2条			
	2	广播扬声器的安装要求	第9.2.2条			
施工单位检查结果			专业工长:　项目专业质量检查员:　年　月　日			
监理单位验收结论			专业监理工程师:　年　月　日			

（2）验收内容及检查方法条文摘录

主 控 项 目

3.5.1 材料、器具、设备进场质量检测除应符合现行国家标准《智能建筑工程质量验收规范》GB 50339—2003 第 3.2.1 条和第 3.2.2 条规定外，尚应符合下列规定：

1 按照合同文件和工程设计文件进行的进场验收，应有书面记录和参加人签字，并应经监理工程师或建设单位验收人员确认；

2 应对材料、设备的外观、规格、型号、数量计产地等进行检查复核；

3 主要设备、材料应有生产厂家的质量合格证明文件及性能的检测报告；

4 设备及材料的质量检查应包括安全性、可靠性及电磁兼容性等项目，并应由生产厂家出具相应检测报告。

9.3.1 主控项目除应符合现行国家标准《智能建筑工程质量验收规范》50339—2013 第 4.2.10 条的规定外，尚应符合下列规定：

1 扬声器、控制器、插座板等设备安装应牢固可靠，导线连接应排列整齐，线号应正确清晰；

2 当广播系统具有紧急广播功能时，其紧急广播应由消防分机控制，并应具有最高优先权；在火灾和突发事故发生时，应能强制切换为紧急广播并以最大音量播出。系统应能在手动或警报信号触发的 10s 内，向相关广播区播放警示信号（含警笛）、警报语声文件或实时指挥语声。以现场环境噪声为基准，紧急广播的信噪比不应小于 15dB。

9.2.1 桥架、管线敷设除应执行本规范第 4 章规定外，尚应符合下列要求：

1 室外广播传输线缆应穿管埋地或在电缆沟内敷设，室内广播传输线缆应穿管或用线槽敷设；

2 广播系统的功率传输线线缆应用专用线槽和线管敷设；

3 当广播系统具备消防应急广播功能时，应采用阻燃线槽、阻燃线管和阻燃线缆敷设；

4 广播系统功率传输线路，其绝缘电压等级应与其额定传输电压相容，其接头不得裸露，电位不等的接头应分别进行绝缘处理；

5 广播系统传输线缆应减少接头数量，接头应妥善包扎并放在检查盒内。

一 般 项 目

9.3.2 一般项目的质量控制应符合下列规定：

1 同一室内的吸顶扬声器应排列均匀。扬声器箱、控制器、插座等标高应一致、平整牢固；扬声器周围不应有破口现象，装饰罩不应有损伤、且应平整；

2 各设备导线连接应正确、可靠、牢固；箱内电缆（线）应排列整齐，线路编号应正确清晰。线路较多时应绑扎成束，并应在箱（盒）内留有适当空间。

9.2.2 广场扬声器的安装应符合下列规定：

1 根据声场设计及现场情况确定广播扬声器的高度及其水平指向和垂直指向，并应符合下列规定：

1) 广播扬声器的声辐射应指向广播服务区；

2) 当周围有高大建筑物和高大地形地物时，应避免安装不当而产生回声；

2 广播扬声器与广播线路之间的接头应接触良好，不同电位的接头应分别绝缘，宜采用压接套管和压接工具连接；

3　广播扬声器的安装固定应安全可靠。安装扬声器的路杆、桁架、墙体、棚顶和紧固件应具有足够的承载能力；

4　室外安装的广播扬声器应采取防潮、防雨和防霉措施，在有盐雾、硫化物等污染区安装时，应采取防腐蚀措施。

（3）验收说明

1）施工依据：《智能建筑工程施工规范》GB 50606—2010，施工工艺标准，并制订专项施工方案、技术交底资料。

2）验收依据：《智能建筑工程质量验收规范》GB 50339—2013 及《智能建筑工程施工规范》GB 50606—2010，相应的现场验收检查记录。

3）注意事项

① 主控项目的质量经抽样检验均应合格；

② 一般项目的质量经抽样检验合格。当采用计数抽样时，合格点率应符合有关专业验收规范的规定，且不得存在严重缺陷；

③ 具有完整的施工操作依据、质量验收记录；

④ 本检验批的主控项目、一般项目已列入推荐表中，有关具体内容及检查方法见一般规定及（2）条文摘录；

⑤ 黑体字的条文为强制性条文，必须严格执行，制订控制措施。

4. 软件安装检验批质量验收记录　08090401 见 08010201

5. 公共广播系统调试检验批质量验收记录

（1）推荐表格

公共广播系统调试检验批质量验收记录

08090501 ____

单位(子单位) 工程名称			分部(子分部) 工程名称		分项工程名称	
施工单位			项目负责人		检验批容量	
分包单位			分包单位项目 负责人		检验批部位	
施工依据				验收依据	《智能建筑工程质量验收规范》 GB 50339—2013	
验收项目			设计要求及 规范规定	最小/实际 抽样数量	检查记录	检查结果
主控 项目	1	当紧急广播系统具有火灾应急广播功能时,应检查传输线缆、槽盒和导管的防火保护措施	第12.0.2条	/		
	2	公共广播系统的应备声压级	第12.0.4条	/		
	3	主观评价	第12.0.5条	/		
	4	紧急广播的功能和性能	第12.0.6条	/		

	验收项目		设计要求及规范规定	最小/实际抽样数量	检查记录	检查结果
一般项目	1	应打开广播系统的全部扬声器	第12.0.3条	/		
	2	业务广播和背景广播的功能	第12.0.7条	/		
	3	公共广播系统的声场不均匀度、漏出声衰减及系统设备信噪比	第12.0.8条	/		
	4	公共广播系统的扬声器分布	第12.0.9条	/		
施工单位检查结果			专业工长： 项目专业质量检查员： 年 月 日			
监理单位验收结论			专业监理工程师： 年 月 日			

(2) 验收内容及检查方法条文摘录

一般规定

12.0.1 公共广播系统可包括业务广播、背景广播和紧急广播。检测和验收的范围应根据设计要求确定。

主控项目

12.0.2 当紧急广播系统具有火灾应急广播功能时，应检查传输线缆、槽盒和导管的防火保护措施。

12.0.4 公共广播系统检测时，应检测公共广播系统的应备声压级，柱测结果符合设计要求的应判定为合格。

12.0.5 主观评价时应对广播分区逐个进行检测和试听。并应符合下列规定：

1 语言清晰度主观评价评分应符合表12.0.5的规定：

表12.0.5 语言清晰度主观评价评分

主观评价	评分值(等级)
语言清晰度极佳,十分满意	5分(优)
语言清晰度好,比较满意	4分(良)
语言清晰度一般,尚可接受	3分(可)
语言清晰度差,勉强能听	2分(差)
语言清晰度低劣,无法接受	1分(劣)

2 评价人员应独立评价打分，评价结果应取所有评价人员打分的算术平均值；

3 评价结果不低于4分的应判定为合格。

12.0.6 公共广播系统检测时，应检测紧急广播的功能和性能，检测结果符合设计要求的应判定为合格，当紧急广播包括火灾应急广播功能时，还应检测下列内容：

1 紧急广播具有最高级别的优先权；

2 警报信号触发后，紧急广播向相关广播区播放警示信号、警报语声文件或实时指挥语声的响应时间；

3 音量自动调节功能；

4 手动发布紧急广播的一键到位功能；

5 设备的热备用功能、定时自检和故障自动告警功能；

6 备用电源的切换时间；

7 广播分区与建筑防火分区匹配。

一 般 项 目

12.0.3 公共广播系统检测时，应打开广播分区的全部广播扬声器，测量点宜均匀布置，且不应在广播扬声器附近和其声辐射轴线上。

12.0.7 公共广播系统检测时，应检测业务广播和背景广播的功能，符合设计要求的应判定为合格。

12.0.8 公共广播系统检测时，应检测公共广播系统的声场不均匀度、漏出声衰减及系统设备信噪比，检测结果符合设计要求的应判定为合格。

12.0.9 公共广播系统检测时，应检查公共广播系统的扬声器位置，分布合理、符合设计要求的应判定为合格。

(3) 验收说明

1) 施工依据：《智能建筑工程施工规范》GB 50606—2010，施工工艺标准，并制订专项施工方案、技术交底资料。

2) 验收依据：《智能建筑工程质量验收规范》GB 50339—2013 及《智能建筑工程施工规范》GB 50606—2010，相应的现场验收检查记录。

3) 注意事项：

① 主控项目的质量经抽样检验均应合格；

② 一般项目的质量经抽样检验合格。当采用计数抽样时，合格点率应符合有关专业验收规范的规定，且不得存在严重缺陷；

③ 具有完整的施工操作依据、质量验收记录；

④ 本检验批的主控项目、一般项目已列入推荐表中，有关具体内容及检查方法见一般规定及（2）条文摘录；

⑤ 黑体字的条文为强制性条文，必须严格执行，制订控制措施。

6. 系统试运行检验批质量验收记录　　08090601 见 08010401

第十一节　会议系统子分部工程检验批质量验收记录

1. 梯架、托盘、槽盒和导管安装检验批质量验收记录　08100101 见 08050101

2. 线缆敷设检验批质量验收记录　08100201 见 08030101

3. 会议系统设备安装检验批质量验收记录

（1）推荐表格

会议系统设备安装检验批质量验收记录

单位（子单位）工程名称			分部（子分部）工程名称		分项工程名称	
施工单位			项目负责人		检验批容量	
分包单位			分包单位项目负责人		检验批部位	
施工依据				验收依据	《智能建筑工程质量验收规范》GB 50339—2013	

		验收项目	设计要求及规范规定	最小/实际抽样数量	检查记录	检查结果
主控项目	1	材料、器具、设备进场质量检测	第3.5.1条	/		
	2	会议发言系统安装	第8.2.4条	/		
	3	扬声器系统安装	第8.2.5条	/		
	4	音频设备安装	第8.2.6条	/		
	5	设备安装	第8.2.7条	/		
	6	同声传译设备安装	第8.2.8条	/		
	7	视频会议设备安装	第8.2.9条	/		
	8	质量主控项目	第8.3.1条	/		
一般项目	1	质量一般项目	第8.3.2条	/		
施工单位检查结果				专业工长：项目专业质量检查员：年　月　日		
监理单位验收结论				专业监理工程师：年　月　日		

（2）验收内容及检查方法条文摘录

主控项目

3.5.1　材料、器具、设备进场质量检测除应符合现行国家标准《智能建筑工程质量验收规范》GB 50339—2003 第3.2.1条和第3.2.2条规定外，尚应符合下列规定：

1　按照合同文件和工程设计文件进行的进场验收，应有书面记录和参加人签字，并应经监理工程师或建设单位验收人员确认；

2　应对材料、设备的外观、规格、型号、数量计产地等进行检查复核；

3　主要设备、材料应有生产厂家的质量合格证明文件及性能的检测报告；

4　设备及材料的质量检查应包括安全性、可靠性及电磁兼容性等项目，并应由生产厂家出具相应检测报告。

8.2.4　会议发言系统的安装应符合下列规定：

1　采用串联方式的专业有线会议系统，传声器之间的连接线缆应端接牢固；

2　采用传声器直联扩声设备组成的系统，传声器传输线应选用专用屏蔽线；

3　采用移动式传声器应做好线缆防护，并应防止线缆损伤；

4　采用无线传声器传输距离较远时，应加装机外接收天线，安装在桌面时宜装备固定座托。

8.2.5　扬声器系统的安装应符合下列规定：

1　扬声器系统安装应与设计一致，可选用集中式、分散式或集中分散相结合的安装方式，并应满足全场覆盖及声场均匀度要求；

2　扬声器系统固定应安全可靠，安装高度和安装角度应符合声场设计的要求；

3　扬声器系统利用建筑结构安装支架或吊杆等附件时，应检查建筑结构的承重能力；

4　扬声器系统暗装时，暗装空间尺寸应足够大（并作吸声处理），保证扬声器在其内能进行辐射角调整；扬声器面罩透声性应符合要求，如面罩用格栅结构时，其材料尺寸（宽度和深度）不宜大于20mm；

5　扬声器系统吸顶安装时，扬声器布置应满足声场均匀度和布局美观要求；

6　扬声器系统应远离传声器，轴指向不应对准传声器，并应避免引起自激啸叫；

7　扬声器系统应采取可靠的安全保障措施，工作时不应产生机械噪声；

8　吊装扬声器箱及号筒扬声器时，应采用原装附带的吊挂安装件；如无原配件时，可选用钢丝绳或镀锌铁链等专用扬声器箱吊挂安装件；

9　室外扬声器系统应具有防潮和防腐的特性，紧固件应具有足够的承载能力；

10　用于火灾隐患区的扬声器应由阻燃材料制成或采用阻燃后罩；广播扬声器在短期喷淋的条件下应能正常工作。

8.2.6　音频设备的安装应符合下列规定：

1　设备安装顺序应与信号流程一致；

2　机柜安装顺序应上轻下重，无线传声器接收机等设备应安装于机柜上部；功率放大器等较重设备应安装于机柜下部，并应由导轨支撑；

3　系统线缆均应通过金属管、线槽引入控制室架空地板下，再引至机柜和控制台下方；

4　控制室预留的电源箱内，应设有防电磁脉冲的措施，应配备带滤波的稳压电源装置，供电容量应满足系统设备全部开通时的容量；若系统具有火灾应急广播功能时，应按一级负荷供电；双电源末端应互投，并应配置不间断电源；

5　调音台宜安装于调音人员操作调节的操作台上；节目源等需经常操作的设备应安装于易操作位置；

6　机柜应采用螺栓固定在基础型钢上，安装后应对垂直度进行检查、调整；控制台应与基础固定牢固、摆放整齐；

7　机柜设备安装应该平稳、端正，面板应排列整齐，并应拧紧面板螺钉；带轨道的设备应推拉灵活；内部线缆分类应排列整齐；各设备之间应留有充分的散热间隙安装通风面板或盲板；

8　电缆两端的接插件应筛选合格产品，并应采用专用工具制作，不得虚焊或假焊；

接插件需要压接的部位，应保证压接质量，不得松动脱落；制作完成后应进行严格检测，合格后方可使用；平衡接线方式不应受外界电磁场干扰、音质好；

9 电缆两端的接插件附近应有标明端别和用途的标识，不得错接和漏接；

10 时序电源应按照开机顺序依次连接，安装位置应兼顾所有设备电源线的长度；

11 根据机柜内设备器材应选择相应的避震器材。

8.2.7 视频设备的安装应符合下列规定：

1 显示器屏幕安装时应避免反射光、眩光等现象；墙壁、地板宜使用不易反光材料；

2 传输电缆距离超过选用端口支持的标准长度时，应使用信号放大设备、线路补偿设备，或选用光缆传输；

3 显示设备宜使用电源滤波插座单独供电；

4 显示器应安装牢固，固定设备的墙体、支架承重应符合设计要求；应选择合适的安装支撑架、吊架及固定件，螺丝、螺栓应紧固到位；

5 镶嵌在墙内的大屏幕显示器、墙挂式显示器等的安装位置应满足最佳观看视距的要求。

8.2.8 同声传译设备的安装应符合下列规定：

1 采用有线式同声传译的系统，在听众的坐席上应设置耳机插孔、音量调节和分路选择开关的收听装置；

2 采用无线同声传译系统时，应根据座位排列并结合无线覆盖有效范围，准确定位无线发射器的数量及安装位置；

3 同声传译宜设立专用的译员间并应符合下列规定：

1）译员间宜设有隔声观察窗，译员间应具备观察主席台场景的条件；

2）译员间外应设译音工作指示灯或提示牌；

3）译员间可采用固定式或移动式。

8.2.9 视频会议设备的安装应符合下列规定：

1 视频会议系统应包括视频会议多点控制单元、会议终端、接入网关、音频扩声及视频显示等部分；

2 传声器布置宜避开扬声器的主辐射区，并应达到声场均匀、自然清晰、声源感觉良好等要求；

3 摄像机的布置应使被摄人物收入视角范围之内，宜从多个方位摄取画面，并应能获得会场全景或局部特写镜头；

4 监视器或大屏幕显示器的布置，宜使与会者处在较好的视距和视角范围之内；

5 会场视频信号的采集区照明条件应满足下列规定：

1）光源色温 3200K；

2）主席台区域的平均照度宜为 500lx～800lx，一般区域的平均照度宜为 500lx，投影电视屏幕区域的平均照度宜小于 80lx。

8.3.1 主控项目应符合下列规定：

1 应保证机柜内设备安装的水平度，不得在有尘、不洁环境；

2 设备安装应牢固；

3 信号电缆长度不得超过设计要求；

4 视频会议应具有较高的语言清晰度和合适的混响时间；当会场容积在 200m³ 以下

时，混响时间宜为 0.4s～0.6s；当视频会议室还作为其他功能使用时混响时间不宜大于 0.6s；当会场容积在 500m³ 以上时，应按现行国家标准《剧场、电影院和多用途厅堂建筑声学设计规范》GB/T 50356 执行。

一 般 规 定

8.3.2 一般项目应符合下列规定：

1 电缆敷设前应作整体通路检测；

2 设备安装前应通电预检，有故障的设备应及时处理。

（3）验收说明

1）施工依据：《智能建筑工程施工规范》GB 50606—2010，施工工艺标准，并制订专项施工方案、技术交底资料。

2）验收依据：《智能建筑工程质量验收规范》GB 50339—2013 及《智能建筑工程施工规范》GB 50606—2010，相应的现场验收检查记录。

3）注意事项

① 主控项目的质量经抽样检验均应合格；

② 一般项目的质量经抽样检验合格。当采用计数抽样时，合格点率应符合有关专业验收规范的规定，且不得存在严重缺陷；

③ 具有完整的施工操作依据、质量验收记录；

④ 本检验批的主控项目、一般项目已列入推荐表中，有关具体内容及检查方法见一般规定及（2）条文摘录；

⑤ 黑体字的条文为强制性条文，必须严格执行，制订控制措施。

4. 软件安装检验批质量验收记录 08100401 见 08010201

5. 会议系统调试检验批质量验收记录

（1）推荐表格

会议系统调试检验批质量验收记录

08100501 ___

单位(子单位)工程名称			分部(子分部)工程名称		分项工程名称		
施工单位			项目负责人		检验批容量		
分包单位			分包单位项目负责人		检验批部位		
施工依据					验收依据	《智能建筑工程质量验收规范》GB 50339—2013	
		验收项目		设计要求及规范规定	最小/实际抽样数量	检查记录	检查结果
主控项目	1	会议扩声系统声学特性指标		13.0.5	/		
	2	会议视频显示系统显示特性指标		13.0.6			
	3	具有会议电视功能的会议灯光系统的平均照度值		13.0.7	/		
	4	与火灾自动报警系统的联动功能		13.0.8	/		

367

验收项目		设计要求及规范规定	最小/实际抽样数量	检查记录	检查结果
一般项目	1	会议电视系统检测	13.0.9	/		
	2	其他系统检测	13.0.10	/		
施工单位检查结果		专业工长： 项目专业质量检查员： 年　月　日			
监理单位验收结论		专业监理工程师： 年　月　日			

（2）验收内容及检查方法条文摘录

一般规定

13.0.1　会议系统可包括会议扩声系统、会议视频显示系统，会议灯光系统、会议同声传译系统会议讨论系统、会议电视系统、会议表决系统、会议集中控制系统、会议摄像系统、会议录播系统和会议签到管理系统等。检测和验收的范围应根据设计要求确定。

13.0.2　会议系统检测时，应根据系统规模和实际所选用功能和系统，以及会议室的重要性和设备复杂性确定检测内容和验收项目。

13.0.3　会议系统检测前，宜检查会议系统引入电源和会场建声的检测记录。

13.0.4　会议系统检测应符合下列规定：

1　功能检测应采用现场模拟的方法，根据设计要求逐项检测；

2　性能检测可采用客观测量或主观评价方法进行。

主控项目

13.0.5　会议扩声系统的检测应符合下列规定：

1　声学特性指标可检测语言传输指数，或直接检测下列内容：

1）最大声压级；

2）传输频率特性；

3）传声增益；

4）声场不均匀度；

5）系统总噪声级。

2　声学特性指标的测量方法应符合现行国家标准《厅堂扩声特性测量方法》GB/T 4959的规定检测结果符合设计要求的应判定合格。

3　主观评价应符合下列规定：

1）声源应包括语言和音乐两类；

2）评价方法和评分标准应符合本规范第12.0.5条的规定。

13.0.6　会议视频显示系统的检测应符合下列规定：

1　显示特性指标的检测应包括下列内容：

1）显示屏亮度；

2）图像对比度；

3）亮度均匀性；

4）图像水平清晰度；

5）色域覆盖率；

6）水平视角，垂直视角。

2 显示特性指标的测量方法应符合现行国家标准《视频显示系统工程测量规范》GB/T 50025 的规定。检测结果符合设计要求的应判定为合格。

3 主观评价应符合本规范第 11.0.4 条第 2 款的规定。

13.0.7 具有会议电视功能的会议灯光系统，应检测平均照度值。检测结果符合设计要求的应判定为合格。

13.0.8 会议讨论系统和会议同声传译系统应检测与火灾自动报警系统的联动功能。检测结果符合设计要求的应判定为合格。

一 般 项 目

13.0.9 会议电视系统的检测应符合下列规定：

1 应对主会场和分会场功能分别进行检测；

2 性能评价的检测宜包括声音延时、声像同步、会议电视回声、图像清晰度和图像连续性；

3 会议灯光系统的检测宜包括照度、色温和显色指数；

4 检测结果符合设计要求的应判定为合格。

13.0.10 其他系统的检测应符合下列规定：

1 会议同声传译系统的检测应按现行国家标准《红外线同声传译系统工程技术规范》GB 50524 的规定执行；

2 会议签到管理系统应测试签到的准确性和报表功能；

3 会议表决系统应测试表决速度和准确性；

4 会议集中控制系统的检测应采用现场功能演示的方法，逐项进行功能检测；

5 会议录播系统应对现场视频、音频、计算机数字信号的处理、录制和播放功能进行检测，并检验其信号处理和录播系统的质量；

6 具备自动跟踪功能的会议摄像系统应与会议讨论系统相配合，检查摄像机的预置位调用功能；

7 检测结果符合设计要求的应判定为合格。

(3) 验收说明

1）施工依据：《智能建筑工程施工规范》GB 50606—2010，施工工艺标准，并制订专项施工方案、技术交底资料。

2）验收依据：《智能建筑工程质量验收规范》GB 50339—2013 及《智能建筑工程施工规范》GB 50606—2010，相应的现场验收检查记录。

3）注意事项：

① 主控项目的质量经抽样检验均应合格；

② 一般项目的质量经抽样检验合格。当采用计数抽样时，合格点率应符合有关专业验收规范的规定，且不得存在严重缺陷；

③ 具有完整的施工操作依据、质量验收记录；

④ 本检验批的主控项目、一般项目已列入推荐表中，有关具体内容及检查方法见一般规定及（2）条文摘录；

⑤ 黑体字的条文为强制性条文，必须严格执行，制订控制措施。

6. 系统试运行检验批质量验收记录　08100601 见 08010401

第十二节　信息导引及发布系统子分部工程检验批质量验收记录

1. 梯架、托盘、槽盒和导管安装检验批质量验收记录　08110101 见 08050101

2. 线缆敷设检验批质量验收记录　08110201 见 08030101

3. 信息导引及发布系统显示设备安装检验批质量验收记录

（1）推荐表格

信息导引及发布系统显示设备安装检验批质量验收记录　　　08110301 ＿＿＿

单位(子单位)工程名称			分部(子分部)工程名称		分项工程名称	
施工单位			项目负责人		检验批容量	
分包单位			分包单位项目负责人		检验批部位	
施工依据				验收依据	《智能建筑工程质量验收规范》GB 50339—2013	
验收项目			设计要求及规范规定	最小/实际抽样数量	检查记录	检查结果
主控项目	1	材料、器具、设备进场质量检测	第 3.5.1 条	/		
	2	多媒体显示屏安装必须牢固	第 10.3.1 条	/		
	3	供电和通讯传输系统必须连接可靠,确保应用要求	第 10.3.1 条	/		
一般项目	1	设备、线缆标识应清晰、明确	第 10.3.2 条	/		
	2	各设备、器件、盒、箱、线缆等的安装应符合设计要求,并应做到布局合理、排列整齐、牢固可靠、线缆连接正确、压接牢固	第 10.3.2 条	/		
	3	信号引导、发布系统安装	第 10.2.3 条			
施工单位检查结果				专业工长：项目专业质量检查员： 年 月 日		
监理单位验收结论				专业监理工程师： 年 月 日		

（2）验收内容及检查方法条文摘录

主 控 项 目

3.5.1 材料、器具、设备进场质量检测除应符合现行国家标准《智能建筑工程质量验收规范》GB 50339—2003 第 3.2.1 条和第 3.2.2 条规定外，尚应符合下列规定：

1 按照合同文件和工程设计文件进行的进场验收，应有书面记录和参加人签字，并应经监理工程师或建设单位验收人员确认；

2 应对材料、设备的外观、规格、型号、数量计产地等进行检查复核；

3 主要设备、材料应有生产厂家的质量合格证明文件及性能的检测报告；

4 设备及材料的质量检查应包括安全性、可靠性及电磁兼容性等项目，并应由生产厂家出具相应检测报告。

10.3.1 主控项目应符合下列规定：

1 电话交换系统和通信接入系统的检测阶段、检测内容、检测方法及性能指标要求应符合现行行业标准《程控电话交换设备安装工程验收规范》YD 5077 等国家现行标准的要求；

2 通信系统连接公用通信网信道的传输率、信号方式、物理接口和接口协议应符合设计要求；

3 时钟系统的时间信息设备、母钟、子钟时间控制必须准确、同步；

4 多媒体显示屏安装必须牢固。供电和通讯传输系统必须连接可靠，确保应用要求；

5 呼叫对讲系统应对呼叫响应及时、正确，且图像、语音清晰；

6 售验票系统数据库管理系统的售票数据的统计和检票数据的统计应准确；

7 售验票系统的自动通道闸机必须响应正确、运动可靠。

一 般 项 目

10.3.2 一般项目应符合下列规定：

1 设备、线缆标识应清晰、明确；

3 各设备、器件、盒、箱、线缆等的安装应符合设计要求，并应做到布局合理、排列整齐、牢固可靠、线缆连接正确、压接牢固；

4 馈线连接头应牢固安装，接触应良好，并应采取防雨、防腐措施。

10.2.3 信息导引及发布系统安装应符合下列规定：

1 系统服务器、工作站应安装于机房的机柜内，并应符合本规范的第 6 章的规定；

2 触摸屏、显示屏的安装位置应对人行通道无影响；

3 触摸屏、显示屏应安装在没有强电磁辐射源及干燥的地方；

4 与相关专业协调并在现场确定落地式显示屏安装钢架的承重能力应满足设计要求；

5 室外安装的显示屏应做好防漏电、防御措施，并应满足 IP65 防护等级标准。

（3）验收说明

1）施工依据：《智能建筑工程施工规范》GB 50606—2010，施工工艺标准，并制订专项施工方案、技术交底资料。

2）验收依据：《智能建筑工程质量验收规范》GB 50339—2013 及《智能建筑工程施工规范》GB 50606—2010，相应的现场验收检查记录。

3）注意事项

① 主控项目的质量经抽样检验均应合格；

② 一般项目的质量经抽样检验合格。当采用计数抽样时，合格点率应符合有关专业验收规范的规定，且不得存在严重缺陷；

③ 具有完整的施工操作依据、质量验收记录；

④ 本检验批的主控项目、一般项目已列入推荐表中，有关具体内容及检查方法见一般规定及（2）条文摘录；

⑤ 黑体字的条文为强制性条文，必须严格执行，制订控制措施。

4. 机房设备安装检验批质量验收记录　08110401 见 08010101

5. 软件安装检验批质量验收记录　08110501 见 08010201

6. 信息导引及发布系统调试检验批质量验收记录

（1）推荐表格

信息导引及发布系统调试检验批质量验收记录　　08110601 ____

单位（子单位）工程名称			分部（子分部）工程名称			分项工程名称		
施工单位			项目负责人			检验批容量		
分包单位			分包单位项目负责人			检验批部位		
施工依据					验收依据	《智能建筑工程质量验收规范》GB 50339—2013		
		验收项目			设计要求及规范规定	最小/实际抽样数量	检查记录	检查结果
主控项目	1	系统功能			14.0.3	/		
	2	显示性能			14.0.4	/		
一般项目	1	自动恢复功能			14.0.5	/		
	2	系统终端设备的远程控制功能			14.0.6	/		
	3	图像质量主观评价			14.0.7	/		
施工单位检查结果			专业工长：项目专业质量检查员：年　月　日					
监理单位验收结论			专业监理工程师：年　月　日					

（2）验收内容及检查方法条文摘录

一 般 规 定

14.0.1　信息引导及发布系统可由信息播控设备、传输网络、信息显示屏（信息标识牌）和信息导引设施或查询终端等组成，检测和验收的范围应根据设计要求确定。

14.0.2　信息引导及发布系统检测应以系统功能检测为主，图像质量主观评价为辅。

主 控 项 目

14.0.3　信息引导及发布系统功能检测应符合下列规定：

1　应根据设计要求对系统功能逐项检测；

2　软件操作界面应显示准确、有效；

3　检测结果符合设计要求的应判定为合格。

14.0.4　信息引导及发布系统检测时，应检测显示性能，且结果符合设计要求的应判定为合格。

一 般 项 目

14.0.5　信息引导及发布系统检测时，应检查系统断电后再次。恢复供电时的自动恢复功能，且结果符合设计要求的应判定为合格。

14.0.6　信息引导及发布系统检测时，应检测系统终端设备的远程控制功能，且结果符合设计要求的应判定为合格。

14.0.7　信息导引及发布系统的图像质量主观评价，应符合本规范第11.0.4条第2款的规定。

(3) 验收说明

1）施工依据：《智能建筑工程施工规范》GB 50606—2010，施工工艺标准，并制订专项施工方案、技术交底资料。

2）验收依据：《智能建筑工程质量验收规范》GB 50339—2013 及《智能建筑工程施工规范》GB 50606—2010，相应的现场验收检查记录。

3）注意事项

①　主控项目的质量经抽样检验均应合格；

②　一般项目的质量经抽样检验合格。当采用计数抽样时，合格点率应符合有关专业验收规范的规定，且不得存在严重缺陷；

③　具有完整的施工操作依据、质量验收记录；

④　本检验批的主控项目、一般项目已列入推荐表中，有关具体内容及检查方法见一般规定及（2）条文摘录；

⑤　黑体字的条文为强制性条文，必须严格执行，制订控制措施。

7. 系统试运行检验批质量验收记录　08110701 见 08010401

第十三节　时钟系统子分部工程检验批质量验收记录

1. 梯架、托盘、槽盒和导管安装检验批质量验收记录　08120101 见 08050101

2. 线缆敷设检验批质量验收记录　08120201 见 08030101

3. 时钟系统设备安装检验批质量验收记录

时钟系统设备安装检验批质量验收记录   08120301 ____

单位(子单位)工程名称			分部(子分部)工程名称		分项工程名称		
施工单位			项目负责人		检验批容量		
分包单位			分包单位项目负责人		检验批部位		
施工依据				验收依据	《智能建筑工程质量验收规范》GB 50339—2013		

		验收项目	设计要求及规范规定	最小/实际抽样数量	检查记录	检查结果
主控项目	1	材料、器具、设备进场质量检测	第3.5.1条	/		
	2	时钟系统的时间信息设备、母钟、子钟之间控制必须准确、同步	第10.3.1条	/		
一般项目	1	设备、线缆标识应清晰、明确	第10.3.2条	/		
	2	各设备、器件、盒、箱、线缆等的安装应符合设计要求，并应做到布局合理、排列整齐、牢固可靠、线缆连接正确、压接牢固	第10.3.2条	/		
	3	馈线连接头应牢固安装，接触应良好，并应采取防雨、防腐措施	第10.3.2条	/		
	4	中心母钟、时间服务器、监控计算机、分路输出接口箱安装	第10.2.2条	/		
	5	子钟安装应牢固，安装高度符合要求	第10.2.2条	/		
	6	天线应固定在墙面或屋顶上的金属底座上	第10.2.2条	/		
	7	大型室外钟的安装	第10.2.2条	/		
施工单位检查结果			专业工长：项目专业质量检查员：年 月 日			
监理单位验收结论			专业监理工程师：年 月 日			

（2）验收内容及检查方法条文摘录

主控项目

3.5.1 材料、器具、设备进场质量检测除应符合现行国家标准《智能建筑工程质量

374

验收规范》GB 50339—2003 第 3.2.1 条和第 3.2.2 条规定外，尚应符合下列规定：

1 按照合同文件和工程设计文件进行的进场验收，应有书面记录和参加人签字，并应经监理工程师或建设单位验收人员确认；

2 应对材料、设备的外观、规格、型号、数量计产地等进行检查复核；

3 主要设备、材料应有生产厂家的质量合格证明文件及性能的检测报告；

4 设备及材料的质量检查应包括安全性、可靠性及电磁兼容性等项目，并应由生产厂家出具相应检测报告。

10.3.1 主控项目应符合下列规定：

3 时钟系统的时间信息设备、母钟、子钟时间控制必须准确、同步；

一 般 项 目

10.3.2 一般项目应符合下列规定：

1 设备、线缆标识应清晰、明确；

3 各设备、器件、盒、箱、线缆等的安装应符合设计要求，并应做到布局合理、排列整齐、牢固可靠、线缆连接正确、压接牢固；

4 馈线连接头应牢固安装，接触应良好，并应采取防雨、防腐措施。

10.2.2 时钟系统设备安装应符合下列规定：

1 中心母钟、时间服务器、监控计算机、分路输出接口箱应安装于机房的机柜内，并符合下列规定：

1）按设计及设备安装图，应将分路接口与子钟等设备连接；

2）中心母钟机柜安装位置与天线距离不宜大于 300m；

3）时间服务器、监控计算机的安装应符合本规范第 6.2.1、第 6.2.2 条的规定。

2 子钟安装应牢固；壁挂式子钟的安装高度宜为 2.3m～2.7m；吊挂式子钟的安装高度宜为 2.1m～2.7m；

3 天线应安装于室外，至少应有三面无遮挡，且应在建筑物避雷区域内；

4 天线应固定在墙面或屋顶上的金属底座上；

5 大型室外钟的安装应符合下列规定：

1）应根据室外钟的尺寸，考虑风力影响，宜做室外钟支撑架；

2）对于钢结构的建筑，应以焊接的方式安装室外钟支撑架；

3）对于混凝土结构的建筑应以预埋钢架的方式安装室外钟支撑架；

4）应按设计要求安装防雷击装置；

5）应做好防漏、防雨的密封措施。

(3) 验收说明

1）施工依据：《智能建筑工程施工规范》GB 50606—2010，施工工艺标准，并制订专项施工方案、技术交底资料。

2）验收依据：《智能建筑工程质量验收规范》GB 50339—2013 及《智能建筑工程施工规范》GB 50606—2010，相应的现场验收检查记录。

3）注意事项：

① 主控项目的质量经抽样检验均应合格；

② 一般项目的质量经抽样检验合格。当采用计数抽样时，合格点率应符合有关专业

验收规范的规定，且不得存在严重缺陷；

③ 具有完整的施工操作依据、质量验收记录；

④ 本检验批的主控项目、一般项目已列入推荐表中，有关具体内容及检查方法见一般规定及（2）条文摘录；

⑤ 黑体字的条文为强制性条文，必须严格执行，制订控制措施。

4. 软件安装检验批质量验收记录　08120401 见 08010201

5. 时钟系统调试检验批质量验收记录

（1）推荐表格

时钟系统调试检验批质量验收记录

08120501 ____

单位(子单位) 工程名称			分部(子分部) 工程名称		分项工程名称		
施工单位			项目负责人		检验批容量		
分包单位			分包单位项目 负责人		检验批部位		
施工依据				验收依据	《智能建筑工程质量验收规范》 GB 50339—2013		
验收项目			设计要求及 规范规定	最小/实际 抽样数量	检查记录	检查结果	
主控 项目	1	母钟与时标信号接收器同步、 母钟对子钟同步校时的功能	第15.0.3条	/			
	2	平均瞬时日差指标	第15.0.4条	/			
	3	时钟显示的同步偏差	第15.0.5条	/			
	4	授时校准功能	第15.0.6条	/			
一般 项目	1	母钟、子钟和时间服务器等 运行状态的检测功能	第15.0.7条	/			
	2	自动恢复功能	第15.0.8条	/			
	3	系统的使用可靠性	第15.0.9条	/			
	4	有日历显示的时钟换历功能	第15.0.10条	/			
	5	时钟系统检测、按时、授时功能	第15.0.11条	/			
施工单位 检查结果			专业工长： 项目专业质量检查员： 年　月　日				
监理单位 验收结论			专业监理工程师： 年　月　日				

(2) 验收内容及检查方法条文摘录

一 般 规 定

15.0.1 时钟系统测试方法应符合现行行业标准《时间同步系统》QB/T 4054 的相关规定。

15.0.2 时钟系统检测应以接收及授时功能为主，其他功能为辅。

主 控 项 目

15.0.3 时钟系统检测时，应检测母钟与时标信号接收器同步、母钟对子钟同步校时的功能，检测结果符合设计要求的应判定为合格。

15.0.4 时钟系统检测时，应检测平均瞬时日差指标，检测结果符合下列条件的应判定为合格：

1 石英谐振器一级母钟的平均瞬时日差不大于 0.01s/d；

2 石英谐振器二级母钟的平均瞬时日差不大于 0.1s/d；

3 子钟的平均瞬时日差在（−1.00～+1.00)s/d。

15.0.5 时钟系统检测时，应检测时钟显示钧同步偏差，检测结果符合下列条件的应判定为合格：

1 母钟的输出口同步偏差不大于 50ms；

2 子钟与母钟的时间显示偏差不大于 1s。

15.0.6 时钟系统检测时，应检测授时校准功能，检测结果符合下列条件的应判定为合格：

1 一级母钟能可靠接收标准时间信号及显示标准时间，并向各二级母钟输出标准时间信号；无标准时间信号时，一级母钟能正常运行；

2 二级母钟能可靠接收一级母钟提供的标准时间信号，并向子钟输出标准时间信号；无一级母钟时间信号时，二级母钟能正常运行；

3 子钟能可靠接收二级母钟提供的标准时间信号；无二级母钟时间信号时，子钟能正常工作，并能单独调时。

一 般 项 目

15.0.7 时钟系统检测时，应检测母钟、子钟和时间服务器等运行状况的监测功能，结果符合设计要求的应判定为合格。

15.0.8 时钟系统检测时，应检查时钟系统断电后再次恢复供电时的自动恢复功能，结果符合设计要求的应判定为合格。

15.0.9 时钟系统检测时，应检查时钟系统的使用可靠性，符合下列条件的应判定为合格：

1 母钟在正常使用条件下不停走；

2 子钟在正常使用条件下不停走，时间显示正常且清楚。

15.0.10 时钟系统检测时，应检查有日历显示的时钟换历功能，结果符合设计要求的应判定为合格。

15.0.11 时钟系统检测时，应检查时钟系统对其他系统主机的校时和授时功能，结果符合设计要求的应判定为合格。

（3）验收说明

1）施工依据：《智能建筑工程施工规范》GB 50606—2010，施工工艺标准，并制订专项施工方案、技术交底资料。

2）验收依据：《智能建筑工程质量验收规范》GB 50339—2013 及《智能建筑工程施工规范》GB 50606—2010，相应的现场验收检查记录。

3）注意事项

① 主控项目的质量经抽样检验均应合格；

② 一般项目的质量经抽样检验合格。当采用计数抽样时，合格点率应符合有关专业验收规范的规定，且不得存在严重缺陷；

③ 具有完整的施工操作依据、质量验收记录；

④ 本检验批的主控项目、一般项目已列入推荐表中，有关具体内容及检查方法见一般规定及（2）条文摘录；

⑤ 黑体字的条文为强制性条文，必须严格执行，制订控制措施。

6. 系统试运行检验批质量验收记录　08120601 见 08010401

第十四节　信息化应用系统子分部工程检验批质量验收记录

1. 梯架、托盘、槽盒和导管安装检验批质量验收记录　08130101 见 08050101
2. 线缆敷设检验批质量验收记录　08130201 见 08030101
3. 设备安装检验批质量验收记录　08130301 见 08010101
4. 软件安装检验批质量验收记录　08130401 见 08010201
5. 信息化应用系统调试检验批质量验收记录

（1）推荐表格

信息化应用系统调试检验批质量验收记录

08130501 ____

单位(子单位)工程名称			分部(子分部)工程名称			分项工程名称		
施工单位			项目负责人			检验批容量		
分包单位			分包单位项目负责人			检验批部位		
施工依据					验收依据	《智能建筑工程质量验收规范》GB 50339—2013		
		验收项目			设计要求及规范规定	最小/实际抽样数量	检查记录	检查结果
主控项目	1	检查设备的性能指标			第16.0.4条	/		
	2	业务功能和业务流程			第16.0.5条	/		
	3	应用软件功能和性能测试			第16.0.6条	/		
	4	应用软件修改后回归测试			第16.0.7条	/		

		验收项目	设计要求及规范规定	最小/实际抽样数量	检查记录	检查结果
一般项目	1	应用软件功能和性能测试	第16.0.8条	/		
	2	运行软件产品的设备中与应用软件无关的软件检查	第16.0.9条	/		
	3	验收文件	第16.0.10条	/		
施工单位检查结果			专业工长： 项目专业质量检查员： 年 月 日			
监理单位验收结论			专业监理工程师： 年 月 日			

(2) 验收内容及检查方法条文摘录

一 般 规 定

16.0.1 信息化应用系统可包括专业业务系统、信息设施运行管理系统、物业管理系统、通用业务系统、公众信息系统、智能卡应用系统和信息安全管理系统等，检测和验收的范围应根据设计要求确定。

16.0.2 信息化应用系统按构成要素分为设备和软件，系统检测应先检查设备，后检测应用软件。

16.0.3 应用软件测试应按软件需求规格说明编制测试大纲，并确定测试内容和测试用例，且宜采用黑盒法进行。

主 控 项 目

16.0.4 信息化应用系统检测时，应检查设备的性能指标，结果符合设计要求的应判定为合格。对于智能卡设备还应检测下列内容：

1 智能卡与读写设备间的有效作用距离；

2 智能卡与读写设备间的通信传输速率和读写验证处理时间；

3 智能卡序号的唯一性。

16.0.5 信息化应用系统检测时，应测试业务功能和业务流程，结果符合软件需求规格说明的应判定为合格。

16.0.6 信息化应用系统检测时，应用软件的重要功能和性能测试应包括下列内容，结果符合软件需求规格说明的应判定为合格；

1 重要数据删除的警告和确认提示；

2 输入非法值的处理;

3 密钥存储方式;

4 对用户操作进行记录并保存的功能;

5 各种权限用户的分配;

6 数据备份和恢复功能;

7 响应时间。

16.0.7 应用软件修改后,应进行回归测试,修改后的应用软件能满足软件需求规格说明的应判定为合格。

一 般 项 目

16.0.8 应用软件的一般功能和性能测试应包括下列内容,结果符合软件需求规格说明的应判定合格:

1 用户界面采用的语言;

2 提示信息;

3 可扩展性。

16.0.9 信息化应用系统检测时,应检查运行软件产品的设备中安装的软件,没有安装与业务应用无关的软件的应划定为合格。

16.0.10 信息化应用系统验收文件除应符合本规范第3.4.4条的规定外,尚应包括应用软件的软件需求规格说明、安装手册、操作手册、维护手册和测试报告。

(3) 验收说明

1) 施工依据:《智能建筑工程施工规范》GB 50606—2010,施工工艺标准,并制订专项施工方案、技术交底资料。

2) 验收依据:《智能建筑工程质量验收规范》GB 50339—2013 及《智能建筑工程施工规范》GB 50606—2010,相应的现场验收检查记录。

3) 注意事项

① 主控项目的质量经抽样检验均应合格;

② 一般项目的质量经抽样检验合格。当采用计数抽样时,合格点率应符合有关专业验收规范的规定,且不得存在严重缺陷;

③ 具有完整的施工操作依据、质量验收记录;

④ 本检验批的主控项目、一般项目已列入推荐表中,有关具体内容及检查方法见一般规定及(2)条文摘录;

⑤ 黑体字的条文为强制性条文,必须严格执行,制订控制措施。

6. 系统试运行检验批质量验收记录　08130601 见 08010401

第十五节　建筑设备监控系统子分部工程检验批质量验收记录

1. 梯架、托盘、槽盒和导管安装检验批质量验收记录　08140101 见 08050101

2. 线缆敷设检验批质量验收记录　08140201 见 08030101

3. 建筑设备监控系统设备传感器安装检验批质量验收记录

(1) 推荐表格

建筑设备监控系统设备传感器安装检验批质量验收记录

单位(子单位) 工程名称			分部(子分部) 工程名称		分项工程名称		
施工单位			项目负责人		检验批容量		
分包单位			分包单位项目 负责人		检验批部位		
施工依据				验收依据	《智能建筑工程质量验收规范》 GB 50339—2013		
		验收项目		设计要求及 规范规定	最小/实际 抽样数量	检查记录	检查结果
主控 项目	1	材料、器具、设备进场质量检测		第3.5.1条	/		
	2	电动阀和温度、压力、流量、电量 等计量器具(仪表)进场检验		第12.1.1条	/		
	3	传感器、安装器、控制器、箱及中央管理 工作室设备的安装应符合标准规定		第12.3.1条	/		
一般项目	1	现场设备(如传感器、执行器、控制箱 柜)的安装质量应符合设计要求		第12.3.2条	/		
施工单位 检查结果				专业工长： 项目专业质量检查员： 　　　　　　　年　月　日			
监理单位 验收结论				专业监理工程师： 　　　　　　　年　月　日			

(2) 验收内容及检查方法条文摘录

一 般 规 定

12.2.1 本节规定适用于以下建筑设备监控系统设备的安装：

1 控制台、网络控制器、服务器、工作站等控制中心设备；

2 温度、湿度、压力、压差、流量、空气质量等各类传感器；

3 电动风阀、电动水阀、电磁阀等执行器；

4 现场控制器等。

12.2.2 控制中心设备的安装应符合下列规定：

1 控制台安装位置应符合设计要求，安装应平稳牢固，且应便于操作维护；

2 控制台内机架、配线、接地应符合设计要求；

3 网络控制器宜安装在控制台内机架上，安装应牢固；

4 服务器、工作站、打印机等设备应按施工图纸要求进行安装，布置应整齐、稳固；

5 控制中心设备的电源线缆、通信线缆及控制线缆的连接应符合设计要求，理线应整齐，并应避免交叉、做好标识。

12.2.3 控制中心软件的安装应符合本规范第 6.3.2 条的规定。

12.2.4 现场控制器箱的安装应符合下列规定：

1 现场控制器的安装位置宜靠近被控设备电控箱；

2 现场控制器箱应安装牢固，不应倾斜；安装在轻质墙上时，应采取加固措施；

3 现场控制器箱的高度不大于 1m 时，宜采用壁挂安装，箱体中心距地面的高度不应小于 1.4m；

4 现场控制器箱的高度大于 1m 时，宜采用落地式安装，并应制作底座；

5 现场控制器箱侧面与墙或其他设备的净距离不应小于 0.8m，正面操作距离不应小于 1m；

6 现场控制器箱接线应安装接线图和设备说明书进行，配线应整齐，不易交叉，并应固定牢靠，端部均应标明编号；

7 现场控制器箱体门板内侧应贴箱内设备的接线图；

8 现场控制器应在调试前安装，在调试前应妥善保管并采取防尘、防潮和防腐蚀措施。

12.2.5 室内、外温湿度传感器的安装应符合下列规定：

1 室内温湿度传感器的安装位置宜距门、窗和出风口大于 2m；在同一区域内安装的室内温湿度传感器，距地高度应一致，高度差不应大于 10mm；

2 室外温湿度传感器应有防风、防雨措施；

3 室内、外温湿度传感器不应安装在阳光直射的地方，应远离有较强振动、电磁干扰、潮湿的区域。

12.2.6 风管型温湿度传感器应安装在风速平稳的直管段的下半部。

12.2.7 水管温度传感器的安装应符合下列规定：

1 应与管道相互垂直安装，轴线应与管道轴线垂直相交；

2 温段小于管道口径的 1/2 时，应安装在管道的侧面或底部。

12.2.8 风管型压力传感器应安装在管道的上半部，并应在温、湿度传感器测温点的上游管段。

12.2.9 水管型压力与压差传感器应安装在温度传感器的管道位置的上游管段，取压段小于管道口径的 2/3 时，应安装在管道的侧面或底部。

12.2.10 风压压差开关安装应符合下列规定：

1 安装完毕后应做密闭处理；

2 安装高度不宜小于 0.5m。

12.2.11 水流开关应垂直安装在水平管段上。水流开关上标识的箭头方向应与水流方向一致，水流叶片的长度应大于管径的 1/2。

12.2.12 水流量传感器的安装应符合下列规定：

1 水管流量传感器的安装位置距阀门、管道缩径、弯管距离不应小于 10 倍的管道内径；

2 水管流量传感器应安装在测压点上游并距测压点 3.5 倍～5.5 倍管内径的位置；

3 水管流量传感器应安装在温度传感器测温点的上游，距温度传感器 6 倍～8 倍管径的位置；

4 流量传感器信号的传输线宜采用屏蔽和带有绝缘护套的线缆，线缆的屏蔽层宜在现场控制器侧一点接地。

12.2.13 室内空气质量传感器的安装应符合下列规定：

1 探测气体比重轻的空气质量传感器应安装在房间的上部，安装高度不宜小于 1.8m；

2 探测气体比重重的空气质量传感器应安装在房间的下部，安装高度不宜大于 1.2m。

12.2.14 风管式空气质量传感器的安装应符合下列规定：

1 风管式空气质量传感器应安装在风管管道的水平直管段；

2 探测气体比重轻的空气质量传感器应安装在风管的上部；

3 探测气体比重重的空气质量传感器应安装在风管的下部。

12.2.15 风阀执行器的安装应富恶化下列规定：

1 风阀执行器与风阀轴的连接应固定牢固；

2 风阀的机械机构开闭应灵活，且不应有松动或卡涩现象；

3 风阀执行器不能直接与风门挡板轴相连接时，可通过附件与挡板轴相连，但其附件装置应保证风阀执行器旋转角度的调整范围；

4 风阀执行器的输出力矩应与风阀所需的力矩相匹配，并应符合设计要求；

5 风阀执行器的开闭指示位应与风阀实际状况一致，风阀执行器宜面向便于观察的位置。

12.2.16 电动风阀、电磁阀的安装应符合下列规定：

1 阀体上箭头的指向应与水流方向一致，并应垂直安装于水平管道上；

2 阀门执行机构应安装牢固、传动应灵活，且不应有松动或卡涩现象；阀门应处于便于操作的位置；

3 有阀位指示装置的阀门，其阀位指示装置应面向便于观察的位置。

主控项目

3.5.1 材料、器具、设备进场质量检测除应符合现行国家标准《智能建筑工程质量验收规范》GB 50339—2003 第 3.2.1 条和第 3.2.2 条规定外，尚应符合下列规定：

1 按照合同文件和工程设计文件进行的进场验收，应有书面记录和参加人签字，并应经监理工程师或建设单位验收人员确认；

2 应对材料、设备的外观、规格、型号、数量计产地等进行检查复核；

3 主要设备、材料应有生产厂家的质量合格证明文件及性能的检测报告；

4 设备及材料的质量检查应包括安全性、可靠性及电磁兼容性等项目，并应由生产厂家出具相应检测报告。

12.1.1 材料、设备准备除应符合现行国家标准《智能建筑工程质量验收规范》GB 50339 和本规范第 3.3.2 条的规定外，尚应符合下列规定：

1　电动阀的型号、材质应符合设计要求，经抽样实验阀体强度、阀芯泄漏应满足产品说明规定；

2　电动阀的驱动器输入电压、输出信号和接线方式应符合设计要求和产品说明书的规定；

3　电动阀门的驱动器行程、压力和最大关闭力应符合设计要求和产品说明书的规定，必要时宜由第三方检测机构进行检测；

4　温度、压力、流量、电量等计量器具（仪表）应按相关规定进行校验，必要时宜由第三方检测机构进行检测。

12.3.1　主控项目应符合下列规定：

1　传感器的安装需进行焊接时，应符合现行国家标准《现场设备、工业管道焊接工程施工及验收规范》GB 50236 的有关规定；

2　传感器、执行器接线盒的引入口不宜朝上，当不可避免时，应采取密封措施；

3　传感器、执行器的安装应严格按照说明书的要求进行，接线应按照接线图和设备说明书进行，配线应整齐，不宜交叉，并应固定牢靠，端部均应标明编号；

4　水管型温度传感器、水管压力传感器、水流开关、水管流量计应安装在水流平稳的直管段，应避开水流流束死角，且不宜安装在管道焊缝处；

5　风管型温、湿度传感器、压力传感器、空气质量传感器应安装在风管的直管段且气流流束稳定的位置，且应避开风管内通风死角；

6　仪表电缆电线的屏蔽层，应在控制室仪表盘柜侧接地，同一回路的屏蔽层应具有可靠的电气连续性，不应浮空或重复接地。

一般项目

12.3.2　一般项目应符合下列规定：

1　现场设备（如传感器、执行器、控制箱柜）的安装质量应符合设计要求；

2　控制器箱接线端子板的每个接线端子，接线不得超过两根；

3　传感器、执行器均不应被保温材料遮盖；

4　风管压力、温度、湿度、空气质量、空气速度等传感器和压差开关应在风管保温完成并经吹扫后安装；

5　传感器、执行器宜安装在光线充足、方便操作的位置；应避免安装在有振动、潮湿、易受机械损伤、有强电磁场干扰、高温的位置；

6　传感器、执行器安装过程中不应敲击、震动，安装应牢固、平正；安装传感器、执行器的各种构件间应连接牢固、受力均匀，并应作防锈处理；

7　水管型温度传感器、水管型压力传感器、蒸汽压力传感器、水流开关的安装宜与工艺管道安装同时进行；

8　水管型压力、压差、蒸汽压力传感器、水流开关、水管流量计等安装套管的开孔与焊接，应在工艺管道的防腐、衬里、吹扫和压力试验前进行；

9　风机盘管温控器与其他开关并列安装时，高度差应小于 1mm，在同一室内，其高度差应小于 5mm；

10　安装于室外的阀门及执行器应有防晒、防雨措施；

11　用电仪表的外壳、仪表箱和电缆槽、支架、底座等正常不带电的金属部分，均应做保护接地；

12 仪表及控制系统的信号回路接地、屏蔽接地应共用接地。

(3) 验收说明

1) 施工依据：《智能建筑工程施工规范》GB 50606—2010，施工工艺标准，并制订专项施工方案、技术交底资料。

2) 验收依据：《智能建筑工程质量验收规范》GB 50339—2013 及《智能建筑工程施工规范》GB 50606—2010，相应的现场验收检查记录。

3) 注意事项：

① 主控项目的质量经抽样检验均应合格；

② 一般项目的质量经抽样检验合格。当采用计数抽样时，合格点率应符合有关专业验收规范的规定，且不得存在严重缺陷；

③ 具有完整的施工操作依据、质量验收记录；

④ 本检验批的主控项目、一般项目已列入推荐表中，有关具体内容及检查方法见一般规定及（2）条文摘录；

⑤ 黑体字的条文为强制性条文，必须严格执行，制订控制措施；

⑥ 本推荐表尚可用于 08140301、08140401，08140501，08140601。

4. 建筑设备监控系统设备执行器安装检验批质量验收记录 08140401 见 08140301。

5. 建筑设备监控系统设备控制器、箱安装检验批质量验收记录 08140501 见 08140301。

6. 建筑设备监控系统设备中央管理工作站和操作分部设备安装检验批质量验收记录 08140601 见 08140301。

7. 软件安装检验批质量验收记录 08140701 见 08010201

8. 建筑设备监控系统调试检验批质量验收记录

(1) 推荐表格

建筑设备监控系统调试检验批质量验收记录　　08140801 ＿＿＿

单位(子单位)工程名称			分部(子分部)工程名称		分项工程名称		
施工单位			项目负责人		检验批容量		
分包单位			分包单位项目负责人		检验批部位		
施工依据				验收依据	《智能建筑工程质量验收规范》GB 50339—2013		
验收项目			设计要求及规范规定	最小/实际抽样数量	检查记录	检查结果	
主控项目	1	暖通空调系统的功能	第 17.0.5 条	/			
	2	变配电检测系统的功能	第 17.0.6 条	/			
	3	公共照明监控系统的功能	第 17.0.7 条	/			
	4	给排水监控系统的功能	第 17.0.8 条	/			

	验收项目		设计要求及规范规定	最小/实际抽样数量	检查记录	检查结果
主控项目	5	电梯和自动扶梯监测系统启停、上下行、位置、故障等运行状态显示功能	第17.0.9条	/		
	6	能耗监测系统能耗数据的显示、记录、统计、汇总及趋势分析等功能	第17.0.10条	/		
	7	中央管理工作站与操作分站功能及权限	第17.0.11条	/		
	8	系统实时性	第17.0.12条	/		
	9	系统可靠性	第17.0.13条	/		
一般项目	1	系统可维护性	第17.0.14条	/		
	2	系统性能评测项目	第17.0.15条	/		
	3	验收文件应符合要求	第17.0.16条	/		
施工单位检查结果		专业工长：项目专业质量检查员：年 月 日				
监理单位验收结论		专业监理工程师：年 月 日				

（2）验收内容及检查方法条文摘录

一 般 规 定

17.0.1 建筑设备监控系统可包括暖通空调监控系统、变配电监测系统、公共照明监控系统、给排水监控系统、电梯和自动扶梯监测系统及能耗监测系统等，检测和验收的范围应根据设计要求确定。

17.0.2 建筑设备监控系统工程实施的质量控制除应符合本规范第3章的规定外，用于能耗结算的水、电、气和冷热量表等，尚应检查制造计量器许可证。

17.0.3 建筑设备监控系统控制应以系统功能测试为主，系统性能评测为辅。

17.0.4 建筑设备监控系统检测应采用中央管理工作站显示与现场实际情况对比的方法进行。

主 控 项 目

17.0.5 暖通空调监控系统的功能检测应符合下列规定：

1 检测内容应按设计要求确定；

2 冷热源的监测参数应全部检测；空调、新风机组的监测参数应按总数的20%抽检，且不应少于5台，不足5台时应全部检测；各种类型传感器，执行器应按10%抽检，且不应少于5只，不足5只时应全部检测；

3 抽检结果全部符合设计要求的应判定为合格。

17.0.6 变配电监测系统的功能检测应符合下列规定：

1 检测内容应按设计要求确定；

2 对高低压配电柜的运行状态、变压器的温度、储油罐的液位，各种备用电源的工作状态和联锁控制功能等应全部检测，各种电气参数检测数最应按每类参数抽 20%，且数量不应少于 20 点，数量少于 20 点时应全部检测；

3 抽检结果全部符合设计要求的应判定为合格。

17.0.7 公共照明监控系统的功能检测应符合下列规定：

1 检测内容应按设计要求确定；

2 应按照明回路总数的 10%抽检，数量不应少于 10 路，总数少于 10 路时应全部检测；

3 抽检结果全部符合设计要求的应判定为合格。

17.0.8 给排水监控系统的功能检测应符合下列规定：

1 检测内容应按设计要求确定；

2 给水和中水监控系统应全部检测；排水监控系统应抽检 50%，且不得少于 5 套，总数少于 5 套时应全部检测；

3 抽检结果全部符合设计要求的应判定为合格。

17.0.9 电梯和自动扶梯监测系统应检测启停、上下行、位置、故障等运行状态显示功能。检测结果符合设计要求的应判定为合格。

17.0.10 能耗检测系统应检测能耗数据的显示、记录、统计、汇总及趋势分析等功能。检测结果符合设计要求的应判定为合格。

17.0.11 中央管理工作站与操作分站的检测应符合下列规定：

1 中央管理工作站的功能检测应包括下列内容：

1）运行状态和测量数据的显示功能；

2）故障报警信息的报告应及时准确，有提示信号；

3）系统运行参数的设定及修改功能；

4）控制命令应无冲突执行；

5）系统运行数据的记录、存储和处理功能；

6）操作权限；

7）人机界面应为中文。

2 操作分站的功能应检测监控管理权限及数据显示与中央管理工作站的一致性；

3 中央管理工作站功能应全部检测，操作分站应抽检 20%，且不得少于 5 个，不足 5 个时应全部检测；

4 检测结果符合设计要求的应判定为合格。

17.0.12 建筑设备监控系统实时性的检测应符合下列规定：

1 检测内容应包括控制命令响应时间和报警信号响应时间；

2 应抽检 10%且不得少于 10 台，少于 10 台时应全部检测；

3 抽测结果全部符合设计要求的应判定为合格。

17.0.13　建筑设备监控系统可靠性的检测应符合下列规定：

1　检测内容应包括系统运行的抗干扰性能和电源切换时系统运行的稳定性；

2　应通过系统正常运行时，启停现场设备或投切备用电源，观察系统的工作情况进行检测；

3　检测结果符合设计要求的应判定为合格。

一 般 项 目

17.0.14　建筑设备监控系统可维护性的检测应符合下列规定：

1　检测内容应包括：

1）应用软件的在线编程和参数修改功能；

2）设备和网络通信故障的自检测功能。

2　应通过现场模拟修改参数和设置故障的方法检测；

3　检测结果符合设计要求的应判定为合格。

17.0.15　建筑设备监控系统性能评测项目的检测应符合下列规定：

1　检测宜包括下列内容：

1）控制网络和数据库的标准化、开放性；

2）系统的冗余配置；

3）系统可扩展性；

4）节能措施。

2　检测方法应根据设备配置和运行情况确定；

3　检测结果符合设计要求的应判定为合格。

17.0.16　建筑设备监控系统验收文件除应符合本规范第3.4.4条的规定外，还应包括下列内容：

1　中央管理工作站软件的安装手册，使用和维护手册；

2　控制器箱内接线图。

(3) 验收说明

1）施工依据：《智能建筑工程施工规范》GB 50606—2010，施工工艺标准，并制订专项施工方案、技术交底资料。

2）验收依据：《智能建筑工程质量验收规范》GB 50339—2013 及《智能建筑工程施工规范》GB 50606—2010，相应的现场验收检查记录。

3）注意事项

① 主控项目的质量经抽样检验均应合格；

② 一般项目的质量经抽样检验合格。当采用计数抽样时，合格点率应符合有关专业验收规范的规定，且不得存在严重缺陷；

③ 具有完整的施工操作依据、质量验收记录；

④ 本检验批的主控项目、一般项目已列入推荐表中，有关具体内容及检查方法见一般规定及（2）条文摘录；

⑤ 黑体字的条文为强制性条文，必须严格执行，制订控制措施。

9. 系统试运行检验批质量验收记录　08140901 见 08010401

第十六节　火灾报警系统子分部工程检验批质量验收记录

1. 梯架、托盘、槽盒和导管安装检验批质量验收记录　08150101 见 08050101

2. 线缆敷设检验批质量验收记录　08150201 见 08030101

3. 火灾自动报警系统设备检测器表安装检验批质量验收记录

（1）推荐表格

08150301 ____
08150401 ____

火灾自动报警系统设备检测器表安装检验批质量验收记录 08150501 ____

单位(子单位) 工程名称			分部(子分部) 工程名称			分项工程名称		
施工单位			项目负责人			检验批容量		
分包单位			分包单位项目 负责人			检验批部位		
施工依据			验收依据		《智能建筑工程质量 验收规范》GB 50339—2013			
		验收项目		设计要求及 规范规定	最小/实际 抽样数量	检查记录		检查结果
主控 项目	1	材料、器具、设备进场质量检测		第3.5.1条	/			
	2	火灾自动报警系统的材料、 设备必须符合防火设计要求， 并按规定验收		第13.1.3条 第3款	/			
	3	探测器、模块、报警按钮等 类别、型号、位置、数量、 功能等应符合设计要求		第13.3.1条	/			
	4	消防电话、火灾应急广播、 火灾报警控制器功能、 型号应符合设计要求		第13.3.1条	/			
	5	火灾自动报警系统与消防设 备的联动应符合设计要求		第13.3.1 条第5款	/			
一般 项目	1	探测器、模块、报警按钮等安 装应牢固、配件齐全；导线连 接应可靠压接或焊接；探测器 安装位置应符合保护半径、 保护面积要求		第13.3.2条	/			
施工单位 检查结果					专业工长： 项目专业质量检查员： 　　　　　　年　月　日			
监理单位 验收结论					专业监理工程师： 　　　　　　年　月　日			

（2）验收内容及检查方法条文摘录

一 般 规 定

13.2.1 桥架、管线敷设除应执行国家标准《火灾自动报警系统施工及验收规范》GB 50166—2007 第 3.2 节的规定和本规范第 4 章的规定外，尚应符合下列规定：

1 火灾自动报警系统的线缆应使用桥架和专用线管敷设；

2 报警线缆连接应在端子箱或分支盒内进行，导线连接应采用可靠压接或焊接。

3 桥架、金属线管应作保护接地。

13.2.2 设备安装除应执行现行国家标准《火灾自动报警系统施工及验收规范》GB 50166—2007 第 3.3 节～第 3.10 节的规定外，尚应符合下列规定：

1 端子箱和模块宜设置在弱电间内，应根据设计高度固定在墙壁上，安装时应端正牢固；

2 消防控制室引出的干线和火灾报警器及其他的控制线路应分别绑扎成束，汇集在端子板两侧，左侧应为干线，右侧应为控制线路。

13.2.3 设备接地除应执行现行国家标准《火灾自动报警系统施工及验收规范》GB 50166 有关规定外，尚应符合下列规定：

1 工作接地线应采用铜芯绝缘导线或电缆，不得利用镀锌扁铁或金属软管；

2 消防控制设备的外壳及基础应可靠接地，接地线应引入接地端子箱；

3 消防控制室应根据设计要求设置专用接地箱作为工作接地。接地电阻应符合本规范第 16.2.1 的要求；

4 保护接地线与工作接地线应分开，不得利用金属软管做保护接地导体。

主 控 项 目

3.5.1 材料、器具、设备进场质量检测除应符合现行国家标准《智能建筑工程质量验收规范》GB 50339—2003 第 3.2.1 条和第 3.2.2 条规定外，尚应符合下列规定：

1 按照合同文件和工程设计文件进行的进场验收，应有书面记录和参加人签字，并应经监理工程师或建设单位验收人员确认；

2 应对材料、设备的外观、规格、型号、数量计产地等进行检查复核；

3 主要设备、材料应有生产厂家的质量合格证明文件及性能的检测报告；

4 设备及材料的质量检查应包括安全性、可靠性及电磁兼容性等项目，并应由生产厂家出具相应检测报告。

13.1.3 材料与设备准备应符合下列规定：

1 火灾自动报警系统的主要设备和材料选用应符合设计要求，并应符合国家标准《火灾自动报警系统施工及验收规范》GB 50166—2007 第 2.2 节的规定；

2 火灾应急广播与广播系统共用一套系统时，广播系统共用的设备应是通过国家认证（认可）产品，其产品名称、型号、规格应与检验报告一致；

3 桥架、线缆、钢管、金属软管、阻燃塑料管、防火涂料以及安装附件等应符合防火设计要求；

4 应根据现行国家标准《火灾自动报警系统设计规范》GB 50116 的有关规定，对线缆的种类、电压等级进行检查。

13.3.1 主控项目应符合下列规定：

1 探测器、模块、报警按钮等类别、型号、位置、数量、功能等应符合设计要求；

2 消防电话插孔型号、位置、数量、功能等应符合设计要求；

3 火灾应急广播位置、数量、功能等应符合设计要求，且应能在手动或警报信号触发的 10s 内切断公共广播，播出火警广播；

4 火灾报警控制器功能、型号应符合设计要求；

5 火灾自动报警系统与消防设备的联动应符合设计要求。

一 般 项 目

13.3.2 一般项目应符合下列规定：

1 探测器、模块、报警按钮等安装应牢固、配件齐全，不应有损伤变形和破损；

2 探测器、模块、报警按钮等导线连接应可靠压接或焊接，并应有标志，外接导线应留余量；

3 探测器安装位置应符合保护半径、保护面积要求。

(3) 验收说明

1）施工依据：《智能建筑工程施工规范》GB 50606— 2010，施工工艺标准，并制订专项施工方案、技术交底资料。

2）验收依据：《智能建筑工程质量验收规范》GB 50339—2013 及《智能建筑工程施工规范》GB 50606—2010，相应的现场验收检查记录。

3）注意事项：

① 主控项目的质量经抽样检验均应合格；

② 一般项目的质量经抽样检验合格。当采用计数抽样时，合格点率应符合有关专业验收规范的规定，且不得存在严重缺陷；

③ 具有完整的施工操作依据、质量验收记录；

④ 本检验批的主控项目、一般项目已列入推荐表中，有关具体内容及检查方法见一般规定及（2）条文摘录；

⑤ 黑体字的条文为强制性条文，必须严格执行，制订控制措施；

⑥ 本推荐表尚可用于 08150401，08150501。

4. 火灾自动报警系统设备控制器表安装检验批质量验收记录 08150401 见 08150301

5. 火灾自动报警系统设备其他设备安装检验批质量验收记录 08150501 见 08150301

6. 软件安装检验批质量验收记录 08150601 见 08010201

7. 火灾自动报警系统调试检验批质量验收记录

(1) 推荐表格

火灾自动报警系统调试检验批质量验收记录   08150701 ___

单位(子单位)工程名称		分部(子分部)工程名称		分项工程名称	
施工单位		项目负责人		检验批容量	
分包单位		分包单位项目负责人		检验批部位	
施工依据		验收依据	《智能建筑工程质量验收规范》GB 50339—2013		

	验收项目		设计要求及规范规定	最小/实际抽样数量	检查记录	检查结果
主控项目	1	火灾报警控制器调试	第18.0.2条	/		
	2	点型感烟、感温火灾探测器		/		
	3	红外光束感烟火灾探测器调试		/		
	4	线型感温火灾探测器调试		/		
	5	红外光束感言火灾探测器调试		/		
	6	通过管路采样的吸气式火灾探测器调试		/		
	7	点型火焰探测器和图像型火灾探测器调试		/		
	8	手动火灾报警按钮调试		/		
	9	消防联动控制器调试		/		
	10	区域显示器(火灾显示盘)调试		/		
	11	可燃气体报警控制器调试		/		
	12	可燃气体探测器调试		/		
	13	消防电话调试		/		
	14	消防应急广播设备调试		/		
	15	系统备用电源调试		/		
	16	消防设备应急电源调试		/		
	17	消防控制中心图形显示装置调试		/		
	18	气体灭火控制器调试		/		
	19	防火卷材控制器调试		/		
	20	气体受控部件调试		/		
	21	火灾自动报警系统的		/		

施工单位检查结果	专业工长: 项目专业质量检查员: 年 月 日
监理单位验收结论	专业监理工程师: 年 月 日

（2）验收内容及检查方法条文摘录

一 般 规 定

18.0.1 火灾自动报警系统提供的接口功能应符合设计要求。

392

主 控 项 目

18.0.2 火灾自动报警系统工程实施的质量控制、系统检测和工程验收应符合现行国家标准《火灾自动报警系统施工及验收规范》GB 50166 的规定。

《火灾自动报警系统施工及验收规范》GB 50166—2007 第 4.3 节火灾报警控制器调试摘录。

4.3.1 调试前应切断火灾报警控制器的所有外部控制连线,并将任一个总线回路的火灾探测器以及该总线回路上的手动火灾报警按钮等部件连接后,方可接通电源。

检查数量:全数检查。

检验方法:观察检查。

4.3.2 按现行国家标准《火灾报警控制器》GB 4717 的有关要求对控制器进行下列功能检查并记录,控制器应满足标准要求:

1 检查自检功能和操作级别;

2 使控制器与探测器之间的连线断路和短路,控制器应在 100s 内发出故障信号(短路时发出火灾报警信号除外);在故障状态下,使任一非故障部位的探测器发出火灾报警信号,控制器应在 1min 内发出火灾报警信号,并应记录火灾报警时间;再使其他探测器发出火灾报警信号,检查控制器的再次报警功能;

3 检查消音和复位功能;

4 使控制器与备用电源之间的连线断路和短路,控制器应在 100s 内发出故障信号;

5 检查屏蔽功能;

6 使总线隔离器保护范围内的任一点短路,检查总线隔离器的隔离保护功能;

7 使任一总线回路上不少于 10 只的火灾探测器同时处于火灾报警状态,检查控制器的负载功能;

8 检查主、备电源的自动转换功能,并在备电工作状态下重复第 7 款检查;

9 检查控制器特有的其他功能。

检查数量:全数检查。

检验方法:观察检查、仪表测量。

4.3.3 依次将其他回路与火灾报警控制器相连接,重复 4.3.2 中 2、6、7 项检查。

检查数量:全数检查。

检验方法:观察检查、仪表测量。

4.4 点型感烟、感温火灾探测器调试

4.4.1 采用专用的检测仪器或模拟火灾的方法,逐个检查每只火灾探测器的报警功能,探测器能发出火灾报警信号。

检查数量:全数检查。

检验方法:观察检查。

4.4.2 对于不可恢复的火灾探测器应采取模拟报警方法逐个检查其报警功能,探测器应能发出火灾报警信号。当有备品时,可抽样检查其报警功能。

检查数量:全数检查。

检验方法:观察检查。

4.5 线型感温火灾探测器调试

4.5.1　在不可恢复的探测器上模拟火警和故障，探测器应能分别发出火灾报警和故障信号。

检查数量：全数检查。

检验方法：观察检查。

4.5.2　可恢复的探测器可采用专用检测仪器或模拟火灾的办法使其发出火灾报警信号，并在终端盒上模拟故障，探测器应能分别发出火灾报警和故障信号。

检查数量：全数检查。

检验方法：观察检查。

4.6　红外光束感烟火灾探测器调试

4.6.1　调整探测器的光路调节装置，使探测器处于正常监视状态。

检查数量：全数检查。

检验方法：观察检查。

4.6.2　用减光率为0.9dB的减光片遮挡光路，探测器不应发出火灾报警信号。

检查数量：全数检查。

检验方法：观察检查。

4.6.3　用产品生产企业设定减光率（1.0～10.0)dB的减光片遮挡光路，探测器应发出火灾报警信号。

检查数量：全数检查。

检验方法：观察检查。

4.6.4　用减光率为11.5dB的减光片遮挡光路，探测器应发出故障信号或火灾报警信号。

检查数量：全数检查。

检验方法：观察检查。

4.7　通过管路采样的吸气式火灾探测器调试

4.7.1　在采样管最末端（最不利处）采样孔加入试验烟，探测器或其控制装置应在120s内发出火灾报警信号。

检查数量：全数检查。

检验方法：观察检查。

4.7.2　根据产品说明书，改变探测器的采样管路气流，使探测器处于故障状态，探测器或其控制装置应在100s内发出故障信号。

检查数量：全数检查。

检验方法：观察检查。

4.8　点型火焰探测器和图像型火灾探测器调试

4.8.1　采用专用检测仪器和模拟火灾的方法在探测器监视区域内最不利处检查探测器的报警功能，探测器应能正确响应。

检查数量：全数检查。

检验方法：观察检查。

4.9　手动火灾报警按钮调试

4.9.1　对可恢复的手动火灾报警按钮，施加适当的推力使报警按钮动作，报警按钮应发出火灾报警信号。

检查数量：全数检查。

检验方法：观察检查。

4.9.2 对不可恢复的手动火灾报警按钮应采用模拟动作的方法使报警按钮发出火灾报警信号（当有备用启动零件时，可抽样进行动作试验），报警按钮应发出火灾报警信号。

检查数量：全数检查。

检验方法：观察检查。

4.10 消防联动控制器调试

4.10.1 将消防联动控制器与火灾报警控制器、任一回路的输入/输出模块及该回路模块控制的受控设备相连接，切断所有受控现场设备的控制连线，接通电源。

4.10.2 按现行国家标准《消防联动控制系统》GB 16806 的有关规定检查消防联动控制系统内各类用电设备的各项控制、接收反馈信号（可模拟现场设备启动信号）和显示功能。

检查数量：全数检查。

检验方法：观察检查。

4.10.3 使消防联动控制器分别处于自动工作和手动工作状态，检查其状态显示，并按现行国家标准《消防联动控制系统》GB 16806 的有关规定进行下列功能检查并记录，控制器应满足相应要求：

1 自检功能和操作级别。

2 消防联动控制器与各模块之间的连线断路和短路时，消防联动控制器能在 100s 内发出故障信号。

3 消防联动控制器与备用电源之间的连线断路和短路时，消防联动控制器应能在 100s 内发出故障信号。

4 检查消音、复位功能。

5 检查屏蔽功能。

6 使总线隔离器保护范围内的任一点短路，检查总线隔离器的隔离保护功能。

7 使至少 50 个输入/输出模块同时处于动作状态（模块总数少于 50 个时，使所有模块动作），检查消防联动控制器的最大负载功能。

8 检查主、备电源的自动转换功能，并在备电工作状态下重复第 7 款检查。

检查数量：全数检查。

检验方法：观察检查。

4.10.4 接通所有启动后可以恢复的受控现场设备。

检查数量：全数检查。

检验方法：观察检查。

4.10.5 使消防联动控制器的工作状态处于自动状态，按现行国家标准《消防联动控制系统》GB 16806 的有关规定和设计的联动逻辑关系进行下列功能检查并记录：

1 按设计的联动逻辑关系，使相应的火灾探测器发出火灾报警信号，检查消防联动控制器接收火灾报警信号情况、发出联动信号情况、模块动作情况、受控设备的动作情况、受控现场设备动作情况、接收反馈信号（对于启动后不能恢复的受控现场设备，可模拟现场设备启动反馈信号）及各种显示情况；

2 检查手动插入优先功能。

检查数量：全数检查。

检验方法：观察检查。

4.10.6 使消防联动控制器的工作状态处于手动状态，按现行国家标准《消防联动控制系统》GB 16806 的有关规定和设计的联动逻辑关系依次手动启动相应的受控设备，检查消防联动控制器发出联动信号情况、模块动作情况、受控设备的动作情况、受控现场设备动作情况、接收反馈信号（对于启动后不能恢复的受控现场设备，可模拟现场设备启动反馈信号）及各种显示情况。

检查数量：全数检查。

检验方法：观察检查。

4.10.7 对于直接用火灾探测器作为触发器件的自动灭火控制系统除符合本节有关规定外，尚应按现行国家标准《火灾自动报警系统设计规范》GB 50116 规定进行功能检查。

检查数量：全数检查。

检验方法：观察检查。

4.11 区域显示器（火灾显示盘）调试

4.11.1 将区域显示器（火灾显示盘）与火灾报警控制器相连接，按现行国家标准《火灾显示盘通用技术条件》GB 17429 的有关要求检查其下列功能并记录，控制器应满足标准要求：

1 区域显示器（火灾显示盘）能否在 3s 内正确接收和显示火灾报警控制器发出的火灾报警信号。

2 消音、复位功能。

3 操作级别。

4 对于非火灾报警控制器供电的区域显示器（火灾显示盘），应检查主、备电源的自动转换功能和故障报警功能。

检查数量：全数检查。

检验方法：观察检查。

4.12 可燃气体报警控制器调试

4.12.1 切断可燃气体报警控制器的所有外部控制连线，将任一回路与控制器相连接后，接通电源。

4.12.2 控制器应按现行国家标准《可燃气体报警控制器技术要求和试验方法》GB 16808 的有关要求进行下列功能试验，并应满足标准要求。

1 自检功能和操作级别。

2 控制器与探测器之间的连线断路和短路时，控制器应在 100s 内发出故障信号。

3 在故障状态下，使任一非故障探测器发出报警信号，控制器应在 1min 内发出报警信号，并应记录报警时间；再使其他探测器发出报警信号，检查控制器的再次报警功能。

4 消音和复位功能。

5 控制器与备用电源之间的连线断路和短路时，控制器应在 100s 内发出故障信号。

6 高限报警或低、高两段报警功能。

7 报警设定值的显示功能。

8 控制器最大负载功能，使至少4只可燃气体探测器同时处于报警状态（探测器总数少于4只时，使所有探测器均处于报警状态）。

9 主、备电源的自动转换功能，并在备电工作状态下重复本条第8款的检查。

检查数量：全数检查。

检验方法：观察检查、仪表测量。

4.12.3 依次将其他回路与可燃气体报警控制器相连接重复本规范第4.12.2条的检查。

检查数量：全数检查。

检验方法：观察检查、仪表测量。

4.13 可燃气体探测器调试

4.13.1 依次逐个将可燃气体探测器按产品生产企业提供的调试方法使其正常动作，探测器应发出报警信号。

检查数量：全数检查。

检验方法：观察检查。

4.13.2 对探测器施加达到响应浓度值的可燃气体标准样气，探测器应在30s内响应。撤去可燃气体，探测器应在60s内恢复到正常监视状态。

检查数量：全数检查。

检验方法：观察检查、仪表测量。

4.13.3 对于线型可燃气体探测器除符合本节规定外，尚应将发射器发出的光全部遮挡，探测器相应的控制装置应在100s内发出故障信号。

检查数量：全数检查。

检验方法：观察检查、仪表测量。

4.14 消防电话调试

4.14.1 在消防控制室与所有消防电话、电话插孔之间互相呼叫与通话，总机应能显示每部分机或电话插孔的位置，呼叫铃声和通话语音应清晰。

检查数量：全数检查。

检验方法：观察检查。

4.14.2 消防控制室的外线电话与另外一部外线电话模拟报警电话通话，语音应清晰。

检查数量：全数检查。

检验方法：观察检查。

4.14.3 检查群呼、录音等功能，各项功能均应符合要求。

检查数量：全数检查。

检验方法：观察检查。

4.15 消防应急广播设备调试

4.15.1 以手动方式在消防控制室对所有广播分区进行选区广播，对所有共用扬声器进行强行切换；应急广播应以最大功率输出。

检查数量：全数检查。

检验方法：观察检查。

4.15.2 对扩音机和备用扩音机进行全负荷试验，应急广播的语音应清晰。

检查数量：全数检查。

检验方法：观察检查。

4.15.3 对接入联动系统的消防应急广播设备系统，使其处于自动工作状态，然后按设计的逻辑关系，检查应急广播的工作情况，系统应按设计的逻辑广播。

检查数量：全数检查。

检验方法：观察检查。

4.15.4 使任意一个扬声器断路，其他扬声器的工作状态不应受影响。

检查数量：每一回路抽查一个。

检验方法：观察检查。

4.16 系统备用电源调试

4.16.1 检查系统中各种控制装置使用的备用电源容量，电源容量应与设计容量相符。

检查数量：全数检查。

检验方法：观察检查。

4.16.2 使各备用电源放电终止，再充电 48h 后断开设备主电源，备用电源至少应保证设备工作 8h，且应满足相应的标准及设计要求。

检查数量：全数检查。

检验方法：观察检查。

4.17 消防设备应急电源调试

4.17.1 切断应急电源应急输出时直接启动设备的连线，接通应急电源的主电源。

4.17.2 按下述要求检查应急电源的控制功能和转换功能，并观察其输入电压、输出电压、输出电流、主电工作状态、应急工作状态、电池组及各单节电池电压的显示情况，做好记录，显示情况应与产品使用说明书规定相符，并满足要求。

1 手动启动应急电源输出，应急电源的主电源和备用电源应不能同时输出，且应在 5s 内完成应急转换；

2 手动停止应急电源的输出，应急电源应恢复到启动前的工作状态；

3 断开应急电源的主电源，应急电源应能发出声提示信号，声信号应能手动消除；接通主电源，应急电源应恢复到主电源工作状态；

4 给具有联动自动控制功能的应急电源输入联动启动信号，应急电源应在 5s 内转入到应急工作状态，且主电源和备用电源应不能同时输出；输入联动停止信号，应急电源应恢复到主电源工作状态；

5 具有手动和自动控制功能的应急电源处于自动控制状态，然后手动插入操作，应急电源应有手动插入优先功能，且应有自动控制状态和手动控制状态指示。

检查数量：全数检查。

检验方法：观察检查。

4.17.3 断开应急电源的负载，按下述要求检查应急电源的保护功能，并做好记录。

1　使任一输出回路保护动作，其他回路输出电压应正常；

　　2　使配接三相交流负载输出的应急电源的三相负载回路中的任一相停止输出，应急电源应能自动停止该回路的其他两相输出，并应发出声、光故障信号；

　　3　使配接单相交流负载的交流三相输出应急电源输出的任一相停止输出，其他两相应能正常工作，并应发出声、光故障信号。

　　检查数量：全数检查。

　　检验方法：观察检查。

4.17.4　将应急电源接上等效于满负载的模拟负载，使其处于应急工作状态，应急工作时间应大于设计应急工作时间的1.5倍，且不小于产品标称的应急工作时间。

　　检查数量：全数检查。

　　检验方法：观察检查、仪表测量。

4.17.5　使应急电源充电回路与电池之间、电池与电池之间连线断线，应急电源应在100s内发出声、光故障信号，声故障信号应能手动消除。

　　检查数量：全数检查。

　　检验方法：观察检查。

4.18　消防控制中心图型显示装置调试

4.18.1　将消防控制中心图型显示装置与火灾报警控制器和消防联动控制器相连，接通电源。

4.18.2　操作显示装置使其显示完整系统区域覆盖模拟图和各层平面图，图中应明确指示出报警区域、主要部位和各消防设备的名称和物理位置，显示界面应为中文界面。

　　检查数量：全数检查。

　　检验方法：观察检查。

4.18.3　使火灾报警控制器和消防联动控制器分别发出火灾报警信号和联动控制信号，显示装置应在3s内接收，准确显示相应信号的物理位置，并能优先显示火灾报警信号相对应的界面。

　　检查数量：全数检查。

　　检验方法：观察检查。

4.18.4　使具有多个报警平面图的显示装置处于多报警平面显示状态，各报警平面应能自动和手动查询，并应有总数显示，且应能手动插入使其立即显示首火警相应的报警平面图。

　　检查数量：全数检查。

　　检验方法：观察检查。

4.18.5　使显示装置显示故障或联动平面，输入火灾报警信号，显示装置应能立即转入火灾报警平面的显示。

　　检查数量：全数检查。

　　检验方法：观察检查。

4.19　气体灭火控制器调试

4.19.1　切断气体灭火控制器的所有外部控制连线，接通电源。

4.19.2　给气体灭火控制器输入设定的启动控制信号，控制器应有启动输出，并发出声、光启动信号。

检查数量：全数检查。

检验方法：观察检查。

4.19.3 输入启动设备启动的模拟反馈信号，控制器应在10s内接收并显示。

检查数量：全数检查。

检验方法：观察检查。

4.19.4 检查控制器的延时功能，延时时间应在0～30s内可调。

检查数量：全数检查。

检验方法：观察检查。

4.19.5 使控制器处于自动控制状态，再手动插入操作，手动插入操作应优先。

检查数量：全数检查。

检验方法：观察检查。

4.19.6 按设计控制逻辑操作控制器，检查是否满足设计的逻辑功能。

检查数量：全数检查。

检验方法：观察检查。

4.19.7 检查控制器向消防联动控制器发送的启动、反馈信号是否正确。

检查数量：全数检查。

检验方法：观察检查。

4.20 防火卷帘控制器调试

4.20.1 防火卷帘控制器应与消防联动控制器、火灾探测器、卷门机连接并通电，防火卷帘控制应处于正常监视状态。

4.20.2 手动操作防火卷帘控制器的按钮，防火卷帘控制器应能向消防联动控制器发出防火卷帘启、闭和停止的反馈信号。

检查数量：全数检查。

检验方法：观察检查。

4.20.3 用于疏散通道的防火卷帘控制器应具有两步关闭的功能，并应向消防联动控制器发出反馈信号。防火卷帘控制器接收到首次火灾报警信号后，应能控制防火卷帘自动关闭到中位处停止；接收到二次报警信号后，应能控制防火卷帘继续关闭至全闭状态。

检查数量：全数检查。

检验方法：观察检查、仪表测量。

4.20.4 用于分隔防火分区的防火卷帘控制器在接收到防火分区内任一火灾报警信号后，应能控制防火卷帘到全关闭状态，并应向消防联动控制器发出反馈信号。

检查数量：全数检查。

检验方法：观察检查。

4.21 其他受控部件调试

4.21.1 对系统内其他受控部件的调试应按相应的产品标准进行，在无相应国家标准或行业标准时，宜按产品生产企业提供的调试方法分别进行。

检查数量：全数检查。

检验方法：观察检查。

4.22 火灾自动报警系统的系统性能调试

4.22.1 将所有经调试合格的各项设备、系统按设计连接组成完整的火灾自动报警系统，按《火灾自动报警系统设计规范》GB 50116 和设计的联动逻辑关系检查系统的各项功能。

检查数量：全数检查。

检验方法：观察检查。

4.22.2 火灾自动报警系统在连续运行 120h 无故障后，按本规范附录 C 规定填写调试记录表。

(3) 验收说明

1）施工依据：《智能建筑工程施工规范》GB 50606—2010，施工工艺标准，并制订专项施工方案、技术交底资料。

2）验收依据：《智能建筑工程质量验收规范》GB 50339—2013 及《智能建筑工程施工规范》GB 50606—2010，相应的现场验收检查记录。

3）注意事项：

① 主控项目的质量经抽样检验均应合格；

② 一般项目的质量经抽样检验合格。当采用计数抽样时，合格点率应符合有关专业验收规范的规定，且不得存在严重缺陷。对于计数抽样的一般项目，正常检验一次、二次抽样可按统一标准附录 D 判定；

③ 具有完整的施工操作依据、质量验收记录；

④ 本检验批的主控项目、一般项目已列入推荐表中，有关具体内容及检查方法见一般规定及（2）条文摘录；

⑤ 黑体字的条文为强制性条文，必须严格执行，制订控制措施。

8. 火灾自动报警系统试运行检验批质量验收记录　08150801 见 08010401

第十七节　安全技术防范系统子分部工程检验批质量验收记录

1. 梯架、托盘、槽盒和导管安装检验批质量验收记录　08160101 见 08050101

2. 线缆敷设检验批质量验收记录　08160201 见 08030101

3. 安全技术防范系统设备安装检验批质量验收记录

(1) 推荐表格

安全技术防范系统设备安装检验批质量验收记录　08160301 ____

单位（子单位）工程名称		分部（子分部）工程名称		分项工程名称	
施工单位		项目负责人		检验批容量	
分包单位		分包单位项目负责人		检验批部位	
施工依据		验收依据		《智能建筑工程质量验收规范》GB 50339—2013	

		验收项目	设计要求及规范规定	最小/实际抽样数量	检查记录	检查结果
主控项目	1	材料、器具、设备进场质量检测	第3.5.1条	/		
	2	各系统主要设备安装应安装牢固、接线正确,并采取有效的抗干扰措施	第14.3.1条第1款	/		
	3	应检查系统的互联互通,子系统之间的联动监控中心系统记录的图像质量监控中心接地应做等电位连接,接地电阻应符合设计要求	第14.3.1条第2款	/		
一般项目	1	各设备、期间的端接视频图像应无干扰纹,防雷与接地工程应符合规范规定	第14.3.2条第1款	/		
施工单位检查结果		专业工长: 项目专业质量检查员: 年 月 日				
监理单位验收结论		专业监理工程师: 年 月 日				

(2) 验收内容及检查方法条文摘录

一 般 规 定

14.2.1 金属线槽、钢管及线缆的敷设,应符合本规范第4章和现行国家标准《民用闭路监控电视系统工程技术规范》GB 50198—94第3.3节的规定。

14.2.2 视频安防监控系统的安装应符合下列规定:

1 监控中心内设备安装和线路敷设应执行现行国家标准《民用闭路监控电视系统工程技术规范》GB 50198—94第3.4节的规定;

2 监控中心的强、弱电电缆的敷设间距应符合现行国家标准《民用闭路监控电视系统工程技术规范》GB 50198—94第2.3.8条的规定,并应有明显的永久性标志;

3 摄像机、云台和解码器的安装除应执行现行国家标准《安全防范工程技术规范》GB 50348—2004第6.3.5条、《民用闭路监视电视系统工程技术规范》GB 50198—94第3.2节和《民用建筑电气设计规范》JGJ 16—2008第14.3.3条的规定外,尚应符合下列规定:

1)摄像机及镜头安装前应通电检测,工作应正常;

2)确定摄像机的安装位置时应考虑设备自身安全,其视场不应被遮挡;

3)架空线入云台时,滴水湾的弯度不应小于电(光)缆的最小弯曲半径;

4)安装室外摄像机、解码器应采取防雨、防腐、防雷措施;

4 光端机、编码器和设备箱的安装应符合下列规定：

1）光端机或编码器应安装在摄像机附近的设备箱内，设备箱应具有防尘、防水、防盗功能；

2）视频编码器安装前与前端摄像机连接测试，图像传输与数据通信正常后方可安装；

3）设备箱内设备排列应整齐、走线应有标识和线路图。

5 应用软件安装应符合本规范第6.2.2条的规定。

14.2.3 入侵报警系统设备的安装除应执行国家现行标准《安全防范工程技术规范》GB 50348—2004第6.3.5条和《民用建筑电气设计规范》JGJ 16—2008第14.2节的规定外，尚应符合下列规定：

1 探测器应安装牢固，探测范围内应无障碍物；

2 室外探测器的安装位置应在干燥、通风、不积水处，并应有防水、防潮措施；

3 磁控开关宜装在门或窗内，安装应牢固，整齐、美观；

4 震动探测器安装位置应远离电机、水泵和水箱等振动源；

5 玻璃破碎探测器安装为孩子应靠近保护目标；

6 紧急按钮安装位置应隐蔽、便于操作、安装牢固；

7 红外对射探测器安装时接收端应避开太阳射光，避开其他大功率灯光直射，应顺光方向安装。

14.2.4 出入口控制系统设备的安装除应执行现行国家标准《出入口控制系统工程设计规范》GB 50396的有关规定外，尚应符合下列规定：

1 识读设备的安装位置应避免强电磁辐射辐射源、潮湿、有腐蚀性等恶劣环境；

2 控制器、读卡器不应与大电流设备共用电源插座；

3 控制器宜安装在弱电间等便于维护的地点；

4 读卡器类设备完成后应加防护结构面，并应能防御破坏性攻击和技术开启；

5 控制器与读卡机间的距离不应大于50m；

6 配套锁具安装应牢固，启闭应灵活；

7 红外光电装置应牢固，收、发装置应相互对准，并应避免太阳直射；

8 信号灯控制系统安装时，警报灯与检测器的距离不应大于15m；

9 使用人脸、眼纹、指纹、掌纹等生物识别技术进行试读的出入口控制系统设备的安装应符合产品技术说明书的要求。

14.2.5 停车库（场）管理系统安装除应执行国家现行标准《安全防范工程技术规范》GB 50348—2004第6.3.5条第8款和《民用建筑电气设计规范》JGJ16—2008第14.2节的规定外，尚应符合下列规定：

1 感应线圈埋设位置应居中，与读卡器、闸门机的中心间距宜为0.9mm～1.2m；

2 挡车器应安装牢固、平整；安装在室外时，应采取防水、防撞、防砸措施；

3 车位状况信号指示器应安装在车道出入口的明显位置，安装高度应为2.0m～2.4m，室外安装时应采取防水、防撞措施。

14.2.6 访客（可视）对讲系统安装应执行现行国家标准《安全防范工程技术规范》GB 50348—2004第6.3.5条第6款的规定。

14.2.7 电子巡查管理系统安装应执行国家标准《安全防范工程技术规范》GB 50348—2004 第 6.3.5 条第 7 款和《民用建筑电气设计规范》JGJ16—2008 第 14.5 节的规定。

主 控 项 目

3.5.1 材料、器具、设备进场质量检测除应符合现行国家标准《智能建筑工程质量验收规范》GB 50339—2003 第 3.2.1 条和第 3.2.2 条规定外，尚应符合下列规定：

1 按照合同文件和工程设计文件进行的进场验收，应有书面记录和参加人签字，并应经监理工程师或建设单位验收人员确认；

2 应对材料、设备的外观、规格、型号、数量计产地等进行检查复核；

3 主要设备、材料应有生产厂家的质量合格证明文件及性能的检测报告；

4 设备及材料的质量检查应包括安全性、可靠性及电磁兼容性等项目，并应由生产厂家出具相应检测报告。

14.3.1 主控项目应符合下列规定：

1 各系统主要设备安装应安装牢固、接线正确，并应采取有效的抗干扰措施；

2 应检查系统的互联互通，子系统之间的联动应符合设计要求；

3 监控中心系统记录的图像质量和保存时间应符合设计要求；

4 监控中心接地应做等电位连接，接地电阻应符合设计要求。

一 般 项 目

14.3.2 一般项目应符合下列规定：

1 各设备、器件的端接应规范；

2 视频图像应无干扰纹；

3 防雷与接地工程施工应符合本规范第 16 章的相关规定。

（3）验收说明

1）施工依据：《智能建筑工程施工规范》GB 50606—2010，施工工艺标准，并制订专项施工方案、技术交底资料。

2）验收依据：《智能建筑工程质量验收规范》GB 50339—2013 及《智能建筑工程施工规范》GB 50606—2010，相应的现场验收检查记录。

3）注意事项：

① 主控项目的质量经抽样检验均应合格；

② 一般项目的质量经抽样检验合格。当采用计数抽样时，合格点率应符合有关专业验收规范的规定，且不得存在严重缺陷；

③ 具有完整的施工操作依据、质量验收记录；

④ 本检验批的主控项目、一般项目已列入推荐表中，有关具体内容及检查方法见一般规定及（2）条文摘录；

⑤ 黑体字的条文为强制性条文，必须严格执行，制订控制措施。

4. 软件安装检验批质量验收记录　08160401 见 08010201

5. 安全技术防范系统调试检验批质量验收记录

（1）推荐表格

单位(子单位)工程名称			分部(子分部)工程名称		分项工程名称	
施工单位			项目负责人		检验批容量	
分包单位			分包单位项目负责人		检验批部位	
施工依据			验收依据		《智能建筑工程质量验收规范》GB 50339—2013	

		验收项目	设计要求及规范规定	最小/实际抽样数量	检查记录	检查结果
主控项目	1	安全防范综合管理系统的功能	19.0.5	/		
	2	视频安防监控系统控制功能、监视功能、显示功能、存储功能、回放功能、报警联动功能和图像丢失报警功能	19.0.6	/		
	3	入侵报警系统的功能、防破坏及故障报警功能、记录及显示功能、系统自检功能、系统报警相应时间、报警复合功能、报警声级、报警优先功能	19.0.7	/		
	4	出入口控制系统的出入目标识读装置功能、信息处理/控制设备功能、执行机构功能、报警功能和访客对讲功能	19.0.8	/		
	5	电子巡查系统的巡查设置功能、记录打印功能、管理功能	19.0.9	/		
	6	停车库(场)管理系统的识别功能、控制功能、报警功能、出票验票功能、管理功能和显示功能	19.0.10	/		
一般项目	1	监控中心管理软件中电子地图显示的设备位置	19.0.11	/		
	2	安全性及电磁兼容性	19.0.12	/		

施工单位检查结果	专业工长： 项目专业质量检查员： 年　月　日
监理单位验收结论	专业监理工程师： 年　月　日

(2) 验收内容及检查方法条文摘录

一 般 规 定

19.0.1 安全技术防范系统可包括安全防范综合管理系统、入侵报警系统、视频安防监控系统、出入口控制系统，电子巡查系统和停车库（场）管理系统等子系统。检测和验收的范围应根据设计要求确定。

19.0.2 高风险对象的安全技术防范系统除应符合本规范的规定外，尚应符合国家现行有关标准的规定。

19.0.3 安全技术防范系统工程实施的质量控制除应符合本规范第 3 章的规定外，对于列入国家强制性认证产品目录的安全防范产品尚应检查产品的认证证书或检测报告。

19.0.4 安全技术防范系统检测应符合下列规定：

1 系统功能应按设计要求逐项检测；

2 摄像机、探测器、出入口识读设备、电子巡查信息识读器等设备抽检的数量不应低于 20%，且不应少于 3 台，数量少于 3 台时应全部检测；

3 抽检结果全部符合设计要求的，应判定子系统检测合格；

4 全部子系统功能检测均合格的，系统检测应判定为合格。

主 控 项 目

19.0.5 安全防范综合管理系统的功能检测应包括下列内容：

1 布防/撤防功能；

2 监控图像、报警信息以及其他信息记录的质量和保存时间；

3 安全技术防范系统中的各子系统之间的联动；

4 与火灾自动报警系统和应急响应系统的联动、报警信号的输出接口；

5 安全技术防范系统中的各子系统对监控中心控制命令的响应准确性和实时性；

6 监控中心对安全技术防范系统中的各子系统工作状态的显示、报警信息的准确性和实时性。

19.0.6 视频安防监控系统的检测应符合下列规定：

1 应检测系统控制功能、监视功能、显示功能、记录功能、回放功能，报警联动功能和图像丢失报警功能等，并应按现行国家标准《安全防范工程技术规范》GB 50348 中有关视频安防监控系统检验项目、检验要求及测试方法的规定执行；

2 对于数字视频安防监控系统，还应检测下列内容：

1) 具有前端存储功能的网络摄像机及编码设备进行图像信息的存储；

2) 视频智能分析功能；

3) 音视频存储、回放和检索功能；

4) 报警预录和音视频同步功能；

5) 图像质量的稳定性和显示延迟。

19.0.7 入侵报警系统的检测应包括入侵报警功能、防破坏及故障报警功能、记录及显示功能、系统自检功能、系统报警响应时间、报警复核功能、报警声级、报警优先功能等，并应按现行国家标准《安全防范工程技术规范》GB 50348 中有关入侵报警系统检验项目、检验要求及测试方法的规定执行。

19.0.8　出入口控制系统的检测应包括出入目标识读装置功能、信息处理/控制设备功能、执行机构功能、报警功能和访客对讲功能等，并应接现行国家标准《安全防范工程技术规范》GB 50348 中有关出入口控制系统检验项目、检验要求及测试方法的规定执行。

19.0.9　电子巡查系统的检测应包括巡查设置功能、记录打印功能、管理功能等，并应按现行国家标准《安全防范工程技术规范》GB 50348 中有关电子巡查系统检验项目、检验要求及测试方法的规定执行。

19.0.10　停车库（场）管理系统的检测应符合下列规定：

1　应检测识别功能、控制功能、报警功能、出票验票功能、管理功能和显示功能等，并应按现行国家标准《安全防范工程技术规范》GB 50348 中有关停车库（场）管理系统检验项目、检验要求及测试方法的规定执行。

2　应检测紧急情况下的人工开闸功能。

一 般 项 目

19.0.11　安全技术防范系统检测时，应检查监控中心管理软件中电子地图显示的设备位置，且与现场位置一致的应判定为合格。

19.0.12　安全技术防范系统的安全性及电磁兼容性检测应符合现行国家标准《安全防范工程规范》GB 50348 的有关规定。

19.0.13　安全技术防范系统中的各子系统可分别进行验收。

（3）验收说明

1）施工依据：《智能建筑工程施工规范》GB 50606—2010，施工工艺标准，并制订专项施工方案、技术交底资料。

2）验收依据：《智能建筑工程质量验收规范》GB 50339—2013 及《智能建筑工程施工规范》GB 50606—2010，相应的现场验收检查记录。

3）注意事项：

① 主控项目的质量经抽样检验均应合格；

② 一般项目的质量经抽样检验合格。当采用计数抽样时，合格点率应符合有关专业验收规范的规定，且不得存在严重缺陷；

③ 具有完整的施工操作依据、质量验收记录；

④ 本检验批的主控项目、一般项目已列入推荐表中，有关具体内容及检查方法见一般规定及（2）条文摘录；

⑤ 黑体字的条文为强制性条文，必须严格执行，制订控制措施。

6. 系统试运行检验批质量验收记录　08160601 见 08010401

第十八节　应急响应系统子分部工程检验批质量验收记录

1. 设备安装检验批质量验收记录　08170101 见 08010101

2. 软件安装检验批质量验收记录　08170201 见 08010201

3. 应急响应系统调试检验批质量验收记录

（1）推荐表格

单位(子单位)工程名称			分部(子分部)工程名称		分项工程名称	
施工单位			项目负责人		检验批容量	
分包单位			分包单位项目负责人		检验批部位	
施工依据			验收依据	《智能建筑工程质量验收规范》GB 50339—2013		
验收项目			设计要求及规范规定	最小/实际抽样数量	检查记录	检查结果
主控项目	1	在火灾报警、安全防范、智能化集成各系统检查后进行	第20.0.1条	/		
	2	功能检测符合设计要求	第20.0.2条	/		
施工单位检查结果			专业工长：项目专业质量检查员：年　月　日			
监理单位验收结论			专业监理工程师：年　月　日			

(2) 验收内容及检查方法条文摘录

主 控 项 目

20.0.1　应急响应系统检测应在火灾自动报警系统、安全技术防范系统、智能，集成系统和其他关联智能化系统等通过系统检测后进行。

20.0.2　应急响应系统检测应按设计要求逐项进行功能检测。检测结果符合设计要求的应判定为合格。

(3) 验收说明

1) 施工依据：《智能建筑工程施工规范》GB 50606—2010，施工工艺标准，并制订专项施工方案、技术交底资料。

2) 验收依据：《智能建筑工程质量验收规范》GB 50339—2013 及《智能建筑工程施工规范》GB 50606—2010，相应的现场验收检查记录。

3) 注意事项：

① 主控项目的质量经抽样检验均应合格；

② 一般项目的质量经抽样检验合格。当采用计数抽样时，合格点率应符合有关专业验收规范的规定，且不得存在严重缺陷；

③ 具有完整的施工操作依据、质量验收记录；

④ 本检验批的主控项目、一般项目已列入推荐表中，有关具体内容及检查方法见一般规定及（2）条文摘录；

⑤ 黑体字的条文为强制性条文，必须严格执行，制订控制措施。

4. 系统试运行检验批质量验收记录　08170401 见 08010401

第十九节　机房工程子分部工程检验批质量验收记录

1. 机房供配电系统检验批质量验收记录

（1）推荐表格

机房供配电系统检验批质量验收记录　08180101＿＿＿

单位（子单位）工程名称			分部（子分部）工程名称			分项工程名称	
施工单位			项目负责人			检验批容量	
分包单位			分包单位项目负责人			检验批部位	
施工依据			验收依据		《智能建筑工程质量验收规范》GB 50339—2013		

验收项目			设计要求及规范规定	最小/实际抽样数量	检查记录	检查结果
主控项目	1	材料、器具、设备进场质量检测	第3.5.1条	/		
	2	系统测试应符合设计要求	电气装置与其他系统的连锁动作的正确性、响应时间及顺序	设计要求	/		
			电线、电缆及电气装置的相序的正确性		/		
			柴油发电机组的启动时间,输出电压、电流及频率		/		
			不间断电源的输出电压、电流、波形参数及切换时间		/		
一般项目	1	配电柜和配电箱安装支架的制作尺寸应与配电柜和配电箱的尺寸匹配,安装应牢固,并应可靠接地;线槽、线管盒线缆的施工应符合本规范规定	第17.2.2条第1款	/		

	验收项目		设计要求及规范规定	最小/实际抽样数量	检查记录	检查结果
一般项目	2	灯具、开关和各种电气控制装置以及各种插座安装	灯具、开关盒插座安装应牢固,位置准确,开关位置应与灯位相对应	/		
			同一房间,同一平面高度的插座面板应水平	/		
			灯具的支架、吊架、固定点位置的确定应符合牢固安全、整齐美观的原则	第17.2.2条第3款 /		
			灯具、配电箱安装完毕后,每条支路进行绝缘遥测,绝缘电阻应大于1MΩ并应作好记录	/		
			机房地板应满足电池组的符合承重要求	/		
	3	不间断电源设备的安装	主机和电池柜应按设计要求和产品技术要求进行固定	/		
			类线缆的接线应牢固,正确,并应作标识	第17.2.2条第4款 /		
			不间断电源电池应接直流接地	/		
施工单位检查结果			专业工长: 项目专业质量检查员: 年 月 日			
监理单位验收结论			专业监理工程师: 年 月 日			

(2) 验收内容及检查方法条文摘录

主控项目

3.5.1　材料、器具、设备进场质量检测除应符合现行国家标准《智能建筑工程质量验收规范》GB 50339—2003 第3.2.1条和第3.2.2条规定外,尚应符合下列规定:

1　按照合同文件和工程设计文件进行的进场验收,应有书面记录和参加人签字,并应经监理工程师或建设单位验收人员确认;

2　应对材料、设备的外观、规格、型号、数量计产地等进行检查复核;

3　主要设备、材料应有生产厂家的质量合格证明文件及性能的检测报告;

4　设备及材料的质量检查应包括安全性、可靠性及电磁兼容性等项目，并应由生产厂家出具相应检测报告。

《电子信息系统机房施工及验收规范》GB 50426—2008 有关规定的摘录。

4.5.1　检验及测试应包括下列内容：

2　测试应包括下列内容：

1）电气装置与其他系统的联锁动作的正确性、响应时间及顺序；

2）电线、电缆及电气装置的相序的正确性；

4）柴油发电机组的启动时间，输出电压、电流及频率；

5）不间断电源的输出电压、电流、波形参数及切换时间。

一 般 项 目

17.2.2　机房供配电系统工程的施工除应执行国家标准《电子信息系统机房施工及验收规范》GB 50462—2008 第 3 章的规定外，尚应符合下列规定：

1　配电柜和配电箱安装支架的制作尺寸应与配电柜和配电箱的尺寸匹配，安装应牢固，并应接地；

2　线槽、线管和线缆的施工应符合本规范第 4 章的规定；

3　灯具、开关和各种电气控制装置以及各种插座安装应符合下列规定：

1）灯具、开关和插座安装应牢固，位置准确，开关位置应与灯位相对应；

2）同一房间，同一平面高度的插座面板应水平；

3）灯具的支架、吊架、固定点位置的确定应符合牢固安全、整齐美观的原则；

4）灯具、配电箱安装完毕后，每条支路进行绝缘摇测，绝缘电阻应大于并应做好记录；

5）机房地板应满足电池组的符合承重要求。

4　不间断电源设备的安装应符合下列规定：

1）主机和电池柜应按设计要求和产品技术要求进行固定；

2）各类线缆的接线应牢固，正确，并应作标识；

3）不间断电源电池组应接直流接地。

（3）验收说明

1）施工依据：《智能建筑工程施工规范》GB 50606—2010，施工工艺标准，并制订专项施工方案、技术交底资料。

2）验收依据：《智能建筑工程质量验收规范》GB 50339—2013 及《智能建筑工程施工规范》GB 50606—2010，相应的现场验收检查记录。

3）注意事项

① 主控项目的质量经抽样检验均应合格；

② 一般项目的质量经抽样检验合格。当采用计数抽样时，合格点率应符合有关专业验收规范的规定，且不得存在严重缺陷；

③ 具有完整的施工操作依据、质量验收记录；

④ 本检验批的主控项目、一般项目已列入推荐表中，有关具体内容及检查方法见一般规定及（2）条文摘录；

⑤ 黑体字的条文为强制性条文，必须严格执行，制订控制措施。

2. 机房防雷与接地系统检验批质量验收记录

（1）推荐表格

机房防雷与接地系统检验批质量验收记录　　　　08180201____

单位(子单位) 工程名称			分部(子分部) 工程名称		分项工程名称		
施工单位			项目负责人		检验批容量		
分包单位			分包单位项目 负责人		检验批部位		
施工依据			验收依据		《智能建筑工程质量验收规 范》GB 50339—2013		
		验收项目		设计要求及 规范规定	最小/实际 抽样数量	检查记录	检查结果
主控 项目	1	材料、器具、设备进场质量检测		第3.5.1条	/		
	2	系统 检测 应符 合设 计要 求	接地装置的结构、材质、 连接方法、安装位置、 埋设间距、深度及安装 方法及符合设计要求	第17.2.3条	/		
			接地装置的外露接点外 观检查应符合规定	第17.2.3条	/		
			浪涌保护器的规格、 型号应符合设计要求； 安装位置和方式应符 合设计要求或产品安装 说明书的要求	第17.2.3条	/		
			接电线规格、辐射方法及 其与等电位金属带的连 接方法符合设计要求	第17.2.3条	/		
			等电位连接金属带 的规格、辐射方法 应符合设计要求	第17.2.3条	/		
			接地装置的接地电 阻值应符合设计要求	第17.2.3条	/		
施工单位 检查结果				专业工长： 项目专业质量检查员： 　　　　　年　月　日			
监理单位 验收结论				专业监理工程师： 　　　　　年　月　日			

(2) 验收内容及检查方法条文摘录

主 控 项 目

3.5.1 材料、器具、设备进场质量检测除应符合现行国家标准《智能建筑工程质量验收规范》GB 50339—2003 第 3.2.1 条和第 3.2.2 条规定外，尚应符合下列规定：

1 按照合同文件和工程设计文件进行的进场验收，应有书面记录和参加人签字，并应经监理工程师或建设单位验收人员确认；

2 应对材料、设备的外观、规格、型号、数量计产地等进行检查复核；

3 主要设备、材料应有生产厂家的质量合格证明文件及性能的检测报告；

4 设备及材料的质量检查应包括安全性、可靠性及电磁兼容性等项目，并应由生产厂家出具相应检测报告。

17.2.3 防雷与接地系统工程的施工应执行国家标准《电子信息系统机房施工及验收规范》GB 50462—2008 第 4 章和本规范第 16 章的规定。

《电子信息系统机房施工及验收规范》GB 50462—2008 有关规定条文摘录。

5.4.1 验收检测应包括下列内容：

1 检查接地装置的结构、材质、连接方法、安装位置、埋设间距、深度及安装方法应符合设计要求；

2 对接地装置的外露接点应进行外观检查，已封闭的应检查施工记录；

3 验证浪涌保护器的规格、型号应符合设计要求，检查浪涌保护器安装位置、安装方式应符合设计要求或产品安装说明书的要求；

4 检查接地线的规格、敷设方法及其与等电位金属带的连接方法应符合设计要求；

5 检查等电位联接金属带的规格、敷设方法应符合设计要求；

6 检查接地装置的接地电阻值应符合设计要求。

(3) 验收说明

1）施工依据：《智能建筑工程施工规范》GB 50606—2010，施工工艺标准，并制订专项施工方案、技术交底资料。

2）验收依据：《智能建筑工程质量验收规范》GB 50339—2013 及《智能建筑工程施工规范》GB 50606—2010，相应的现场验收检查记录。

3）注意事项：

① 主控项目的质量经抽样检验均应合格；

② 一般项目的质量经抽样检验合格。当采用计数抽样时，合格点率应符合有关专业验收规范的规定，且不得存在严重缺陷；

③ 具有完整的施工操作依据、质量验收记录；

④ 本检验批的主控项目、一般项目已列入推荐表中，有关具体内容及检查方法见一般规定及（2）条文摘录；

⑤ 黑体字的条文为强制性条文，必须严格执行，制订控制措施。

3. 机房空气调节系统检验批质量验收记录

(1) 推荐表格

单位(子单位) 工程名称			分部(子分部) 工程名称		分项工程名称	
施工单位			项目负责人		检验批容量	
分包单位			分包单位项目 负责人		检验批部位	
施工依据			验收依据		《智能建筑工程质量验收规 范》GB 50339—2013	

		验收项目	设计要求及 规范规定	最小/实际 抽样数量	检查记录	检查结果
主控 项目	1	材料、器具、设备进场质量检测	第3.5.1条	/		
一般 项目	1	空调机组、管道安装符合 设计要求和规范规定	第17.2.6条	/		
	2	系统调试应符合设计要求	第17.2.6条	/		
	3	检漏及压力测试及 清洗,管道保温	第17.2.6条	/		
	4	新风系统设备与管道安装 符合设计要求,安装牢固	第17.2.6条	/		
	5	管道防火阀和排烟防火阀应 符合消防产品标准规定	第17.2.6条	/		
	6	管道防火阀和排烟防火阀必 须有产品合格证及性能检测 报告。管道防火阀和排烟 防火阀安装应牢固可靠、 启闭灵活、关闭严密。阀门的 驱动装置动作应正确可靠	第17.2.6条	/		
	7	手动单叶片和多叶片调 节阀的安装应牢固可靠、 启闭灵活、调节方便	第17.2.6条	/		
	8	风管制作安装符合设 计要求和规范规定	第17.2.6条	/		
施工单位 检查结果					专业工长: 项目专业质量检查员: 　　　　　年　月　日	
监理单位 验收结论					专业监理工程师: 　　　　　年　月　日	

414

（2）验收内容及检查方法条文摘录

主 控 项 目

3.5.1 材料、器具、设备进场质量检测除应符合现行国家标准《智能建筑工程质量验收规范》GB 50339—2003 第3.2.1条和第3.2.2条规定外，尚应符合下列规定：

1 按照合同文件和工程设计文件进行的进场验收，应有书面记录和参加人签字，并应经监理工程师或建设单位验收人员确认；

2 应对材料、设备的外观、规格、型号、数量计产地等进行检查复核；

3 主要设备、材料应有生产厂家的质量合格证明文件及性能的检测报告；

4 设备及材料的质量检查应包括安全性、可靠性及电磁兼容性等项目，并应由生产厂家出具相应检测报告。

一 般 项 目

17.2.6 空调系统工程的施工应执行国家标准《电子信息系统机房施工及验收规范》GB 50462—2008 第5章的规定。

《电子信息系统机房施工及验收规范》GB 50462—2008 有关规定条文摘录。

6 空气调节系统

6.1 一般规定

6.1.1 电子信息系统机房的空气调节系统应包括分体式空气调剂系统设备与设施的安装、风管与部件制作及安装、系统调试及施工验收。

6.1.2 电子信息系统机房其他空气调节系统的施工及验收，应按现行国家标准《通风与空调工程施工质量验收规范》GB 50243 的有关规定执行。

6.2 空调设备安装

6.2.1 分体式空调机组基座或基础的制作应符合设计要求，并应在空调机组安装前完成。

6.2.2 室内机组安装时，在室内机组与基座之间应垫牢靠固定的隔震材料。

6.2.3 室外机组的安装位置应符合设计要求，并应满足设备技术档案对空气循环空间的要求。

6.2.4 室外空调冷风机组安装在地面时，应设置安全防护网。

6.2.5 连接室内机组与室外机组的气管和液管，应按设备技术档案要求进行安装。气管与液管为硬紫铜管时，应按设计位置安装存油弯和防震管。

6.2.6 空气设备管道安装完成后，应进行检漏和压力测试，并应做记录；合格后应进行清洗。

6.2.7 管道应按设计要求进行保温。当设计对保温材料无规定时，可采用耐热聚乙烯、保温泡沫塑料或玻璃纤维等材料。

6.3 其他空调设施的安装

6.3.1 空气调节系统其他设施应包括新风系统、管道防火阀、排烟防火阀、空调系统及排风系统的风口。

6.3.2 新风系统设备与管道应按设计要求进行安装，安装应便于空气过滤装置的更换，并应牢固可靠。

6.3.3 管道防火阀和排烟防火阀应符合国家现行有关消防产品标准的规定。

6.3.4　管道防火阀和排烟防火阀必须具有产品合格证及国家主管部门认定的检测机构出具的性能检测报告。

6.3.5　管道防火阀和排烟防火阀的安装应牢固可靠、启闭灵活、关闭严密。阀门的驱动装置动作应正确、可靠。

6.3.6　手动单叶片和多叶片调节阀的安装应牢固可靠、启闭灵活、调节方便。

6.4　风管、部件制作与安装

6.4.1　用镀锌钢板制作风管时应符合下列规定：

1　表面应平整，不应有氧化、腐蚀等现象；加工风管时，镀锌层损坏处应涂两遍防锈漆；

2　刷油漆时，明装部分的最后一遍应为色漆，宜在安装完毕后进行；

3　风管接缝宜采用咬口方式。板材拼接咬口缝应错开，不得有十字拼接缝；

4　风管内表面应平整光滑，安装前应除去内表面的油污和灰尘；

5　风管法兰制作应符合设计要求，并应按现行国家标准《通风与空调工程施工质量验收规范》GB 50243 的有关规定执行；法兰应涂刷两遍防锈漆；

6.　风管与法兰的连接应严密，法兰密封垫应选用不透气、不起尘、具有一定弹性的材料；紧固法兰时不得损坏密封垫。

6.4.2　用普通薄钢板制作风管前应除去油污和锈斑，并应预涂一遍防锈漆，同时应符合本规范第 6.4.1 条的规定。

6.4.3　下列情况的矩形风管应采取加固措施：

1　无保温层的边长大于 630mm；

2　有保温层的边长大于 800mm；

3　风管的单面面积大于 $1.2m^2$。

6.4.4　金属法兰的焊缝应严密、熔合良好、无虚焊。法兰平面度的允许偏差应为 ±2mm，孔距应一致，并应具有互换性。

6.4.5　风管与法兰的铆接应牢固，不得脱铆和漏铆。管道翻边应平整、紧贴法兰，其宽度应一致，且不应小于 6mm。法兰四角处的咬缝不得开裂和有孔洞。

6.4.6　风管支架、吊架的防腐处理应与普通薄钢板的防腐处理相一致，其明装部分应增涂一遍面漆。

6.4.7　风管及相关部件安装应牢固可靠，并应在验收后进行管道保温及涂漆。

6.5　空气调节系统调试

6.5.1　空气调节系统进行调试时，宜有建设单位代表在场。

6.5.2　空调设备安装完毕后，应首先对系统进行检漏及保压试验，其技术指标应符合设计要求。设计无明确要求时，应按设备技术档案执行。

6.5.3　空调设备、新风设备应在保压试验合格后进行开机试运行。

6.5.4　空调系统的调试应在空调设备、新风设备试运行稳定后进行。空调系统调试应做记录调系统验收前，应按附录 C 的内容对系统进行测试，并应按附录 C 填写《空调系统测试记录表》。

6.6　施工验收

6.6.1　空气调节系统施工验收内容及方法应按现行国家标准《通风与空调工程施工

质量验收规范》GB 50243 的有关规定执行。

6.6.2 施工交接验收时，施工单位提供的文件除应符合本规范第 3.3.3 条的规定外，尚应按附录 C 提交《空调系统测试记录表》。

（3）验收说明

1）施工依据：《智能建筑工程施工规范》GB 50606—2010，施工工艺标准，并制订专项施工方案、技术交底资料。

2）验收依据：《智能建筑工程质量验收规范》GB 50339—2013 及《智能建筑工程施工规范》GB 50606—2010，相应的现场验收检查记录。

3）注意事项：

① 主控项目的质量经抽样检验均应合格；

② 一般项目的质量经抽样检验合格。当采用计数抽样时，合格点率应符合有关专业验收规范的规定，且不得存在严重缺陷；

③ 具有完整的施工操作依据、质量验收记录；

④ 本检验批的主控项目、一般项目已列入推荐表中，有关具体内容及检查方法见一般规定及（2）条文摘录；

⑤ 黑体字的条文为强制性条文，必须严格执行，制订控制措施。

4. 机房给水排水系统检验批质量验收记录

（1）推荐表格

机房给水排水系统检验批质量验收记录 08180401 ____

单位(子单位) 工程名称			分部(子分部) 工程名称			分项工程名称		
施工单位			项目负责人			检验批容量		
分包单位			分包单位项目 负责人			检验批部位		
施工依据			验收依据			《智能建筑工程质量验收 规范》GB 50339—2013		
验收项目			设计要求及 规范规定	最小/实际 抽样数量	检查记录	检查结果		
主控 项目	1	材料、器具、设备进场质量检测	第 3.5.1 条	/				
	2	冷热水管道检漏和压力试验 符合设计要求和规范规定	第 17.2.7 条	/				
一般 项目	1	管道支、吊、托架安装符合 设计要求和规范规定	第 17.2.7 条	/				
	2	水平排水管道应用 3.5‰~5‰ 的坡度，并坡向排泄方向		/				
	3	保温应采用难燃材料，保 温层应平整、密实，不得有 裂缝、空隙。防潮层应紧贴 在保温层上，并应封闭良好； 表面层应平滑平整不起尘		/				

	验收项目	设计要求及规范规定	最小/实际抽样数量	检查记录	检查结果
一般项目	4	地面应坡向地漏处，坡度应不小于3‰；地漏顶面应低于地面5mm	第17.2.7条	/	
	5	空调器冷凝水排水管应设有存水弯		/	
	6	排水管应只做通水试验，流水应畅通，不得渗漏		/	
施工单位检查结果			专业工长： 项目专业质量检查员： 年 月 日		
监理单位验收结论			专业监理工程师： 年 月 日		

（2）验收内容及检查方法条文摘录

主 控 项 目

3.5.1 材料、器具、设备进场质量检测除应符合现行国家标准《智能建筑工程质量验收规范》GB 50339—2003 第3.2.1条和第3.2.2条规定外，尚应符合下列规定：

1 按照合同文件和工程设计文件进行的进场验收，应有书面记录和参加人签字，并应经监理工程师或建设单位验收人员确认；

2 应对材料、设备的外观、规格、型号、数量计产地等进行检查复核；

3 主要设备、材料应有生产厂家的质量合格证明文件及性能的检测报告；

4 设备及材料的质量检查应包括安全性、可靠性及电磁兼容性等项目，并应由生产厂家出具相应检测报告。

一 般 项 目

17.2.7 给排水系统工程应的施工应执行国家标准《电子信息系统机房施工及验收规范》GB 50462—2008 第6章的规定。

《电子信息系统机房施工及验收规范》GB 50462—2008 有关规定条文摘录。

7.1 一般规定

7.1.1 给水排水系统应包括电子信息系统机房内的给水和排水管道系统的施工及验收。

7.1.2 电子信息系统机房给水与排水的施工及验收，除应执行本规范外，尚应符合现行国家标《建筑给水排水及采暖工程施工质量验收规范》GB 50242 的有关规定。

7.2 管道安装

7.2.1 管径不大于100mm的镀锌管道宜采用螺纹连接，螺纹的外露部分应做防腐处理；管径大于100mm的镀锌管道应采用焊接或法兰连接。

7.2.2 需弯制钢管时，弯曲半径应符合现行国家标准《建筑给水排水及采暖工程施工质量验收规范》GB 50242 的有关规定。

7.2.3 管道支架、吊架、托架的安装，应符合下列规定：

1 固定支架与管道接触应紧密，安装应牢固、稳定；

2 在建筑结构上安装管道支架、吊架，不得破坏建筑结构及超过其荷载。

7.2.4 水平排水管道应有 3.5‰～5‰的坡度，并应坡向排泄方向。

7.2.5 机房内的冷热水管道安装后应首先进行检漏和压力试验，然后进行保温施工。

7.2.6 保温应采用难燃材料，保温层应平整、密实，不得有裂缝、空隙。防潮层应紧贴在保温层上，并应封闭良好；表面层应光滑平整、不起尘。

7.2.7 机房内的地面应坡向地漏处，坡度应不小于 3‰；地漏顶面应低于地面 5mm。

7.2.8 机房内的空调器冷凝水排水管应设有存水弯。

7.3 施工验收

7.3.1 给水管道应做压力试验，试验压力应为设计压力的 1.5 倍，且不得小于 0.6MPa。空调加湿给水管应只做通水试验，应开启阀门、检查各连接处及管道，不得渗漏。

7.3.2 排水管应只做通水试验，流水应畅通，不得渗漏。

7.3.3 施工交接验收时，施工单位提供的文件除应符合本规范第 3.3.3 条的规定外，还应提交管道压力试验报告和检漏报告。

（3）验收说明

1）施工依据：《智能建筑工程施工规范》GB 50606—2010，施工工艺标准，并制订专项施工方案、技术交底资料。

2）验收依据：《智能建筑工程质量验收规范》GB 50339—2013 及《智能建筑工程施工规范》GB 50606—2010，相应的现场验收检查记录。

3）注意事项

① 主控项目的质量经抽样检验均应合格；

② 一般项目的质量经抽样检验合格。当采用计数抽样时，合格点率应符合有关专业验收规范的规定，且不得存在严重缺陷；

③ 具有完整的施工操作依据、质量验收记录；

④ 本检验批的主控项目、一般项目已列入推荐表中，有关具体内容及检查方法见一般规定及（2）条文摘录；

⑤ 黑体字的条文为强制性条文，必须严格执行，制订控制措施。

5. 机房综合布线系统检验批质量验收记录

（1）推荐表格

机房综合布线系统检验批质量验收记录　　　　08180501 ____

单位（子单位） 工程名称		分部（子分部） 工程名称		分项工程名称	
施工单位		项目负责人		检验批容量	
分包单位		分包单位项目 负责人		检验批部位	
施工依据		验收依据	《智能建筑工程质量验收 规范》GB 50339—2013		

		验收项目	设计要求及规范规定	最小/实际抽样数量	检查记录	检查结果
主控项目	1	材料、器具、设备进场质量检测	第3.5.1条	/		
	2	配线柜的安装及配线架的压接应符合规范规定	第17.2.4条	/		
	3	系统测试应符合设计要求和规范规定		/		
一般项目	1	走线架、槽的安装应符合规范规定	第17.2.4条	/		
	2	线缆的敷设应符合设计要求和规范规定		/		
	3	线缆标识应符合规范规定		/		
施工单位检查结果			专业工长： 项目专业质量检查员： 年　月　日			
监理单位验收结论			专业监理工程师： 年　月　日			

（2）验收内容及检查方法条文摘录

主 控 项 目

3.5.1　材料、器具、设备进场质量检测除应符合现行国家标准《智能建筑工程质量验收规范》GB 50339—2003 第 3.2.1 条和第 3.2.2 条规定外，尚应符合下列规定：

1　按照合同文件和工程设计文件进行的进场验收，应有书面记录和参加人签字，并应经监理工程师或建设单位验收人员确认；

2　应对材料、设备的外观、规格、型号、数量计产地等进行检查复核；

3　主要设备、材料应有生产厂家的质量合格证明文件及性能的检测报告；

4　设备及材料的质量检查应包括安全性、可靠性及电磁兼容性等项目，并应由生产厂家出具相应检测报告。

一 般 项 目

17.2.4　综合布线系统工程的施工应执行国家标准《电子信息系统机房施工及验收规范》GB 50462—2008 第 7 章和本规范第 5 章的规定。

《电子信息系统机房施工及验收规范》GB 50462—2008 有关规定条文摘录。

8.3　施工验收

8.3.1　验收应包括下列内容：

1　配线柜的安装及配线架的压接；

2　走线架、槽的安装；

3　线缆的敷设；

4　线缆的标识；

5　系统测试。

8.3.2　系统检测，应包括下列内容：

1　检查配线柜的安装及配线架的压接；

2　检查走线架、槽的规格，型号和安装方式；

3　检查线缆的规格、型号、敷设方式及标识；

4　进行电缆系统电气性能测试和光缆系统性能测试，各项测试应做详细记录，并应按附录 D 填写《电缆及光缆综合布线系统工程电气性能测试记录表》。

（3）验收说明

1）施工依据：《智能建筑工程施工规范》GB 50606—2010，施工工艺标准，并制订专项施工方案、技术交底资料。

2）验收依据：《智能建筑工程质量验收规范》GB 50339—2013 及《智能建筑工程施工规范》GB 50606—2010，相应的现场验收检查记录。

3）注意事项

① 主控项目的质量经抽样检验均应合格；

② 一般项目的质量经抽样检验合格。当采用计数抽样时，合格点率应符合有关专业验收规范的规定，且不得存在严重缺陷；

③ 具有完整的施工操作依据、质量验收记录；

④ 本检验批的主控项目、一般项目已列入推荐表中，有关具体内容及检查方法见一般规定及（2）条文摘录；

⑤ 黑体字的条文为强制性条文，必须严格执行，制订控制措施。

6. 机房监控与安全防范系统检验批质量验收记录

（1）推荐表格

机房监控与安全防范系统检验批质量验收记录　　08180601 ___

单位(子单位)工程名称			分部(子分部)工程名称			分项工程名称	
施工单位			项目负责人			检验批容量	
分包单位			分包单位项目负责人			检验批部位	
施工依据			验收依据		《智能建筑工程质量验收规范》GB 50339—2013		
验收项目			设计要求及规范规定	最小/实际抽样数量	检查记录	检查结果	
主控项目	1	材料、器具、设备进场质量检测	第 3.5.1 条	/			
	2	设备、装置及配件的安装应符合设计要求和规范规定	第 17.2.5 条	/			

	验收项目		设计要求及规范规定	最小/实际抽样数量	检查记录	检查结果
主控项目	3	环境监控系统和场地设备监控系统的数据采集、传送、转化、控制功能和规范规定	第17.2.5条	/		
	4	入侵报警系统的入侵报警功能、防破坏和故障报警功能、记录显示功能和系统自检功能应符合设计要求和规范规定		/		
	5	视频监控系统的控制功能、监视功能、显示功能、记录功能和报警联动功能应符合设计要求和规范规定		/		
	6	出入口控制系统的出入目标识读功能、信息处理和控制功能、执行机构功能应符合设计要求和规范规定		/		
施工单位检查结果		专业工长： 项目专业质量检查员： 年 月 日				
监理单位验收结论		专业监理工程师： 年 月 日				

（2）验收内容及检查方法条文摘录

主控项目

3.5.1 材料、器具、设备进场质量检测除应符合现行国家标准《智能建筑工程质量验收规范》GB 50339—2003 第3.2.1条和第3.2.2条规定外，尚应符合下列规定：

1 按照合同文件和工程设计文件进行的进场验收，应有书面记录和参加人签字，并应经监理工程师或建设单位验收人员确认；

2 应对材料、设备的外观、规格、型号、数量计产地等进行检查复核；

3 主要设备、材料应有生产厂家的质量合格证明文件及性能的检测报告；

4 设备及材料的质量检查应包括安全性、可靠性及电磁兼容性等项目，并应由生产厂家出具相应检测报告。

17.2.5 安全防范系统工程的施工应执行国家标准《电子信息系统机房施工及验收规范》GB 50462—2008 第8章和本规范14章的规定。

《电子信息系统机房施工及验收规范》GB 50462—2008 有关规定条文摘录。

9.5.1 验收应包括下列内容：

1 设备、装置及配件的安装；

2 环境监控系统和场地设备监控系统的数据采集、传送、转换、控制功能；

3 入侵报警系统的入侵报警功能、防破坏和故障报警功能、记录显示功能和系统自检功能；

4 视频监控系统的控制功能、监视功能、显示功能、记录功能和报警联动功能；

5 出入口控制系统的出入目标识读功能、信息处理和控制功能、执行机构功能。

（3）验收说明

1）施工依据：《智能建筑工程施工规范》GB 50606—2010，施工工艺标准，并制订专项施工方案、技术交底资料。

2）验收依据：《智能建筑工程质量验收规范》GB 50339—2013 及《智能建筑工程施工规范》GB 50606—2010，相应的现场验收检查记录。

3）注意事项：

① 主控项目的质量经抽样检验均应合格；

② 一般项目的质量经抽样检验合格。当采用计数抽样时，合格点率应符合有关专业验收规范的规定，且不得存在严重缺陷；

③ 具有完整的施工操作依据、质量验收记录；

④ 本检验批的主控项目、一般项目已列入推荐表中，有关具体内容及检查方法见一般规定及（2）条文摘录；

⑤ 黑体字的条文为强制性条文，必须严格执行，制订控制措施。

7. 机房消防系统检验批质量验收记录

（1）推荐表格

机房消防系统检验批质量验收记录　　　　08180701 ____

单位(子单位) 工程名称			分部(子分部) 工程名称		分项工程名称		
施工单位			项目负责人		检验批容量		
分包单位			分包单位项目 负责人		检验批部位		
施工依据			验收依据		《智能建筑工程质量验收规 范》GB 50339—2013		
验收项目			设计要求及 规范规定	最小/实际 抽样数量	检查记录	检查结果	
主控 项目	1	材料、器具、设备进场质量检测	第3.5.1条	/			
	2	火灾自动报警系统与消防联动 控制系统安装及功能应符合 设计要求和规范规定	第17.2.9条	/			
	3	气体灭火系统安装及功能应 符合设计要求和规范规定		/			
	4	自动喷水灭火系统安装及功能 应符合设计要求和规范规定		/			
施工单位 检查结果				专业工长： 项目专业质量检查员： 　　　　　年　月　日			
监理单位 验收结论				专业监理工程师： 　　　　　年　月　日			

(2) 验收内容及检查方法条文摘录

主 控 项 目

3.5.1 材料、器具、设备进场质量检测除应符合现行国家标准《智能建筑工程质量验收规范》GB 50339—2003 第 3.2.1 条和第 3.2.2 条规定外，尚应符合下列规定：

1 按照合同文件和工程设计文件进行的进场验收，应有书面记录和参加人签字，并应经监理工程师或建设单位验收人员确认；

2 应对材料、设备的外观、规格、型号、数量计产地等进行检查复核；

3 主要设备、材料应有生产厂家的质量合格证明文件及性能的检测报告；

4 设备及材料的质量检查应包括安全性、可靠性及电磁兼容性等项目，并应由生产厂家出具相应检测报告。

17.2.9 消防系统工程的施工应执行现行国家标准《气体灭火系统施工及验收规范》GB 50263 有关规定及国家标准《电子信息系统机房施工及验收规范》GB 50462—2008 第 9 章和本规范第 13 章的规定。

《电子信息系统机房施工及验收规范》GB 50462—2008 有关规定条文摘录。

10.0.1 火灾自动报警与消防联动控制系统施工及验收应符合现行国家标准《火灾自动报警系统施工及验收规范》GB 50166 的有关规定。

10.0.2 气体灭火系统施工及验收应符合现行国家标准《气体灭火系统施工及验收规范》GB 50263 的有关规定。

10.0.3 自动喷水灭火系统施工及验收应符合现行国家标准《自动喷水灭火系统施工及验收规范》GB 50261 的有关规定。

(3) 验收说明

1) 施工依据：《智能建筑工程施工规范》GB 50606—2010，施工工艺标准，并制订专项施工方案、技术交底资料。

2) 验收依据：《智能建筑工程质量验收规范》GB 50339—2013 及《智能建筑工程施工规范》GB 50606—2010，相应的现场验收检查记录。

3) 注意事项：

① 主控项目的质量经抽样检验均应合格；

② 一般项目的质量经抽样检验合格。当采用计数抽样时，合格点率应符合有关专业验收规范的规定，且不得存在严重缺陷；

③ 具有完整的施工操作依据、质量验收记录；

④ 本检验批的主控项目、一般项目已列入推荐表中，有关具体内容及检查方法见一般规定及（2）条文摘录；

⑤ 黑体字的条文为强制性条文，必须严格执行，制订控制措施。

8. 机房室内装饰装修检验批质量验收记录

(1) 推荐表格

单位(子单位) 工程名称			分部(子分部) 工程名称		分项工程名称		
施工单位			项目负责人		检验批容量		
分包单位			分包单位项目 负责人		检验批部位		
施工依据			验收依据		《智能建筑工程质量验收规 范》GB 50339—2013		
验收项目			设计要求及 规范规定	最小/实际 抽样数量	检查记录	检查结果	
主控 项目	1	材料、器具、设备进场质量检测	第3.5.1条	/			
	2	在防雷接地等电位排安装完毕并引入机柜线槽和管线的安装完毕后方可进行装饰工程	第17.2.1条 第1款	/			
	3	活动地板支承架应安装牢固,并应调平,高度符合布线要求		/			
一般 项目	1	吊顶吊杆、饰面板和龙骨的材质、规格及安装符合设计要求	第17.2.1条	/			
	2	吊顶板的防火、保温、吸音材料应包封严密,板块间应无缝隙,并应固定牢固		/			
	3	隔断墙材料质量安装符合设计要求和规范规定		/			
	4	地面及防潮层材料质量和安装质量符合规定		/			
	5	地板线缆出口应配合计算机实际位置进行定位,出口应有线缆保护措施		/			
	6	门窗材质符合设计要求,安装质量符合规定					
	7	其他材料符合设计要求,安装符合规定		/			
施工单位 检查结果				专业工长: 项目专业质量检查员: 年 月 日			
监理单位 验收结论				专业监理工程师: 年 月 日			

425

(2) 验收内容及检查方法条文摘录

主 控 项 目

3.5.1 材料、器具、设备进场质量检测除应符合现行国家标准《智能建筑工程质量验收规范》GB 50339—2003 第 3.2.1 条和第 3.2.2 条规定外，尚应符合下列规定：

1 按照合同文件和工程设计文件进行的进场验收，应有书面记录和参加人签字，并应经监理工程师或建设单位验收人员确认；

2 应对材料、设备的外观、规格、型号、数量计产地等进行检查复核；

3 主要设备、材料应有生产厂家的质量合格证明文件及性能的检测报告；

4 设备及材料的质量检查应包括安全性、可靠性及电磁兼容性等项目，并应由生产厂家出具相应检测报告。

一 般 项 目

17.2.1 机房室内装饰装修工程的施工除应执行国家标准《电子信息系统机房施工及验收规范》GB 50462—2008 第 10 章的规定外，尚应符合下列规定：

1 在防雷接地等电位排安装完毕并引入机柜线槽和管线的安装完毕后方可进行装饰工程；

2 活动地板支撑架应安装牢固，并应调平；

3 活动地板的高度应根据电缆布线和空调送风要求确定，宜为 200mm～500mm；

4 地板线缆出口应配合计算机实际位置进行定位，出口应有线缆保护措施。

《电子信息系统机房施工及验收规范》GB 50462—2008 有关规定条文摘录。

11 室内装饰装修

11.1 一般规定

11.1.1 电子信息系统机房室内装饰装修应包括吊顶、隔断、地面处理、活动地板、内墙和顶棚及柱面处理、门窗制作安装及其他作业的施工及验收。

11.1.2 室内装饰装修施工宜按由上而下、从里到外的顺序进行。

11.1.3 室内环境污染的控制及装饰装修材料的选择应按现行国家标准《民用建筑工程室内环境污染控制规范》GB 50325 的有关规定执行。

11.1.4 各工种的施工环境条件应符合施工材料说明书的要求。

11.2 吊顶

11.2.1 吊点固定件位置应按设计标高及安装位置确定。

11.2.2 吊顶吊杆和龙骨的材质、规格、安装间隙与连接方式应符合设计要求。预埋吊杆或预设钢板，应在吊顶施工前完成。未做防锈处理的金属吊挂件应进行涂漆。

11.2.3 吊顶上空间作为回风静压箱时，其内表面应按设计做防尘处理，不得起皮和龟裂。

11.2.4 吊顶板上铺设的防火、保温、吸音材料应包封严密，板块间应无缝隙，并应固定牢靠。

11.2.5 龙骨与饰面板的安装施工应按现行国家标准《住宅装饰装修工程施工规范》GB 50327 的有关规定执行，并应符合产品说明书的要求。

11.2.6 吊顶装饰面板表面应平整、边缘整齐、颜色一致，板面不得变色、翘曲、缺损、裂缝和腐蚀。

11.2.7 吊顶与墙面、柱面、窗帘盒的交接应符合设计要求，并应严密美观。

11.2.8 安装吊顶装饰面板前应完成吊顶上各类隐蔽工程的施工及验收。

11.3 隔断墙

11.3.1 隔断墙应包括金属饰面板隔断、骨架隔断和玻璃隔断等非承重轻质隔断及实墙的工程施工。

11.3.2 隔断墙施工前应按设计划线定位。

11.3.3 隔断墙主要材料质量应符合下列要求：

1 饰面板表面应平整、边缘整齐，不应有污垢、缺角、翘曲、起皮、裂纹、开胶、划痕、变色和明显色差等缺陷；

2 隔断玻璃表面应光滑、无波纹和气泡，边缘应平直、无缺角和裂纹。

11.3.4 轻钢龙骨架的隔断安装应符合下列要求：

1 隔断墙的沿地、沿顶及沿墙龙骨位置应准确，固定应牢靠；

2 竖龙骨及横向贯通龙骨的安装应符合设计及产品说明书的要求；

3 有耐火极限要求的隔断墙板安装应符合下列规定：

1) 竖龙骨的长度应小于隔断墙的高度 30mm，上下应形成 15mm 的膨胀缝；

2) 隔断墙板应与竖龙骨平行铺设，不得沿地、沿顶龙骨固定；

3) 隔断墙两面墙板接缝不得在同一根龙骨上，安装双层墙板时，面层与基层的接缝亦不得在同一根龙骨上；

4 隔断墙内填充的材料应符合设计要求，应充满、密实、均匀。

11.3.5 装饰面板的非阻燃材料衬层内表面应涂覆两遍防火涂料。粘接剂应根据装饰面板性能或产品说明书要求确定。粘接剂应满涂、均匀，粘接应牢固。饰面板对缝图案应符合设计规定。

11.3.6 金属饰面板隔断安装应符合下列要求：

1 金属饰面板表面应无压痕、划痕、污染、变色、锈迹，界面端头应无变形；

2 隔断不到顶棚时，上端龙骨应按设计与顶棚或梁、柱固定；

3 板面应平直，接缝宽度应均匀、一致。

11.3.7 玻璃隔断的安装应符合下列要求：

1 玻璃支撑材料品种、型号、规格、材质应符合设计要求，表面应光滑、无污垢和划痕，不得有机械损伤；

2 隔断不到顶棚时，上端龙骨应按设计与顶棚或梁、柱固定；

3 安装玻璃的槽口应清洁，下槽口应衬垫软性材料。玻璃之间或玻璃与扣条之间嵌缝灌注的密封肢应饱满、均匀、美观；如填塞弹性密封胶条，应牢固、严密，不得起鼓和缺漏；

4 应在工程竣工验收前揭去骨架材料面层保护膜；

5 竣工验收前在玻璃上应粘贴明显标志。

11.3.8 防火玻璃隔断应按设计要求安装，除应符合本规范第 11.3.7 条的规定外，尚应符合产品说明书的要求。

11.3.9 隔断墙与其他墙体、柱体的交接处应填充密封防裂材料。

11.3.10 实体隔断墙的砌砖应符合现行国家标准《砌体工程施工质量验收规范》GB 50203 的有关规定，抹灰及饰面应符合现行国家标准《住宅装饰装修工程施工规范》GB 50327 的有关规定。

11.4 地面处理

11.4.1 地面处理应包括原建筑地面处理及不安装活动地板房间的地面砖、石材、地毯等地面面层材料的铺设。

11.4.2 地面铺设宜在隐蔽工程、吊顶工程、墙面与柱面的抹灰工程完成后进行。

11.4.3 潮湿地区应按设计要求铺设防潮层，并应做到均匀、平整、牢固、无缝隙。

11.4.4 地面砖、石材、地毯铺设应符合现行国家标准《住宅装饰装修工程施工规范》GB 50327 的有关规定。

11.4.5 在水泥地面上涂覆特殊材料时，施工环境和施工方法应符合产品技术文件的要求。

11.5 活动地板

11.5.1 活动地板的铺设应在机房内其他施工及设备基座安装完成后进行。

11.5.2 铺设前应对建筑地面进行清洁处理，建筑地面应干燥、坚硬、平整、不起尘。

活动地板下空间作为送风静压箱时，应对原建筑表面进行防尘涂覆，涂覆面不得起皮和龟裂。

11.5.3 活动地板铺设前，应按设计标高及地板布置准确放线。沿墙单块地板的最小宽度不宜小于整块地板边长的 1/4。

11.5.4 活动地板铺设时应随时调整水平；遇到障碍物或不规则墙面、柱面时应按实际尺寸切割，并应相应增加支撑部件。

11.5.5 铺设风口地板和开口地板时，需现场切割的地板，切割面应光滑、无毛刺，并应进行防火、防尘处理。

11.5.6 在原建筑地面铺设的保温材料应严密、平整，接缝处应粘接牢固。

11.5.7 在搬运、储藏、安装活动地板过程中，应注意装饰面的保护，并应保持清洁。

11.5.8 在活动地板上安装设备时，应对地板面进行防护。

11.6 内墙、顶棚及柱面的处理

11.6.1 内墙、顶棚及柱面的处理应包括表面涂覆、壁纸及织物粘贴、装饰板材安装、墙面砖或石材等材料的铺贴。

11.6.2 新建或改建工程中的抹灰施工应符合现行国家标准《住宅装饰装修工程施工规范》GB 50327 的有关规定。

11.6.3 表面涂覆、壁纸或织物粘贴、墙面砖或石材等材料的铺贴应在墙面隐蔽工程完成后、吊顶板安装及活动地板铺设之前进行。表面涂覆、壁纸或织物粘贴应符合现行国家标准《住宅装饰装修工程施工规范》GB 50327 的有关规定。施工质量应符合现行国家标准《建筑装饰装修工程质量验收规范》GB 50210 的有关规定。

11.6.4 金属饰面板安装应牢固、垂直、稳定，与墙面、柱面应保留 50mm 以上的间隙，并应符合本规范第 11.3.6 条的规定。

11.6.5 其他饰面板的安装应按本规范第 11.3.5 条执行，并应符合现行国家标准《建筑装饰装修工程质量验收规范》GB 50210 的有关规定。

11.7 门窗及其他

11.7.1 门窗及其他施工应包括门窗、门窗套、窗帘盒、暖气罩、踢脚板等制作与安装。

11.7.2 安装门窗前应进行下列各项检查：

1　门窗的品种、规格、功能、尺寸、开启方向、平整度、外观质量应符合设计要求，附件应齐全；

2　门窗洞口位置、尺寸及安装面结构应符合设计要求。

11.7.3　门窗的运输、存放、安装应符合下列规定：

1　木门窗应采取防潮措施，不得碰伤、玷污和暴晒；

2　塑钢门窗安装、存放环境温度应低于50℃；存放处应远离热源；环境温度低于0℃时，应在室温下放置24h。

3　铝合金、塑钢、不锈钢门窗的保护贴膜在验收前不得损坏；在运输或存放铝合金、塑钢、不锈钢门窗时应竖直、稳定排放，并应用软质材料相隔；

4　钢质防火门安装前不应拆除包装，并应存放在清洁、干燥的场所，不得磨损和锈蚀。

11.7.4　门窗安装应平整、牢固、开闭自如、推拉灵活、接缝严密。

11.7.5　玻璃安装应按本规范第11.3.7条执行。

11.7.6　门窗框与洞口的间隙应填充弹性材料，并应用密封胶密封。

11.7.7　门窗安装除应执行本规范外，尚应符合现行国家标准《建筑装饰装修工程质量验收规范》GB 50210的有关规定。

11.7.8　门窗套、窗帘盒、暖气罩、踢脚板等制作与安装应符合现行国家标准《建筑装饰装修工程质量验收规范》GB 50210的有关规定。其表面应光洁、平整、色泽一致、线条顺直、接缝严密，不得有裂缝、翘曲和损坏。

11.8　施工验收

11.8.1　吊顶、隔断墙、内墙和顶棚及柱面、门窗以及窗帘盒、暖气罩、踢脚板等施工的验收内容和方法，应符合现行国家标准《建筑装饰装修工程质量验收规范》GB 50210的有关规定。

11.8.2　地面处理施工的验收内容和方法，应符合现行国家标准《建筑地面工程施工质量验收规范》GB 50209的有关规定。防静电活动地板的验收内容和方法，应符合国家现行标准《防静电地面施工及验收规范》SJ/T 31469的有关规定。

11.8.3　施工交接验收时，施工单位提供的文件应符合本规范第3.3.3条的规定。

（3）验收说明

1）施工依据：《智能建筑工程施工规范》GB 50606—2010，施工工艺标准，并制订专项施工方案、技术交底资料。

2）验收依据：《智能建筑工程质量验收规范》GB 50339—2013及《智能建筑工程施工规范》GB 50606—2010，相应的现场验收检查记录。

3）注意事项：

①　主控项目的质量经抽样检验均应合格；

②　一般项目的质量经抽样检验合格。当采用计数抽样时，合格点率应符合有关专业验收规范的规定，且不得存在严重缺陷；

③　具有完整的施工操作依据、质量验收记录；

④　本检验批的主控项目、一般项目已列入推荐表中，有关具体内容及检查方法见一般规定及（2）条文摘录；

⑤　黑体字的条文为强制性条文，必须严格执行，制订控制措施。

9. 机房电磁屏蔽检验批质量验收记录

（1）推荐表格

机房电磁屏蔽检验批质量验收记录

08180901 ___

单位(子单位) 工程名称			分部(子分部) 工程名称			分项工程名称	
施工单位			项目负责人			检验批容量	
分包单位			分包单位项目 负责人			检验批部位	
施工依据			验收依据			《智能建筑工程质量验收 规范》GB 50339—2013	

		验收项目	设计要求及 规范规定	最小/实际 抽样数量	检查记录	检查结果
主控项目	1	材料、器具、设备进场质量检测	第3.5.1条	/		
	2	焊接应牢固可靠,焊缝应光滑 致密,不得有熔渣、裂纹、气 泡、气孔和虚焊。焊接后应对 全部焊缝进行除锈处理	第17.2.8条	/		
	3	可拆卸式、自撑式、直 贴式电磁屏蔽室壳体 安装应符合规定		/		
	4	铰链、平移屏蔽门安 装应符合规定		/		
	5	滤波器安装应符合规定		/		
	6	截止波导通风窗安装应符合规定		/		
	7	屏蔽玻璃安装应符合规定		/		
	8	所有屏蔽接口应用电磁屏蔽 检漏仪连续检漏,不得漏检, 不合格处应修补,其他施 工不得破坏屏蔽层				
	9	电磁屏蔽室的全频 段检测应符合规定		/		
	10	所有出入屏蔽室的信 号线缆、气管和液管必须 进行屏蔽滤波处理				
	11	屏蔽壳体接地符合设计要求, 接地电阻符合设计要求		/		
施工单位 检查结果				专业工长: 项目专业质量检查员: 年 月 日		
监理单位 验收结论				专业监理工程师: 年 月 日		

（2）验收内容及检查方法条文摘录

主控项目

3.5.1　材料、器具、设备进场质量检测除应符合现行国家标准《智能建筑工程质量验收规范》GB 50339—2003 第 3.2.1 条和第 3.2.2 条规定外，尚应符合下列规定：

1　按照合同文件和工程设计文件进行的进场验收，应有书面记录和参加人签字，并应经监理工程师或建设单位验收人员确认；

2　应对材料、设备的外观、规格、型号、数量计产地等进行检查复核；

3　主要设备、材料应有生产厂家的质量合格证明文件及性能的检测报告；

4　设备及材料的质量检查应包括安全性、可靠性及电磁兼容性等项目，并应由生产厂家出具相应检测报告。

17.2.8　电磁屏蔽工程的施工应执行国家标准《电子信息系统机房施工及验收规范》50462—2008 第 10 章的规定。

《电子信息系统机房施工及验收规范》GB 50462—2008 有关规定条文摘录。

12　电磁屏蔽

12.1　一般规定

12.1.1　电子信息系统机房电磁屏蔽工程的施工及验收应包括屏蔽壳体、屏蔽门、隔离滤波器、截止通风波导窗、屏蔽玻璃窗、信号接口板、室内电气、室内装饰等工程的施工和屏蔽效能的检测。

12.1.2　安装电磁屏蔽室的建筑墙地面应坚硬、平整，并应保持干燥。

12.1.3　屏蔽壳体安装前，围护结构内的预埋件、管道施工及预留空洞应完成。

12.1.4　施工中所有焊接应牢固、可靠；焊缝应光滑、致密，不得有熔渣、裂纹、气泡、气孔和虚焊。焊接会应对全部焊缝进行除锈防腐处理。

12.1.5　安装电磁屏蔽室时不宜与其他专业交叉施工。

12.2　壳体安装

12.2.1　壳体安装应包括可拆卸式电磁屏蔽室、自撑式电磁屏蔽室和直贴式电磁屏蔽室壳体安装。

12.2　可拆卸式电磁屏蔽室壳体的安装应符合下列规定：

1　应按设计核对壁板的规格、尺寸和数量；

2　在建筑地面上应铺设防潮、绝缘层；

3　对壁板的连接面应进行导电清洁处理；

4　壁板拼装应按设计或产品技术文件的顺序进行；

5　安装中应保证导电衬垫接触良好，接缝应密闭可靠。

12.2.3　自撑式电磁屏蔽室壳体的安装应符合下列规定：

1　焊接前应对焊接点清洁处理；

2　应按设计位置进行地梁、侧梁、顶梁的拼装焊接，并应随时校核尺寸；焊接宜为电焊，梁体不得有明显的变形，平面度不应大于 $3/1000^2$；

3　壁板之间的连接应为连续焊接；

4　在安装电磁屏蔽室装饰结构件时应进行点焊，不得将板体焊穿。

12.2.4　直贴式电磁屏蔽室壳体的安装应符合下列规定：

1 应在建筑墙面和顶面上安装龙骨，安装应牢固、可靠；

2 应按设计将壁板固定在龙骨上；

3 壁板在安装前应先对其焊接边进行导电清洁处理；

4 壁板的焊缝应为连续焊接。

12.3 屏蔽门安装

12.3.1 铰链屏蔽门安装应符合下列规定：

1 在焊接或拼装门框时，不得使门框变形，门框平面度不应大于 $2/1000^2$；

2 门框安装后应进行操作机构的调试和试运行，并应在无误后进行门扇安装；

3 安装门扇时，门扇上的刀口与门框上的簧片接触应均匀一致。

12.3.2 平移屏蔽门的安装应符合下列规定：

1 焊接后的变形量及间距应符合设计要求。门扇、门框平面度不应大于 $1.5/1000^2$，门扇对中位移不应大于 1.5mm。

2 在安装气密屏蔽门扇时，应保证内外气囊压力均匀一致，充气压力不应小于 0.15MPa，气管连接处不应漏气。

12.4 滤波器、截止波导通风窗及屏蔽玻璃的安装

12.4.1 滤波器安装应符合下列规定：

1 在安装滤波器时，应将壁板和滤波器接触面的油漆清除干净，滤波器接触面的导电性应保持良好；应按设计要求在滤波器接触面放置导电衬垫，并应用螺栓固定、压紧，接触面应严密；

2 滤波器应按设计位置安装；不同型号、不同参数的滤波器不得混用；

3 滤波器的支架安装应牢固可靠，并应与壁板有良好的电气连接。

12.4.2 截止波导通风窗安装应符合下列规定：

1 波导芯、波导围框表面油脂污垢应清除，并应用锡钎焊将波导芯、波导围框焊成一体；焊接应可靠、无松动，不得使波导芯焊缝开裂；

2 截止波导通风窗与壁板的连接应牢固、可靠、导电密封；采用焊接时，截止波导通风窗焊缝不得开裂；

3 严禁在截止波导通风窗上打孔；

4 风管连接宜采用非金属软连接，连接孔应在围框的上端。

12.4.3 屏蔽玻璃安装应符合下列规定：

1 屏蔽玻璃四周外延的金属网应平整无破损；

2 屏蔽玻璃四周的金属网和屏蔽玻璃框连接处应进行去锈除污处理，并应采用压接方式将二者连接成一体。连接应可靠、无松动，导电密封应良好；

3 安装屏蔽玻璃时用力应适度，屏蔽玻璃与壳体的连接处不得破碎。

12.5 屏蔽效能自检

12.5.1 电磁屏蔽室安装完成后应用电磁屏蔽检漏仪对所有接缝、屏蔽门、截止波导通风窗、滤波器等屏蔽接口件进行连续检漏，不得漏检，不合格处应修补。

12.5.2 电磁屏蔽室的全频段检测应符合下列规定：

1 电磁屏蔽室的全频段检测应在屏蔽壳体完成后，室内装饰前进行；

2 在自检中应分别对屏蔽门、壳体接缝、波导窗、滤波器等所有接口点进行屏蔽效

能检测，检测指标均应满足设计要求。

12.6 其他施工要求

12.6.1 电磁屏蔽室内的供配电、空气调节、给排水、综合布线、监控及安全防范系统、消防系统、室内装饰装修等专业施工应在屏蔽壳体检测合格后进行，施工时严禁破坏屏蔽层。

12.6.2 所有出入屏蔽室的信号线缆必须进行屏蔽滤波处理。

12.6.3 所有出入屏蔽室的气管和液管必须通过屏蔽波导。

12.6.4 屏蔽壳体应按设计进行良好接地，接地电阻应符合设计要求。

12.7 施工验收

12.7.1 验收应由建设单位组织监理单位、设计单位、测试单位、施工单位共同进行。

12.7.2 验收应按附录 G 的内容进行，并应按附录 G 填写《电磁屏蔽室工程验收表》。

12.7.3 电磁屏蔽室屏蔽效能的检测应由国家认可的机构进行；检测的方法和技术指标应符合现行国家标准《电磁屏蔽室屏蔽效能测量方法》GB/T 12190 的有关规定或国家相关部门制定的检测标准。

12.7.4 检测后应按附录 F 填写《电磁屏蔽室屏蔽效能测试记录表》。

12.7.5 电磁屏蔽室内的其他各专业施工的验收均应按本规范中有关施工验收的规定进行。

12.7.6 施工交接验收时，施工单位提供的文件除应符合本规范第 3.3.3 条的规定外，还应按附录 F 和附录 G 提交《电磁屏蔽室屏蔽效能测试记录表》和《电磁屏蔽室工程验收表》。

（3）验收说明

1）施工依据：《智能建筑工程施工规范》GB 50606—2010，施工工艺标准，并制订专项施工方案、技术交底资料。

2）验收依据：《智能建筑工程质量验收规范》GB 50339—2013 及《智能建筑工程施工规范》GB 50606—2010，相应的现场验收检查记录。

3）注意事项：

① 主控项目的质量经抽样检验均应合格；

② 一般项目的质量经抽样检验合格。当采用计数抽样时，合格点率应符合有关专业验收规范的规定，且不得存在严重缺陷；

③ 具有完整的施工操作依据、质量验收记录；

④ 本检验批的主控项目、一般项目已列入推荐表中，有关具体内容及检查方法见一般规定及（2）条文摘录；

⑤ 黑体字的条文为强制性条文，必须严格执行，制订控制措施。

10. 机房工程系统调试检验批质量验收记录

（1）推荐表格

机房工程系统调试检验批质量验收记录

单位(子单位) 工程名称			分部(子分部) 工程名称		分项工程名称	
施工单位			项目负责人		检验批容量	
分包单位			分包单位项目 负责人		检验批部位	
施工依据			验收依据		《智能建筑工程质量验收规范》 GB 50339—2013	

		验收项目	设计要求及 规范规定	最小/实际 抽样数量	检查记录	检查结果
主控 项目	1	供配电系统的输出电能质量	第21.0.4条	/		
	2	不间断电源的供电时延	第21.0.5条	/		
	3	静电保护措施	第21.0.6条	/		
	4	弱电间监测	第21.0.7条			
	5	机房供配电系统、防雷与接地系统、空气调节系统、给水排水系统、综合布线系统、监控与安全防范系统、消防系统、室内装饰装修和电磁屏蔽等系统检测	第21.0.8条			
施工单位 检查结果		专业工长： 项目专业质量检查员： 年 月 日				
监理单位 验收结论		专业监理工程师： 年 月 日				

(2) 验收内容及检查方法条文摘录

一 般 规 定

21.0.1 机房工程宜包括供配电系统、防雷与接地系统、空气调节系统、给水排水系统、综合布线系统、监控与安全防范系统、消防系统、室内装饰装修和电磁屏蔽等。检测和验收的范围应根据设计要求确定。

21.0.2 机房工程实施的质量控制除应符合本规范第3章的规定外，有防火性能要求的装饰装修材料还应检查防火性能证明文件和产品合格证。

21.0.3 机房工程系统检测前，宜检查机房工程的引入电源质量的检测记录。

主 控 项 目

21.0.4 机房工程验收时，应检测供配电系统的输出电能质量，检测结果符合设计要求的应判定为合格。

21.0.5 机房工程验收时，应检测不间断电源的供电时延，检测结果符合设计要求的应判定为合格。

434

21.0.6　机房工程验收时，应检测静电防护措施，检测结果符合设计要求的应判定为合格。

21.0.7　弱电间检测应符合下列规定：

1　室内装饰装修应检测下列内容，检测结果符合设计要求的应判定为合格：

1）房间面积，门的宽度及高度和室内顶棚净高；

2）墙、顶和地的装修面层材料；

3）地板铺装；

4）降噪隔声措施。

2　线缆路由的冗余应符合设计要求。

3　供配电系统的检测应符合下列规定：

1）电气装置的型号、规格和安装方式应符合设计要求；

2）电气装置与其他系统联锁动作的顺序及响应时间应符合设计要求；

3）电线、电缆的相序、敷设方式、标志和保护等应符合设计要求；

4）不间断电源装置支架应安装平整、稳固，内部接线应连接正确，紧固件应齐全、可靠不松动，焊接连接不应有脱落现象；

5）配电柜（屏）的金属框架及基础型钢接地应可靠；

6）不同回路、不同电压等级和交流与直流的电线的敷设应符合设计要求；

7）工作面水平照度应符合设计要求。

4　空调通风系统应检测下列内容，检测结果符合设计要求的应判定为合格：

1）室内温度和湿度；

2）室内洁净度；

3）房间内与房间外的压差值。

5　防雷与接地的检测应按本规范第 22 章的规定执行。

6　消防系统的检测应按本规范第 18 章的规定执行。

21.0.8　对于本规范第 21.0.17 条规定的弱电间以外的机房，应按现行国家标准《电子信息系统机房施工及验收规范》GB 50462 中有关供配电系统、防雷与接地系统、空气调节系统、给水排水系统、综合布线系统、监控与安全防范系统、消防系统、室内装饰装修和电磁屏蔽等系统的检验项目、检验要求及测试方法的规定执行，检测结果符合设计要求的应判定为合格。

21.0.9　机房工程验收文件除应符合本规范第 3.14 条的规定外，尚应包括机柜设备装配图。

(3) 验收说明

1）施工依据：《智能建筑工程施工规范》GB 50606—2010，施工工艺标准，并制订专项施工方案、技术交底资料。

2）验收依据：《智能建筑工程质量验收规范》GB 50339—2013 及《智能建筑工程施工规范》GB 50606—2010，相应的现场验收检查记录。

3）注意事项：

① 主控项目的质量经抽样检验均应合格；

② 一般项目的质量经抽样检验合格。当采用计数抽样时，合格点率应符合有关专业

验收规范的规定，且不得存在严重缺陷；

③ 具有完整的施工操作依据、质量验收记录；

④ 本检验批的主控项目、一般项目已列入推荐表中，有关具体内容及检查方法见一般规定及（2）条文摘录；

⑤ 黑体字的条文为强制性条文，必须严格执行，制订控制措施。

11. 机房试运行检验批质量验收记录　08181101 见 08010401

第二十节　防雷与接地子分部工程检验批质量验收记录

1. 接地装置检验批质量验收记录

（1）推荐表格

接地装置检验批质量验收记录　　　　　　　　08190101____

单位(子单位)工程名称			分部(子分部)工程名称		分项工程名称	
施工单位			项目负责人		检验批容量	
分包单位			分包单位项目负责人		检验批部位	
施工依据				验收依据	《智能建筑工程质量验收规范》GB 50339—2013	
验收项目			设计要求及规范规定	最小/实际抽样数量	检查记录	检查结果
主控项目	1	材料、器具、设备进场质量检测	第3.5.1条	/		
	2	与建筑物共用接地装置时，接地电阻不应大于1Ω，单独接地装置时，接地电阻不应大于4Ω，及接地装置的焊接	第16.2.1条第1款	/		
	3	接地装置测试点的设置、防雷接地、接地模块的埋设,接地模块设置应垂直或水平就位		/		
一般项目	1	接地装置埋设深度、间距和搭接长度和防腐措施	第16.1.1条	/		
	2	接地装置的材质和最小允许规格尺寸		/		
	3	接地模块与干线的连接和干线材质选用		/		
	4	接地垂直长度不应小于2.5m,间距不宜小于5m				
施工单位检查结果			专业工长： 项目专业质量检查员： 　　　　　　　年　月　日			
监理单位验收结论			专业监理工程师： 　　　　　　　年　月　日			

（2）验收内容及检查方法条文摘录

主 控 项 目

3.5.1　材料、器具、设备进场质量检测除应符合现行国家标准《智能建筑工程质量验收规范》GB 50339—2003 第 3.2.1 条和第 3.2.2 条规定外，尚应符合下列规定：

1　按照合同文件和工程设计文件进行的进场验收，应有书面记录和参加人签字，并应经监理工程师或建设单位验收人员确认；

2　应对材料、设备的外观、规格、型号、数量计产地等进行检查复核；

3　主要设备、材料应有生产厂家的质量合格证明文件及性能的检测报告；

4　设备及材料的质量检查应包括安全性、可靠性及电磁兼容性等项目，并应由生产厂家出具相应检测报告。

16.2.1　主控项目应符合下列规定：

1　采用建筑物共用接地装置时，接地电阻不应大于 1Ω；

2　采用单独接地装置时，接地电阻不应大于 4Ω；

3　接地装置的焊接应符合国家标准《建筑电气工程施工质量验收规范》GB 50303—2002 第 24.2.1 条的规定。

一 般 项 目

16.1.1　接地体安装除应执行国家标准《建筑物电子信息系统防雷技术规范》GB 50343—2012 第 6.2 节和《建筑电气工程施工质量验收规范》GB 50303—2002 第 24 章的规定外，尚应符合下列规定：

1　接地体垂直长度不应小于 2.5m，间距不宜小于 5m；

2　接地体埋深不宜小于 0.6m；

3　接地体距建筑物距离不应小于 1.5m；

（3）验收说明

1）施工依据：《智能建筑工程施工规范》GB 50606—2010，施工工艺标准，并制订专项施工方案、技术交底资料。

2）验收依据：《智能建筑工程质量验收规范》GB 50339—2013 及《智能建筑工程施工规范》GB 50606—2010，相应的现场验收检查记录。

3）注意事项：

①主控项目的质量经抽样检验均应合格；

②一般项目的质量经抽样检验合格。当采用计数抽样时，合格点率应符合有关专业验收规范的规定，且不得存在严重缺陷；

③具有完整的施工操作依据、质量验收记录；

④本检验批的主控项目、一般项目已列入推荐表中，有关具体内容及检查方法见一般规定及（2）条文摘录；

⑤黑体字的条文为强制性条文，必须严格执行，制订控制措施。

2. 接地线检验批质量验收记录

（1）推荐表格

接地线检验批质量验收记录

08190201＿＿＿

单位(子单位) 工程名称		分部(子分部) 工程名称		分项工程名称	
施工单位		项目负责人		检验批容量	
分包单位		分包单位项目 负责人		检验批部位	
施工依据		验收依据		《智能建筑工程质量验收规范》 GB 50339—2013	

		验收项目	设计要求及 规范规定	最小/实际 抽样数量	检查 记录	检查 结果
主控 项目	1	材料、器具、设备进场质量检测	第3.5.1条	/		
	2	利用金属构件、金属管道作接地线时 与接地干线的连接	第16.1.2条	/		
一般 项目	1	钢制接地线的连接和材料规格、尺寸	第16.1.2条	/		
	2	电缆穿过零序电流互感器时,电缆头 的接地线检查	第16.1.2条	/		
	3	钢制接地线的焊接连接应焊缝饱满, 并应采取防腐措施	第16.2.2条	/		
	4	接地线在穿越墙壁和楼板处应加金属 套管,金属套管应与接地线连接	第16.2.2条	/		
施工单位 检查结果		专业工长: 项目专业质量检查员: 年 月 日				
监理单位 验收结论		专业监理工程师: 年 月 日				

438

（2）验收内容及检查方法条文摘录

主 控 项 目

3.5.1 材料、器具、设备进场质量检测除应符合现行国家标准《智能建筑工程质量验收规范》GB 50339—2003 第 3.2.1 条和第 3.2.2 条规定外，尚应符合下列规定：

1 按照合同文件和工程设计文件进行的进场验收，应有书面记录和参加人签字，并应经监理工程师或建设单位验收人员确认；

2 应对材料、设备的外观、规格、型号、数量计产地等进行检查复核；

3 主要设备、材料应有生产厂家的质量合格证明文件及性能的检测报告；

4 设备及材料的质量检查应包括安全性、可靠性及电磁兼容性等项目，并应由生产厂家出具相应检测报告。

16.1.2 接地线的安装除应执行国家标准《建筑物电子信息系统防雷技术规范》GB 50343—2012 第 6.3 节和《建筑电气工程施工质量验收规范》GB 50303—2002 第 25 章的规定外，尚应符合下列规定：

1 利用建筑物结构主筋作接地线时，与基础内主筋焊接，根据主筋直径大小确定焊接根数，但不得少于 2 根；

2 引至接地端子的接地线应采用截面积不小于 $4mm^2$ 的多股铜线。

一 般 项 目

16.2.2 一般项目应符合下列规定：

1 钢制接地线的焊接连接应焊缝饱满，并应采取防腐措施；

2 接地线在穿越墙壁和楼板处应加金属套管，金属套管应与几滴血连接；

接地线可参照《建筑电气工程质量验收规范》GB 50303—2002 避雷引下线和变配电室接地干线敷设，见《接地干线敷设检验批质量验收记录》的表格验收依据说明。

（3）验收说明

1）施工依据：《智能建筑工程施工规范》GB 50606—2010，施工工艺标准，并制订专项施工方案、技术交底资料。

2）验收依据：《智能建筑工程质量验收规范》GB 50339—2013 及《智能建筑工程施工规范》GB 50606—2010，相应的现场验收检查记录。

3）注意事项：

① 主控项目的质量经抽样检验均应合格；

② 一般项目的质量经抽样检验合格。当采用计数抽样时，合格点率应符合有关专业验收规范的规定，且不得存在严重缺陷；

③ 具有完整的施工操作依据、质量验收记录；

④ 本检验批的主控项目、一般项目已列入推荐表中，有关具体内容及检查方法见一般规定及（2）条文摘录；

⑤ 黑体字的条文为强制性条文，必须严格执行，制订控制措施。

3. 等电位连接检验批质量验收记录

（1）推荐表格

等电位连接检验批质量验收记录

08190301 ____

单位(子单位) 工程名称			分部(子分部) 工程名称			分项工程名称		
施工单位			项目负责人			检验批容量		
分包单位			分包单位项目 负责人			检验批部位		
施工依据				验收依据		《智能建筑工程质量验收规范》 GB 50339—2013		
验收项目				设计要求及 规范规定	最小/实际 抽样数量	检查 记录	检查 结果	
主控 项目	1	材料、器具、设备进场质量检测		第3.5.1条	/			
	2	建筑物总等电位联结端子板接地线应 从接地装置直接引入,各区域的总等电 位联结装置应相互连通,不应串联连接		第16.1.3条 第1款	/			
	3	应在接地装置两处引连接导体与室内 总等电位接地端子板相连接,连接导体 截面积,铜质不应小于50mm²,钢质不应 小于80mm²		第16.1.3条 第2款	/			
	4	等电位接地端子板直接应采用螺栓连 接,铜质接地线的连接应焊接或压接,铜 质地线连接应采用焊接		第16.1.3条 第3款	/			
	5	不得利用虎皮管、管道保温层的金属 外皮或金属网及电缆金属护层作接地 线;不得将桥架、金属线管作接地线		第16.1.3条 第5款				
一般 项目	1	等电位联结的可接近裸露导体或其他 金属部件、构件与支线的连接可靠,导通 正常		第27.2.1条				
	2	需等电位联结的高级装修金属部件或 零件等电位联结的连接		第27.2.2条	/			
施工单位 检查结果			专业工长: 项目专业质量检查员: 年　月　日					
监理单位 验收结论			专业监理工程师: 年　月　日					

(2) 验收内容及检查方法条文摘录

主 控 项 目

3.5.1 材料、器具、设备进场质量检测除应符合现行国家标准《智能建筑工程质量验收规范》GB 50339—2003 第 3.2.1 条和第 3.2.2 条规定外，尚应符合下列规定：

1 按照合同文件和工程设计文件进行的进场验收，应有书面记录和参加人签字，并应经监理工程师或建设单位验收人员确认；

2 应对材料、设备的外观、规格、型号、数量计产地等进行检查复核；

3 主要设备、材料应有生产厂家的质量合格证明文件及性能的检测报告；

4 设备及材料的质量检查应包括安全性、可靠性及电磁兼容性等项目，并应由生产厂家出具相应检测报告。

16.1.3 等电位联结安装除应执行国家标准《建筑物电子信息系统防雷技术规范》GB 50343—2004 第 6.4 节和《建筑电气工程施工质量验收规范》GB 50303—2002 第 27 章的规定外，尚应符合下列规定：

1 建筑物总等电位联结端子板接地线应从接地装置直接引入，各区域的总等电位联结装置应相互连通；

2 应在接地装置两处引连接导体与室内总等电位接地端子板相连接，接地装置与室内总等电位连接带的连接导体截面积，铜质接地线不应小于 $50mm^2$，钢质接地线不应小于 $80mm^2$；

3 等电位接地端子板直接应采用螺栓连接，铜质接地线的连接应焊接或压接，钢质地线连接应采用焊接；

4 每个电气设备的接地应用耽误的接地线与接地干线相连；

5 不得利用蛇皮管、管道保温层的金属外皮或金属网及电缆金属护层作接地线；不得将桥架、金属线管作接地线。

一 般 项 目

《建筑电气工程施工质量验收规范》GB 50303—2002 建筑物等电位联结及《建筑物等电位连接检验批质量验收记录》。

27.2.1 等电位联结的可接近裸露导体或其他金属部件、构件与支线连接应可靠，熔焊、钎焊或机械紧固应导通正常。

27.2.2 需等电位联结的高级装修金属部件或零件，应有专用接线螺栓与等电位联结支线连接，且又标识；连接处螺帽紧固、防松零件齐全。

(3) 验收说明

1) 施工依据：《智能建筑工程施工规范》GB 50606—2010，施工工艺标准，并制订专项施工方案、技术交底资料。

2) 验收依据：《智能建筑工程质量验收规范》GB 50339—2013 及《智能建筑工程施工规范》GB 50606—2010，相应的现场验收检查记录。

3) 注意事项：

① 主控项目的质量经抽样检验均应合格；

② 一般项目的质量经抽样检验合格。当采用计数抽样时，合格点率应符合有关专业验收规范的规定，且不得存在严重缺陷；

③ 具有完整的施工操作依据、质量验收记录；

④ 本检验批的主控项目、一般项目已列入推荐表中，有关具体内容及检查方法见一般规定及（2）条文摘录；

⑤ 黑体字的条文为强制性条文，必须严格执行，制订控制措施。

4. 屏蔽设施检验批质量验收记录

（1）推荐表格

屏蔽设施检验批质量验收记录

08190401 ___

单位（子单位） 工程名称			分部（子分部） 工程名称		分项工程名称		
施工单位			项目负责人		检验批容量		
分包单位			分包单位项目 负责人		检验批部位		
施工依据				验收依据	《智能建筑工程质量验收规范》 GB 50339—2013		
验收项目				设计要求及 规范规定	最小/实际 抽样数量	检查 记录	检查 结果
主控 项目	1	材料、器具、设备进场质量检测		第3.5.1条	/		
	2	屏蔽系统设施接地安装应符合设计 要求		第22.0.3条	/		
	3	屏蔽效果应符合设计要求		第22.0.3条	/		
施工单位 检查结果				专业工长： 项目专业质量检查员： 年　月　日			
监理单位 验收结论				专业监理工程师： 年　月　日			

（2）验收内容及检查方法条文摘录

主 控 项 目

3.5.1 材料、器具、设备进场质量检测除应符合现行国家标准《智能建筑工程质量验收规范》GB 50339—2013 第3.2.1条和第3.2.2条规定外，尚应符合下列规定：

1 按照合同文件和工程设计文件进行的进场验收，应有书面记录和参加人签字，并应经监理工程师或建设单位验收人员确认；

2 应对材料、设备的外观、规格、型号、数量计产地等进行检查复核；

3 主要设备、材料应有生产厂家的质量合格证明文件及性能的检测报告；

4 设备及材料的质量检查应包括安全性、可靠性及电磁兼容性等项目，并应由生产厂家出具相应检测报告。

22.0.3 智能建筑的防雷与接地系统检测应检查下列内容，结果符合设计要求的应判定为合格：

1 接地装置及接地连接点的安装；

2 接地电阻的阻值；

3 接地导体的规格、敷设方法和连接方法；

4 等电位联结带的规格、联结方法和安装位置；

5 屏蔽设施的安装；

6 电涌保护器的性能参数、安装位置、安装方式和连接导线规格。

(3) 验收说明

1) 施工依据：《智能建筑工程施工规范》GB 50606—2010，施工工艺标准，并制订专项施工方案、技术交底资料。

2) 验收依据：《智能建筑工程质量验收规范》GB 50339—2013 及《智能建筑工程施工规范》GB 50606—2010，相应的现场验收检查记录。

3) 注意事项：

① 主控项目的质量经抽样检验均应合格；

② 一般项目的质量经抽样检验合格。当采用计数抽样时，合格点率应符合有关专业验收规范的规定，且不得存在严重缺陷；

③ 具有完整的施工操作依据、质量验收记录；

④ 本检验批的主控项目、一般项目已列入推荐表中，有关具体内容及检查方法见一般规定及（2）条文摘录；

⑤ 黑体字的条文为强制性条文，必须严格执行，制订控制措施。

5. 电涌保护器检验批质量验收记录

(1) 推荐表格

电涌保护器检验批质量验收记录

08190501 ____

单位(子单位)工程名称			分部(子分部)工程名称		分项工程名称			
施工单位			项目负责人		检验批容量			
分包单位			分包单位项目负责人		检验批部位			
施工依据				验收依据	《智能建筑工程质量验收规范》GB 50339—2013			
验收项目			设计要求及规范规定	最小/实际抽样数量	检查记录	检查结果		
主控项目	1	材料、器具、设备进场质量检测		第3.5.1条	/			
	2	电源线路浪涌保护器	安装位置和连接设备	第16.1.4条	/			
			连接方式		/			
			连接导线最小截面积		/			
	3	天馈线路浪涌保护器	安装位置和连接设备	第16.1.4条	/			
			接地线缆		/			

443

		验收项目		设计要求及规范规定	最小/实际抽样数量	检查记录	检查结果
主控项目	4	信息线路浪涌保护器	安装位置和连接设备	第16.1.4条	/		
			导线和接地线缆		/		
	5	浪涌保护器应安装牢固			/		
一般项目	1	室外安装时应有防水措施		第16.1.4条	/		
	2	浪涌保护器安装位置应靠近被保护设备			/		

施工单位检查结果	专业工长： 项目专业质量检查员： 年 月 日
监理单位验收结论	专业监理工程师： 年 月 日

(2) 验收内容及检查方法条文摘录

主 控 项 目

3.5.1 材料、器具、设备进场质量检测除应符合现行国家标准《智能建筑工程质量验收规范》GB 50339—2013 第 3.2.1 条和第 3.2.2 条规定外，尚应符合下列规定：

1 按照合同文件和工程设计文件进行的进场验收，应有书面记录和参加人签字，并应经监理工程师或建设单位验收人员确认；

2 应对材料、设备的外观、规格、型号、数量计产地等进行检查复核；

3 主要设备、材料应有生产厂家的质量合格证明文件及性能的检测报告；

4 设备及材料的质量检查应包括安全性、可靠性及电磁兼容性等项目，并应由生产厂家出具相应检测报告。

16.1.4 浪涌保护器安装除应执行国家标准《建筑物电子信息系统防雷技术规范》GB 50343—2004 第 6.5 节的规定外，尚应符合下列规定：

1 室外安装时应有防水措施；

2 浪涌保护器安装位置应靠近被保护设备。

《建筑物电子信息系统防雷技术规范》GB 50343—2004 有关条文摘录。

6.5 浪涌保护器

6.5.1 电源线路浪涌保护器的安装应符合下列规定：

1 电源线路的各级浪涌保护器应分别安装在线路进入建筑物的入口、防雷区的界面和靠近被保护设备处。各级浪涌保护器连接导线应短直，其长度不宜超过 0.5m，并固定牢靠。浪涌保护器各接线端应在本级开关、熔断器的下桩头分别与配电箱内线路的同名端相线连接，浪涌保护器的接地端应以最短距离与所处防雷区的等电位接地端子板连接。配电箱的保护接地线（PE）应与等电位接地端子板直接连接。

2 带有接线端子的电源线路浪涌保护器应采用压接；带有接线柱的浪涌保护器宜采

用接线端子与接线柱连接。

　　3　浪涌保护器的连接导线最小截面积宜符合表 6.5.1 的规定。

表 6.5.1　浪涌保护器连接线最小截面积

SPD 级数	SPD 的类型	导线截面积（mm²）	
		SPD 连接相线铜导线	SPD 接地端连接钢导线
第一级	开关型或限压型	6	10
第二级	限压型	4	6
第三级	限压型	2.5	4
第四级	限压型	2.5	4

　　注：组合型 SPD 参照相应保护级别的截面积选择。

　　6.5.2　天馈线路浪涌保护器的安装应符合下列规定：

　　1　天馈线路浪涌保护器应安装在天馈线与被保护设备之间，宜安装在机房内设备附近或机架上，也可以直接安装在设备射频端口上；

　　2　天馈线路浪涌保护器的接地端应采用截面积不小于 6mm² 的铜芯导线就近连接到直击雷非防护区（LPZ0$_A$）或直击雷防护区（LPZ0$_B$）与第一防护区（LPZ1）交界处的等电位接地端子板上，接地线应平直。

　　6.5.3　信号线路浪涌保护器（SPD）的安装应符合下列规定：

　　1　信号线路浪涌保护器 SPD 应连接在被保护设备的信号端口上。浪涌保护器 SPD 输出端与被保护设备的端口相连。浪涌保护器 SPD 也可以安装在机柜内，固定在设备机架或附近的支撑物上；

　　2　信号线路浪涌保护器 SPD 接地端宜采用截面积不小于 1.5mm² 的铜芯导线与设备机房内的局部等电位连接网络连接，接地线应短直；

　　6.5.4　浪涌保护器 SPD 应安装牢固，其位置及布线正确。

一 般 项 目

　　16.1.4　浪涌保护器安装除应执行国家标准《建筑物电子信息系统防雷技术规范》GB 50343—2004 第 6.5 节的规定外，尚应符合下列规定：

　　1　室外安装时应有防水措施；

　　2　浪涌保护器安装位置应靠近被保护设备。

　　(3) 验收说明

　　1）施工依据：《智能建筑工程施工规范》GB 50606—2010，施工工艺标准，并制订专项施工方案、技术交底资料。

　　2）验收依据：《智能建筑工程质量验收规范》GB 50339—2013 及《智能建筑工程施工规范》GB 50606—2010，相应的现场验收检查记录。

　　3）注意事项：

　　① 主控项目的质量经抽样检验均应合格；

　　② 一般项目的质量经抽样检验合格。当采用计数抽样时，合格点率应符合有关专业验收规范的规定，且不得存在严重缺陷；

③ 具有完整的施工操作依据、质量验收记录；

④ 本检验批的主控项目、一般项目已列入推荐表中，有关具体内容及检查方法见一般规定及（2）条文摘录；

⑤ 黑体字的条文为强制性条文，必须严格执行，制订控制措施。

6. 线缆敷设检验批质量验收记录　08190601 见 08030101

7. 防雷与接地系统调试检验批质量验收记录

（1）推荐表格

防雷与接地系统调试检验批质量验收记录　　08190701____

单位(子单位) 工程名称			分部(子分部) 工程名称		分项工程名称		
施工单位			项目负责人		检验批容量		
分包单位			分包单位项目 负责人		检验批部位		
施工依据				验收依据	《智能建筑工程质量验收规范》 GB 50339—2013		
验收项目			设计要求及 规范规定	最小/实际 抽样数量	检查 记录	检查 结果	
主控 项目	1	接地装置与接地连接点安装	第22.0.3条	/			
	2	接地导体的规格、辐射方法和连接 方法	第22.0.3条	/			
	3	等电位联结带的规格、连接方法和安 装位置	第22.0.3条	/			
	4	屏蔽设施的安装	第22.0.3条	/			
	5	电涌保护器的性能参数、安装位置、安 装方式和连接导线规格	第22.0.3条	/			
	6	智能建筑的接地系统必须保证建筑内 各智能化系统的正常运行和人身、设备 安全	22.0.4	/			
一般 项目	1	系统验收文件及防雷设备一览表	22.0.5	/			
施工单位 检查结果		专业工长： 项目专业质量检查员： 　　　　　　　年　月　日					
监理单位 验收结论		专业监理工程师： 　　　　　　　年　月　日					

(2) 验收内容及检查方法条文摘录

主 控 项 目

《智能建筑工程质量验收规范》GB 50339—2013 有关条文摘录。

22 防雷与接地

22.0.1 防雷与接地宜包括智能化系统的接地装置，接地线、等电位联结、屏蔽设施和电涌保护器。检测和验收的范围应根据设计要求确定。

22.0.2 智能建筑的防雷与接地系统检测前，宜检查建筑物防雷工程的质量验收记录。

22.0.3 智能建筑的防雷与接地系统检测应检查下列内容，结果符合设计要求的应判定为合格：

1 接地装置及接地连接点的安装；

2 接地电阻的阻值；

3 接地导体的规格、敷设方法和连接方法；

4 等电位联结带的规格、联结方法和安装位置；

5 屏蔽设施的安装；

6 电涌保护器的性能参数、安装位置、安装方式和连接导线规格。

22.0.4 智能建筑的接地系统必须保证建筑内各智能化系统的正常运行和人身、设备安全。

一 般 项 目

22.0.5 智能建筑的防雷与接地系统的验收文件除应符合本规范第 3.4.4 条的规定外，尚应包括防雷保护设备的一览表。

3.4.4 工程验收文件应包括下列内容：

1 竣工图纸；

2 设计变更记录和工程洽商记录；

3 设备材料进场检验记录和设备开箱检验记录；

4 分项工程质量验收记录；

5 试运行记录；

6 系统检测记录；

7 培训记录和培训资料。

(3) 验收说明

1）施工依据：《智能建筑工程施工规范》GB 50606—2010，施工工艺标准，并制订专项施工方案、技术交底资料。

2）验收依据：《智能建筑工程质量验收规范》GB 50339—2013 及《智能建筑工程施工规范》GB 50606—2010，相应的现场验收检查记录。

3）注意事项：

① 主控项目的质量经抽样检验均应合格；

② 一般项目的质量经抽样检验合格。当采用计数抽样时，合格点率应符合有关专业验收规范的规定，且不得存在严重缺陷；

③ 具有完整的施工操作依据、质量验收记录；

④ 本检验批的主控项目、一般项目已列入推荐表中，有关具体内容及检查方法见一般规定及（2）条文摘录；

⑤ 黑体字的条文为强制性条文，必须严格执行，制订控制措施。

8. 系统试运行检验批质量验收记录　　08190801 见 08010401

第二十一节　智能建筑分部工程各子分部工程检测记录

1. 智能化集成系统子分部工程检测记录

（1）推荐表格

智能化集成系统子分部工程检测记录

0821

工程名称	××综合楼工作		编号	001
子分部名称	智能化集成系统		检测部位	×系统
施工单位	××建筑公司		项目经理	丁××
执行标准名称及编号	《智能建筑工程质量验收规范》GB 50339—2013			

检测内容		规范条款	检测结果	结果评价		备注
				合格	不合格	
主控项目	接口功能	4.0.4	功能达到设计要求			
	集中监视、储存盒统计功能	4.0.5	功能达到设计要求			
	报警监视及处理功能	4.0.6	功能达到设计要求			
	控制和调节功能	4.0.7	功能达到设计要求			
	联动配置及管理功能	4.0.8	功能达到设计要求			
	权限管理功能	4.0.9	功能达到设计要求			
	冗余功能	4.0.10	功能达到设计要求			
一般项目	文件报表生成和打印功能	4.0.11	功能达到设计要求			
	数据分析功能	4.0.12	功能达到设计要求			

检测结论：
符合要求

检测负责人签字：(手签)　　　　　　　　　监理工程师签字：(手签)

　　　　　　　　　　　　　　　　　　　　（建设单位项目专业技术负责人）

201×年××月××日　　　　　　　　　　　201×年××月××日

注：1　结果评价栏中，左列打"√"为合格，右列打"√"为不合格；

　　2　备注栏内填写检测时出现的内容。

（2）检测依据说明

4 智能化集成系统

一 般 规 定

4.0.1 智能化集成系统的设备、软件和接口等的检测和验收范围应根据设计要求确定。

4.0.2 智能化集成系统检测应在被集成系统检测完成后进行。

4.0.3 智能化集成系统检测应在服务器和客户端分别进行，检测点应包括每个被集成系统。

主 控 项 目

4.0.4 接口功能应符合接口技术文件和接口测试文件的要求，各接口均应检测，全部符合设计要求的应为检测合格。

4.0.5 检测集中监视、储存和统计功能时，应符合下列规定：

1 显示界面应为中文；

2 信息显示应正确，相应时间、储存时间、数据分类统计等性能指标应符合设计要求；

3 每个被集成系统的抽检数量宜为该系统信息点数的 5%，且抽检点数不应少于 20 点，当信息点数少于 20 点时应全部检测；

4 智能化集成系统抽检点数不宜超过 1000 点；

5 抽检结果全部符合设计要求，应为检测合格。

4.0.6 检测报警监视及处理功能时，应现场模拟报警信号，报警信息显示应正确，信息显示响应时间应符合设计要求，每个被集成系统的抽检数量不应少于该系统报警信息点数的 10%，抽检结果全部符合设计要求的，成为检测合格。

4.0.7 检测控制和调节功能时，应在服务器和客户端分别输入设置参数，调节和控制效果应符合设计要求，各被集成系统应为部检测，全部符合设计要求的应为检测合格。

4.0.8 检测联动配置及管理功能时，应现场逐项模拟触发信号，所有被集成系统的联动动作均应安全正确、及时和无冲突。

4.0.9 权限管理功能检测应符合设计要求。

4.0.10 冗余功能检测应符合设计要求。

一 般 项 目

4.0.11 文件报表生成和打印功能应逐项检测。全部符合设计要求的应为检测合格。

4.0.12 根据分析功能应对各被集成系统逐项检测，全部符合设计要求的应为检测合格。

4.0.13 验收文件除应符合本规范第 3.4.4 条的规定外，尚应包括下列内容：

1 针对项目编制的应用软件文档；

2 接口技术文件；

3 接口测试文件。

2. 用户电话交换系统子分部工程检测记录

（1）推荐表格

用户电话交换系统子分部工程检测记录

0822

工程名称			编号	
子分部名称	用户电话交换系统		检测部位	
施工单位			项目经理	
执行标准名称及编号				

检测内容		规范条款	检测结果	结果评价		备注
				合格	不合格	
主控项目	业务测试	6.0.6				
	信令方式测试	6.0.6				
	系统互通测试	6.0.6				
	网络管理测试	6.0.6				
	计费功能测试	6.0.6				

检测结论：

检测负责人签字： 　　　　　　　　　　监理工程师签字：

　　　　　　　　　　　　　　　　　　　（建设单位项目专业技术负责人）

　年　月　日 　　　　　　　　　　　　　年　月　日

注：1 结果评价栏中，左列打"√"为合格，右列打"√"为不合格；
　　2 备注栏内填写检测时出现的内容。

（2）检测依据说明

6 用户电话变换系统

一 般 规 定

6.0.1 本章适用于用户电话交换系统、调度系统、会议电话系统和呼叫中心的工程实施的质量控制、系统检测和竣工验收。

6.0.2 用户电话交换系统的检测和验收范围应根据设计要求确定。

6.0.3 用户电话交换系统的机房接地应符合现行国家标准《通信局（站）防雷与接地工程设计规》GB 50689 的有关规定。

6.0.4 对于抗震设防的地区，用户电话交换系统的设备安装应符合现行行业标准《电信设备安装抗震设计规范》YD 5059 的有关规定。

6.0.5 用户电话交换系统工程实施的质量控制除应符合本规范第 3 章的规定外，尚应检查电信设备入网许可证。

主 控 项 目

6.0.6 用户电话交换系统的业务测试、信令方式测试、系统互通测试、网络管理及

450

计费功能测试等检测结果，应满足系统的设计要求。

3. 信息网络系统子分部工程检测记录

（1）推荐表格

信息网络系统子分部工程检测记录

0823

工程名称			编号		
子分部名称	信息网络系统		检测部位		
施工单位			项目经理		
执行标准名称及编号					

	检测内容	规范条款	检测结果	结果评价		备注
				合格	不合格	
主控项目	计算机网络系统连通性	7.2.3				
	计算机网络系统传输时延和丢包率	7.2.4				
	计算机网络系统路由	7.2.5				
	计算机网络系统组播功能	7.2.6				
	计算机网络系统 QoS 功能	7.2.7				
	计算机网络系统容错功能	7.2.8				
	计算机网络系统无线局域网的功能	7.2.9				
	网络安全系统安全保护技术措施	7.3.2				
	网络安全系统安全审计功能	7.3.3				
	网络安全系统有物理隔离要求的网络的物理隔离检测	7.3.4				
	网络安全系统无接入认证的控制策略	7.3.5				
一般项目	计算机网络系统网络管理功能	7.2.10				
	网络安全系统远程管理时，防窃听措施	7.3.6				

检测结论：

检测负责人签字：　　　　　　　　　　监理工程师签字：

　　　　　　　　　　　　　　　　　　（建设单位项目专业技术负责人）

　　年　月　日　　　　　　　　　　　　　年　月　日

注：1　结果评价栏中，左列打"√"为合格，右列打"√"为不合格；

　　2　备注栏内填写检测时出现的内容。

（2）检测依据说明

《智能建筑工程质量验收规范》GB 50339—2013 条文摘录。

7　信息网络系统

7.1　一般规定

7.1.1　信息网络系统可根据设备的构成，分为计算机网络系统和网络安全系统。信息网培系统检测和验收范围应根据设计要求确定。

7.1.2　对于涉及国家秘密的网络安全系统，应按国家保密管理的相关规定进行验收。

7.1.3　网络安全设备除应符合本规范第 3 章的规定外，尚应检查公安部计算机管理监察部门审颁发的安全保护等信息系统安全专用产品销售许可证。

7.1.4　信息网络系统验收文件除应符合本规范第 3.4.4 条的规定外，尚应包括下列内容：

1　交换机、路由器、防火墙等设备的配置文件；

2　QoS 规划方案；

3　安全控制策略；

4　网络管理软件的相关文档；

5　网络安全软件的相关文档；

7.2　计算机网络系统检测

7.2.1　计算机网络系统的检测可包括连通性、传输时延、丢包率，路由、容错功能、网络管理功能和无线局域网功能检测等采用融合承载通信架构的智能化设备网，还应进行组播功能检测和 QoS 功能检测。

7.2.2　计算机网络系统的检测方法应根据设计要求选择，可采用输入测试命令进行测试或使用应的网络测试仪器。

主 控 项 目

7.2.3　计算机网络系统的连通性检测应符合下列规定。

1　网管工作站和网络设备之间的通信应符合设计要求，并且各用户终端应根据安全访问规划只能访问特定的网络与特定的服务器；

2　同一 VLAN 内的计算机之间应能交换数据包，不在同一 VLAN 内的计算机之间不应交换数据包；

3　应按接入层设备总数的 10％进行抽样测试，且抽样数不应少于 10 台；接入层设备少于 10 台的，应全部测试；

4　抽检结果全部符合设计要求的，应为检测合格。

7.2.4　计算机网络系统的传输时延和丢包率的检测应符合下列规定：

1　应检测从发送端口到目的端口的最大延时和丢包率等数值；

2　对于核心层的骨干链路，汇聚层到核心层的上联链路，应进行全部检测，对接入层高汇聚层的上联链路，应按不低于 10％的比例进行抽样测试，且抽样数不应少于 10 条；上联链路数不足 10 条的，应全部检测；

3　抽检结果全部符合设计要求的，应为检测合格。

7.2.5　计算机网络系统的路由检测应包括路由设置的正确性和路由的可达性，并应根据核心设置由表采用路由测试工具或软件进行测试，检测结果符合设计要求的，应为检测合格。

7.2.6 计算机网络系统的组播功能检测应采用模拟软件生成组播流，组播流的发送和接受检测结果符合设计要求的，应为检测合格。

7.2.7 计算机网络系统的 QoS 功能应检测队列调度机制。能够区分业务流并保障关键业务数据优先发送的，应为检测合格。

7.2.8 计算机网络系统的容错功能应采用人为设置网络故障的方法进行检测，并应符合下列规定：

1 对具备容错能力的计算机网络系统，应具有错误恢复和故障隔离功能，并在出现故障时自动切换；

2 对有链路冗余配置的计算机网络系统，当其中的某条链路断开或有故障发生时，整个系统仍应保持正常工作，并在故障恢复后应能自动切换回主系统运行；

3 容错功能应全部检测，且全部结果符合设计要求的应为检测合格。

7.2.9 无线局域网的功能检测除应符合本规范第 7.2.3~7.2.8 条的规定外，尚应符合下列规定：

1 在覆盖范围内接入点的信道信号强度应不低于−75dBm；

2 网络传输速率不应低于 5.5Mbit/s；

3 应采用不少于 100 个 ICMP 64Byte 帧长的测试数据包，不少于 95％路径的数据包丢失率应小于 5％；

4 应采用不少于 100 个 ICMP 64Byte 帧长的测试数据包，不少于 95％且跳数小于 6 的路径的传输时延应小于 20m/s；

5 应按无线接入点总数的 10％进行抽样测试，抽样数不应少于 10 个；无线接入点少于 10 个的，应全部测试。抽检结果全部符合本条第 1~4 款要求的，应为检测合格。

7.2.10 计算机网络系统的网络管理功能应在网站工作站检测，并应符合下列规定：

1 应搜索整个计算机网络系统的拓扑结构图和网络设备连接图；

2 应检测自诊断功能；

3 应检测对网络设备进行远程配置的功能，当具备远程配置功能时，应检测网络性能参数含网络节点的流量、广播率和错误率；

4 检测结果符合设计要求的，应为检测合格。

7.3 网路安全系统检测

7.3.1 网络安全系统检测宜包括结构安全、访问控制、安全审计、边界完整性检查、入侵防范、恶意代码防范和网络设备防护等安全保护能力等的检测。检测方法应依据设计确定的信息系统安全防护等级进行制定，检测内容应按现行国家标准《信息安全技术信息系统安全等级保护基本要求》GB/T 22239 执行。

7.3.2 业务办公网及智能化设备网与互联网连接时，应检测安全保护技术措施。检测结果符合设计要求的，应为检测合格。

7.3.3 业务办公网及智能化设备网与互联网连接时，网络安全系统应检测安全审计功能，并应具有至少保存 60d 记录备份的功能。检测结果符合下列规定的应为检测合格；

7.3.4 对于要求屋里隔离的网络，应进行物理隔离检测，且检测结果符合下列规定的应为检测合格：

1 物理实体上应完全分开；

2 不应存在共享的物理设备；

3 不应有任何链路上的连接。

7.3.5 无线接入认证的控制策略应符合设计要求，并应按设计要求的认证方式进行检测，且应抽取网络覆盖区域内不同地点进行 20 次认证。认证失败次数不超过 1 次的，应为检测合格。

一 般 项 目

7.3.6 当对网络设备进行远程管理时，应检测防窃听措施。检测结果符合设计要求的，应为检测合格。

4. 综合布线交换系统子分部工程检测记录

（1）推荐表格

综合布线系统子分部工程检测记录

0824

工程名称				编号		
子分部名称	综合布线交换系统			检测部位		
施工单位				项目经理		
执行标准名称及编号						
检测内容		规范条款	检测结果	结果评价		备注
				合格	不合格	
主控项目	对绞电缆链路或信道和光纤链路或信道的检测	8.0.5				
一般项目	标签和标识检测，综合布线管理软件功能	8.0.6				
	电子配线架管理软件	8.0.7				
检测结论：						
检测负责人签字： 　　年　月　日			监理工程师签字： （建设单位项目专业技术负责人） 　　年　月　日			

注：1 结果评价栏中，左列打"√"为合格，右列打"√"为不合格；

　　2 备注栏内填写检测时出现的内容。

（2）检测依据说明

8 综合布线系统

一 般 规 定

8.0.1 综合布线系统检测应包括电缆系统和光缆系统的性能测试，且电缆系统测试项目应根据布线信道或链路的设计等级和布线系统的类别要求确定。

8.0.2 综合布线系统测试方法应按现行国家标准《综合布线系统工程验收规范》GB 50312 的规定执行。

8.0.3 综合布线系统检测单项合格判定应符合列规定：

1 一个及以上被测项目的技术参数测试结果不合格的，该项目应判为不合格，某一被测项目的检测结果与相应规定差值在仪表准确范围内的，该被测项目应判为合格；

2 采用 4 对对绞电缆作为水平电缆或主干电缆，所组成的链路或信道有一项及以上指标测试结果不合格的，该链路或信道应判为不合格；

3 主干布线大对数电缆中按 4 对对绞线对组成的链路一项及以上测试指标不合格的，该线对应判为不合格；

4 光纤链路或信道测试结果不满足设计要求的，该光纤链路或信道应判为不合格；

5 未通过检测的链路或信道应在修复后复检。

8.0.4 综合布线系统检测的综合合格判定应符合下列规定：

1 对绞电缆布线全部检测时，无法修复的链路、信道或不合格线对数量有一项及以上超过被测总数的 1％的，结论应判为不合格；光缆布线检测时，有一条及以上光纤链路或信道无法修复的，应判为不合格；

2 对于抽样检测，被抽样检测点（线对）不合格比例不大于被测总数 1％的，抽样检测应判为合格，且不合格点（线对）应予以修复并复检；被抽样检测点（线对）不合格比例大于 1％的，应判为一次抽样检测不合格，并应进行加倍抽样，加倍抽样不合格比例不大于 1％的，抽样检测应判为合格；不合格比例仍大于 1％的，抽样检测应判为不合格，且应进行全部检测，并按全部检测要求进行判定；

3 全部检测或抽样检测结论为合格的，系统检测的结论应为合格；全部检测结论为不合格的，系统检测的结论应为不合格。

主 控 项 目

8.0.5 对绞电缆链路或信道和光纤链路或信道的检测应符合下列规定：

1 自检记录应包括全部链路或信道的检测结果；

2 自检记录中各单项指标全部合格时，应判为检测合格；

3 自检记录中各单项指标中有一项及以上不合格时，应抽检，且抽样比例不应低于 10％，抽样点应包括最远布线点；抽检结果的判定应符合本规范第 8.0.4 条的规定。

一 般 项 目

8.0.6 综合布线的标签和标识应按 10％抽检，综合布线管理软件功能应全部检测。检测结果符合设计要求的，应判为检测合格。

8.0.7 电子配线架应检测管理软件中显示的链路连接关系与链路的物理连接的一致性，并应按 10％抽检。检测结果全部一致的，应判为检测合格。

8.0.8 综合布线系统的验收文件除应符合本规范第 3.4.4 条的规定外，尚应包括综合布线管理软件的相关文档。

5. 有线电视及卫星电视接收系统子分部工程检测记录

（1）推荐表格

有线电视及卫星电视接收系统子分部工程检测记录

工程名称			编号	
子分部名称	有线电视及卫星电视接收系统		检测部位	
施工单位			项目经理	
执行标准名称及编号				

检测内容		规范条款	检测结果	结果评价		备注
				合格	不合格	
主控项目	客观测试	11.0.3				
	主观评价	11.0.4				
一般项目	HFC 网络和双向数字电视系统下行测试	11.0.5				
	HFC 网络和双向数字电视系统上行测试	11.0.6				
	有线数字电视主观评价	11.0.7				

检测结论：

检测负责人签字：　　　　　　　　　　监理工程师签字：

　　　　　　　　　　　　　　　　　　（建设单位项目专业技术负责人）

　　年　　月　　日　　　　　　　　　　年　　月　　日

注：1　结果评价栏中，左列打"√"为合格，右列打"√"为不合格；
　　2　备注栏内填写检测时出现的内容。

（2）检测依据说明

11　有线电视及卫星电视接收系统

一 般 规 定

11.0.1　有线电视及卫星电视接收系统的设备及器材的进场验收，除应符合本规范第3章的规定外，尚应检查国家广播电视总局或有资质检测机构颁发的有效认定标识。

11.0.2　对有线电视及卫星电视接收系统进行主观评价和客观测试时，应选用标准测试点，并应符合下列规定：

1　系统的输出端口数量小于1000时，测试点不得少于2个；系统的输出端口数量大于等于1000时，每1000点应选取（2～3）个测试点；

2　对于基于HFC或同轴传输的双向数字电视系统，主观评价的测试点数应符合本条第1款规定，客观测试点的数量不应少于系统输出端口数量的5%，测试点数不应少于20个；

3　测试点应至少有一个位于系统中主干线的最后一个分配放大器之后的点。

主 控 项 目

11.0.3 客观测试应包括下列内容，且检测结果符合设计要求应判定为合格：

1 应测试卫星接收电视系统的接收频段、视频系统指标及音频系统指标；

2 应测量有线电视系统的终端输出电平。

11.0.4 模拟信号的有线电视系统主观评价应符合下列规定：

1 模拟电视主要技术指标应符合表11.0.4-1的规定；

表 11.0.4-1 模拟电视主要技术指标

序号	项目名称	测试频道	主观评价标准
1	系统载噪比	系统总频道的10%且不少于5个，不足5个全检，且分布于整个工作频段的高、中、低段	无噪波，即无"雪花干扰"
2	载波互调比	系统总频道的10%且不少于5个，不足5个全检，且分布于整个工作频段的高、中、低段	图像中无垂直、倾斜或水平条纹
3	交扰调制比	系统总频道的10%且不少于5个，不足5个全检，且分布于整个工作频段的高、中、低段	图像中无移动、垂直或斜图案，即无"窜台"
4	回波值	系统总频道的10%且不少于5个，不足5个全检，且分布于整个工作频段的高、中、低段	图像中无沿水平方向分部在右边一条或多条轮廓线，即无"重影"
5	色/亮度时延差	系统总频道的10%且不少于5个，不足5个全检，且分布于整个工作频段的高、中、低段	图像中色、亮信息对齐，即无"彩色鬼影"
6	载波交流声	系统总频道的10%且不少于5个，不足5个全检，且分布于整个工作频段的高、中、低段	图像中无上下移动的水平条纹，即无"滚道"现象
7	伴音和调频广播的声音	系统总频道的10%且不少于5个，不足5个全检，且分布于整个工作频段的高、中、低段	无背景噪声，如丝丝声、哼声、蜂鸣声和串音等

2 图像质量的主观评价应符合下列规定：

1) 图像质量主观评价评分应符合表11.0.4-2的规定：

表 11.0.4-2 图像质量主观评价评分

图像质量主观评价	评分值(等级)	图像质量主观评价	评分值(等级)
图像质量极佳，十分满意	5分(优)	图像质量差，勉强能看	2分(差)
图像质量好，比较满意	4分(良)	图像质量低劣，无法看清	1分(劣)
图像质量一般，尚可接受	3分(中)		

2) 评价项目可包括图像清晰度、亮度、对比度、色彩还原性、图像色彩及色饱和度等内容；

3) 评价人员数量不宜少于5个，各评价人员应独立评分，并应取算术平均值为评价结果；

4) 评价项目的得分值不低于4分的应判定为合格。

一 般 项 目

11.0.5 对于基于HFC或同轴传输的双向数字电视系统下行指标的测试，检测结果符合设计要求的应判定为合格。

11.0.6 对于基于HFC或同轴传输的双向数字电视系统上行指标的测试，检测结果符合设计要求的应判定为合格。

11.0.7 数字信号的有线电视系统主观评价的项目和要求应符合表 11.0.7 的规定。且测试时应选择源图像和源声音均较好的节目频道。

表 11.0.7 数字信号的有线电视系统主观评价的项目和要求

项目	技术要求	备注
图像质量	图像清晰,色彩鲜艳,无马赛克或图像停顿	符合本规范 11.0.4 条第 2 款要求
声音质量	对白清晰;音质无明显失真; 不应出现明显的噪声和杂音	—
唇音同步	无明显的图像滞后或超前于声音的现象	—
节目频道切换	节目频道切换时不能出现严重的马赛克或长时间黑屏现象;节目切换平均等待时间应小于 2.5s,最大不应超过 3.5s	包括加密频道和不在同一射频频点的节目频道
字幕	清晰、可识别	—

11.0.8 验收文件除应符合本规范第 3.4.4 条的规定外,尚应包括用户分配电平图。

6. 公共广播系统子分部工程检测记录

(1) 推荐表格

公共广播系统子分部工程检测记录

0826

工程名称				编号		
子分部名称	公共广播系统			检测部位		
施工单位				项目经理		
执行标准名称及编号						

	检测内容	规范条款	检测结果	结果评价		备注
				合格	不合格	
主控项目	公共广播系统的应备声压级	12.0.4				
	主观评价	12.0.5				
	紧急广播的功能和性能	12.0.6				
一般项目	业务广播和背景广播的功能	12.0.7				
	公共广播系统的声场不均匀度、漏出声衰减及系统设备信噪比	12.0.8				
	公共广播系统的扬声器分布	12.0.9				
强制性条文	当紧急广播系统具有火灾应急广播功能时,应检查传输线缆、槽盒和导管的防火保护措施	12.0.2				

检测结论:

检测负责人签字: 监理工程师签字:
                  (建设单位项目专业技术负责人)

   年 月 日   年 月 日

注:1 结果评价栏中,左列打"√"为合格,右列打"√"为不合格;
   2 备注栏内填写检测时出现的内容。

（2）检测依据说明

12　公共广播系统

一　般　规　定

12.0.1　公共广播系统可包括业务广播、背景广播和紧急广播。检测和验收的范围应根据设计要求确定。

12.0.2　当紧急广播系统具有火灾应急广播功能时，应检查传输线缆、槽盒和导管的防火保护措施。

12.0.3　公共广播系统检测时，应打开广播分区的全部广播扬声器，测量点宜均匀布置，且不应在广播扬声器附近和其声辐射轴线上。

主　控　项　目

12.0.4　公共广播系统检测时，应检测公共广播系统的应备声压级，柱测结果符合设计要求的应判定为合格。

12.0.5　主观评价时应对广播分区逐个进行检测和试听。并应符合下列规定：

1　语言清晰度主观评价评分应符合表12.0.5的规定：

表 12.0.5　语言清晰度主观评价评分

主观评价	评分值（等级）
语言清晰度极佳,十分满意	5分（优）
语言清晰度好,比较满意	4分（良）
语言清晰度一般,尚可接受	3分（可）
语言清晰度差,勉强能听	2分（差）
语言清晰度低劣,无法接受	1分（劣）

2　评价人员应独立评价打分，评价结果应取所有评价人员打分的算术平均值；

3　评价结果不低于4分的应判定为合格。

12.0.6　公共广播系统检测时，应检测紧急广播的功能和性能，检测结果符合设计要求的应判定为合格，当紧急广播包括火灾应急广播功能时，还应检测下列内容：

1　紧急广播具有最高级别的优先权；

2　警报信号触发后，紧急广播向相关广播区播放警示信号、警报语声文件或实时指挥语声的响应时间；

3　音量自动调节功能；

4　手动发布紧急广播的一键到位功能；

5　设备的热备用功能、定时自检和故障自动告警功能；

6　备用电源的切换时间；

7　广播分区与建筑防火分区匹配。

一　般　项　目

12.0.7　公共广播系统检测时，应检测业务广播和背景广播的功能，符合设计要求的应判定为合格。

12.0.8　公共广播系统检测时，应检测公共广播系统的声场不均匀度、漏出声衰减及系统设备信噪比，检测结果符合设计要求的应判定为合格。

12.0.9 公共广播系统检测时，应检查公共广播系统的扬声器位置，分布合理、符合设计要求的应判定为合格。

7. 会议系统子分部工程检测记录

(1) 推荐表格

会议系统子分部工程检测记录

0827

工程名称					编号		
子分部名称		会议系统			检测部位		
施工单位					项目经理		
执行标准名称及编号							
检测内容		规范条款	检测结果	结果评价		备注	
				合格	不合格		
主控项目	会议扩声系统声学特性指标	13.0.5					
	会议视频显示系统显示特性指标	13.0.6					
	具有会议电视功能的会议灯光系统的平均照度值	13.0.7					
	与火灾自动报警系统的联动功能	13.0.8					
一般项目	会议电视系统检测	13.0.9					
	其他系统检测	13.0.10					
检测结论：							
检测负责人签字： 　年　月　日				监理工程师签字： （建设单位项目专业技术负责人） 　年　月　日			

注：1 结果评价栏中，左列打"√"为合格，右列打"√"为不合格；
　　2 备注栏内填写检测时出现的内容。

(2) 检测依据说明

13 会议系统

一 般 规 定

13.0.1 会议系统可包括会议扩声系统、会议视频显示系统，会议灯光系统、会议同声传译系统会议讨论系统、会议电视系统、会议表决系统、会议集中控制系统、会议摄像系统、会议录播系统和会议签到管理系统等。检测和验收的范围应根据设计要求确定。

13.0.2 会议系统检测时，应根据系统规模和实际所选用功能和系统，以及会议室的重要性和设备复杂性确定检测内容和验收项目。

13.0.3 会议系统检测前，宜检查会议系统引入电源和会场建声的检测记录。

13.0.4 会议系统检测应符合下列规定：

1 功能检测应采用现场模拟的方法，根据设计要求逐项检测；

2 性能检测可采用客观测量或主观评价方法进行。

13.0.5 会议扩声系统的检测应符合下列规定：

1 声学特性指标可检测语言传输指数，或直接检测下列内容：

1）最大声压级；

2）传输频率特性；

3）传声增益；

4）声场不均匀度；

5）系统总噪声级。

2 声学特性指标的测量方法应符合现行国家标准《厅堂扩声特性测量方法》GB/T 4959的规定检测结果符合设计要求的应判定合格。

3 主观评价应符合下列规定：

1）声源应包括语言和音乐两类；

2）评价方法和评分标准应符合本规范第12.0.5条的规定。

13.0.6 会议视频显示系统的检测应符合下列规定：

1 显示特性指标的检测应包括下列内容：

1）显示屏亮度；

2）图像对比度；

3）亮度均匀性；

4）图像水平清晰度；

5）色域覆盖牢；

6）水平视角，垂直视角。

2 显示特性指标的测量方法应符合现行国家标准《视频显示系统工程测量规范》GB/T 50025 的规定。检测结果符合设计要求的应判定为合格。

3 主观评价应符合本规范第11.0.4条第2款的规定。

13.0.7 具有会议电视功能的会议灯光系统，应检测平均照度值。检测结果符合设计要求的应判定为合格。

13.0.8 会议讨论系统和会议同声传译系统应检测与火灾自动报警系统的联动功能。检测结果符合设计要求的应判定为合格。

13.0.9 会议电视系统的检测应符合下列规定：

1 应对主会场和分会场功能分别进行检测；

2 性能评价的检测宜包括声音延时、声像同步、会议电视回声、图像清晰度和图像连续性；

3 会议灯光系统的检测宜包括照度、色温和显色指数；

4 检测结果符合设计要求的应判定为合格。

13.0.10 其他系统的检测应符合下列规定：

1 会议同声传译系统的检测应按现行国家标准《红外线同声传译系统工程技术规范》GB 50524 的规定执行；

2 会议签到管理系统应测试签到的准确性和报表功能；

3 会议表决系统应测试表决速度和准确性；

4 会议集中控制系统的检测应采用现场功能演示的方法，逐项进行功能控测；

5 会议录播系统应对现场视频、音频、计算机数字信号的处理、录制和播放功能进行检测，并检验其信号处理和录播系统的质量；

6 具备自动跟踪功能的会议摄像系统应与会议讨论系统相配合，检查摄像机的预置位调用功能；

7 检测结果符合设计要求的应判定为合格。

8. 信息导引及发布系统子分部工程检测记录

（1）推荐表格

信息导引及发布子分部工程检测记录

0828

工程名称				编号		
子分部名称	信息引导及发布系统			检测部位		
施工单位				项目经理		
执行标准名称及编号						
检测内容		规范条款	检测结果	结果评价		备注
				合格	不合格	
主控项目	系统功能	14.0.3				
	显示功能	14.0.4				
一般项目	自动恢复功能	14.0.5				
	系统终端设备的远程控制功能	14.0.6				
	图像质量主管评价	14.0.7				

检测结论：

检测负责人签字：　　　　　　　　　　监理工程师签字：

　　　　　　　　　　　　　　　　　　（建设单位项目专业技术负责人）

　　年　月　日　　　　　　　　　　　　年　月　日

注：1 结果评价栏中，左列打"√"为合格，右列打"√"为不合格；
　　2 备注栏内填写检测时出现的内容。

（2）检测依据说明

一 般 规 定

《智能建筑工程质量验收规范》GB 50339—2013 条文摘录。

14 信息导引及发布系统

14.0.1 信息引导及发布系统可由信息播控设备、传输网络、信息显示屏（信息标识牌）和信息导引设施或查询终端等组成，检测和验收的范围应根据设计要求确定。

14.0.2 信息引导及发布系统检测应以系统功能检测为主，图像质量主观评价为辅。

主 控 项 目

14.0.3 信息引导及发布系统功能检测应符合下列规定：

1 应根据设计要求对系统功能逐项检测；

2 软件操作界面应显示准确、有效；

3 检测结果符合设计要求的应判定为合格。

14.0.4 信息引导及发布系统检测时，应检测显示性能，且结果符合设计要求的应判定为合格。

一 般 项 目

14.0.5 信息引导及发布系统检测时，应检查系统断电后再次。恢复供电时的自动恢复功能，且结果符合设计要求的应判定为合格。

14.0.6 信息引导及发布系统检测时，应检测系统终端设备的远程控制功能，且结果符合设计要求的应判定为合格。

14.0.7 信息导引及发布系统的图像质量主观评价，应符合本规范第11.0.4条第2款的规定。

9. 时钟系统子分部工程检测记录

(1) 推荐表格

时钟系统子分部工程检测记录

0829

工程名称				编号	
子分部名称	时钟系统			检测部位	
施工单位				项目经理	
执行标准名称及编号					
检测内容		规范条款	检测结果	结果评价		备注
				合格	不合格	
主控项目	母钟与时标信号接收器同步、母钟对子钟同步校时的功能	15.0.3				
	平均瞬时日差指标	15.0.4				
	时钟显示的同步偏差	15.0.5				
	授时校准功能	15.0.6				
一般项目	母钟、子钟和时间服务器等运行状态的检测功能	15.0.7				
	自动恢复功能	15.0.8				
	系统的使用可靠性	15.0.9				
	有日历显示的时钟换历功能	15.0.10				

检测结论：

检测负责人签字：　　　　　　　　　　监理工程师签字：

　　　　　　　　　　　　　　　　　　（建设单位项目专业技术负责人）

　年　月　日　　　　　　　　　　　　　年　月　日

注：1 结果评价栏中，左列打"√"为合格，右列打"√"为不合格；

　　2 备注栏内填写检测时出现的内容。

（2）检测依据说明

15 时钟系统

一 般 规 定

15.0.1 时钟系统测试方法应符合现行行业标准《时间同步系统》QB/T 4054 的相关规定。

15.0.2 时钟系统检测应以接收及授时功能为主，其他功能为辅。

主 控 项 目

15.0.3 时钟系统检测时，应检测母钟与时标信号接收器同步、母钟对子钟同步校时的功能，检测结果符合设计要求的应判定为合格。

15.0.4 时钟系统检测时，应检测平均瞬时日差指标，检测结果符合下列条件的应判定为合格：

1 石英谐振器一级母钟的平均瞬时日差不大于 0.01s/d；

2 石英谐振器二级母钟的平均瞬时日差不大于 0.1s/d

3 子钟的平均瞬时日差在（-1.00～+1.00）s/d。

15.0.5 时钟系统检测时，应检测时钟显示钧同步偏差，检测结果符合下列条件的应判定为合格：

1 母钟的输出口同步偏差不大于 50ms；

2 子钟与母钟的时间显示偏差不大于 1s。

15.0.6 时钟系统检测时，应检测授时校准功能，检测结果符合下列条件的应判定为合格：

1 一级母钟能可靠接收标准时间信号及显示标准时间，并向各二级母钟输出标准时间信号；无标准时间信号时，一级母钟能正常运行；

2 二级母钟能可靠接收一级母钟提供的标准时间信号，并向子钟输出标准时间信号；无一级母钟时间信号时，二级母钟能正常运行；

3 子钟能可靠接收二级母钟提供的标准时间信号；无二级母钟时间信号时，子钟能正常工作。并能单独调时。

一 般 项 目

15.0.7 时钟系统检测时，应检测母钟、子钟和时间服务器等运行状况的监测功能，结果符合设计要求的应判定为合格。

15.0.8 时钟系统检测时，应检查时钟系统断电后再次恢复供电时的自动恢复功能，结果符合设计要求的应判定为合格。

15.0.9 时钟系统检测时，应检查时钟系统的使用可靠性，符合下列条件的应判定为合格：

1 母钟在正常使用条件下不停走；

2 子钟在正常使用条件下不停走，时间显示正常且清楚。

15.0.10 时钟系统检测时，应检查有日历显示的时钟换历功能，结果符合设计要求的应判定为合格。

15.0.11 时钟系统检测时，应检查时钟系统对其他系统主机的校时和授时功能，结果符合设计要求的应判定为合格。

10. 信息化应用系统子分部工程检测记录

（1）推荐表格

信息化应用系统子分部工程检测记录

0830

工程名称					编号		
子分部名称	信息化应用系统				检测部位		
施工单位					项目经理		
执行标准名称及编号							

检测内容		规范条款	检测结果	结果评价		备注
				合格	不合格	
主控项目	检查设备的性能指标	16.0.4				
	业务功能和业务流程	16.0.5				
	应用软件功能和性能测试	16.0.6				
	应用软件修改后回归测试	16.0.7				
一般项目	应用软件功能和性能测试	16.0.8				
	运行软件产品的设备中与应用软件无关的软件检查	16.0.9				

检测结论：

检测负责人签字：　　　　　　　　　　监理工程师签字：

　　　　　　　　　　　　　　　　　　（建设单位项目专业技术负责人）

　年　月　日　　　　　　　　　　　　　　年　　月　　日

注：1　结果评价栏中，左列打"√"为合格，右列打"√"为不合格；
　　2　备注栏内填写检测时出现的内容。

（2）检测依据说明

16　信息化应用系统

一 般 规 定

16.0.1 信息化应用系统可包括专业业务系统、信息设施运行管理系统、物业管理系统、通用业务系统、公众信息系统、智能卡应用系统和信息安全管理系统等，检测和验收的范围应根据设计要求确定。

16.0.2 信息化应用系统按构成要素分为设备和软件，系统检测应先检查证备，后检测应用软件。

16.0.3 应用软件测试应按软件需求规格说明编制测试大纲，并确定测试内容和测试用例，且宜采用黑盒法进行。

主 控 项 目

16.0.4 信息化应用系统检测时，应检查设备的性能指标，结果符合设计要求的应判定为合格。对于智能卡设备还应检测下列内容：

1 智能卡与读写设备间的有效作用距离；

2 智能卡与读写设备间的通信传输速率和读写验证处理时间；

3 智能卡序号的唯一性。

16.0.5 信息化应用系统检测时，应测试业务功能和业务流程，结果符合软件需求规格说明的应判定为合格。

16.0.6 信息化应用系统检测时，应用软件的重要功能和性能测试应包括下列内容，结果符合软件需求规格说明的应判定为合格：

1 重要数据删除的警告和确认提示；

2 输入非法值的处理；

3 密钥存储方式；

4 对用户操作进行记录并保存的功能；

5 各种权限用户的分配；

6 数据备份和恢复功能；

7 响应时间。

16.0.7 应用软件修改后，应进行回归测试，修改后的应用软件能满足软件需求规格说明的应判定为合格。

一 般 项 目

16.0.8 应用软件的一般功能和性能测试应包括下列内容，结果符合软件需求规格说明的应判定合格：

1 用户界面采用的语言；

2 提示信息；

3 可扩展性。

16.0.9 信息化应用系统检测时，应检查运行软件产品的设备中安装的软件，没有安装与业务应用无关的软件的应划定为合格。

16.0.10 信息化应用系统验收文件除应符合本规范第3.4.4条的规定外，尚应包括应用软件的软件需求规格说明、安装手册、操作手册、维护手册和测试报告。

11. 建筑设备监控系统子分部工程检测记录

（1）推荐表格

建筑设备监控系统子分部工程检测记录

0831

工程名称					编号		
子分部名称	建筑设备监控系统				检测部位		
施工单位					项目经理		
执行标准名称及编号							

检测内容		规范条款	检测结果	结果评价		备注
				合格	不合格	
主控项目	暖通空调监控系统的功能	17.0.5				
	变配电检测系统的功能	17.0.6				
	公共照明监控系统的功能	17.0.7				
	给排水监控系统的功能	17.0.8				
	电梯和自动扶梯检测系统启停、上下行、位置、故障等运行状态显示功能	17.0.9				
	能耗监测系统能耗数据的显示、记录、统计、汇总及趋势分析等功能	17.0.10				
	中央管理工作站与操作分站功能及权限	17.0.11				
	系统实时性	17.0.12				
	系统可靠性	17.0.13				
一般项目	系统可维护性	17.0.14				
	系统性能评测项目	17.0.15				

检测结论：

检测负责人签字：　　　　　　　　　　监理工程师签字：

　　　　　　　　　　　　　　　　　（建设单位项目专业技术负责人）

　　年　　月　　日　　　　　　　　　　　年　　月　　日

注：1 结果评价栏中，左列打"√"为合格，右列打"√"为不合格；

　　2 备注栏内填写检测时出现的内容。

（2）检测依据说明

17 建筑设备监控系统

一 般 规 定

17.0.1 建筑设备监控系统可包括暖通空调监控系统、变配电监测系统、公共照明监控系统、给排水监控系统、电梯和自动扶梯监测系统及能耗监测系统等，检测和验收的范围应根据设计要求确定。

17.0.2 建筑设备监控系统工程实施的质量控制除应符合本规范第3章的规定外，用于能耗结算的水、电、气和冷热量表等，尚应检查制造计量器具许可证。

17.0.3 建筑设备监控系统控制应以系统功能测试为主，系统性能评测为辅。

17.0.4 建筑设备监控系统检测应采用中央管理工作站显示与现场实际情况对比的方法进行。

17.0.5 暖通空调监控系统的功能检测应符合下列规定：

1 检测内容应按设计要求确定；

2 冷热源的监测参数应全部检测：空调、新风机组的监测参数应按总数的20%抽检，且不应少于5台，不足5台时应全部检测；各种类型传感器，执行器应按10%抽检，且不应少于5只，不足5只时应全部检测；

3 抽检结果全部符合设计要求的应判定为合格。

主 控 项 目

17.0.6 变配电监测系统的功能检测应符合下列规定：

1 检测内容应按设计要求确定；

2 对高低压配电柜的运行状态、变压器的温度、储油罐的液位，各种备用电源的工作状态和联锁控制功能等应全部检测，各种电气参数检测数最应按每类参数抽20%，且数量不应少于20点，数量少于20点时应全部检测；

3 抽检结果全部符合设计要求的应判定为合格。

17.0.7 公共照明监控系统的功能检测应符合下列规定：

1 检测内容应按设计要求确定；

2 应按照明回路总数的10%抽检，数量不应少于10路，总数少于10路时应全部检测；

3 抽检结果全部符合设计要求的应判定为合格。

17.0.8 给排水监控系统的功能检测应符合下列规定：

1 检测内容应按设计要求确定；

2 给水和中水监控系统应全部检测；排水监控系统应抽检50%，且不得少于5套，总数少于5套时应全部检测；

3 抽检结果全部符合设计要求的应判定为合格。

17.0.9 电梯和自动扶梯监测系统应检测启停、上下行、位置、故障等运行状态显示功能。检测结果符合设计要求的应判定为合格。

17.0.10 能耗检测系统应检测能耗数据的显示、记录、统计、汇总及趋势分析等功能。检测结果符合设计要求的应判定为合格。

17.0.11 中央管理工作站与操作分站的检测应符合下列规定：

1 中央管理工作站的功能检测应包括下列内容：

1）运行状态和测量数据的显示功能；

2）故障报警信息的报告应及时准确，有提示信号；

3）系统运行参数的设定及修改功能；

4）控制命令应无冲突执行；

5）系统运行数据的记录、存储和处理功能；

6）操作权限；

7）人机界面应为中文。

2 操作分站的功能应检测监控管理权限及数据显示与中央管理工作站的一致性；

3 中央管理工作站功能应全部检测，操作分站应抽检 20%，且不得少于 5 个，不足 5 个时应全部检测；

4 检测结果符合设计要求的应判定为合格。

17.0.12 建筑设备监控系统实时性的检测应符合下列规定：

1 检测内容应包括控制命令响应时间和报警信号响应时间；

2 应抽检 10% 且不得少于 10 台，少于 10 台时应全部检测；

3 抽测结果全部符合设计要求的应判定为合格。

17.0.13 建筑设备监控系统可靠性的检测应符合下列规定：

1 检测内容应包括系统运行的抗干扰性能和电源切换时系统运行的稳定性；

2 应通过系统正常运行时，启停现场设备或投切备用电源，观察系统的工作情况进行检测；

3 检测结果符合设计要求的应判定为合格。

一 般 项 目

17.0.14 建筑设备监控系统可维护性的检测应符合下列规定：

1 检测内容应包括：

1）应用软件的在线编程和参数修改功能；

2）设备和网络通信故障的自检测功能。

2 应通过现场模拟修改参数和设置故障的方法检测；

3 检测结果符合设计要求的应判定为合格。

17.0.15 建筑设备监控系统性能评测项目的检测应符合下列规定：

1 检测宜包括下列内容：

1）控制网络和数据库的标准化、开放性；

2）系统的冗余配置；

3）系统可扩展性；

4）节能措施。

2 检测方法应根据设备配置和运行情况确定；

3 检测结果符合设计要求的应判定为合格。

17.0.16 建筑设备监控系统验收文件除应符合本规范第 3.4.4 条的规定外，还应包括下列内容：

1 中央管理工作站软件的安装手册，使用和维护手册；

2 控制器箱内接线图。

12. 安全技术防范系统子分部工程检测记录
（1）推荐表格

安全技术防范系统子分部工程检测记录

0832

工程名称					编号		
子分部名称		安全技术防范系统			检测部位		
施工单位					项目经理		
执行标准名称及编号							

	检测内容	规范条款	检测结果	结果评价 合格	结果评价 不合格	备注
主控项目	安全防范综合管理系统的功能	19.0.5				
	视频安防监控系统控制功能、监视功能、显示功能、存储功能、回放功能、报警联动功能和图像丢失报警功能	19.0.6				
	入侵报警系统的入侵报警功能、防破坏及故障报警功能、记录及显示功能、系统自检功能、系统报警响应时间、报警复核功能、报警声级、报警优先功能	19.0.7				
	出入口控制系统的出入目标识读装置功能、信息处理控制/控制设备功能、执行机构功能、报警功能和方可对讲功能	19.0.8				
	电子巡查系统的巡查设置功能、记录打印功能、管理功能	19.0.9				
	停车库（场）管理系统的识别功能、控制功能、报警功能、出票验票功能、管理功能和显示功能	19.0.10				
一般项目	监控中心管理软件中电子地图显示的设备位置	19.0.11				
	安全性及电磁兼容性	19.0.12				

检测结论：

检测负责人签字：　　　　　　　　　　　监理工程师签字：

　　　　　　　　　　　　　　　　　　　（建设单位项目专业技术负责人）

　　年　月　日　　　　　　　　　　　　　　年　月　日

注：1　结果评价栏中，左列打"√"为合格，右列打"√"为不合格；
　　2　备注栏内填写检测时出现的内容。

470

（2）检测依据说明

19　安全技术防范系统

一　般　规　定

19.0.1　安全技术防范系统可包括安全防范综合管理系统、入侵报警系统、视频安防监控系统、出入口控制系统，电子巡查系统和停车库（场）管理系统等子系统。检测和验收的范围应根据设计要求确定。

19.0.2　高风险对象的安全技术防范系统除应符合本规范的规定外，尚应符合国家现行有关标准的规定。

19.0.3　安全技术防范系统工程实施的质量控制除应符合本规范第 3 章的规定外，对于列入国家强制性认证产品目录的安全防范产品尚应检查产品的认证证书或检测报告。

19.0.4　安全技术防范系统检测应符合下列规定：

1　系统功能应按设计要求逐项检测；

2　摄像机、探测器、出入口识读设备、电子巡查信息识读器等设备抽检的数量不应低于 20％，且不应少于 3 台，数量少于 3 台时应全部检测；

3　抽检结果全部符合设计要求的，应判定子系统检测合格；

4　全部子系统功能检测均合格的，系统检测应判定为合格。

主　控　项　目

19.0.5　安全防范综合管理系统的功能检测应包括下列内容：

1　布防/撤防功能；

2　监控图像、报警信息以及其他信息记录的质量和保存时间；

3　安全技术防范系统中的各子系统之间的联动；

4　与火灾自动报警系统和应急响应系统的联动、报警信号的输出接口；

5　安全技术防范系统中的各子系统对监控中心控制命令的响应准确性和实时性；

6　监控中心对安全技术防范系统中的各子系统工作状态的显示、报警信息的准确性和实时性。

19.0.6　视频安防监控系统的检测应符合下列规定：

1　应检测系统控制功能、监视功能、显示功能、记录功能、回放功能，报警联动功能和图像丢失报警功能等，并应按现行用家标准《安全防范工程技术规范》GB 50348 中有关视频安防监控系统检验项目、检验要求及测试方法的规定执行；

2　对于数字视频安防监控系统，还应检测下列内容：

1）具有前端存储功能的网络摄像机及编码设备进行图像信息的存储；

2）视频智能分析功能；

3）音视频存储、回放和检索功能；

4）报警预录和音视频同步功能；

5）图像质量的稳定性和显示延迟。

19.0.7　入侵报警系统的检测应包括入侵报警功能、防破坏及故障报警功能、记录及显示功能、系统自检功能、系统报警响应时间、报警复核功能、报警声级、报警优先功能等，并应按现行国家标准《安全防范工程技术规范》GB 50348 中有关入侵报警系统检验项目、检验要求及测试方法的规定执行。

19.0.8 出入口控制系统的检测应包括出入目标识读装置功能、信息处理/控制设备功能、执行机构功能、报警功能和访客对讲功能等，并应按现行国家标准《安全防范工程技术规范》GB 50348 中有关出入口控制系统检验项目、检验要求及测试方法的规定执行。

19.0.9 电子巡查系统的检测应包括巡查设置功能、记录打印功能、管理功能等，并应按现行国家标准《安全防范工程技术规范》GB 50348 中有关电子巡查系统检验项目、检验要求及测试方法的规定执行。

19.0.10 停车库（场）管理系统的检测应符合下列规定：

1 应检测识别功能、控制功能、报警功能、出票验票功能、管理功能和显示功能等，并应按现行国家标准《安全防范工程技术规范》GB 50348 中有关停车库（场）管理系统检验项目、检验要求及测试方法的规定执行。

2 应检测紧急情况下的人工开闸功能。

一 般 项 目

19.0.11 安全技术防范系统检测时，应检查监控中心管理软件中电子地图显示的设备位置，且与现场位置一致的应判定为合格。

19.0.12 安全技术防范系统的安全性及电磁兼容性检测应符合现行国家标准《安全防范工程规范》GB 50348 的有关规定。

19.0.13 安全技术防范系统中的各子系统可分别进行验收。

13. 应急响应系统子分部工程检测记录

（1）推荐表格

应急响应系统子分部工程检测记录

0833

工程名称			编号		
子分部名称	应急响应系统		检测部位		
施工单位			项目经理		
执行标准名称及编号					
检测内容	规范条款	检测结果	结果评价 合格	不合格	备注
主控项目　功能检测	20.0.2				

检测结论：

检测负责人签字：

监理工程师签字：
（建设单位项目专业技术负责人）

　　年　月　日

　　年　月　日

注：1 结果评价栏中，左列打"√"为合格，右列打"√"为不合格；
　　2 备注栏内填写检测时出现的内容。

（2）检测依据说明

20 应急响应系统

472

主 控 项 目

20.0.1 应急响应系统检测应在火灾自动报警系统、安全技术防范系统、智能，集成系统和其他关联智能化系统等通过系统检测后进行。

20.0.2 应急响应系统检测应按设计要求逐项进行功能检测。检测结果符合设计要求的应判定为合格。

14. 机房工程系统子分部工程检测记录

（1）推荐表格

机房工程系统子分部工程检测记录

0834

工程名称			编号		
子分部名称	机房工程		检测部位		
施工单位			项目经理		
执行标准名称及编号					

检测内容		规范条款	检测结果	结果评价		备注
				合格	不合格	
主控项目	供配电系统的输出电能质量	21.0.4				
	不间断电源的供电时延	21.0.5				
	静电防护措施	21.0.6				
	弱电间监测	21.0.7				
	机房供配电系统、防雷与接地系统、空气调节系统、给水排水系统、综合布线系统、监控与安全防范系统、消防系统、室内装饰装修和电磁屏蔽等系统检测	21.0.8				

检测结论：

检测负责人签字：　　　　　　　　　　监理工程师签字：
　　　　　　　　　　　　　　　　　　（建设单位项目专业技术负责人）

　年　月　日　　　　　　　　　　　　　年　月　日

注：1 结果评价栏中，左列打"√"为合格，右列打"√"为不合格；
　　2 备注栏内填写检测时出现的内容。

（2）检测依据说明

21 机房工程

一 般 规 定

21.0.1 机房工程宜包括供配电系统、防雷与接地系统、空气调节系统、给水排水系统、综合布线系统、监控与安全防范系统、消防系统、室内装饰装修和电磁屏蔽等。检测和验收的范围应根据设计要求确定。

21.0.2 机房工程实施的质量控制除应符合本规范第3章的规定外，有防火性能要求的装饰装修材料还应检查防火性能证明文件和产品合格证。

21.0.3 机房工程系统检测前，宜检查机房工程的引入电源质量的检测记录。

主 控 项 目

21.0.4 机房工程验收时，应检测供配电系统的输出电能质量，检测结果符合设计要求的应判定为合格。

21.0.5 机房工程验收时，应检测不间断电源的供电时延，检测结果符合设计要求的应判定为合格。

21.0.6 机房工程验收时，应检测静电防护措施，检测结果符合设计要求的应判定为合格。

21.0.7 弱电间检测应符合下列规定：

1 室内装饰装修应检测下列内容，检测结果符合设计要求的应判定为合格：

1) 房间面积、门的宽度及高度和室内顶棚净高；

2) 墙、顶和地的装修面层材料；

3) 地板铺装；

4) 降噪隔声措施。

2 线缆路由的冗余应符合设计要求。

3 供配电系统的检测应符合下列规定：

1) 电气装置的型号、规格和安装方式应符合设计要求；

2) 电气装置与其他系统联锁动作的顺序及响应时间应符合设计要求；

3) 电线、电缆的相序、敷设方式、标志和保护等应符合设计要求；

4) 不间断电源装置支架应安装平整、稳固，内部接线应连接正确，紧固件应齐全、可靠不松动，焊接连接不应有脱落现象；

5) 配电柜（屏）的金属框架及基础型钢接地应可靠；

6) 不同回路、不同电压等级和交流与直流的电线的敷设应符合设计要求；

7) 工作面水平照度应符合设计要求。

4 空调通风系统应检测下列内容，检测结果符合设计要求的应判定为合格；

1) 室内温度和湿度；

2) 室内洁净度；

3) 房间内与房间外的压差值。

5 防雷与接地的检测应按本规范第22章的规定执行。

6 消防系统的检测应按本规范第18章的规定执行。

21.0.8 对于本规范第21.0.17条规定的弱电间以外的机房，应按现行国家标准《电子信息系统机房施工及验收规范》GB 50462中有关供配电系统、防雷与接地系统、空气调节系统、给水排水系统、综合布线系统、监控与安全防范系统、消防系统、室内装饰装修和电磁屏蔽等系统的检验项目、检验要求及测试方法的规定执行，检测结果符合设计要求的应判定为合格。

21.0.9 机房工程验收文件除应符合本规范第3.14条的规定外，尚应包括机柜设备装配图。

15. 防雷与接地系统子分部工程检测记录

（1）推荐表格

防雷与接地系统子分部工程检测记录

工程名称				编号		
子分部名称	防雷与接地			检测部位		
施工单位				项目经理		
执行标准名称及编号						
检测内容		规范条款	检测结果	结果评价 合格	结果评价 不合格	备注
主控项目	接地装置与接地连接点安装	22.0.3				
主控项目	接地导体的规格、敷设方法和连接方法	22.0.3				
主控项目	等电位联结带的规格、联结方法和安装位置	22.0.3				
主控项目	屏蔽设施的安装	22.0.3				
主控项目	电涌保护器的性能参数、安装位置、安装方式和连接导线规格	22.0.3				
一般项目	智能建筑的接地系统必须保证建筑内各智能化系统的正常运行和人身、设备安全	22.0.4				
检测结论：						
检测负责人签字： 　年　月　日			监理工程师签字： （建设单位项目专业技术负责人） 　年　月　日			

注：1 结果评价栏中，左列打"√"为合格，右列打"√"为不合格；
　　2 备注栏内填写检测时出现的内容。

（2）检测依据说明

22 防雷与接地

一般规定

22.0.1 防雷与接地宜包括智能化系统的接地装置，接地线、等电位联结、屏蔽设施和电涌保护器。检测和验收的范围应根据设计要求确定。

22.0.2 智能建筑的防雷与接地系统检测前，宜检查建筑物防雷工程的质量验收记录。

主控项目

22.0.3 智能建筑的防雷与接地系统检测应检查下列内容，结果符合设计要求的应判定为合格：

    1 接地装置及接地连接点的安装；

    2 接地电阻的阻值；

    3 接地导体的规格、敷设方法和连接方法；

    4 等电位联结带的规格、联结方法和安装位置；

    5 屏蔽设施的安装；

    6 电涌保护器的性能参数、安装位置、安装方式和连接导线规格。

22.0.4　**智能建筑的接地系统必须保证建筑内各智能化系统的正常运行和人身、设备安全。**

22.0.5　智能建筑的防雷与接地系统的验收文件除应符合本规范第 3.4.4 条的规定外，尚应包括防雷保护设备的一览表。

第六章　电梯分部工程检验批质量验收用表

第一节　电梯分部工程验收规定及检验批质量
验收用表编号及表的目录

一、电梯分部工程检验批质量验收用表编号及表的目录

电梯分部工程的验收内容与《电梯工程施工质量验收规范》GB 50310—2002 所对应的章节如表 6.1-1 所示。电梯分部工程检验批质量验收用表编号见表 6.1-1，表的目录见表 6.1-2。

表 6.1-1　电梯分部工程检验批质量验收用表编号

分部工程及编号	子分部工程及编号	分项工程名称及编号	序号	检验批名称	检验批编号	依据标准	标准章节
电梯 09	电力驱动的曳引式或强制式电梯 0901	设备进场验收 090101	1	设备进场验收检验批质量验收记录	09010101	《电梯工程施工质量验收规范》GB 50310—2002	4.1　设备进场验收
		土建交接检验 090102	2	土建交接检验检验批质量验收记录	09010201		4.2　土建交接检验
		驱动主机 090103	3	驱动主机检验批质量验收记录	09010301		4.3　驱动主机
		导轨 090104	4	导轨检验批质量验收记录	09010401		4.4　导轨
		门系统 090105	5	门系统检验批质量验收记录	09010501		4.5　门系统
		轿厢 090106	6	轿厢检验批质量验收记录	09010601		4.6　轿厢
		对重 090107	7	对重检验批质量验收记录	09010701		4.7　对重（平衡重）
		安全部件 090108	8	安全部件检验批质量验收记录	09010801		4.8　安装部件
		悬挂装置 090109	9	悬挂装置检验批质量验收记录	09010901		4.9　悬挂装置、随引电缆、补偿装置
		随行电缆 090110	10	随行电缆检验批质量验收记录	09011001		
		补偿装置 090111	11	补偿装置检验批质量验收记录	09011101		
		电气装置 090112	12	电气装置检验批质量验收记录	09011201		4.10　电气装置
		整机安装验收 090113	13	整机安装验收检验批质量验收记录	09011301		4.11　整机安装验收

分部工程及编号	子分部工程及编号	分项工程名称及编号	序号	检验批名称	检验批编号	依据标准	标准章节
电梯 09	液压电梯 0902	设备进场验收 090201	1	设备进场验收检验批质量验收记录	09020101	《电梯工程施工质量验收规范》GB 50310—2002	5.1 设备进场验收
		土建交接检验 090202	2	土建交接检验检验批质量验收记录	09020201		5.2 土建交接检验
		液压系统 090203	3	液压系统检验批质量验收记录	09020301		5.3 液压系统
		导轨 090204	4	导轨检验批质量验收记录	09020401		5.4 导轨
		门系统 090205	5	门系统检验批质量验收记录	09020501		5.5 门系统
		轿厢 090206	6	轿厢检验批质量验收记录	09020601		5.6 轿厢
		对重 090207	7	对重检验批质量验收记录	09020701		5.7 平衡重
		安全部件 090208	8	安全部件检验批质量验收记录	09020801		5.8 安装部件
		悬挂装置 090209	9	悬挂装置检验批质量验收记录	09020901		5.9 悬挂装置、随引电缆
		随引电缆 090210	10	随引电缆检验批质量验收记录	09021001		
		电气装置 090211	11	电气装置检验批质量验收记录	09021101		5.10 电气装置
		整机安装验收 090212	12	整机安装验收检验批质量验收记录	09021201		5.11 整机安装验收
	自动扶梯、自动人行道 0903	设备进场验收 090301	1	设备进场验收检验批质量验收记录	09030101		6.1 设备进场验收
		土建交接检验 090302	2	土建交接检验检验批质量验收记录	09030201		6.2 土建交接检验
		整机安装验收 090303	3	整机安装验收检验批质量验收记录	09030301		6.3 电机安装验收

表 6.1-2 电梯分部工程子分部工程共用分项工程的检验批验收记录表及表的目录

检验批质量验收表格编号 \ 子分部工程级编号	0901 电力驱动的曳引式或强制式电梯	0902 液压电梯	0903 自动扶梯、自动人行道
分项工程的检验批名称 序 名称			
1 设备进场验收	09010101	09020101	
2 土建交接验收	09010201	09020201	

检验批质量验收表格编号 分项工程的 检验批名称		子分部工程级编号	0901	0902	0903
			电力驱动的曳引式或强制性电梯	液压电梯	自动扶梯、自动人行道
序	名称				
3	驱动主机		09010301		
4	导轨		09010401	09020401	
5	门系统		09010501	09020501	
6	轿厢		09010601	09020601	
7	对重		09010701	09020701	
8	安全部件		09010801	09020801	
9	悬挂装置、随行装置、补偿装置		09010901 09011001 09011101	09020901 09021001	
10	电气装置		09011201	09021101	
11	整机安装验收		09011301		
12	液压系统			09020301	
13	整机安装验收			09021201	
14	自动扶梯、自动人行道设备进场验收				09030101
15	自动扶梯、自动人行道土建交接验收				09030201
16	自动扶梯、自动人行道整机安装验收				09030301

二、电梯工程质量验收的基本规定

1. 质量验收的基本规定

3.0.1 安装单位施工现场的质量管理应符合下列规定：

1 具有完善的验收标准、安装工艺及施工操作规程。

2 具有健全的安装过程控制制度。

3.0.2 电梯安装工程施工质量控制应符合下列规定：

1 电梯安装前应按本规范进行土建交接检验，可按附录 A 表 A 记录。

2 电梯安装前应按本规范进行电梯设备进场验收，可按附录 B 表 B 记录。

3 电梯安装的各分项工程应按企业标准进行质量控制，每个分项工程应有自检记录。

3.0.3 电梯安装工程质量验收应符合下列规定：

1 参加安装工程施工和质量验收人员应具备相应的资格。

2 承担有关安全性能检测的单位，必须具有相应资质。仪器设备应满足精度要求，并应在检定有效期内。

3 分项工程质量验收均应在电梯安装单位自检合格的基础上进行。

4 分项工程质量应分别按主控项目和一般项目检查验收。

5 隐蔽工程应在电梯安装单位检查合格后，于隐蔽前通知有关单位检查验收，并形成验收文件。

2. 分部（子分部）工程质量验收

7 分部（子分部）工程质量验收

7.0.1 分项工程质量验收合格应符合下列规定：

1 各分项工程中的主控项目应进行全验，一般项目应进行抽验，且均应符合合格质量规定。可按附录C表C记录。

2 应具有完整的施工操作依据、质量检查记录。

7.0.2 分部（子分部）工程质量验收合格应符合下列规定：

1 子分部工程所含分项工程的质量均应验收合格且验收记录应完整。子分部可按附录D表D记录；

2 分部工程所含子分部工程的质量均应验收合格。分部工程质量验收可按附录E表E记录汇总；

3 质量控制资料应完整；

4 观感质量应符合本规范要求。

7.0.3 当电梯安装工程质量不合格时，应按下列规定处理：

1 经返工重做、调整或更换部件的分项工程，应重新验收；

2 通过以上措施仍不能达到本规范要求的电梯安装工程，不得验收合格。

第二节　电力驱动的曳引式强制式电梯子分部工程检验批质量验收记录

1. 设备进场验收检验批质量验收记录

（1）推荐表格

09010101＿＿＿

设备进场验收检验批质量验收记录

09020101＿＿＿

单位（子单位）工程名称			分部（子分部）工程名称		分项工程名称		
施工单位			项目负责人		检验批容量		
分包单位			分包单位项目负责人		检验批部位		
施工依据				验收依据	《电梯工程施工质量验收规范》GB 50310—2002		
验收项目				设计要求及规范规定	最小/实际抽样数量	检查记录	检查结果
主控项目	1	随机文件必须包括	（1）土建布置图	第4.1.1条 第5.1.1条	/		
			（2）产品出厂合格证		/		
			（3）门锁装置、退速器、安全钳及缓冲器的型式试验证书复印件		/		

480

验收项目			设计要求及规范规定	最小/实际抽样数量	检查记录	检查结果
主控项目	1	随机文件还应包括	(1)装箱单	第4.1.2条 第5.1.2条	/	
			(2)安装、使用维护说明书		/	
			(3)动力和安全电路的电气原理图		/	
			(4)液压系统原理图		/	
	2	设备零部件与装箱单		内容相符	/	
	3	设备外观		无明显损坏	/	
施工单位检查结果		专业工长： 项目专业质量检查员： 年 月 日				
监理单位验收结论		专业监理工程师： 年 月 日				

(2) 验收内容及检查方法条文摘录

主 控 项 目

4.1.1 随机文件必须包括下列资料：（电力）

1 土建布置图；

2 产品出厂合格证；

3 门锁装置、限速器、安全钳及缓冲器的型式试验证书复印件。

5.1.1 随机文件必须包括下列资料：（液压）

1 土建布置图；

2 产品出厂合格证；

3 门锁装置、限速器（如果有）、安全钳（如果有）及缓冲器（如果有）的型式试验合格证书复印件。

一 般 项 目

4.1.2 随机文件还应包括下列资料：（电力）

1 装箱单；

2 安装、使用维护说明书；

3 动力电路和安全电路的电气原理图。

4.1.3 设备零部件应与装箱单内容相符。

4.1.4 设备外观不应存在明显的损坏。

5.1.2 随机文件还应包括下列资料：（液压）

1 装箱单；

2 安装、使用维护说明书；

3 动力电路和安全电路的电气原理图；

4 液压系统原理图。

5.1.3 设备零部件应与装箱单内容相符。

5.1.4 设备外观不应存在明显的损坏。

（3）验收说明

1）施工依据：有关电梯工程施工技术规程，施工工艺标准，并制订专项施工方案、技术交底资料。

2）验收依据：《电梯工程施工质量验收规范》GB 50310—2002，相应的现场验收检查记录。

3）注意事项：

① 主控项目的质量经抽样检验均应合格；

② 一般项目的质量经抽样检验合格。当采用计数抽样时，合格点率应符合有关专业验收规范的规定，且不得存在严重缺陷；

③ 具有完整的施工操作依据、质量验收记录；

④ 本检验批的主控项目、一般项目已列入推荐表中，有关具体内容及检查方法见一般规定及（2）条文摘录；

⑤ 黑体字的条文为强制性条文，必须严格执行，制订控制措施；

⑥ 本推荐表尚可用于 09020101。

2. 土建交接检验检验批质量验收记录

（1）推荐表格

09010201 ____

土建交接检验检验批质量验收记录

09020201 ____

单位(子单位)工程名称			分部(子分部)工程名称		分项工程名称		
施工单位			项目负责人		检验批容量		
分包单位			分包单位项目负责人		检验批部位		
施工依据				验收依据	《电梯工程施工质量验收规范》GB 50310—2002		
验收项目			设计要求及规范规定	最小/实际抽样数量	检查记录		检查结果
主控项目	1	机房内部、井道土建(钢架)结构布置	必须符合电梯土建布置图要求	/			
	2	主电源开关	第4.2.2条	/			
	3	井道	第4.2.3条	/			
一般项目	1	机房还应符合的规定	第4.2.4条	/			
	2	井道还应符合的规定	第4.2.5条	/			
施工单位检查结果			专业工长： 项目专业质量检查员： 年 月 日				
监理单位验收结论			专业监理工程师： 年 月 日				

（2）验收内容及检查方法条文摘录

主 控 项 目

4.2.1 机房（如果有）内部、井道土建（钢架）结构及布置必须符合电梯土建布置图的要求。

4.2.2 主电源开关必须符合下列规定：

1 主电源开关应能够切断电梯正常使用情况下最大电流；

2 对有机房电梯该开关应能从机房入口处方便地接近；

3 对无机房电梯该开关应设置在井道外工作人员方便接近的地方，且应具有必要的安全防护。

4.2.3 井道必须符合下列规定：

1 当底坑底面下有人员能到达的空间存在，且对重（或平衡重）上未设有安全钳装置时，对重缓冲器必须能安装在（或平衡重运行区域的下边必须）一直延伸到坚固地面上的实心桩墩上；

2 电梯安装之前，所有层门预留孔必须设有高度不小于 1.2m 的安全保护围封，并应保证有足够的强度；

3 当相邻两层门地坎间的距离大于 11m 时，其间必须设置井道安全门，井道安全门严禁向井道内开启，且必须装有安全门处于关闭时电梯才能运行的电气安全装置。当相邻轿厢间有相互救援用轿厢安全门时，可不执行本款。

一 般 项 目

4.2.4 机房（如果有）还应符合下列规定：

1 机房内应设有固定的电气照明，地板表面上的照度不应小于 200lx。机房内应设置一个或多个电源插座。在机房内靠近入口的适当高度处应设有一个开关或类似装置控制机房照明电源。

2 机房内应通风，从建筑物其他部分抽出的陈腐空气，不得排入机房内。

3 应根据产品供应商的要求，提供设备进场所需的通道和搬运空间。

4 电梯工作人员应能方便地进入机房或滑轮间，而不需要临时借助于其他辅助设施。

5 机房应采用经久耐用且不易产生灰尘的材料建造，机房内的地板应采用防滑材料。

注：此项可在电梯安装后验收。

6 在一个机房内，当有两个以上不同平面的工作平台，且相邻平台高度差大于 0.5m 时，应设置楼梯或台阶，并应设置高度不小于 0.9m 的安全防护栏杆。当机房地面有深度大于 0.5m 的凹坑或槽坑时，均应盖住。供人员活动空间和工作台面以上的净高度不应小于 1.8m。

7 供人员进出的检修活板门应有不小于 0.8m×0.8m 的净通道，开门到位后应能自行保持在开启位置。检修活板门关闭后应能支撑两个人的重量（每个人按在门的任意 0.2m×0.2m 面积上作用 1000N 的力计算），不得有永久性变形。

8 门或检修活板门应装有带钥匙的锁，它应从机房内不用钥匙打开。只供运送器材的活板门，可只在机房内部锁住。

9 电源零线和接地线应分开。机房内接地装置的接地电阻值不应大于 4Ω。

10 机房应有良好的防渗、防漏水保护。

4.2.5 井道还应符合下列规定：

1 井道尺寸是指垂直于电梯设计运行方向的井道截面沿电梯设计运行方向投影所测定的井道最小净空尺寸，该尺寸应和土建布置图所要求的一致，允许偏差应符合下列规定：

1）当电梯行程高度小于等于 30m 时为 0～＋25mm；

2）当电梯行程高度大于 30m 且小于等于 60m 时为 0～＋35mm；

3）当电梯行程高度大于 60m 且小于等于 90m 时为 0～＋50mm；

4）当电梯行程高度大于 90m 时，允许偏差应符合土建布置图要求。

2 全封闭或部分封闭的井道，井道的隔离保护、井道壁、底坑底面和顶板应具有安装电梯部件所需要的足够强度，应采用非燃烧材料建造，且应不易产生灰尘。

3 当底坑深度大于 2.5m 且建筑物布置允许时，应设置一个符合安全门要求的底坑进口；当没有进入底坑的其他通道时，应设置一个从层门进入底坑的永久性装置，且此装置不得凸入电梯运行空间。

4 井道应为电梯专用，井道内不得装设与电梯无关的设备、电缆等。井道可装设采暖设备，但不得采用蒸汽和水作为热源，且采暖设备的控制与调节装置应装在井道外面。

5 井道内应设置永久性电气照明，井道内照度应不得小于 50lx，井道最高点和最低点 0.5m 以内应各装一盏灯，再设中间灯，并分别在机房和底坑设置一控制开关。

6 装有多台电梯的井道内各电梯的底坑之间应设置最低点离底坑地面不大于 0.3m，且至少延伸到最低层站楼面以上 2.5m 高度的隔障，在隔障宽度方向上隔障与井道壁之间的间隙不应大于 150mm。

当轿顶边缘和相邻电梯运动部件（轿厢、对重或平衡重）之间的水平距离小于 0.5m 时，隔障应延长贯穿整个井道的高度。隔障的宽度不得小于被保护的运动部件（或其部分）的宽度每边再各加 0.1m。

7 底坑内应有良好的防渗、防漏水保护，底坑内不得有积水。

8 每层楼面应有水平面基准标识。

(3) 验收说明

1）施工依据：有关电梯工程施工技术规程，施工工艺标准，并制订专项施工方案、技术交底资料。

2）验收依据：《电梯工程施工质量验收规范》GB 50310—2002，相应的现场验收检查记录。

3）注意事项：

① 主控项目的质量经抽样检验均应合格；

② 一般项目的质量经抽样检验合格。当采用计数抽样时，合格点率应符合有关专业验收规范的规定，且不得存在严重缺陷；

③ 具有完整的施工操作依据、质量验收记录；

④ 本检验批的主控项目、一般项目已列入推荐表中，有关具体内容及检查方法见一般规定及（2）条文摘录；

⑤ 黑体字的条文为强制性条文，必须严格执行，制订控制措施；

⑥ 本推荐表尚可用于 09020201。

3. 驱动主机检验批质量验收记录

（1）推荐表格

驱动主机检验批质量验收记录　　　　　09010301 ___

单位（子单位）工程名称			分部（子分部）工程名称			分项工程名称		
施工单位			项目负责人			检验批容量		
分包单位			分包单位项目负责人			检验批部位		
施工依据				验收依据		《电梯工程施工质量验收规范》GB 50310—2002		
验收项目			设计要求及规范规定		最小/实际抽样数量		检查记录	检查结果
主控项目	1	驱动主机安装	第4.3.1条		/			
一般项目	1	主机承重埋设	第4.3.2条		/			
	2	制动器动作、制动间隙	第4.3.3条		/			
	3	驱动主机及其底座与承重梁安装	产品设计要求		/			
	4	驱动主机减速箱内油量	应在限定范围		/			
	5	机房内钢丝绳与楼板孔洞边间隙	第4.3.6条		/			
施工单位检查结果				专业工长： 项目专业质量检查员： 　　　年　月　日				
监理单位验收结论				专业监理工程师： 　　　年　月　日				

（2）验收内容及检查方法条文摘录

主控项目

4.3.1　紧急操作装置动作必须正常。可拆卸的装置必须置于驱动主机附近易接近处，紧急救援操作说明必须贴于紧急操作时易见处。

一般项目

4.3.2　当驱动主机承重梁需埋入承重墙时，埋入端长度应超过墙厚中心至少20mm，且支承长度不应小于75mm。

4.3.3　制动器动作应灵活，制动间隙调整应符合产品设计要求。

4.3.4　驱动主机、驱动主机底座与承重梁的安装应符合产品设计要求。

4.3.5　驱动主机减速箱（如果有）内油量应在油标所限定的范围内。

4.3.6　机房内钢丝绳与楼板孔洞边间隙应为20~40mm，通向井道的孔洞四周应设置高度不小于50mm的台缘。

（3）验收说明

1）施工依据：有关电梯工程施工技术规程，施工工艺标准，并制订专项施工方案、技术交底资料。

2）验收依据：《电梯工程施工质量验收规范》GB 50310—2002，相应的现场验收检查记录。

3）注意事项：

① 主控项目的质量经抽样检验均应合格；

② 一般项目的质量经抽样检验合格。当采用计数抽样时，合格点率应符合有关专业验收规范的规定，且不得存在严重缺陷；

③ 具有完整的施工操作依据、质量验收记录；

④ 本检验批的主控项目、一般项目已列入推荐表中，有关具体内容及检查方法见一般规定及（2）条文摘录；

⑤ 黑体字的条文为强制性条文，必须严格执行，制订控制措施。

4. 导轨检验批质量验收记录

（1）推荐表格

09010401 ____

导轨检验批质量验收记录

09020401 ____

单位（子单位）工程名称			分部（子分部）工程名称		分项工程名称	
施工单位			项目负责人		检验批容量	
分包单位			分包单位项目负责人		检验批部位	
施工依据				验收依据	《电梯工程施工质量验收规范》GB 50310—2002	
验收项目			设计要求及规范规定	最小/实际抽样数量	检查记录	检查结果
主控项目	1	导轨安装位置		设计要求	/	
一般项目	1	两列导轨顶面间的距离偏差（mm）	轿厢导轨	0～+2	/	
			对重导轨	0～+3	/	
	2	导轨支架安装		第4.4.3条		
	3	每列导轨工作面与安装基准线每5m偏差值	轿厢导轨和设有安全钳的对重导轨	≤0.6mm		
			不舍安全钳的对重导轨	≤1.0mm		
	4	轿厢导轨和设有安全钳的对重导轨工作面接头		第4.4.5条	/	
	5	不设安全钳对重导轨接头	接头缝隙	≤1.0mm		
			接头台阶	≤0.15mm		
施工单位检查结果			专业工长： 项目专业质量检查员： 年　月　日			
监理单位验收结论			专业监理工程师： 年　月　日			

486

（2）验收内容及检查方法条文摘录

主 控 项 目

4.4.1 导轨安装位置必须符合土建布置图要求。

一 般 项 目

4.4.2 两列导轨顶面间的距离偏差应为：轿厢导轨 0～＋2mm；对重导轨 0～＋3mm。

4.4.3 导轨支架在井道壁上的安装应固定可靠。预埋件应符合土建布置图要求。锚栓（如膨胀螺栓等）固定应在井道壁的混凝土构件上使用，其连接强度与承受振动的能力应满足电梯产品设计要求，混凝土构件的压缩强度应符合土建布置图要求。

4.4.4 每列导轨工作面（包括侧面与顶面）与安装基准线每 5m 的偏差均不应大于下列数值：

轿厢导轨和设有安全钳的对重（平衡重）导轨为 0.6mm；不设安全钳的对重（平衡重）导轨为 1.0mm。

4.4.5 轿厢导轨和设有安全钳的对重（平衡重）导轨工作面接头处不应有连续缝隙，导轨接头处台阶不应大于 0.05mm。如超过应修平，修平长度应大于 150mm。

4.4.6 不设安全钳的对重（平衡重）导轨接头处缝隙不应大于 1.0mm，导轨工作面接头处台阶不应大于 0.15mm。

（3）验收说明

1) 施工依据：有关电梯工程施工技术规程，施工工艺标准，并制订专项施工方案、技术交底资料。

2) 验收依据：《电梯工程施工质量验收规范》GB 50310—2002，相应的现场验收检查记录。

3) 注意事项：

① 主控项目的质量经抽样检验均应合格；

② 一般项目的质量经抽样检验合格。当采用计数抽样时，合格点率应符合有关专业验收规范的规定，且不得存在严重缺陷；

③ 具有完整的施工操作依据、质量验收记录；

④ 本检验批的主控项目、一般项目已列入推荐表中，有关具体内容及检查方法见一般规定及（2）条文摘录；

⑤ 黑体字的条文为强制性条文，必须严格执行，制订控制措施；

⑥ 本推荐表尚可用于 09020401。

5. 门系统检验批质量验收记录

（1）推荐表格

门系统检验批质量验收记录

单位(子单位)工程名称			分部(子分部)工程名称		分项工程名称		
施工单位			项目负责人		检验批容量		
分包单位			分包单位项目负责人		检验批部位		
施工依据				验收依据	《电梯工程施工质量验收规范》GB 50310—2002		
验收项目			设计要求及规范规定	最小/实际抽样数量	检查记录	检查结果	
主控项目	1	层门地坎至轿厢地坎间距离偏差	第4.5.1条	/			
	2	层门强迫关门装置	必须动作正常	/			
	3	水平滑动门开始1/3形成之后，阻止关门的力	≤150N	/			
	4	层门锁钩动作要求	第4.5.4条	/			
一般项目	1	门刀与层门地坎、门锁滚轮与轿厢地坎间隙	≥5mm	/			
	2	层门地坎水平度(单位:1/1000)	≯2/1000				
		层门地坎应高出装修地面	2～5mm				
	3	层门指示灯、盒及各显示安装	第4.5.7条	/			
	4	门扇及其与周边间隙	第4.5.8条	/			
施工单位检查结果				专业工长: 项目专业质量检查员: 年 月 日			
监理单位验收结论				专业监理工程师: 年 月 日			

(2) 验收内容及检查方法条文摘录

主控项目

4.5.1 层门地坎至轿厢地坎之间的水平距离偏差为0～+3mm，且最大距离严禁超过35mm。

4.5.2 层门强迫关门装置必须动作正常。

4.5.3 动力操纵的水平滑动门在关门开始的1/3行程之后，阻止关门的力严禁超过150N。

4.5.4 层门锁钩必须动作灵活，在证实锁紧的电气安全装置动作之前，锁紧元件的最小啮合长度为7mm。

一 般 项 目

4.5.5 门刀与层门地坎、门锁滚轮与轿厢地坎间隙不应小于5mm。

4.5.6 层门地坎水平度不得大于2/1000，地坎应高出装修地面2～5mm。

4.5.7 层门指示灯盒、召唤盒和消防开关盒应安装正确，其面板与墙面贴实，横竖端正。

4.5.8 门扇与门扇、门扇与门套、门扇与门楣、门扇与门口处轿壁、门扇下端与地坎的间隙，乘客电梯不应大于6mm，载货电梯不应大于8mm。

（3）验收说明

1）施工依据：有关电梯工程施工技术规程，施工工艺标准，并制订专项施工方案、技术交底资料。

2）验收依据：《电梯工程施工质量验收规范》GB 50310—2002，相应的现场验收检查记录。

3）注意事项：

① 主控项目的质量经抽样检验均应合格；

② 一般项目的质量经抽样检验合格。当采用计数抽样时，合格点率应符合有关专业验收规范的规定，且不得存在严重缺陷；

③ 具有完整的施工操作依据、质量验收记录；

④ 本检验批的主控项目、一般项目已列入推荐表中，有关具体内容及检查方法见一般规定及（2）条文摘录；

⑤ 黑体字的条文为强制性条文，必须严格执行，制订控制措施；

⑥ 本推荐表尚可用于09020501。

6. 轿厢检验批质量验收记录

（1）推荐表格

09010601 ___
09020601 ___

轿厢检验批质量验收记录

单位（子单位）工程名称			分部（子分部）工程名称			分项工程名称		
施工单位			项目负责人			检验批容量		
分包单位			分包单位项目负责人			检验批部位		
施工依据					验收依据	《电梯工程施工质量验收规范》GB 50310—2002		
验收项目				设计要求及规范规定	最小/实际抽样数量	检查记录	检查结果	
主控项目	1	玻璃轿壁扶手的设置		第4.6.1条	/			
一般项目	1	反绳轮应设防护装置		第4.6.2条	/			
	2	轿顶防护及警示规定		第4.6.3条	/			
施工单位检查结果			专业工长： 项目专业质量检查员： 　　　　　年　月　日					
监理单位验收结论			专业监理工程师： 　　　　　年　月　日					

（2）验收内容及检查方法条文摘录

主 控 项 目

4.6.1 当距轿底面在 1.1m 以下使用玻璃轿壁时，必须在距轿底面 0.9～1.1m 的高度安装扶手，且扶手必须独立地固定，不得与玻璃有关。

一 般 项 目

4.6.2 当桥厢有反绳轮时，反绳轮应设置防护装置和挡绳装置。

4.6.3 当轿顶外侧边缘至井道壁水平方向的自由距离大于 0.3m 时，轿顶应装设防护栏及警示性标识。

（3）验收说明

1）施工依据：有关电梯工程施工技术规程，施工工艺标准，并制订专项施工方案、技术交底资料。

2）验收依据：《电梯工程施工质量验收规范》GB 50310—2002，相应的现场验收检查记录。

3）注意事项：

① 主控项目的质量经抽样检验均应合格；

② 一般项目的质量经抽样检验合格。当采用计数抽样时，合格点率应符合有关专业验收规范的规定，且不得存在严重缺陷；

③ 具有完整的施工操作依据、质量验收记录；

④ 本检验批的主控项目、一般项目已列入推荐表中，有关具体内容及检查方法见一般规定及（2）条文摘录；

⑤ 黑体字的条文为强制性条文，必须严格执行，制订控制措施；

⑥ 本推荐表尚可用于 09020601。

7. 对重检验批质量验收记录

（1）推荐表格

09010701 ＿＿＿＿　　09020901 ＿＿＿＿

对重检验批质量验收记录　09020701 ＿＿＿＿　　09021001 ＿＿＿＿

单位（子单位）工程名称		分部（子分部）工程名称		分项工程名称	
施工单位		项目负责人		检验批容量	
分包单位		分包单位项目负责人		检验批部位	
施工依据			验收依据	《电梯工程施工质量验收规范》GB 50310—2002	

		验收项目	设计要求及规范规定	最小/实际抽样数量	检查记录	检查结果
一般项目	1	反绳轮和挡绳装置	第4.7.1条	/		
	2	对重（平衡重）块安装	第4.7.2条	/		
施工单位检查结果		专业工长： 项目专业质量检查员： 　　　　　　年　月　日				
监理单位验收结论		专业监理工程师： 　　　　　　年　月　日				

（2）验收内容及检查方法条文摘录

一 般 项 目

4.7.1 当对重（平衡重）架有反绳轮，反绳轮应设置防护装置和挡绳装置。

4.7.2 对重（平衡重）块应可靠固定。

（3）验收说明

1）施工依据：有关电梯工程施工技术规程，施工工艺标准，并制订专项施工方案、技术交底资料。

2）验收依据：《电梯工程施工质量验收规范》GB 50310—2002，相应的现场验收检查记录。

3）注意事项：

① 主控项目的质量经抽样检验均应合格；

② 一般项目的质量经抽样检验合格。当采用计数抽样时，合格点率应符合有关专业验收规范的规定，且不得存在严重缺陷；

③ 具有完整的施工操作依据、质量验收记录；

④ 本检验批的主控项目、一般项目已列入推荐表中，有关具体内容及检查方法见一般规定及（2）条文摘录；

⑤ 黑体字的条文为强制性条文，必须严格执行，制订控制措施；

⑥ 本推荐表尚可用于 09020701；

8. 安全部件检验批质量验收记录

（1）推荐表格

09010801 ____

安全部件检验批质量验收记录

09020801 ____

单位（子单位）工程名称			分部（子分部）工程名称			分项工程名称		
施工单位			项目负责人			检验批容量		
分包单位			分包单位项目负责人			检验批部位		
施工依据				验收依据		《电梯工程施工质量验收规范》GB 50310—2002		
验收项目				设计要求及规范规定	最小/实际抽样数量	检查记录	检查结果	
主控项目	1	限速器动作速度封记		第4.8.1条	/			
	2	安全钳可调节封记		第4.8.2条	/			
一般项目	1	限速器张紧装置安装位置		第4.8.3条	/			
	2	安全钳与导轨间隙		设计要求	/			
	3	缓冲器撞板中心与缓冲器中心相关距离及偏差		第4.8.5条	/			
	4	液压缓冲器垂直度挤充液量		第4.8.6条	/			
施工单位检查结果			专业工长：项目专业质量检查员：年 月 日					
监理单位验收结论			专业监理工程师：年 月 日					

（2）验收内容及检查方法条文摘录

主 控 项 目

4.8.1 限速器动作速度整定封记必须完好，且无拆动痕迹。

4.8.2 当安全钳可调节时，整定封记应完好，且无拆动痕迹。

一 般 项 目

4.8.3 限速器张紧装置与其限位开关相对位置安装应正确。

4.8.4 安全钳与导轨的间隙应符合产品设计要求。

4.8.5 轿厢在两端站平层位置时，轿厢、对重的缓冲器撞板与缓冲器顶面间的距离应符合土建布置图要求。轿厢、对重的缓冲器撞板中心与缓冲器中心的偏差不应大于 20mm。

4.8.6 液压缓冲器柱塞铅垂度不应大于 0.5%，充液量应正确。

（3）验收说明

1）施工依据：有关电梯工程施工技术规程，施工工艺标准，并制订专项施工方案、技术交底资料。

2）验收依据：《电梯工程施工质量验收规范》GB 50310—2002，相应的现场验收检查记录。

3）注意事项：

① 主控项目的质量经抽样检验均应合格；

② 一般项目的质量经抽样检验合格。当采用计数抽样时，合格点率应符合有关专业验收规范的规定，且不得存在严重缺陷；

③ 具有完整的施工操作依据、质量验收记录；

④ 本检验批的主控项目、一般项目已列入推荐表中，有关具体内容及检查方法见一般规定及（2）条文摘录；

⑤ 黑体字的条文为强制性条文，必须严格执行，制订控制措施；

⑥ 本推荐表尚可用于 10020801。

9. 悬挂装置、随行电缆、补偿装置检验批质量验收记录

（1）推荐表格

09010901 ____

09011001 ____ 09020901 ____

悬挂装置、随行电缆、补偿装置检验批质量验收记录 09011101 ____ 09021001 ____

单位（子单位）工程名称			分部（子分部）工程名称		分项工程名称		
施工单位			项目负责人		检验批容量		
分包单位			分包单位项目负责人		检验批部位		
施工依据				验收依据	《电梯工程施工质量验收规范》GB 50310—2002		
验收项目				设计要求及规范规定	最小/实际抽样数量	检查记录	检查结果
主控项目	1	绳头组合		第 4.9.1 条	/		
	2	钢丝绳严禁死弯		第 4.9.2 条	/		

		验收项目	设计要求及规范规定	最小/实际抽样数量	检查记录	检查结果
主控项目	3	轿厢悬挂的二根绳(链)发生异常相对伸长时,电气安全开关动作可靠	第4.9.3条	/		
	4	随行电缆严禁打结和波浪扭曲	第4.9.4条	/		
一般项目	1	每根钢丝绳张力与平均值偏差不大于5%	第4.9.5条	/		
	2	随行电缆的安装规定	第4.9.6条			
	3	补偿绳、链、缆等补偿装置的端部应固定可靠	第4.9.7条	/		
	4	张紧轮、补偿绳张紧的电气安全开关动作可靠,张紧轮应按防护装置	第4.9.8条	/		
施工单位检查结果			专业工长: 项目专业质量检查员: 年 月 日			
监理单位验收结论			专业监理工程师: 年 月 日			

(2) 验收内容及检查方法条文摘录

主 控 项 目

4.9.1 绳头组合必须安全可靠,且每个绳头组合必须安装防螺母松动和脱落的装置。

4.9.2 钢丝绳严禁有死弯。

4.9.3 当轿厢悬挂在两根钢丝绳或链条上,且其中一根钢丝绳或链条发生异常相对伸长时,为此装设的电气安全开关应动作可靠。

4.9.4 随行电缆严禁有打结和波浪扭曲现象。

一 般 项 目

4.9.5 每根钢丝绳张力与平均值偏差不应大于5%。

4.9.6 随行电缆的安装应符合下列规定:

1 随行电缆端部应固定可靠。

2 随行电缆在运行中应避免与井道内其他部件干涉。当轿厢完全压在缓冲器上时,随行电缆不得与底坑地面接触。

4.9.7 补偿绳、链、缆等补偿装置的端部应固定可靠。

4.9.8 对补偿绳的张紧轮,验证补偿绳张紧的电气安全开关应动作可靠。张紧轮应安装防护装置。

(3) 验收说明

1) 施工依据:有关电梯工程施工技术规程,施工工艺标准,并制订专项施工方案、技术交底资料。

2）验收依据：《电梯工程施工质量验收规范》GB 50310—2002，相应的现场验收检查记录。

3）注意事项：

① 主控项目的质量经抽样检验均应合格；

② 一般项目的质量经抽样检验合格。当采用计数抽样时，合格点率应符合有关专业验收规范的规定，且不得存在严重缺陷；

③ 具有完整的施工操作依据、质量验收记录；

④ 本检验批的主控项目、一般项目已列入推荐表中，有关具体内容及检查方法见一般规定及（2）条文摘录；

⑤ 黑体字的条文为强制性条文，必须严格执行，制订控制措施；

⑥ 本表可使用 09010901、09011001、09011101。

10. 电气装置检验批质量验收记录

（1）推荐表格

09011201＿＿＿＿

电气装置检验批质量验收记录

09021101＿＿＿＿

单位(子单位)工程名称			分部(子分部)工程名称		分项工程名称		
施工单位			项目负责人		检验批容量		
分包单位			分包单位项目负责人		检验批部位		
施工依据				验收依据	《电梯工程施工质量验收规范》GB 50310—2002		
验收项目			设计要求及规范规定	最小/实际抽样数量	检查记录	检查结果	
主控项目	1	电气设备接地	第4.10.1条	/			
	2	导体之间、导体对地之间绝缘电阻	第4.10.2条	/			
一般项目	1	主电源开关不应切断的电路	第4.10.3条	/			
	2	机房和井道内配线	第4.10.4条	/			
	3	导管、线槽敷设	第4.10.5条	/			
	4	接地支线色标	应采用黄绿相间的绝缘导线	/			
	5	控制柜(屏)的安装位置	设计要求	/			
施工单位检查结果				专业工长： 项目专业质量检查员： 年 月 日			
监理单位验收结论				专业监理工程师： 年 月 日			

494

（2）验收内容及检查方法条文摘录

主 控 项 目

4.10.1 电气设备接地必须符合下列规定：

1 所有电气设备及导管、线槽的外露可导电部分均必须可靠接地（PE）；

2 接地支线应分别直接接至接地干线接线柱上，不得互相连接后再接地。

4.10.2 导体之间和导体对地之间的绝缘电阻必须大于 $1000\Omega/V$，且其值不得小于：

1 动力电路和电气安全装置电路：$0.5~M\Omega$；

2 其他电路（控制、照明、信号等）$0.25M\Omega$。

一 般 项 目

4.10.3 主电源开关不应切断下列供电电路：

1 轿厢照明和通风；

2 机房和滑轮间照明；

3 机房、轿顶和底坑的电源插座；

4 井道照明；

5 报警装置。

4.10.4 机房和井道内应按产品要求配线。软线和无护套电缆应在导管、线槽或能确保起到等效防护作用的装置中使用。护套电缆和橡套软电缆可明敷于井道或机房内使用，但不得明敷于地面。

4.10.5 导管、线槽的敷设应整齐牢固。线槽内导线总面积不应大于线槽净面积60%；导管内导线总面积不应大于导管内净面积40%；软管固定间距不应大于 $1m$，端头固定间距不应大于 $0.1m$。

4.10.6 接地支线应采用黄绿相间的绝缘导线。

4.10.7 控制柜（屏）的安装位置应符合电梯土建布置图中的要求。

(3) 验收说明

1）施工依据：有关电梯工程施工技术规程，施工工艺标准，并制订专项施工方案、技术交底资料。

2）验收依据：《电梯工程施工质量验收规范》GB 50310—2002，相应的现场验收检查记录。

3）注意事项：

① 主控项目的质量经抽样检验均应合格；

② 一般项目的质量经抽样检验合格。当采用计数抽样时，合格点率应符合有关专业验收规范的规定，且不得存在严重缺陷；

③ 具有完整的施工操作依据、质量验收记录；

④ 本检验批的主控项目、一般项目已列入推荐表中，有关具体内容及检查方法见一般规定及（2）条文摘录；

⑤ 黑体字的条文为强制性条文，必须严格执行，制订控制措施；

⑥ 本推荐表尚可用于 09021001。

11. 整机安装验收检验批质量验收记录

（1）推荐表格

整机安装验收检验批质量验收记录

09011301 ____

单位(子单位) 工程名称			分部(子分部) 工程名称			分项工程名称		
施工单位			项目负责人			检验批容量		
分包单位			分包单位项目 负责人			检验批部位		
施工依据				验收依据		《电梯工程施工质量验收规范》 GB 50310—2002		

		验收项目	设计要求及 规范规定	最小/实际 抽样数量	检查 记录	检查 结果
主控 项目	1	安全保护验收	第4.11.1条	/		
	2	限速器安全钳联动试验	第4.11.2条	/		
	3	层门与轿门试验	第4.11.3条	/		
	4	曳引式电梯曳引能力试验	第4.11.4条	/		
一般 项目	1	曳引式电梯平衡系数	0.4～0.5	/		
	2	试运行试验	第4.11.6条	/		
	3	噪声检验	第4.11.7条	/		
	4	平层准确度检验	第4.11.8条	/		
	5	运行速度检验	第4.11.9条	/		
	6	观感检查	第4.11.10条	/		
施工单位 检查结果		专业工长： 项目专业质量检查员： 年 月 日				
监理单位 验收结论		专业监理工程师： 年 月 日				

（2）验收内容及检查方法条文摘录

主控项目

4.11.1 安全保护验收必须符合下列规定：

1 必须检查以下安全装置或功能：

1）断相、错相保护装置或功能

当控制柜三相电源中任何一相断开或任何二相错接时，断相、错相保护装置或功能应使电梯不发生危险故障。

注：当错相不影响电梯正常运行时可没有错相保护装置或功能。

496

2）短路、过载保护装置

动力电路、控制电路、安全电路必须有与负载匹配的短路保护装置；动力电路必须有过载保护装置。

3）限速器

限速器上的轿厢（对重、平衡重）下行标志必须与轿厢（对重、平衡重）的实际下行方向相符。限速器铭牌上的额定速度、动作速度必须与被检电梯相符。限速器必须与其型式试验证书相符。

4）安全钳

安全钳必须与其型式试验证书相符。

5）缓冲器

缓冲器必须与其型式试验证书相符。

6）门锁装置

门锁装置必须与其型式试验证书相符。

7）上、下极限开关

上、下极限开关必须是安全触点，在端站位置进行动作试验时必须动作正常。在轿厢或对重（如果有）接触缓冲器之前必须动作，且缓冲器完全压缩时，保持动作状态。

8）轿顶、机房（如果有）、滑轮间（如果有）、底坑停止装置

位于轿顶、机房（如果有）、滑轮间（如果有）、底坑的停止装置的动作必须正常。

2 下列安全开关，必须动作可靠：

1）限速器绳张紧开关；

2）液压缓冲器复位开关；

3）有补偿张紧轮时，补偿绳张紧开关；

4）当额定速度大于 3.5m/s 时，补偿绳轮防跳开关；

5）轿厢安全窗（如果有）开关；

6）安全门、底坑门、检修活板门（如果有）的开关；

7）对可拆卸式紧急操作装置所需要的安全开关；

8）悬挂钢丝绳（链条）为两根时，防松动安全开关。

4.11.2 限速器安全钳联动试验必须符合下列规定：

1 限速器与安全钳电气开关在联动试验中必须动作可靠，且应使驱动主机立即制动；

2 对瞬时式安全钳，轿厢应载有均匀分布的额定载重量；对渐进式安全钳，轿厢应载有均匀分布的 125％额定载重量。当短接限速器及安全钳电气开关，轿厢以检修速度下行，人为使限速器机械动作时，安全钳应可靠动作，轿厢必须可靠制动，且轿底倾斜度不应大于 5％。

4.11.3 层门与轿门的试验必须符合下列规定：

1 每层层门必须能够用三角钥匙正常开启；

2 当一个层门或轿门（在多扇门中任何一扇门）非正常打开时，电梯严禁启动或继续运行。

4.11.4 曳引式电梯的曳引能力试验必须符合下列规定：

1 轿厢在行程上部范围空载上行及行程下部范围载有 125％额定载重量下行，分别

停层 3 次以上，轿厢必须可靠地制停（空载上行工况应平层）。轿厢载有 125％额定载重量以正常运行速度下行时，切断电动机与制动器供电，电梯必须可靠制动。

2 当对重完全压在缓冲器上，且驱动主机按轿厢上行方向连续运转时，空载轿厢严禁向上提升。

一 般 项 目

4.11.5 曳引式电梯的平衡系数应为 0.4～0.5。

4.11.6 电梯安装后应进行运行试验；轿厢分别在空载、额定载荷工况下，按产品设计规定的每小时启动次数和负载持续率各运行 1000 次（每天不少于 8h），电梯应运行平稳、制动可靠、连续运行无故障。

4.11.7 噪声检验应符合下列规定：

1 机房噪声：对额定速度小于等于 4m/s 的电梯，不应大于 80dB（A）；对额定速度大于 4m/s 的电梯，不应大于 85dB（A）。

2 乘客电梯和病床电梯运行中轿内噪声：对额定速度小于等于 4m/s 的电梯，不应大于 55dB（A）；对额定速度大于 4m/s 的电梯，不应大于 60dB（A）。

3 乘客电梯和病床电梯的开关门过程噪声不应大于 65dB（A）。

4.11.8 平层准确度检验应符合下列规定：

1 额定速度小于等于 0.63m/s 的交流双速电梯，应在±15mm 的范围内；

2 额定速度大于 0.63m/s 且小于等于 1.0m/s 的交流双速电梯，应在±30mm 的范围内；

3 其他调速方式的电梯，应在±15mm 的范围内。

4.11.9 运行速度检验应符合下列规定：

当电源为额定频率和额定电压、轿厢载有 50％额定载荷时，向下运行至行程中段（除去加速加减速段）时的速度，不应大于额定速度的 105％，且不应小于额定速度的 92％。

4.11.10 观感检查应符合下列规定：

1 轿门带动层门开、关运行，门扇与门扇、门扇与门套、门扇与门楣、门扇与门口处轿壁、门扇下端与地坎应无刮碰现象；

2 门扇与门扇、门扇与门套、门扇与门楣、门扇与门口处轿壁、门扇下端与地坎之间各自的间隙在整个长度上应基本一致；

3 对机房（如果有）、导轨支架、底坑、轿顶、轿内、轿门、层门及门地坎等部位应进行清理。

(3) 验收说明

1) 施工依据：有关电梯工程施工技术规程，施工工艺标准，并制订专项施工方案、技术交底资料。

2) 验收依据：《电梯工程施工质量验收规范》GB 50310—2002，相应的现场验收检查记录。

3) 注意事项：

① 主控项目的质量经抽样检验均应合格；

② 一般项目的质量经抽样检验合格。当采用计数抽样时，合格点率应符合有关专业

验收规范的规定，且不得存在严重缺陷；

③ 具有完整的施工操作依据、质量验收记录；

④ 本检验批的主控项目、一般项目已列入推荐表中，有关具体内容及检查方法见一般规定及（2）条文摘录；

⑤ 黑体字的条文为强制性条文，必须严格执行，制订控制措施。

第三节　液压电梯子分部工程检验批质量验收记录

1. 设备进场验收检验批质量验收记录　09020101 见 09010101

2. 土建交接检验检验批质量验收记录　09020201 见 09010201

3. 液压系统检验批质量验收记录

（1）推荐表格

液压系统检验批质量验收记录

09020301 ____

单位（子单位）工程名称		分部（子分部）工程名称		分项工程名称	
施工单位		项目负责人		检验批容量	
分包单位		分包单位项目负责人		检验批部位	
施工依据			验收依据	《电梯工程施工质量验收规范》GB 50310—2002	

		验收项目	设计要求及规范规定	最小/实际抽样数量	检查记录	检查结果
主控项目	1	液压泵站及顶升机构安装顶升机构安装安装牢固缸体垂直度严禁＞0.4‰	设计要求	/		
				/		
一般项目	1	液压管路联接	第5.3.2条	/		
	2	液压泵站油位显示	第5.3.3条	/		
	3	显示系统工作压力的压力表	第5.3.4条	/		
施工单位检查结果			专业工长： 项目专业质量检查员： 　　　　　　　　年　月　日			
监理单位验收结论			专业监理工程师： 　　　　　　　　年　月　日			

（2）验收内容及检查方法条文摘录

主 控 项 目

5.3.1　液压泵站及液压顶升机构的安装必须按土建布置图进行。顶升机构必须安装牢固缸体垂直度严禁大于 0.4‰。

5.3.2 液压管路应可靠联接,且无渗漏现象。

5.3.3 液压泵站油位显示应清晰、准确。

5.3.4 显示系统工作压力的压力表应清晰、准确。

(3) 验收说明

1) 施工依据:有关电梯工程施工技术规程,施工工艺标准,并制订专项施工方案、技术交底资料。

2) 验收依据:《电梯工程施工质量验收规范》GB 50310—2002,相应的现场验收检查记录。

3) 注意事项:

① 主控项目的质量经抽样检验均应合格;

② 一般项目的质量经抽样检验合格。当采用计数抽样时,合格点率应符合有关专业验收规范的规定,且不得存在严重缺陷;

③ 具有完整的施工操作依据、质量验收记录;

④ 本检验批的主控项目、一般项目已列入推荐表中,有关具体内容及检查方法见一般规定及(2)条文摘录;

⑤ 黑体字的条文为强制性条文,必须严格执行,制订控制措施。

4. 导轨检验批质量验收记录 09020401 见 09010401

5. 门系统检验批质量验收记录 09020501 见 09010501

6. 轿厢检验批质量验收记录 09020601 见 09010601

7. 对重检验批质量验收记录 09020701 见 09010701

8. 安全部件检验批质量验收记录 09020801 见 09010801

9. 悬挂装置、随行电缆检验批质量验收记录

(1) 推荐表格

09020901 ____

悬挂装置、随行电缆检验批质量验收记录
09021001 ____

单位(子单位) 工程名称			分部(子分部) 工程名称			分项工程名称		
施工单位			项目负责人			检验批容量		
分包单位			分包单位项目 负责人			检验批部位		
施工依据					验收依据	《电梯工程施工质量验收规范》 GB 50310—2002		
验收项目			设计要求及 规范规定	最小/实际 抽样数量	检查 记录	检查 结果		
主控 项目	1	绳头组合	第5.9.1条	/				
	2	钢丝绳	严禁有死弯	/				
	3	轿厢悬挂要求	第5.9.3条	/				
	4	随行电缆要求	第5.9.4条	/				

		验收项目	设计要求及规范规定	最小/实际抽样数量	检查记录	检查结果
一般项目	1	钢丝绳、链条张力	第5.9.5条	/		
	2	随行电缆一般要求	第5.9.6条	/		
施工单位检查结果		专业工长： 项目专业质量检查员： 年 月 日				
监理单位验收结论		专业监理工程师： 年 月 日				

(2) 验收内容及检查方法条文摘录

主 控 项 目

5.9.1 如果有绳头组合，必须符合本规范第4.9.1条的规定。

5.9.2 如果有钢丝绳，严禁有死弯。

5.9.3 当轿厢悬挂在两根钢丝绳或链条上，其中一根钢丝绳或链条发生异常相对伸长时，为此装设的电气安全开关必须动作可靠。对具有两个或多个液压顶升机构的液压电梯，每一组悬挂钢丝绳均应符合上述要求。

5.9.4 随行电缆严禁有打结和波浪扭曲现象。

一 般 项 目

5.9.5 如果有钢丝绳或链条，每根张力与平均值偏差不应大于5％。

5.9.6 随行电缆的安装还应符合下列规定：

1 随行电缆端部应固定可靠。

2 随行电缆在运行中应避免与井道内其他部件干涉。当轿厢完全压在缓冲器上时，随行电缆不得与底坑地面接触。

(3) 验收说明

1) 施工依据：有关电梯工程施工技术规程，施工工艺标准，并制订专项施工方案、技术交底资料。

2) 验收依据：《电梯工程施工质量验收规范》GB 50310—2002，相应的现场验收检查记录。

3) 注意事项：

① 主控项目的质量经抽样检验均应合格；

② 一般项目的质量经抽样检验合格。当采用计数抽样时，合格点率应符合有关专业验收规范的规定，且不得存在严重缺陷；

③ 具有完整的施工操作依据、质量验收记录；

④ 本检验批的主控项目、一般项目已列入推荐表中，有关具体内容及检查方法见一

般规定及（2）条文摘录；

⑤ 黑体字的条文为强制性条文，必须严格执行，制订控制措施。

10. 电气装置检验批质量验收记录　09021101 见 09011201

11. 整机安装验收检验批质量验收记录

（1）推荐表格

整机安装验收检验批质量验收记录

09021201 ____

单位(子单位) 工程名称			分部(子分部) 工程名称		分项工程名称	
施工单位			项目负责人		检验批容量	
分包单位			分包单位项目 负责人		检验批部位	
施工依据				验收依据	《电梯工程施工质量验收规范》 GB 50310—2002	

验收项目			设计要求及 规范规定	最小/实际 抽样数量	检查 记录	检查 结果
主控 项目	1	液压电梯的安全保护	第5.11.1条	/		
	2	限速器安全钳联动试验	第5.11.2条	/		
	3	层门与轿车门试验	第5.11.3条	/		
	4	超载试验,当轿厢载有120％额定载荷时液压电梯严禁启动	第5.11.4条	/		
一般 项目	1	运行试验	第5.11.5条	/		
	2	噪声检验	第5.11.6条	/		
	3	平层准确度检验	第5.11.7条	/		
	4	运行速度检验	第5.11.8条	/		
	5	额定载重沉降量试验	第5.11.9条	/		
	6	液压泵站溢流阀压力检查	第5.11.10条	/		
	7	超压静载试验	第5.11.11条	/		
	8	观感检查	第5.11.12条	/		

施工单位 检查结果	专业工长： 项目专业质量检查员： 年　月　日
监理单位 验收结论	专业监理工程师： 年　月　日

(2) 验收内容及检查方法条文摘录

主 控 项 目

5.11.1 液压电梯安全保护验收必须符合下列规定:

1 必须检查以下安全装置或功能:

1) 断相、错相保护装置或功能当控制柜三相电源中任何一相断开或任何二相错接时,断相、错相保护装置或功能应使电梯不发生危险故障。

注:当错相不影响电梯正常运行时可没有错相保护装置或功能。

2) 短路、过载保护装置:动力电路、控制电路、安全电路必须有与负载匹配的短路保护装置;动力电路必须有过载保护装置。

3) 防止轿厢坠落、超速下降的装置:液压电梯必须装有防止轿厢坠落、超速下降的装置,且各装置必须与其型式试验证书相符。

4) 门锁装置:门锁装置必须与其型式试验证书相符。

5) 上极限开关:上极限开关必须是安全触点,在端站位置进行动作试验时必须动作正常。它必须在柱塞接触到其缓冲制停装置之前动作,且柱塞处于缓冲制停区时保持动作状态。

6) 机房、滑轮间(如果有)、轿顶、底坑停止装置:位于轿顶、机房、滑轮间(如果有)、底坑的停止装置的动作必须正常。

7) 液压油温升保护装置:当液压油达到产品设计温度时,温升保护装置必须动作,使液压电梯停止运行。

8) 移动轿厢的装置:在停电或电气系统发生故障时,移动轿厢的装置必须能移动轿厢上行或下行,且下行时还必须装设防止顶升机构与轿厢运动相脱离的装置。

2 下列安全开关,必须动作可靠:

1) 限速器(如果有)张紧开关;

2) 液压缓冲器(如果有)复位开关;

3) 轿厢安全窗(如果有)开关;

4) 安全门、底坑门、检修活板门(如果有)的开关;

5) 悬挂钢丝绳(链条)为两根时,防松动安全开关。

5.11.2 限速器(安全绳)安全钳联动试验必须符合下列规定:

1 限速器(安全绳)与安全钳电气开关在联动试验中必须动作可靠,且应使电梯停止运行。

2 联动试验时轿厢载荷及速度应符合下列规定:

1) 当液压电梯额定载重量与轿厢最大有效面积符合表5.11.2的规定时,轿厢应载有均匀分布的额定载重量;当液压电梯额定载重量小于表5.11.2规定的轿厢最大有效面积对应的额定载重量时,轿厢应载有均匀分布的125%的液压电梯额定载重量,但该载荷不应超过表5.11.2规定的轿厢最大有效面积对应的额定载重量;

2) 对瞬时式安全钳,轿厢应以额定速度下行;对渐进式安全钳,轿厢应以检修速度下行。

3 当装有限速器安全钳时,使下行阀保持开启状态(直到钢丝绳松弛为止)的同时,人为使限速器机械动作,安全钳应可靠动作,轿厢必须可靠制动,且轿底倾斜度不应大于 5%。

4 当装有安全绳安全钳时，使下行阀保持开启状态（直到钢丝绳松弛为止）的同时，人为使安全绳机械动作，安全钳应可靠动作，轿厢必须可靠制动，且轿底倾斜度不应大于 5%。

表 5.11.2 额定载重且与轿厢最大有效面积之间关系

额定载重量(kg)	轿厢最大有效面积(m²)	额定载重量(kg)	轿厢最大有效面积(m²)	额定载重量(kg)	轿厢最大有效面积(m²)	额定载重量(kg)	轿厢最大有效面积(m²)
100¹	0.37	525	1.45	900	2.20	1275	2.95
180²	0.58	600	1.60	975	2.35	1350	3.10
225	0.70	630	1.66	1000	2.40	1425	3.25
300	0.90	675	1.75	1050	2.50	1500	3.40
375	1.10	750	1.90	1125	2.65	1600	3.56
400	1.17	800	2.00	1200	2.80	2000	4.20
450	1.30	825	2.05	1250	2.90	2500(3)	5.00

注:1 一人电梯的最小值；
   2 二人电梯的最小值；
   3 额定载重量超过 2500kg 时，每增加 100kg 面积增加 0.16m²，对中间的载重量其面积由线性插入法确定。

5.11.3 层门与轿门的试验符合下列规定：层门与轿门的试验必须符合本规范第 4.11.3 条的规定。

5.11.4 超载试验必须符合下列规定：当轿厢载有 120% 额定载荷时液压电梯严禁启动。

一般项目

5.11.5 液压电梯安装后应进行运行试验；轿厢在额定载重量工况下，按产品设计规定的每小时启动次数运行 1000 次（每天不少于 8h），液压电梯应平稳、制动可靠、连续运行无故障。

5.11.6 噪声检验应符合下列规定：

1 液压电梯的机房噪声不应大于 85dB（A）；

2 乘客液压电梯和病床液压电梯运行中轿内噪声不应大于 55dB（A）；

3 乘客液压电梯和病床液压电梯的开关门过程噪声不应大于 65dB（A）。

5.11.7 平层准确度检验应符合下列规定：液压电梯平层准确度应在 ±15mm 范围内。

5.11.8 运行速度检验应符合下列规定：空载轿厢上行速度与上行额定速度的差值不应大于上行额定速度的 8%；载有额定载重量的轿厢下行速度与下行额定速度的差值不应

大于下行额定速度的 8%。

5.11.9　额定载重量沉降量试验应符合下列规定：载有额定载重量的轿厢停靠在最高层站时，停梯 10min，沉降量不应大于 10mm，但因油温变化而引起的油体积缩小所造成的沉降不包括在 10mm 内。

5.11.10　液压泵站溢流阀压力检查应符合下列规定：液压泵站上的溢流阀应设定在系统压力为满载压力的 140%～170% 时动作。

5.11.11　压力试验应符合下列规定：轿厢停靠在最高层站，将截止阀关闭，在轿内施加 200% 的额定载重量，持续 5min 后，液压系统应完好无损。

5.11.12　观感检查应符合本规范第 4.11.10 条的规定。

［附］：4.11.10 观感检查应符合下列规定：

1　轿门带动层门开、关运行，门扇与门扇、门扇与门套、门扇与门楣、门扇与门口处轿壁、门扇下端与地坎处应无刮碰现象；

2　门扇与门扇、门扇与门套、门扇与门楣、门扇与门口处轿壁、门扇下端与地坎之间各自的间隙在整个长度上应基本一致；

3　对机房（如果有）、导轨支架、底坑、轿顶、轿内、轿门、层门及门地坎等部位应进行清理。

(3) 验收说明

1）施工依据：有关电梯工程施工技术规程，施工工艺标准，并制订专项施工方案、技术交底资料。

2）验收依据：《电梯工程施工质量验收规范》GB 50310—2002，相应的现场验收检查记录。

3）注意事项：

① 主控项目的质量经抽样检验均应合格；

② 一般项目的质量经抽样检验合格。当采用计数抽样时，合格点率应符合有关专业验收规范的规定，且不得存在严重缺陷；

③ 具有完整的施工操作依据、质量验收记录；

④ 本检验批的主控项目、一般项目已列入推荐表中，有关具体内容及检查方法见一般规定及（2）条文摘录；

⑤ 黑体字的条文为强制性条文，必须严格执行，制订控制措施。

第四节　自动扶梯、自动人行道子分部
工程检验批质量验收记录

1. 自动扶梯、自动人行道设备进场验收检验批质量验收记录

(1) 推荐表格

自动扶梯、自动人行道设备进场验收检验批质量验收记录

单位(子单位)工程名称				分部(子分部)工程名称		分项工程名称	
施工单位				项目负责人		检验批容量	
分包单位				分包单位项目负责人		检验批部位	
施工依据					验收依据	《电梯工程施工质量验收规范》GB 50310—2002	

验收项目			设计要求及规范规定	最小/实际抽样数量	检查记录	检查结果
主控项目	必须提供的资料	技术资料	梯级或踏板的型式试验报告复印件；或胶带的断裂强度证明文件复印件	/		
			对公共交通型自动扶梯、自动人行道应有扶手带的断裂强度证书复印件	/		
		随机文件	土建布置图	/		
			产品出厂合格证	/		
一般项目	1	整机文件还应供应	装箱单	/		
			安装、使用维护说明书	/		
			动力及安全电路的电气原理图	/		
	2	设备零部件	应与装箱单内容相符			
	3	设备外观	不存在明显损坏	/		
施工单位检查结果		专业工长： 项目专业质量检查员： 年　月　日				
监理单位验收结论		专业监理工程师： 年　月　日				

（2）验收内容及检查方法条文摘录

主 控 项 目

6.1.1 必须提供以下资料：

1 技术资料

1）梯级或踏板的型式试验报告复印件，或胶带的断裂强度证明文件复印件；

2）对公共交通型自动扶梯、自动人行道应有扶手带的断裂强度证书复印件。

2 随机文件

1）土建布置图；

2）产品出厂合格证。

一般项目

6.1.2 随机文件还应提供以下资料；

1 装箱单；

2 安装、使用维护说明书；

3 动力电路和安全电路的电气原理图。

6.1.3 设备零部件应与装箱单内容相符。

6.1.4 设备外观不应存在明显的损坏。

(3) 验收说明

1）施工依据：有关电梯工程施工技术规程，施工工艺标准，并制订专项施工方案、技术交底资料。

2）验收依据：《电梯工程施工质量验收规范》GB 50310—2002，相应的现场验收检查记录。

3）注意事项：

① 主控项目的质量经抽样检验均应合格；

② 一般项目的质量经抽样检验合格。当采用计数抽样时，合格点率应符合有关专业验收规范的规定，且不得存在严重缺陷；

③ 具有完整的施工操作依据、质量验收记录；

④ 本检验批的主控项目、一般项目已列入推荐表中，有关具体内容及检查方法见一般规定及（2）条文摘录；

⑤ 黑体字的条文为强制性条文，必须严格执行，制订控制措施。

2. 自动扶梯、自动人行道土建交接检验检验批质量验收记录

(1) 推荐表格

自动扶梯、自动人行道土建交接检验检验批质量验收记录

09030201____

单位(子单位)工程名称			分部(子分部)工程名称		分项工程名称		
施工单位			项目负责人		检验批容量		
分包单位			分包单位项目负责人		检验批部位		
施工依据				验收依据	《电梯工程施工质量验收规范》GB 50310—2002		
验收项目				设计要求及规范规定	最小/实际抽样数量	检查记录	检查结果
主控项目	1	梯级、踏板或胶带上空垂直净高		≮2.3m	/		
	2	安装前井道周围的栏杆或屏障高度		≮1.2m	/		
一般项目	1	土建主要尺寸允许偏差	提升高度(mm)	−15～+15	/		
			跨度(mm)	0～+15	/		

507

验收项目			设计要求及规范规定	最小/实际抽样数量	检查记录	检查结果
主控项目	2	设备进场	通道和搬运空间	/		
	3	安装前土建单位提供	水准基准线标识	/		
	4	电源零件与接地线应分开,接地装置电阻	≥4Ω	/		
施工单位检查结果		专业工长: 项目专业质量检查员: 年 月 日				
监理单位验收结论		专业监理工程师: 年 月 日				

(2) 验收内容及检查方法条文摘录

主 控 项 目

6.2.1 自动扶梯的梯级或自动人行道的踏板或胶带上空垂直净高度严禁小于2.3m。

6.2.2 在安装之前,井道周围必须设有保证安全的栏杆或屏障,其高度严禁小于1.2m。

一 般 项 目

6.2.3 土建工程应按照土建布置图进行施工,且其主要尺寸允许误差应为:提升高度—15～+15mm;跨度0～+15mm。

6.2.4 根据产品供应商的要求应提供设备进场所需的通道和搬运空间。

6.2.5 在安装之前,土建施工单位应提供明显的水平基准线标识。

6.2.6 电源零线和接地线应始终分开。接地装置的接地电阻值不应大于4Ω。

(3) 验收说明

1) 施工依据:有关电梯工程施工技术规程,施工工艺标准,并制订专项施工方案、技术交底资料。

2) 验收依据:《电梯工程施工质量验收规范》GB 50310—2002,相应的现场验收检查记录。

3) 注意事项:

① 主控项目的质量经抽样检验均应合格;

② 一般项目的质量经抽样检验合格。当采用计数抽样时,合格点率应符合有关专业验收规范的规定,且不得存在严重缺陷;

③ 具有完整的施工操作依据、质量验收记录;

④ 本检验批的主控项目、一般项目已列入推荐表中,有关具体内容及检查方法见一般规定及(2)条文摘录;

⑤ 黑体字的条文为强制性条文，必须严格执行，制订控制措施。

3. 自动扶梯、自动人行道整机安装验收检验批质量验收记录

（1）推荐表格

自动扶梯、自动人行道整机安装验收检验批质量验收记录

09030301 ____

单位（子单位） 工程名称			分部（子分部） 工程名称		分项工程名称		
施工单位			项目负责人		检验批容量		
分包单位			分包单位项目 负责人		检验批部位		
施工依据				验收依据	《电梯工程施工质量验收规范》 GB 50310—2002		

		验收项目	设计要求及 规范规定	最小/实际 抽样数量	检查 记录	检查 结果
主控 项目	1	自动停止运行规定	第6.3.1条	/		
	2	不同回路导线对地绝缘电阻测量	第6.3.2条	/		
	3	电气设备接地	第4.10.1条	/		
一般 项目	1	整机安装检查	第6.3.4条	/		
	2	性能试验	第6.3.5条	/		
	3	制动试验	第6.3.6条	/		
	4	电气装置	第6.3.7条	/		
	5	观感检查	第6.3.8条	/		
施工单位 检查结果		专业工长： 项目专业质量检查员： 年　月　日				
监理单位 验收结论		专业监理工程师： 年　月　日				

（2）验收内容及检查方法条文摘录

主 控 项 目

6.3.1 在下列情况下，自动扶梯、自动人行道必须自动停止运行，且第 4 款至第 n 款情况下的开关断开的动作必须通过安全触点或安全电路来完成。

1 无控制电压；

2 电路接地的故障；

3 过载；

4 控制装置在超速和运行方向非操纵逆转下动作；

509

5 附加制动器（如果有）动作；

6 直接驱动梯级、踏板或胶带的部件（如链条或齿条）断裂或过分伸长；

7 驱动装置与转向装置之间的距离（无意性）缩短；

8 梯级、踏板或胶带进入梳齿板处有异物夹住，且产生损坏梯级、踏板或胶带支撑结构；

9 无中间出口的连续安装的多台自动扶梯、自动人行道中的一台停止运行；

10 扶手带入口保护装置动作；

11 梯级或踏板下陷。

6.3.2 应测量不同回路导线对地的绝缘电阻。测量时，电子元件应断开。导体之间和导体对地之间的绝缘电阻应大于 $1000\Omega/V$，且其值必须大于：

1 动力电路和电气安全装置电路 $0.5M\Omega$；

2 其他电路（控制、照明、信号等）$0.25M\Omega$；

6.3.3 电气设备接地必须符合本规范第 4.10.1 条的规定。

一 般 项 目

6.3.4 整机安装检查应符合下列规定：

1 梯级、踏板、胶带的楞齿及梳齿板应完整、光滑；

2 在自动扶梯、自动人行道入口处应设置使用须知的标牌；

3 内盖板、外盖板、围裙板、扶手支架、扶手导轨、护壁板接缝应平整。接缝处的凸台不应大于 0.5mm；

4 梳齿板梳齿与踏板面齿槽的啮合深度不应小于 6mm；

5 梳齿板梳齿与踏板面齿槽的间隙不应小于 4mm；

6 围裙板与梯级、踏板或胶带任何一侧的水平间隙不应大于 4mm，两边的间隙之和不应大于 7mm。当自动人行道的围裙板设置在踏板或胶带之上时，踏板表面与围裙板下端之间的垂直间隙不应大于 4mm。当踏板或胶带有横向摆动时，踏板或胶带的侧边与围裙板垂直投影之间不得产生间隙。

7 梯级间或踏板间的间隙在工作区段内的任何位置，从踏面测得的两个相邻梯级或两个相邻踏板之间的间隙不应大于 6mm。在自动人行道过渡曲线区段，踏板的前缘和相邻踏板的后缘啮合，其间隙不应大于 8mm；

8 护壁板之间的空隙不应大于 4mm。

6.3.5 性能试验应符合下列规定：

1 在额定频率和额定电压下，梯级、踏板或胶带沿运行方向空载时的速度与额定速度之间的允许偏差为 $\pm5\%$；

2 扶手带的运行速度相对梯级、踏板或胶带的速度允许偏差为 0～+2%。

6.3.6 自动扶梯、自动人行道制动试验应符合下列规定：

1 自动扶梯、自动人行道应进行空载制动试验，制停距离应符合表 6.3.6-1 的规定。

2 自动扶梯应进行载有制动载荷的制停距离试验（除非制停距离可以通过其他方法检验），制动载荷应符合表 6.3.6-2 规定，制停距离应符合表 6.3.6-1 的规定；对自动人行道，制造商应提供按载有表 6.3.6-2 规定的制动载荷计算的制停距离，且制停距离应符合表 6.3.6-1 的规定。

表 6.3.6-1　制停距离

额定速度(m/s)	制停距离范围(m)	
	自动扶梯	自动人行道
0.5	0.20~1.00	0.20~1.00
0.65	0.30~1.30	0.30~1.30
0.75	0.35~1.50	0.35~1.50
0.90	—	0.40~1.70

注：若速度在上述数值之间，制停距离用插入法计算。制停距离应从电气制动装置动作始测量。

表 6.3.6-2　制动载荷

梯级、踏板或胶带的 名义宽度(m)	自动扶梯每个梯级上 的载荷(kg)	自动人行道每0.4m 长度上的载荷(kg)
$z \leqslant 0.6$	60	50
$0.6 < z \leqslant 0.8$	90	75
$0.8 < z \leqslant 1.1$	120	100

注：1　自动扶梯受载的梯级数量由提升高度除以最大可见梯级踢板高度求得，在试验时允许将总制动载荷分布在所求得的2/3的梯级上；

　　2　当自动人行道倾斜角度不大于6°，踏板或胶带的名义宽度大于1.1m时，宽度每增加0.3m，制动载荷应在每0.4m长度上增加25kg；

　　3　当自动人行道在长度范围内有多个不同倾斜角度（高度不同）时，制动载荷应仅考虑到那些能组合成最不利载荷的水平区段和倾斜区段。

6.3.7　电气装置还应符合下列规定：

1　主电源开关不应切断电源插座、检修和维护所必需的照明电源。

2　配线应符合本规范第4.10.4、4.10.5、4.10.6条的规定。

6.3.8　观感检查应符合下列规定：

1　上行和下行自动扶梯、自动人行道，梯级、踏板或胶带与围裙板之间应无刮碰现象（梯级、踏板或胶带上的导向部分与围裙板接触除外），扶手带外表面应无刮痕。

2　对梯级（踏板或胶带）、梳齿板、扶手带、护壁板、围裙板、内外盖板、前沿板及活动盖板等部位的外表面应进行清理。

(3) 验收说明

1）施工依据：有关电梯工程施工技术规程，施工工艺标准，并制订专项施工方案、技术交底资料。

2）验收依据：《电梯工程施工质量验收规范》GB 50310—2002，相应的现场验收检查记录。

3）注意事项：

①　主控项目的质量经抽样检验均应合格；

②　一般项目的质量经抽样检验合格。当采用计数抽样时，合格点率应符合有关专业验收规范的规定，且不得存在严重缺陷；

③　具有完整的施工操作依据、质量验收记录；

④　本检验批的主控项目、一般项目已列入推荐表中，有关具体内容及检查方法见一般规定及（2）条文摘录；

⑤　黑体字的条文为强制性条文，必须严格执行，制订控制措施。

第七章　燃气分部工程检验批质量验收用表

第一节　燃气分部工程验收规定及检验批质量验收用表编号及表的目录

一、燃气分部工程检验批质量验收用表编号及表的目录

燃气分部工程的验收内容与《城镇燃气室内工程施工与质量验收规范》CJJ 94—2009及《家用燃气燃烧器具安装及验收规程》CJJ 12—2013所对应的章节如表7.1-1所示。燃气分部工程检验批质量验收用表编号见表7.1-1，表的目录见表7.1-2。

表7.1-1　燃气分部工程检验批质量验收用表编号

分部工程及编号	子分部工程及编号	分项工程名称及编号	序号	检验批名称	检验批编号	依据标准	标准章节
燃气工程10	引入管安装1001	管道沟槽100101	1	管道沟槽检验批质量验收记录	10010101	《城镇燃气室内工程施工与质量验收规范》CJJ 94—2009及《家用燃气燃烧器具安装及验收规程》CJJ 12—2013	CJJ 94 4.室内燃气管道安装及检验
		管道连接100102	2	管道连接检验批质量验收记录	10010201		
		管道防腐100103	3	管道防腐检验批质量验收记录	10010301		4.2引入管
		管沟回填100104	4	管道回填检验批质量验收记录	10010401		
		管道设施防护100105	5	管道设施防护检验批质量验收记录	10010501		
		阴极保护系统安装与测试100106	6	阴极保护系统安装与测试检验批质量验收记录	10010601		
		调压装置安装100107	7	调压装置安装检验批质量验收记录	10010701		7.3调压装置
	室内燃气管道安装1002	管道及管道附件安装100201	1	管道及管道附件安装检验批质量验收记录	10020101		4.3室内燃气管道
		暗埋或暗封管道及其附件安装100202	2	暗埋或暗封管道及其附件安装检验批质量验收记录	10020201		
		支架安装100203	3	支架安装检验批质量验收记录	10020301		
		计量装置安装100204	4	计量装置安装检验批质量验收记录（Ⅰ）	10020401		5.2燃气记录表
			5	计量装置安装家用燃气记录表检验批质量验收记录（Ⅱ）	10020402		5.3家用燃气记录表

分部工程及编号	子分部工程及编号	分项工程名称及编号	检验批名称及编号			对应规范及标准章节	
			序号	检验批名称	检验批编号	依据标准	标准章节
燃气工程 10	室内燃气管道安装 1002	计量装置安装 100204	6	计量装置安装商业及工业企业燃气记录表检验批质量验收记录(Ⅲ)	10020403	《城镇燃气室内工程施工与质量验收规范》 CJJ 94 —2009 及《家用燃气燃烧器具安装及验收规程》 CJJ 12 —2013	5.4 商业及工业企业燃气记录表
	设备安装 1003	用气设备安装 100301	1	用气设备安装检验批质量验收记录	10030101		CJJ 12—2013
			2	用气设备安装热水器安装检验批质量验收记录	10030102		4. 燃具及相关设备的安装
			3	用气设备安装采暖热水炉安装检验批质量验收记录	10030103		CJJ 94—2009
			4	用气设备安装商业用气设备安装检验批质量验收记录	10030104		6.2 家用燃具
		通风设备安装 100302	5	室内给排气设备检验批质量验收记录	10030201		
			6	平衡式隔室检验批质量验收记录	10030202		6.3 商业用气设备
			7	烟道检验批质量验收记录	10030203		
			8	通风设备安装安全防火检验批质量验收记录	10030204		
	电气系统安装 1004	报警系统安装 100401 防爆电气系统安装 100403	1	报警系统安装检验批质量验收记录 防爆电气系统安装检验批质量验收记录	10040101 10040301		CJJ 12—2013 CJJ 94—2009
		接地系统安装 100402	2	接地系统安装检验批质量验收记录	10040201		4.3 电气
		自控安全系统安装 100403	3	自动控制系统安装检验批质量验收记录	10040301		7.4 自控安全系统

表 7.1-2　燃气分部工程的子分部共用检验批验收用表目录

序	分项工程的检验批名称 名称	1001 引入管安装	1002 室内燃气管道安装	1003 设备安装	1004 电气系统安装
1	管道沟槽检验批质量验收记录	10010101			
2	管道连接检验批质量验收记录	10010201			
3	管道防腐检验批质量验收记录	10010301			
4	管沟回填检验批质量验收记录	10010401			
5	管道设施防护检验批质量验收记录	10010501			
6	阴极保护系统安装与测试检验批质量验收记录	10010601			
7	调压装置安装检验批质量验收记录	10010701			
1	管道及附件安装检验批质量验收记录		10020101		
2	暗埋或暗封管道及附件安装检验批质量验收记录		10020201		
3	支架安装检验批质量验收记录		10020301		
4	计量装置安装检验批质量验收记录（Ⅰ）		10020401（Ⅰ）		
5	计量装置安装家用燃气计量表安装检验批质量验收记录（Ⅱ）		10020402（Ⅱ）		
6	计量装置安装商业及工业用燃气计量表安装检验批质量验收记录（Ⅲ）		10020403（Ⅲ）		
1	用气设备安装检验批质量验收记录表（Ⅰ）			10030101（Ⅰ）	
2	用气设备安装热水器检验批质量验收记录（Ⅱ）			10030102（Ⅱ）	
3	用气设备安装采暖热气炉检验批质量验收记录（Ⅲ）			10030103（Ⅲ）	
4	用气设备安装商业用气设备检验批质量验收记录（Ⅳ）			10030104（Ⅳ）	
5	通风设备安装、室内给排气设备安装检验批质量验收记录（Ⅰ）			10020201（Ⅰ）	
6	通风设备安装平衡式隔室检验批质量验收记录（Ⅱ）			10020202（Ⅱ）	
7	通风设备安装烟道检验批质量验收记录（Ⅲ）			10020203（Ⅲ）	
8	通风设备安装安全防火检验批质量验收记录（Ⅳ）			10030204（Ⅳ）	
1	报警系统安装检验批质量验收记录				10040101
2	接地系统安装检验批质量验收记录				10040201
3	自控安全系统安装检验批质量验收记录				10040301 11040401

514

二、燃气工程质量验收的基本规定

1.《建筑采暖卫生与煤气工程质量检验评定标准》GBJ 302—88 的有关规定（至今未废止）。其中第五章室内煤气工程，第九章室外出气工程条文摘录。

（1）第五章 室内煤气工程

第5.0.1条　本章适用于工作压力不大于 0.005MPa（≈0.05kgf/cm²）的室内低压煤气管道及器具安装工程质量的检验和评定。

（Ⅰ）保证项目

第5.0.2条　管道的耐压强度和严密性试验结果，必须符合设计要求。

检验方法：检查系统或分区（段）试验记录。

第5.0.3条　管道的坡度必须符合设计要求。

检查数量：按系统内直线管段长度每 30m 抽查 2 段，不足 30m 不少于 1 段；有分隔墙建筑，以隔墙为分段数，抽查 5%，但不少于 5 段。

检验方法：用水准仪（水平尺）、拉线盒尺量检查或检查测量记录。

第5.0.4条　管道及管道支座（墩），严禁铺设在冻土和未经处理的松土上。

检验方法：观察检查或检查隐蔽工程记录。

第5.0.5条　煤气引入管和室内煤气管道与其它各类管道、电气电缆、电线和电气开关等的最小水平、垂直和交叉净距，必须符合设计要求或表 5.0.5-1～5.0.5-3 的规定。

检查数量：全数检查。

检验方法：观察和尺量检查。

表 5.0.5-1　埋地煤气管与其它相邻管道及电缆间的最小水平净距

序号	项　目		水平净距(mm)
1	与给、排水管		
2	与供热管的管沟外壁		
3	与电力电缆		1000
4	与通讯电缆	直埋	
		在导管内	

表 5.0.5-2　埋地煤气管与其它相邻管道及电缆间的最小垂直净距

序号	项　目		垂直净距（当有套管时，以套管计）(mm)
1	与给、排水管		150
2	与供热管的管沟外壁		150
3	电缆	直埋	600
		在导管内	150

表 5.0.5-3　煤气管与其它相邻管道及电线、电表箱、电气开关接头之间的距离

类别　走向	煤气管与给、排水、采暖和热水供应管道的间距(mm)	煤气管与电线的间距(mm)	煤气管与配电箱盘的距离(mm)	煤气管与电气开关盒接头的距离(mm)
同一平面	≥50	≥50	≥300	≥150
不同平面	≥10	≥20		

（Ⅱ）基本项目

第5.0.6条 镀锌碳素钢管道的连接，分别按本标准第二章第2.1.6和2.1.7条检验和评定。

第5.0.7条 非镀锌碳素钢管道的连接，分别按本标准第二章第2.1.6～2.1.7条检验和评定。

第5.0.8条 管道支（吊、托）架及管座（墩）的安装应符合以下规定：

合格：构造正确，埋设平正牢固。

优良：在合格基础上，排列整齐，支架与管子接触紧密。

检查数量：各抽查5%，但均不少于5件（个）。

检验方法：观察和手板检查。

第5.0.9条 阀门安装应符合以下规定：

合格：型号、规格、耐压强度和严密性试验结果，符合设计要求；位置、进出口方向正确，连接牢固紧密。

优良：在合格基础上，启闭灵活，朝向合理，表面洁净。

检查数量：按不同规格、型号抽查全数的5%，但不少于10个。

检验方法：手板检查和检查出厂合格证、试验单。

第5.0.10条 安装在墙壁和楼板内的套管应符合以下规定：

合格：楼板内套管，顶部高出地面不少于20mm，底部与天棚面齐平，墙壁内的套管两端与饰面板。

优良：在合格基础上，固定牢固，管口齐平，环缝均匀。

检查数量：各不少于10处。

检验方法：观察和尺量检查。

第5.0.11条 埋地管道的防腐层应符合以下规定：

合格：材质和结构符合设计要求和施工规范规定，卷材与管道以及各层卷材间粘贴牢固。

优良：在合格基础上，表面平整、无皱折、空鼓、滑移和封口不严等缺陷。

检查数量：每20m抽查1处，但不少于5处。

检验方法：观察或切开防腐层检查。

第5.0.12条 管道和金属支架涂漆应符合以下规定：

合格：油漆种类和涂刷遍数符合设计要求，附着良好，无脱皮、起泡和漏涂。

优良：在合格基础上，涂膜厚度均匀，色泽一致，无流淌及污染现象。

检查数量：各不少于5处。

检验方法：观察检查。

（Ⅲ）允许偏差项目

第5.0.13条 室内煤气管道安装的允许偏差和检验方法应符合表5.0.13的规定。

检查数量：

一、立管的坐标：检查管轴线与墙内表面的中心距，横管的坐标和标高。检查管道的起点、终点、分支点及变向点间的直管段。各抽查10%，但不均少于5段。

二、纵、横放线弯曲：按系统内直线管段长度每30m抽查2段，不足30m不少于1

段，有分段隔墙建筑，以隔墙内分段数，抽查5%，但不少于5段。

三、立管垂直度：一根立管为1段，两层及其以上按楼层分段，各抽查5%，但均不少于10段。

四、进户管阀门，全数检查。

五、煤气表和气嘴；各抽查10%，但均不少于5个。

六、管道保温每20m抽查1处，但不少于5处。

表5.0.13　室内煤气管道安装的允许偏差和检验方法

项次	项　　　目			允许偏差（mm）	检验方法
1	坐标			10	用水准仪(水平尺)、直尺、拉线盒尺量检查
2	标高			±10	
3	水平管道纵、横方向弯曲	每1m	管径小于或等于100mm	0.5	用水平尺、直尺、拉线盒尺量检查
			管径大于100mm	1	
		全长(25m以上)	管径小于或等于100mm	不大于13	
			管径大于100mm	不大于25	
4	立管垂直度	每1m		2	吊线和尺量检查
		全长(5m以上)		不大于10	
5	进户管阀门	阀门中心距地面		±15	尺量检查
6	煤气表	表底部距地面		±15	
		表后面距墙内表面		5	
		中心线垂直度		1	吊线和尺量检查
7	煤气嘴	距炉台表面		±15	尺量检查
8	表面平整度	厚度		+0.1δ−0.05δ	用钢针刺入保温层检查
		卷材或板材		5	用2m靠尺和楔形塞尺检查
		涂抹或其它		10	

注：δ管道保温层厚度。

(2) 第九章 室外煤气工程

第9.0.1条　本章适用于民用建筑群（小区）工作压力不大于0.3MPa（≈3.0kgf/cm²）的室外次高压、中压和低压煤气管网安装工程质量的检验和评定。

第一节　管道安装工程

第9.1.1条　本节适用于铸铁管和碳素钢管室外煤气管道的安装。

（Ⅰ）保证项目

第9.1.2条　管网的耐压强度和严密性试验结果，必须符合设计要求。

检验方法：检查管网或分段试验记录。

第9.1.3条　管网的坡度必须符合设计要求。

检查数量：按管网内直线管段长度每 100m 抽查 3 段，不足 100m 不少于 2 段。

检查方法：用水准仪（水平尺）、拉线盒尺量检查或检查测量记录。

第 9.1.4 条　管道及管座（墩），严禁铺设在冻土和未经处理的松土上。

检验方法：观察检查或检查隐蔽工程记录。

第 9.1.5 条　管网竣工后或交付使用前必须根据设计要求进行吹扫。

检验方法：检查吹扫记录。

第 9.1.6 条　埋地煤气管道与建筑物、构筑物的基础或相邻官道之间的最小水平、垂直净距必须符合设计要求或表 9.1.6-1 和 9.1.6-2 的规定。

表 9.1.6-1　埋地煤气管道与建（构）筑物或其它相邻官道之间的最小水平净距

序号	项目		埋地煤气管道		
			低压（m）	中压（m）	次高压（m）
1	与建筑物、构筑物的基础		2.0	3.0	4.0
2	与供热管的管沟外壁		1.0	1.0	1.5
3	与给、排水管		1.0	1.0	1.6
4	与电力电缆		1.0	1.0	1.0
5	与通讯电缆	直埋	1.0	1.0	1.0
		在导管内	1.0	1.0	1.0
6	与其它煤气管道	管径小于或等于 300mm	0.4	0.4	0.4
		管径大于 300mm	0.5	0.5	0.5
7	与电杆（塔）的基础	电压小于或等于 35kV	1.0	1.0	1.0
		电压大于 35kV	5.0	5.0	5.0
8	与通信、照明电杆（至电杆中心）		1.0	1.0	1.0
9	与街树（至树中心）		1.1	1.2	1.2

检查数量：全数检查。

检验方法：观察和尺量检查。

注：当受地形等条件限制，不能满足表内规定距离时，应与有关部门协商并采取有效防护措施，其距离可适当降低。

第 9.1.7 条　伸缩器的位置必须符合设计要求，并按规定进行预拉伸。

表 9.1.6-2　埋地煤气管道与建、构筑物或其它相邻管道之间的最小垂直净距

序号	项目		埋地煤气管道（当有套管时，以套管计）（m）
1	给、排水管或其它煤气管道		0.15
2	供热管的管沟底或顶部		0.15
3	电缆	直埋	0.50
		在导管内	0.15

检查数量：全是检查。

检验方法：对照设计图纸检查和检查预拉伸记录。

（Ⅰ）基本项目

第9.1.8条 镀锌和非镀锌碳素钢管道的螺纹或法兰连接，应分别按本标准第二章第2.1.6和2.1.7条检验和评定。

第9.1.9条 非镀锌碳素钢管道的焊接应符合以下规定：

合格：

1 焊口平直度，焊缝加强面的质量符合施工规范规定；焊口表面无烧穿、裂纹和明显结瘤、夹渣及气孔等缺陷；

2 汉口无损探伤检查，焊缝分类及合格标准符合设计要求。

如设计无要求，焊缝类别按Ⅳ类，射线探伤数量应符合国际《现场设备、工业管道焊接施工及验收规范》GBJ 236—82 表 7.3.8-2Ⅲ级 A 的规定。

优良：在合格基础上，焊波均匀一致，焊缝无结瘤、夹渣和气孔。

检查数量：焊口平直度，焊缝加强面不少于 10 个焊口；焊口无损探伤抽查 10%，但不少于 10 个焊口。

检验方法：观察和尺量检查及检查探伤检验报告。

第9.1.10条 铸铁管道的承插、套箍接口应符合以下规定：

合格：接口结构和所用填料符合设计要求和施工规范规定，灰口密实、饱满，填料凹入承口边缘不大于 2mm，胶圈接口平直无扭曲，对口间隙准确。

优良：在合格基础上，环缝间隙均匀，灰口平整、光滑，养护良好；胶圈接口回弹间隙符合设计要求。

检查数量：不少于 10 个接口。

检验方法：观察和尺量检查。

第9.1.11条 管道支（吊、托）架及管座（墩）的安装应符合以下规定：

合格：构造正确，埋设平正、牢固。

优良：在合格基础上，排列整齐，支架与管子接触紧密。

检查数量：不少于 5 个。

检验方法：观察和尺量检查。

第9.1.12条 阀门安装应符合以下规定：

合格：型号、规格、耐压强度和严密性试验结果，符合设计要求和施工规范规定；位置、进出口方向正确，连接牢固、紧密。

优良：在合格基础上，启闭灵活，朝向合理，表面洁净。

检查数量：按不同规格、型号抽查 10%，但不少于 10 个。

检验方法：手板检查和检查出厂合格证、试验单。

第9.1.13条 埋地管道的防腐层应符合以下规定：

合格：材质和结构符合设计要求和施工规范规定，卷材与管道以及各层卷材间粘贴牢固。

优良：在合格基础上，表面平整、无皱折、空鼓、滑移和封口不严等缺陷。

检查数量：每 50m 抽查 1 处，但不少于 10 处。

检验方法：观察或切开防腐层检查。

第9.1.14条　管道和金属支架涂漆应符合以下规定：

合格：油漆种类和涂刷变数符合设计要求，附着良好，无脱皮、起泡和漏涂。

优良：在合格基础上，漆膜厚度均匀，色泽一致，无流淌及污染现象。

检查数量：各不少于10处。

检验方法：观察检查。

第9.1.15条　室外煤气管道安装的允许偏差和检验方法应符合表9.1.15的规定。

表9.1.15　室外煤气管道安装的允许偏差和检验方法

项次	项　目			允许偏差（mm）	检验方法
1	坐标	铸铁管	埋地	50	用水准仪（水平尺）、直尺、拉线和尺量检查
			敷设在沟槽内	20	
		碳素钢管	埋地	50	
			敷设在沟槽内	20	
2	标高	铸铁管	埋地	±30	
			敷设在沟槽内	±20	
		碳素钢管	埋地	±15	
			敷设在沟槽内	±10	
3	水平管道纵、横方向弯曲	铸铁管	每1m	1.5	
			全长（25m以上）	不大于40	
		碳素钢管	每1m	管径小于或等于100mm	0.5	
				管径大于100mm	1	
			全长（25m以上）	管径小于或等于100mm	不大于13	
				管径大于100mm	不大于25	
4	弯管	椭圆率$\dfrac{D_{max}-D_{min}}{D_{max}}$	管径小于或等于100mm	10/100	用外卡钳和尺量检查
			管径125～400mm	8/100	
		折皱不平度	管径小于或等于100mm	4	
			管径125～200mm	5	
			管径250～400mm	7	
5	凝水器	凝水器缸体水平度		3	用水平尺和直尺检查
		抽水管垂直度（每1m）		2	吊线和尺量检查
		纵向轴线		10	用直尺、拉线盒尺量检查
		抽水管顶端距防护罩盖或井盖盖顶高度		±10	用水准仪（水平尺）、直尺、拉线盒尺量检查
6	井盖	标高		±5	

注：D_{max}、D_{min}分别为管子最大及最小外径。

检查数量

一、坐标、标高和纵、横方向弯曲：分别按管网的起点、终点、分支点和变向点查各点之间的直线管段，每100m抽查3点（段），不足100m不少于2点（段）。

二、弯管：按管网内弯管（含方型伸缩器弯）的全数抽查10%，但不少于10个。

三、凝水器和井盖：全数检查。

第二节 调压装置安装工程

第9.2.1条 本节适用于输送煤气的次高压、中压和低压调压装置的安装。

第9.2.11条 管道支架应按本章第一节第9.1.11条检验和评定。

第9.2.12条 管道和金属支架涂漆应按本章第一节第9.1.14条检验和评定。

（Ⅲ）允许偏差项目

第9.2.13条 调压装置安装高度的允许偏差和检验方法应符合表第9.2.13的规定。

检查数量：全数检查。

表9.2.13 调压装置安装高度的允许偏差和检验方法

项次	项目	允许偏差（mm）	检验方法
1	调压器	±15	
2	过滤器	±15	尺量检查
3	放散管阀门	±20	
4	安全水封	±20	

2.《家用燃气燃烧器具安装及验收规程》CJJ 12—2013 的基本规定及质量验收的条文摘录。

（1）基本规定

3.1 一般规定

3.1.1 燃具及其配套使用的给排气装置和安全监控装置等，应根据燃气类别及特性、安装条件等因素选择。

3.1.2 燃具铭牌上标定的燃气类别必须与安装处所供应的燃气类别相一致。

3.1.3 燃具节能和节水性能应符合国家现行有关标准的规定。燃具选型原则宜按本规程附录A的规定执行。

3.1.4 安装燃具的建筑应具有符合燃具使用要求的给水、排水、供暖、供电和供燃气系统。

3.1.5 住宅中应预留燃具的安装位置，并应设置专用烟道或在外墙上留有通往室外的孔洞。

3.2 城镇燃气

3.2.1 城镇燃气的类别和特性应符合现行国家标准《城镇燃气分类和基本特性》GB/T 13611 的规定。城镇燃气质量应符合现行国家标准《城镇燃气设计规范》GB 50028 的规定。

3.2.2 燃具前供气压力的波动范围应在（0.75～1.5）倍燃具额定压力 P_n 之内；当海拔高度大于500m时，燃具额定压力 P_n 宜符合本规程附录B的规定。

3.3 烟气排放

3.3.1 安装敞开式燃具时，室内容积热负荷指标超过 $207W/m^3$ 时应设置换气扇、吸油烟机等强制排气装置。有直通洞口的毗邻房间的容积也可一并作为室内容积计算。

3.3.2 安装半密闭式燃具时，应采用具有防倒烟、防串烟和防漏烟结构的烟道排烟。

3.3.3 安装密闭式燃具时，应采用给排气管排烟。

3.3.4 燃烧所产生的烟气应排至室外，不得排入封闭的建筑物走廊、阳台等部位。

3.4 安全监控

3.4.1 城镇燃气/烟气（一氧化碳）浓度检测报警器和紧急切断阀的设置应符合现行国家标准《城镇燃气设计规范》GB 50028 的规定。

3.4.2 城镇燃气报警控制系统安装、验收和维护等应符合现行行业标准《城镇燃气报警控制系统技术规程》CJJ/T 146 的规定。

3.4.3 家用燃气报警器及传感器应符合现行行业标准《家用燃气报警器及传感器》CJ/T 347 的规定。紧急切断阀应符合现行行业标准《电磁式燃气紧急切断阀》CJ/T 394 的规定。

3.5 建筑设备

3.5.1 建筑给水排水系统、热水供应系统、采暖系统和供电系统的设置应符合国家现行标准《建筑给水排水设计规范》GB 50015、《民用建筑供暖通风与空气调节设计规范》GB 50736、《建筑给水排水及采暖工程施工质量验收规范》GB 50242 和《民用建筑电气设计规范》JGJ 16 等标准的规定。

3.5.2 室内燃气系统的设置应符合国家现行标准《城镇燃气设计规范》GB 50028 和《城镇燃气室内工程施工与质量验收规范》CJJ 94 的规定。

（2）质量验收

5.0.1 燃气的种类和压力，以及自来水的供水压力应符合燃具要求。

5.0.2 将燃具前燃气阀打开，关闭燃具燃气阀，用发泡剂或检漏仪检查燃气管道和接头，不应有燃气泄漏。采暖热水炉还应检查供回水系统的严密性。

5.0.3 燃气管道严密性检验应符合现行行业标准《城镇燃气室内工程施工与质量验收规范》CJJ 94 的规定，冷热水管道严密性检验应符合现行国家标准《建筑给水排水及采暖工程施工质量验收规范》GB 50242 的规定。

5.0.4 打开自来水阀和燃具冷水进口阀，关闭燃具热水出口阀，目测检查自来水系统不应有水渗漏现象。

5.0.5 按燃具使用说明书要求，使燃具运行，燃烧器燃烧应正常，各种阀门的开关应灵活，安全、调节和控制装置应可靠、有效。

5.0.6 燃具检查项目及性能要求应符合本规程表 5.0.7～表 5.0.8 的规定。类别 A 为主控项目应全检，B 为一般项目应抽检。抽检比例不应小于 20%，且不应少于 2 台。上述检查合格和用户签字后张贴合格标示。

5.0.7 燃具基本条件应按表 5.0.7 的规定进行检验。

5.0.8 燃具安装应按表 5.0.8 的规定进行检验。

表 5.0.7　基本条件检验

项目		条款号	技术要求	检验方法	类别
总项	子项				
一般规定	选型依据	3.1.1	符合用途和安装条件等	查阅设计文件	A
	燃气类别	3.1.2	必须匹配	查阅产品说明书	A
	燃具选项	3.1.3	满足预定用途	按本规程附录 A	A
	辅助能源	3.1.4	给水、排水、供暖、供电、供燃气满足燃具要求	视检	A
	燃具及给排气	3.1.5	预留燃具位置,具备给排气设施	视检	A
烟气排放	敞开式	3.3.1	机械排烟符合要求	视检和查阅产品说明书	A
	半封闭自然排气式	3.3.2	设独立烟道或公用烟道	微压计或发烟物检查烟道抽力	A
	密闭式	3.3.3	设置给排气管	视检或查阅产品说明书	A
	综合	3.3.4	烟气排至室外大气	视检	A
安全监控	系统设置	3.4.1	半地下室和地上暗厨房设置符合要求	按现行国家标准《城镇燃气设计规范》GB 50028 规定视检	A
	系统条件	3.4.2	系统设计符合要求	按现行行业标准《城镇燃气报警控制系统技术规程》CJJ/T 146 规定视检	A

表 5.0.8　燃具安装检验

项目		条款号	技术要求	检验方法	类别
总项	子项				
一般规定	燃具设置位置	4.1.1	通风良好的厨房或非居住房间,严禁设在卧室	视检	A
	特殊设置	4.1.2	半地下室(液化石油气除外)和地上暗厨房设置应由安全监控设施,不应设在地下室	按 CJJ/T 146 规定视检	A
	技术文件	4.1.4	具备使用说明书和安全警示	查阅产品技术文件	A
	设计参数	4.1.5	燃气种类、压力和负荷,水压,电压及功率等	查阅产品技术文件	B
灶具	设置房间	4.2.1	通风良好的厨房、阳台等非居住房间	视检	A
	安装位置	4.2.2	防火间距符合要求	视检尺量	A
	灶台和墙面材料	4.2.3	材料符合防火要求	视检	A
	灶台结构	4.2.4	灶台高度及橱柜通风孔符合要求	视检尺量	B
	并列安装	4.2.5	水平净距不小于 0.5m	视检尺量	B
	燃具连接	4.2.6	灶具与燃气管道和冷热水管道的安装符合要求	视检	A

项目		条款号	技术要求	检验方法	类别
总项	子项				
热水器	设置房间	4.3.1	通风良好的厨房、阳台和平衡式隔室等	视检	A
	安装位置	4.3.2	防火间距符合要求	视检尺量	A
	地面和墙面材料	4.3.4	材料符合防护要求	视检	A
	管道	4.3.4	燃气管道和冷热水管道的安装符合要求	视检	A
采暖热水炉	设置房间	4.4.1	厨房、阳台、半地下室(液化石油气除外)和平衡式隔室等	视检	A
	安装位置	4.4.2	防火间距符合要求	视检尺量	A
	地面和墙面材料	4.4.3	材料符合防火要求	视检	A
	管道	4.4.4	采暖供回水、冷热水和燃气管道安装符合要求	视检	A
	膨胀管	4.4.5	严禁设置阀门	视检	A
	温控器	4.4.6	设置在采暖区域温度稳定并距地面(1.2~1.5)m墙上	视检	B
电气	电源及接地	4.5.1	电源及插座与燃具匹配,接地可靠(使用交流电的Ⅰ类器具)	视检插座并核查接地可靠性	A
	电源线截面	4.5.2	符合说明书规定	视检	A
	插座安装	4.5.3	应独立专用并安全固定,防火间距符合要求	视检	A
	防水插座	4.5.4	密闭式热水器在卫生间设置,且符合要求	视检	A
室内给排气设备	自然换气	4.6.1	排气装置的性能和安装符合要求	查阅产品技术文件	B
	机械换气	4.6.2	排气装置及排气道的性能和安装符合要求	查阅产品技术文件	B
	排烟罩结构	4.6.3	覆盖火源或覆盖周围部分	视检	B
	百叶窗	4.6.4	间隙和开口面积符合要求	视检	B
	机械换气给气口	4.6.6	机械换气时,可不限制给气口大小和位置	视检	B
	排气扇与燃具	4.6.7	排气扇的风量和风压符合要求	查阅技术文件	A
	吸油烟机与共用排气道	4.6.8	排气系统符合要求	查阅技术文件	B
	排气管、给排气管连接和安装	4.6.9	排气管和排气管的质量及安装位置、坡度和搭接长度等符合要求	视检	B
	水平烟道出口	4.6.10	燃具烟道终端排气出口距门洞口最小净距符合要求,烟道终端排气出口应设置在烟气容易扩散的部位	视检	A

项目		条款号	技术要求	检验方法	类别
总项	子项				
室内给排气设备	给气口和换气口	4.6.11	位置和横截面积符合要求	视检	B
	烟道	4.6.12	半密闭自然排气式燃具烟道应符合要求(高度、长度和弯头数量等)	视检	B
	烟囱出口位置	4.6.13	高出屋顶并避开正压区	视检	A
	独立烟道	4.6.14	独立烟道的结构和性能符合要求	视检	A
	共用烟道	4.6.15	共用烟道的结构和性能符合要求	视检	A
	支烟道抽力	4.6.16	燃具停用时为负压	微压计或发烟物视检	A
	烟囱抽力	4.6.17	烟囱抽力大于总阻力,燃具工作时,$P_j<0(3Pa$ 或 $10Pa)$	微压计或发烟物视检	A
	燃气、煤合用烟道	1.6.19	不得合用	视检	A
	共用给排气烟道	4.6.20	共用给排气烟道的结构和性能符合要求	视检	A
	密闭式燃具与共用给排气烟道连接	4.6.21	符合要求	视检	A
	冷凝式燃具烟道	4.6.22	标明适应冷凝式燃具,并应有收集和处理冷凝液的措施	视检	A
平衡式隔室	用途	4.7.1	半密闭自然排气式改为密闭自然排气式	视检	B
	设计	4.7.2	隔室排气设计符合要求	视检	A
	自闭门结构	4.7.3	隔室自闭门结构符合要求	视检	A
	保温	4.7.4	烟道管、空气管和热水管应保温	视检	B
	给排气口	4.7.5	距门、窗洞口和可燃、难燃材料的距离符合要求	视检	A
安全防火	燃具	4.8.1	与可燃、难燃材料的距离符合要求	视检	A
	吸油烟机	4.8.2	灶具与吸油烟机除油装置及其他部位的距离符合要求	视检	A
	排气筒、排气管、给排气管	4.8.3	与可燃、难燃材料的距离符合要求	视检	A
	外墙烟道风帽	4.8.4	与可燃、难燃材料的距离符合要求	视检	A

3. 《城镇燃气室内工程施工与质量验收规范》CJJ 94—2009。

(1) 基本规定

3.1 一般规定

3.1.1 承担城镇燃气室内工程和燃气室内配套工程的施工单位,应具有国家相关行政管理部门批准的与承包范围相应的资质。

3.1.2　从事燃气钢质管道焊接的人员必须具有锅炉压力容器压力管道特种设备操作人员资格证书，且应在证书的有效期及合格范围内从事焊接工作。间断焊接时间超过六个月，再次上岗前应重新考试合格。

3.1.3　从事燃气铜管钎焊焊接的人员应经专业技术培训合格，并持相关部门签发的特种作业人员上岗证书，方可上岗操作。

3.1.4　从事燃气管道机械连接的安装人员应经专业技术培训合格，并持相关部门签发的上岗证书，方可上岗操作。

3.1.5　城镇燃气室内工程施工必须按已审定的设计文件实施。当需要修改设计文件或材料代用时，应经原设计单位同意。

3.1.6　施工单位应结合工程特点制定施工方案，并应经有关部门批准。

3.1.7　在质量检验中，根据检验项目的重要性分为主控项目和一般项目。主控项目必须全部合格，一般项目经抽样检验应合格。当采用计数检验时，除有专门要求外，一般项目的合格点率不应低于80%，且不合格点的最大偏差值不应超过其允许偏差值的1.2倍。

3.1.8　工程完工必须经验收合格，方可进行下道工序或投入使用。工程验收的组织机构应符合相关规定。

分项工程验收宜按本规范附录A表A.0.1的要求填写验收结果；分部（子分部）工程验收宜按本规范附录A表A.0.2的要求填写验收结果；单位（子单位）工程验收宜按本规范附录A表A.0.3的要求填写验收结果。

3.1.9　验收不合格的项目，通过返修或采取安全措施仍不能满足设计文件要求时，不得对该项目验收。

3.1.10　室内燃气管道的最高压力和燃具、用气设备燃烧器采用的额定压力应符合现行国家标准《城镇燃气设计规范》GB 50028的有关规定。

3.1.11　当采用计数检验时，计数规定宜符合下列规定：

1　直管段：每20m为一个计数单位（不足20m按20m计）；

2　引入管：每一个引入管为一个计数单位；

3　室内安装：每一个用户单元为一个计数单位；

4　管道连接：每个连接口（焊接、螺纹连接、法兰连接等）为一个计数单位。

3.2　材料设备管理

3.2.1　国家规定实行生产许可证、计量器具许可证或特殊认证的产品，产品生产单位必须提供相关证明文件，施工单位必须在安装使用前查验相关的文件，不符合要求的产品不得安装使用。

3.2.2　燃气室内工程所用的管道组成件、设备及有关材料的规格、性能等应符合国家现行有关标准及设计文件的规定，并应有出厂合格文件；燃具、用气设备和计量装置等必须选用经国家主管部门认可的检测机构检测合格的产品，不合格者不得选用。

3.2.3　燃气室内工程采用的材料、设备及管道组成件进场时，施工单位应按国家现行标准及设计文件组织检查验收，并填写相应记录。验收应以外观检查和查验质量合格文件为主。当对产品的质量或产品合格文件有疑义时，应在监理（建设）单位人员的见证下，由相关单位按产品检验标准分类抽样检验。

3.2.4 对工程采用的材料、设备进场抽检不合格时，应按相关产品标准进行抽测。抽测的材料、设备再出现不合格时，判定该批材料、设备不合格，并严禁使用。

3.3.4 施工单位应对工程施工质量进行检验，并真实、准确、及时地记录检验结果。记录表格宜符合本规范附录A的要求。

3.3.5 质量检验所使用的检测设备、计量仪器应检定合格，并应在有效期内。

3.2.5 管道组成件和设备的运输及存放应符合下列规定：

1 管道组成件和设备在运输、装卸和搬动时，应避免被污染，不得抛、摔、滚、拖等；

2 管道组成件和设备严禁与油品、腐蚀性物品或有毒物品混合堆放；

3 铝塑复合管、覆塑的铜管、覆塑的不锈钢波纹软管及其管件应存放在通风良好的库房或棚内，不得露天存放，应远离热源且防止阳光直射；

4 管子及设备应水平堆放，堆置高度不宜超过2.0m。管件应原箱码堆，堆高不宜超过3层。

3.3 施工过程质量管理

3.3.1 在施工过程中，工序之间应进行交接检验，交接双方应共同检查确认工程质量，并应做书面记录。

3.3.2 工程质量验收应在施工单位自检合格的基础上，按分项、分部（子分部）、单位（子单位）工程进行。

3.3.3 燃气室内工程验收单元可按单位（子单位）工程、分部（子分部）工程、分项工程进行划分。分部（子分部）、分项工程的划分可按表3.3.3进行。

表3.3.3 燃气室内工程分部（子分部）、分项工程划分表

分部（子分部）工程	分 项 工 程
引入管安装	管道沟槽、管道连接、管道防腐、沟槽回填、管道设施防护、阴极保护系统安装与测试、调压装置安装
室内燃气管道安装	管道及管道附件安装、暗埋或暗封管道及其管道附件安装、支架安装、计量装置安装
设备安装	用气设备安装、通风设备安装
电气系统安装	报警系统安装、接地系统安装、防爆电气系统安装、自动控制系统安装

（2）试验与验收

8.1 一般规定

8.1.1 室内燃气管道的试验应符合下列要求：

1 自引入管阀门起至燃具之间的管道的试验应符合本规范的要求；

2 自引入管阀门起至室外配气支管之间管线的试验应符合国家现行标准《城镇燃气输配工程施工及验收规范》CJJ 33的有关规定。

8.1.2 试验介质应采用空气或氮气。

8.1.3 严禁用可燃气体和氧气进行试验。

8.1.4 室内燃气管道试验前应具备下列条件：

1 已制定试验方案和安全措施；

2 试验范围内的管道安装工程除涂漆、隔热层和保温层外，已按设计文件全部完成，安装质量应经施工单位自检和监理（建设）单位检查确认符合本规范的规定。

8.1.5 试验用压力计量装置应符合下列要求：

1 试验用压力计应在校验的有效期内，其量程应为被测最大压力的 1.5～2 倍。弹簧压力表的精度不应低于 0.4 级。

2 U 形压力计的最小分度值不得大于 1mm。

8.1.6 试验工作应由施工单位负责实施，监理（建设）等单位应参加。

8.1.7 试验时发现的缺陷，应在试验压力降至大气压力后进行处理。处理合格后应重新进行试验。

8.1.8 家用燃具的试验与验收应符合国家现行标准《家用燃气燃烧器具安装及验收规程》CJJ 12 的有关规定。

8.1.9 暗埋敷设的燃气管道系统的强度试验和严密性试验应在未隐蔽前进行。

8.1.10 当采用不锈钢金属管道时，强度试验和严密性试验检查所用的发泡剂中氯离子含量不得大于 25×10^{-6}。

8.2 强度试验

8.2.1 室内燃气管道强度试验的范围应符合下列规定：

1 明管敷设时，居民用户应为引入管阀门至燃气计量装置前阀门之间的管道系统；暗埋或暗封敷设时，居民用户应为引入管阀门至燃具接入管阀门（含阀门）之间的管道；

2 商业用户及工业企业用户应为引入管阀门至燃具接入管阀门（含阀门）之间的管道（含暗埋或暗封的燃气管道）。

8.2.2 待进行强度试验的燃气管道系统与不参与试验的系统、设备、仪表等应隔断，并应有明显的标志或记录，强度试验前安全泄放装置应已拆下或隔断。

8.2.3 进行强度试验前，管内应吹扫干净，吹扫介质宜采用空气或氮气，不得使用可燃气体。

8.2.4 强度试验压力应为设计压力的 1.5 倍且不得低于 0.1MPa。

8.2.5 强度试验应符合下列要求：

1 在低压燃气管道系统达到试验压力时，稳压不少于 0.5h 后，应用发泡剂检查所有接头，无渗漏、压力计量装置无压力降为合格；

2 在中压燃气管道系统达到试验压力时，稳压不少于 0.5h 后，应用发泡剂检查所有接头，无渗漏、压力计量装置无压力降为合格；或稳压不少于 1h，观察压力计量装置，无压力降为合格；

3 当中压以上燃气管道系统进行强度试验时，应在达到试验压力的 50% 时停止不少于 15min，用发泡剂检查所有接头，无渗漏后方可继续缓慢升压至试验压力并稳压不少于 1h 后，压力计量装置无压力降为合格。

8.3 严密性试验

8.3.1 严密性试验范围应为引入管阀门至燃具前阀门之间的管道。通气前还应对燃具前阀门至燃具之间的管道进行检查。

8.3.2 室内燃气系统的严密性试验应在强度试验合格之后进行。

8.3.3 严密性试验应符合下列要求:

1 低压管道系统

试验压力应为设计压力且不得低于 **5kPa**。在试验压力下,居民用户应稳压不少于 **15min**,商业和工业企业用户应稳压不少于 **30min**,并用发泡剂检查全部连接点,无渗漏、压力计无压力降为合格。

当试验系统中有不锈钢波纹软管、覆塑铜管、铝塑复合管、耐油胶管时,在试验压力下的稳压时间不宜小于 **lh**,除对各密封点检查外,还应对外包覆层端面是否有渗漏现象进行检查。

2 中压及以上压力管道系统

试验压力应为设计压力且不得低于 **0.1MPa**。在试验压力下稳压不得少于 **2h**,用发泡剂检查全部连接点,无渗漏、压力计量装置无压力降为合格。

8.3.4 低压燃气管道严密性试验的压力计量装置应采用 U 形压力计。

8.4 验收

8.4.1 施工单位在工程完工自检合格的基础上,监理单位应组织进行预验收。预验收合格后,施工单位应向建设单位提交竣工报告并申请进行竣工验收。建设单位应组织有关部门进行竣工验收。

新建工程应对全部施工内容进行验收,扩建或改建工程可仅对扩建或改建部分进行验收。

8.4.2 工程竣工验收应包括下列内容:

1 工程的各参建单位向验收组汇报工程实施的情况;

2 验收组应对工程实体质量(功能性试验)进行抽查;

3 对本规范第 8.4.3 条规定的内容进行核查;

4 签署工程质量验收文件。

8.4.3 工程竣工验收前应具有下列文件,并宜按附录 A 及附录 B 表格填写:

1 设计文件;

2 设备、管道组成件、主要材料的合格证、检定证书或质量证明书;

3 施工安装技术文件记录(附录 C):焊工资格备案(表 C.0.1)、阀门试验记录(附表 C.0.2)、射线探伤检验报告(表 C.0.3)、超声波试验报告(表 C.0.4)、隐蔽工程(封闭)记录(表 C.0.5)、燃气管道安装工程检查记录(表 C.0.6)、室内燃气系统压力试验记录(表 C.0.7);

4 质量事故处理记录;

5 城镇燃气工程质量验收记录(附录 A):燃气分项工程质量验收记录(表 A.0.1)、燃气分部(子分部)工程质量验收记录(表 A.0.2)、燃气单位(子单位)工程竣工验收记录(表 A.0.3);

6 其他相关记录。

第二节 燃气工程检验批质量验收记录

1. 引入管管道沟槽检验批质量验收记录

(1) 推荐表格

单位(子单位) 工程名称			分部(子分部) 工程名称		分项工程名称		
施工单位			项目负责人		检验批容量		
分包单位			分包单位项目 负责人		检验批部位		
施工依据			验收依据		《城镇燃气室内工程施工与质量验收规范》 CJJ 94—2009 《家用燃气燃烧器具安装及验收规程》 CJJ 12—2013		
验收项目			设计要求及 规范规定	最小/实际 抽样数量	检查记录	检查结果	
一般 项目	1	引入管地下引入时的规定施工技术 要求应符合 CJJ 33 的规定	第4.2.4条(1)	/			
	2	沟槽开槽应符合 CJJ 33 的 2.3 节的规定	第2.3节 第2.3.1~ 2.3.13条	/			
施工单位 检查结果			专业工长： 项目专业质量检查员： 　　　　　年　月　日				
监理单位 验收结论			专业监理工程师： 　　　　　年　月　日				

（2）验收内容及检查方法条文摘录

一般规定（一）（CJJ 94）

4.1.1　室内燃气管道系统安装前应对管道组成件进行内外部清扫。

4.1.2　室内燃气管道施工前应满足下列要求：

1　施工图纸及有关技术文件应齐备；

2　施工方案应经过批准；

3　管道组成件和工具应齐备，且能保证正常施工；

4　燃气管道安装前的土建工程，应能满足管道施工安装的要求；

5　应对施工现场进行清理，清除垃圾、杂物。

4.1.3　在燃气管道安装过程中，未经原建筑设计单位的书面同意，不得在承重的梁、柱和结构缝上开孔，不得损坏建筑物的结构和防火性能。

一般规定（二）（CJJ 33）

2.1.1　土方施工前，建设单位应组织有关单位向施工单位进行现场交桩。临时水准点、管道轴线控制桩、高程桩，应经过复核后方可使用，并应定期校核。

2.1.2 施工单位应会同建设等有关单位，核对管道路由、相关地下管道以及构筑物的资料，必要时局部开挖核实。

2.1.3 施工前，建设单位应对施工区域内已有地上、地下障碍物，与有关单位协商处理完毕。

2.1.4 在施工中，燃气管道穿越其他市政设施时，应对市政设施采取保护措施，必要时应征得产权单位的同意。

2.1.5 在地下水位较高的地区或雨期施工时，应采取降低水位或排水措施，及时清除沟内积水。

2.2 施工现场安全防护

2.2.1 在沿车行道、人行道施工时，应在管沟沿线设置安全护栏，并应设置明显的警示标志。在施工路段沿线，应设置夜间警示灯。

2.2.2 在繁华路段和城市主要道路施工时，宜采用封闭式施工方式。

2.2.3 在交通不可中断的道路上施工，应有保证车辆、行人安全通行的措施，并应设有负责安全的人员。

一般项目（CJJ 94）

4.2.4 当引入管采用地下引入时，应符合下列规定：

1 埋地引入管敷设的施工技术要求应符合国家现行标准《城镇燃气输配工程施工及验收规范》CJJ 33 的有关规定；

2 当引入管穿越建筑物基础或管沟时，燃气管道的套管管径应符合本规范第 4.1.5 条的规定；

3 埋地引入管的回填与路面恢复应符合国家现行标准《城镇燃气输配工程施工及验收规范》CJJ 33 的有关规定；

4 引入管室内部分宜靠实体墙固定。

检查数量：100％检查。

检查方法：目视检查或检查隐蔽工程记录。

2.3 开槽（CJJ 33）

2.3.1 混凝土路面和沥青路面的开挖应使用切割机切割。

2.3.2 管道沟槽应按设计规定的平面位置和标高开挖。当采用人工开挖且无地下水时，槽底预留值宜为 0.05～0.10m；当采用机械开挖或有地下水时，槽底预留值不应小于 0.15m；管道安装前应人工清底至设计标高。

2.3.3 管沟沟底宽度和工作坑尺寸，应根据现场实际情况和管道敷设方法确定，也可按下列要求确定：

1 单管沟底组装按表 2.3.3 确定。

表 2.3.3 沟底宽度尺寸

管道工称直径（mm）	50～80	100～200	250～350	400～450	500～600	700～800	900～1000	1100～1200	1300～1400
沟底宽度（m）	0.6	0.7	0.8	1.0	1.3	1.6	1.8	2.0	2.2

2　单管沟边组装和双管同沟敷设可按下式计算：

$$a=D_1+D_2+s+c \qquad (2.3.3)$$

式中：a——沟槽底宽度（m）；

　　D_1——第一条管道外径（m）；

　　D_2——第二条管道外径（m）；

　　s——两管道之间的设计净距（m）；

　　c——工作宽度，在沟底组装：$c=0.6$（m）；在沟边组装：$c=0.3$（m）。

2.3.4　梯形槽（如图2.3.4）上口宽度可按下式计算：

$$b=a+2nh \qquad (2.3.4)$$

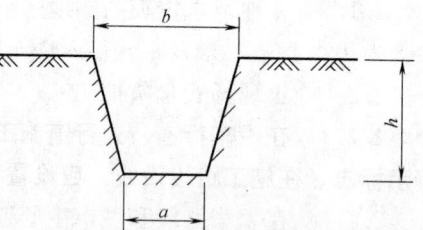

图2.3.4　梯形槽横断面

式中：b——沟槽上口宽度（m）；

　　a——沟槽底宽度（m）；

　　n——沟槽边坡率（边坡的水平投影与垂直投影的比值）；

　　h——沟槽深度（m）。

2.3.5　在无地下水的天然湿度土壤中开挖沟槽时，如沟槽深度不超过表2.3.5的规定，沟壁可不设边坡。

表2.3.5　不设边坡沟槽深度

土壤名称	沟槽深度(m)	土壤名称	沟槽深度(m)
填实的沙土或砾石土	≤1.00	黏土	≤1.50
亚砂土或亚黏土	≤1.25	坚土	≤2.00

2.3.6　当土壤具有天然湿度、构造均匀、无地下水、水文地质条件良好，且挖深小于5m，不加支撑时，沟槽的最大边坡率可按表2.3.6确定。

表2.3.6　深度在5m以内的沟槽最大边坡率（不加支撑）

土壤名称	边坡率		
	人工开挖并将土抛于沟边上	机械开挖	
		在沟底挖土	在沟边上挖土
砂土	1:1.00	1:0.75	1:1.00
亚砂土	1:0.67	1:0.50	1:0.75
亚黏土	1:0.50	1:0.33	1:0.75
黏土	1:0.33	1:0.25	1:0.67
含砾土卵石土	1:0.67	1:0.50	1:0.75
泥炭岩白垩土	1:0.33	1:0.25	1:0.67
干黄土	1:0.25	1:0.10	1:0.33

注：1　如人工挖土抛于沟槽上即时运走，可采用机械在沟底挖土的坡度值。

　　2　临时堆土高度不宜超过1.5m，靠墙堆土时，其高度不得超过墙高的1/3。

2.3.7　在无法达到本规范第2.3.6条的要求时，应采用支撑加固沟壁。对不坚实的土壤应及时做连续支撑，支撑物应有足够的强度。

2.3.8　沟槽一侧或两侧临时堆土位置和高度不得影响边坡的稳定性和管道安装。堆土前应对消火栓、雨水口等设施进行保护。

2.3.9　局部超挖部分应回填压实。当沟底无地下水时，超挖在0.15m以内，可采用原土回填；超挖在0.15m及以上，可采用石灰土处理。当沟底有地下水或含水量较大时，应采用级配砂石或天然砂回填至设计标高。超挖部分回填后应压实，其密实度应接近原地基天然土的密实度。

2.3.10　在湿陷性黄土地区，不宜在雨期施工，或在施工时切实排除沟内积水，开挖时应在槽底预留0.03~0.06m厚的土层进行压实处理。

2.3.11　沟底遇有废弃构筑物、硬石、木头、垃圾等杂物时必须清除，并应铺一层厚度不小于0.15m的砂土或素土，整平压实至设计标高。

2.3.12　对软土基及特殊性腐蚀土壤，应按设计要求处理。

2.3.13　当开挖难度较大时，应编制安全施工的技术措施，并向现场施工人员进行安全技术交底。

(3) 验收说明

1) 施工依据：《城镇燃气室内工程施工与质量验收规范》CJJ 94—2009，《家用燃气燃烧器具安装及验收规程》CJJ 12—2013，并制订专项施工方案、技术交底资料等。

2) 验收依据：《城镇燃气室内工程施工与质量验收规范》CJJ 94—2009，《家用燃气燃烧器具安装及验收规程》CJJ 12—2013，《建筑采暖卫生与煤气工程质量检验评定标准》GBJ 302—88，第8章室内燃气工程，第九章室外燃气工程。相应的现场验收检查记录。

3) 注意事项：

① 主控项目的质量经抽样检验均应合格；

② 一般项目的质量经抽样检验合格。当采用计数抽样时，合格点率应符合有关专业验收规范的规定，且不得存在严重缺陷；

③ 具有完整的施工操作依据、质量验收记录。

④ 本检验批的主控项目、一般项目已列入推荐表中，其具体内容及检查方法见一般规定及（2）条文摘录。

⑤ 黑体字的条文为强制性条文，必须严格执行，制订控制措施。

2. 引入管管道连接检验批质量验收记录

(1) 推荐表格

引入管管道连接检验批质量验收记录　　10010201_____

单位(子单位)工程名称			分部(子分部)工程名称			分项工程名称		
施工单位			项目负责人			检验批容量		
分包单位			分包单位项目负责人			检验批部位		
施工依据			验收依据			《城镇燃气室内工程施工与质量验收规范》CJJ 94—2009 《家用燃气燃烧器具安装及验收规程》CJJ 12—2013		
验收项目				设计要求及规范规定	最小/实际抽样数量	检查记录	检查结果	
主控项目	1	地下室、半地下室、设备层和地上密闭间引入管的规定		第4.2.1条	/			

验收项目			设计要求及规范规定	最小/实际抽样数量	检查记录	检查结果
主控项目	2	紧邻小区道路、楼门过道处引入管的规定	第4.2.2条	/		
	3	引入管道强度试验符合规范规定	第8.2.1条~8.2.5条	/		
一般项目	1	引入管与室外埋地PE管相连要求	第4.2.3条	/		
	2	引入管地下引入时的要求	第4.2.4条	/		
	3	引入管地上引入时的要求	第4.2.5条	/		
	4	输送湿燃气的引入管坡向室外	第4.2.6条	/		
施工单位检查结果		专业工长： 项目专业质量检查员： 年 月 日				
监理单位验收结论		专业监理工程师： 年 月 日				

（2）验收内容及检查方法条文摘录（CJJ 94—2009）

4.1 一般规定

4.1.1 室内燃气管道系统安装前应对管道组成件进行内外部清扫。

4.1.2 室内燃气管道施工前应满足下列要求：

1 施工图纸及有关技术文件应齐备；

2 施工方案应经过批准；

3 管道组成件和工具应齐备，且能保证正常施工；

4 燃气管道安装前的土建工程，应能满足管道施工安装的要求；

5 应对施工现场进行清理，清除垃圾、杂物。

4.1.3 在燃气管道安装过程中，未经原建筑设计单位的书面同意，不得在承重的梁、柱和结构缝上开孔，不得损坏建筑物的结构和防火性能。

4.1.4 当燃气管道穿越管沟、建筑物基础、墙和楼板时应符合下列要求：

1 燃气管道必须敷设于套管中，且宜与套管同轴；

2 套管内的燃气管道不得设有任何形式的连接接头（不含纵向或螺旋焊缝及经无损检测合格的焊接接头）；

3 套管与燃气管道之间的间隙应采用密封性能良好的柔性防腐、防水材料填实，套管与建筑物之间的间隙应用防水材料填实。

4.1.5 燃气管道穿过建筑物基础、墙和楼板所设套管的管径不宜小于表4.1.5的规定；高层建筑引入管穿越建筑物基础时，其套管管径应符合设计文件的规定。

4.1.6 燃气管道穿墙套管的两端应与墙面齐平；穿楼板套管的上端宜高于最终形成的地面 5cm，下端应与楼板底齐平。

表 4.1.5 燃气管道的套管公称尺寸

燃气管	DN10	DN15	DN20	DN25	DN32	DN40	DN50	DN65	DN80	DN100	DN150
套管	DN25	DN32	DN40	DN50	DN65	DN65	DN80	DN100	DN125	DN150	DN200

4.1.7 阀门的安装应符合下列要求：

1 阀门的规格、种类应符合设计文件的要求；

2 在安装前应对阀门逐个进行外观检查，并宜对引入管阀门进行严密性试验；

3 阀门的安装位置应符合设计文件的规定，且便于操作和维修，并宜对室外阀门采取安全保护措施；

4 寒冷地区输送湿燃气时，应按设计文件要求对室外引入管阀门采取保温措施；

5 阀门宜有开关指示标识，对有方向性要求的阀门，必须按规定方向安装；

6 阀门应在关闭状态下安装。

主 控 项 目

4.2.1 在地下室、半地下室、设备层和地上密闭房间以及地下车库安装燃气引入管道时应符合设计文件的规定；当设计文件无明确要求时，应符合下列规定：

1 引入管道应使用钢号为 10、20 的无缝钢管或具有同等及同等以上性能的其他金属管材；

2 管道的敷设位置应便于检修，不得影响车辆的正常通行，且应避免被碰撞；

3 管道的连接必须采用焊接连接。其焊缝外观质量应按现行国家标准《现场设备、工业管道焊接工程施工及验收规范》GB 50236 进行评定，M 级合格；焊缝内部质量检查应按现行国家标准《无损检测金属管道熔化焊环向对接接头射线照相检测》GB/T 12605 进行评定，Ⅱ级合格。

检查数量：100%检查。

检查方法：目视检查和查看无损检测报告。

4.2.2 紧邻小区道路（甬路）和楼门过道处的地上引入管设置的安全保护措施应符合设计文件要求。

检查数量：100%检查。

检查方法：目视检查和查阅设计文件。

8.2 强度试验

8.2.1 室内燃气管道强度试验的范围应符合下列规定：

1 明管敷设时，居民用户应为引入管阀门至燃气计量装置前阀门之间的管道系统；暗埋或暗封敷设时，居民用户应为引入管阀门至燃具接入管阀门（含阀门）之间的管道；

2 商业用户及工业企业用户应为引入管阀门至燃具接入管阀门（含阀门）之间的管道（含暗埋或暗封的燃气管道）。

8.2.2 待进行强度试验的燃气管道系统与不参与试验的系统、设备、仪表等应隔断，并应有明显的标志或记录，强度试验前安全泄放装置应已拆下或隔断。

8.2.3 进行强度试验前，管内应吹扫干净，吹扫介质宜采用空气或氮气，不得使用可燃气体。

8.2.4 强度试验压力应为设计压力的 1.5 倍且不得低于 0.1MPa。

8.2.5 强度试验应符合下列要求：

1 在低压燃气管道系统达到试验压力时，稳压不少于 0.5h 后，应用发泡剂检查所有接头，无渗漏、压力计量装置无压力降为合格；

2 在中压燃气管道系统达到试验压力时，稳压不少于 0.5h 后，应用发泡剂检查所有接头，无渗漏、压力计量装置无压力降为合格；或稳压不少于 1h，观察压力计量装置，无压力降为合格；

3 当中压以上燃气管道系统进行强度试验时，应在达到试验压力的 50% 时停止不少于 15min，用发泡剂检查所有接头，无渗漏后方可继续缓慢升压至试验压力并稳压不少于 1h 后，压力计量装置无压力降为合格。

一 般 项 目

4.2.3 当引入管埋地部分与室外埋地 PE 管相连时，其连接位置距建筑物基础不宜小于 0.5m，且应采用钢塑焊接转换接头。当采用法兰转换接头时，应对法兰及其紧固件的周围死角和空隙部分采用防腐胶泥填充进行过渡，进行防腐层施工前胶泥应干实。防腐层的种类和防腐等级应符合设计文件要求，接头钢质部分的防腐等级不应低于管道的防腐等级。

检查数量：100％检查。

检查方法：目视检查、针孔检漏仪检测。

4.2.4 当引入管采用地下引入时，应符合下列规定：

1 埋地引入管敷设的施工技术要求应符合国家现行标准《城镇燃气输配工程施工及验收规范》CJJ 33 的有关规定；

2 当引入管穿越建筑物基础或管沟时，燃气管道的套管管径应符合本规范第 4.1.5 条的规定；

3 埋地引入管的回填与路面恢复应符合国家现行标准《城镇燃气输配工程施工及验收规范》CJJ 33 的有关规定；

4 引入管室内部分宜靠实体墙固定。

检查数量：100％检查。

检查方法：目视检查或检查隐蔽工程记录。

4.2.5 当引入管采用地上引入时，应符合下列规定：

1 引入管升向地面的弯管应符合本规范第 4.3.17 条的规定；

2 引入管与建筑物外墙之间的净距应便于安装和维修，宜为 0.10～0.15m；

3 引入管上端弯曲处设置的清扫口宜采用焊接连接，焊缝外观质量应按现行国家标准《现场设备、工业管道焊接工程施工及验收规范》GB 50236 进行评定，01 级合格；

4 引入管保温层的材料、厚度及结构应符合设计文件的规定，保温层表面应平整，凹凸偏差不宜超过±2mm。

检查数量：抽查不少于 10％，且不少于 2 处，其中第 3 款检查数量为 100％检查。

检查方法：目视检查、测针测量保温层厚度、查验保温材料合格证。

4.2.6 输送湿燃气的引入管应坡向室外，其坡度宜大于或等于 0.01。

检查数量：抽查 10%，且不少于 2 处。

检查方法：尺量检查，必要时使用水平仪量测。

(3) 验收说明

1) 施工依据：《城镇燃气室内工程施工与质量验收规范》CJJ 94—2009，《家用燃气燃烧器具安装及验收规程》CJJ 12—2013，并制订专项施工方案、技术交底资料等。

2) 验收依据：《城镇燃气室内工程施工与质量验收规范》CJJ 94—2009，《家用燃气燃烧器具安装及验收规程》CJJ 12—2013，《建筑采暖卫生与煤气工程质量检验评定标准》GBJ 302—88，第 8 章室内燃气工程，第九章室外燃气工程。相应的现场验收检查记录。

3) 注意事项：

① 主控项目的质量经抽样检验均应合格；

② 一般项目的质量经抽样检验合格。当采用计数抽样时，合格点率应符合有关专业验收规范的规定，且不得存在严重缺陷；

③ 具有完整的施工操作依据、质量验收记录；

④ 本检验批的主控项目、一般项目已列入推荐表中，其具体内容及检查方法见一般规定及（2）条文摘录；

⑤ 黑体字的条文为强制性条文，必须严格执行，制订控制措施。

3. 引入管管道防腐检验批质量验收记录

(1) 推荐表格

引入管管道防腐检验批质量验收记录   10010301 _____

单位(子单位)工程名称			分部(子分部)工程名称			分项工程名称		
施工单位			项目负责人			检验批容量		
分包单位			分包单位项目负责人			检验批部位		
施工依据			验收依据		《城镇燃气室内工程施工与质量验收规范》CJJ 94—2009 《家用燃气燃烧器具安装及验收规程》CJJ 12—2013			
验收项目				设计要求及规范规定	最小/实际抽样数量	检查记录	检查结果	
一般项目	1	引入管防腐层的种类及防腐等级应符合设计要求		第,4.2.3 条	/			
	2	防腐层的预制		第 4.0.1 条	/			
	3	防腐层预制工厂进制		第 4.0.2 条	/			
	4	管材及附件防腐前检查		第 4.0.3 条	/			
	5	防腐材料的要求		第 4.0.4 条	/			
	6	防腐前管材表面处理		第 4.0.5 条	/			

	验收项目		设计要求及规范规定	最小/实际抽样数量	检查记录	检查结果
一般项目	7	除锈宜用喷射,并及时防腐	第4.0.6条	/		
	8	防腐施工及验收要求	第4.0.7条	/		
	9	防腐检查合格的管道应标注	第4.0.8条	/		
	10	防腐管道分类堆放	第4.0.9条	/		
	11	防腐的保护	第4.0.10条	/		
	12	防腐层的补涂	第4.0.11条	/		
施工单位检查结果			专业工长: 项目专业质量检查员: 年　月　日			
监理单位验收结论			专业监理工程师: 年　月　日			

(2) 验收内容及检查方法条文摘录

一般项目(CJJ 94)

4.2.3 当引入管埋地部分与室外埋地 PE 管相连时,其连接位置距建筑物基础不宜小于 0.5m,且应采用钢塑焊接转换接头。当采用法兰转换接头时,应对法兰及其紧固件的周围死角和空隙部分采用防腐胶泥填充进行过渡,进行防腐层施工前胶泥应干实。防腐层的种类和防腐等级应符合设计文件要求,接头钢质部分的防腐等级不应低于管道的防腐等级。

检查数量:100%检查。

检查方法:目视检查、针孔检漏仪检测。

钢质管道及管件的防腐 (CJJ 33)

4.0.1 管道防腐层的预制、施工过程中所涉及到的有关工业卫生和环境保护,应符合现行国家标准《涂装作业安全规程涂装前处理工艺安全》GB 7692 和《涂装作业安全规程涂装前处理工艺通风净化》GB 7693 的规定。

4.0.2 管材防腐宜统一在防腐车间(场、站)进行。

4.0.3 管材及管件防腐前应逐根进行外观检查和测量,并应符合下列规定:

1 钢管弯曲度应小于钢管长度的 0.2%,椭圆度应小于或等于钢管外径的 0.2%。

2 焊缝表面应无裂纹、夹渣、重皮、表面气孔等缺陷。

3 管材表面局部凹凸应小于 2mm。

4 管材表面应无斑疤、重皮和严重锈蚀等缺陷。

4.0.4 防腐前应对防腐原材料进行检查,有下列情况之一者,不得使用:

1 无出厂质量证明文件或检验证明;

2 出厂质量证明书的数据不全或对数据有怀疑,且未经复验或复验后不合格;

3 无说明书、生产日期和储存有效期。

4.0.5 防腐前钢管表面的预处理应符合国家现行标准《涂装前钢材表面预处理规范》SY/T 0407 和所使用的防腐材料对钢管除锈的要求。

4.0.6 管道宜采用喷（抛）射除锈。除锈后的钢管应及时进行防腐，如防腐前钢管出现二次锈蚀，必须重新除锈。

4.0.7 各种防腐材料的防腐施工及验收要求，应符合下列国家现行标准的规定：

1 《城镇燃气埋地钢质管道腐蚀控制技术规程》CJJ 95；

2 《埋地钢质管道石油沥青防腐层技术标准》SY/T 0420；

3 《埋地钢质管道环氧煤沥青防腐层技术标准》SY/T 0447；

4 《埋地钢质管道聚乙烯胶粘带防腐饿术标准》SY/T 0414；

5 《埋地钢质管道煤焦油瓷漆外防腐饿术标准》SY/T 0379；

6 《钢质管道熔结环氧粉末外涂层技术标准》SY/T 0315；

7 《钢质管道聚乙烯防腐层技术标准》SY/T 0413；

8 《埋地钢质管道牺牲阳极阴极保护设计规范》SY/T 0019；

9 《埋地钢质管道强制电流阴极保护设计规范》SY/T 0036。

4.0.8 经检查合格的防腐管道，应在防腐层上标明管道的规格、防腐等级、执行标准、生产日期和厂名等。

4.0.9 防腐管道应按防腐类型、等级和管道规格分类堆放，需固化的防腐涂层必须待防腐涂层固化后堆放。防腐层未实干的管道，不得回填。

4.0.10 做好防腐绝缘涂层的管道，在堆放、运输、安装时，必须采取有效措施，保证防腐涂层不受损伤。

4.0.11 补口、补伤、设备、管件及管道套管的防腐等级不得低于管体的防腐层等级。当相邻两管道为不同防腐等级时，应以最高防腐等级为补口标准。当相邻两管道为不同防腐材料时，补口材料的选择应考虑材料的相容性。

（3）验收说明

1）施工依据：《城镇燃气室内工程施工与质量验收规范》CJJ 94—2009，《家用燃气燃烧器具安装及验收规程》CJJ 12—2013，并制订专项施工方案、技术交底资料等。

2）验收依据：《城镇燃气室内工程施工与质量验收规范》CJJ 94—2009，《家用燃气燃烧器具安装及验收规程》CJJ 12—2013，《建筑采暖卫生与煤气工程质量检验评定标准》GBJ 302—88，第 8 章室内燃气工程，第九章室外燃气工程。相应的现场验收检查记录。

3）注意事项：

① 主控项目的质量经抽样检验均应合格；

② 一般项目的质量经抽样检验合格。当采用计数抽样时，合格点率应符合有关专业验收规范的规定，且不得存在严重缺陷；

③ 具有完整的施工操作依据、质量验收记录；

④ 本检验批的主控项目、一般项目已列入推荐表中，其具体内容及检查方法见一般规定及（2）条文摘录；

⑤ 黑体字的条文为强制性条文，必须严格执行，制订控制措施。

4. 引入管管沟回填检验批质量验收记录

（1）推荐表格

引入管管沟回填检验批质量验收记录　　10010401＿＿＿＿＿

单位(子单位) 工程名称		分部(子分部) 工程名称		分项工程名称	
施工单位		项目负责人		检验批容量	
分包单位		分包单位项目 负责人		检验批部位	
施工依据		验收依据	《城镇燃气室内工程施工与质量验收规范》 CJJ 94—2009 《家用燃气燃烧器具安装及验收规程》 CJJ 12—2013		

		验收项目	设计要求及 规范规定	最小/实际 抽样数量	检查记录	检查结果
一般 项目	1	引入管采用地下引入时回填的规定	第4.2.4条	/		
	2	覆土厚度应合标准规定	第4.2.7条 第10.2.20条	/		
	3	管道安装检查合格后,沟槽及时回填	第2.4.1条 第2.4.2条			
	4	回填土的质量要求	第2.4.3条	/		
	5	有支护时的回填要求	第2.4.4条	/		
	6	回填顺序	第2.4.5条			
	7	回填土分层夯实	第2.4.6条	/		
	8	填土后路面恢复	第2.4.7条			
	9	回填路面的基础、面层要求	第2.4.8条			
	10	回填路面恢复的其他要求	第2.4.9条	/		

施工单位 检查结果		专业工长: 项目专业质量检查员: 　　　　　　　　年　月　日
监理单位 验收结论		专业监理工程师: 　　　　　　　　年　月　日

（2）验收内容及检查方法条文摘录

一般项目（CJJ 94）

4.2.4　当引入管采用地下引入时,应符合下列规定:

540

1 埋地引入管敷设的施工技术要求应符合国家现行标准《城镇燃气输配工程施工及验收规范》CJJ33 的有关规定；

2 当引入管穿越建筑物基础或管沟时，燃气管道的套管管径应符合本规范第 4.1.5 条的规定；

3 埋地引入管的回填与路面恢复应符合国家现行标准《城镇燃气输配工程施工及验收规范》CJJ 33 的有关规定；

4 引入管室内部分宜靠实体墙固定。

检查数量：100％检查。

检查方法：目视检查或检查隐蔽工程记录。

4.2.7 引入管最小覆土厚度应符合现行国家标准《城镇燃气设计规范》GB 50028 的有关规定。

检查数量：100％检查。

检查方法：在施工过程中用尺量检查。

10.2.20 输送湿燃气的引入管，埋设深度应在土壤冰冻线以下，并宜有不小于 0.01 坡向室外管道的坡度。（GB 50028）

回填与路面恢复（CJJ 33）

2.4.1 管道主体安装检验合格后，沟槽应及时回填，但需留出未检验的安装接口。回填前，必须将槽底施工遗留的杂物清除干净。

对特殊地段，应经监理（建设）单位认可，并采取有效的技术措施，方可在管道焊接、防腐检验合格后全部回填。

2.4.2 不得采用冻土、垃圾、木材及软性物质回填。管道两侧及管顶以上 0.5m 内的回填土，不得含有碎石、砖块等杂物，且不得采用灰土回填。距管顶 0.5m 以上的回填土中的石块不得多于 10％、直径不得大于 0.1m，且均匀分布。

2.4.3 沟槽的支撑应在管道两侧及管顶以上 0.5m 回填完毕并压实后，在保证安全的情况下进行拆除，并应采用细砂填实缝隙。

2.4.4 沟槽回填时，应先回填管底局部悬空部位，再回填管道两侧。

2.4.5 回填土应分层压实，每层虚铺厚度宜为 0.2～0.3m，管道两侧及管顶以上 0.5m 内的回填土必须采用人工压实，管顶 0.5m 以上的回填土可采用小型机械压实，每层虚铺厚度宜为 0.25～0.4m。

2.4.6 回填土压实后，应分层检查密实度，并做好回填记录。沟槽各部位的密实度应符合下列要求（图 2.4.6）：

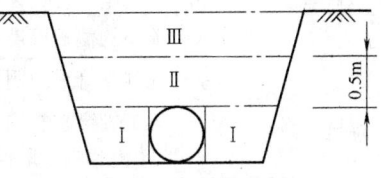

图 2.4.6　回填土断面图

1 对（Ⅰ）、（Ⅱ）区部位，密实度不应小于 90％；

2 对（Ⅲ）区部位，密实度应符合相应地面对密实度的要求。

2.4.7 沥青路面和混凝土路面的恢复，应由具备专业施工资质的单位施工。

2.4.8 回填路面的基础和修复路面材料的性能不应低于原基础和路面材料。

2.4.9 当地市政管理部门对路面恢复有其他要求时，应按当地市政管理部门的要求执行。

（3）验收说明

1）施工依据：《城镇燃气室内工程施工与质量验收规范》CJJ 94—2009，《家用燃气燃烧器具安装及验收规程》CJJ 12—2013，并制订专项施工方案、技术交底资料等。

2）验收依据：《城镇燃气室内工程施工与质量验收规范》CJJ 94—2009，《家用燃气燃烧器具安装及验收规程》CJJ 12—2013，《建筑采暖卫生与燃气工程质量检验评定标准》GBJ 302—88，第 8 章室内燃气工程，第九章室外燃气工程。相应的现场验收检查记录。

3）注意事项：

① 主控项目的质量经抽样检验均应合格；

② 一般项目的质量经抽样检验合格。当采用计数抽样时，合格点率应符合有关专业验收规范的规定，且不得存在严重缺陷；

③ 具有完整的施工操作依据、质量验收记录；

④ 本检验批的主控项目、一般项目已列入推荐表中，其具体内容及检查方法见一般规定及（2）条文摘录；

⑤ 黑体字的条文为强制性条文，必须严格执行，制订控制措施。

5. 引入管管道设施防护检验批质量验收记录

（1）推荐表格

<h3 style="text-align:center">引入管管道设施防护检验批质量验收记录</h3>

10010501 _____

单位（子单位）工程名称			分部（子分部）工程名称		分项工程名称		
施工单位			项目负责人		检验批容量		
分包单位			分包单位项目负责人		检验批部位		
施工依据			验收依据	《城镇燃气室内工程施工与质量验收规范》CJJ 94—2009 《家用燃气燃烧器具安装及验收规程》CJJ 12—2013			
验收项目				设计要求及规范规定	最小/实际抽样数量	检查记录	检查结果
主控项目	1	邻道路、楼门过道地上引入管设防护措施符合设计要求		第 4.2.2 条	/		
一般项目	1	引入管最小的覆土厚度符合设计要求		第 4.2.7 条	/		
	2	室外配气支管采取阴极保护措施		第 4.2.8 条	/		
	3	燃气管穿越管沟，基础，墙楼板时应采取保护措施		第,4.1.4 条	/		
	4	套管管径的要求		第 4.1.5 条	/		
施工单位检查结果		专业工长： 项目专业质量检查员： 年　月　日					
监理单位验收结论		专业监理工程师： 年　月　日					

(2) 验收内容及检查方法条文摘录

主控项目

4.2.2 紧邻小区道路（甬路）和楼门过道处的地上引入管设置的安全保护措施应符合设计文件要求。

检查数量：100%检查。

检查方法：目视检查和查阅设计文件。

一般项目

4.2.7 引入管最小覆土厚度应符合现行国家标准《城镇燃气设计规范》GB 50028 的有关规定。

检查数量：100%检查。

检查方法：在施工过程中用尺量检查。

4.2.8 当室外配气支管上采取阴极保护措施时，引入管的安装应符合下列规定：

1 引入管进入建筑物前应设绝缘装置；绝缘装置的形式宜采用整体式绝缘接头，应采取防止高压电涌破坏的措施，并确保有效；

2 进入室内的燃气管道应进行等电位联结。

检查数量：100%检查。

检查方法：目视检查及查看产品合格证。

4.1.4 当燃气管道穿越管沟、建筑物基础、墙和楼板时应符合下列要求：

1 燃气管道必须敷设于套管中，且宜与套管同轴；

2 套管内的燃气管道不得设有任何形式的连接接头（不含纵向或螺旋焊缝及经无损检测合格的焊接接头）；

3 套管与燃气管道之间的间隙应采用密封性能良好的柔性防腐、防水材料填实，套管与建筑物之间的间隙应用防水材料填实。

4.1.5 燃气管道穿过建筑物基础、墙和楼板所设套管的管径不宜小于表 4.1.5 的规定；高层建筑引入管穿越建筑物基础时，其套管管径应符合设计文件的规定。

表 4.1.5 燃气管道的套管公称尺寸

燃气管	DN10	DN15	DN20	DN25	DN32	DN40	DN50	DN65	DN80	DN100	DN150
套管	DN25	DN32	DN40	DN50	DN65	DN65	DN80	DN100	DN125	DN150	DN200

(3) 验收说明

1) 施工依据：《城镇燃气室内工程施工与质量验收规范》CJJ 94—2009，《家用燃气燃烧器具安装及验收规程》CJJ 12—2013，并制订专项施工方案、技术交底资料等。

2) 验收依据：《城镇燃气室内工程施工与质量验收规范》CJJ 94—2009，《家用燃气燃烧器具安装及验收规程》CJJ 12—2013，《建筑采暖卫生与煤气工程质量检验评定标准》GBJ 302—88，第 8 章室内燃气工程，第九章室外燃气工程。相应的现场验收检查记录。

3) 注意事项：

① 主控项目的质量经抽样检验均应合格；

② 一般项目的质量经抽样检验合格。当采用计数抽样时，合格点率应符合有关专业验收规范的规定，且不得存在严重缺陷；

③ 具有完整的施工操作依据、质量验收记录；

④ 本检验批的主控项目、一般项目已列入推荐表中，其具体内容及检查方法见一般规定及（2）条文摘录；

⑤ 黑体字的条文为强制性条文，必须严格执行，制订控制措施。

6. 引入管阴极保护系统安装与测试检验批质量验收记录

（1）推荐表格

引入管阴极保护系统安装与测试检验批质量验收记录 10010601 _____

单位(子单位) 工程名称			分部(子分部) 工程名称			分项工程名称	
施工单位			项目负责人			检验批容量	
分包单位			分包单位项目 负责人			检验批部位	
施工依据			验收依据		《城镇燃气室内工程施工与质量验收规范》 CJJ 94—2009 《家用燃气燃烧器具安装及验收规程》 CJJ 12—2013		
验收项目					设计要求及 规范规定	最小/实际 抽样数量	检查记录	检查结果
一般 项目	1	绝缘装置应确保有效			第4.2.8条(1)	/		
	2	燃气管道应进行等电位联结			第4.2.8条(2)	/		
施工单位 检查结果					专业工长： 项目专业质量检查员： 　　　　　年　月　日			
监理单位 验收结论					专业监理工程师： 　　　　　年　月　日			

（2）验收内容及检查方法条文摘录（CJJ 94）

一 般 项 目

4.2.8 当室外配气支管上采取阴极保护措施时，引入管的安装应符合下列规定：

1 引入管进入建筑物前应设绝缘装置；绝缘装置的形式宜采用整体式绝缘接头，应采取防止高压电涌破坏的措施，并确保有效；

2 进入室内的燃气管道应进行等电位联结。

检查数量：100%检查。

检查方法：目视检查及查看产品合格证。

（3）验收说明

1）施工依据：《城镇燃气室内工程施工与质量验收规范》CJJ 94—2009，《家用燃气燃烧器具安装及验收规程》CJJ 12—2013，并制订专项施工方案、技术交底资料等。

2）验收依据：《城镇燃气室内工程施工与质量验收规范》CJJ 94—2009，《家用燃气燃烧器具安装及验收规程》CJJ 12—2013，《建筑采暖卫生与煤气工程质量检验评定标准》GBJ 302—88，第8章室内燃气工程，第九章室外燃气工程。相应的现场验收检查记录。

3）注意事项：

① 主控项目的质量经抽样检验均应合格；

② 一般项目的质量经抽样检验合格。当采用计数抽样时，合格点率应符合有关专业验收规范的规定，且不得存在严重缺陷；

③ 具有完整的施工操作依据、质量验收记录。

④ 本检验批的主控项目、一般项目已列入推荐表中，其具体内容及检查方法见一般规定及（2）条文摘录。

⑤ 黑体字的条文为强制性条文，必须严格执行，制订控制措施。

7. 引入管调压装置安装检验批质量验收记录

（1）推荐表格

引入管调压装置安装检验批质量验收记录 10010701 _____

单位(子单位)工程名称			分部(子分部)工程名称		分项工程名称		
施工单位			项目负责人		检验批容量		
分包单位			分包单位项目负责人		检验批部位		
施工依据			验收依据	《城镇燃气室内工程施工与质量验收规范》CJJ 94—2009《家用燃气燃烧器具安装及验收规程》CJJ 12—2013			
验收项目			设计要求及规范规定	最小/实际抽样数量	检查记录	检查结果	
主控项目	1	调压装置安装符合设计要求	第7.3.1条	/			
	2	调压装置与燃气管道连接	第7.3.2条	/			
	3	燃烧器系统及调压装置性能规格、型号必须符合设计及供气源要求	第7.3.3条	/			
	4	调压装置安装环境、位置符合设计要求	第7.3.4条	/			
一般项目	1	调压装置的建筑物的耐火等级、设备接地、报警系统符合设计要求	第7.3.5条	/			
施工单位检查结果			专业工长：项目专业质量检查员：年 月 日				
监理单位验收结论			专业监理工程师：年 月 日				

（2）验收内容及检查方法条文摘录（CJJ 94)

主控项目

7.3.1　燃气锅炉和冷热水机组的燃气调压装置的安装应符合设计文件要求。

检查数量：100%检查。

检查方法：查阅设计文件。

7.3.2　调压装置与燃气管路的连接应符合本规范第4.3节的相关规定。

检查数量：100%检查。

检查方法：应符合本规范第4.3节的相关规定。

7.3.3　燃气锅炉和冷热水机组的燃烧器系统及调压装置的性能、规格、型号必须符合设计文件及所供气源的要求。

检查数量：100%检查。

检查方法：查阅设计文件、检查产品说明书和设备铭牌。

7.3.4　调压装置安装的环境、位置应符合设计文件的要求和现行国家标准《城镇燃气设计规范》GB 50028的相关规定。

检查数量：100%检查。

检查方法：查阅设计文件及相关标准。

一般项目

7.3.5　设置调压装置的建筑物的耐火等级、防雷装置、设备接地装置和报警系统应符合设计文件要求。

检查数量：100%检查。

检查方法：查阅设计文件、测试或查阅安装测试记录。

（3）验收说明

1）施工依据：《城镇燃气室内工程施工与质量验收规范》CJJ 94—2009，《家用燃气燃烧器具安装及验收规程》CJJ 12—2013，并制订专项施工方案、技术交底资料等。

2）验收依据：《城镇燃气室内工程施工与质量验收规范》CJJ 94—2009，《家用燃气燃烧器具安装及验收规程》CJJ 12—2013，《建筑采暖卫生与煤气工程质量检验评定标准》GBJ 302—88，第8章室内燃气工程，第九章室外燃气工程。相应的现场验收检查记录。

3）注意事项：

① 主控项目的质量经抽样检验均应合格；

② 一般项目的质量经抽样检验合格。当采用计数抽样时，合格点率应符合有关专业验收规范的规定，且不得存在严重缺陷；

③ 具有完整的施工操作依据、质量验收记录。

④ 本检验批的主控项目、一般项目已列入推荐表中，其具体内容及检查方法见一般规定及（2）条文摘录。

⑤ 黑体字的条文为强制性条文，必须严格执行，制订控制措施。

第三节　室内燃气管道安装子分部工程检验批质量验收记录

1. 室内燃气管道及管道附件安装检验批质量验收记录

（1）推荐表格

室内燃气管道及管道附件安装检验批质量验收记录 10020101 _____

单位(子单位) 工程名称		分部(子分部) 工程名称		分项工程名称	
施工单位		项目负责人		检验批容量	
分包单位		分包单位项目 负责人		检验批部位	
施工依据		验收依据	《城镇燃气室内工程施工与质量验收规范》 CJJ 94—2009 《家用燃气燃烧器具安装及验收规程》 CJJ 12—2013		

		验收项目	设计要求及 规范规定	最小/实际 抽样数量	检查记录	检查结果
主控项目	1	管道强度试验符合规范规定	第8.2节	/		
	2	管道严密性试验符合规范规定	第8.3节	/		
	3	管道连接方式符合设计要求	第4.3.6节	/		
	4	钢质管道焊接	第4.3.7条	/		
	5	钢管焊接质量检验	第4.3.8条	/		
	6	法兰焊接及焊缝检验	第4.3.9条	/		
	7	铜管接头及焊接工艺规定	第4.3.10条	/		
	8	铝塑复合管连接规定	第4.3.11条	/		
	9	可燃气检测报警器与燃具、 阀门的水平距离	第4.3.12条	/		
	10	燃气管道严禁作为接地导体或电极	第4.3.13条	/		
	11	外墙明敷室内燃气管道位置应防雷击、 应符合设计要求、电阻值不大于10Ω	第4.3.14条	/		
一般项目	1	建筑物外敷设的燃气管道 应符合规范规定	第4.3.15条	/		
	2	管子切口应符合规范规定	第4.3.16条	/		
	3	管子现场弯制应符合规范规定	第4.3.17条	/		
	4	法兰连接应符合规范规定	第4.3.18条	/		
	5	螺纹连接应符合规范规定	第4.3.19条	/		
	6	室内明设或暗封形式敷设的燃气管道与 装饰后墙面的净距离要求	第4.3.20条	/		
	7	管道竖井的燃气管道安装	第4.3.21条	/		
	8	铝塑复合管的安装	第4.3.23条	/		
	9	燃气管道与燃具之间软管连接	第4.3.24条	/		
	10	主管安装的垂直度要求	第4.3.25条	/		
	11	燃气管与电气设备相邻管道、 设备平行最小、交叉净距	第4.3.26条	/		
	12	燃气管、铝塑复合管及阀门安装允许偏差	第4.3.28条	/		
	13	室内燃气管道的除锈、防腐和涂漆	第4.3.31条	/		

施工单位 检查结果	专业工长： 项目专业质量检查员： 年　月　日
监理单位 验收结论	专业监理工程师： 年　月　日

（2）验收内容及检查方法条文摘录（CJJ 94—2009）

4.1　一般规定

4.3.1　燃气室内工程使用的管道组成件应按设计文件选用；当设计文件无明确规定时，应符合现行国家标准《城镇燃气设计规范》GB 50028 的有关规定，并应符合下列规定：

1　当管子公称尺寸小于或等于 DN50，且管道设计压力为低压时，宜采用热镀锌钢管和镀锌管件；

2　当管子公称尺寸大于 DN50 时，宜采用无缝钢管或焊接钢管；

3　铜管宜采用牌号为 TP2 的铜管及铜管件；当采用暗埋形式敷设时，应采用塑覆铜管或包有绝缘保护材料的铜管；

4　当采用薄壁不锈钢管时，其厚度不应小于 0.6mm；

5　不锈钢波纹软管的管材及管件的材质应符合国家现行相关标准的规定；

6　薄壁不锈钢管和不锈钢波纹软管用于暗埋形式敷设或穿墙时，应具有外包覆层；

7　当工作压力小于 10kPa，且环境温度不高于 60℃时，可在户内计量装置后使用燃气用铝塑复合管及专用管件。

4.3.2　当室内燃气管道的敷设方式在设计文件中无明确规定时，宜按表 4.3.2 选用。

表 4.3.2　室内燃气管道敷设方式

管道材料	明设管道	暗埋管道	
		暗封形式	暗埋形式
热镀锌钢管	应	可	—
无缝钢管	应	可	—
钢管	应	可	可
薄壁不锈钢钢管	应	可	可
不锈钢波纹软管	可	可	可
燃气用铝塑复合管	可	可	可

注：表中"—"表示不推荐。

4.3.3　室内燃气管道的连接应符合下列要求：

1　公称尺寸不大于 DN50 的镀锌钢管应采用螺纹连接；当必须采用其他连接形式时，应采取相应的措施；

2　无缝钢管或焊接钢管应采用焊接或法兰连接；

3　铜管应采用承插式硬钎焊连接，不得采用对接钎焊和软钎焊；

4　薄壁不锈钢管应采用承插氩弧焊式管件连接或卡套式、卡压式、环压式等管件机械连接；

5　不锈钢波纹软管及非金属软管应采用专用管件连接；

6　燃气用铝塑复合管应采用专用的卡套式、卡压式连接方式。

4.3.4　燃气管子的切割应符合下列规定：

1　碳素钢管宜采用机械方法或氧-可燃气体火焰切割；

2　薄壁不锈钢管应采用机械或等离子弧方法切割；当采用砂轮切割或修磨时，应使用专用砂轮片；

3　铜管应采用机械方法切割；

4　不锈钢波纹软管和燃气用铝塑复合管应使用专用管剪切割。

4.3.5　燃气管道采用的支撑形式宜按表4.3.5选择，高层建筑室内燃气管道的支撑形式应符合设计文件的规定。

表4.3.5　燃气管道采用的支撑形式

公称尺寸	砖砌墙壁	混凝土制墙板	石膏空心墙板	木结构墙	楼板
$DN15\sim DN20$	管卡	管卡	管卡、夹壁管卡	管卡	吊架
$DN25\sim DN40$	管卡、托架	管卡、托架	夹壁管卡	管卡	吊架
$DN50\sim DN65$	管卡、托架	管卡、托架	夹壁托架	管卡、托架	吊架
$>DN65$	托架托架	托架	不得依赖	托架	吊架

主 控 项 目

8.2　强度试验（CJJ 94）

8.2.1　室内燃气管道强度试验的范围应符合下列规定：

1　明管敷设时，居民用户应为引入管阀门至燃气计量装置前阀门之间的管道系统；暗埋或暗封敷设时，居民用户应为引入管阀门至燃具接入管阀门（含阀门）之间的管道；

2　商业用户及工业企业用户应为引入管阀门至燃具接入管阀门（含阀门）之间的管道（含暗埋或暗封的燃气管道）。

8.2.2　待进行强度试验的燃气管道系统与不参与试验的系统、设备、仪表等应隔断，并应有明显的标志或记录，强度试验前安全泄放装置应已拆下或隔断。

8.2.3　进行强度试验前，管内应吹扫干净，吹扫介质宜采用空气或氮气，不得使用可燃气体。

8.2.4　强度试验压力应为设计压力的1.5倍且不得低于0.1MPa。

8.2.5　强度试验应符合下列要求：

1　在低压燃气管道系统达到试验压力时，稳压不少于0.5h后，应用发泡剂检查所有接头，无渗漏、压力计量装置无压力降为合格；

2　在中压燃气管道系统达到试验压力时，稳压不少于0.5h后，应用发泡剂检查所有接头，无渗漏、压力计量装置无压力降为合格；或稳压不少于1h，观察压力计量装置，无压力降为合格；

3　当中压以上燃气管道系统进行强度试验时，应在达到试验压力的50%时停止不少于15min，用发泡剂检查所有接头，无渗漏后方可继续缓慢升压至试验压力并稳压不少于1h后，压力计量装置无压力降为合格。

8.3　严密性试验（CJJ 94）

8.3.1　严密性试验范围应为引入管阀门至燃具前阀门之间的管道。通气前还应对燃具前阀门至燃具之间的管道进行检查。

8.3.2　室内燃气系统的严密性试验应在强度试验合格之后进行。

8.3.3 严密性试验应符合下列要求：

1 低压管道系统

试验压力应为设计压力且不得低于 **5kPa**。在试验压力下，居民用户应稳压不少于 **15min**，商业和工业企业用户应稳压不少于 **30min**，并用发泡剂检查全部连接点，无渗漏、压力计无压力降为合格。

当试验系统中有不锈钢波纹软管、覆塑铜管、铝塑复合管、耐油胶管时，在试验压力下的稳压时间不宜小于 **1h**，除对各密封点检查外，还应对外包覆层端面是否有渗漏现象进行检查。

2 中压及以上压力管道系统

试验压力应为设计压力且不得低于 **0.1MPa**。在试验压力下稳压不得少于 **2h**，用发泡剂检查全部连接点，无渗漏、压力计量装置无压力降为合格。

8.3.4 低压燃气管道严密性试验的压力计量装置应采用 U 形压力计。

4.3.6 燃气管道的连接方式应符合设计文件的规定。当设计文件无明确规定时，设计压力大于或等于 10kPa 的管道以及布置在地下室、半地下室或地上密闭空间内的管道，除采用加厚的低压管或与专用设备进行螺纹或法兰连接以外，应采用焊接的连接方式。

检查数量：100％检查。

检查方法：目视检查和查阅设计文件。

4.3.7 钢质管道的焊接应符合下列规定：

1 管子与管件的坡口与组对

1）管子与管件的坡口形式和尺寸应符合设计文件的规定，当设计文件无明确规定时，应符合现行国家标准《现场设备、工业管道焊接工程施工及验收规范》GB 50236 和本规范附录 B 的规定；

2）管子与管件的坡口及其内、外表面的清理应符合现行国家标准《工业金属管道工程施工及验收规范》GB 50235 的规定；

3）等壁厚对接焊件内壁应齐平，内壁错边量不应大于 1mm；

4）当不等壁厚对接焊件组对且其内壁错边量大于 1mm 或外壁错边量大于 3mm 时，应按现行国家标准《工业金属管道工程施工及验收规范》GB 50235 的规定进行修整。

2 钢质管道宜采用手工电弧焊或手工钨极氩弧焊焊接，当公称尺寸小于或等于 DN40 时，也可采用氧-可燃气体焊接；

3 焊条（料）、焊丝、焊剂的选用

1）焊条（料）、焊丝、焊剂的选用应符合设计文件的规定，当设计文件无规定时，应按现行国家标准《现场设备、工业管道焊接工程施工及验收规范》GB 50236 的规定选用；

2）严禁使用药皮脱落或不均匀、有气孔、裂纹、生锈或受潮的焊条。

4 管道的焊接工艺要求

1）管道的焊接应符合现行国家标准《现场设备、工业管道焊接工程施工及验收规范》GB 50236 的有关规定；

2）管子焊接时，应采取防风措施；

3）焊缝严禁强制冷却。

5 在管道上开孔接支管时，开孔边缘距管道环焊缝不应小于 100mm；当小于

100mm 时，应对环焊缝进行射线探伤检测，且质量不应低于现行国家标准《无损检测金属管道熔化焊环向对接接头射线照相检测方法》GB/T 12605 中的Ⅲ级；管道环焊缝与支架、吊架边缘之间的距离不应小于 50mm；

6 管道对接焊缝质量应符合设计文件的要求，当设计文件无明确要求时应符合下列要求：

1）焊后应将焊缝表面及其附近的药皮、飞溅物清除干净，然后进行焊缝外观检查；

2）焊缝外观质量不应低于现行国家标准《现场设备、工业管道焊接工程施工及验收规范》GB 50236 中的Ⅲ级焊缝质量标准；

3）对接焊缝内部质量采用射线探伤检测时，其质量不应低于现行国家标准《无损检测金属管道熔化焊环向对接接头射线照相检测方法》GB/T 12605 中的Ⅲ级焊缝质量标准。

检查数量：当管道明设或暗封敷设时，焊缝外观质量应 100％检查，焊缝内部质量的检查比例不少于 5％且不少于 1 个连接部位。当管道暗埋敷设时，焊缝外观和内部质量应 100％检查。

检查方法：焊缝外观检查采用目视检查或焊缝检查尺检查；焊缝内部质量检查查看无损检测报告。

4.3.8 钢管焊接质量检验不合格的部位必须返修至合格。设计文件要求对焊缝质量进行无损检测时，对检验出现不合格的焊缝，应按下列规定检验与评定：

1 每出现一道不合格焊缝，应再抽检两道该焊工所焊的同一批焊缝，当这两道焊缝均合格时，应认为检验所代表的这一批焊缝合格；

2 当第二次抽检仍出现不合格焊缝时，每出现一道不合格焊缝应再抽检两道该焊工所焊的同一批焊缝，再次检验的焊缝均合格时，可认为检验所代表的这一批焊缝合格；

3 当仍出现不合格焊缝时，应对该焊工所焊全部同批的焊缝进行检验并应对其他批次的焊缝加大检验比例。

检查数量：100％检查。

检查方法：查看检查记录和无损检测报告。

4.3.9 法兰焊接结构及焊缝成型应符合国家现行标准《管路法兰技术条件》JB/T 74 的有关规定。

检查数量：抽查比例不少于 10％，且不少于 1 对法兰。

检查方法：目视检查和焊缝检查尺量测。

4.3.10 铜管接头和焊接工艺应按现行国家标准《铜管接头》GB/T 11618 执行，铜管的钎焊连接应符合下列规定：

1 钎焊前，应除去钎焊处铜管外壁与管件内壁表面的污物及氧化物；

2 钎焊前，应将铜管插入端与承口处的间隙调整均匀；

3 钎料宜选用含磷脱氧元素的铜基无银或低银钎料，铜管之间钎焊时可不添加钎焊剂，但与铜合金管件钎焊时，应添加钎焊剂；

4 钎焊时应均匀加热被焊铜管及接头，当达到钎焊温度时加人钎料，应使钎料均匀渗入承插口的间隙内，加热温度宜控制在 645～790℃之间，钎料填满间隙后应停止加热，保持静止冷却，然后将钎焊部位清理干净；

5 钎焊后必须进行外观检查，钎焊缝应圆滑过渡，钎焊缝表面应光滑，不得有较大焊瘤及铜管件边缘熔融等缺陷。

检查数量：100％钎焊缝。

检查方法：目视检查。

4.3.11 铝塑复合管的连接应符合下列规定：

1 铝塑复合管的质量应符合现行国家标准《铝塑复合压力管》GB/T 18997 的规定。铝塑复合管连接管件的质量应符合国家现行标准《铝塑复合管用卡压式管件》CJ/T 190 和《铝塑复合管用卡套式铜制管接头》CJ/T 111 的规定。并应附有质量合格证书；

2 连接用的管件应与管材配套，并应用专用工具进行操作；

3 应使用专用刮刀将管口处的聚乙烯内层削坡口，坡角为 20°～30°，深度为 1.0～1.5mm，且应用清洁的纸或布将坡口残屑擦干净；

4 连接时应将管口整圆，并修整管口毛刺，保证管口端面与管轴线垂直。

检查数量：100％检查。

检查方法：目视检查。

4.3.12 可燃气体检测报警器与燃具或阀门的水平距离应符合下列规定：

1 当燃气相对密度比空气轻时，水平距离应控制在 0.5～8.0m 范围内，安装高度应距屋顶 0.3m 之内，且不得安装于燃具的正上方；

2 当燃气相对密度比空气重时，水平距离应控制在 0.5～4.0m 范围内，安装高度应距地面 0.3m 以内。

检查比例：100％检查。

检查方法：目视检查及尺量检查。

4.3.13 室内燃气管道严禁作为接地导体或电极。

检查比例：100％检查。

检查方法：目视检查。

4.3.14 沿屋面或外墙明敷的室内燃气管道，不得布置在屋面上的檐角、屋檐、屋脊等易受雷击部位。当安装在建筑物的避雷保护范围内时，应每隔 25m 至少与避雷网采用直径不小于 8mm 的镀锌圆钢进行连接，焊接部位应采取防腐措施，管道任何部位的接地电阻值不得大于 10Ω；当安装在建筑物的避雷保护范围外时，应符合设计文件的规定。

检查比例：100％检查。

检查方法：目视检查和接地摇表测试。

一 般 项 目

4.3.15 在建筑物外敷设的燃气管道应符合下列规定：

1 沿外墙敷设的中压燃气管道当采用焊接的方法进行连接时，应采用射线检测的方法进行焊缝内部质量检测。当检测比例设计文件无明确要求时，不应少于 5％，其质量不应低于现行国家标准《无损检测金属管道熔化焊环向对接接头射线照相检测方法》GB/T 12605 中的Ⅲ级。焊缝外观质量不应低于现行国家标准《现场设备、工业管道焊接工程施工及验收规范》GB 50236 中的Ⅲ级。

2 沿外墙敷设的燃气管道距公共或住宅建筑物门、窗洞口的间距应符合现行国家标准《城镇燃气设计规范》GB 50028 的规定。

3 管道外表面应采取耐候型防腐措施，必要时应采取保温措施。

4 在建筑物外敷设燃气管道，当与其他金属管道平行敷设的净距小于 100mm 时，每 30m 之间至少应采用截面积不小于 $6mm^2$ 的铜绞线将燃气管道与平行的管道进行跨接。

5 当屋面管道采用法兰连接时，在连接部位的两端应采用截面积不小于 $6mm^2$ 的金属导线进行跨接；当采用螺纹连接时，应使用金属导线跨接。

检查数量：按本条第 1 款的规定执行；其余（保温除外）100％检查；当燃气管道有保温时，保温检查数量，抽查不应少于 10％，且不得少于 2 处。

检查方法：目视检查，检查无损检测报告及钢管质量证明书。

4.3.16 管子切口应符合下列规定：

1 切口表面应平整，无裂纹、重皮、毛刺、凹凸、缩口、熔渣等缺陷；

2 切口端面（切割面）倾斜偏差不应大于管子外径的 1％，且不得超过 3mm；凹凸误差不得超过 1mm；

3 应对不锈钢波纹软管、燃气用铝塑复合管的切口进行整圆。不锈钢波纹软管的外保护层，应按有关操作规程使用专用工具进行剥离后，方可连接。

检查数量：抽查 5％。

检查方法：目视检查，尺量检查。

4.3.17 管子的现场弯制除应符合现行国家标准《工业金属管道工程施工及验收规范》GB 50235 的有关规定外，还应符合下列规定：

1 弯制时应使用专用弯管设备或专用方法进行；

2 焊接钢管的纵向焊缝在弯制过程中应位于中性线位置处；

3 管子最小弯曲半径和最大直径、最小直径差值与弯管前管子外径的比率应符合表 4.3.17 的规定。

表 4.3.17 管子最小弯曲半径和最大直径、最小直径的差值与弯管前管子外径的比率

	钢管	铜管	不锈钢管	铝塑复合管
最小弯曲半径	$3.5D_0$	$3.5D_0$	$3.5D_0$	$5D_0$
弯管的最大直径与最小直径的差与弯管前管子外径之比率	8％	9％	—	—

注：D_0 为管子的外径。

检查数量：100％检查。

检查方法：尺量和目视检查。

4.3.18 法兰连接应符合国家现行标准的有关规定，并应符合下列规定：

1 在进行法兰连接前，应检查法兰密封面及密封垫片，不得有影响密封性能的缺陷；

2 法兰的安装位置应便于检修，不得紧贴墙壁、楼板和管道支架；

3 法兰连接应与管道同心，法兰螺孔应对正，管道与设备、阀门的法兰端面应平行，不得用螺栓强力对口；

4 法兰垫片尺寸应与法兰密封面相匹配，垫片安装应端正，在一个密封面中严禁使用 2 个或 2 个以上的法兰垫片；当设计文件对法兰垫片无明确要求时，宜采用聚四氟乙烯垫片或耐油石棉橡胶垫片，使用前宜将耐油石棉橡胶垫片用机油浸泡；

5 不锈钢法兰使用的非金属垫片，其氯离子含量不得超过 50×10^{-6}；

6 应使用同一规格的螺栓，安装方向应一致，螺母紧固应对称、均匀；螺母紧固后螺栓的外露螺纹宜为 $1\sim3$ 扣，并应进行防锈处理；

7 法兰焊接检验合格后，方可与相关设备进行连接。

检查数量：抽查比例不小于 10%，且不少于 2 对法兰。

检查方法：目视检查。

4.3.19 螺纹连接应符合下列规定：

1 钢管在切割或攻制螺纹时，焊缝处出现开裂，该钢管严禁使用；

2 现场攻制的管螺纹数宜符合表 4.3.19 的规定：

表 4.3.19 现场攻制的管螺纹数

管子公称尺寸 d_n	$d_n\leqslant DN20$	$DN20<d_n\leqslant DN50$	$DN50<d_n\leqslant DN65$	$DN65<d_n\leqslant DN100$
螺纹数	$9\sim11$	$10\sim12$	$11\sim13$	$12\sim14$

3 钢管的螺纹应光滑端正，无斜丝、乱丝、断丝或脱落，缺损长度不得超过螺纹数的 10%；

4 管道螺纹接头宜采用聚四氟乙烯胶带做密封材料，当输送湿燃气时，可采用油麻丝密封材料或螺纹密封胶；

5 拧紧管件时，不应将密封材料挤入管道内，拧紧后应将外露的密封材料清除干净；

6 管件拧紧后，外露螺纹宜为 $1\sim3$ 扣，钢制外露螺纹应进行防锈处理；

7 当铜管与球阀、燃气计量表及螺纹连接的管件连接时，应采用承插式螺纹管件连接；弯头、三通可采用承插式铜管件或承插式螺纹连接件。

检查数量：抽查比例不小于 10%。

检查方法：目视检查。

4.3.20 室内明设或暗封形式敷设的燃气管道与装饰后墙面的净距，应满足维护、检查的需要并宜符合表 4.3.20 的要求；铜管、薄壁不锈钢管、不锈钢波纹软管和铝塑复合管与墙之间净距应满足安装的要求。

表 4.3.20 室内燃气管道与装饰后墙面的净距

管子公称尺寸	$<DN25$	$DN25\sim DN40$	$DN50$	$>DN50$
与墙净距(mm)	$\geqslant30$	$\geqslant50$	$\geqslant70$	$\geqslant90$

检查数量：抽查比例不小于 5%。

检查方法：尺量检查。

4.3.21 敷设在管道竖井内的燃气管道的安装应符合下列规定：

1 管道安装宜在土建及其他管道施工完毕后进行；

2 当管道穿越竖井内的隔断板时，应加套管；套管与管道之间应有不小于 10mm 的间隙；

3 燃气管道的颜色应明显区别于管道井内的其他管道，宜为黄色；

4 燃气管道与相邻管道的距离应满足安装和维修的需要；

5 敷设在竖井内的燃气管道的连接接头应设置在距该层地面 1.0～1.2m 处。

检查数量：抽查比例不小于 20%。

检查方法：目视检查和尺量检查。

4.3.23 铝塑复合管的安装应符合下列规定：

1 不得敷设在室外和有紫外线照射的部位；

2 公称尺寸小于或等于 DN20 的管子，可以直接调直；公称尺寸大于或等于 DN25 的管子，宜在地面压直后进行调直；

3 管道敷设的位置应远离热源；

4 灶前管与燃气灶具的水平净距不得小于 0.5m，且严禁在灶具正上方；

5 阀门应固定，不应将阀门自重和操作力矩传递至铝塑复合管。

检查数量：100% 检查灶前管与燃气灶具的水平净距。

检查方法：尺量检查、目视检查。

4.3.24 燃气管道与燃具之间用软管连接时应符合设计文件的规定，并应符合以下要求：

1 软管与管道、燃具的连接处应严密，安装应牢固；

2 当软管存在弯折、拉伸、龟裂、老化等现象时不得使用；

3 当软管与燃具连接时，其长度不应超过 2m，并不得有接口；

4 当软管与移动式的工业用气设备连接时，其长度不应超过 30m，接口不应超过 2 个；

5 软管应低于灶具面板 30mm 以上；

6 软管在任何情况下均不得穿过墙、楼板、顶棚、门和窗；

7 非金属软管不得使用管件将其分成两个或多个支管。

检查数量：100% 检查。

检查方法：目视检查，尺量检查。

4.3.25 立管安装应垂直，每层偏差不应大于 3mm/m 且全长不大于 20mm。当因上层与下层墙壁壁厚不同而无法垂于一线时，宜做乙字弯进行安装。当燃气管道垂直交叉敷设时，大管宜置于小管外侧。

检查数量：抽查比例不小于 5%。

检查方法：目视检查，尺量（吊线）检查。

4.3.26 当室内燃气管道与电气设备、相邻管道、设备平行或交叉敷设时，其最小净距应符合表 4.3.26 的要求。

检查数量：抽查比例不小于 10%。

检查方法：尺量检查，目视检查。

表 4.3.26 室内燃气管道与电气设备、相邻管道、设备之间的最小净距（cm）

名称		平行敷设	交叉敷设
电气设备	明装的绝缘电线或电缆	25	10
	暗装或管内绝缘电线	5（从所作的槽或管子的边缘算起）	1

名称		平行敷设	交叉敷设
电气设备	电插座、电源开关	15	不允许
	电压小于 1000V 的裸露电线	100	100
	配电盘、配电箱或电表	30	不允许
相邻管道		应保证燃气管道、相邻管道的安装、检查和维修	2
燃具		主立管与燃具水平净距不应小于 30cm;灶前管与燃具水平净距不得小于 20cm;当燃气管道在燃具上方通过时,应位于抽油烟机上方,且与燃具的垂直净距应大于 100cm	

注：1 当明装电线加绝缘套管且套管的两端各伸出燃气管道 10cm 时,套管与燃气管道的交叉净距可降至 1cm;

2 当布置确有困难时,采取有效措施后可适当减小净距;

3 灶前管不含铝塑复合管。

4.3.28 室内燃气钢管、铝塑复合管及阀门安装后的允许偏差和检验方法宜符合表 4.3.28 的规定,检查数量应符合下列规定:

表 4.3.28 室内燃气管道安装后检验的允许偏差和检验方法

项目			允许偏差
标高			±10mm
水平管道纵横方向弯曲	钢管	管径小于或等于 DN100	2mm/m 且≤13mm
		管径大于 DN100	3mm/m 且≤25mm
	铝塑复合管		1.5mm/m 且≤25mm
立管垂直度	钢管		3mm/m 且≤8mm
	铝塑复合管		2mm/m 且≤8mm
引入管阀门	阀门中心距地面		±15mm
管道保温	厚度(δ)		$+0.1\delta$ -0.05δ
	表面不整度	卷材或板材	±2mm
		涂抹或其他	±2mm

1 管道与墙面的净距,水平管的标高:检查管道的起点、终点,分支点及变方向点间的直管段,不应少于 5 段;

2 纵横方向弯曲:按系统内直管段长度每 30m 应抽查 2 段,不足 30m 的不应少于 1

段；有分隔墙的建筑，以隔墙为分段数，抽查 5%，且不应少于 5 段；

3 立管垂直度：一根立管为一段，两层及两层以上按楼层分段，各抽查 5%，但均不应少于 10 段；

4 引入管阀门：100%检查；

5 其他阀门：抽查 10%，且不应少于 5 个；

6 管道保温：每 20m 抽查 1 处，且不应少于 5 处。

检查方法：目视检查，水平尺、直尺、拉线、吊线等尺量检查。

4.3.31 室内燃气管道的除锈、防腐及涂漆应符合下列规定：

1 室内明设钢管、暗封形式敷设的钢管及其管道附件连接部位的涂漆，应在检查、试压合格后进行；

2 非镀锌钢管、管件表面除锈应符合现行国家标准《涂装前钢材表面锈蚀等级和除锈等级》GB 8923 中规定的不低于 St2 级的要求；

3 钢管及管道附件涂漆的要求

1）非镀锌钢管：应刷两道防锈底漆、两道面漆；

2）镀锌钢管：应刷两道面漆；

3）面漆颜色应符合设计文件的规定；当设计文件未明确规定时，燃气管道宜为黄色；

4）涂层厚度、颜色应均匀。

检查数量：抽查 5%。

检查方法：目视检查、查阅设计文件。

（3）验收说明

1）施工依据：《城镇燃气室内工程施工与质量验收规范》CJJ 94—2009，《家用燃气燃烧器具安装及验收规程》CJJ 12—2013，并制订专项施工方案、技术交底资料等。

2）验收依据：《城镇燃气室内工程施工与质量验收规范》CJJ 94—2009，《家用燃气燃烧器具安装及验收规程》CJJ 12—2013，《建筑采暖卫生与煤气工程质量检验评定标准》GBJ 302—88，第 8 章室内燃气工程，第九章室外燃气工程。相应的现场验收检查记录。

3）注意事项：

① 主控项目的质量经抽样检验均应合格；

② 一般项目的质量经抽样检验合格。当采用计数抽样时，合格点率应符合有关专业验收规范的规定，且不得存在严重缺陷；

③ 具有完整的施工操作依据、质量验收记录；

④ 本检验批的主控项目、一般项目已列入推荐表中，其具体内容及检查方法见一般规定及（2）条文摘录；

⑤ 黑体字的条文为强制性条文，必须严格执行，制订控制措施。

2. 室内燃气管道暗埋或暗封管道及其附件安装检验批质量验收记录

（1）推荐囊格

室内燃气管道暗埋或暗封管道及其附件安装检验批质量验收记录

10020201_____

单位(子单位) 工程名称			分部(子分部) 工程名称			分项工程名称		
施工单位			项目负责人			检验批容量		
分包单位			分包单位项目 负责人			检验批部位		
施工依据			验收依据		《城镇燃气室内工程施工与质量验收规范》 CJJ 94—2009 《家用燃气燃烧器具安装及验收规程》 CJJ 12—2013			
验收项目				设计要求及 规范规定	最小/实际 抽样数量	检查记录		检查结果
主控 项目	1	燃气管道连接方式应符合设计规定		第4.3.6条	/			
	2	检测报警器、燃具、阀门距离规定		第4.3.12条	/			
	3	燃气管道严禁接地导体		第4.3.13条	/			
	4	燃气管道强度试验		第8.2节	/			
	5	燃气管道严密性试验		第8.3节	/			
一般 项目	1	燃气管道与墙面的净距		第4.3.20条	/			
	2	竖井内管道安装规定		第4.3.21条	/			
	3	暗埋式敷管的要求		第4.3.22条	/			
施工单位 检查结果			专业工长： 项目专业质量检查员： 　　　　年　月　日					
监理单位 验收结论			专业监理工程师： 　　　　年　月　日					

(2) 验收内容及检查方法条文摘录

室内燃气管道安装的一般规定（CJJ 94）

4.1.1 室内燃气管道系统安装前应对管道组成件进行内外部清扫。

4.1.2 室内燃气管道施工前应满足下列要求：

1 施工图纸及有关技术文件应齐备；

2 施工方案应经过批准；

3 管道组成件和工具应齐备，且能保证正常施工；

4 燃气管道安装前的土建工程，应能满足管道施工安装的要求；

5 应对施工现场进行清理，清除垃圾、杂物。

4.1.3 在燃气管道安装过程中，未经原建筑设计单位的书面同意，不得在承重的梁、柱和结构缝上开孔，不得损坏建筑物的结构和防火性能。

4.1.4 当燃气管道穿越管沟、建筑物基础、墙和楼板时应符合下列要求：

1 燃气管道必须敷设于套管中，且宜与套管同轴；

2 套管内的燃气管道不得设有任何形式的连接接头（不含纵向或螺旋焊缝及经无损检测合格的焊接接头）；

3 套管与燃气管道之间的间隙应采用密封性能良好的柔性防腐、防水材料填实，套管与建筑物之间的间隙应用防水材料填实。

4.1.5 燃气管道穿过建筑物基础、墙和楼板所设套管的管径不宜小于表4.1.5的规定；高层建筑引入管穿越建筑物基础时，其套管管径应符合设计文件的规定。

表 4.1.5 燃气管道的套管公称尺寸

燃气管	DN10	DN15	DN20	DN25	DN32	DN40	DN50	DN65	DN80	DN100	DN150
套管	DN25	DN32	DN40	DN50	DN65	DN65	DN80	DN100	DN125	DN150	DN200

4.1.6 燃气管道穿墙套管的两端应与墙面齐平；穿楼板套管的上端宜高于最终形成的地面5cm，下端应与楼板底齐平。

4.1.7 阀门的安装应符合下列要求：

1 阀门的规格、种类应符合设计文件的要求；

2 在安装前应对阀门逐个进行外观检查，并宜对引入管阀门进行严密性试验；

3 阀门的安装位置应符合设计文件的规定，且便于操作和维修，并宜对室外阀门采取安全保护措施；

4 寒冷地区输送湿燃气时，应按设计文件要求对室外引入管阀门采取保温措施；

5 阀门宜有开关指示标识，对有方向性要求的阀门，必须按规定方向安装；

6 阀门应在关闭状态下安装。

4.3.1 燃气室内工程使用的管道组成件应按设计文件选用；当设计文件无明确规定时，应符合现行国家标准《城镇燃气设计规范》GB 50028的有关规定，并应符合下列规定：

1 当管子公称尺寸小于或等于DN50，且管道设计压力为低压时，宜采用热镀锌钢管和镀锌管件；

2 当管子公称尺寸大于DN50时，宜采用无缝钢管或焊接钢管；

3 铜管宜采用牌号为TP2的铜管及铜管件；当采用暗埋形式敷设时，应采用塑覆铜管或包有绝缘保护材料的铜管；

4 当采用薄壁不锈钢管时，其厚度不应小于0.6mm；

5 不锈钢波纹软管的管材及管件的材质应符合国家现行相关标准的规定；

6 薄壁不锈钢管和不锈钢波纹软管用于暗埋形式敷设或穿墙时，应具有外包覆层；

7 当工作压力小于10kPa，且环境温度不高于60℃时，可在户内计量装置后使用燃气用铝塑复合管及专用管件。

4.3.2 当室内燃气管道的敷设方式在设计文件中无明确规定时，宜按表4.3.2选用。

表 4.3.2　室内燃气管道敷设方式

管道材料	明设管道	暗埋管道	
		暗封形式	暗埋形式
热镀锌钢管	应	可	—
无缝钢管	应	可	—
钢管	应	可	可
薄壁不锈钢钢管	应	可	可
不锈钢波纹软管	可	可	可
燃气用铝塑复合管	可	可	可

注：表中"—"表示不推荐。

4.3.3　室内燃气管道的连接应符合下列要求：

1　公称尺寸不大于 DN50 的镀锌钢管应采用螺纹连接；当必须采用其他连接形式时，应采取相应的措施；

2　无缝钢管或焊接钢管应采用焊接或法兰连接；

3　铜管应采用承插式硬钎焊连接，不得采用对接钎焊和软钎焊；

4　薄壁不锈钢管应采用承插氩弧焊式管件连接或卡套式、卡压式、环压式等管件机械连接；

5　不锈钢波纹软管及非金属软管应采用专用管件连接；

6　燃气用铝塑复合管应采用专用的卡套式、卡压式连接方式。

4.3.4　燃气管子的切割应符合下列规定：

1　碳素钢管宜采用机械方法或氧-可燃气体火焰切割；

2　薄壁不锈钢管应采用机械或等离子弧方法切割；当采用砂轮切割或修磨时，应使用专用砂轮片；

3　铜管应采用机械方法切割；

4　不锈钢波纹软管和燃气用铝塑复合管应使用专用管剪切割。

4.3.5　燃气管道采用的支撑形式宜按表 4.3.5 选择，高层建筑室内燃气管道的支撑形式应符合设计文件的规定。

表 4.3.5　燃气管道采用的支撑形式

公称尺寸	砖砌墙壁	混凝土制墙板	石膏空心墙板	木结构墙	楼板
DN15～DN20	管卡	管卡	管卡、夹壁管卡	管卡	吊架
DN25～DN40	管卡、托架	管卡、托架	夹壁管卡	管卡	吊架
DN 50～DN 65	管卡、托架	管卡、托架	夹壁托架	管卡、托架	吊架
＞DN65	托架托架	托架	不得依赖	托架	吊架

主 控 项 目

4.3.6　燃气管道的连接方式应符合设计文件的规定。当设计文件无明确规定时，设计压力大于或等于 10kPa 的管道以及布置在地下室、半地下室或地上密闭空间内的管道，除采用加厚的低压管或与专用设备进行螺纹或法兰连接以外，应采用焊接的连接方式。

检查数量：100%检查。

检查方法：目视检查和查阅设计文件。

4.3.12 可燃气体检测报警器与燃具或阀门的水平距离应符合下列规定：

1 当燃气相对密度比空气轻时，水平距离应控制在0.5～8.0m范围内，安装高度应距屋顶0.3m之内，且不得安装于燃具的正上方；

2 当燃气相对密度比空气重时，水平距离应控制在0.5～4.0m范围内，安装高度应距地面0.3m以内。

检查比例：100%检查。

检查方法：目视检查及尺量检查。

4.3.13 室内燃气管道严禁作为接地导体或电极。

检查比例：100%检查。

检查方法：目视检查。

8.2 强度试验

8.2.1 室内燃气管道强度试验的范围应符合下列规定：

1 明管敷设时，居民用户应为引入管阀门至燃气计量装置前阀门之间的管道系统；暗埋或暗封敷设时，居民用户应为引入管阀门至燃具接入管阀门（含阀门）之间的管道；

2 商业用户及工业企业用户应为引入管阀门至燃具接入管阀门（含阀门）之间的管道（含暗埋或暗封的燃气管道）。

8.2.2 待进行强度试验的燃气管道系统与不参与试验的系统、设备、仪表等应隔断，并应有明显的标志或记录，强度试验前安全泄放装置应已拆下或隔断。

8.2.3 进行强度试验前，管内应吹扫干净，吹扫介质宜采用空气或氮气，不得使用可燃气体。

8.2.4 强度试验压力应为设计压力的1.5倍且不得低于0.1MPa。

8.2.5 强度试验应符合下列要求：

1 在低压燃气管道系统达到试验压力时，稳压不少于0.5h后，应用发泡剂检查所有接头，无渗漏、压力计量装置无压力降为合格；

2 在中压燃气管道系统达到试验压力时，稳压不少于0.5h后，应用发泡剂检查所有接头，无渗漏、压力计量装置无压力降为合格；或稳压不少于1h，观察压力计量装置，无压力降为合格；

3 当中压以上燃气管道系统进行强度试验时，应在达到试验压力的50%时停止不少于15min，用发泡剂检查所有接头，无渗漏后方可继续缓慢升压至试验压力并稳压不少于1h后，压力计量装置无压力降为合格。

8.3 严密性试验

8.3.1 严密性试验范围应为引入管阀门至燃具前阀门之间的管道。通气前还应对燃具前阀门至燃具之间的管道进行检查。

8.3.2 室内燃气系统的严密性试验应在强度试验合格之后进行。

8.3.3 严密性试验应符合下列要求：

1 低压管道系统

试验压力应为设计压力且不得低于 **5kPa**。在试验压力下，居民用户应稳压不少于 **15min**，商业和工业企业用户应稳压不少于 **30min**，并用发泡剂检查全部连接点，无渗漏、压力计无压力降为合格。

当试验系统中有不锈钢波纹软管、覆塑铜管、铝塑复合管、耐油胶管时，在试验压力下的稳压时间不宜小于 **1h**，除对各密封点检查外，还应对外包覆层端面是否有渗漏现象进行检查。

2　中压及以上压力管道系统

试验压力应为设计压力且不得低于 **0.1MPa**。在试验压力下稳压不得少于 **2h**，用发泡剂检查全部连接点，无渗漏、压力计量装置无压力降为合格。

8.3.4　低压燃气管道严密性试验的压力计量装置应采用 U 形压力计。

一 般 项 目

4.3.20　室内明设或暗封形式敷设的燃气管道与装饰后墙面的净距，应满足维护、检查的需要并宜符合表 4.3.20 的要求；铜管、薄壁不锈钢管、不锈钢波纹软管和铝塑复合管与墙之间净距应满足安装的要求。

表 4.3.20　室内燃气管道与装饰后墙面的净距

管子公称尺寸	$<DN25$	$DN25 \sim DN40$	$DN50$	$>DN50$
与墙净距(mm)	$\geqslant 30$	$\geqslant 50$	$\geqslant 70$	$\geqslant 90$

检查数量：抽查比例不小于 5%。

检查方法：尺量检查。

4.3.21　敷设在管道竖井内的燃气管道的安装应符合下列规定：

1　管道安装宜在土建及其他管道施工完毕后进行；

2　当管道穿越竖井内的隔断板时，应加套管；套管与管道之间应有不小于 10mm 的间隙；

3　燃气管道的颜色应明显区别于管道井内的其他管道，宜为黄色；

4　燃气管道与相邻管道的距离应满足安装和维修的需要；

5　敷设在竖井内的燃气管道的连接接头应设置在距该层地面 1.0～1.2m 处。

检查数量：抽查比例不小于 20%。

检查方法：目视检查和尺量检查。

4.3.22　采用暗埋形式敷设燃气管道时，应符合下列规定：

1　埋设管道的管槽不得伤及建筑物的钢筋。管槽宽度宜为管道外径加 20mm，深度应满足覆盖层厚度不小于 10mm 的要求。未经原建筑设计单位书面同意，严禁在承重的墙、柱、梁、板中暗埋管道。

2　暗埋管道不得与建筑物中的其他任何金属结构相接触，当无法避让时，应采用绝缘材料隔离。

3　暗埋管道不应有机械接头。

4　暗埋管道宜在直埋管道的全长上加设有效地防止外力冲击的金属防护装置，金属防护装置的厚度宜大于 1.2mm。当与其他埋墙设施交叉时，应采取有效的绝缘和保护措施。

5　暗埋管道在敷设过程中不得产生任何形式的损坏，管道固定应牢固。

6 在覆盖暗埋管道的砂浆中不应添加快速固化剂。砂浆内应添加带色颜料作为永久色标。当设计无明确规定时，颜料宜为黄色。安装施工后还应将直埋管道位置标注在竣工图纸上，移交建设单位签收。

检查数量：100％检查。

检查方法：目视检查，尺量检查，查阅设计文件。

(3) 验收说明

1）施工依据：《城镇燃气室内工程施工与质量验收规范》CJJ 94—2009，《家用燃气燃烧器具安装及验收规程》CJJ 12—2013，并制订专项施工方案、技术交底资料等。

2）验收依据：《城镇燃气室内工程施工与质量验收规范》CJJ 94—2009，《家用燃气燃烧器具安装及验收规程》CJJ 12—2013，《建筑采暖卫生与煤气工程质量检验评定标准》GBJ 302—88，第 8 章室内燃气工程，第九章室外燃气工程。相应的现场验收检查记录。

3）注意事项：

① 主控项目的质量经抽样检验均应合格；

② 一般项目的质量经抽样检验合格。当采用计数抽样时，合格点率应符合有关专业验收规范的规定，且不得存在严重缺陷；

③ 具有完整的施工操作依据、质量验收记录；

④ 本检验批的主控项目、一般项目已列入推荐表中，其具体内容及检查方法见一般规定及（2）条文摘录；

⑤ 黑体字的条文为强制性条文，必须严格执行，制订控制措施。

3. 室内燃气管道支架安装检验批质量验收记录

(1) 推荐表格

室内燃气管道支架安装检验批质量验收记录　　10020301 _____

单位(子单位)工程名称			分部(子分部)工程名称		分项工程名称		
施工单位			项目负责人		检验批容量		
分包单位			分包单位项目负责人		检验批部位		
施工依据			验收依据		《城镇燃气室内工程施工与质量验收规范》CJJ 94—2009《家用燃气燃烧器具安装及验收规程》CJJ 12—2013		
验收项目				设计要求及规范规定	最小/实际抽样数量	检查记录	检查结果
一般项目	1	安装稳固不影响检测维护		第 4.3.27 条(1)	/		
	2	支、托、吊、卡安装,每一层楼立管至少一个支架		(2)	/		

验收项目			设计要求及规范规定	最小/实际抽样数量	检查记录	检查结果
一般项目	3	水平管有阀门时在来气侧设支架	（3）	/		
	4	与不锈钢波纹软管、复合管连接的阀门应设固定底或管卡	（4）	/		
	5	钢管支架最大距离	（5）	/		
	6	水平管转弯处应设托架	（6）	/		
	7	支架形式符合设计要求	（7）	/		
	8	支架与管道为不同材质应隔离	（8）	/		
	9	支架的涂漆	（9）	/		
施工单位检查结果			专业工长： 项目专业质量检查员： 　　　　　年　月　日			
监理单位验收结论			专业监理工程师： 　　　　　年　月　日			

（2）验收内容及检查方法条文摘录

一般项目

4.3.27 管道支架、托架、吊架、管卡（以下简称"支架"）的安装应符合下列要求：

1 管道的支架应安装稳定、牢固，支架位置不得影响管道的安装、检修与维护；

2 每个楼层的立管至少应设支架1处；

3 当水平管道上设有阀门时，应在阀门的来气侧1m范围内设支架并尽量靠近阀门；

4 与不锈钢波纹软管、铝塑复合管直接相连的阀门应设有固定底座或管卡；

5 钢管支架的最大间距宜按表4.3.27-1选择；铜管支架的最大间距宜按表4.3.27-2选择；薄壁不锈钢管道支架的最大间距宜按表4.3.27-3选择；不锈钢波纹软管的支架最大间距不宜大于1m；燃气用铝塑复合管支架的最大间距宜按表4.3.27-4选择；

表4.3.27-1　钢管支架最大间距

公称直径	最大间距（m）	公称直径	最大间距（m）
DN15	2.5	DN100	7.0
DN20	3.0	DN125	8.0
DN25	3.5	DN150	10.0
DN32	4.0	DN200	12.0
DN40	4.5	DN250	14.5
DN50	5.0	DN305	16.5
DN65	6.0	DN350	18.5
DN80	6.5	DN400	20.5

表 4.3.27-2　铜管支架最大间距

外径(mm)	15	18	22	28	35	42	54	67	85
垂直敷设(m)	1.8	1.8	2.4	2.4	3.0	3.0	3.0	3.5	3.5
水平敷设(m)	1.2	1.2	1.8	1.8	2.4	2.4	2.4	3.0	3.0

表 4.3.27-3　薄壁不锈钢管支架最大间距

外径(mm)	15	20	25	32	40	50	65	80	100
垂直敷设(m)	2.0	2.0	2.5	2.5	3.0	3.0	3.0	3.5	3.5
水平敷设(m)	1.8	2.0	2.5	3.0	3.0	3.0	3.0	3.0	3.5

表 4.3.27-4　燃气用铝塑复合管支架最大间距

外径(mm)	16	18	20	25
垂直敷设(m)	1.2	1.2	1.2	1.8
水平敷设(m)	1.5	1.5	1.5	2.5

6　水平管道转弯处应在以下范围内设置固定托架或管卡座：

1）钢质管道不应大于 1.0m；

2）不锈钢波纹软管、铜管道、薄壁不锈钢管道每侧不应大于 0.5m；

3）铝塑复合管每侧不应大于 0.3m；

7　支架的结构形式应符合设计要求，排列整齐，支架与管道接触紧密，支架安装牢固，固定支架应使用金属材料；

8　当管道与支架为不同种类的材质时，二者之间应采用绝缘性能良好的材料进行隔离或采用与管道材料相同的材料进行隔离；隔离薄壁不锈钢管道所使用的非金属材料，其氯离子含量不应大于 50×10^{-6}；

9　支架的涂漆应符合设计要求。

检查数量：铝塑复合管和不锈钢波纹软管支架抽查不少于 10%、其他材质的管道支架抽查不小于 5%，且不少于 10 处。

检查方法：目视检查和尺量检查。

(3) 验收说明：

1）施工依据：《城镇燃气室内工程施工与质量验收规范》CJJ 94—2009，《家用燃气燃烧器具安装及验收规程》CJJ 12—2013，并制订专项施工方案、技术交底资料等。

2）验收依据：《城镇燃气室内工程施工与质量验收规范》CJJ 94—2009，《家用燃气燃烧器具安装及验收规程》CJJ 12—2013，《建筑采暖卫生与煤气工程质量检验评定标准》GBJ 302—88，第 8 章室内燃气工程，第九章室外燃气工程。相应的现场验收检查记录。

3）注意事项：

① 主控项目的质量经抽样检验均应合格；

② 一般项目的质量经抽样检验合格。当采用计数抽样时，合格点率应符合有关专业验收规范的规定，且不得存在严重缺陷；

③ 具有完整的施工操作依据、质量验收记录；

④ 本检验批的主控项目、一般项目已列入推荐表中，其具体内容及检查方法见一般规定及（2）条文摘录；

⑤ 黑体字的条文为强制性条文，必须严格执行，制订控制措施。

4. 室内燃气管道计量装置安装检验批质量验收记录（Ⅰ）

（1）推荐表格

室内燃气管道计量装置安装检验批质量验收记录（Ⅰ）

10020401 _____

单位(子单位)工程名称			分部(子分部)工程名称		分项工程名称	
施工单位			项目负责人		检验批容量	
分包单位			分包单位项目负责人		检验批部位	
施工依据			验收依据	《城镇燃气室内工程施工与质量验收规范》CJJ 94—2009《家用燃气燃烧器具安装及验收规程》CJJ 12—2013		

验收项目			设计要求及规范规定	最小/实际抽样数量	检查记录	检查结果
主控项目	1	计量表安装位置符合设计要求	第5.2.1条	/		
	2	表前的过滤器按产品说明设计要求	第5.2.2条	/		
	3	表与燃具、电气设备的最小水平距离	第5.2.3条	/		
一般项目	1	表的外观	第5.2.4条	/		
	2	膜式计量表的支架安装	第5.2.5条	/		
	3	支架涂漆要求	第5.2.6条	/		
	4	富氧燃具或鼓风燃烧表后设止回阀	第5.2.7条	/		
	5	组合式燃烧计量表安装	第5.2.8条	/		
	6	室外计量表安装	第5.29条	/		
	7	计量表与管道连接	第5.2.10条	/		

施工单位检查结果	专业工长：项目专业质量检查员：年 月 日
监理单位验收结论	专业监理工程师：年 月 日

(2) 验收内容及检查方法条文摘录 (CJJ 94)

一 般 规 定

5.1.1 燃气计量表在安装前应按本规范第 3.2.1、3.2.2 条的规定进行检验，并应符合下列规定：

1 燃气计量表应有出厂合格证、质量保证书；标牌上应有 CMC 标志、最大流量、生产日期、编号和制造单位；

2 燃气计量表应有法定计量检定机构出具的检定合格证书，并应在有效期内；

3 超过检定有效期及倒放、侧放的燃气计量表应全部进行复检；

4 燃气计量表的性能、规格、适用压力应符合设计文件的要求。

5.1.2 燃气计量表应按设计文件和产品说明书进行安装。

5.1.3 燃气计量表的安装位置应满足正常使用、抄表和检修的要求。

5.2 燃气计量表

主 控 项 目

5.2.1 燃气计量表的安装位置应符合设计文件的要求。

检查方法：目视检查和查阅设计文件。

5.2.2 燃气计量表前的过滤器应按产品说明书或设计文件的要求进行安装。

检查数量：100%。

检查方法：目视检查、查阅设计文件和产品说明书。

5.2.3 燃气计量表与燃具、电气设施的最小水平净距应符合表 5.2.3 的要求。

表 5.2.3 燃气计量表与燃具、电气设施之间的最小水平净距 (cm)

名称	与燃气计量表的最小水平净距
相邻管道、燃气管道	便于安装、检查及维修
家用燃气灶具	30(表高位安装时)
热水器	30
电压小于 1000V 的裸露电线	100
配电盘、配电箱或电表	50
电源插座、电源开关	20
燃气计量表	便于安装、检查及维修

检查数量：100%。

检查方法：目视检查、测量。

一 般 项 目

5.2.4 燃气计量表的外观应无损伤，涂层应完好。

检查数量：100%。

检查方法：目视检查。

5.2.5 膜式燃气计量表钢支架的安装应端正牢固，无倾斜。

检查数量：抽查 20％，并不应少于 1 个。

检查方法：目视检查、手检。

5.2.6　支架涂漆种类和涂刷遍数应符合设计文件的要求，并应附着良好，无脱皮、起泡和漏涂。漆膜厚度应均匀，色泽一致，无流淌及污染现象。

检查数量：抽查 20％，并不应少于 1 个。

检查方法：目视检查和查阅设计文件。

5.2.7　当使用加氧的富氧燃烧器或使用鼓风机向燃烧器供给空气时，应检验燃气计量表后设的止回阀或泄压装置是否符合设计文件的要求。

检查数量：100％。

检查方法：目视检查和查阅设计文件。

5.2.8　组合式燃气计量表箱应牢固地固定在墙上或平稳地放置在地面上。

检查数量：100％。

检查方法：目视检查。

5.2.9　室外的燃气计量表宜装在防护箱内，防护箱应具有排水及通风功能；安装在楼梯间内的燃气计量表应具有防火性能或设在防火表箱内。

检查数量：100％。

检查方法：目视检查。

5.2.10　燃气计量表与管道的法兰或螺纹连接，应符合本规范第 4.3.18 条或第 4.3.19 条的规定。

检查数量：家用燃气计量表抽查 20％，商业和工业企业用燃气计量表 100％检查。

检查方法：目视检查。

(3) 验收说明：

1）施工依据：《城镇燃气室内工程施工与质量验收规范》CJJ 94—2009，《家用燃气燃烧器具安装及验收规程》CJJ 12—2013，并制订专项施工方案、技术交底资料等。

2）验收依据：《城镇燃气室内工程施工与质量验收规范》CJJ 94—2009，《家用燃气燃烧器具安装及验收规程》CJJ 12—2013，《建筑采暖卫生与煤气工程质量检验评定标准》GBJ 302—88，第 8 章　室内燃气工程，第 9 章　室外燃气工程。相应的现场验收检查记录。

3）注意事项：

① 主控项目的质量经抽样检验均应合格；

② 一般项目的质量经抽样检验合格。当采用计数抽样时，合格点率应符合有关专业验收规范的规定，且不得存在严重缺陷；

③ 具有完整的施工操作依据、质量验收记录；

④ 本检验批的主控项目、一般项目已列入推荐表中，其具体内容及检查方法见一般规定及（2）条文摘录；

⑤ 黑体字的条文为强制性条文，必须严格执行，制订控制措施。

5. 室内燃气管道计量装置安装检验批质量验收记录（Ⅱ）

（1）推荐表格

室内燃气管道记量装置安装家用燃气计录表检验批质量验收记录（Ⅱ） 10020402 ____

单位(子单位) 工程名称			分部(子分部) 工程名称		分项工程名称		
施工单位			项目负责人		检验批容量		
分包单位			分包单位项目 负责人		检验批部位		
施工依据			验收依据		《城镇燃气室内工程施工与质量验收规范》 CJJ 94—2009 《家用燃气燃烧器具安装及验收规程》 CJJ 12—2013		
验收项目			设计要求及 规范规定	最小/实际 抽样数量	检查记录	检查结果	
主控 项目	1	家用燃气计量表安装表的 安装横平竖直	第5.3.1条(1)	/			
	2	表的安装用专用的表的连接件	(2)	/			
	3	安装位置的要求	(3)	/			
	4	表与电气设备支架的 距离符合要求	(4)	/			
	5	表宜加有效的固定支架	(5)	/			
施工单位 检查结果				专业工长： 项目专业质量检查员： 年　月　日			
监理单位 验收结论				专业监理工程师： 年　月　日			

（2）验收内容及检查方法条文摘录（CJJ 94）

燃气计量表安装一般规定

5.1.1　燃气计量表在安装前应按本规范第3.2.1、3.2.2条的规定进行检验，并应符合下列规定：

1　燃气计量表应有出厂合格证、质量保证书；标牌上应有 CMC 标志、最大流量、生产日期、编号和制造单位；

2　燃气计量表应有法定计量检定机构出具的检定合格证书，并应在有效期内；

3　超过检定有效期及倒放、侧放的燃气计量表应全部进行复检；

4　燃气计量表的性能、规格、适用压力应符合设计文件的要求。

5.1.2　燃气计量表应按设计文件和产品说明书进行安装。

5.1.3　燃气计量表的安装位置应满足正常使用、抄表和检修的要求。

主控项目

5.3.1 家用燃气计量表的安装应符合下列规定：

1 燃气计量表安装后应横平竖直，不得倾斜；

2 燃气计量表的安装应使用专用的表连接件；

3 安装在橱柜内的燃气计量表应满足抄表、检修及更换的要求，并应具有自然通风的功能；

4 燃气计量表与低压电气设备之间的间距应符合本规范表5.2.3的要求；

5 燃气计量表宜加有效的固定支架。

检查数量：抽查20%，且不少于5台。

检查方法：目视检查、尺量检查。

表5.2.3 燃气计量表与燃具、电气设施之间的最小水平净距（cm）

名　　称	与燃气计量表的最小水平净距
相邻管道、燃气管道	便于安装、检查及维修
家用燃气灶具	30（表高位安装时）
热水器	30
电压小于1000V的裸露电线	100
配电盘、配电箱或电表	50
电源插座、电源开关	20
燃气计量表	便于安装、检查及维修

检查数量：100%。

检查方法：目视检查、测量。

(3) 验收说明

1）施工依据：《城镇燃气室内工程施工与质量验收规范》CJJ 94—2009，《家用燃气燃烧器具安装及验收规程》CJJ 12—2013，并制订专项施工方案、技术交底资料等。

2）验收依据：《城镇燃气室内工程施工与质量验收规范》CJJ 94—2009，《家用燃气燃烧器具安装及验收规程》CJJ 12—2013，《建筑采暖卫生与煤气工程质量检验评定标准》GBJ 302—88，第8章室内燃气工程，第九章室外燃气工程。相应的现场验收检查记录。

3）注意事项：

① 主控项目的质量经抽样检验均应合格；

② 一般项目的质量经抽样检验合格。当采用计数抽样时，合格点率应符合有关专业验收规范的规定，且不得存在严重缺陷；

③ 具有完整的施工操作依据、质量验收记录；

④ 本检验批的主控项目、一般项目已列入推荐表中，其具体内容及检查方法见一般规定及（2）条文摘录；

⑤ 黑体字的条文为强制性条文，必须严格执行，制订控制措施；

6. 室内燃气管道计量安装检验批质量验收记录（Ⅲ）

（1）推荐表格

室内燃气管道计量装置安装商业及工业企业燃气记录表检验批质量验收记录（Ⅲ）

10020403 ____

单位（子单位）工程名称			分部（子分部）工程名称		分项工程名称	
施工单位			项目负责人		检验批容量	
分包单位			分包单位项目负责人		检验批部位	
施工依据			验收依据	《城镇燃气室内工程施工与质量验收规范》CJJ 94—2009《家用燃气燃烧器具安装及验收规程》CJJ 12—2013		

		验收项目	设计要求及规范规定	最小/实际抽样数量	检查记录	检查结果
主控项目	1	流量小于 65m³/h 膜式计量表安装	第5.4.1条	/		
	2	流量大于等于 65m³/h 膜式计量表安装	第5.4.2条	/		
	3	表与燃具、设备的水平距离	第5.4.3条	/		
	4	表安装后允许偏差	第5.4.4条	/		
一般项目	1	不锈钢波纹软管连接表的要求	第5.4.5条	/		
	2	法兰连接表的要求	第5.4.6条	/		
	3	多台并联表的安装	第5.4.7条	/		
施工单位检查结果			专业工长：项目专业质量检查员：　　年　月　日			
监理单位验收结论			专业监理工程师：　　年　月　日			

（2）验收内容及检查方法条文摘录（CJJ 94）

燃气计量表安装的一般规定

5.1.1　燃气计量表在安装前应按本规范第 3.2.1、3.2.2 条的规定进行检验，并应符合下列规定：

1　燃气计量表应有出厂合格证、质量保证书；标牌上应有 CMC 标志、最大流量、生产日期、编号和制造单位；

2　燃气计量表应有法定计量检定机构出具的检定合格证书，并应在有效期内；

3　超过检定有效期及倒放、侧放的燃气计量表应全部进行复检；

4 燃气计量表的性能、规格、适用压力应符合设计文件的要求。

5.1.2 燃气计量表应按设计文件和产品说明书进行安装。

5.1.3 燃气计量表的安装位置应满足正常使用、抄表和检修的要求。

主控项目

5.4.1 最大流量小于 65m³/h 的膜式燃气计量表，当采用高位安装时，表后距墙净距不宜小于 30mm，并应加表托固定；采用低位安装时，应平稳地安装在高度不小于 200mm 的砖砌支墩或钢支架上，表后与墙净距不应小于 30mm。

检查数量：100%。

检查方法：目视检查及尺量检查。

5.4.2 最大流量大于或等于 65m³/h 的膜式燃气计量表，应平正地安装在高度不小于 200mm 的砖砌支墩或钢支架上，表后与墙净距不宜小于 150mm；腰轮表、涡轮表和旋进旋涡表的安装场所、位置、前后直管段及标高应符合设计文件的规定，并应按产品标识的指向安装。

检查数量：100%。

检查方法：目视检查，尺量检查，查阅设计文件。

5.4.3 燃气计量表与燃具和设备的水平净距应符合下列规定：

1 距金属烟囱不应小于 80cm，距砖砌烟囱不宜小于 60cm；

2 距炒菜灶、大锅灶、蒸箱和烤炉等燃气灶具灶边不宜小于 80cm；

3 距沸水器及热水锅炉不宜小于 150cm；

4 当燃气计量表与燃具和设备的水平净距无法满足上述要求时，加隔热板后水平净距可适当缩小。

检查数量：100%检查。

检查方法：目视检查及尺量检查。

5.4.4 燃气计量表安装后的允许偏差和检验方法应符合表 5.4.4 的要求。

检查数量：抽查 50%，且不少于 1 台。

检查方法：目视检查和测量。

表 5.4.4 燃气计量表安装后的允许偏差和检验方法

最大流量	项目	允许偏差(mm)	检验方法
<25m³/h	表底距地面	±15	吊线和尺量
	表后距墙饰面	5	
	中心线垂直度	1	
≥25m³/h	表底距地面	±15	吊线、尺量、水平尺
	中心线垂直度	表高的 0.4%	

一般项目

5.4.5 当采用不锈钢波纹软管连接燃气计量表时，不锈钢波纹软管应弯曲成圆弧状，不得形成直角。

检查数量：100%。

检查方法：目视检查。

5.4.6　当采用法兰连接燃气计量表时，应符合本规范第4.3.18条的规定。

检查数量：100%。

检查方法：目视检查。

5.4.7　多台并排安装的燃气计量表，每台燃气计量表进出口管道上应按设计文件的要求安装阀门；燃气计量表之间的净距应满足安装、检查及维修的要求。

检查数量：100%。

检查方法：目视检查和查阅设计文件。

(3) 验收说明

1）施工依据：《城镇燃气室内工程施工与质量验收规范》CJJ 94—2009，《家用燃气燃烧器具安装及验收规程》CJJ 12—2013，并制订专项施工方案、技术交底资料等。

2）验收依据：《城镇燃气室内工程施工与质量验收规范》CJJ 94—2009，《家用燃气燃烧器具安装及验收规程》CJJ 12—2013，《建筑采暖卫生与煤气工程质量检验评定标准》GBJ 302—88，第8章室内燃气工程，第九章室外燃气工程。相应的现场验收检查记录。

3）注意事项：

① 主控项目的质量经抽样检验均应合格；

② 一般项目的质量经抽样检验合格。当采用计数抽样时，合格点率应符合有关专业验收规范的规定，且不得存在严重缺陷；

③ 具有完整的施工操作依据、质量验收记录；

④ 本检验批的主控项目、一般项目已列入推荐表中，其具体内容及检查方法见一般规定及（2）条文摘录；

⑤ 黑体字的条文为强制性条文，必须严格执行，制订控制措施。

第四节　用气设备安装子分部工程检验批质量验收记录

1. 用气设备安装检验批质量验收记录

(1) 推荐表格

用气设备安装检验批质量验收记录　　10030101____

单位（子单位）工程名称		分部（子分部）工程名称		分项工程名称	
施工单位		项目负责人		检验批容量	
分包单位		分包单位项目负责人		检验批部位	
施工依据		验收依据	《城镇燃气室内工程施工与质量验收规范》CJJ 94—2009 《家用燃气燃烧器具安装及验收规程》CJJ 12—2013		

		验收项目	设计要求及规范规定	最小/实际抽样数量	检查记录	检查结果
主控项目	1	灶具的房间应符合要求	第4.2.1条	/		
	2	灶具的安装位置要求	第4.2.2条	/		
	3	灶台的材料要求	第4.2.3条	/		
	4	灶台的结构尺寸要求	第4.2.4条	/		
	5	灶具并列安装的要求	第4.2.5条	/		
	6	灶具与燃气管的连接	第4.2.6条	/		
	7	燃气的种类和压力、接口、进出水压力接口安装	第6.2.2条	/		
	8	燃具与管道螺纹直接要求	第6.2.4条	/		
	9	燃具与管道软管连接要求	第6.2.5条	/		
	10	燃具与电气设备、相邻管道距离	第6.2.6条	/		
一般项目	1	灶台的高度计距墙内的距离	第6.2.7条	/		
	2	嵌入式灶具安装要求	第6.2.8条	/		
	3	燃具与可燃的墙、地、家具距离	第6.2.9条	/		
	4	市网供电燃具电源接线的要求	第6.2.10条	/		
施工单位检查结果		专业工长： 项目专业质量检查员： 年　月　日				
监理单位验收结论		专业监理工程师： 年　月　日				

(2) 验收内容及检查方法条文摘录

一 般 规 定

1. 燃具及相关设备安装一般规定（CJJ 12）

4.1.1　燃具不应设置在卧室内。燃具应安装在通风良好，有给排气条件的厨房或非居住房间内。

4.1.2　使用液化石油气的燃具不应设置在地下室和半地下室。使用人工煤气、天然气的燃具不应设置在地下室，当燃具设置在半地下室或地上密闭房间时，应设置机械通风、燃气/烟气（氧化碳）浓度检测报警等安全设施。

4.1.3　燃具的供水压力和供电技术参数应符合燃具说明书的规定。

4.1.4　燃具及相关设备应分别具备下列技术文件：

1 供安装人员使用的安装说明书。

2 供用户使用的使用说明书。

3 燃具及说明书应有防止误使用、误操作的安全警示。

4.1.5 燃具安装说明书至少应具备下列技术参数：

1 燃气种类和额定压力；

2 额定热负荷或额定热输出；

3 生活热水产水能力和系统适用水压（灶具和单采暖系统除外）；

4 采暖热水炉采暖系统的最高工作压力和循环流量；

5 采暖热水炉的循环水泵流量阻力工作曲线（水流阻力曲线）；

6 启动水压（灶具和容积式热水器除外）；

7 采暖热水炉膨胀水箱容量；

8 燃具使用电源的电压、频率、功率和燃具的防触电保护等级；

9 燃气接管管径及连接方式、冷热水进出水管径、采暖供水和回水管径、排气管或给排气管尺寸及最大连接长度；

10 重量和外形尺寸等。

2. 家用、商业用及工业用燃具和用气设备安装及检验一般规定（CJJ 94）

6.1.1 燃具和用气设备安装前应按本规范第 3.2.1、3.2.2 条的规定进行下列检验：

1 应检查燃具和用气设备的产品合格证、产品安装使用说明书和质量保证书；

2 产品外观的显见位置应有产品参数铭牌，并有出厂日期；

3 应核对性能、规格、型号、数量是否符合设计文件的要求。

6.1.2 家用燃具应采用低压燃气设备，商业用气设备宜采用低压燃气设备。

6.1.3 家用、商业用及工业企业用燃具和用气设备的安装场所应符合现行国家标准《城镇燃气设计规范》GB 50028 的有关规定。

6.1.4 烟道的设置及结构应符合燃具和用气设备的要求，并应符合设计文件的规定。对旧有烟道应核实烟道断面及烟道抽力，不满足烟气排放要求的不得使用。

主 控 项 目

4.2 灶具（CJJ 12）

4.2.1 设置灶具的房间除应符合本规程第 4.1.1 条的规定外尚应符合下列要求：

1 设置灶具的厨房应设门并与卧室、起居室等隔开。

2 设置灶具的房间净高不应低于 2.2m。

4.2.2 灶具的安装位置应符合下列要求：

1 灶具与墙面的净距不应小于 10cm。

2 灶具的灶面边缘和烤箱的侧壁距木质门、窗、家具的水平净距不得小于 20cm，与高位安装的燃气表的水平净距不得小于 30cm。

3 灶具的灶面边缘和烤箱侧壁距金属燃气管道的水平净距不应小于 30cm，距不锈钢波纹软管（含其他覆塑的金属管）和铝塑复合管的水平净距不应小于 50cm。

4 采取有效的措施后可适当减小净距。

5 灶具与其他部位的间距可按本规程第 4.8 节的规定执行。

4.2.3 放置灶具的灶台应采用不燃材料；当采用难燃材料时，应设防火隔热板。与燃具相邻的墙面应采用不燃材料，当为可燃或难燃材料时，应设防火隔热板。

4.2.4 燃气灶台的结构尺寸应便于操作，并应符合下列要求：

1 台式燃气灶的灶台高度宜为 70cm，嵌入式燃气灶的灶台高度宜为 80cm。

2 嵌入式燃气灶的灶台应符合说明书要求，灶面与台面应平稳贴合，其连接处应做好防水密封。

3 嵌入式灶灶台下面的橱柜应开设通气孔，通气孔的总面积应根据灶具的热负荷确定，宜按每千瓦热负荷取 10cm² 计算（10cm²/kW），且不得小于 80cm²。

4.2.5 当 2 台或 2 台以上的灶具并列安装时，灶与灶之间的水平净距不应小于 50cm。

4.2.6 灶具与燃气管的连接应符合下列要求：

1 灶具前的供气支管末端应设专用手动快速式切断阀，切断阀处的供气支管应采用管卡固定在墙上。切断阀及灶具连接用软管的位置应低于灶具灶面 3cm 以上。

2 软管宜采用螺纹连接。

3 当金属软管采用插入式连接时，应有可靠的防脱落措施。

4 当橡胶软管采用插入式连接时，插入式橡胶软管的内径尺寸应与防脱接头的类型和尺寸匹配，并应有可靠的防脱落措施。

5 当采用橡胶软管连接时，其长度不得超过 2m，并不得有接头，不得穿墙。橡胶软管连接时不得使用三通。

6 燃具连接用软管的设计使用年限不宜低于燃具的判废年限，燃具的判废年限应符合现行国家标准《家用燃气燃烧器具安全管理规则》GB 17905 的规定。对不符合要求的燃具连接用软管应及时更换。

7 灶具与燃气连接管安装后，应检验严密性，在工作压力下应无泄漏。

6.2 家用燃具（CJJ 94）

6.2.2 燃气的种类和压力、燃具上的燃气接口、进出水的压力和接口应符合燃具说明书的要求。

检查方法：目视检查和查阅资料。

6.2.4 当燃具与室内燃气管道采用螺纹连接时，应按本规范第 4.3.19 条的规定检验。

检查数量：抽查 20%，且不少于 2 台。

检查方法：目视检查。

6.2.5 当燃具与室内燃气管道采用软管连接时，软管应无接头；软管与燃具的连接接头应选用专用接头，并应安装牢固，便于操作。

检查数量：抽查 20%，且不少于 2 台。

检查方法：目视检查、手检和尺量检查。

6.2.6 燃具与电气设备、相邻管道之间的最小水平净距应符合表 6.2.6 的规定。

表 6.2.6 燃具与电气设备、相邻管道之间的最小水平净距（cm）

名称	与燃气灶具的水平净距	与燃气热水器的水平净距
明装的绝缘电线或电缆	30	30
暗装或管内绝缘电线	20	20

名称	与燃气灶具的水平净距	与燃气热水器的水平净距
电插座、电源开关	30	15
电压小于 1000V 的裸露电线	100	100
配电盘、配电箱或电表	100	100

注：燃具与燃气管道之间的最小水平净距应符合本规范表 4.3.26 的规定。

检查数量：100%。

检查方法：目视检查和尺量检查。

一般项目（CJJ 94）

6.2.7　燃气灶具的灶台高度不宜大于 80cm；燃气灶具与墙净距不得小于 10cm，与侧面墙的净距不得小于 15cm，与木质门、窗及木质家具的净距不得小于 20cm。

检查数量：抽查 20%，且不少于 1 台。

检查方法：目视检查和尺量检查。

6.2.8　嵌入式燃气灶具与灶台连接处应做好防水密封，灶台下面的橱柜应根据气源性质在适当的位置开总面积不小于 80cm² 的与大气相通的通气孔。

检查数量：抽查 20%，且不少于 1 台。

检查方法：目视检查和尺量检查。

6.2.9　燃具与可燃的墙壁、地板和家具之间应设耐火隔热层，隔热层与可燃的墙壁、地板和家具之间间距宜大于 10mm。

检查数量：100%检查。

检查方法：目视检查和尺量检查。

6.2.10　使用市网供电的燃具应将电源线接在具有漏电保护功能的电气系统上；应使用单相三极电源插座，电源插座接地极应可靠接地，电源插座应安装在冷热水不易飞溅到的位置。

检查数量：100%检查。

检查方法：目视检查。

(3) 验收说明

1）施工依据：《城镇燃气室内工程施工与质量验收规范》CJJ 94—2009，《家用燃气燃烧器具安装及验收规程》CJJ 12—2013，并制订专项施工方案、技术交底资料等。

2）验收依据：《城镇燃气室内工程施工与质量验收规范》CJJ 94—2009，《家用燃气燃烧器具安装及验收规程》CJJ 12—2013，《建筑采暖卫生与煤气工程质量检验评定标准》GBJ 302—88，第 8 章室内燃气工程，第九章室外燃气工程。相应的现场验收检查记录。

3）注意事项：

① 主控项目的质量经抽样检验均应合格；

② 一般项目的质量经抽样检验合格。当采用计数抽样时，合格点率应符合有关专业验收规范的规定，且不得存在严重缺陷；

③ 具有完整的施工操作依据、质量验收记录；

④ 本检验批的主控项目、一般项目已列入推荐表中，其具体内容及检查方法见一般

规定及（2）条文摘录；

⑤ 黑体字的条文为强制性条文，必须严格执行，制订控制措施。

2. 用气设备安装热水器检验批质量验收记录

（1）推荐表格

用气设备安装热水器安装检验批质量验收记录（Ⅱ） 10030102____

单位(子单位) 工程名称			分部(子分部) 工程名称		分项工程名称		
施工单位			项目负责人		检验批容量		
分包单位			分包单位项目 负责人		检验批部位		
施工依据			验收依据		《城镇燃气室内工程施工与质量验收规范》 CJJ 94—2009 《家用燃气燃烧器具安装及验收规程》 CJJ 12—2013		
		验收项目		设计要求及 规范规定	最小/实际 抽样数量	检查记录	检查结果
主控 项目	1	热水器房间的要求		第4.3.1条	/		
	2	热水器安装的要求		第4.3.2条	/		
	3	热水器房地、墙面要求		第4.3.3条	/		
	4	燃气管道、冷热水管安装		第4.3.4条	/		
	5	燃气中暑、压力、接口、 进出水压力、接口安装		第6.2.2条	/		
	6	热水器的采暖炉安装		第6.2.3条	/		
	7	燃具与管道螺纹连接		第6.2.4条	/		
	8	燃具与管道软管连接		第6.2.5条	/		
	9	燃具与电气设备、相邻 管道距离		第6.2.6条	/		
一般 项目	1	燃具与墙、地、家具距离		第6.2.9条	/		
	2	市网供电燃具电源接线要求		第6.2.10条	/		
施工单位 检查结果				专业工长： 项目专业质量检查员： 　　　　　年　月　日			
监理单位 验收结论				专业监理工程师： 　　　　　年　月　日			

（2）验收内容及检查方法条文摘录

一 般 规 定

1. 燃具及相关设备的安装的一般规定（CJJ 12）

4.1.1 燃具不应设置在卧室内。燃具应安装在通风良好，有给排气条件的厨房或非居住房间内。

4.1.2 使用液化石油气的燃具不应设置在地下室和半地下室。使用人工煤气、天然气的燃具不应设置在地下室，当燃具设置在半地下室或地上密闭房间时，应设置机械通风、燃气/烟气（氧化碳）浓度检测报警等安全设施。

4.1.3 燃具的供水压力和供电技术参数应符合燃具说明书的规定。

4.1.4 燃具及相关设备应分别具备下列技术文件：

1 供安装人员使用的安装说明书。

2 供用户使用的使用说明书。

3 燃具及说明书应有防止误使用、误操作的安全警示。

4.1.5 燃具安装说明书至少应具备下列技术参数：

1 燃气种类和额定压力；

2 额定热负荷或额定热输出；

3 生活热水产水能力和系统适用水压（灶具和单采暖系统除外）；

4 采暖热水炉采暖系统的最高工作压力和循环流量；

5 采暖热水炉的循环水泵流量阻力工作曲线（水流阻力曲线）；

6 启动水压（灶具和容积式热水器除外）；

7 采暖热水炉膨胀水箱容量；

8 燃具使用电源的电压、频率、功率和燃具的防触电保护等级；

9 燃气接管管径及连接方式、冷热水进出水管径、采暖供水和回水管径、排气管或给排气管尺寸及最大连接长度；

10 重量和外形尺寸等。

2. 家用、商业用及工业用燃具和用气设备安装及检验一般规定

6.1.1 燃具和用气设备安装前应按本规范第 3.2.1、3.2.2 条的规定进行下列检验：

1 应检查燃具和用气设备的产品合格证、产品安装使用说明书和质量保证书；

2 产品外观的显见位置应有产品参数铭牌，并有出厂日期；

3 应核对性能、规格、型号、数量是否符合设计文件的要求。

6.1.2 家用燃具应采用低压燃气设备，商业用气设备宜采用低压燃气设备。

6.1.3 家用、商业用及工业企业用燃具和用气设备的安装场所应符合现行国家标准《城镇燃气设计规范》GB 50028 的有关规定。

6.1.4 烟道的设置及结构应符合燃具和用气设备的要求，并应符合设计文件的规定。对旧有烟道应核实烟道断面及烟道抽力，不满足烟气排放要求的不得使用。

主 控 项 目

4.3 热水器（CJJ 12）

4.3.1 设置热水器的房间除应符合本规程第 4.1.1 条或第 4.7 节的规定外，尚应符合下列要求：

1 设置在室外或未封闭的阳台时，应选用室外型热水器；室外型热水器的排气筒不得穿过室内。

2 有外墙的卫生间，可安装密闭式热水器。

3 安装热水器的房间净高不应低于 2.2m。

4 热水器应安装在方便操作、检修、观察火焰且不易被碰撞的地方。

5 安装热水器的墙面或地面应能承受所安装热水器的荷重。

6 设置容积式热水器的地面应做防水层，近处应设地漏；地漏及连接的排水管道应能承受 90℃ 的热水。

4.3.2 热水器的安装位置应符合下列要求：

1 热水器与相邻灶具的水平净距不得小于 30cm。热水器与其他部位的防火间距可按本规程第 4.8 节的规定执行。

2 热水器的上部不应有明敷的电线、电器设备及易燃物，下部不应设置灶具等燃具。

4.3.3 安装热水器的地面和墙面应为不燃材料，当地面和墙面为可燃或难燃材料时，应设防火隔热板。

4.3.4 燃气管道和冷热水管道的安装应符合下列要求：

1 燃气管道和冷热水管道的安装应按说明书的要求进行。

2 燃气管道和冷热水管道的公称尺寸和公称压力应符合设计规定。

3 热水器因超压和放空等原因设置的排水口应设导管引至排水处。

4 管道连接应牢固。

5 热水管宜采取保温措施。

6 与热水器连接的燃气管道上应设手动快速式切断阀。

7 热水器与燃气管道的连接宜采用金属管道。采用软管连接时应符合本规程第 4.2.6 条的规定。

8 与热水器连接的给水管道上应设阀门，热水器进水口应设过滤网。容积式热水器的给水管道上阀门后应设止回阀，容积式热水器的上部给水管道的浸没管配有防虹吸孔时，阀门后宜设止回阀。

6.2 家用燃具（CJJ 94）

6.2.2 燃气的种类和压力、燃具上的燃气接口、进出水的压力和接口应符合燃具说明书的要求。

检查方法：目视检查和查阅资料。

6.2.3 燃气热水器和采暖炉的安装应符合下列要求：

1 应按照产品说明书的要求进行安装，并应符合设计文件的要求；

2 热水器和采暖炉应安装牢固，无倾斜；

3 支架的接触应均匀平稳，并便于操作；

4 与室内燃气管道和冷热水管道连接必须正确，并应连接牢固、不易脱落；燃气管道的阀门、冷热水管道阀门应便于操作和检修；

5 排烟装置应与室外相通，烟道应有 1‰ 坡向燃具的坡度，并应有防倒风装置。

检查数量：100%。

检查方法：目视检查和尺量检查。

6.2.4 当燃具与室内燃气管道采用螺纹连接时，应按本规范第4.3.19条的规定检验。

检查数量：抽查20%，且不少于2台。

检查方法：目视检查。

6.2.5 当燃具与室内燃气管道采用软管连接时，软管应无接头；软管与燃具的连接接头应选用专用接头，并应安装牢固，便于操作。

检查数量：抽查20%，且不少于2台。

检查方法：目视检查、手检和尺量检查。

6.2.6 燃具与电气设备、相邻管道之间的最小水平净距应符合表6.2.6的规定。

表6.2.6 燃具与电气设备、相邻管道之间的最小水平净距（cm）

名称	与燃气灶具的水平净距	与燃气热水器的水平净距
明装的绝缘电线或电缆	30	30
暗装或管内绝缘电线	20	20
电插座、电源开关	30	15
电压小于1000V的裸露电线	100	100
配电盘、配电箱或电表	100	100

注：燃具与燃气管道之间的最小水平净距应符合本规范表4.3.26的规定。

检查数量：100%。

检查方法：目视检查和尺量检查。

一般项目

6.2.9 燃具与可燃的墙壁、地板和家具之间应设耐火隔热层，隔热层与可燃的墙壁、地板和家具之间间距宜大于10mm。

检查数量：100%检查。

检查方法：目视检查和尺量检查。

6.2.10 使用市网供电的燃具应将电源线接在具有漏电保护功能的电气系统上；应使用单相三极电源插座，电源插座接地极应可靠接地，电源插座应安装在冷热水不易飞溅到的位置。

检查数量：100%检查。

检查方法：目视检查。

(3) 验收说明

1) 施工依据：《城镇燃气室内工程施工与质量验收规范》CJJ 94—2009，《家用燃气燃烧器具安装及验收规程》CJJ 12—2013，并制订专项施工方案、技术交底资料等。

2) 验收依据：《城镇燃气室内工程施工与质量验收规范》CJJ 94—2009，《家用燃气燃烧器具安装及验收规程》CJJ 12—2013，《建筑采暖卫生与煤气工程质量检验评定标准》GBJ 302—88，第8章室内燃气工程，第九章室外燃气工程。相应的现场验收检查记录。

3) 注意事项：

① 主控项目的质量经抽样检验均应合格；

② 一般项目的质量经抽样检验合格。当采用计数抽样时，合格点率应符合有关专业

验收规范的规定，且不得存在严重缺陷；

③ 具有完整的施工操作依据、质量验收记录；

④ 本检验批的主控项目、一般项目已列入推荐表中，其具体内容及检查方法见一般规定及（2）条文摘录；

⑤ 黑体字的条文为强制性条文，必须严格执行，制订控制措施。

3. 用气设备安装采暖热水炉检验批质量验收记录

（1）推荐表格

用气设备安装采暖热水炉安装检验批质量验收记录（Ⅲ） 10030103____

单位（子单位）工程名称			分部（子分部）工程名称		分项工程名称	
施工单位			项目负责人		检验批容量	
分包单位			分包单位项目负责人		检验批部位	
施工依据			验收依据	《城镇燃气室内工程施工与质量验收规范》CJJ 94—2009《家用燃气燃烧器具安装及验收规程》CJJ 12—2013		
		验收项目	设计要求及规范规定	最小/实际抽样数量	检查记录	检查结果
主控项目	1	采暖热水炉的房间要求	第4.4.1条	/		
	2	采暖热水炉安装位置要求	第4.4.2条	/		
	3	采暖热水炉地、墙面要求	第4.4.3条	/		
	4	燃气管、冷热水管、供用水管安装	第4.4.4条	/		
	5	敞开式采暖膨胀管严禁安阀门	第4.4.5条	/		
	6	采暖热水炉宜设室温控制器安装	第4.4.6条	/		
	7	燃气种类、压力接口、进出水压力接口	第6.2.2条	/		
	8	燃气热水器安装	第6.2.3条	/		
	9	燃具与燃气管螺纹连接	第6.2.4条	/		
	10	燃具与燃气管软管连接	第6.2.5条	/		
	11	燃具与电气设备、相邻管道距离	第6.2.6条	/		
一般项目	1	燃具与地、墙、家具之间距离	第6.2.9条	/		
	2	市网供电燃具电源接线要求	第6.2.10条	/		
施工单位检查结果				专业工长：项目专业质量检查员：年　月　日		
监理单位验收结论				专业监理工程师：年　月　日		

582

(2) 验收内容及检查方法条文摘录

一 般 规 定

1. 燃具及相关设备安装一般规定（CJJ 12）

4.1.1　燃具不应设置在卧室内。燃具应安装在通风良好，有给排气条件的厨房或非居住房间内。

4.1.2　使用液化石油气的燃具不应设置在地下室和半地下室。使用人工煤气、天然气的燃具不应设置在地下室，当燃具设置在半地下室或地上密闭房间时，应设置机械通风、燃气/烟气（氧化碳）浓度检测报警等安全设施。

4.1.3　燃具的供水压力和供电技术参数应符合燃具说明书的规定。

4.1.4　燃具及相关设备应分别具备下列技术文件：

1　供安装人员使用的安装说明书。

2　供用户使用的使用说明书。

3　燃具及说明书应有防止误使用、误操作的安全警示。

4.1.5　燃具安装说明书至少应具备下列技术参数：

1　燃气种类和额定压力；

2　额定热负荷或额定热输出；

3　生活热水产水能力和系统适用水压（灶具和单采暖系统除外）；

4　采暖热水炉采暖系统的最高工作压力和循环流量；

5　采暖热水炉的循环水泵流量阻力工作曲线（水流阻力曲线）；

6　启动水压（灶具和容积式热水器除外）；

7　采暖热水炉膨胀水箱容量；

8　燃具使用电源的电压、频率、功率和燃具的防触电保护等级；

9　燃气接管管径及连接方式、冷热水进出水管径、采暖供水和回水管径、排气管或给排气管尺寸及最大连接长度；

10　重量和外形尺寸等。

2. 家用、商业用及工业用燃具和用气设备安装及检验一般规定（CJJ 94）

6.1.1　燃具和用气设备安装前应按本规范第 3.2.1、3.2.2 条的规定进行下列检验：

1　应检查燃具和用气设备的产品合格证、产品安装使用说明书和质量保证书；

2　产品外观的显见位置应有产品参数铭牌，并有出厂日期；

3　应核对性能、规格、型号、数量是否符合设计文件的要求。

6.1.2　家用燃具应采用低压燃气设备，商业用气设备宜采用低压燃气设备。

6.1.3　家用、商业用及工业企业用燃具和用气设备的安装场所应符合现行国家标准《城镇燃气设计规范》GB 50028 的有关规定。

6.1.4　烟道的设置及结构应符合燃具和用气设备的要求，并应符合设计文件的规定。对旧有烟道应核实烟道断面及烟道抽力，不满足烟气排放要求的不得使用。

主 控 项 目

4.4　采暖热水炉（CJJ 12）

4.4.1　设置采暖热水炉的房间应符合本规程第 4.3.1 条的规定。卫生间内不得设置采暖热水炉。

4.4.2 采暖热水炉的安装位置应按本规程第 4.3.2 条的规定执行。

4.4.3 设置采暖热水炉的地面和墙面应按本规程第 4.3.3 条的规定执行。

4.4.4 燃气管道、冷热水管道和供回水管道的安装除应符合本规程第 4.3.4 条的规定外，还应符合下列要求：

1 管道流量和阻力损失应符合设计要求。

2 采暖热水炉泄压口、溢水口等部位下方应有排水设施；排水过热时，应采取有效的降温措施；炉体排水连接管上不得设置阀门。

3 供暖系统最低部位应设排水阀（地板采暖除外），密闭式采暖系统的最高部位和散热器上部应设排气阀；系统中至少应设置一个自动排气阀。

4 供暖系统回水管上应安装过滤器（网）。

5 炉体采暖供回水管道、给水和燃气管道上应设阀门。

6 采暖水系统的注水压力不应小于 0.1MPa。

7 安装场所的地面最低点应设地漏。

4.4.5 敞开式采暖系统的膨胀管上严禁设置阀门。

4.4.6 采暖热水炉宜设置室内温度控制器（温控器），控制器安装场所应符合下列要求：

1 安装在室内温度稳定的区域。可安装在距离地面（1.2～1.5）m 的空气流通良好的墙壁上，或将无线型控制器信号输出盒设置在室内温度稳定的区域内。

2 不应安装在门窗附近和散热器、太阳光直射等辐射热较强的地方，以及儿童可能触及的地方。

6.2 家用燃具（CJJ 94）

6.2.2 燃气的种类和压力、燃具上的燃气接口、进出水的压力和接口应符合燃具说明书的要求。

检查方法：目视检查和查阅资料。

6.2.3 燃气热水器和采暖炉的安装应符合下列要求：

1 应按照产品说明书的要求进行安装，并应符合设计文件的要求；

2 热水器和采暖炉应安装牢固，无倾斜；

3 支架的接触应均匀平稳，并便于操作；

4 与室内燃气管道和冷热水管道连接必须正确，并应连接牢固、不易脱落；燃气管道的阀门、冷热水管道阀门应便于操作和检修；

5 排烟装置应与室外相通，烟道应有 1% 坡向燃具的坡度，并应有防倒风装置。

检查数量：100%。

检查方法：目视检查和尺量检查。

6.2.4 当燃具与室内燃气管道采用螺纹连接时，应按本规范第 4.3.19 条的规定检验。

检查数量：抽查 20%，且不少于 2 台。

检查方法：目视检查。

6.2.5 当燃具与室内燃气管道采用软管连接时，软管应无接头；软管与燃具的连接接头应选用专用接头，并应安装牢固，便于操作。

检查数量：抽查 20%，且不少于 2 台。

检查方法：目视检查、手检和尺量检查。

6.2.6 燃具与电气设备、相邻管道之间的最小水平净距应符合表 6.2.6 的规定。

表 6.2.6 燃具与电气设备、相邻管道之间的最小水平净距（cm）

名称	与燃气灶具的水平净距	与燃气热水器的水平净距
明装的绝缘电线或电缆	30	30
暗装或管内绝缘电线	20	20
电插座、电源开关	30	15
电压小于 1000V 的裸露电线	100	100
配电盘、配电箱或电表	100	100

注：燃具与燃气管道之间的最小水平净距应符合本规范表 4.3.26 的规定。

检查数量：100%。

检查方法：目视检查和尺量检查。

一般项目

6.2.9 燃具与可燃的墙壁、地板和家具之间应设耐火隔热层，隔热层与可燃的墙壁、地板和家具之间间距宜大于 10mm。

检查数量：100% 检查。

检查方法：目视检查和尺量检查。

6.2.10 使用市网供电的燃具应将电源线接在具有漏电保护功能的电气系统上；应使用单相三极电源插座，电源插座接地极应可靠接地，电源插座应安装在冷热水不易飞溅到的位置。

检查数量：100% 检查。

检查方法：目视检查。

(3) 验收说明

1）施工依据：《城镇燃气室内工程施工与质量验收规范》CJJ 94—2009，《家用燃气燃烧器具安装及验收规程》CJJ 12—2013，并制订专项施工方案、技术交底资料等。

2）验收依据：《城镇燃气室内工程施工与质量验收规范》CJJ 94—2009，《家用燃气燃烧器具安装及验收规程》CJJ 12—2013，《建筑采暖卫生与煤气工程质量检验评定标准》GBJ 302—88，第 8 章室内燃气工程，第九章室外燃气工程。相应的现场验收检查记录。

3）注意事项：

① 主控项目的质量经抽样检验均应合格；

② 一般项目的质量经抽样检验合格。当采用计数抽样时，合格点率应符合有关专业验收规范的规定，且不得存在严重缺陷；

③ 具有完整的施工操作依据、质量验收记录；

④ 本检验批的主控项目、一般项目已列入推荐表中，其具体内容及检查方法见一般规定及（2）条文摘录；

⑤ 黑体字的条文为强制性条文，必须严格执行，制订控制措施。

4. 用气设备安装商业用气设备检验批质量验收记录

（1）推荐表格

用气设备安装商业用气设备安装检验批质量验收记录（Ⅳ）

单位(子单位) 工程名称			分部(子分部) 工程名称		分项工程名称		
施工单位			项目负责人		检验批容量		
分包单位			分包单位项目 负责人		检验批部位		
施工依据			验收依据		《城镇燃气室内工程施工与质量验收规范》 CJJ 94—2009 《家用燃气燃烧器具安装及验收规程》 CJJ 12—2013		
		验收项目		设计要求及 规范规定	最小/实际 抽样数量	检查记录	检查结果
主控 项目	1	用气设备安装在地下室、 半地下室或地上密闭房时， 应严格按设计安装		第6.3.1条	/		
	2	商业用气设备安装应 符合规范规定		第6.3.2条	/		
一般 项目	1	砖砌燃气灶的规定		第6.3.3条	/		
	2	砖砌灶高度、炉膛、烟囱爆破门		第6.3.4条	/		
	3	沸水器的安装		第6.3.5条	/		
施工单位 检查结果			专业工长： 项目专业质量检查员： 年　月　日				
监理单位 验收结论			专业监理工程师： 年　月　日				

（2）验收内容及检查方法条文摘录（CJJ 94）

一般规定

6.1.1　燃具和用气设备安装前应按本规范第3.2.1、3.2.2条的规定进行下列检验：

1　应检查燃具和用气设备的产品合格证、产品安装使用说明书和质量保证书；

2　产品外观的显见位置应有产品参数铭牌，并有出厂日期；

3　应核对性能、规格、型号、数量是否符合设计文件的要求。

6.1.2　家用燃具应采用低压燃气设备，商业用气设备宜采用低压燃气设备。

6.1.3　家用、商业用及工业企业用燃具和用气设备的安装场所应符合现行国家标准《城镇燃气设计规范》GB 50028的有关规定。

6.1.4　烟道的设置及结构应符合燃具和用气设备的要求，并应符合设计文件的规定。对旧有烟道应核实烟道断面及烟道抽力，不满足烟气排放要求的不得使用。

主控项目

6.3.1　当商业用气设备安装在地下室、半地下室或地上密闭房间内时，应严格按设计文件要求施工。

检查方法：查阅设计文件。

6.3.2 商业用气设备的安装应符合下列规定：

1 用气设备之间的净距应满足设计文件、操作和检修的要求；

2 用气设备前宜有宽度不小于 1.5m 的通道；

3 用气设备与可燃的墙壁、地板和家具之间应按设计文件要求做耐火隔热层，当设计文件无规定时，其厚度不宜小于 1.5mm，隔热层与可燃的墙壁、地板和家具之间的间距宜大于 50mm。

检查数量：100％检查。

检查方法：目视检查和尺量检查。

一 般 项 目

6.3.3 砖砌燃气灶的燃烧器应水平地安装在炉膛中央，其中心应对准锅中心；应保证外焰有效地接触锅底，燃烧器支架环孔周围应保持足够的空间。

检查数量：100％检查。

检查方法：目视检查和尺量检查。

6.3.4 砖砌燃气灶的高度不宜大于 80cm，封闭的炉膛与烟道应安装爆破门，爆破门的加工应符合设计文件的要求。

检查数量：100％检查。

检查方法：目视检查、尺量检查和查阅设计文件。

6.3.5 沸水器的安装应符合下列规定：

1 安装沸水器的房间应按设计文件检查通风系统；

2 沸水器应采用单独烟道；当使用公共烟囱时，应设防止串烟装置，烟囱应高出屋顶 1m 以上，并应安装防止倒风的装置，其结构应合理；

3 沸水器与墙净距不宜小于 0.5m，沸水器顶部距屋顶的净距不应小于 0.6m；

4 当安装 2 台或 2 台以上沸水器时，沸水器之间净距不宜小于 0.5m。

检查数量：100％检查。

检查方法：目视检查、尺量检查和查阅设计文件。

(3) 验收说明

1) 施工依据：《城镇燃气室内工程施工与质量验收规范》CJJ 94—2009，《家用燃气燃烧器具安装及验收规程》CJJ 12—2013，并制订专项施工方案、技术交底资料等。

2) 验收依据：《城镇燃气室内工程施工与质量验收规范》CJJ 94—2009，《家用燃气燃烧器具安装及验收规程》CJJ 12—2013，《建筑采暖卫生与煤气工程质量检验评定标准》GBJ 302—88，第 8 章室内燃气工程，第九章室外燃气工程。相应的现场验收检查记录。

3) 注意事项：

① 主控项目的质量经抽样检验均应合格；

② 一般项目的质量经抽样检验合格。当采用计数抽样时，合格点率应符合有关专业验收规范的规定，且不得存在严重缺陷；

③ 具有完整的施工操作依据、质量验收记录；

④ 本检验批的主控项目、一般项目已列入推荐表中，其具体内容及检查方法见一般规定及（2）条文摘录；

⑤ 黑体字的条文为强制性条文，必须严格执行，制订控制措施。

5. 通风设备安装室内给排气设备检验批质量验收记录

（1）推荐表格

室内给排气设备检验批质量验收记录（Ⅰ）　10030201____

单位（子单位） 工程名称		分部（子分部） 工程名称		分项工程名称	
施工单位		项目负责人		检验批容量	
分包单位		分包单位项目 负责人		检验批部位	
施工依据		验收依据	《城镇燃气室内工程施工与质量验收规范》 CJJ 94—2009 《家用燃气燃烧器具安装及验收规程》 CJJ 12—2013		

验收项目			设计要求及 规范规定	最小/实际 抽样数量	检查记录	检查结果
主控 项目	1	室内燃具自然换气装置的规定	第4.6.1条	/		
	2	室内燃具机械换气装置的规定	第4.6.2条	/		
	3	排烟罩安装要求	第4.6.3条	/		
	4	固定式百叶窗要求	第4.6.4条	/		
	5	门、窗间隙给气面积取值	第4.6.5条	/		
	6	有排气装置，不限给气口位置和大小	第4.6.6条	/		
	7	直排式燃具排气扇排气量要求	第4.6.7条	/		
	8	室内吸油烟机与排气道连接要求	第4.6.8条	/		
	9	排气管、给排气的质量	第4.6.9条	/		
	10	烟道排气出口距门窗口的距离	第4.6.10条	/		
	11	半密闭自然排气式燃具给、换气口设置	第4.6.11条	/		
	12	半密闭自然排气式燃具烟道安装	第4.6.12条	/		
	13	半密闭自然排气式燃具烟囱风帽 与屋顶、屋檐间关联	第4.6.13条	/		
	14	独立烟道的结构和性能	第4.6.14条	/		
	15	主、支并列共用烟道的要求	第4.6.15条	/		
	16	燃具停用时，主、支共同烟道的要求	第4.6.16条	/		
	17	燃具用烟囱的抽力要求	第4.6.17条	/		
	18	烟囱抽力和出口截面积计算	第4.6.18条	/		
	19	燃具不应与固体燃料设备用一个烟道	第4.6.19条	/		
	20	密闭式燃具使用T形、U形、分离型 给排烟道要求	第4.6.20条	/		
	21	密闭式燃具与共用给排气烟道的连接	第4.6.21条	/		
	22	冷凝式燃具烟道系统设置	第4.6.22条	/		
	23	高海拔地区排气系统排气能力确定	第4.6.23条	/		

施工单位 检查结果	专业工长： 项目专业质量检查员： 　　　　　　　　年　月　日
监理单位 验收结论	专业监理工程师： 　　　　　　　　年　月　日

588

(2) 验收内容及检查方法条文摘录

一 般 规 定

燃具及相关设备安装一般规定（CJJ 12）

4.1.1 燃具不应设置在卧室内。燃具应安装在通风良好，有给排气条件的厨房或非居住房间内。

4.1.2 使用液化石油气的燃具不应设置在地下室和半地下室。使用人工煤气、天然气的燃具不应设置在地下室，当燃具设置在半地下室或地上密闭房间时，应设置机械通风、燃气/烟气（氧化碳）浓度检测报警等安全设施。

4.1.3 燃具的供水压力和供电技术参数应符合燃具说明书的规定。

4.1.4 燃具及相关设备应分别具备下列技术文件：

1 供安装人员使用的安装说明书。

2 供用户使用的使用说明书。

3 燃具及说明书应有防止误使用、误操作的安全警示。

4.1.5 燃具安装说明书至少应具备下列技术参数：

1 燃气种类和额定压力；

2 额定热负荷或额定热输出；

3 生活热水产水能力和系统适用水压（灶具和单采暖系统除外）；

4 采暖热水炉采暖系统的最高工作压力和循环流量；

5 采暖热水炉的循环水泵流量阻力工作曲线（水流阻力曲线）；

6 启动水压（灶具和容积式热水器除外）；

7 采暖热水炉膨胀水箱容量；

8 燃具使用电源的电压、频率、功率和燃具的防触电保护等级；

9 燃气接管管径及连接方式、冷热水进出水管径、采暖供水和回水管径、排气管或给排气管尺寸及最大连接长度；

10 重量和外形尺寸等。

主控项目（CJJ 12）

4.6 室内给排气设备

4.6.1 室内燃具自然换气装置应符合表 4.6.1 的规定。

表 4.6.1 室内燃具自然换气装置

排气装置 / 要求	排气筒（接外墙排烟口）	烟道(排气筒)（接燃具排烟口）	带排烟罩的排气筒 Ⅰ型排烟罩	带排烟罩的排气筒 Ⅱ型排烟罩
最小排气量(m³/h)	$40VQ$	$2VQ$	$30VQ$	$20VQ$
有效面积(m²)	$A_1 = \dfrac{40VQ}{3600} \times \sqrt{\dfrac{3+5n_1+0.2l_1}{h_1}}$	$A_2 = \dfrac{2VQ}{3600} \times \sqrt{\dfrac{0.5+0.4n_2+0.1l_2}{h_2}}$	$A_3 = \dfrac{30VQ}{3600} \times \sqrt{\dfrac{2+4n_3+0.2l_3}{h_3}}$	$A_4 = \dfrac{20VQ}{3600} \times \sqrt{\dfrac{2+4n_3+0.2l_3}{h_3}}$

要求	排气装置	排气筒（接外墙排烟口）	烟道（排气筒）（接燃具排烟口）	带排烟罩的排气筒	
				Ⅰ型排烟罩	Ⅱ型排烟罩
排气口位置		顶棚下 80cm 以内	适当位置	适当位置	适当位置
给气口	位置	顶棚高度 1/2 以下	适当位置	顶棚高度 1/2 以下	顶棚高度 1/2 以下
	有效面积	A_1	A_2	A_3	A_4

注：V——每单位燃气（1kW·h）燃烧后产生的理论烟气量（m³），取 1m³/(kW·h)（低热值）；

Q——燃具热负荷（kW）（低热值）；

n_1、l_1、h_1——排气筒转弯次数；从排气筒入口中心到风帽高度 1/2 处的长度（m）；排气筒室外垂直部分高度（m）；

n_2、l_2、h_2——烟道转弯次数；从防倒风罩开口部位下端到风帽高度 1/2 处的长度（m）；烟道高度（m），h_2 适用于 $h_2 \leqslant 8m$；

n_3、l_3、h_3——排气筒转弯次数；从排烟罩下端到风帽高度 1/2 处的长度（m）；从排烟罩下端到风帽高度 1/2 处的高度（m）；

Ⅰ型排烟罩——能完全覆盖火源的排烟罩；

Ⅱ型排烟罩——能覆盖火源周围部分的排烟罩。

4.6.2　室内燃具机械换气装置应符合表 4.6.2 的规定。

表 4.6.2　室内燃具机械换气装置

要求	排气装置	排气扇（装外墙排烟口）	带排气扇的排气筒（接燃具排烟口）	带排气扇的排烟罩（接排气道）	
				Ⅰ型排烟罩	Ⅱ型排烟罩
最小排气量(m³/h)		40VQ	2VQ	30VQ	20VQ
有效面积(m²)		—	—	—	—
排气口位置		顶棚下 80cm 以内	适当位置	适当位置	适当位置
给气口	位置	适当位置	适当位置	适当位置	适当位置
	有效面积				

注：1　文字符号同表 4.6.1 注；

　　2　排气筒、给气口等的有效面积可根据机械换气装置的能力设计。

4.6.3　排烟罩及其安装应符合下列要求：

1　Ⅰ型排烟罩的结构应完全覆盖火源，并做成利于捕集烟气的形状。Ⅰ型排烟罩的安装高度应小于 1m。

2　Ⅱ型排烟罩的结构应覆盖火源的周围部分。Ⅱ型排烟罩的安装高度应小于 1m。

4.6.4　固定式百叶窗应符合下列要求：

1　百叶窗最小间隙应大于 8mm，安装的防虫网应便于清扫。

2　百叶窗的有效开口面积应按下式计算：

$$A_e = \alpha \cdot A_n \tag{4.6.4}$$

式中：A_e——百叶窗的有效开口面积（cm²）；

　　　α——百叶窗的开口率，可按表 4.6.4 取值；

A_n——百叶窗的实际面积（cm^2）。

表 4.6.4　百叶窗开口率

百叶窗种类	开口率 α(%)
钢制百叶窗，塑料百叶窗	50
木制百叶窗	40

4.6.5　门、窗间隙可作为部分给气口面积，门、窗间隙的有效面积可按表 4.6.5 的规定取值。

表 4.6.5　门、窗间隙的有效面积

门、窗种类	每 1m 长门窗间隙的有效面积(cm^2)	门、窗种类	每 1m 长门窗间隙的有效面积(cm^2)
铝制门、窗	2	木制窗	5
钢制门、窗	10	木制门	20

注：窗不包括隔离窗、双层窗、镶嵌窗。门不包括周围带密封材料的门。

4.6.6　室内装有排气扇等机械换气装置时，可不限制给气口的位置和大小。

4.6.7　室内直排式燃具排气扇的排气量宜符合本规程表 4.6.2 的规定。通过外墙水平排放时，排气扇的风压不应小于 80Pa（静压）。

4.6.8　室内吸油烟机与住宅共用排气道连接时，排气系统应符合下列要求：

1　吸油烟机的风量应取（300～500）m^3/h；与吸油烟机配套燃具的额定热负荷要求的排气量应符合本规程表 4.6.2 的规定；燃具安装房间环境空气中的 CO 含量不应大于 0.02%，CO_2 含量不应大于 2.5%。

2　吸油烟机的风压不应小于排气系统总阻力的 1.2 倍。排气系统的总阻力应采用排气道说明书的规定值。

3　灶具的同时工作系数可按现行国家标准《城镇燃气设计规范》GB 50028 的规定取值。

4　吸油烟机的质量应符合现行国家标准《吸油烟机》GB/T 17713 的规定。

5　排气道的材料及质量（强度及耐火极限等）应符合现行行业标准《住宅厨房、卫生间排气道》JG/T 194 的规定；排气道应有足够的排气能力，排气道的结构应有良好的防倒烟和串烟的功能，排气道的结构和横截面尺寸应符合相关标准的规定。

4.6.9　燃具用排气管和给排气管的质量应符合现行行业标准《燃烧器具用不锈钢排气管》CJ/T 198 和《燃烧器具用不锈钢给排气管》CJ/T 199 等标准的规定，其连接方式应符合下列要求：

1　排气管和给排气管的吸气/排烟口应直接与大气相通。

2　强制排气的排气管和给排气管的同轴管水平穿过外墙排放时，应坡向外墙，坡度应大于 0.3%，其外部管段的有效长度不应少于 50mm；给排气管的分体管应安装在边长为 500mm 正方形的区域内。自然排气的排气管水平穿过外墙时，应有 1% 坡向燃具的坡度，并应有防倒烟装置。

3　冷凝式燃具的排气管应坡向燃具，其同轴给排气管应符合下列要求之一：

1）室内部分应坡向燃具，室外部分应坡向室外。

2）同轴管的内管（排气管）应坡向燃具，冷凝水流向燃具；同轴管的外管（给气管）应坡向外墙，应防止雨水进入。

4　燃具与排气管和给排气管连接时应保证良好的气密性，搭接长度不应小于30mm。

5　穿墙的排气管和给排气管与墙的间隙处应采用耐热保温材料填充，并用密封件做密封防水处理。

4.6.10　穿外墙的烟道终端排气出口距门窗洞口的最小净距应符合表4.6.10的规定。距地面的垂直净距不得小于0.3m。烟道终端排气出口应设置在烟气容易扩散的部位。

表 4.6.10　烟道终端排气出口距门窗洞口的最小净距（m）

门窗洞口位置	密闭式燃具		半密闭式燃具	
	自然排烟	强制排烟	自然排烟	强制排烟
非居住房间	0.6	0.3	不允许	0.3
居住房间	1.5	1.2	不允许	1.2
下部机械进风口	1.2	1.9	不允许	0.9

注：下部机械进风口与上部燃具排气口水平净距大于或等于3m时，其垂直距离不限。

4.6.11　安装半密闭自然排气式燃具的室内应设置给气口和换气口，给气口和换气口的横截面积均应大于烟道的横截面积。给气口应设在房间下部，换气口应设在房间上部（烟道上部），给气口和换气口均应直通大气。

4.6.12　半密闭自然排气式燃具烟道安装时应根据建筑物的特点充分考虑静风压对排烟的影响。半密闭自然排气式燃具烟道应符合下列要求：

1　烟道应有效地排除烟气，其尺寸应大于燃具连接部位的尺寸。

2　当烟道总长 $L<8m$ 时，烟道的高度应满足下列计算值。

$$H>\frac{0.5+0.4n+0.1L}{\left(\frac{1000A_V}{6\phi\times0.9458}\right)^2}$$ （4.6.12-1）

$$L=H+l$$ （4.6.12-2）

式中：H——烟道高度（m）；

n——烟道上的弯头数目；

L——从防倒风罩开口下端到烟道风帽高度1/2处的烟道总长度（m）；

l——已知烟道水平部分长度（m）；

A_V——烟道的有效截面积（cm^2）；

ϕ——燃具热负荷（W）。

3　烟道水平部分的长度应小于5m，水平前端不得朝下倾斜，并应有坡向燃具的坡度。

4　烟道的弯头宜为90°，弯头总数不应多于4个。

5　烟道的高度宜小于10m。

6　防倒风罩以上的烟道室内垂直部分不得小于30cm。

7　烟道顶端应安装有效的防风、雨、雪的风帽。其出口位置应符合本规程第4.6.13条的规定。

4.6.13　半密闭自然排气式燃具烟囱风帽与屋顶和屋檐间的相互位置应符合下列要求：

1 烟囱伸出屋顶到风帽间的垂直高度应大于 0.6m。

2 当烟囱水平方向 1m 范围内有建筑物屋檐时，烟囱应高出该建筑物屋檐 0.6m 以上。

3 当邻近有建筑物时，烟囱风帽应高出沿高层建筑物 45°的阴影线（阴斜线内为正压区）。

4.6.14 独立烟道的结构和性能应符合下列要求：

1 低层住宅（1 层～3 层）和多层建筑（4 层～6 层）宜设独立烟道。

2 独立烟道应有防止倒烟的措施。

3 烟道的抽力（余压）应符合本规程第 4.6.17 条的规定要求。

4.6.15 主、支并列型共用烟道（图 C.0.1）应符合下列要求：

1 支烟道的高度宜为层高，并应大于 2.0m，其净截面积不应小于燃具排烟口截面积，并不得小于 0.015m²；主烟道出口距支烟道入口不应小于 6m，主烟道的净截面积应在满足烟道抽力的前提下通过计算确定。

2 支烟道出口与主烟道交汇处应设烟气导向装置；当同层有 2 台燃具时，应分别设置支烟道和烟气导向装置，其出口高差应大于 0.25m。

3 半密闭自然排气式燃具可使用主、支并列型共用烟道，半密闭强制排气式燃具不得使用主、支并列型共用烟道；共用烟道的结构和横截面积应符合本规程附录 C 的规定。

4.6.16 在燃具停用时，主、支并列型共用烟道的支烟道口处静压值应小于零（负压）。

4.6.17 燃具用烟囱的抽力应符合下列要求：

1 当热负荷小于 30kW 时，烟囱抽力应大于排烟系统总阻力 3Pa；

2 当热负荷大于等于 30kW 时，烟囱抽力应大于排烟系统总阻力 10Pa。

4.6.18 烟囱抽力和出口横截面积可按下列公式计算：

$$\Delta P_y = 0.0345 H \left(\frac{1}{273+t_k} - \frac{1}{273+t_y} \right) P \qquad (4.6.18-1)$$

$$A_y = \frac{V_y}{u_y \cdot 3600} \qquad (4.6.18-2)$$

式中：ΔP_y——烟道、烟囱或连接管垂直管段的抽力（Pa）；

H——产生抽力管段的高度（m）；

t_k——外部空气的温度（℃）；

t_y——管道中烟气的平均温度（℃）；

P——大气压力（Pa）；

A_y——烟囱出口横截面积（m²）；

V_y——烟囱出口烟气流量（m³/h），烟气流量可依据本规程表 4.6.1 和表 4.6.2 中的最小排气量确定；

u_y——烟囱出口烟气流速（m/s），当自然排烟时取（3～5）m/s，机械排烟时取（6～8）m/s。

4.6.19 燃具不应与使用固体燃料的设备共用一个烟道。

4.6.20 密闭式燃具可使用倒 T 形、U 形、分离型等共用给排气烟道。共用给排气烟道的结构尺寸应符合本规程附录 D 的规定，结构和性能应符合下列要求：

1 倒 T 形烟道（图 D.0.1-1）应符合下列要求：

1) 设置贯穿建筑物的垂直烟道，烟道应在屋顶上方排烟。

2) 设置贯穿建筑物的水平给气道或设置中和压力区的单独空气进口。建筑物下面中和压力区的烟道基座应有防止碎石落入下面区域的可拆卸格栅，烟道基座和格栅应标识烟道用途。

3) 烟道横截面积可按本规程表 D.0.2-1 和表 D.0.2-2 的规定执行。

2　U 形烟道（图 D.0.1-2）应符合下列要求：

1) U 形烟道两侧的通道，应建成贯穿建筑物的垂直烟道，烟道应在屋顶上方排烟。

2) 燃烧用空气应由建筑物顶部通过靠近烟道并在底部与其连通的垂直烟道提供。

3) U 形烟道横截面积应是倒 T 形烟道横截面积的 1.25 倍。

4) 当烟道横截面为矩形时，长度不得大于宽度的 1 倍。

3　分离型烟道（图 D.0.1-3 和图 D.0.1-4）应符合下列要求：

1) 设置贯穿建筑物的分离式烟道应在屋顶上方排烟并吸入燃烧用空气。同轴型烟道的结构见本规程图 D.0.1-3，并列型烟道的结构见本规程图 D.0.1-4。

2) 安装冷凝式燃具的烟道下端应设置冷凝液排除装置，见本规程图 D.0.1-3 中 A1 和 A2。

3) 给排气下端不连通的烟道（正压烟道，见本规程图 D.0.1-3 中 A2）不应安装自然给排气式燃具，安装强制给排气式燃具的烟道上应安装止回排气阀。

4) 强制给排气式燃具不应与其他任何器具背对背安装。

5) 同轴型烟道给排气管的横截面积可按本规程表 D.0.2-3 和表 D.0.2-4 的规定执行。

4　屋顶烟道端口应符合下列规定：

1) 烟道出口应高出屋顶 25cm。

2) 烟道出口距外墙或女儿墙等构筑物不应小于 1.5m，当小于 1.5m 时，其出口应高出外墙或女儿墙。烟道出口应避开正压区。

5　建筑物顶层燃具空气进口处烟道（U 形和倒 T 形烟道）中 CO_2 最大浓度应为 1.5%（按天然气计算，分离型烟道除外）。

4.6.21　密闭式燃具与共用给排气烟道的连接应符合下列要求：

1　燃具应按说明书规定安装，密闭式燃具的给排气口不得反向与烟道连接（给排气口不得接反）。

2　燃具与烟道连接后，空气进口和烟道插口与烟道壁之间的间隙应密封。

3　共用给排气烟道不应与使用液化石油气的密闭式燃具连接。

4.6.22　冷凝式燃具的烟道系统应符合下列要求：

1　烟道系统的类型应为强制排气式或强制给排气式。

2　烟道风帽距墙壁和门、窗洞口的距离应能防止烟气中的水蒸气对周围环境的危害。

3　烟道系统的材料应能适应弱酸性的冷凝液。

4　烟道系统应有收集和处理冷凝液的措施；未经稀释或处理的冷凝液不得直接排入建筑物的下水道（耐腐蚀的非金属系统下水道除外）。

4.6.23　高海拔地区安装的排气系统的最大排气能力，应按在海平面使用时的额定热负荷确定，高海拔地区安装的排气系统的最小气能力，应按实际热负荷（海拔的减小额定值）确定。

2 烟道可采用符合保温要求的双壁烟道管或预制保温金属烟囱;

3 热水管的保温材料厚度不应小于20mm,且导热系数不应大于0.045W/(m·K)。

4.7.5 平衡式隔室给排气口距门窗洞口的距离应符合本规程第4.6.10条规定,距可燃材料、难燃材料的距离应符合本规程第4.8.4条的规定。

(3) 验收说明

1) 施工依据:《城镇燃气室内工程施工与质量验收规范》CJJ 94—2009,《家用燃气燃烧器具安装及验收规程》CJJ 12—2013,并制订专项施工方案、技术交底资料等。

2) 验收依据:《城镇燃气室内工程施工与质量验收规范》CJJ 94—2009,《家用燃气燃烧器具安装及验收规程》CJJ 12—2013,《建筑采暖卫生与煤气工程质量检验评定标准》GBJ 302—88,第8章室内燃气工程,第九章室外燃气工程。相应的现场验收检查记录。

3) 注意事项:

① 主控项目的质量经抽样检验均应合格;

② 一般项目的质量经抽样检验合格。当采用计数抽样时,合格点率应符合有关专业验收规范的规定,且不得存在严重缺陷;

③ 具有完整的施工操作依据、质量验收记录;

④ 本检验批的主控项目、一般项目已列入推荐表中,其具体内容及检查方法见一般规定及(2)条文摘录;

⑤ 黑体字的条文为强制性条文,必须严格执行,制订控制措施。

7. 通风设备安装烟道检验批质量验收记录

(1) 推荐表格

烟道检验批质量验收记录(Ⅲ) 　　10030203____

单位(子单位)工程名称			分部(子分部)工程名称		分项工程名称	
施工单位			项目负责人		检验批容量	
分包单位			分包单位项目负责人		检验批部位	
施工依据			验收依据	《城镇燃气室内工程施工与质量验收规范》CJJ 94—2009《家用燃气燃烧器具安装及验收规程》CJJ 12—2013		
验收项目				设计要求及规范规定	最小/实际抽样数量	检查记录	检查结果
主控项目	1	用气设备的烟道应符合设计要求		第6.5.1条	/		
	2	烟道抽力应符合设计要求		第6.5.2条	/		
	3	商业用火灶应按设计要求安装		第6.5.3条	/		

		验收项目	设计要求及规范规定	最小/实际抽样数量	检查记录	检查结果
一般项目	1	镀锌钢板烟道要求	第 6.5.4 条	/		
	2	钢板烟道要求	第 6.5.5 条	/		
	3	非金属预制块烟道要求	第 6.5.6 条	/		
	4	金属烟道支、吊架设置	第 6.5.7 条	/		
	5	钢板烟道、支、吊架涂漆要求	第 6.5.8 条	/		
	6	多台设备合用一个水平烟道应设导向装置	第 6.5.9 条	/		
施工单位检查结果			专业工长： 项目专业质量检查员： 年　月　日			
监理单位验收结论			专业监理工程师： 年　月　日			

（2）验收内容及检查方法条文摘录

一般规定（CJJ 94）

6.1　一般规定

6.1.1　燃具和用气设备安装前应按本规范第 3.2.1、3.2.2 条的规定进行下列检验：

1　应检查燃具和用气设备的产品合格证、产品安装使用说明书和质量保证书；

2　产品外观的显见位置应有产品参数铭牌，并有出厂日期；

3　应核对性能、规格、型号、数量是否符合设计文件的要求。

6.1.2　家用燃具应采用低压燃气设备，商业用气设备宜采用低压燃气设备。

6.1.3　家用、商业用及工业企业用燃具和用气设备的安装场所应符合现行国家标准《城镇燃气设计规范》GB 50028 的有关规定。

6.1.4　烟道的设置及结构应符合燃具和用气设备的要求，并应符合设计文件的规定。对旧有烟道应核实烟道断面及烟道抽力，不满足烟气排放要求的不得使用。

主控项目

6.5.1　用气设备的烟道应按设计文件的要求施工。居民用气设备的水平烟道长度不宜超过 5m，商业用户用气设备的水平烟道不宜超过 6m，并应有 1% 坡向燃具的坡度。

检查数量：100% 检查。

检查方法：查阅设计文件及尺量检查。

6.5.2　烟道抽力应符合现行国家标准《城镇燃气设计规范》GB 50028 的有关规定。

检查数量：100% 检查。

检查方法：尺量、计算及检测。

6.5.3 商业用大锅灶、中餐炒菜灶、烤炉、西餐灶等的烟道应按设计文件的要求安装。

检查数量：100% 检查。

检查方法：查阅设计文件。

6.5.4 用镀锌钢板卷制的烟道卷缝应均匀严密，烟道应顺烟气流向插接，插接处不应有明显的缝隙和弯折现象。

检查数量：居民用户抽查20％，且不少于5处。

检查方法：目视检查。

6.5.5 用钢板制造的烟道，连接面应平整无缝隙，连接紧密牢固，表面平整，应对烟道进行保温，保温材料及厚度应符合设计要求，并应保证出口排烟温度高于露点。

检查数量：100％检查。

检查方法：目视检查和手检。

6.5.6 用非金属预制块砌筑的烟道，砌筑块之间应粘合严密、牢固，表面平整，内部无堆积的粘合材料，砖砌烟道的厚度应保证出口排烟温度高于露点。

检查数量：100％检查。

检查方法：目视检查和手检。

6.5.7 金属烟道的支（吊）架，结构和设置位置应符合设计文件的规定，安装应端正牢固，排列应整齐。

检查数量：100％检查。

检查方法：目视检查、手检或查阅设计文件。

6.5.8 碳素钢板烟道和烟道的金属支（吊）架所涂油漆种类和涂刷遍数应符合设计文件的规定，并应附着良好，无脱皮、起泡和漏涂，漆膜应厚度均匀，色泽一致，无流淌及污染现象。

检查数量：100％检查。

检查方法：目视检查和查阅设计文件。

6.5.9 当多台用气设备合用一个水平烟道时，应按设计文件要求设置导向装置。

检查数量：100％检查。

检查方法：目视检查和查阅设计文件。

（3）验收说明

1）施工依据：《城镇燃气室内工程施工与质量验收规范》CJJ 94—2009，《家用燃气燃烧器具安装及验收规程》CJJ 12—2013，并制订专项施工方案、技术交底资料等。

2）验收依据：《城镇燃气室内工程施工与质量验收规范》CJJ 94—2009，《家用燃气燃烧器具安装及验收规程》CJJ 12—2013，《建筑采暖卫生与煤气工程质量检验评定标准》GBJ 302—88，第8章室内燃气工程，第九章室外燃气工程。相应的现场验收检查记录。

3）注意事项：

① 主控项目的质量经抽样检验均应合格；

② 一般项目的质量经抽样检验合格。当采用计数抽样时，合格点率应符合有关专业验收规范的规定，且不得存在严重缺陷；

③ 具有完整的施工操作依据、质量验收记录；

④ 本检验批的主控项目、一般项目已列入推荐表中，其具体内容及检查方法见一般规定及（2）条文摘录；

⑤ 黑体字的条文为强制性条文，必须严格执行，制订控制措施。

8. 通风设备安装安全防火检验批质量验收记录

（1）推荐表格

安全防火检验批质量验收记录（Ⅳ）

10030204 ___

单位（子单位） 工程名称			分部（子分部） 工程名称		分项工程名称		
施工单位			项目负责人		检验批容量		
分包单位			分包单位项目 负责人		检验批部位		
施工依据			验收依据	《城镇燃气室内工程施工与质量验收规范》 CJJ 94—2009 《家用燃气燃烧器具安装及验收规程》 CJJ 12—2013			
		验收项目		设计要求及 规范规定	最小/实际 抽样数量	检查记录	检查结果
主控 项目	1	常用燃具与可燃、难燃材料 建筑的最小距离		第4.8.1条	/		
	2	灶具与上方吸油烟机距离		第4.8.2条	/		
	3	排气管与建筑最小距离		第4.8.3条	/		
	4	烟道出气口与建筑最小距离		第4.8.4条	/		
施工单位 检查结果				专业工长： 项目专业质量检查员： 年　月　日			
监理单位 验收结论				专业监理工程师： 年　月　日			

（2）验收内容及检查方法条文摘录（CJJ 12）

主 控 项 目

4.8　安全防火

4.8.1　常用燃具与可燃材料、难燃材料装修的建筑物部位的最小距离宜符合表4.8.1的规定。

表4.8.1　常用燃具与可燃材料、难燃材料装修的建筑物部位的最小距离（mm）

燃具种类		间隔距离			
		上方	侧方	后方	前方
敞开式	双眼灶、单眼灶	1000 (800)	200 (0)	200 (0)	200 (0)
	内藏燃烧器(间接烤箱等)	500 (300)	45	45	45

燃具种类		间隔距离			
		上方	侧方	后方	前方
半密闭式	热负荷 12kW 以下的热水器/采暖热水炉	—	45	45	45
	热负荷(12～70)kW 的热水器/采暖热水炉	—	150	150	150
密闭式	热水器/采暖热水炉	45	45	45	45
室外式	无烟罩自然排气式热水器/采暖热水炉	600 (300)	150 (45)	150 (45)	150
	有烟罩自然排气式热水器/采暖热水炉	150 (100)	150 (45)	150 (45)	150
	强制排气式热水器/采暖热水炉	150 (45)	150 (45)	150 (45)	150(45)

注：间隔距离栏中，括弧内数值为带金属防热板时的燃具与建筑物间的距离。

4.8.2 家用燃气灶具与上方吸油烟机除油装置及其他部位的距离宜按表 4.8.2 的规定执行，家用燃气灶具与侧吸式吸油烟机除油装置的距离可按本规程第 4.8.1 条的规定执行。

表 4.8.2 家用燃气灶具与吸油烟机除油装置及其他部位的距离 （mm）

除油装置及其他部位 灶具种类	吸油烟机风扇[2]油过滤器	其他部位(如吊柜[4])
家用燃气烹调灶具	800 以上	1000 以上
带油过热保护的灶具[1]	600 以上[3]	800 以上

注：① 带油过热保护，并经防火性能认证的灶具；
② 风量小于 15m³/min（900m³/h）；
③ 限每户独立使用，且通过外墙直接排到室外的排油烟管；
④ 吸油烟机设置在吊柜下部的预留空间内。

4.8.3 排气筒、排气管、给排气管与可燃材料、难燃材料装修的建筑物的安装距离应符合表 4.8.3 的规定。

表 4.8.3 排气筒、排气管、给排气管与可燃材料、难燃材料装修的建筑物的安装距离 （mm）

烟气温度		260℃ 及其以上	260℃ 以下	
设置部位		排气筒、排气管		给排气管
敞开空间	无隔热	150mm 以上	D/2 以上	0mm 以上
	有隔热	有 100mm 以上隔热层,可取 0mm 以上安装	有 20mm 以上隔热层,可取 0mm 以上安装	—
隐蔽空间		有 100mm 以上隔热层,可取 0mm 以上安装	有 20mm 以上隔热层,可取 0mm 以上安装	20mm 以上
贯通孔洞		应有下列措施之一： (1)150mm 以上的空间； (2)150mm 以上的空间设钢制挡板(单面)或钢制百叶窗(双面)； (3)100mm 以上的非金属不燃材料保护套(混凝土制套管)	应有下列措施之一： (1)D/2 以上的空间； (2)D/2 以上的空间设钢制挡板(单面)或钢制百叶窗(双面)； (3)20mm 以上的非金属不燃材料卷制或缠绕	0mm 以上

注：D 为排气筒直径。

4.8.4 建筑外墙燃具水平烟道风帽排气出口与可燃材料、难燃材料装修的建筑物的最小距离应符合表 4.8.4 的规定。

表 4.8.4 风帽排气出口与可燃材料、难燃材料装修的建筑物的最小距离 (mm)

吹出方向 ＼ 隔离方向	上方	侧方	下方	前方
向下吹↓	300	150	600(300)	150
垂直吹360°↕	600(300)	150	150	150
斜吹360°↗	600(300)	150	150	300
斜吹向下↘	300	150	300	300
水平吹→	300	150	150	600(300)

注：括弧内为有防热板的距离。

(3) 验收说明

1) 施工依据：《城镇燃气室内工程施工与质量验收规范》CJJ 94—2009，《家用燃气燃烧器具安装及验收规程》CJJ 12—2013，并制订专项施工方案、技术交底资料等。

2) 验收依据：《城镇燃气室内工程施工与质量验收规范》CJJ 94—2009，《家用燃气燃烧器具安装及验收规程》CJJ 12—2013，《建筑采暖卫生与煤气工程质量检验评定标准》GBJ 302—88，第 8 章 室内燃气工程，第 9 章 室外燃气工程。相应的现场验收检查记录。

3) 注意事项：

① 主控项目的质量经抽样检验均应合格；

② 一般项目的质量经抽样检验合格。当采用计数抽样时，合格点率应符合有关专业验收规范的规定，且不得存在严重缺陷；

③ 具有完整的施工操作依据、质量验收记录；

④ 本检验批的主控项目、一般项目已列入推荐表中，其具体内容及检查方法见一般规定及（2）条文摘录；

⑤ 黑体字的条文为强制性条文，必须严格执行，制订控制措施。

第五节　电气系统安装子分部工程检验批质量验收记录

1. 报警系统安装检验批质量验收记录

(1) 推荐表格

报警系统安装检验批质量验收记录

10040101 ____

单位(子单位)工程名称		分部(子分部)工程名称		分项工程名称	
施工单位		项目负责人		检验批容量	
分包单位		分包单位项目负责人		检验批部位	
施工依据		验收依据	《城镇燃气室内工程施工与质量验收规范》CJJ 94—2009《家用燃气燃烧器具安装及验收规程》CJJ 12—2013		

验收项目			设计要求及规范规定	最小/实际抽样数量	检查记录	检查结果
主控项目	1	烟气浓度报警和切断设置安装	第3.4.1条	/		
	2	燃气报警系统安装	第3.4.2条	/		
	3	家用燃气报警器、传感器、紧急切断阀应符合要求	第3.4.3条	/		
	4	燃气报警器与燃具、阀门的距离	第4.3.12条	/		
	5	燃气报警器安装后应检查检测符合要求	第4.3.29条	/		
施工单位检查结果			专业工长： 项目专业质量检查员： 　　　　　年　月　日			
监理单位验收结论			专业监理工程师： 　　　　　年　月　日			

(2) 验收内容及检查方法条文摘录（CJJ 12、CJJ 94）

主 控 项 目

3.4.1　城镇燃气/烟气（一氧化碳）浓度检测报警器和紧急切断阀的设置应符合现行国家标准《城镇燃气设计规范》GB 50028的规定。

3.4.2　城镇燃气报警控制系统安装、验收和维护等应符合现行行业标准《城镇燃气报警控制系统技术规程》CJJ/T 146的规定。

3.4.3　家用燃气报警器及传感器应符合现行行业标准《家用燃气报警器及传感器》CJ/T 347的规定。紧急切断阀应符合现行行业标准《电磁式燃气紧急切断阀》CJ/T 394的规定。

4.3.12　可燃气体检测报警器与燃具或阀门的水平距离应符合下列规定：

1　当燃气相对密度比空气轻时，水平距离应控制在0.5～8.0m范围内，安装高度应距屋顶0.3m之内，且不得安装于燃具的正上方；

2　当燃气相对密度比空气重时，水平距离应控制在0.5～4.0m范围内，安装高度应距地面0.3m以内。

检查比例：100%检查。

检查方法：目视检查及尺量检查。

4.3.29　可燃气体检测报警器安装后应按国家现行有关标准进行检查测试。

检查数量：100%检查。

检查方法：查看检查记录。

(3) 验收说明

1）施工依据：《城镇燃气室内工程施工与质量验收规范》CJJ 94—2009，《家用燃气燃烧器具安装及验收规程》CJJ 12—2013，并制订专项施工方案、技术交底资料等。

2）验收依据：《城镇燃气室内工程施工与质量验收规范》CJJ 94—2009，《家用燃气燃烧器具安装及验收规程》CJJ 12—2013，《建筑采暖卫生与煤气工程质量检验评定标准》GBJ 302—88，第8章室内燃气工程，第九章室外燃气工程。相应的现场验收检查记录。

3）注意事项：

① 主控项目的质量经抽样检验均应合格；

② 一般项目的质量经抽样检验合格。当采用计数抽样时，合格点率应符合有关专业验收规范的规定，且不得存在严重缺陷；

③ 具有完整的施工操作依据、质量验收记录；

④ 本检验批的主控项目、一般项目已列入推荐表中，其具体内容及检查方法见一般规定及（2）条文摘录；

⑤ 黑体字的条文为强制性条文，必须严格执行，制订控制措施。

2. 接地系统安装检验批质量验收记录

（1）推荐表格

接地系统安装检验批质量验收记录

10040201___

单位(子单位) 工程名称			分部(子分部) 工程名称		分项工程名称		
施工单位			项目负责人		检验批容量		
分包单位			分包单位项目 负责人		检验批部位		
施工依据			验收依据		《城镇燃气室内工程施工与质量验收规范》 CJJ 94—2009 《家用燃气燃烧器具安装及验收规程》 CJJ 12—2013		
	验收项目			设计要求及 规范规定	最小/实际 抽样数量	检查记录	检查结果
主控项目	1	安装燃具场所应具备与 燃具参数相符合的电源， 电压、频率、功率符合要求		第4.5.1条	/		
	2	电源线截面积应符合燃 具电力最大功率		第4.5.2条	/		
	3	燃具电源插座独立专用		第4.5.3条	/		
	4	卫生间设热水器应设 防水型插座		第4.5.4条	/		
	5	设置调压装置的建筑物的耐火 等级、防雷装置、设备接地、 报警系统符合要求		第7.3.5条	/		
	6	室内外燃气管道的防雷、 防静电措施		第4.3.30条	/		

	验收项目		设计要求及规范规定	最小/实际抽样数量	检查记录	检查结果
主控项目	7	室内燃气管道严禁做接地导体或电极	第4.3.13条	/		
	8	室内燃气管道明敷,不得设在檐角、屋檐等处,建筑的避雷网应符合要求	第4.3.14条	/		
施工单位检查结果		专业工长: 项目专业质量检查员: 年 月 日				
监理单位验收结论		专业监理工程师: 年 月 日				

(2) 验收内容及检查方法条文摘录（CJJ 12、CJJ 94）

主 控 项 目

4.5.1 安装燃具的场所应具备与待装燃具铭牌标示参数相符合的电源,其电压、频率和功率应满足要求。

电源插座结构应与待装燃具电源插头相匹配,连接插座电源线时必须注意电源线的极性。

使用交流电的Ⅰ类器具,应可靠接地。

4.5.2 电源线的截面积应满足燃具电气最大功率的需要,并应符合说明书的规定。

4.5.3 燃具电源插座应独立专用,并应固定在不会产生触电危险的安全位置。电源插座与灶具的最小水平净距应为 30cm,与热水器和采暖热水炉的最小水平净距应为 15cm。

4.5.4 卫生间内密闭式热水器应设置防水型电源插座。

7.3.5 设置调压装置的建筑物的耐火等级、防雷装置、设备接地装置和报警系统应符合设计文件要求。

检查数量:100%检查。

检查方法:查阅设计文件、测试或查阅安装测试记录。

4.3.30 室内、外燃气管道的防雷、防静电措施应按设计文件要求施工。

检查数量:100%检查。

检查方法:目视检查、按设计文件要求检测。

4.3.13 室内燃气管道严禁作为接地导体或电极。

检查比例:100%检查。

检查方法:目视检查。

4.3.14 沿屋面或外墙明敷的室内燃气管道,不得布置在屋面上的檐角、屋檐、屋脊等易受雷击部位。当安装在建筑物的避雷保护范围内时,应每隔25m至少与避雷网采用直径不小于8mm的镀锌圆钢进行连接，焊接部位应采取防腐措施，管道任何部位的接地电阻值不得大于10Ω；当安装在建筑物的避雷保护范围外时，应符合设计文件的规定。

检查比例：100％检查。

检查方法：目视检查和接地摇表测试。

(3) 验收说明

1) 施工依据：《城镇燃气室内工程施工与质量验收规范》CJJ 94—2009，《家用燃气燃烧器具安装及验收规程》CJJ 12—2013，并制订专项施工方案、技术交底资料等。

2) 验收依据：《城镇燃气室内工程施工与质量验收规范》CJJ 94—2009，《家用燃气燃烧器具安装及验收规程》CJJ 12—2013，《建筑采暖卫生与煤气工程质量检验评定标准》GBJ 302—88，第8章室内燃气工程，第9章室外燃气工程。相应的现场验收检查记录。

3) 注意事项：

① 主控项目的质量经抽样检验均应合格；

② 一般项目的质量经抽样检验合格。当采用计数抽样时，合格点率应符合有关专业验收规范的规定，且不得存在严重缺陷；

③ 具有完整的施工操作依据、质量验收记录；

④ 本检验批的主控项目、一般项目已列入推荐表中，其具体内容及检查方法见一般规定及（2）条文摘录；

⑤ 黑体字的条文为强制性条文，必须严格执行，制订控制措施。

3. 自控安全系统安装检验批质量验收记录

(1) 推荐表格

自控安全系统安装检验批质量验收记录

11040301＿＿＿＿

11040401＿＿＿＿

单位(子单位)工程名称			分部(子分部)工程名称			分项工程名称		
施工单位			项目负责人			检验批容量		
分包单位			分包单位项目负责人			检验批部位		
施工依据			验收依据		《城镇燃气室内工程施工与质量验收规范》CJJ 94—2009《家用燃气燃烧器具安装及验收规程》CJJ 12—2013			
验收项目				设计要求及规范规定	最小/实际抽样数量	检查记录	检查结果	
主控项目	1	燃气锅炉燃烧器安全保护自动控制		第7.4.1条	/			
	2	手动快速切断和自动切断装置		第7.4.2条	/			
	3	燃气浓度自动报警系统		第7.4.3条	/			
	4	火灾自动报警和自动喷水减火系统		第7.4.4条	/			

		验收项目	设计要求及规范规定	最小/实际抽样数量	检查记录	检查结果
一般项目	1	燃气检测报警、火灾报警系统安装	第7.4.5条	/		
	2	燃气、火灾、自动切断系统电线要求	第7.4.6条	/		
	3	锅炉、控制室设备符合要求	第7.4.7条	/		
施工单位检查结果		专业工长： 项目专业质量检查员： 年 月 日				
监理单位验收结论		专业监理工程师： 年 月 日				

(2) 验收内容及检查方法条文摘录（CJJ 94）

主 控 项 目

7.4.1 燃气锅炉和冷热水机组的燃烧器应具有安全保护及自动控制的功能。

7.4.2 手动快速切断阀和紧急自动切断阀应按设计文件安装；当管线进行系统强度和严密性试验时，紧急自动切断阀应呈开启状态。

检查数量：100％检查。

检查方法：手检，查阅产品说明书和设计文件。

7.4.3 燃气锅炉和冷热水机组用气场所设置的燃气浓度自动报警系统，应按要求同独立的防爆排烟设施、通风设施、紧急自动切断阀连锁。

检查数量：100％检查。

检查方法：查阅设计文件及设备安装说明书，进行联动测试试验。

7.4.4 燃气锅炉和冷热水机组的用气场所设置的火灾自动报警系统和自动喷水灭火系统应符合设计文件的要求。

检查数量：100％检查。

检查方法：查阅设计文件，按国家现行标准《火灾自动报警系统施工及验收规范》GB 50166、《石油天然气工程可燃气体检测报警系统安全技术规范》SY 6503 和《自动喷水灭火系统施工及验收规范》GB 50261 检验及测试。

一 般 项 目

7.4.5 可燃气体检测报警器、火灾检测报警器的安装位置应符合产品说明书和设计文件的要求。

检查数量：100％检查。

检查方法：查看产品说明书及设计文件、尺量检查。

7.4.6 燃气浓度自动报警系统、火灾自动报警系统和紧急自动切断阀的供电导线的规格、型号、敷设方式应符合设计文件的要求。

检查数量：100%检查。

检查方法：目视检查、查阅设计文件和产品合格证。

7.4.7　燃气锅炉和燃气冷热水机组控制室的设备安装，应符合设计文件的要求。

检查数量：100%检查。

检查方法：查阅设计文件及产品说明书、按现行国家标准《自动化仪表工程施工及验收规范》GB 50093 进行调试、检验。

(3) 验收说明

1）施工依据：《城镇燃气室内工程施工与质量验收规范》CJJ 94—2009，《家用燃气燃烧器具安装及验收规程》CJJ 12—2013，并制订专项施工方案、技术交底资料等。

2）验收依据：《城镇燃气室内工程施工与质量验收规范》CJJ 94—2009，《家用燃气燃烧器具安装及验收规程》CJJ 12—2013，《建筑采暖卫生与煤气工程质量检验评定标准》GBJ 302—88，第 8 章室内燃气工程，第 9 章室外燃气工程。相应的现场验收检查记录。

3）注意事项：

① 主控项目的质量经抽样检验均应合格；

② 一般项目的质量经抽样检验合格。当采用计数抽样时，合格点率应符合有关专业验收规范的规定，且不得存在严重缺陷；

③ 具有完整的施工操作依据、质量验收记录；

④ 本检验批的主控项目、一般项目已列入推荐表中，其具体内容及检查方法见一般规定及（2）条文摘录；

⑤ 黑体字的条文为强制性条文，必须严格执行，制订控制措施。

(3) 验收说明

1) 施工依据：《城镇燃气室内工程施工与质量验收规范》CJJ 94—2009，《家用燃气燃烧器具安装及验收规程》CJJ 12—2013，并制订专项施工方案、技术交底资料等。

2) 验收依据：《城镇燃气室内工程施工与质量验收规范》CJJ 94—2009，《家用燃气燃烧器具安装及验收规程》CJJ 12—2013，《建筑采暖卫生与煤气工程质量检验评定标准》GBJ 302—88，第8章室内燃气工程，第九章室外燃气工程。相应的现场验收检查记录。

3) 注意事项：

① 主控项目的质量经抽样检验均应合格；

② 一般项目的质量经抽样检验合格。当采用计数抽样时，合格点率应符合有关专业验收规范的规定，且不得存在严重缺陷。对于计数抽样的一般项目，正常检验一次、二次抽样可按统一标准附录D判定；

③ 具有完整的施工操作依据、质量验收记录；

④ 本检验批的主控项目、一般项目已列入推荐表中，其具体内容及检查方法见一般规定及（2）条文摘录；

⑤ 黑体字的条文为强制性条文，必须严格执行，制订控制措施。

6. 通风设备安装平衡式隔室检验批质量验收记录

(1) 推荐表格

平衡式隔室检验批质量验收记录（Ⅱ）　　　10030202____

单位（子单位）工程名称			分部（子分部）工程名称		分项工程名称		
施工单位			项目负责人		检验批容量		
分包单位			分包单位项目负责人		检验批部位		
施工依据			验收依据		《城镇燃气室内工程施工与质量验收规范》CJJ 94—2009《家用燃气燃烧器具安装及验收规程》CJJ 12—2013		
验收项目				设计要求及规范规定	最小/实际抽样数量	检查记录	检查结果
主控项目	1	半密闭自然排式燃具安装在平衡式隔室要求		第4.7.1条	/		
	2	平衡式隔室的设计		第4.7.2条	/		
	3	平衡式隔室自闭门要求		第4.7.3条	/		
	4	平衡式隔室设备保温要求		第4.7.4条	/		
	5	平衡式隔室给排气口距门窗口距离		第4.7.5条	/		
施工单位检查结果				专业工长：项目专业质量检查员：　　　　年　月　日			
监理单位验收结论				专业监理工程师：　　　　年　月　日			

（2）验收内容及检查方法条文摘录（CJJ 12）

主控项目

4.7 平衡式隔室

4.7.1 当半密闭自然排气式燃具安装部位临近较高建筑或用气建筑较高造成烟道过长无法安装时，或用户需要的燃具热负荷大于 35kW 时，可设置平衡式隔室，并将半密闭自然排气式燃具安装在平衡式隔室内。

4.7.2 平衡式隔室（图 4.7.2）的设计应符合下列要求：

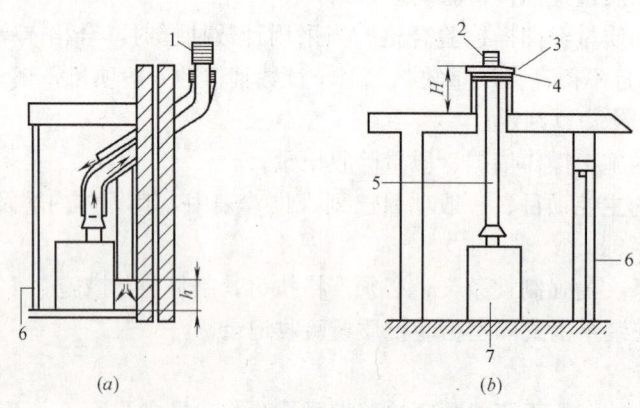

图 4.7.2 平衡式隔室示意图

（a）相邻端口低位供给空气；（b）屋顶端口高位供给空气

1—相邻端口；2—屋顶端口；3—防风雨罩；4—防鸟丝网；5—保温烟道；
6—自闭门；7—半密闭自然排气式燃具

1 烟道和通风道的布置应保证燃烧产物的有效排除。

2 燃烧用空气的供给管道应由烟囱风帽相邻点向下引入，空气进气管的位置应设在烟道出口下方不大于 150mm 处。空气进气管的横截面积应符合下列要求：

1）相邻端口低位供给空气时，空气进气管的横截面积可取半密闭自然排气式燃具排气管面积的 1.5 倍。助燃空气管出口距燃具底面的高度 h 宜取 300mm。

2）屋顶端口高位供给空气时，空气进气管的横截面积可取半密闭自然排气式燃具排气管面积的 2.5 倍，防鸟丝网处进风口的有效横截面积应与空气进气管横截面积相等。防风雨罩距屋顶的高度 H 宜取 600mm。

3）除供给空气的端口外，平衡式隔室不得有其他通风孔。

4.7.3 平衡式隔室的自闭门应符合下列要求：

1 平衡式隔室应有一个紧嵌在框架内并装有密封条的自闭式齐平门。隔室门不得通向有浴盆或淋浴器的房间；

2 密封门上或检修盖上应贴有标明门应保持密封的标志；

3 隔室门应装有起电隔离作用的联动开关，当隔室门打开时，燃具应自动停机。

4.7.4 平衡式隔室设备保温应符合下列要求：

1 设置在平衡式隔室内的烟道管和任何暴露的热水管或空气管均应保温；